Grund- und Wasserbau I

Grund- und Wasserbau
in praktischen Beispielen

Von

Professor Dr.-Ing. Otto Streck

Erster Band

Grundbau / Hydrostatik / Grundwasserbewegung

Zweite neubearbeitete Auflage

Mit 251 Abbildungen im Text
und auf 1 Tafel

Springer-Verlag Berlin Heidelberg GmbH
1956

ISBN 978-3-642-92687-7 ISBN 978-3-642-92686-0 (eBook)
DOI 10.1007/978-3-642-92686-0

Ursprünglich erschienen bei Springer-Verlag OHG.,
Berlin/Göttingen/Heidelberg 1956.
Softcover reprint of the hardcover 2nd edition 1956

Vorwort zur zweiten Auflage.

Die freundliche Aufnahme, die mein „Grund- und Wasserbau in praktischen Beispielen“ bei den in der Praxis stehenden Ingenieuren und bei den Studenten der Ingenieurwissenschaften gefunden hat, hat mich veranlaßt, bei der Neuauflage des I. Bandes an dem Grundgedanken des Buchaufbaues festzuhalten. Notwendig erschien es mir aber, die grundbaulichen Konstruktionsprinzipien durch einen einleitenden Abschnitt über den Baugrund besser verständlich zu machen: über seine Entstehung, über Gründungsschäden, über die Bodenarten und die Methoden seiner Untersuchung. Ferner sind in die ersten Aufgabenbeispiele die üblichen Berechnungsgrundlagen für die Feststellung des Erddruckes, der Geländebruchsicherheit und der Bestimmung der Setzungen (vgl. auch DIN 4019) mit hineingearbeitet. Dabei wurde den neuerarbeiteten Bestimmungen der DIN 1054 des Jahres 1953 besonders Rechnung getragen. Neu aufgenommen wurde in die Beispielsammlung die Untersuchung eines halbrahmenförmigen Schleusenkörpers unter Annahme der Lastverteilung nach Franzius, Engels und Simonsen.

Besonderer Wert wurde auf die Hinweise, die neueste Literatur betreffend, gelegt. Das gilt auch für das ausführliche Inhalts- und Stichwortverzeichnis. Der Verfasser hofft, daß die im Anhang zusammengestellten Tafeln dem Leser bei der Benutzung des Buches vielfach dienlich sein werden.

Auch bei dieser Buchbearbeitung habe ich wieder Fachkollegen für Ratschläge und Zurverfügungstellung von Unterlagen für die Beispiele herzlich zu danken, ebenso dem Springer-Verlag für sein Bemühen um die sorgfältige Ausstattung und das verständnisvolle Eingehen auf meine Wünsche.

Hausham/Obb., 28. Nov. 1955.

O. Streck.

Inhaltsverzeichnis.

Erster Teil.

Der Baugrund.

Zweiter Teil.

Aufgaben.

Erster Teil.

Der Baugrund.

A. Zusammenhang zwischen Bauwerk und Baugrund.

Alle Bauten der zahlreichen Zweige des Bauwesens, nicht nur die Erdbauwerke, stehen mit dem Boden in unlösbarer Verbindung: das einfache Wohnhaus genau so, wie etwa die Verkehrswege mit ihren Kunstbauten, der konstruktive Ingenieurbau ebenso, wie die zahlreichen und vielgestaltigen Anlagen der Wasserwirtschaft und der sonstigen Gebiete des Bauwesens. Es gibt keine Möglichkeit, dieser Verkettung zwischen Bauwerk und Erdboden irgendwie auszuweichen. Die Klammer bildet die *Erdschwere*, diese sinnfälligste Eigenschaft aller irdischen Körper. Um ein Einsacken von Bauobjekten infolge der Gravitation hintanzuhalten, für sie also den „Zustand der Ruhe" zu gewährleisten, muß ihnen eine Unterlage, eine *Auflagerung* gegeben werden, die als *standfest gegenüber Bewegungen angesehen werden kann, die von der Erdschwere ausgelöst werden.* Das kann schlechterdings nur die feste Erdkruste sein. Genauer ausgedrückt sind es die den *Baugrund bildenden Bodenschichten* der obersten Erdrinde, auf die wir die Bauwerke aufsetzen oder in die wir sie hineinstellen. Es gibt keine wirtschaftlich vertretbare Möglichkeit[1], diesem aus der Naturgesetzlichkeit der Gravitation entspringenden Zwang zu diesem Vorgehen ganz allgemein zu entrinnen.

Von der Maßnahme, die Bauwerke auf den Baugrund aufzusetzen, wird natürlich die Feldstärke im Schwerkraftfeld der Erdoberfläche nicht berührt, d. h. unsere Bauwerke üben infolge ihrer Schwere (Masse) auf ihre Unterlagen weiterhin Kräfte aus, die von diesen aufgenommen werden müssen. Sind sie dazu in der Lage, dann befinden sich Bauwerk und Unterlage im Gleichgewicht; wir können mit unseren Sinnesorganen keine Kraftauswirkung wahrnehmen. Weicht aber der unterstützende Erdkörper unter der Wirkung der auf ihm lastenden Kräfte etwa nach der Seite aus, dann ist der Gleichgewichtszustand aufgehoben und es erteilt die Schwerkraft der Bauwerksmasse eine Beschleunigung; der

[1] Kompensierung der Erdschwere etwa durch Maschinenkraft (Aeronautik).

Baukörper sackt ab, bis er auf einer widerstandsfähigeren Erdschicht wieder irgendwie zur Ruhe kommt (neuer Gleichgewichtszustand).

Um eine solche Gleichgewichtsstörung auszuschalten, muß der das Auflager bildende Boden also so beschaffen sein, daß er die von der Gravitation herrührenden Kräfte aufzunehmen vermag, ohne in seiner Standfestigkeit gefährdet zu sein, d. h. ohne in eine für das Bauwerk schädliche Bewegung zu geraten. Das gleiche gilt aber auch für die häufig noch dazukommenden waagrechten längs- und quergerichteten Bauwerksbelastungen, die auf andere Ursachen zurückzuführen sind, und die die Standsicherheit von Bauwerk *und* Baugrund ebenfalls in Frage stellen können. Dabei bilden die unter den Einfluß der Bauwerkslasten aller Art kommenden, im weiteren Sinne die von dem Bauobjekt überhaupt irgendwie beeinflußten Bodenschichten den *Baugrund*; demgemäß werden die baulich-konstruktiven Maßnahmen zur sicheren Überleitung der an den Baukörpern wirksamen Kräfte in den Untergrund, also die Maßnahmen zur Gewährleistung der Standsicherheit von Bauwerk *und* Baugrund kurz mit „Gründung" („Grundbau") bezeichnet.

Die Ausführung einer Gründung erfordert nun in vielen Fällen größere Eingriffe in die Baugrundbodenschichten (Aushübe und Aufträge). Dies ist mit mehr oder weniger umfangreichen, jedenfalls aber unvermeidlichen Umlagerungen von Erdmassen in horizontaler und vertikaler Richtung verbunden. Vielfach geht damit eine vorübergehende oder auch bleibende Änderung der bisherigen Untertagewasserverhältnisse einher. Schon diese verschiedenen Eingriffe des Technikers führen zu Änderungen (Störungen) der erdstatischen Spannungsverhältnisse in den „betroffenen" Bodenschichten, die von der Natur in oft langen geologischen Zeiträumen aufgebaut und stabilisiert wurden. Dabei kann sich das „betroffen" manchmal auf sehr ausgedehnte Bereiche des Baugrundes in waagrechter und senkrechter Richtung (ins Baugrundinnere hinein) beziehen. Es ist unerläßlich, daß der so für die Erstellung des Bauwerkes „bearbeitete" Baugrund — damit er seine Aufgabe richtig erfüllen kann — trotz der veränderten Spannungsverhältnisse noch genug Standfestigkeit besitzt, und daß er diese Standfestigkeit auch noch beibehält, wenn die wachsenden Belastungen aus Eigengewichten und sonstigen Nutzlasten (Verkehrslasten) infolge des Baufortschrittes zu weiteren Spannungsänderungen und entsprechenden neuerlichen Formänderungen (Nachgiebigkeit des Bodens nach unten und eventuell nach den Seiten!) führen. Natürlich rufen letztere wegen der bestehenden *Wechselwirkung zwischen Baugrund und Bauwerk* ihrerseits wieder zusätzliche Beanspruchungen im Bauwerk hervor, denen auch dieses vollkommen gewachsen sein muß.

Nun zeigen die Bodenschichten der Erdoberfläche, die als Baugrund in Betracht kommen, in waagrechter und lotrechter Erstreckung einen oft außerordentlich schnellen und starken Wechsel hinsichtlich ihres Materials, ihrer Lagerung und ihres Verhaltens und schon deshalb wird die Reaktion des Baugrundes auf die Einwirkungen der Bauobjekte nach Art und Ausmaß von Fall zu Fall anders sein. Daher müssen *vor* Aufstellung eines detaillierten Entwurfes zunächst die Verhältnisse des Untergrundes untersucht werden, und zwar soweit, bis ein einwandfreies Bild über das Verhalten der ihm zugeordneten Bodenschichten während der verschiedenen Phasen der Ausführung und beim späteren Gebrauch des geplanten Bauobjektes gewonnen ist. Denn der für ein Bauobjekt zur Verfügung stehende Erdboden ist naturgegeben und kann in den Stabilitäts- und sonstigen Eigenschaften seiner Schichten durch menschliche Eingriffe, wenn überhaupt, dann nur in sehr engen Grenzen verbessert werden (Kostenfragen!). Auch die andere Möglichkeit, die Bauanlage an einen anderen Platz mit günstigeren Untergrundverhältnissen zu verlegen, ist aus wirtschaftlichen oder anderen zwingenden Gründen sehr beschränkt. Man denke z. B. an Verkehrswege mit ihren, durch verkehrswirtschaftliche Bedürfnisse und Gesichtspunkte weitgehend gebundenen Linienführungen, an Hafenanlagen und Bauten zur Ausrüstung derselben, an konstruktive Ingenieurbauten mit ihren häufigen Bindungen an schon bestehende Werkanlagen, an ortsgebundene Brückenbauten, an Wasserkraft- und sonstige wasserwirtschaftliche Anlagen bis weit hinauf ins Hochgebirge usw.

So müssen sich Bauausführende und Bauherren mit der Beschaffenheit des Bodens abfinden; und die Schwierigkeiten und Tücken, die mit dieser Beschaffenheit des Bodens leider nur zu häufig verknüpft sind, müssen sie überwinden durch Nutzung der Möglichkeiten, die ihnen die von Wissenschaft und Technik entwickelten verschiedenartigen Methoden und Verfahren zur sicheren Gründung zur Verfügung stellt. Die erfolgreiche Nutzung der Möglichkeiten setzt aber voraus, daß man die Beschaffenheit des Bodens genau kennt, ihn also *vorher* eingehend und gewissenhaft erkundet hat[1].

Soweit die Böden noch nicht irgendwie durch menschliche Eingriffe gestört sind, bilden sie das schließliche Ergebnis eines langen geologischen Prozesses. Damit hängt auch ihr physikalisches Verhalten von ihrer Vorgeschichte ab. Zum Beispiel werden sich Bodenarten mit gleicher Entstehungsgeschichte unter der Einwirkung von Lasten in der Regel auch ähnlich verhalten. Dagegen können Bodenschichten, die äußerlich ähnlich aussehen, auch unter den gleichen Beanspruchungen ein voneinander vollkommen abweichendes Verhalten zeigen, wenn sie verschiedener geologischer Herkunft sind. Darum muß eine Untergrund-

[1] Vgl. dazu die „Richtlinien für bautechnische Bodenuntersuchungen". Berlin: Beuth Vertrieb G. m. b. H. 1941.

erkundung ihren Ausgang auch stets von der *geologischen Entstehung* dieses Bodens nehmen. Was hier bei der Inangriffnahme eines Bauobjektes aus falscher Sparsamkeit unterlassen wird, wird in der Folge, wenn sich die Schäden einstellen, mit dem vielfachen Betrag als Lehrgeld notgedrungen bezahlt. Die zahllosen Beispiele der Praxis sprechen hier eine beredte Sprache. Was nutzt auch die hydraulisch und konstruktiv aufs feinste durchdachte Stauanlage, wenn der Erdkörper am Uferwiderlager oder unter der Sohle ausweicht; was hilft es, wenn die Hafenkaimauer nach allen Regeln der Kunst berechnet und geformt wurde und schließlich abrutscht, weil der Grund darunter bricht; und was hülfe alle aufgewendete Ingenieurkunst und alle Harmonie der Architektur etwa bei Industriehochbauten und Kulturbauwerken, wenn der Baugrund nicht die gleiche Stabilität aufweist, wie die Konstruktionen oberhalb der Fundamente, und sich unzulässig setzt oder gar nach einer Seite absackt (vgl. dazu die Beispiele S. 38 ff.). Der Erdboden ist eben mit seinen Reaktionen auf die Störung seines Gleichgewichts durch bauliche Eingriffe dem Bauenden gegenüber ein sehr beachtlicher Gegenspieler, der besonders dann gefährlich werden kann, wenn seine Angriffsmöglichkeiten nicht schon von vornherein aufgedeckt und durch geeignete Baumaßnahmen unwirksam gemacht werden. Das gleiche gilt natürlich auch für den mit dem Boden eng verketteten zweiten Gegenspieler: dem Wasser in und auf dem Boden.

Die Aufdeckung der Gefahrenmomente setzt voraus, daß der bauende Ingenieur den Baugrund hinsichtlich seiner Eigenschaften als Ergebnis seiner *Herkunft*, seiner *Entstehungsgeschichte* richtig zu beurteilen versteht, um darauf Entwurf und Bauverfahren abzustimmen.

Die Entstehungsgeschichte ist für jene Bodenverhältnisse noch nicht abgeschlossen, die etwa durch Einwirkungen von Verwitterung und Erosion in der *Zukunft* kurzfristig (d. h. *nicht* im geologischen Zeitmaß gemessen) eine Änderung erfahren. Das gleiche gilt für Böden, deren gegenwärtiger Wasserhaushalt durch natürliche Einflüsse oder menschliche Eingriffe verändert wird. Davon können besonders wasserwirtschaftliche Bauvorhaben und Bauanlagen in der Nähe von offenen Gewässern betroffen werden. Es ist selbstverständlich, daß für solche Fälle auch noch den möglichen Folgen solcher Vorgänge besondere Aufmerksamkeit zugewendet werden muß.

B. Die geologische Entstehung und Umformung der Bodenschichten.

1. Abtrag durch Verwitterung und Erosion, Auftrag durch Sedimentation.

Die äußere Erdrinde in ihrem heutigen stofflichen Aufbau und in ihrer Oberflächengestaltung ist, wie schon erwähnt, das augenblickliche Ergebnis der Entfaltung gewaltiger äußerer und innerer Kräfte, die ununterbrochen, wenn auch mit wechselnder Intensität auf sie einwirken. Wenden wir uns zuerst den *äußeren* Kräften zu. Da sind zunächst die veränderlichen Elemente der *Witterung* und solche der *organischen* Welt, die alle Gesteine[1] der Erdoberfläche verändern. Es gibt keinen Prozeß, der ebenso allgemein ist; keinen, der sich in soviel verschiedenen Formen abspielt, wie die Verwitterung. Sie kann auf die Tatsache zurückgeführt werden, daß die meisten als Festgestein bezeichneten Elemente der Erdrinde unter Temperatur- und Druckverhältnissen entstanden sind, die von den an der Erdoberfläche herrschenden stark abweichen. Die erwähnte Änderung stellt demnach nichts anderes dar, als den Weg zu einem neuen Gleichgewichtszustand.

Wie wirken sich diese äußeren Kräfte nun aus? Fortgesetzte Einwirkung von Temperaturwechsel (Hitze und Kälte), oft unterstützt durch Pflanzenwurzeln, lockern die festen Gesteinsverbände entlang der Oberfläche, zerstückeln sie dann zu Blöcken, grobem Schotter und schließlich zu dem feinkörnigen bis pulverigen Gesteinsgrus. Sehr große Wärmeschwankungen bilden das stärkste Zertrümmerungswerkzeug (Wüste, Hochgebirge). Im letzteren Fall wird das Zerstörungswerk noch kräftig unterstützt durch das *Wasser* (die Feuchte) in *Eis*form (Spaltenfrost). Daraus erklären sich die ungeheueren Verwitterungsschuttmassen, die vor allem während der Eiszeit in den Alpen abgetragen wurden. Diese Gesteinszerstörung durch Temperaturwechsel, Frost, Feuchte bezeichnet man mit *mechanischer Verwitterung*. Dazu kommt die *chemische Verwitterung*. Die Agenzien dazu sind vor allem Wasser in flüssiger Form, Luft (deren Sauerstoff- und Kohlensäuregehalt), dann auch noch die Lebenstätigkeit organischer Wesen, deren Stoffwechsel-Verwesungsprodukte. Der Vorgang der chemischen Verwitterung besteht einmal in der Lösungsfähigkeit des Wassers (Gips [!], K-Mg-Na-Salze), die noch gesteigert werden durch Gehalt an CO_2 (Kalkstein, weniger Dolomit). Aber auch die Aggressivität gegenüber Silikaten wird gesteigert. In der Hauptsache besteht die chemische Verwitterung in der chemischen Wasseraufnahme

---

[1] „Gestein“ im geologischen Sinn ist *jedes* Gebilde, das größere Teile der festen Erdrinde aufbaut, das härteste Eruptivgestein ebenso, wie der weichste Ton und Torf.

(Hydrolyse) und in Oxydation. Betroffen werden davon die Feldspäte als Mineralien von Eruptivgesteinen, wie als Abkömmlinge von diesen oder von Sedimentgesteinen, die unter Luftabschluß und hohem Druck gebildet worden sind. Das letzte Ergebnis dieser Zersetzung sind die allerfeinsten Bodenteilchen, die *Bodenkolloide*, die Grundsubstanz der Tonböden.

Die Einwirkung der Gesamtverwitterung bleibt nicht nur auf die Oberfläche beschränkt. Sie dringt in die Gesteinsporen ein, erfaßt selbstverständlich auch die Spalten, Haarrisse, Verwerfungen und dringt so auch in die Tiefe vor.

Im humiden Klima, wo die Niederschläge die Verdunstung übersteigen, überwiegt die chemische Verwitterung. Die mechanische bereitet ihr nur das Material vor, indem sie es zerkleinert.

Die Angreifbarkeit der Gesteine durch die Verwitterung ist nicht nur von der Gesteinsart, sondern fast noch mehr von der Zahl und Lage der Schicht- und Kluftflächen abhängig. Horizontale und vertikale Bankung ist gegenüber der Verwitterung relativ am widerstandsfähigsten (Dolomittürme, horizontale Lagerung; Granitnadeln des Montblanc-Gebietes, senkrechte Klüftung und Plattung).

Die zertrümmernden und abtragenden Kräfte der Verwitterung werden unterstützt durch die *Erosion*. Jedes fließende Wasser schleppt infolge seiner lebendigen Kraft Gesteinsteile mit sich. Auf dem Wege talwärts wirken diese noch rauhen, scharfkantigen und eckigen Gesteinstrümmer wie Feilen, mit denen sie Felsteilchen des Bodens wegschaben (abschürfen, erodieren), so ihre eigenen Transportgleise anlegen und diese dann immer mehr vertiefen und verbreitern. Das Tempo dieser Eintiefung hängt ab von dem (wechselnden) Widerstand des Bettes gegen das Ausschleifen längs des Wasserrinnsals. Bei Flußbetten aus lockeren Trümmergesteinen (Schotter, Sand, Ton) oder bei Festgesteinen, die in Wasser leicht zerfallen, wie manche Sandsteine, Mergel und Tonschiefer, genügt schon die wirbelnde und wälzende Wasserbewegung allein, um Sohle und Ufer zu erodieren. Andererseits kann die schleifende Erosion auch in sehr hartem Gestein schnell arbeiten, wenn die vom Wasser mitgeführten Schleifmittel (Geschiebe *und* Schwebstoffe) ebenfalls aus hartem Material bestehen. So hat z. B. der Fluß Simeto in Sizilien in einen Lavastrom aus dem Jahre 1603 (Ätnaausbruch) in 300 Jahren ein 30 m tiefes und 15 m breites Bett eingeschnitten, das sind 10 cm Eintiefung im Durchschnitt jeden Jahres. Es benötigen deshalb auch auf feste Felsbänke gegründete Wasserbauten einen ausreichenden Schutz gegen gefährliche Auswaschungen infolge von Erosionen oder Abschleifungen durch Geschiebe und Schweb (z. B. Gletschermilch).

Während die bei der Verwitterung gelösten Stoffe sofort mit dem Lösungswasser weggeführt werden (in den Boden oder in ein Rinnsal), bedarf es kräftiger Regenfälle, um das chemisch verwitterte tonige oder feinsandige Material flächenhaft abzuspülen (zu denudieren). Die gröberen, hauptsächlich mechanisch gelösten Gesteinsteile bleiben bei waagrechtem oder wenig geneigtem Gelände ebenfalls locker auf ihrer Unterlage liegen und verwittern weiter, autochthone Ablagerungen von Trümmergesteinen aller Art und Größen bildend. Im steileren Gelände dagegen bewegen sich die losgewitterten Gesteine unter dem Zuge der *Schwerkraft* über die Berglehnen immer weiter abwärts. Größere Ruhe in der Abwärtsbewegung tritt erst wieder ein, wenn dieser Verwitterungsschutt auf sanft geneigten Flächen, etwa am Fuße einer Bergflanke liegen bleibt. So entstehen Schuttdecken und Schuttkegel von oft beträchtlicher Mächtigkeit.

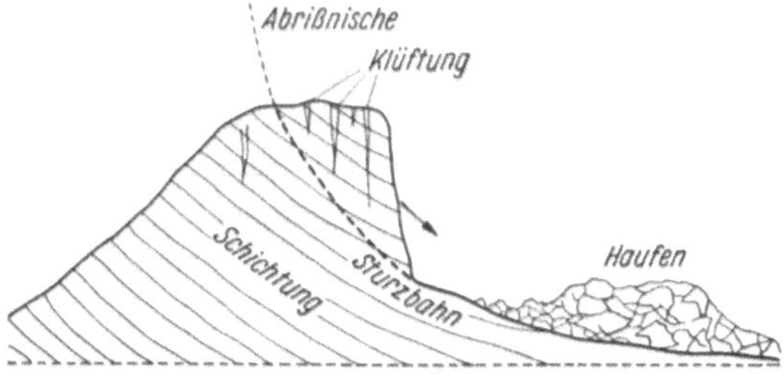

Abb. 1a. Schematische Darstellung der Entstehung eines Felssturzes.

Da die Verwitterung überall am Werk ist, trägt sie natürlich auch die Berglehnen selbst Stein für Stein ab, wenn sie nicht durch Pflanzen-

Abb. 1b. Abrißklüfte eines sich vorbereitenden Bergsturzes am Hintereggkogel bei Matrei in Osttirol. (Lichtbild CORNELIUS.)

decken (bes. Wald) abgedeckt sind. Dabei können aber auch speziell im Hochgebirge – nach entsprechender Vorbereitung durch die Verwitterungskräfte – unter der Wirkung der Schwere und wiederholter reichlicher Niederschläge mehr oder weniger große Massen als *Bergstürze* in Bewegung geraten (Abb. 1a u. b). Besonders die geologisch jungen

Orogene, zu denen auch die Alpen zählen, sind hinsichtlich der Massenbewegungen an der Oberfläche ein instabiles, d. h. lebendiges Gebirge. Ihre Steilhänge sind stets im Übergang zu kleinerem Böschungswinkel begriffen. Als eines von vielen Beispielen sei der Bergsturz des Jahres 1892 an der Arlbergbahn erwähnt. Dort stürzten damals auf einmal rund 400000 m³ Abbruchmassen auf den Bahnkörper und die Reichsstraße und bildeten eine Barre im Klostertal. Die verschüttete Bahnstrecke unterführt nun den gebildeten Schuttkegel mittels eines Tunnels (Abb. 2a u. b). Beim Bauen in den Gebirgshochlagen (Wasserkraftanlagen, Speicherbecken, Verkehrswege) sind natürlich bergrutsch- und berg-

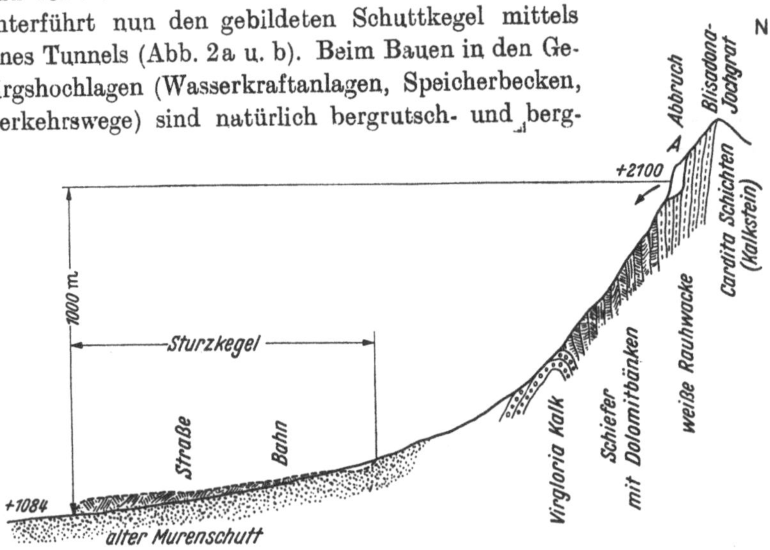

Abb. 2a. Profil des Bergsturzes bei Langen an der Arlberg-Bahn.

sturzbedrohte Gebiete zu vermeiden, was wiederum die Kenntnis ihrer Existenz und ihrer genauen Lage voraussetzt. Auch die Ablagerungsplätze der Verwitterungsschuttmassen und der Bergsturztrümmerfelder sind wegen ihrer fragwürdigen Stabilität und besonders wegen ihrer Durchlässigkeit als Baugrund meist minderwertig, in manchen Fällen direkt abschreckend.

Rutschgebiete gibt es natürlich auch vielfach an flacher geneigten Lehnen. Dort entstehen sie meist, wenn in durchlässige Bodenschichten einsickerndes Wasser eine darunter liegende undurchlässige Schicht schlüpfrig macht (schmiert) und so eine Rutschfläche ausbildet (Abb. 3) (Schlipfstürze, Gekrieche).

Bei langanhaltenden oder wolkenbruchartigen Regenfällen in den oberen Gebirgslagen schwellen die Bäche an, steigern ihre erodierende Tätigkeit und führen außerdem auch noch besonders große Massen von Verwitterungsschutt mit sich talab und talaus. Auf diesem Wege setzen die äußeren Kräfte ihr Zersetzungswerk unter den nun besonders günstigen Bedingungen weiter fort. Aus großem und zunächst scharfkantigem (brekziösem) Trümmergestein wird abgerundetes und sich rasch verkleinerndes Gerölle, und daraus fortschreitend Kies, Sand, Schlamm. Die schon oben genannten weicheren Gesteine, insbesondere Kalk und Mergel, mürbe Sandsteine, Tonschiefer und Tonschieferletten, verfallen diesem mechanischen und chemischen Auflösungsprozeß natürlich viel rascher als die harten, widerstandsfähigeren. Aber auch Granite sind weit weniger widerstandsfähig, als man glauben möchte. Im Vorderrhein z. B. gehen solche granitische Trümmer aus dem Tödi- und Juliergebiet zwar viele Kilometer weit, erreichen aber nicht den Bodensee. Am widerstandsfähigsten sind Quarz und quarzreiche Gesteine, wie etwa Quarzporphyr, Amphibolite, Serpentin usw.

Auf dem Wege von den Einzugsgebieten hinunter in die

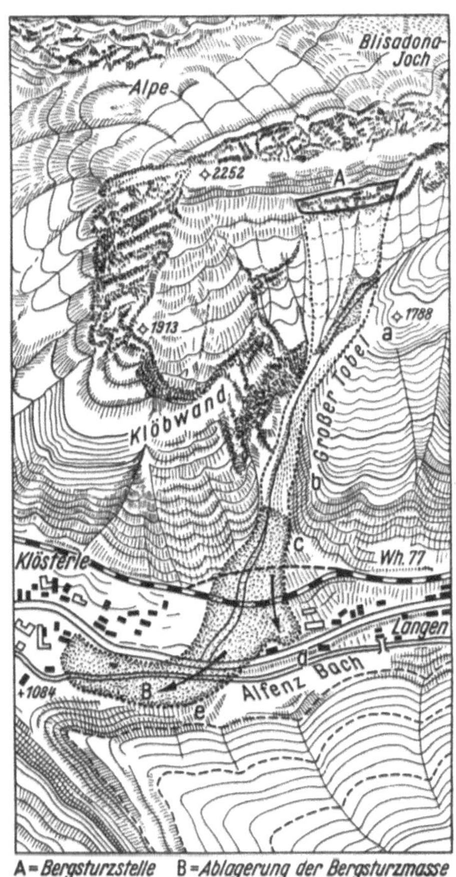

Abb. 2b. Lageplan des Bergsturzes bei Langen an der Arlberg-Bahn.

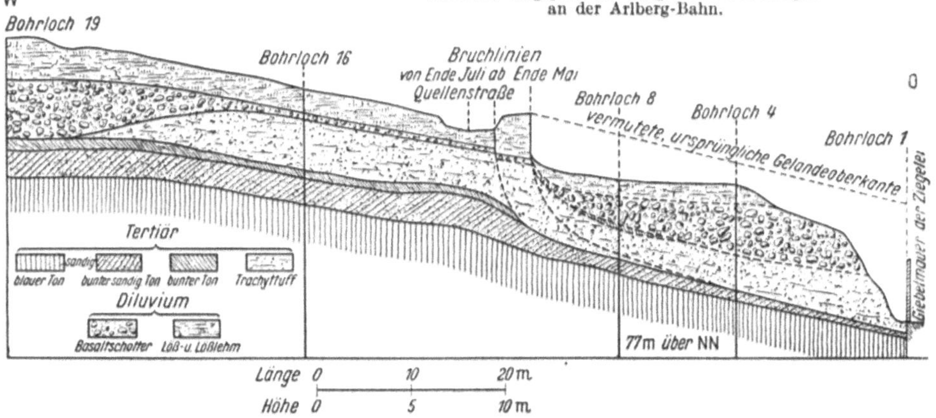

Abb. 3. Der Godesberger Bergrutsch von 1900.

Gebirgsvorländer, dann hinaus in die Ebenen tritt mit dem abnehmenden Gefälle, aber auch mit kleinerer Wasserführung (abnehmender Transportkraft) ein schrittweises Absetzen der mitgeschleppten Gesteine mit gleichzeitigem Sortieren dieses Materials nach Korngröße ein[1]. Mit zunehmenden Fließwegen in den Tiefebenen nehmen die Korngrößen immer weiter ab und schließlich sind es nur noch feinste Teilchen von Quarz und Bodenkolloiden, die in das Meer gelangen und sich dort allmählich absetzen; dazu gesellen sich die vom Wasser aufgelösten Gesteinssubstanzen, vor allem Gips, Kalk, Salze.

Das Gleichgewicht, das die Natur beim Zusammenwirken von Abtrag–Förderung–Auftrag anstrebt (*natürliches* Gleichgewicht) erfährt manchmal eine Störung durch *künstliche* Eingriffe seitens des bauenden Ingenieurs: sei es, daß eine Stauanlage in einem geschiebeführenden Fluß die Förderung von Gerölle und Schweb in Unordnung bringt, sei es, daß bei Bändigung eines Flusses durch Regulierung dessen Schleppkraft über das Maß hinaus erhöht wird, das für die Weiterbeförderung des von oben kommenden Abtrags notwendig ist. Da im ersten Fall die Größe des Abtrages von der Baumaßnahme – ohne zusätzliche Sondermaßnahmen – nicht berührt wird, tritt infolge der verringerten Schleppkraft (Stau!) oberhalb eine verstärkte Ablagerung der nach wie vor in gleicher Menge herbeigeschleppten Abtragsmassen ein; unterhalb fehlt diese Masse zum Regimeausgleich und es erfolgt – zumindest vorübergehend – zusätzliche Eintiefung (eventueller Schutz der Böschungsfüße notwendig!). Ist das Stauwerk eine Talsperre, so verschüttet der liegenbleibende Abtrag nach und nach den Stauraum (Beispiel: verlandeter Saalachspeicher bei Reichenhall). Dieser Mißstand ist ohne erhebliche zusätzliche Aufwendungen auf die Dauer oft nicht zu vermeiden. Als Beispiel für den zweiten Fall sei auf den großen Duisburg-Ruhrorter Binnenhafen hingewiesen. Dort tieft sich der Rhein jährlich um 4 cm ein, weil die Oberrheinregulierung des vergangenen Jahrhunderts den ursprünglichen Flußlauf zu stark gestreckt und zusammengefaßt und mit dem vergrößerten Gefälle auch die Schleppkraft vergrößert hat. Deren Überschuß über den Kraftbedarf zur Förderung der bisherigen Geschiebemenge tieft nun den Rhein ein. Seit 1900 beträgt die Sohlensenkung am genannten Hafen 1,85 m, das ist bereits eine um 0,85 m größere Eintiefung, als man beim Bau des Hafens glaubte annehmen zu sollen. Dabei muß damit gerechnet werden, daß die Rheineintiefung weitergeht und in 50 Jahren *weitere* 2 m Sohlensenkung erreicht. Um nun zu verhindern, daß der Hafen eines Tages wegen zu geringer Wassertiefe insbesondere bei Niederwasser unbenutzbar wird, versucht man das Hafengebiet nördlich der Ruhr *als ganzes* um etwa 1,5–2,0 m künstlich zu senken durch den bergmännischen Abbau der Kohle unter diesem Gebiet. Damit erhält hier die Bergsenkung im Bergbaugebiet ausnahmsweise einmal ein positives Vorzeichen (vgl. dazu S. 60ff.).

Wo Taleinschnitte oder Hochplateaus von *Gletschern* bedeckt sind, übernehmen diese in ihrem „Einzugsgebiet" bei ihrem Talabfließen den Transport des Verwitterungsschuttes, der auf ihn von den Berglehnen herabstürzt, vermehrt um das am Gletschergrund und an seinen Seiten mitgenommene bzw. abgeschliffene Gesteinsmaterial. Sie schieben dabei Stirn-(End-)moränenwälle von oft mächtiger Höhe vor sich her oder

[1] Vgl. z. B. Streck: Wasserwirtschaft und Gewässerkunde. Berlin/Göttingen/Heidelberg: Springer 1953. S. 361, Abb. 233.

bauen solche an ihren Flanken auf. Wo ein Gletscher am oberen Rand einer Steilstufe endet, wirft er seine Endmoräne über diese herab und bildet am Fuße eine Moränenschutthalde. Während das an der Oberfläche beförderte Material seine eckige Bruchform bis zur Ablagerung beibehält, reiben sich die Grundmoränenbrocken aneinander und am Untergrund und erhalten so die sie kennzeichnenden *kantengerundeten* Formen. Das Moränenmaterial bildet ein Gemisch aller Gesteinssorten des Einzugsgebietes und zwar von Schutt der verschiedensten Größe bis herab zu staubfeinem Mehlsand und Ton. Wegen ihrer meist sehr unregelmäßigen Lagerung und ihrer häufigen Wasserdurchlässigkeit sind alluviale Moränenböden ein unzuverlässiger bis minderwertiger Baugrund für Sperrenbauten im Hochgebirge. Da wir die Gesetze nicht kennen, nach welchen die Gletscherschwankungen erfolgen (im Mittelalter geringere Alpenvergletscherung als etwa im 18. Jahrhundert), ist es ratsam, *keine Stauanlage innerhalb* der meist sehr gut kenntlichen *Endmoränen* aus dem *vorigen Jahrhundert* zu errichten. Man beachte in diesem Zusammenhang den *Vorstoß* der Brenva- und Miage-Gletscher in der Montblanc-Gruppe *bis in Kulturland* in den letzten 20 Jahren im Gegensatz zu dem auch in jener Gruppe sonst allgemeinen Gletscherrückzug!

Eine besondere Rolle bei der *diluvialen* Bodenbildung in Nord- und Mitteleuropa spielen die *eiszeitlichen Gletscher.* Im Alpenraum verzahnte sich die Vereisung zeitlich noch mit der gegen Ende des Tertiär besonders energisch in Gang gekommenen endgültigen Heraushebung der Alpenketten. Mit ihr hielt wiederum die zunächst hauptsächlich tektonisch bedingte Abtragstätigkeit gleichen Schritt. Außerordentlich verstärkt wurde diese, als die fortschreitende Klimaverschlechterung (Kaltzeiten) in immer größerem Maße mitwirksam wurde (Vegetationsrückgang, vermehrte Tiefen- bzw. Seitenerosion, Abtragung und Ausräumung). Es trat eine gewaltige Verschuttung des Alpenkörpers ein; und die alten und die neugebildeten Flüsse schleppten dank ihrer immer mehr zunehmenden Abflußmengen riesige Massen dieses bunt zusammengesetzten Schuttes in das Alpenvorland, dann zur Donau und dann diese abwärts, wo sie im ehemaligen pannonischen Becken zum Teil ausgebreitet sind. Inzwischen wuchsen die Gletscher in den Alpentälern zu einem bis auf 3000 m Höhe reichenden Eisstromnetz an, das zum Teil über Pässe hinweg (Oberengadiner *Granite* in den Moränen des *Isar*gletschers) ins Alpenvorland in Form gewaltiger Eisflächen vorstieß. Dabei übernahmen sie den Transport des Schuttes in das nördliche Alpenvorland und lagerten ihn auf dessen fast eben erodierter Hochfläche in Form von Moränen ab, soweit er nicht von den Vorfluten erfaßt, weitergeschleppt und schließlich im Schottervorland bis in die Donautalweitungen ausgebreitet wurde (Mächtigkeit der Schotterterrasse z. B. bei Otterfing südlich München etwa 90 bis 100 m).

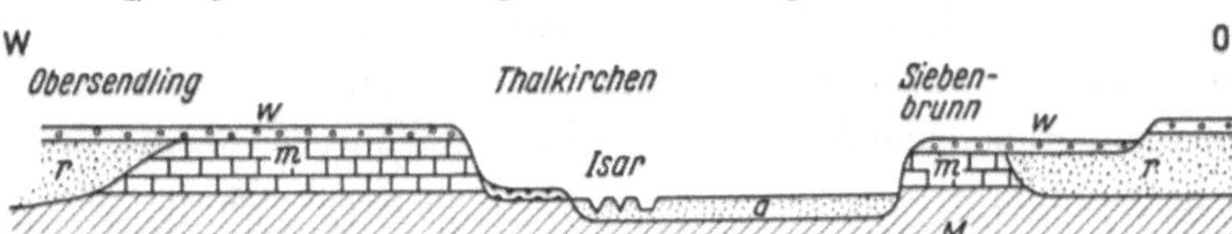

Abb. 4. Querschnitt durch die diluvialen Aufschüttungen in der Münchener Ebene. (Nach KNAUER.) a = Alluvium, m = Mindeleiszeitschotter (jüngerer Deckenschotter, zu Nagelfluh verfestigt), r = Rißeiszeitschotter (Hochterrassenschotter), w = Würmeiszeitschotter (Niederterrassenschotter), M = Molasse.

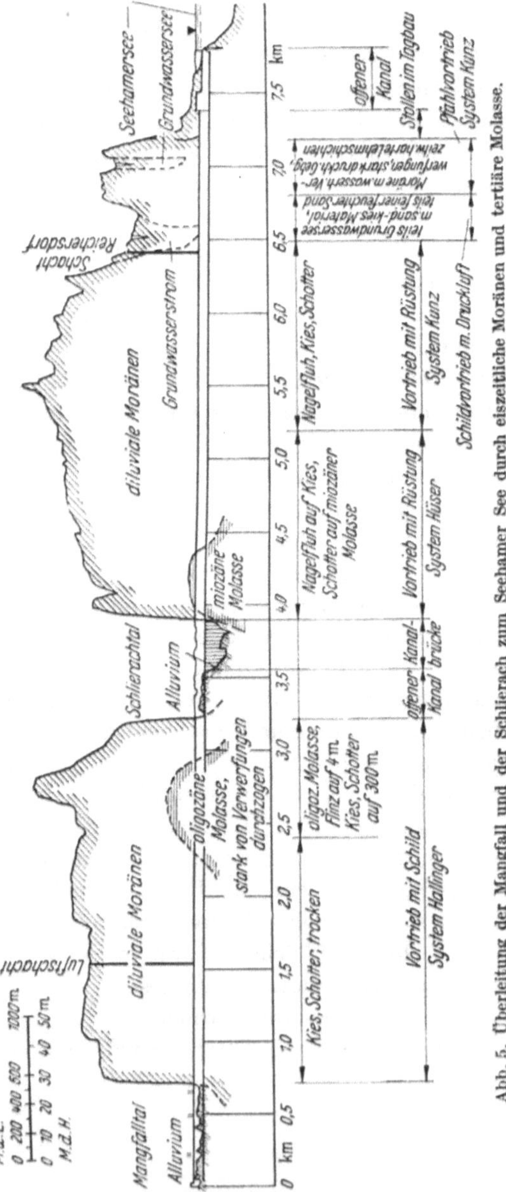

Abb. 5. Überleitung der Mangfall und der Schlierach zum Seehamer See durch eiszeitliche Moränen und tertiäre Molasse. (Leitzachkraftwerk der El. W. München.) (Vgl. dazu S. 56 u. Abb. 40.)

Dem wiederholten Vorrücken und Zurückweichen der Gletscher[1] (Interglaziale mit vorübergehender Klimaverbesserung) entsprechen die zeitlich verschiedenen Moränenbildungen mit den zugehörigen fluvioglazialen Schotterdecken: ältere und jüngere Deckenschotter, Hochterrassen- und Niederterrassenschotter (vgl. dazu Abb. 4). Diesen Eiszeiten sind die verschiedenen großen Erosionsphasen zugeordnet. Denn auf die Sedimentationen haben weiterhin Verwitterung und Erosion eingewirkt, je länger, um so stärker. Dazu kam mancherorts eine Verfestigung von abgelagertem Schotter (Konglomerate, Nagelfluh) (vgl. Abb. 4 u. 5). Das schließliche Ender-

[1] Günz-, Mindel-, Riß-, Würmeiszeit.

gebnis dieser vielgestaltigen Vorgänge ist der wechselnde Baugrund, mit dem sich beispielsweise der Autobahnbauingenieur im Alpenvorland auseinander zu setzen hatte und noch haben wird, ebenso der Wasserwirtschaftsingenieur (Wasserkraftausbau, Wasserversorgung) (Beispiel Abb. 5).

Wie das Alpenvorland von den Alpen aus, wurde gleichzeitig die *norddeutsche Tiefebene* von Skandinavien und Finnland (Fennoskandien) aus von gewaltigen Gletschern überflossen. Während der verschiedenen Ver-

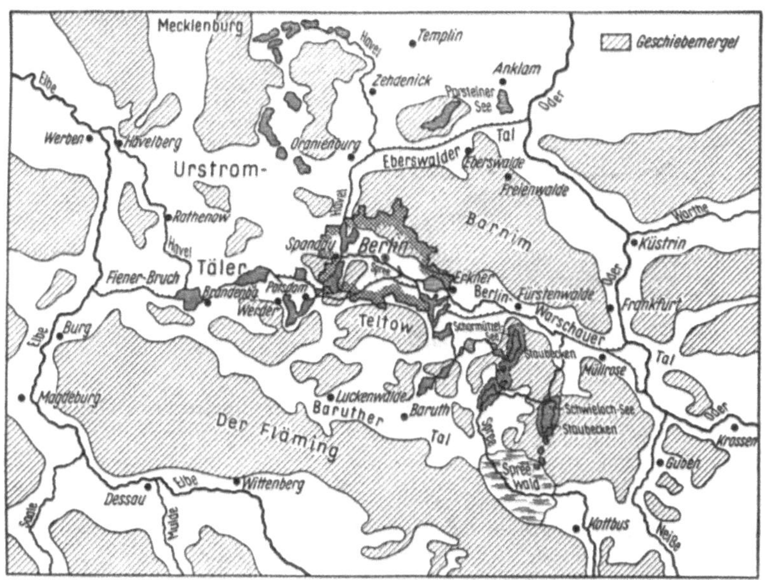

Abb. 6. Urstromtäler und Mergelschichten in der Gegend von Berlin.

eisungen, die ebenfalls durch wärmere Interglaziale unterbrochen wurden, erfolgten auch hier mächtige Ablagerungen eiszeitlicher Bändertone, Mergel, Sande und Kiese, aber auch von zahlreichen Findlingen (schwedischen und finnischen Graniten, Silurgestein usw.). Gewaltig war hier die Erosionswirkung des 1000 m mächtigen Eisstromes. Er hobelte selbst noch in der norddeutschen Tiefebene die darunter liegenden Schichten kräftig ab; beim Aufpflügen des Untergrundes wurden dabei sogar ausgedehnte Schollen von Kreide- und Tertiärschichten über eiszeitliche Sedimente geschoben. Die Reichweiten der verschiedenen Vereisungen nach Süden sind festgelegt durch die großen Urstromtäler; sie waren die Rinnsale am jeweiligen südlichen Gletscherrand, die sich die gewaltigen abfließenden Schmelzwassermengen gruben (Abb. 6 u. 7). Für Berlin, das ja zum Teil über einem Urstromtal liegt, geben die 4 Bohrprofile der Abb. 8, die an den Ecken eines annähernd quadratischen Grundrisses von 16 m Seitenlänge abgeteuft wurden, eine Anschauung von den dort anstehenden

Bodenschichten. Die darin vorkommenden oberen (jüngeren) diluvialen Geschiebemergel erfordern bei einer Bauwerksgründung mit großen Bodenpressungen einige Aufmerksamkeit, da sie trotz ihrer festen Beschaffenheit stärker zusammendrückbar sind, als Sand und bei verschiedener Lagerungsmächtigkeit zu verschiedenen Setzungen (Kippungen) führen können (MUHS).

In zahlreichen Fällen muß sich der Ingenieur beim Einbinden seiner Bauwerke in den Untergrund mit diesen geologisch jungen und jüngsten Aufschüttungen auseinander setzen, die als oft mächtige *diluviale*[1]

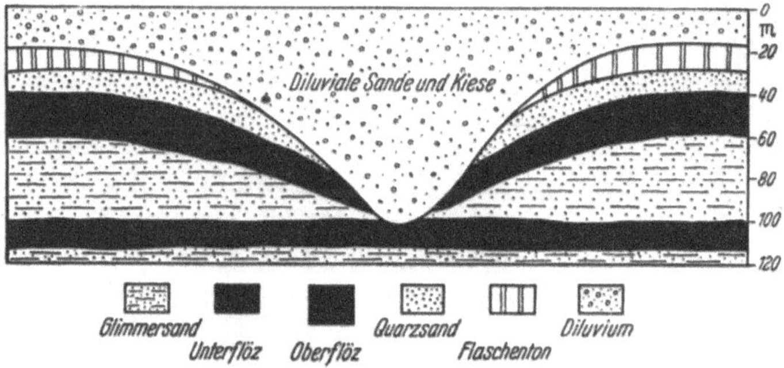

Abb. 7. In das Tertiär eingegrabenes Urstromtal im Niederlausitzer Braunkohlengebiet (Tagebau Eva).

Schichten weite Flächen der einst eisbedeckten Ebenen und Gebirgsflanken bedecken oder als *Alluvionen*[2] die einstigen und heutigen Flußtäler, Flußmündungen und Küstengebiete bedecken.

Mit diesen Sedimenten sind natürlich die Beiträge zur stofflichen und strukturellen Baugrundbildung bei weitem nicht erschöpft.

Die Zersetzungsprodukte der Tonerde- und Magnesiumsilikate, dieser allerfeinsten kolloidalen Schwebteilchen in Form von Kaolin, Halloysit, Montmorillonit, setzen sich auch bei Stillstand der Wasserbewegung nicht sofort ab. Auf dem festen Land kommen sie deshalb meist nur da zur Sedimentation, wo stehengebliebene Hochwasserreste langsam eintrocknen, oder wo der Bewuchs diese Teilchen abfängt (Aue-Lehm). Auf diese Weise kann es auch zu Wechsellagerung zwischen Ton einerseits und Sand- und Schotterablagerungen andererseits kommen. Haben die feinen tonigen Teilchen einmal das Meer erreicht, dann werden sie weit

[1] Diluvium = Überschwemmungszeit.

[2] Das sind die jüngsten geologischen Schichten (Alluvium = Zeit des Anschwemmens), deren Ablagerung noch heute vor sich geht: *durchweg lockere Bildungen*, wie Fluß- und Seeablagerungen, Dünensande, Marschen, Torfablagerungen, Gehängeschutt, Schuttkegel, Gekrieche, Bergstürze; vulkanische Produkte, Kalktuffe.

in die offenen Ozeane hinausgetragen, bis sie sich – mehr oder weniger vermischt mit Mineralsplittern (hauptsächlich Quarz), kalkigen Substanzen usw. – als eine der mannigfaltigen Tonarten absetzen (Blauschlick, Rotschlick, roter Tiefseeton, Glaukonite [Grünsandstein und glaukonitische Kalke] usw.).

Zu den Sedimenten von Trümmergesteinen (klastischen Gesteinen) treten noch die chemischen Absätze, die ausschließlich aus Verwitte-

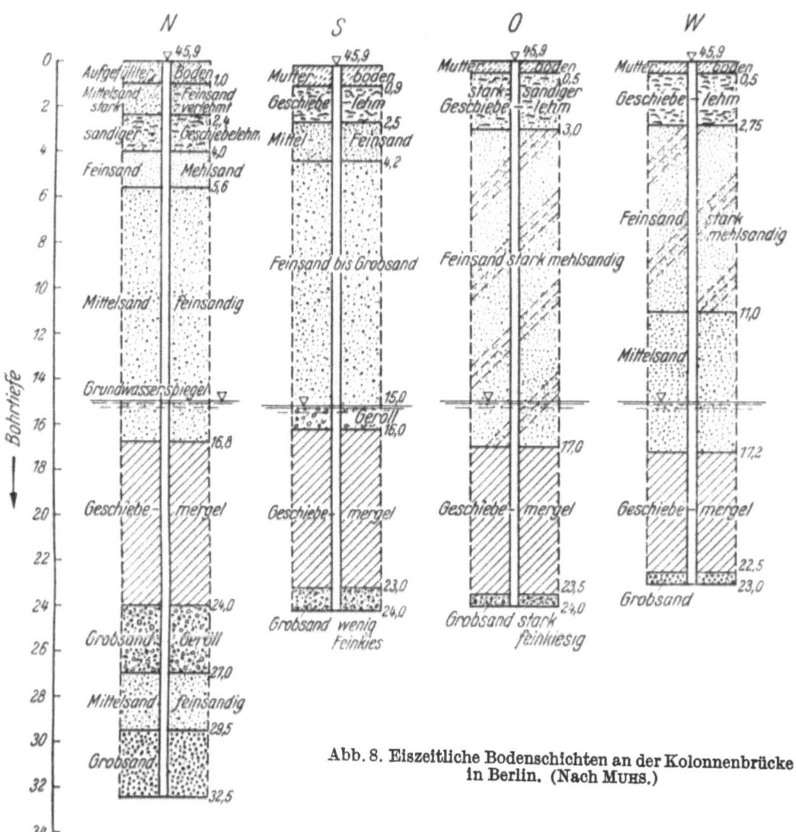

Abb. 8. Eiszeitliche Bodenschichten an der Kolonnenbrücke in Berlin. (Nach MUHS.)

rungslösungen ausgeschieden werden, wie Gips- und Salzsedimente (spielt sich zur Zeit im Toten Meer ab), sowie ein Teil der Kalkabsätze, und dann auch noch jene Sedimente, die durch die Lebenstätigkeit oder unter Mitwirkung von Organismen gebildet werden. Dazu gehören die aus den Hartteilen von Organismen bestehenden Kalkabsätze und jene Kalk- und Kieselniederschläge, die auf die Lebenstätigkeit solcher Organismen zurückzuführen sind (besonders reich entwickelt in der Nähe der Meeresküste).

Die Sedimentationen erfolgen ziemlich parallel zu der Unterlage, auf der sie vor sich gehen, d. h. in den meisten Fällen nahezu waagrecht. Die Schichtung (Bankung) ist die kennzeichnende gemeinsame Eigenschaft fast aller Absatzgesteine (Ausnahmen: Korallenriff-Kalke, einzelne Salz- und Gipsablagerungen, Löß, Moränen). Sie heißen daher auch Schichtgesteine.

Nun sind alle frisch abgelagerten, lockeren Absätze verändernden Vorgängen unterworfen, die sie verfestigen, sie zu „Festgestein"[1] erhärten (Diagenese), wobei als Bindemittel Kieselsäure, Kalk, Ton, Eisenhydroxyd usw. — jedes für sich oder zusammen wirkend — die Verfestigung vollziehen können. So bilden sich aus Sedimenten von abgerundeten Schottern *Konglomerate* (im Tertiär und Quartär mit Nagelfluh bezeichnet) und von eckigem Schutt *Brekzien*, aus den mannigfachen Sandabsätzen die vielartigen *Sandsteine*, die, wenn buntgemischt und evtl. mit Geröllen durchsetzt, als *Grauwacken* bezeichnet werden. Ungeschichtete Tonabsätze verfestigen sich auch ohne Bindemittel durch sehr lange Lagerung, besonders unter der Druckwirkung darauf lastender großer Sedimentmassen zu massivem *Tonstein*. Bei dünner, ebenflächiger Schichtung bilden sich, besonders wenn noch starker Gebirgsdruck eingewirkt hat, *Schiefertone* und schließlich bei fortschreitender Erhärtung *Tonschiefer* als Festgestein. Mischt sich dem Ton Kalk bei, so entstehen Mergel, die sich zu *Steinmergel* (Pläner) verfestigen. Organogene Kalke erhärten ohne äußere Einwirkung rasch zu einer *Kalkbank*, wenn sich mit dem Kalk nur unwesentliche Mengen an Tonmineralien niedergeschlagen haben. Diese rasche Verfestigung ist hier bedingt durch die schon bei gewöhnlichen Temperatur- und Druckverhältnissen eintretende Umkristallisation des $CaCO_3$. Wo neben dem kohlensauren Kalk auch noch Magnesiumkarbonat ausgeschieden wird, bildet sich dolomitischer Kalkstein (*Dolomit*). Das gleiche Ergebnis kommt zustande, wenn den Kalkablagerungen im Laufe der Zeit durch die zirkulierenden Gewässer $MgCO_3$ hinzugefügt, oder aber Kalk herausgelöst wird und so eine Anreicherung der bereits in geringer Menge vorhandenen Mg-Verbindung eintritt.

Nun gibt es noch eine zweite Gesteinsgruppe, die mit den bisher genannten Absatzgesteinen den schichtartigen Wechsel verschiedenartiger Gesteinstypen, und mit den weiter unten erwähnten Erstarrungsgesteinen (Massengesteinen) die Zusammensetzung aus kristallinen Silikaten gemein hat: die *kristallinen Schiefer* (Gneise, Glimmerschiefer, Phyllite usw.). Sie sind durch Metamorphosen umgewandelte Produkte, und zwar einmal durch Umwandlung von Sedimentgesteinen,

[1] Die Festgesteine geben im unverwitterten Zustand beim Anschlag mit dem Hammer einen festen Klang; sie zerfallen weder beim Austrocknen, noch bei Durchfeuchtung oder längerer Lagerung im Wasser.

in anderen Fällen durch Umwandlung von Erstarrungsgesteinen entstanden. Daß die ersteren übrigens einmal echte Sedimentgesteine gewesen sind, beweisen die Konglomerate und Versteinerungen in ihren Schichten. Die Umwandlung erfolgt im festen Aggregatzustand und geht in den Tiefen der Erdkruste vor sich. Sie wird ausgelöst durch die dort herrschenden außerordentlich hohen Temperaturen und durch die tektonische Durchbewegung (Deformation infolge der Knet- und Walzenwirkungen bei der tektonischen Faltung und Deckenbildung). Die Kombination der Vorgänge: Durchbewegung — Umkristallisation mit oder ohne Änderung des Mineralbestandes — stoffliche Änderung, dies ist die typische Metamorphose in den Tiefenbereichen von Zonen, in denen Gebirgsbildung stattfindet (vgl. dazu S. 24ff.). Es scheint, daß auch manche Granite über diesen Weg entstanden sind. Wo nur hohe Temperatur, etwa infolge eines Kontaktes mit einem Magma, auf Sedimentgesteine einwirkt, bringt sie eine Umkristallisation mit Kornvergrößerung zustande (Kontaktmetamorphose). Aus reinem dichten Kalkstein wird grobkörniger *Marmor*, aus Kalkstein mit Verunreinigungen (Quarz, Ton) wird ein Marmor mit Kalksilikaten und Kalk-Tonerdesilikaten usw.

Die dritte Gesteinsgruppe bilden die *Erstarrungsgesteine* (magmatischen Gesteine), die 90% des zugänglichen Teils der Masse der festen Erdkruste umfassen und vor allem die alten Faltengebirge aufbauen. Sie entstammen dem gasreichen magmatischen Schmelzfluß und geben bei ihrer Verfestigung Wärme ab. Je nachdem, ob die Erstarrung des Schmelzflusses an der Erdoberfläche rasch (unter rascher Wärmeabgabe) erfolgt, oder innerhalb der schon verfestigten Erdkruste langsam (mit ganz allmählicher Wärmeabgabe) vor sich geht, unterscheidet man *Oberflächengesteine* (vulkanische Gesteine, Vulkanite) bzw. *Tiefengesteine* (plutonische Gesteine, Plutonite). Die ersteren sind strukturell feinkörnig bis dicht oder glasig, die letzteren vollkristallin und körnig, oft grobkörnig. Die Erstarrungsgesteine bilden Mineralgemenge, in der Hauptsache aus kristallinen Silikatmineralien. Ihre Hauptmasse besteht aus den Tiefengesteinen: Granit, Syenit, Diorit, Gabbro, Peridotit, und Oberflächengesteinen: Porphyre, Trachyte, Diabase, Basalte.

Bei der Sedimentation von Verwitterungsgesteinsresten bzw. gelösten Mineralien gehen auch Tier- und Pflanzenreste mit in die Tiefe und werden zusammen mit den abgesetzten Stoffen in den gerade entstehenden Schichten mit eingeschlossen und *versteint* (Bildung der *Fossilien*). Sind solche Versteinerungen nur innerhalb einer bestimmten Schichtenreihe zu finden, dann sind sie kennzeichnend für diese Schichtreihe *(Leitfossilien)*. Ihr Auftreten zeigt die Zugehörigkeit einer Schicht zu einer bestimmten *Formation* (= Schichtreihe, die sich während eines bestimmten erdgeschichtlichen Zeitabschnittes gebildet hat). Da in der Hochsee abgelagerte Schichten eine andere Ausbildung haben, als am Strand, in Sumpfgegenden oder auf dem festen Land abgesetzte Schichten, unterscheidet man bei jeder Formation wieder eine Meeres- und eine Landausbildung. Die Meeresablagerungen sind durch Vorwalten von Kalkschichten, die Land- und Sumpfbildungen durch das Vorherrschen von Sandstein, Konglomerat, Schieferletten und Tonen gekennzeichnet. In Strandbildungen wechseln die Niederschläge von Kalken, Mergelarten, Tongestein und Sandstein. Jede dieser Bildungen hat die ihr zugeordneten Leitfossilien.

2. Die tektonischen Umgestaltungsvorgänge.

Das Vorhandensein tektonischer Vorgänge und das Ausmaß der dabei entfalteten Kräfte wird uns Menschen der Gegenwart manchmal drastisch bewußt gemacht, wenn irgendwo auf der Erdoberfläche ein Vulkan glühende Lavamassen gegen den Himmel schleudert oder wenn die Erde „bebt". Zunächst zur *vulkanischen Tätigkeit*! Unser Interesse ihr gegenüber gilt in unserem Falle allerdings nicht so sehr den sie kennzeichnenden akustischen und optischen Erscheinungen, als vielmehr der Förderung der bodenbildenden glutflüssigen Laven und lockeren Auswurfstoffe. Bei diesen handelt es sich oft um gewaltige Massen, welche weite Flächen viele Meter hoch überdecken. Welches Ausmaß diese vulkanische Förderung auch noch in historischen Zeiten zu erreichen vermag, zeigt der Ausbruch aus der Lakispalte auf Island 1783: Lavamenge rund 12 km³ und ausgeschleudertes Lockermaterial 3 km³, wobei ein Gelände von mindestens 565 km² im Mittel nahezu 27 m hoch bedeckt wurde. Den Rekord in historischer Zeit weist der Vulkan Tamboro auf der Insel Sumbawa (östlich von Java) auf, der im Jahre 1815 150 km³ Lockermaterial ausgeschleudert hat. Im Jungtertiär und zum Teil noch im Quartär haben Basalte (basische Laven) ganze Länder überströmt, Decke über Decke gelegt bis zu Mächtigkeiten von mehreren Kilometern (Abb. 9). In dieselben geologischen Zeiten (alpidische Gebirgsbildung) fällt auch die starke Aktivität des mitteldeutschen Vulkangebietes von den Kuppen des Hegaus (Hohentwiel) und des Kaiserstuhls über Rhön und Vogelsberg bis zur Eifel; ebenso des böhmischen Mittelgebirges, der Schwäbischen Alb, wie der Basaltkuppen der Auvergne. Und wie die Kettengebirge immer wieder bis tief hinab abgetragen worden sind, so sind auch jene Vulkanberge vielfach verschwunden, wobei sie das Material zur Ablagerung neuer Schichten geboten haben, oder sie haben ihre Produkte zwischen die letzteren selbst eingelagert.

Alle vulkanischen Böden und Gesteinsarten sind sehr wasserdurchlässig (Bildung von natürlichen kohlensauren Wässern!). Lavadecken verwittern gewöhnlich sehr langsam, um dann meist schwere Tonböden zu bilden. Sehr gasreich ausgeworfene Lavamassen erstarren, rasch abgekühlt, zu stark porösen Schlacken verschiedenster Gestalt; schaumig-poröse Auswürflinge aus kieselreichem Glas bezeichnet man mit *Bimsstein*. Mit *Tuff* bezeichnet man das durch Wasser umgelagerte Auswurfmaterial (*Traß* des Brohltales in der Eifel), manchmal aber auch klastische Gesteine[1], die aus der sedimentären Aufarbeitung anstehender Ergußgesteine hervorgehen. *Reine Aschentuffe* sind dicht oder feingeschichtet. Ihre Glassubstanz verändert sich aber rasch. Ein Endprodukt der

Abb. 9. Basaltdecken und Tuffe, abwechselnd übereinander gebreitet. (Aus STINY: Technische Gesteinskunde.)

Umwandlung ist der hauptsächlich aus Montmorillonit bestehende *Bentonit* (feuerfester Ton).

Im Zusammenhang mit den Vulkanen müssen auch die Intrusionen von Magmen erwähnt werden, die aus der Tiefe erfolgen, die aber die Oberfläche nicht erreichen, sondern mehr oder weniger tief unter der Erdoberfläche stecken bleiben und die *Plutone* bilden. Die Erstarrung geht bei diesen sehr langsam vor sich, führt deshalb zur vollkristallinen Struktur der Tiefengesteine. Die dabei freiwerdende Wärme kommt den Nachbargesteinen der Plutone zugute (Kontaktmetamorphose). Diese plutonischen Massen bilden Gänge, linsenförmige Körper mit kuppelförmig aufgetriebenen Deckschichten, und Stöcke aller Dimensionen bis zu Hunderten von Kilometern Durchmesser. Der Aufstieg des Magmas setzt sich nach der Erstarrung häufig noch fort unter der Druckwirkung der nachschiebenden, noch flüssigen Masse. Das führt zur *Zertrümmerung der*

[1] Trümmergesteine.

bereits kristallisierten Anteile, darüber hinaus zum Aufreißen von *Klüften*, *Spalten* und *Verschiebungsflächen*.

Nun zu den *Erdbeben*! Sie sind gekennzeichnet durch *unstetige, ruckweise Erschütterungsbewegungen* der Erdrinde, wodurch Beschädigungen oder Zerstörungen von Bauwerken eintreten können, die in der Schütterzone stehen. Nimmt man für die ganze Erde den Durchschnitt, dann

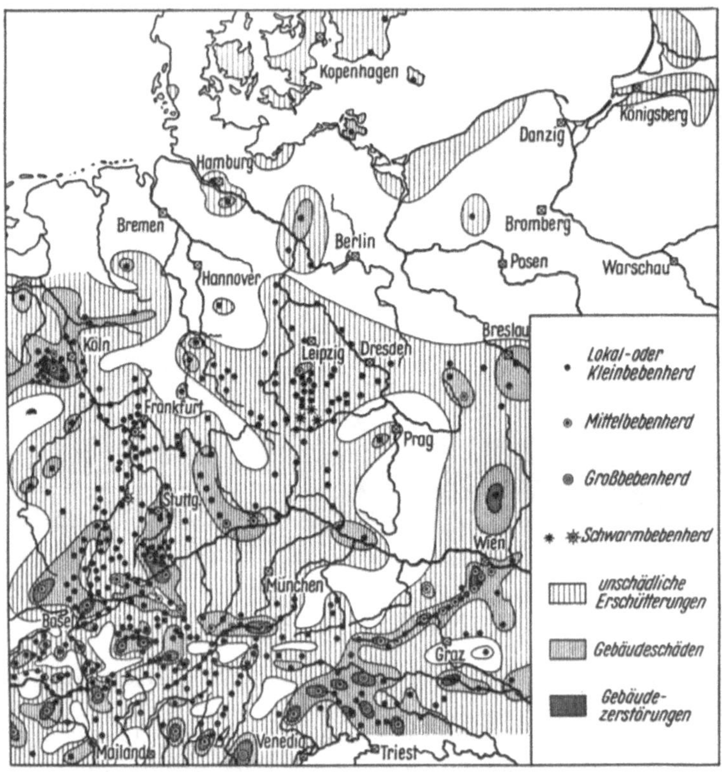

Abb. 10. Erdbebenherde in Mitteleuropa. (Zusammengestellt nach SIEBERG und neueren Berichten von JUNG.)

treffen etwa 9 Erdbeben auf jede Stunde eines Durchschnittsjahres. Man kann also sagen, daß die Erde ständig bebt, eine beunruhigende Tatsache. Von diesen nahezu 80000 registrierten Beben eines Jahres sind etwa 90% tektonischen Ursprungs. Die wichtigsten, erdbebenreichsten Gebiete (aktiven Zonen) befinden sich in der Umrandung des inneren Teils des Stillen Ozeans (zirkumpazifische Zone) und in dem west-östlich streichenden Streifen, der sich von den Azoren durch das Mittelmeergebiet (*Griechenland*, Türkei!), die zentralasiatischen Hochgebirgsketten bis nach Sumatra erstreckt, wo er auf einen Ausläufer der zirkumpazifischen Zone trifft. Dabei folgen die Zonen mit *Groß*- und *Welt*bebenherden den *jungen* Kettengebirgen. Die Erdbebenherde in Mitteleuropa zeigt die Zusammenstellung von *Jung* in Abb. 10. Man erkennt, daß das südwestliche Deutschland als ein ausgesprochenes Erdbebengebiet angesprochen werden muß, wenn dort auch Zahl und Stärke der Beben hinter jenen der Gebiete der aktiven Zone wesentlich zurückbleiben (Erdbebenstärke

Abb. 11a. Kalifornisches Beben vom 18. April 1906. San Franzisko, Howard Street. Die Häuser wurden vom fließenden Untergrund mitgenommen (nach links versetzt) und, wo der Boden weggeflossen ist, gekippt. (Lichtbild GILBERT.)

beim oberschwäbischen Beben vom 27. Juni 1935 nach MERCALLI-CANCANI-SIEBERG bis VII—VIII. Vgl. Anhang Tafel 10, S. 394).

Die von den Erdbeben verursachten Schäden ergeben sich meist aus den Bodenerschütterungen selbst. Zum Beispiel sind die Zerstörungen von ***Messina*** und ***Reggio beim Erdbeben am 28. 12. 1908*** (83000 Tote in Messina, 20000 Tote in Reggio-Calabrien) in der Hauptsache auf die Bebenbewegungen (Bodenerschütterungen) selbst zurückzuführen. Den Rest gaben den betroffenen Städten die seismischen Wogen. Beim ***kalifornischen Beben von 1906*** traten große *horizontale Blockverschiebungen* an der mehr als 400 km langen *Andreas-Verwerfung* ein, die ***im Maximum mehr als 7 m*** betrugen. San Franzisko hatte damals als erste moderne Großstadt die Erdbebenprobe gut bestanden. Denn der Schaden infolge der ***Erdstöße*** war verhältnismäßig *gering*. Stein- und Skelettbauten wurden wenig beschädigt, wenn sie aus festem Material mit Sorgfalt ausgeführt waren. Als sehr gefährlich erwies sich aufgeschütteter und aufgefüllter Boden. Hier kamen beträchtliche Bodenbewegungen vor, wobei ganze Häuserzeilen den Boden unter den Fundamenten verloren, mitgerissen und gekippt wurden (Abb. 11a). Wo die Wasserleitungen die Herdverwerfungen kreuzten, oder wo sie in sich ungleichmäßig setzendem, rutschendem und zusammengepreßtem Lockerboden eingebettet waren, wurden sie zerstört und die Feuerlöschversuche mußten aus Wassermangel versagen. So entstand dort der *Hauptbebenschaden* durch eine

Abb. 11b. Gelegentlich können auch moderne Stahlbetonbauten von Erdbebenstößen zerstört werden, wie z. B. dieses Haus in Yokohama. (Nach BRISKE.)

4 Tage anhaltende *Feuersbrunst*, welche das Geschäftsviertel dieser Stadt fast vollständig vernichtete. Die Hauptsorge beim Wiederaufbau war dort deshalb die Schaffung einer erdbebensicheren Wasserversorgung. Ähnlich lagen die Verhältnisse beim „*großen japanischen Beben*" am 1. 9. 1923, wobei die Städte *Tokio* und *Yokohama* hauptsächlich durch Feuer zerstört wurden (576000 Häuser vollständig, 126000 Häuser teilweise zerstört; 247000 Tote, Verletzte, Vermißte; ein großer Teil dieser Verluste durch das Feuer) (Abb. 11b).

Für die Sicherung von Bauwerken gegen Erdbebenschäden ist außer der Bauweise auch der *Untergrund (Baugrund)* ausschlaggebend (Abb. 12). Am besten ist fester Felsuntergrund, besonders wenn er einer größeren, von nur wenig Klüften und Verwerfungen durchzogenen Erdkrustenscholle angehört, da er die ankommenden Erdbebenschwingungen unverändert aufnimmt, deren Wirkungen selbst bei stärkeren Beben verhältnismäßig gering sind. *Sehr mächtige* lockere Schichten auf Felsuntergrund können die ihnen vom Untergrund aufgezwungenen Bewegungen nach oben hin dämpfen.

Ganz *anders* liegen die Verhältnisse bei *dünnen Lockerböden* und *Verwitterungsschichten* auf Felsuntergrund. Sie geben die Schwingungen des Untergrundes *stark vergrößert* wieder und sind daher als Baugrund in erdbebengefährdeten Gebieten *außerordentlich gefährlich*, in verstärktem Maße, wenn für solche Böden zusätzlich mit größeren Rutschungen, Setzungen und Erdflüssen zu rechnen ist (vgl. Anhang Tafel 11, S. 395).

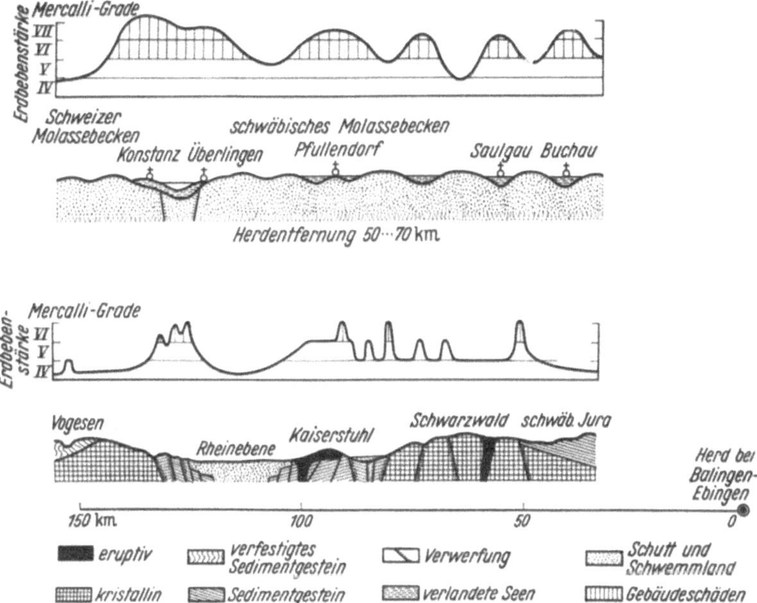

Abb. 12. Süddeutsches Beben vom 16. 11. 1911. Abhängigkeit der Bebenstärke vom geologischen Aufbau des Untergrundes. (Nach SIEBERG und LAIS aus JUNG.)

Da tektonische Beben vielfach Bewegungen (Verschiebungen) an vorhandenen Brüchen (Verwerfungsstreifen, Zerrüttungsstreifen, Bruchnarben) hervorrufen, ist es gefährlich, in tektonisch labilen Gebieten Bauwerke auf solche Streifen zu setzen. In ganz besonderem Maße gilt dies für Sperrenbauwerke zur Schaffung von Wasserspeichern wegen der verheerenden Talüberflutungen bei einem Sperrenbruch. Solche Bauten werden in zunehmendem Maße auch im Bereich der Alpen erbaut. Diese gehören aber zu den geologisch jungen Gebirgsbildungen, in denen sich nach Ansicht vieler Geologen auch heute noch unspürbar langsame Bewegungen (Großverbiegungen) vollziehen, die außerdem in keinem ihrer Teile erdbebensicher sind (von 1929 bis 1939 in den Ostalpen 10 Beben; vgl. auch Abb. 10, S. 20). Deshalb wird man dort mit Rücksicht auf die ungezählten, besonders auch in Tälern oft verdeckten Bewegungsfugen keine Sperrenplanung ohne eine genaue geologische Aufnahme des in Aussicht genommenen Gebiets, nicht nur der Sperrenstelle allein vornehmen (Vorsicht gegenüber veraltetem Aufnahmematerial!).

Außer Vulkanismus und Erdbeben gibt es noch weitere tektonische Kraftäußerungen *unserer Zeit*, die aber so außerordentlich langsam vor sich gehen, daß sie den meisten Zeitgenossen nicht ins Bewußtsein rücken, so langsam, daß bei unseren üblichen Wohn- und Industriebauten und auch bei den wasserwirtschaftlichen Anlagen (mit vielleicht *einer* Ausnahme) darauf keine Rücksicht genommen zu werden braucht. Es sei hier etwa an die im Gang befindlichen großräumigen, stetigen Krusten*hebungen* Skandinaviens und vor allem von Grönland-Labrador gedacht (nach Untersuchungen der Geologen wurde an der schwedischen Küste des nördlichen Bottnischen Meerbusens eine durchschnittliche Hebung von 50 cm im Jahrhundert und die von Jahr zu Jahr zunehmende Zahl der Schären festgestellt)[1], oder etwa an die ebenfalls festgestellte *stetige* langsame orogene Bewegung der Karawanken (Südostalpen) in der Richtung auf das Klagenfurter Becken. Dagegen erfordern die *Senkungen* im Bereich des Kanals (Küsten der Normandie, Bretagne und Flandern) und der Nordsee mit den anschließenden Küstengebieten der norddeutschen Tiefebene — in der Gegend des Jadebusens wurde diese Senkung seit dem Jahre 1362 mit etwa 1,60 m (!), das sind etwa 30 cm in 100 Jahren, ermittelt — bereits erhöhte Aufmerksamkeit hinsichtlich der Deichkronen an der Nordseeküste. Denn die *außerordentliche* Höhe der Katastrophensturmflut vom 31. 1./1. 2. 1953, die besonders die holländische Küste schwer getroffen hat, könnte möglicherweise durch diese fortschreitende Senkung mitbedingt sein (Abb. 13).

Ihren besonderen Ausdruck findet die tektonische Kraftentfaltung in der fortdauernden Verformung der Gestalt der Erde. In dem steten Kreislauf von Aufbau und Abbruch weist nur der Wechsel Beständigkeit auf. Meer und Land wechselten unaufhörlich in äonenlangem Rhythmus. Dabei wurde das unterste zu oberst gekehrt. Meeresboden stieg immer wieder empor zu gewaltigen Gebirgen, und Gebirge wurden stets wieder durch die nie ruhenden außenbürtigen Kräfte in lose Trümmer zerlegt, zernagt und zersetzt, zu Sand, Ton, Löß, Mergel, Kalk, Kieseln usw. zerrieben ins Meer befördert, um dort in gewaltigen Sedimentationszyklen zu neuen mächtigen, waagrechten Sand-Ton-Mergel-Kalkschichten aufgebaut bzw. richtiger „hinabgebaut" zu werden.

Diese ständige Verlagerung der riesigen Gesteinsmassen führt zu dauernden Störungen des Tauchgleichgewichts der Erdrinde. Das

[1] Diese (epeirogenetischen) Bewegungen haben mit Gebirgsbildung (Orgenese) nichts zu tun.

Bestreben der Sialblöcke, diese Anomalien zu beseitigen, d. h. das Gleichgewicht wieder herzustellen durch Hebungen oder Senkungen von

Abb. 13. Die Buntsandsteininsel Helgoland.
oben: vom seichten Schelfmeer umspült in unserer Zeit;
unten: vor etwa 1 Million Jahren, zur Tertiärzeit, als der Rhein noch bei Schottland ins Meer mündete, nachdem er Weser und Themse als Nebenflüsse aufgenommen hatte, mag die subtropische Umgebung der Insel etwa wie im Bild dargestellt ausgesehen haben (BASTIAN: „Weltall und Urwelt", Deutsche Buch-Gemeinschaft, Berlin u. Darmstadt 1954).

Schollen, erzeugt oft tief in die Sialrinde hinabreichende gewaltige Spannungen, Drucke und Zerrungen, in ihnen; ihre Lösung führt zu Rissen und Brüchen bedeutenden Ausmaßes, bei denen ganze Landschaften ruckartig absinken oder in die Höhe gehen. So entstanden die großen Verwerfungen, wofür der Rheintalgraben, der großartige ostafrikanische Graben, der diesen Kontinent zu zerreißen droht, das Jordantal mit dem Toten Meer bekannte Beispiele abgeben. Auf diese Art tektonischer Tätigkeit ist die Entstehung von Bruchschollengebirgen zurückzuführen. Die Schichten der gegeneinander bewegten Schollen passen dann nicht

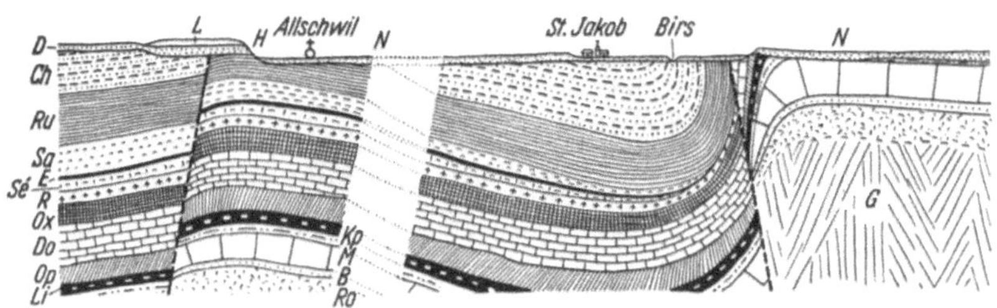

Abb. 14. Profil durch die Rheintalflexur. (Nach BUXTORF aus CORNELIUS.)
N Niederterrasse, *H* Hochterrasse, *D* Jüngerer Deckenschotter, *L* Löß und Lößlehm, *Ch* Chattien. *Ru* Rupélien, *Sa* Sannoisien, *Kp* Keuper, *M* Muschelkalk, *B* Buntsandstein, *Ro* Rotliegendes, *G* Grundgebirge, *E* Eozän, *Sé* Séquanien, *R* Rauracien, *Ox* Oxfordien, *Do* Dogger, *Op* Opalinuston (Aalénien), *Li* Lias.

mehr zusammen (vgl. Abb. 14). Auch das deutsche Mittelgebirge zeigt sich in zahllose Einzelschollen zerstückelt, die teilweise als Höhen, teilweise als Senken in Erscheinung treten.

Am überwältigensten zeigt sich die innenbürtige Kraftentfaltung in der gigantischen Verformung von manchmal ganzen Stockwerken verschiedenster Schichtpakete: wenn diese verbogen, wie ein Strudelteig gefaltet, zerstückelt, zertrümmert sind, als wären sie durch eine riesige Knet- und Walzmaschine gelaufen, oder wenn sie von anderen Schichtpaketen über- oder unterschoben sind, so daß da und dort geologisch alte Schichten über wesentlich jüngere Formationen zu liegen kommen.

Die Verbiegungen und Faltungen können nur durch seitlichen (waagrechten) Schub hervorgerufen sein. Dieser Druck wird nach den neueren Anschauungen der Geologen auf driftende Kontinentalschollen zurückgeführt, die sich — auf der Simaunterlage schwimmend — einem festsitzenden kontinentalen Ursockel als Widerlager zubewegen. Dabei erfolgt eine Zusammenpressung der viele Kilometer mächtigen Sedimentmassen, die in der meerüberspülten und langsam sinkenden Sammelmulde in langen geologischen Zeiträumen abgelagert und verfestigt wurden, in dieser Geosynklinalen, die zwischen zwei aufeinanderzubewegten Kontinentalblöcken eingelagert sind. Die damit verbundene Deformierung der ursprünglichen Struktur der Sedimentschichten kann geschehen durch Großverbiegungen, Faltungen (Abb. 15a u. 15b), Verwerfungen, Zertrümmerungen, Unter- und Überschiebungen der Deckenschollen je

Abb. 15a. Gefaltete Kalkschichten des Säntismassives in den Appenzeller Alpen, Schweiz. (Lichtbild Swissair-Photo A.-G. Zürich in „Schöne Welt der Alpen", Deutsche Buch-Gemeinschaft, Berlin u. Darmstadt.)

Abb. 15b. Falte im Old red (Devon) bei Coblers Hole, St. Anna Heat, Dale Pembroke, Schottland. (Lichtbild aus der Sammlung des Naturhistorischen Museums in Wien.)

nach der Gesteinszusammensetzung, dem Alter der Schichten, der Tiefenlage (Gewichtsdruck von oben), der Größe des Seitenschubes usw. Die hohen Drucke in der Tiefe und die nach unten stark zunehmende Temperatur erleichtern die Strukturbildungen, da dadurch die dort lagernden Sedimentmassen plastisch, in sich verschiebbar werden, je tiefer, um so mehr (Fließtektonik). Die Abb. 16 gibt verschiedene Grade der Faltenbildung schematisch wieder, ohne damit die große Fülle der Möglichkeiten einfangen zu wollen, die die Natur uns aufzeigt. Kommt eine Falte zum Liegen, so daß sie die darunter befindlichen Schichten überdeckt, dann spricht man von einer Deckfalte. Aus solchen Falten gehen die Überschiebungsdecken hervor, die oft quer zur Faltenachse (quer zum tektonischen Streichen) viele Kilometer lang sein können (Abb. 17a u. 17b). Da jedes Gestein auf die Verformung anders reagiert, entsteht aus Schichtfolgen, die aus verschiedenen Gesteinsarten zusammengesetzt sind, eine sogenannte disharmonische Faltung (Stockwerksfaltung). Dies wird besonders deutlich bei Wechsellagerung von weicheren (schiefrigen, mergeligen) Lagen etwa mit steifen, dickbankigen Kalk- oder Dolomitlagen, die einer Faltung sehr starken Widerstand entgegensetzen. Als ein Beispiel dafür mag der Aufbau der Sellagruppe in den Grödener Dolomiten dienen (Abb. 18). In der Triaszeit[1], in der solche Karbonatschollen entstanden, ließ die nur sehr zögernd vor sich gehende synklinale Absenkung den kalkausscheidenden Lebewesen des warmen Flachmeeres genug Zeit, diagenetisch[2] sehr schnell verfestigte Karbonatplatten von 1,5—2,5 km Mächtigkeit und mehr, und sehr großer Ausdehnung im

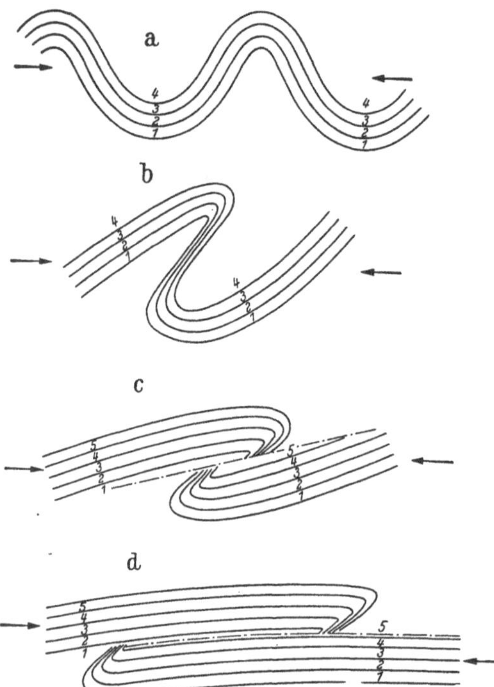

Abb. 16. Faltenbildung durch waagrechte Preßwirkung (*a*, *b*). Bei Bruch des schwachen Mittelflügels durch andauernden Seitenschub (*c*) werden die Teile der gebrochenen Schichtreihe übereinander geschoben. Es entstehen Decken (*d*). Schichtreihen, die nebeneinander gehören, liegen nun übereinander. Bei dieser Bewegung wird oft auch noch die Schichtfolge selbst gestört.

[1] Siehe Anhang, Tafel 15.

[2] Diagenese = Verfestigung frisch abgesetzter Lockersedimente zu „Stein".

Streichen (nördliche und südliche Kalkalpen) aufzubauen (Tabelle 1). Dank ihrer Steifheit widerstanden sie den wiederholten orogenen An-

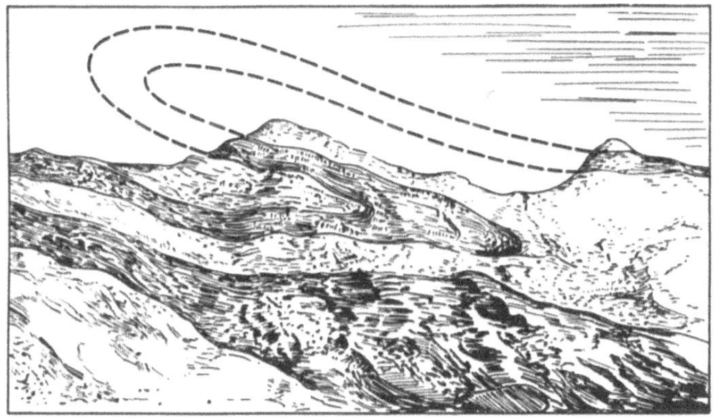

Abb. 17a. Rekonstruktion einer liegenden Falte aus dem vorhandenen Schichtkörper. Südfranzösische Alpen. (Nach RENEVIER.)

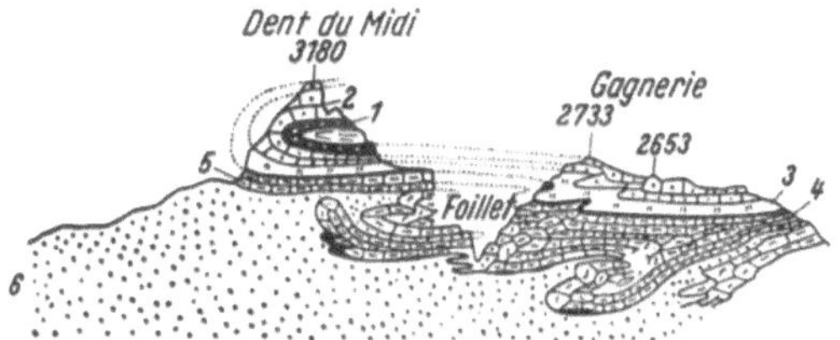

Abb. 17b. Beispiel liegender Falten. Falten an der Dent du Midi (Hautes Alpes calcaires, Schweiz). (Nach F. de LOYS.) *1* Valangien. *2* Hauterivien. *3* Urgonien. *4* Gault. *5* Nummulitique. *6* Flysch.

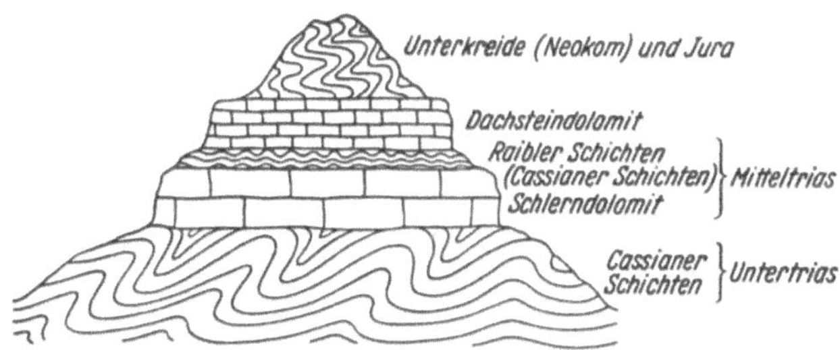

Abb. 18. Disharmonische Faltung (schematisch) nach dem Beispiel der Sellagruppe in den Grödener Dolomiten. (Nach CORNELIUS.)

strengungen, sie in verengten Trögen zu verbiegen. Erst im Lias konnten größere Teile durch die niederbiegenden und faltenden Kräfte bezwungen werden. Die Schollen wurden dabei zertrümmert, in größere Tiefen niedergerissen. Noch stehengebliebene Teilsättel nahm dann die große

Tabelle 1. *Die Puls-Bewegungen in der Triaszeit*[1]. (Nach E. KRAUS.)

	Stufen	Zonen-versteinerungen	Pulsstöße (Transgressionen, Regressionen)	Südalpine Geosynklinale	Nordalpine Geosynklinale	Autochthone, helvet., pennin. Westalpen	Germanisches Becken
Keuper	Rhät	*Avicula contorta*	Vorflut Rückflut	Oberer Dachsteinkalk u. Kössener Schichten	Oberrhätkalk Kössener Schichten	Rhät-Lias	Rhät-Sandstein und -Ton
Keuper	Nor	*Turbo solitarius*	Vorflut[2]	Dachsteinkalk Hauptdolomit	Haupt-Dolomit / Plattenkalk u. Dachsteinkalk	Quarten-schiefer	Zanclodon- u. Knollenmergel (äolisch)
Keuper	Karn	*Tropites subbullatus*	Rückflut Vorflut Rückflut	Torer Schichten c-Sandstein a-, b-Schichten (Raibler Sch.)	Gips u. Rauhwacke Opponitzer Kalk Lunzer- C-Sandstein		Stubensandstein Bunte Mergel u. Lehrbergschicht Schilfsandstein
		Trachyceras aonoides	Vorflut		Lunzer-, Reingrabener, Carditaschichten		Gips- u. Salzkeuper Lettenkohle
Muschelkalk	Ladin	*Trachyceras aon*	Rückflut	Cassianer Schichten (Schlerndolomit Esinokalk Melaphyre)	Wetterstein-Kalk (Ramsaudolomit)	Rötdolomit-Meer	Bonebeds
		Daonella lommeli	Vorflut[2]	Wengener Schichten	Partnach-Schichten		Hauptmuschelkalk-Meer
		Protrachyceras reitzi		Buchenst. Schichten			
Muschelkalk	Anis	*Ceratites trinodosus*	Rückflut	Konglomerat z. T. Mendeldolomit	Meer des alpinen Muschelkalks	Gips und Rauhwacke	Anhydritgruppe
		Rhynchonella decurtata	Vorflut[2]	Alpiner Muschelkalk			Wellenkalk-Meer
		Dadocrinus gracilis	Rückflut	Konglomerat z. T. Rauhwacke Kampiller Sch.	Salzlager		Festländischer
Buntsandstein	Skyth	*Natica costata*	Vorflut		Obere Werfener Schichten ? Verflachung	Festländische Buntsandstein-fazies	Voltziensandstein Rötmeer
		Pseudomonotis *clarai*	Rückflut Vorflut	Rauhwacke Seiser Schichten	Untere Werfener Schichten		Hauptbuntsandstein Meer d. unt. Bunts. (z. T.)
	Zechstein	*Productus horridus*	Rückflut Vorflut	Bellerophonkalk	Land	Land	Salzlager } im N Zechstein }

Senkung der Dogger-Tiefseerinne mit in die Tiefe, wo sie von dessen Sedimenten (Roter Tiefseeton-Radiolarite) überlagert wurden. Lediglich die Dachstein-Kalkinsel hielt auch hier noch stand und tauchte aus. Jetzt, da sie isostatisch als Hochgebirge *endgültig* herausgehoben sind, erscheinen uns diese orogen ausgestemmten und ausgeschobenen Karbonatblöcke mit ihrer steifen Tektonik wie Trutzburgen (z. B. Dachstein [Abb. 19], Dolomitzinnen).

Abb. 19. Dachstein (2996 m) und Großwand (2412 m) mit vorderem Gosausee (Speicherbecken 908 m) (Salzkammergut). — Die der triadischen Karbonatplatte (vgl. S. 30) zugehörige „Dachsteinkalkinsel" widerstand als solche auch noch in der Doggerzeit der orogenen Verbiegung und Absenkung. Erst im oberen Dogger versank sie nach vorhergegangener Abtragsbeanspruchung (Karstebenen). Wenig verbogen wurde sie später als mittleres Riff zur kalkalpinen Mitteldecke ausgeschoben. — Schön gebankte Dachsteinkalke mit NW-wärts einfallenden Schichten. Moränenarmer Plateaugletscher ohne oberflächlichen Abfluß (Wasserdurchlässigkeit des Kalkes). See von Moräne gestaut. Er dient bereits seit längerer Zeit als Speicher für das Gosaukraftwerk. (Nach käuflichem Lichtbild.)

Der gebirgsbildende Vorgang „nach unten" in der Geosynklinale erfolgt natürlich nicht in einem Guß. Denn das „Ab und Auf", das den normalen Pulsschlag der Erde darstellt, bestimmt auch den Ablauf der Baugeschichte der Faltengebirge vom Anfang bis zum Schluß. Dieser Ablauf ist eine Aufeinanderfolge von sehr vielen orogenen Phasen, deren jede durch einen Hebungsakt abgeschlossen wird. Beim Bau der Alpen wurden allein während der Triaszeit nach der Tabelle 1 7 orogene (Senkungs-)Perioden (Transgressionen), davon 3 Hauptsenkungszeiten und ebensoviele Hebungsperioden (Regressionen) festgestellt. Im Prinzip ähnliche Verhältnisse herrschten in den vorhergehenden und nachfolgenden geologischen Formationen. Nur die Anzahl und die Intensitäten der Bewegungen waren verschieden (z. B. Tabelle 2).

Tabelle 2. *Molasseschichtfolge in Oberbayern.* (Nach KRAUS.)

Stufe Unterstufe		Wichtige Bildungen	Wichtige Gesteine	Mächtigkeit der Sedimente
Torton (-Sarmat)	Miozän	Obere Süßwassermolasse	Flinz, Konglomerat, Sandstein, Rotkreuz-Schotter. Kirchberger Schichten, Oncophorasande. Darunter Diskordanz	Über 1 km 30 bis 100 m
Helvet-Stufe	Miozän	Obere Brackwassermolasse		
Burdigal	Miozän	Obere Meeres-Molasse	Meeressand, Mergel. Miozänschlier Glaukonitsandstein, Austernbänke, Transgression	150 bis 400 m
Aquitan		Untere Süßwassermolasse	Obere Cyrenenmergel, brack. Heimbergschichten	200 m
Katt	Oligozän	Untere Brackwassermolasse	Promberger Schichten (marine) W: Ob. Bunte Molasse. Untere Cyrenenschichten mit Pechkohlenflözen (im O bis z. Inn)	200 bis 400 m > 500 m
	Oligozän		Im W: Unt. Bunte Molasse. Im O: Oligozänschlier (im O bis zur Traun)	1200 m
	Oligozän	Bausteinzone		bis 200 m
Rupel		Untere Meeresmolasse	Wagneritz-Tonmergel, Sandstein Transgression	1100 m

Die Zeiten nach den isostatischen Heraushebungen über die jeweiligen Meeresspiegel entsprachen orogene (innenbürtige) Ruhepausen. Dafür treten aber sofort die immer angriffsbereiten abtragenden Kräfte in Tätigkeit, wobei die jeweils geschaffenen Baureliefe meist wieder bis zu Rumpfflächen abgetragen, d. h. die gehobenen Krustenteile weitgehend eingeebnet werden. Um welche Massen es sich bei solchen Abtragsperioden handeln kann, dafür sei das Beispiel der vorgosauischen Abtragung im südöstlichen Karwendel erwähnt: diese betrug etwa 3 Kilometer Mächtigkeit, wobei die gehobenen Sedimente vom Neokom[1] bis herab zum Wettersteinkalk (Ladin)[1] als neues Sedimentmaterial in die Geosynklinale ging. Eine Vorstellung von der Riesentonnage der insgesamt abgetragenen und umgewälzten Massen, und damit von den langen Zeit-

[1] Siehe Anhang Tafel 15 (Neokom gehört der Unterkreideformation, Ladin dem oberen Muschelkalk in der Trias an).

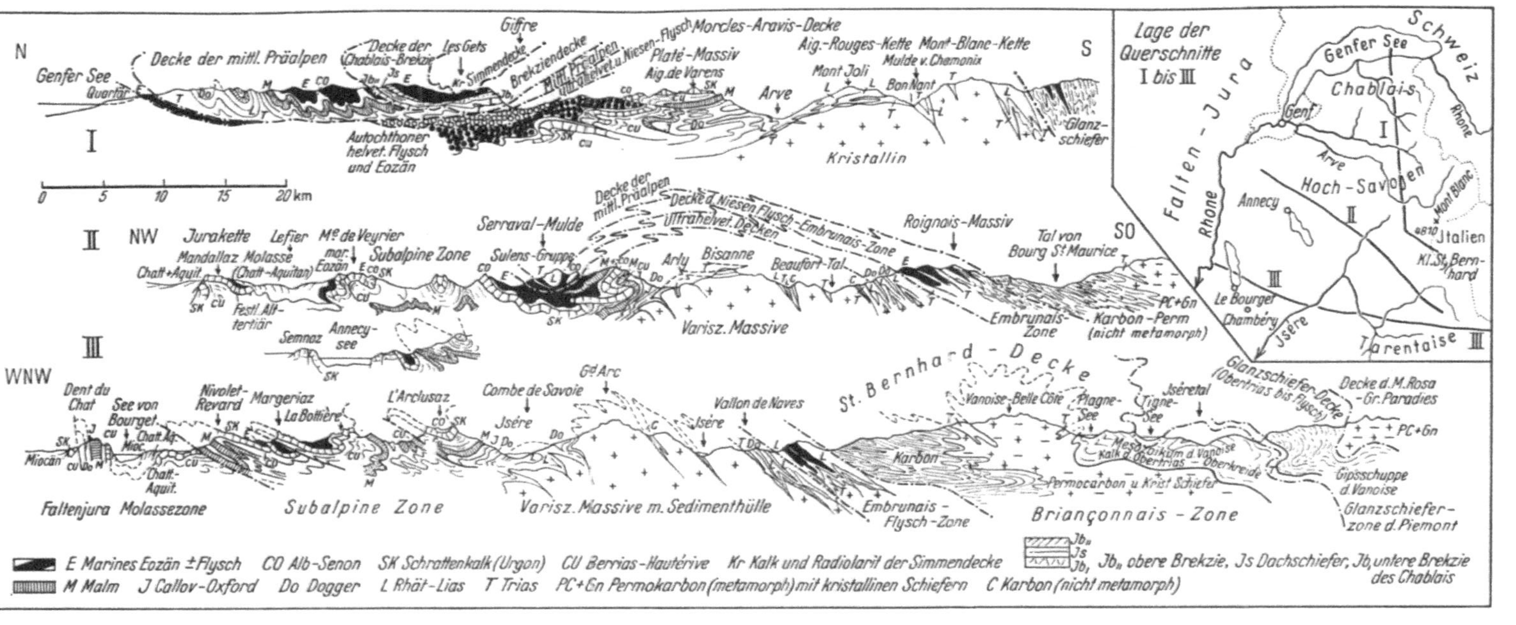

Abb. 20. Rekonstruierte Deckenbildungen in den Savoyer Alpen. Die Flyschmassen des Eozän (Schnitt I) bilden durchweg die jüngsten Glieder der in die Deckenwanderung mit einbezogenen Sedimente. (Nach MOVET 1927; halbschematisch. Aus KRAUS: Baugeschichte der Alpen. 1951.)

räumen, über die sich die Gebirgsbildung der Alpen hinzog, vermag vielleicht folgender Hinweis zu vermitteln: summiert man im Tessiner Hochwölbungsgebiet die dort nach den zahlreichen Hebungsphasen durch Abtrag entfernten Gesteinsdeckenmassen, so käme man für die gegenwärtige Zeit zu einer Gesamtalpenhöhe von 15—20 km gegenüber der heute dort noch tatsächlich vorhandenen von wenig mehr als 3 km.

So sind die Gebirge, die *wir* sehen, nur ärmliche Reste der geologischen Gebirge, deren endgültig herausgehobene Reliefs mit ihren oft verwirren-

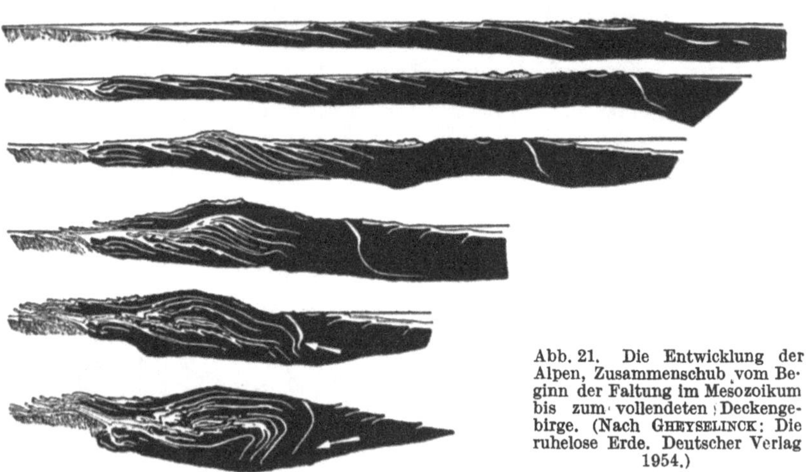

Abb. 21. Die Entwicklung der Alpen, Zusammenschub vom Beginn der Faltung im Mesozoikum bis zum vollendeten Deckengebirge. (Nach GHEYSELINCK: Die ruhelose Erde. Deutscher Verlag 1954.)

den tektonischen Strukturen inzwischen von der Verwitterung und Erosion in Stücke zernagt und zum Teil schon verwüstet wurden. Und die Bergstöcke der Alpen sind nur kümmerliche Überbleibsel einer Anzahl übereinander gestapelter Decken (Abb. 20), die von einer ursprünglichen Breite von über 600 km auf eine heutige Breite von etwa 150 km zusammengeschoben und hochgepreßt wurden (Abb. 21). Bei dieser Sachlage ist es nicht so, daß man den Baustil eines solchen Gebirges leicht erkennen kann und daß man in jedem Berg auf den ersten Blick eine deutliche Falte oder eine wohlangelegte Decke liegen sieht. Nur sehr wenig Falten sind „wurzelfest“, d. h. mit ihrem Ursprungs- oder Wurzelgebiet verbunden. So ergibt sich für den Geologen „die schwierige Aufgabe, die Veränderungen der Lagerung und Reihenfolge der Schichten genau zu studieren und darnach jeden einzelnen Berg in das Schema einzuordnen, nach welchem das ganze Gebirge aufgebaut wurde. Dann muß er jede Schicht in diesem Berge mit einer gleichaltrigen in einem benachbarten Berg verbinden — der mitunter etliche 10 Kilometer vom ersten entfernt liegen kann. Und so verfolgt er über die einzelnen Berge hin die liegende Falte oder die Decke, die alle wurzellosen Fragmente zu einem vollkommen unverletzten Gebirge verbinden würde, wenn nicht die Erosion ihr Vernichtungswerk ausüben würde (Abb. 17a u. 20). Auf diese Weise schafft der Geologe auch Klarheit über die oft so schwer durchschaubare Tektonik jener Gebiete, die im Interessenkreis des planenden Ingenieurs liegen, klärt damit die Herkunft der anstehenden Gesteinsschichten und ermöglicht die nötigen Schlüsse auf ihr Verhalten bei Inanspruchnahme als Baugrund im weitesten Sinne. Gerade für das Bauen in den Alpengebieten bereitet der Untergrund nur zu oft erhebliche Schwierigkeiten

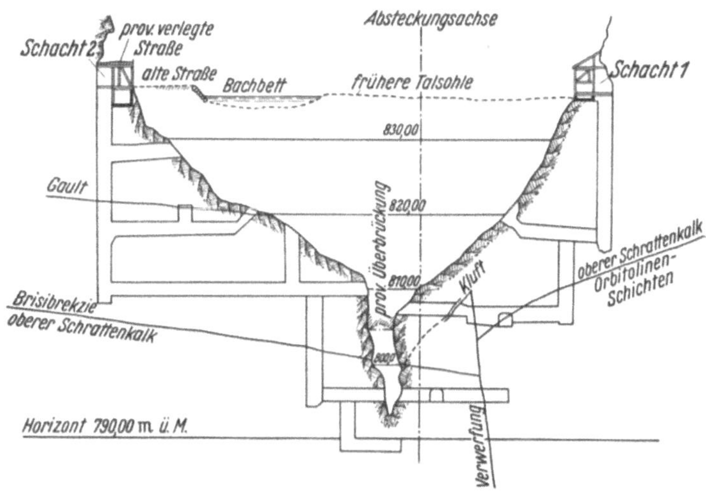

Abb. 22. Sondierstollen und -schächte beim Bau der Talsperre „Im Schräh" des Wäggital-Kraftwerkspeichers (Schweiz. Bauzeitg. 1924, S. 8).

und ist reich an unangenehmen Überraschungen. Deshalb muß der Ingenieur dort mit besonderer Sorgfalt an das Planen herangehen, ganz gleich, ob der bauliche Eingriff in einen Untergrund mit Lockergestein oder mit Festgestein erfolgt. Diese selbstverständliche Forderung sollen die verschiedenen Beispiele, die weiter unten folgen, noch unterstreichen.

Was hier unter Sorgfalt verstanden wird, sei am Beispiel der Bodenerkundung für die Talsperre „Im Schräh" des Wäggital-Kraftwerkes in den Schwyzer Alpen gezeigt[1]. Dort lagen an der Sperrenengstelle folgende Baugrundschwierigkeiten vor: die Oberfläche des anstehenden Felsens verlief dort bis zu 30 m unter dem aufgeschotterten Talboden. Am tiefsten Punkt der Felsbank hatte die Erosion einst eine kaum mannsbreite, dafür aber etwa 18 m tiefe Klamm ausgenagt, die später wieder mit Flußgeschiebe ausgefüllt worden war. Obendrein zieht sich parallel zu diesem Erosionsgebilde eine Verwerfung durch die der Unter-

[1] Vgl. dazu auch das Beispiel S. 49 (Semmeringtunnel).

kreide angehörenden Kalkschichten, von der wiederum eine Kluft abzweigt. Um ein klareres Bild über diese Untergrundstörungen und über die Beschaffenheit der anstehenden Felsbank zu gewinnen, als es Bohrungen allein vermögen, wurden diese problematischen Untergrundstellen durch senkrechte und waagrechte Sondierstollen zugänglich ge-

Abb. 23. Staumauer „Im Schräh" des Wäggitalspeichers $1^1/_2$ Monate vor Fertigstellung. Luftseitige Ansicht mit den Baustelleneinrichtungen auf dem Stockerlitalboden und Schrährücken. (Führer d. d. Schweiz. Wasserwirtschaft I. Bd. 1926.)

macht (Abb. 22). Dies ermöglichte den Ingenieuren eine klare Entscheidung über die notwendigen Plombierungsmaßnahmen, um für die Staumauer an dieser Örtlichkeit bei einem späteren Wasserdruck entsprechend 110 m Wasserhöhe über der Fundamentfuge Wasserdichtigkeit und Standsicherheit zu gewährleisten.

C. Der Boden als Widersacher des Ingenieurs: Bauschäden.

Das Auf und Ab und Hin und Her der Krustenbewegungen zusammen mit den pausenlos wirkenden Abtragungskräften haben, wie gezeigt, das außerordentlich bunte Gesteinsmosaik und Schichtgefüge der oberen Erdschalen geschaffen, durch die da Schächte, Stollen, Tunnel geführt werden, in die dort Ingenieurbauten, aber auch unsere Wohnhäuser mit ihren mehr oder weniger tief reichenden Grundwerken hineingesetzt werden und so den Boden zum Baugrund machen. Die Gesteine, aus denen diese oberen Erdschollen hervorgegangen sind, können in geschlossenen festen Bänken, aber auch als Lockermaterial anstehen, können ihren ursprünglichen Zustand bewahrt haben, aber auch umgeprägt, zertrümmert, abgeschliffen, verwittert, in verschiedener Konsistenz und wechselnder stofflicher Zusammensetzung, als verschiedenartigste Bodenarten mit jeweils anderen Eigenschaften, abweichender Dichte und Tragfähigkeit abgesetzt sein. Sie können weiterhin stark von einander abweichen in ihrem evtl. Gehalt an Wasser und in ihrem sonstigen Verhalten gegenüber Wasser. Zahlreiche Variationen ergeben sich daraus für alle Stadien von der beginnenden Abtragung bis zu den Sedimentationen und ihren Verfestigungsgraden.

Ähnlich ist es mit den Schichtbildungen dabei. Diese können im Längen- und Querschnitt der mannigfachsten Art sein: gleichmäßig und ungleichmäßig, waagrecht oder geneigt, eben oder verbogen, unbeschädigt oder durch tektonische Bewegungen zerquetscht, ineinander verzahnt oder zerrissen. Sie können die verschiedensten Mächtigkeiten aufweisen, können plötzlich auskeilen. Schließlich können sich diese Verschiedenheiten mehr oder weniger oft in Schichtenwechsellagerungen wiederholen. Vom Standpunkt der *Baueigenschaften* aus gesehen besagt dies alles, daß selbst bei gleicher stofflicher Zusammensetzung beispielsweise Tonschicht nicht gleich Tonschicht, Sand nicht gleich Sand, aber auch Sandstein nicht gleich Sandstein, selbst Granit nicht gleich Granit ist, d. h. es weichen die Eigenschaften hinsichtlich ihrer Bearbeitbarkeit, Tragfähigkeit, Standfestigkeit, Beständigkeit, Wasserdurchlässigkeit vielfach erheblich voneinander ab.

Deshalb kommt man bei Beurteilung eines Baugrundes in vielen Fällen (besonders bei den ausgesprochenen Ingenieurbauten) nicht mit generellen Feststellungen, mit nur grundsätzlichen bzw. schematisierenden Anschauungen über den Aufbau des Bodens bzw. über den Gebirgsbau aus. *Volle* Klarheit über die Baugrundeigenschaften im weiteren Sinn des Wortes gewinnt man erst durch das eingehende Studium der *örtlichen* Verhältnisse des Bodens, seine *Entstehungsgeschichte* und seine *Beschaffenheit.*

Daß man früher sein Auslangen mit der Einteilung der Lockerböden in 5 Hauptklassen fand, ohne daß auffallend viele Gründungsschäden vorkamen, läßt sich wohl im wesentlichen aus den seinerzeitigen geringeren Bauwerksausmaßen einschließlich kleineren Gründungstiefen und der reichlicheren Bemessung (geringeren Ausnutzung der Baustoffe!) erklären. Im Laufe ihrer jahrelangen Praxis hatten sich die Ingenieure für die *damaligen* Bauverhältnisse reiche Erfahrungen und ein Fingerspitzengefühl für den Baugrund erworben, wodurch sie im allgemeinen vor Fehlschlägen bewahrt wurden.

Diese Bauverhältnisse haben sich heute geändert. Die Erfordernisse der wachsenden Wirtschaft haben unter Ausnutzung der modernen Bautechnik mit den materialsparenden Bauweisen und der konstruktiven Bewältigung sehr großer Nutzlasten zu einer schnellen Zunahme der Bauwerksdimensionen geführt (Abb. 24). Diese machte auch vor dem

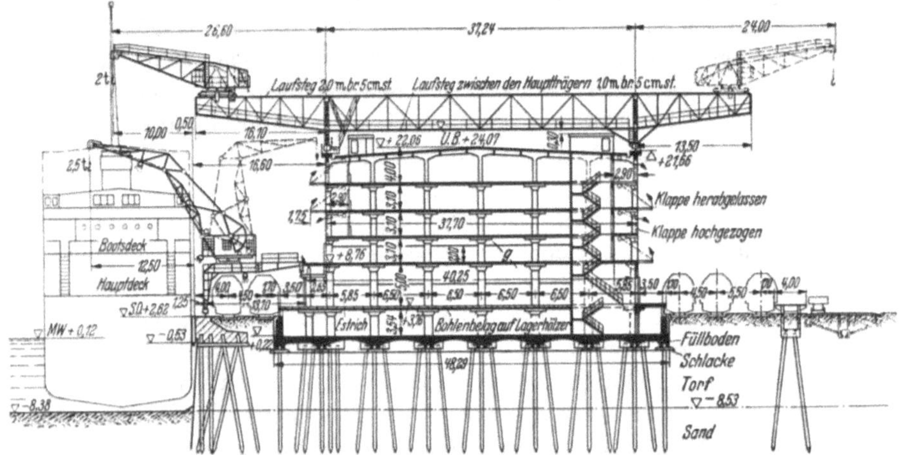

Abb. 24. Stettiner Speicher (1928 von Siemens-Bauunion in Stahlbeton erbaut). (Nach KUTSCHKE: Jahrb. der D.G.F.B. 1930.)

Baugrund nicht halt. Immer tiefer gingen die Eingriffe in den Untergrund unter zwangsweiser Störung seines Gleichgewichts. Ein örtliches Ausweichen ist in vielen Fällen, wie schon eingangs erwähnt, nicht möglich. Dabei tragen die Erfahrungen vergangener Zeiten nicht mehr „die schlüssige Beweiskraft in sich (AGATZ)". Darauf dürfte es u. a. zurückzuführen sein, daß in der Übergangszeit von dem Erfahrungswissen zu der heutigen Baugrundwissenschaft zahlreiche Bauunfälle im In- und Ausland eingetreten sind, wie ein großer Teil der nachfolgenden Beispiele zeigt. Diese Schadenfälle sollen nicht nur die Gefahren beispielhaft vor Augen führen, die dem Boden und dem Bodenwasser eingeboren sind, sondern mahnen, nichts zu unterlassen, was dazu dienen kann, diese Gefahren nach Art und Umfang vor Inangriffnahme eines Bauvorhabens möglich restlos aufzudecken.

Beispiele für Bauschäden.

Zu den häufigsten Bauschäden bei Gründungen gehören *Setzungserscheinungen* infolge der Zusammendrückbarkeit der den Baugrund bildenden Erdstoffe. Besonders tückisch können die Bauwerkssetzungen auf *tonigem* Baugrund sein, weil sie nur ganz allmählich vor sich gehen und sich über lange Zeiten erstrecken. Dies kommt daher, daß bei den

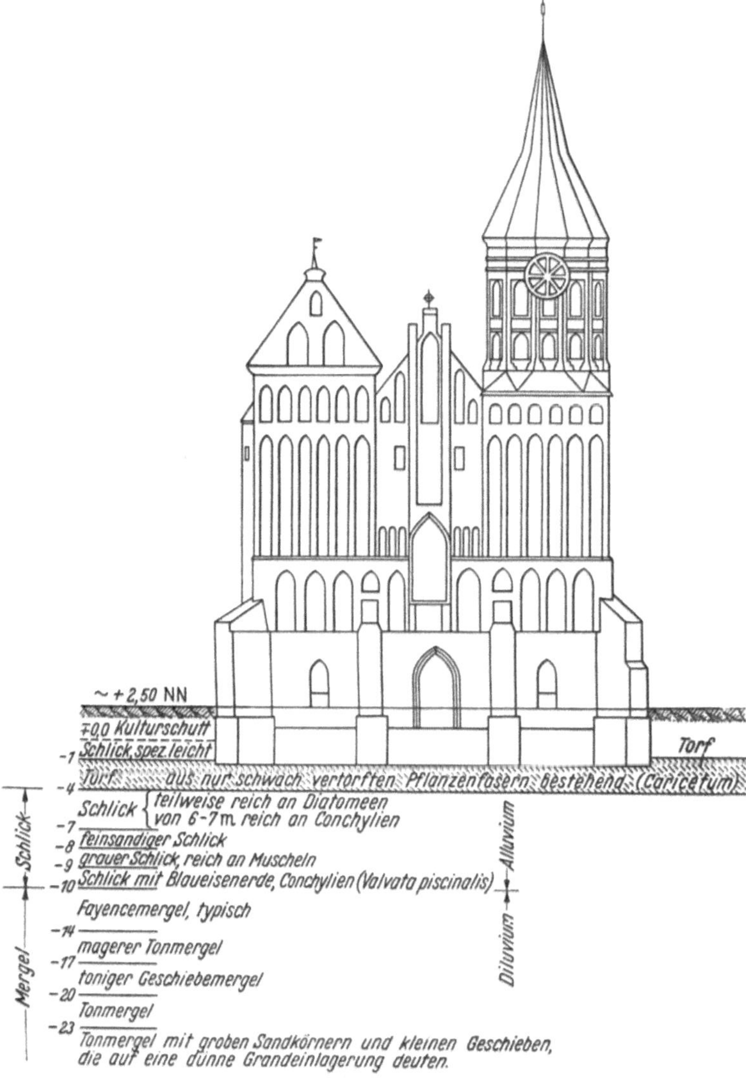

Abb. 25. Der sinkende Königsberger Dom. Westseite. (Nach TIEDEMANN.)

sehr kleinen Tonteilchen (Bodenkolloiden) auch die Porengänge sehr eng sind, diese deshalb dem Porenwasser, das unter der Belastung entweicht, einen sehr großen Strömungswiderstand entgegensetzen. Deshalb übernimmt das Porenwasser zunächst selbst die Belastung. Diese wird erst nach und nach dem Tongerüst aufgebürdet und zwar in dem Maße, indem das Porenwasser abströmt.

Neben dem *Holstentor* in Lübeck ist der *Königsberger* Dom ein besonders instruktives Beispiel für eine solche langsam vor sich gehende

Abb. 26. Setzungsrisse in einem Gebäude auf ungleichmäßigem Untergrund. (Degebo-Archiv.)

Abb. 27a. Der Schiefe Turm zu Pisa. (Nach BIERBAUMER, 1929.)

Setzung. *Ohne jeden Pfahlrost* auf eine Torfschicht gegründet (was da und dort übrigens auch heute noch vorkommen soll), ist das schwere Dombauwerk seit seiner Erbauung (Baubeginn wahrscheinlich 1333) auf seinen Fundamenten nie zur Ruhe gekommen. Dabei ist das Westportal bis 1905 um 1,67 m abgesunken. Um soviel liegt die älteste Schwelle dieses

Portals unter der Höhenlage der heutigen Schwelle. Fünfmal mußte man einen neuen Fußboden über den jeweils vorhergehenden alten legen (Abb. 25).

Bei ungleichen Setzungen auf ungleichmäßigem Untergrund entstehen infolge der dabei auftretenden Spannungsüberschreitungen (Wechselwirkung zwischen Baugrund und Bauwerk) Materialbrüche in den Bauwerken, die zu Rissebildungen führen (Abb. 26).

Ein weltbekanntes Beispiel für eine einseitige Setzung eines Bauwerks bildet der *Schiefe Turm zu Pisa* (Abb. 27). Erbaut 1174, hat er sich bereits während der Ausführung bei einer Höhe von 44 m um 4,3 m aus der Achse geneigt. *Vorher* durchgeführte Bodenuntersuchungen *hätten* die Erbauer auf die Schlammabsätze geführt und damit gewarnt. In Pisa machte man seinerzeit aus der Not eine Tugend: man ließ den Turm schief stehen und gab ihm nach eingetretener Beruhigung noch einen über 9 m hohen Aufbau, der bis heute seine senkrechte Lage bewahrt hat.

Abb. 27b. Der Schiefe Turm zu Pisa. Ansicht. (Nach einer käuflichen Postkarte.)

Die Abb. 28 und 29 zeigen 2 Hafenspeicher, die sich infolge *mangelhafter Gründung* senkten. Die einseitige Senkung erfolgte durch seitliches Ausquetschen des Baugrundes (einseitiger Grundbruch). Wie sich ein solcher Vorgang innerhalb der Bodenschichten abspielt, zeigt die instruktive Aufnahme eines Modellversuches von SCHOKLITSCH (Abb. 30).

Nicht selten treten bei Stützbauwerken für Geländesprünge Gleitbewegungen auf in Form von Geländebrüchen während des Baues oder, noch unangenehmer, als Grundbrüche nach Fertigstellung der Bauwerke. Die dabei eintretenden Störungen im Gleichgewicht des Baugrundes können ausgelöst werden durch Erhöhung der Belastung des Stützbauwerkes (z. B. Einbringung der Hinterfüllung), aber auch durch nach-

Abb. 28. Mühlengebäude in Tunis. Einseitiger Grundbruch (einseitige Ausquetschung des Baugrundes infolge von viel zu geringer innerer Reibung und mangelnder Kohäsion), verursacht durch *mangelhafte Gründung.* (Hdb. f. Eisenbetonbau. 2. Aufl. Bd. 2.)

Abb. 29. Getreidesilo aus Stahlbeton mit 28000 t Fassungsvermögen in North Transcona (Amerika). Versackung infolge einseitigen Grundbruches. Da die Stahlbeton-Silozellen unzerstört blieben, wurde zwecks Wiederherstellung die nicht gesackte Seite solange abgesenkt, bis das ganze Gebäude wieder waagrecht stand. (Eng. News-Rec. 1913.)

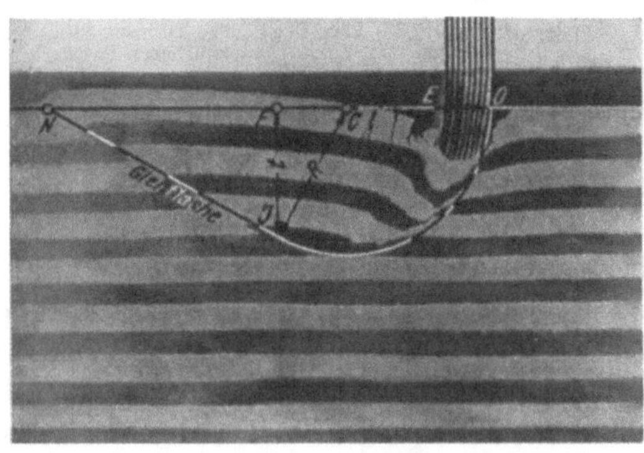

Abb. 30. Gleitflächenbildung bei einseitigem Grundbruch. (Aus SCHOKLITSCH: Grundbau.)

träglichen Bodenabtrag *vor* dem Stützbauwerk (Vergrößerung des Geländesprunges). Der letztere Fall lag beim Versacken der Ufermauer im Brunsbütteler Binnenhafen vor (Abb. 31a u. b). Nachdem dort nach

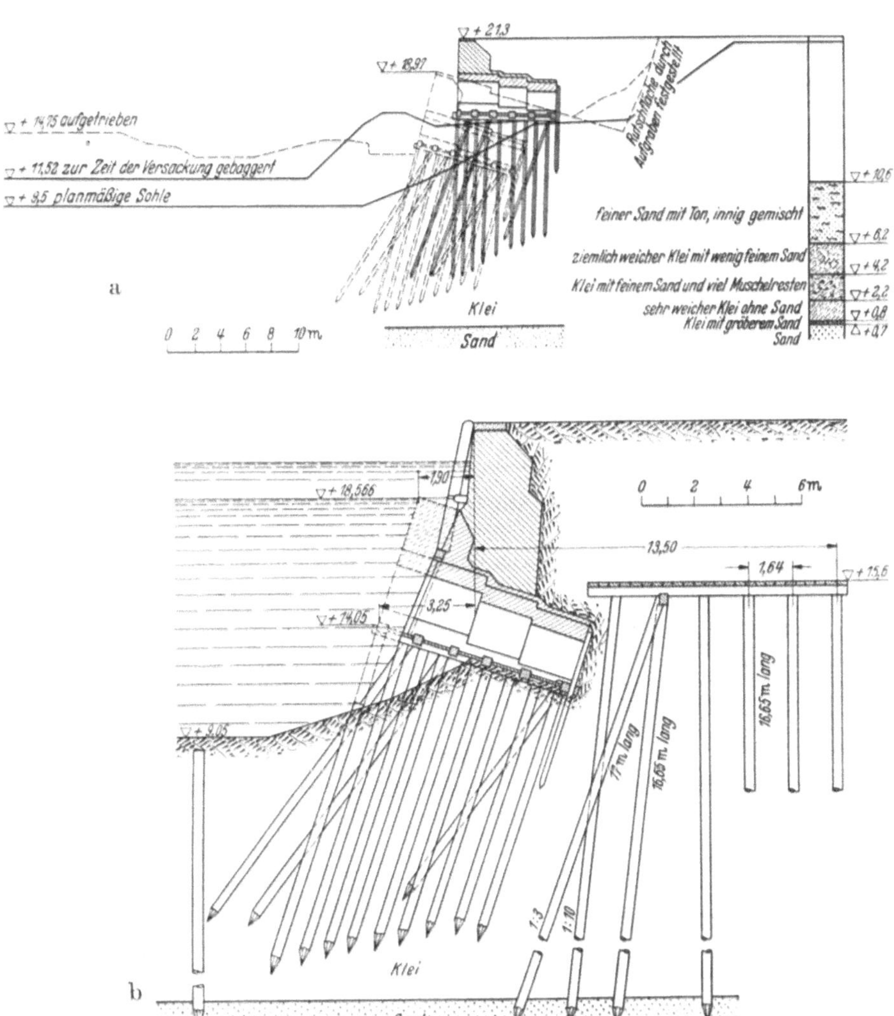

Abb. 31a u. b. Ufermauer im Binnenhafen zu Brunsbüttel. a Versackte Mauer. b Mauer nach der Wiederherstellung.

Fertigstellung der Mauer mit der Vertiefung des Binnenhafens in einem Abstand von 7,5 m vom Fuß der Mauer begonnen worden war, trat eines Morgens im Hinterfüllungsboden eine Senkung ein, die langsam, aber stetig zunahm, während sich gleichzeitig die bis auf Kote + 11,52 ausgebaggerte Hafensohle vor der Mauer langsam hob. Am Nachmittag des gleichen Tages wurde plötzlich eine Mauerstrecke von etwa 170 m Länge mitsamt dem Erdkörper, in dem sie stand, in Bewegung versetzt und bis zu 2,8 m vorgeschoben und bis zu 3 m abwärts gedrückt. Glücklicherweise blieben sämtliche Pfahlroste in sich und im Verhältnis zur aufruhenden Mauer unversehrt. *Nachträgliche* (!) Bohrungen ergaben die in der Abb. 31a dargestellte Schichtung, wobei die unteren Klei-Schichten, in denen die Pfahlspitzen steckten, so weich waren, daß der Bohrer allein schon durch das Gewicht des Gestänges in sie eindrang und der Inhalt des Bohrlöffels beim Aufziehen herausfloß. Bei dieser plastisch-flüssigen Konsistenz, also mangelnden inneren Reibung, nimmt die Ausquetschung nach der Seite nicht wunder. Diese weiche, schlammige und dabei fette Schicht konnte also nach Aufbruch der Hafensohle seitwärts entweichen (Grundbruch). Da die Pfahlroste, wie schon erwähnt, intakt blieben, und erneute Belastungen des Bauwerks keine weiteren Senkungen und Verschiebungen der Mauer herbeiführten, wurde die gesackte Mauer als *Unterbau* für eine neue Stirnmauer benutzt. Um jedoch Wiederholungen des eingetretenen Unfalls vorzubeugen, ordnete man vor der Mauer eine *Pfahlwand*, hinter der Mauer einen *Pfahlrost* an, die aber *jetzt* beide mindestens 1 m tief in die feste Sandschicht hinabreichen (*stehende* Pfahlgründung, Abb. 31 b, im Gegensatz zur vorher vorhandenen *schwebenden* Pfahlgründung, Abb. 31 a).

Nun einige Beispiele aus dem *Wehr-* und *Talsperrenbau*! Ganz allgemein kann gesagt werden, daß fast alle gebrochenen Stau*dämme* aus Erde infolge Überflutungen zugrunde gegangen sind, während die meisten Brüche von *Massivmauern* auf Mängel in den Baugrundverhältnissen zurückzuführen sind, zu denen sich da und dort zusätzlich Mängel hinsichtlich der konstruktiven Ausgestaltung bzw. des verwendeten Baumaterials gesellten. Mit Mängeln in den Baugrundverhältnissen wollen wir uns hier beschäftigen. Einen gefährlichen Baugrund für massive Sperrenbauwerke bilden z. B. *durchlässige Kies- und Lehmeinlagerungen* zwischen Felsschichten. Wird bei einer solchen Gründung der Stauraum gefüllt, dann verursacht der nunmehr wirksame Wasserdruck infolge solcher durchlässiger Untergrundnester oder Schmitzen *Unterströmungen* der Mauer, wobei das Feinmaterial nach und nach ausgespült wird. Dieser Vorgang endet schließlich mit einem Grundbruch und der Zerstörung der Mauer. Auf solche Untergrundmängel sind z. B. die Zerstörungen der Sperren von Hauserlake (1908), Dansville (1909), Pittsfield (1909) (Abb. 32), Elroha (1912) zurückzuführen.

Solche Ausspülungen von Bodenfeinteilchen können auch bei an sich festgelagertem Kiesuntergrund von Flußstauwehren auftreten, wenn die Spundwandschürzen nicht tief genug reichen. Auch hier führt die Druckdifferenz zwischen Ober- und Unterwasser, wenn auch oft erst nach

Jahren, zu Wehrbrüchen (z. B. Wehr an der oberen Alz). In diese Gruppe von Bauschäden kann man solche, wie z. B. die Zerstörung des Wehres am Nonnmattweiher (Glazialsee im südlichen Schwarzwald) einreihen. Dieses Wehr war in unverfestigte Moräne und ohne Verband mit dem unterliegenden Felsen gegründet und ging deshalb auch unter der Wirkung des Staudruckes und der Untersickerung nach kurzer Zeit zu Bruch. Die Grenzfläche zwischen dem aufgeschütteten Moränenmaterial und dem

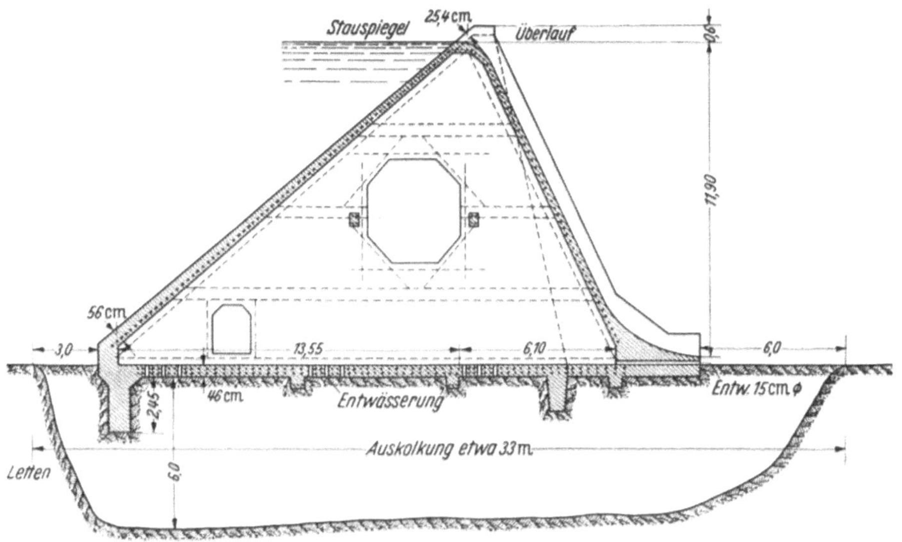

Abb. 32. Grundbruch am Ambursenwehr in Pittsfield. (Nach LUDIN: Die Wasserkräfte.)

unterliegenden „gewachsenen“ Fels hat schon in zahlreichen Fällen Schwierigkeiten bereitet. Schließlich beruhten auch die seinerzeitigen gewaltigen Rutschungen am Panamakanal bei Culebra auf ähnlichen geologischen Gegebenheiten. Bei einer dieser Rutschung, nämlich der am 9. Februar 1911, wurden 50 Menschen getötet und 3 Eisenbahnzüge verschüttet.

Ein weiterer Mangel des Untergrundes kann darin bestehen, daß er unter der Wirkung des eingepreßten Wassers erweicht. Auf einem solchen Baugrund stand z. B. die Stoneyfluß-Mauer (Westvirginia) und die Austintalsperre. Die letztere war auf Sandsteinbänke mit Tonzwischenlagen aufgesetzt. Nach der Inbetriebnahme machte das unter dem Staudruck in den Ton eingepreßte Stauwasser diesen schlüpfrig. Auf diesen Gleitflächen gingen die darüber liegenden „Felsbänke“ und die sie tragenden Mauerteile talab. Die Staumauer von Bouzey glitt ebenfalls auf *tonigem*, flachgelagertem Sandstein vorwärts, wobei auch die mit der Staumauer fest verbundene und in dichtem Fels tief gegründete Herdmauer in der Fundamentfuge abgeschert (!) wurde.

Eine Gefahrenquelle für den Bestand einer Sperrenmauer kann eine im Untergrund verlaufende Verwerfungsspalte bilden (vgl. dazu auch S. 35 u. 36). In erhöhtem Maße gilt dies, wenn eine solche Bewegungsfuge tief reicht und dabei in einem Gebiete liegt, in dem man mit der Möglichkeit der Fortdauer der tektonischen Bewegungen und damit mit evtl. Verschiebungen der Seiten des Zerrüttungsstreifens rechnen muß

Abb. 33. Die Glenotalsperre in den Bergamasker Alpen (aufgelöste Bauweise) nach dem Bruche. (Nach SCHOKLITSCH: Wasserbau.)

(S. 21). Trotzdem baute man die 60 m hohe *S. Francis*-Talsperre in *Californien* (aktive Erdbebenzone!) als Schwergewichtsmauer mit nahezu 52 m Fußbreite auf eine Verwerfung, gründete unverständlicherweise auch noch teils in Tonschiefer, teils in *gipshaltige* Trümmergesteine, ohne Bodendichtung und ohne ordentliche Herdmauer. Als diese Mauer dann 1928 einstürzte, konnte man lediglich *nicht* feststellen, ob dies mit oder ohne Bewegung der Erdkruste geschah.

Schließlich sei hier noch der Einsturz der in aufgelöster Bauweise hergestellten *Gleno*sperre in den Bergamasker Alpen Italiens als warnendes Beispiel erwähnt. Dieses Bauwerk wurde auf eine *abschüssige, von eiszeitlichen Gletschern abgeschliffene Felsgrundfuge* ohne Verzahnung aufgesetzt. Zu diesem Gründungsfehler kamen überdies noch Material- und Konstruktionsfehler (u. a. Benützung mangelhaften Kalk- und Dolomitgesteins zur Mörtel- und Betonbereitung). Abb. 33 gibt eine

Ansicht der Sperre nach dem Bruch wieder. Bei dieser Zerstörung liefen in kürzester Zeit an 5,4 Millionen m^3 Wasser aus. Der Flutwelle fielen 500 Menschenleben zum Opfer.

Eine besondere Art von „Gründung" erfordert der *Untertagebau*, mit dem man es vor allem bei der Auffahrung von *Tunnel, Stollen, Schächten*, aber auch z. B. bei Anlage von *Kavernenkraftwerken* zu tun hat. Bei diesen Bauanlagen wird das Innere des Gebirges gewissermaßen zum „Baugrund", wie über Tag die anstehenden Bodenschichten, wenn in sie etwa ein Kanal eingegraben wird. Dieser „Baugrund", das ist in diesem Falle also das freigelegte Gebirgsinnere, steht unter dem Druck (der Schwerewirkung) der überlagernden Gesteinsmassen, dem „echten Gebirgsdruck", und außerdem, soweit es sich um ältere Sedimente handelt, unter der Wirkung zurückgebliebener Spannungen als Folge einstiger wiederholter tektonischer Beanspruchungen. Diese gingen manchmal so weit, daß das Gebirge nach allen Richtungen überschoben, verworfen, zerdrückt wurde, so daß es den Eindruck macht, als wäre es von Riesenhänden durchgeknetet worden. In solchen Fällen kann es beim Durchfahren unmöglich werden, selbst auf geringste Entfernungen nach irgendeiner Richtung vorauszusagen, was kommen wird. Ähnlich unübersichtliche Verhältnisse können hinsichtlich des Auftretens von *Bergwasser* nach Ort, Menge, evtl. Temperatur und Zusammensetzung angetroffen werden. Durch solche Verhältnisse kann der „Baugrund" im Gebirgsinneren zu einem außerordentlich hartnäckigen, heimtückischen, ja fallweise sogar zu einem unüberwindlichen Gegner des bauenden Ingenieurs werden. Einige Beispiele sollen dies anschaulich machen.

Schon der erste, 2½ km lange *Hauensteintunnel bei Olten* (Westschweiz) hatte dadurch eine traurige Berühmtheit erlangt, daß während seines Baues (1857) durch den Einsturz eines Schachtes 70 Arbeiter den Tod fanden. Noch härtere Anforderungen im Kampf gegen Gebirgsbau, tektonische Ungunst und Wasser stellte der 19,8 km lange *Simplonbasistunnel* (zwischen Brig und Iselle) trotz der inzwischen an anderen Tunnelbauten (Mont Cenis, Gotthard) gesammelten Erfahrungen und der wesentlich verbesserten technischen Hilfsmittel für diese bergmännischen Bauarbeiten. Man glaubte dort auf Grund geologischer Gutachten sehr günstige Verhältnisse für den Vortrieb erwarten zu dürfen. Diese Hoffnung hatte sich aber in keiner Weise erfüllt (Abb. 34a u. b). So erwartete man z. B. in der mittleren, 7 km langen Strecke steil aufgerichteten trockenen Gneis. Stattdessen traf man auf Wasser führende, flachgeneigte und selbst waagrecht verlaufende Schichten, also auf Gebirgsverhältnisse, welche die Bohrarbeiten und die Ausmauerung des Tunnelprofils auf das äußerste erschwerten. Auf der nördlichen Seite, wo man mit einer Gesteinswärme von höchstens 42° C gerechnet hatte, stieg diese auf die fast unerträgliche Höhe von 56° C. Auf der Südseite dagegen

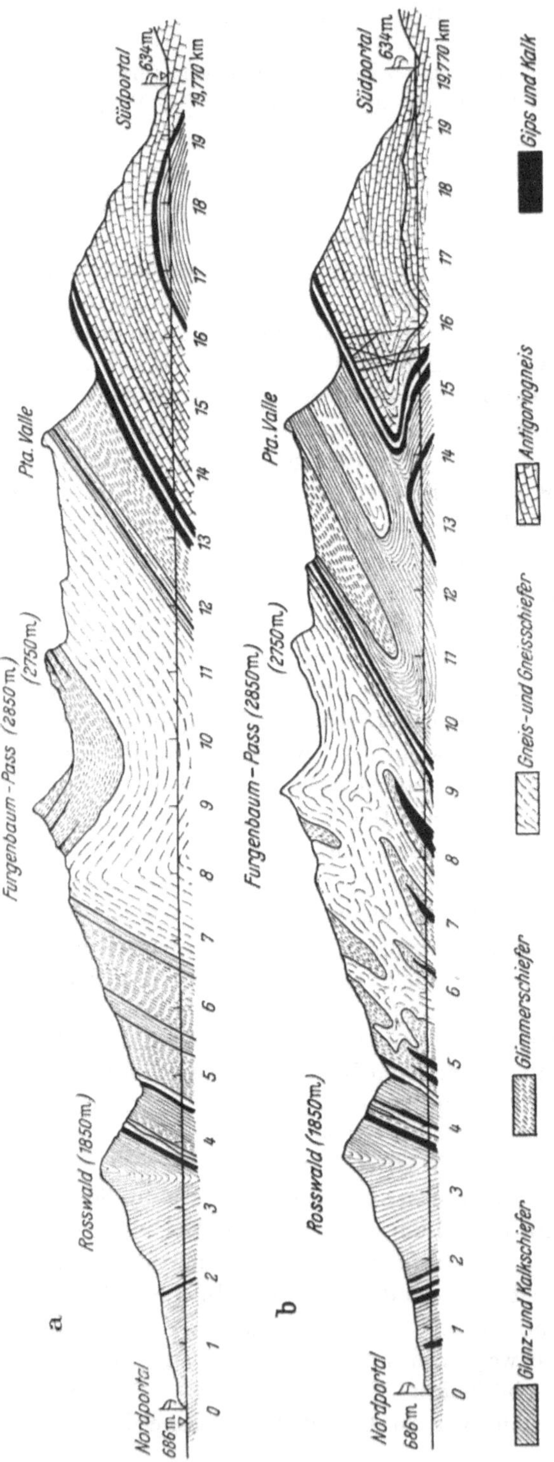

Abb. 34. Simplontunnel. a) Erwartetes geologisches Profil. b) Beim Bau vorgefundenes Profil.

schlug man kalte Quellen an, die sich unter hohem Druck und in einer Menge bis zu 1200 l/sek in den Stollen ergossen. Um die Schwierigkeiten noch weiter zu steigern, folgte auf diesen Tunnelabschnitt mit Wassereinbruch eine 42 m lange Druckstrecke mit derart brüchigem Gestein und entsprechend hohem Gebirgsdruck, daß selbst die stärksten Holzrüstungen zerdrückt und geknickt wurden. Hier mußte ein besonders starker Stahlbetonstollen geschaffen werden, dessen Vortrieb auf die genannten 42 m Länge, seine Aufweitung und Ausmauerung allein etwa $1\frac{1}{2}$ Jahre in Anspruch nahm. Schließlich folgte, als die Vortriebsarbeiten sich von Norden und Süden her bis auf etwa 2 km genähert hatten, auf der (heißen) Nordseite ein neuer Wassereinbruch, aber diesmal von heißen Quellen mit Temperaturen zwischen 45 und 50° C (!). Ein tragisches Geschick wollte es, daß beim Fallen der letzten Scheidewand im Tunnel am 24. Februar 1905 die heißen Wasser nunmehr in die Südstrecke hinüberströmten und dabei die Ingenieure Bianco und Grassi erstickten, womit die Gesamtzahl der Opfer im Kampf mit dem dortigen Gebirge auf 44 stieg.

Bei dem wenige Jahre später erfolgten Bau der Lötschbergbahn häuften sich auf der 74 km langen Strecke die zu überwindenden Terrainschwierigkeiten in ganz außergewöhnlichem Maße. Unter den zahlreichen Kunstbauten dieser Bahn steht an erster Stelle der *Lötschbergtunnel* mit rund 14,5 km Länge. Während des Baues dieses Tunnels ereignete sich am 24. Juli 1908 ein murartiger Gebirgseinbruch von außerordentlichem Maße, der die Aufgabe der ursprünglichen Trasse erzwang. Man hatte, sich lediglich auf grundsätzliche Anschauungen über den Gebirgsbau bei den Prognosen stützend, den Gasterenboden 175 m unter der Talaue unterfahren wollen. Man geriet aber in dieser Tiefe unerwarteterweise aus dem geschlossenen Fels in Gletscher- und Flußaufschüttungen des

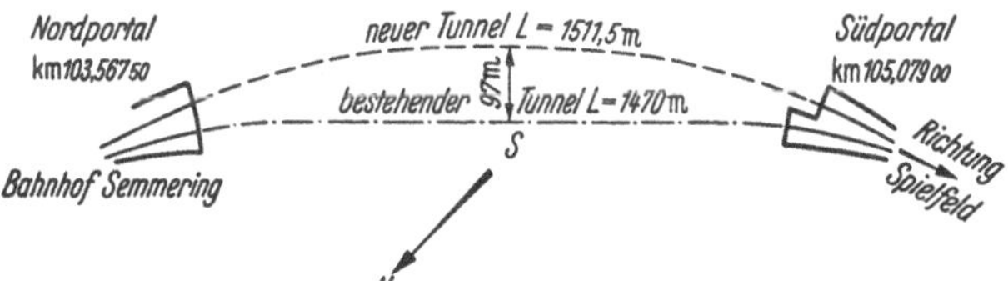

Abb. 35. Lage des neuen zum bestehenden Semmeringtunnel.

Kandertales. Beim Anschießen dieser lockeren Ablagerungen schoß ein Schlamm- und Schuttstrom mit gewaltigem Druck über 1000 m weit in den Tunnel hinein. 25 Arbeiter fanden dabei den Tod. Die *neue* Tunnelachse umgeht die tiefreichenden diluvialen Aufschüttungsgebiete bei einer Tunnelverlängerung um 800 m.

Ein Beispiel für schwierige Tunnelarbeiten aus der jüngsten Zeit bietet der *neue* eingleisige *Semmeringtunnel* (Oktober 1949 – Juni 1951; Länge etwa $1\frac{1}{2}$ km)[1]. Dieser war notwendig geworden, da das Tunnelgewölbe und Widerlagermauerwerk im alten zweigleisigen Tunnel (erbaut 1848 bis 1852) nach heutigen Ansichten nicht einwandfrei hergestellt und trotz laufender Rekonstruktionsarbeiten nicht mehr zu halten war. (Sein 1952/53 durchgeführter Umbau zu einem *ein*gleisigen Tunnel stellt die Zweigleisigkeit dieser wichtigen Bahnverbindung wieder her [Abb. 35].)

Zur Klärung der Gebirgsverhältnisse in der Trasse des neuen Tunnels wurde diese eingehend über Tag, ferner durch Kernbohrungen in der Tunnelachse (Abb. 36: I bis XI) und schließlich auch noch geoelektrisch untersucht. Nach dem Ergebnis mußte auch in der neuen Tunnelachse mit ähnlichen geologischen Schwierigkeiten beim Bau gerechnet werden, wie einst beim alten Tunnel: nämlich mit tektonisch stark gestörtem Gebirge, das nach allen Richtungen überschoben, zerdrückt, mit tonigen

[1] RAINER: Österr. Bauzeitg. 1952.

Lassen durchzogen und an den Übergangsstellen von starken Wasseradern durchflossen ist. Es wechseln weiche, bildsame Tonschieferlagen mit sehr gebrächen Quarzit- und Dolomitbänken.

Während des Baues konnte fast durchgehend ein *plastisches Fließen* des Gebirges festgestellt werden, und zwar langsamer oder schneller, je nachdem, ob die Tonschiefer oder die Quarzite bzw. Dolomite mengenmäßig überwogen. Diese Fließerscheinungen sind die Auswirkungen eines *Überlagerungsdruckes* (echten Gebirgsdruckes) von etwa 10 bis 25 kg/cm².

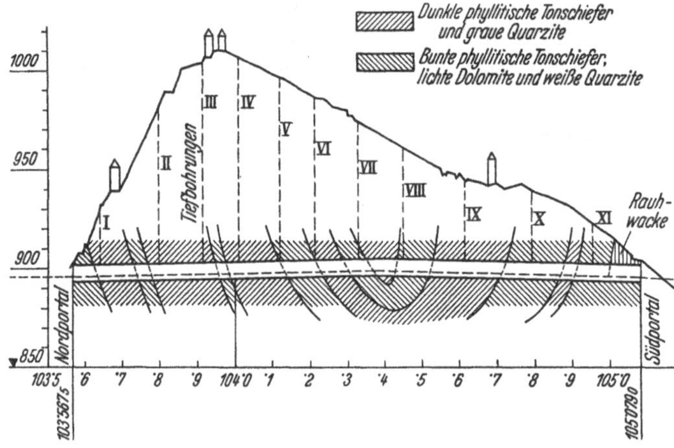

Abb. 36. Geologisches Profil im Bereich des Semmeringtunnels. (Nach RAINER: Österr. Bauzeitg. 1952.)

Dazu kommt ein bedeutender *Auflockerungsdruck*, der vor allem auf die überaus gebrächen Quarzit- bzw. Dolomitbänke zurückzuführen war. Er nahm mit dem Vorherrschen der bildsamen Gesteine ab und verschwand fast gänzlich in den tonigen Myloniten der Südseite[1]. Der Auflockerungsdruck trat in der Hauptsache als Firstdruck in Erscheinung (schwierige Vortriebsverhältnisse). Der Gebirgsdruck dagegen wurde erst nach Fertigstellung des Tunnelhohlraumes wirksam und verursachte umfangreiche Erhaltungs- und Nacharbeiten, da die Zimmerungen diesen Drucken oft nicht standzuhalten vermochten. Die Fließgeschwindigkeit des Gebirges betrug auf der Nordseite (Schiefergestein) max 2 cm/Woche, auf der Südseite dagegen (tonige Mylonite [Weißerde]) rund 2 cm/Tag (Abb. 37a u. b). Bei 70 m Sohlstollenvortrieb in dieser Weißerde ergab sich ein gesamter Sohlauftrieb von rund 2 m. Während der Fertigstellung der Tunnelröhre in dieser Strecke mußte der Sohlstollen 3 bis 5mal wiederhergestellt werden.

Zu diesen Schwierigkeiten kam noch das *Bergwasser*. Die wasserführenden, spröden und zerrütteten Dolomite und Quarzite, die unter

[1] Mit Mylonitbildung bezeichnet man die mit der rein mechanischen Gesteinsdeformation zusammenhängenden Erscheinungen.

Druck zu Grus zerfielen und sich mit den Tonschieferschichten zu einem fließenden Brei vermischten, verursachten Vortriebsstockungen. Infolge besonders starken Wasserzudranges wurde dabei in km 104,290 die Verpfählung der Kalotte plötzlich durchgedrückt, und die hereinbrechende Mure (200 m³) zerschlug den Längsverband der Stahlrüstung, wodurch 8 Bogen umgelegt wurden.

Da im Südabschnitt bei einer Baudauer von 20 Tagen (entsprechend dem Zeitaufwand für Ausbruch und Ausmauerung eines Kalottenringes)

a

b

Abb. 37 a u. b. Sohlstollen in den tonigen Myloniten (Südseite) des neuen Semmeringtunnels. (Nach RAINER: Österr. Bauzeitg. 1952.) a Sohlstollen unmittelbar nach der Herstellung. b 14 Tage nach der Herstellung.

das Gebirge 40 cm in den Hohlraum hineinwuchs, mußte dort der Kalottenausbruch um 40 cm überhöht werden. Mit der zusätzlichen Überhöhung der Kalottenmauerung um 30 cm ergab das dann eine Gesamtüberhöhung des Kalottenausbruches von 70 cm. Im Nordabschnitt dagegen betrug die entsprechende gesamte Ausbruchsüberhöhung nur 10 bis 20 cm wegen der nur etwa $^1/_7$ mal so großen Fließgeschwindigkeit des Gebirges.

Bei den bisher behandelten Ingenieurbauten im Gebirgsinneren handelte es sich um die Aufgabe, bei Auftreten des echten Gebirgsdruckes (Gebrächigkeit) die Durchbewegung des Gebirges in der sich bildenden plastischen Zone durch Einbau tragkräftiger Schalen zu hemmen. Diese haben gegebenenfalls auch noch tektonisch bedingte Eigenspannungen (Bergschlag, Druckerscheinungen beim Auffahren) und manchmal auch erhebliche Druckwirkungen durch hochstehendes Bergwasser (Grundwasser und Spaltenwasser) aufzunehmen. Schließlich haben sie das anstehende Gebirge gegen Einwirkungen von Luft und Wasser (Verwitterung, Löslichkeit, Auftreibungen) zu schützen. Bei wassergefüllten Stollen, insbesondere bei Druckstollen von wasserwirtschaftlichen Anlagen

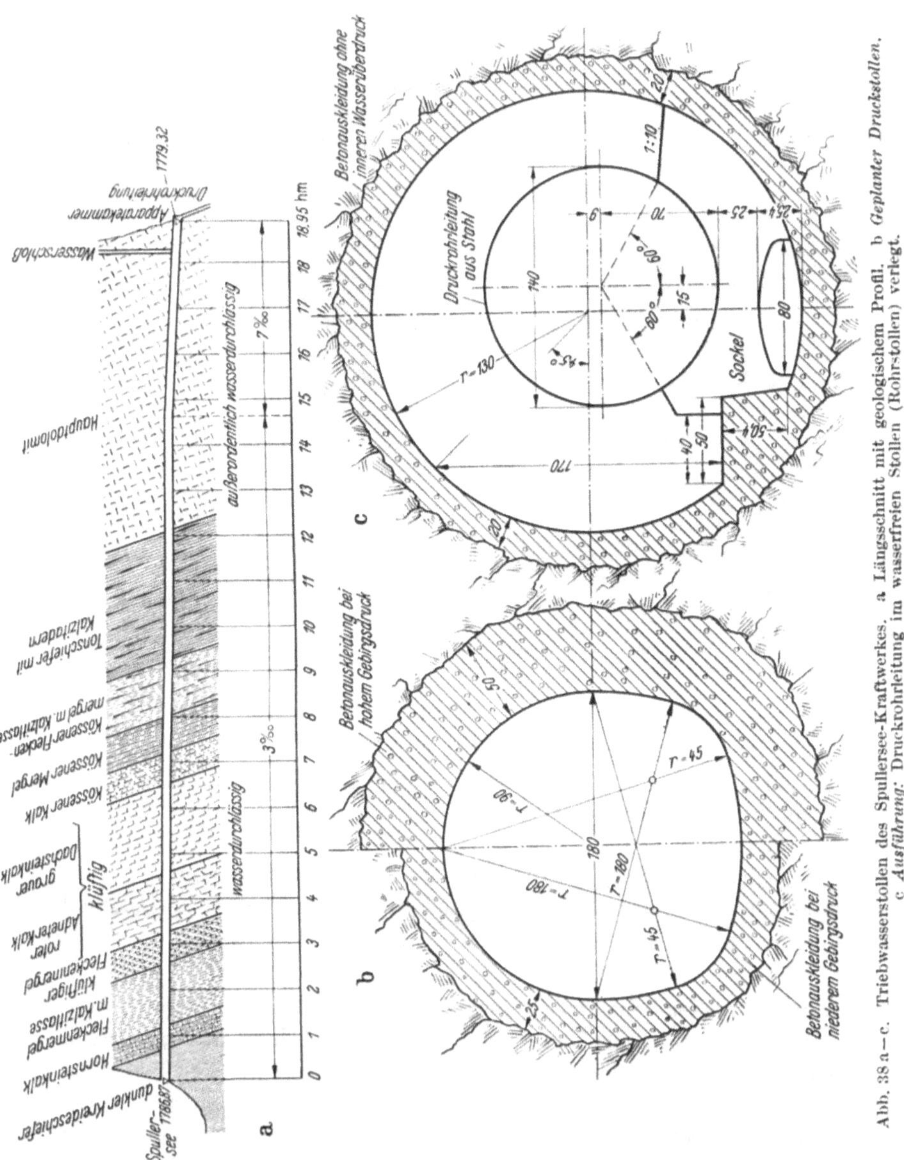

Abb. 38 a—c. Triebwasserstollen des Spullersee-Kraftwerkes. a Längsschnitt mit geologischem Profil. b *Geplanter Druckstollen.* c *Ausführung:* Druckrohrleitung im wasserfreien Stollen (Rohrstollen) verlegt.

(z. B. Hochdruck-Wasserkraftanlagen) gewinnen noch die *Dichtigkeit* und die *elastischen* Formänderungen des Gebirges eine besonders große Bedeutung. Hierfür noch einige Beispiele!

Der rund 1895 m lange Triebwasserstollen des *Spullersee-Speicherkraftwerkes* in den Lechtaler Alpen sollte ursprünglich als betonierter *Druckstollen* mit einem inneren Druck bis zu 5 Atm. ausgebildet werden (Abb. 38b). Die im Richtstollen durchfahrenen Gesteinsschichten gibt Abb. 38a. Während die Gruppe Kreideschiefer-Fleckenmergel und die Kössener Schichten so gut wie wasserundurchlässig sind, zeigen die zwischenliegenden klüftereichen Dachsteinkalke und der Hauptdolomit Wasserdurchlässigkeit, letzterer in so hohem Maße, daß im Stollen ausgeschüttetes Wasser so gut wie augenblicklich versickerte, so daß dieser Stollenteil stets trocken war. Beim Wechsel der Gebirgsschichten wurden zahlreiche Quellen angefahren mit einer Gesamtergiebigkeit bis zu 300 l/sek.

Ehe man noch mit dem Vollausbruch auf das Maß des vorgesehenen Druckstollenprofils begann, wurde bekannt, daß der *Druckstollen* des *Ritom-Kraftwerkes* der Schweizerischen Bundesbahnen im Tessingebiet, der ähnliche Profil- und Wasserdruckverhältnisse, wie der Spullerseestollen aufwies, bei seiner erstmaligen Füllung zahlreiche feine Risse bekam, was einen Wasserverlust von 326 l/sek zur Folge hatte. Trotz mehrfach wiederholter Zementinjektionen zwischen Gebirge und Betonauskleidung war der Wasserverlust nicht spürbar zu verringern. Vielmehr führten die dortigen Wassersickerungen nach 2 Monaten sogar zu beträchtlichen Abrutschungen des bewaldeten Gehängeschuttes etwa 50 m unterhalb der Stollenachse. Daraufhin wurde der Ritomstollen als Druckstollen aufgegeben und nur noch als Freispiegelstollen verwendet. Die Ursache des Nachgebens des Gesteins, das zu der Rissebildung führte, dürfte vorwiegend in der elastischen Verformung (Zusammendrückbarkeit) der den Stollen unmittelbar umgebenden Gesteinsschichten gelegen sein. Das Aussprengen des Stollens löste die Gebirgsspannungen tektonischen Ursprungs, wobei sich das freigelegte Gestein gegen das Stolleninnere ausdehnte. Bei Gegendruck vom Stollen zum umgebenden Gebirge hin wurde dieses Gestein wieder ins Gebirge zurückgepreßt. Gibt bei einem Stollen von beispielsweise 2,30 m Durchmesser das umgebende Gestein nur um ½ mm nach, vergrößert sich dabei also der Durchmesser auf 2,301 m, dann wächst der Umfang bereits um 3 mm. Dem entsprechen 3 mm weite Sprünge in der Stollenverkleidung, die auf 1 km Stollen bereits einen ganz beachtlichen Wasseraustritt erlauben.

Diese Schwierigkeiten am Ritomstollen veranlaßten die für den Spullerseestollen verantwortlichen Ingenieure, mit Rücksicht auf das hier vorliegende großenteils sehr gebräche und zerklüftete Gebirge, nochmals die Frage der Ausbildung als Druckstollen zu überprüfen. Dies geschah durch zahlreiche Versuche in der Dolomitstrecke als dem ungünstigsten Stollenteil. Es zeigte sich schließlich, daß auch ein Kreisprofil mit bewehrtem Beton Längsrisse bekam, gleichgültig, ob die Betonauskleidung mit 5 Atm. Druck mit Zementmörtel hinterspritzt, ob sie an der Innenseite mit Glattputz, Torkret oder Inertolanstrich versehen oder mit in Asphalt gebetteter Dachpappe überzogen wurde. Die Rißbildung erfolgte je nach der gewählten Herstellungsweise bei 1½ bis 4½ Atm. Innendruck. Der Plan eines Druckstollens wurde deshalb aufgegeben und statt dessen eine Stahlrohrleitung frei im Stollen verlegt, d. h. aus dem Druckstollen wurde ein *Rohr*stollen (Abb. 38c).

Abb. 39. Druckstollen Amsteg. Torkretieren einer stahlbewehrten Dichtungsschale. (Schweiz. Bauzeitg. 1925/26.)

Der Bruch des Ritomstollens im Jahre 1920 hat nicht nur die Versuche am Spullerseestollen ausgelöst, er gab auch der Verwaltung der Schweizer Bundesbahnen und deren Beratern Veranlassung, umfangreiche Versuche am Stollen des damals im Bau befindlichen Kraftwerkes *Amsteg* im Reußtal durchführen zu lassen (Abb. 39). Diese Versuche vertieften die Einsicht in das Verhalten des Gebirges in der Stollenwand unmittelbar hinter der Betonschale bei innerem Druck („Druck"stollen) und lieferten einen wertvollen Beitrag zur Weiterentwicklung des Druckstollenbaues. Aus den angestellten verschiedenen theoretischen Überlegungen ergibt sich in Übereinstimmung mit den Versuchen und anderen Erfahrungen an ausgeführten älteren Druckstollen, daß bei *Wasserdrücken über etwa 20 m in nicht ganz festem Gebirge, bei wesentlich höherem Druck auch im festesten Gebirge, auch bei sorgfältigster Ausführung eine bewehrte Betonschale nicht ganz frei von Rissen bleiben wird, wobei es sich um ziemlich gleichmäßig verteilte Haarrisse handelt.* Gewisse Wasserverluste sind also auch in sorgfältigst ausbetonierten Druckstollen und in jedem Gebirge grundsätzlich unvermeidlich. Es kommt im *praktischen Fall* nur darauf an, daß sie kein irgendwie *gefährliches* oder *unwirtschaftliches* Ausmaß annehmen. Nur wo treibgefährliches Gebirge (z. B. Anhydritschichten) von den Verlustwässern nahe der Stollenröhre erreicht werden könnten, liegt ein *zwingender* Grund vor, *vollkommene* Wasserdichtigkeit zu fordern (evtl. Blechauskleidung!).

Bei Drücken über 100 m — hier handelt es sich in den allermeisten Fällen um in das Gebirge hineinverlegte Falleitungen (Druckschächte) — wird man auch im besten Gebirge wegen der Größe der zu erwartenden Dehnungen mit Beton oder Stahlbeton *nicht* mehr auskommen. Hier wird — wenigstens bei genügend festem Gebirge — zur Erreichung einer ausreichenden Dehnbarkeit des Dichtungsmantels durch Schweißung herzustellende glatte Futterrohre aus weichem Stahlblech vorgeschlagen (Ausführungsbeispiele: Ariodruckstollen des Adamellowerkes in Oberitalien; Oberhasliwerk Guttannen in der Schweiz).

Von anderer Art, als beim Ritom- und Spullerseestollen, waren die Schwierigkeiten, die beim *Druckstollen des Walchenseewerkes* auftraten. Dieser durchfährt vom See zum Wasserschloß, also von Süd nach Nord, verfaltetes und zerstückeltes Dolomitgebirge, traf in der Mitte wider Erwarten eine zuckerhutförmige Auftreibung tieferer Gipsschichten und durchfährt dann die verbogenen Molasseschichten des Alpenvorlandes, die durch den diluvialen Eisdruck eine Art Schieferung erhalten hat, wodurch die Arbeiten im Stollen erschwert wurden. Auch die notwendigen Abschirmungen des Gipses von Wasser und Luft erforderten zusätzliche Aufwendungen durch die Verstärkung des Stollenmantels in dieser Strecke. Eine unangenehme Überraschung bereitete darüber hinaus der für die Betonbereitung benutzte Hauptdolomitausbruch. *Infolge seines Schwefelgehalts verdarben die mit diesem Beton erstellten Fundamentmauern des Wasserschlosses, so daß sie wieder abgebrochen werden mußten.* Das gleiche, aus Bachschottern vorher ausgelesene und untersuchte Gestein hatte sich frei von Schwefel gezeigt, weil es eben die leicht löslichen Bestandteile bereits verloren hatte.

Ein lehrreiches Beispiel für ein aus *Moränenablagerungen* bestehendes Gebirge bietet der *Mangfall-Schlierach-Überleitungsstollen des Leitzachkraftwerks der Stadt München* (vgl. Abb. 5, S. 12). Dort war besonders der Ausbau der Strecke zwischen dem Reichersdorfer Schacht (km 6 + 410,42 und km 7 + 388,16, Abb. 40) durch Wasser und druckhaftes Gebirge schwer behindert.

Auf Grund der Bohrungen zur Klärung der Untergrundverhältnisse, für die bereits vor Baubeginn erhebliche Summen aufgewendet wurden und der Erfahrungen an dem etwa 15 Jahre früher gebauten Leitzachstollen glaubte man damit rechnen zu können, daß das Auffahren in dem oben bezeichneten Stollenbereich unter ähnlich günstigen Bedingungen vor sich gehen würde, wie nach der entgegengesetzten Richtung (Schlierachtal-Seite). Die tatsächlichen Erfahrungen während des Baues zeigten aber, daß die durchgeführten Bohrungen bei dem fortlaufend raschen Wechsel des Gebirges nicht ausreichten, um ein zuverlässiges Bild über den Untergrund zu geben. So kam auch der Wassereintritt aus dem

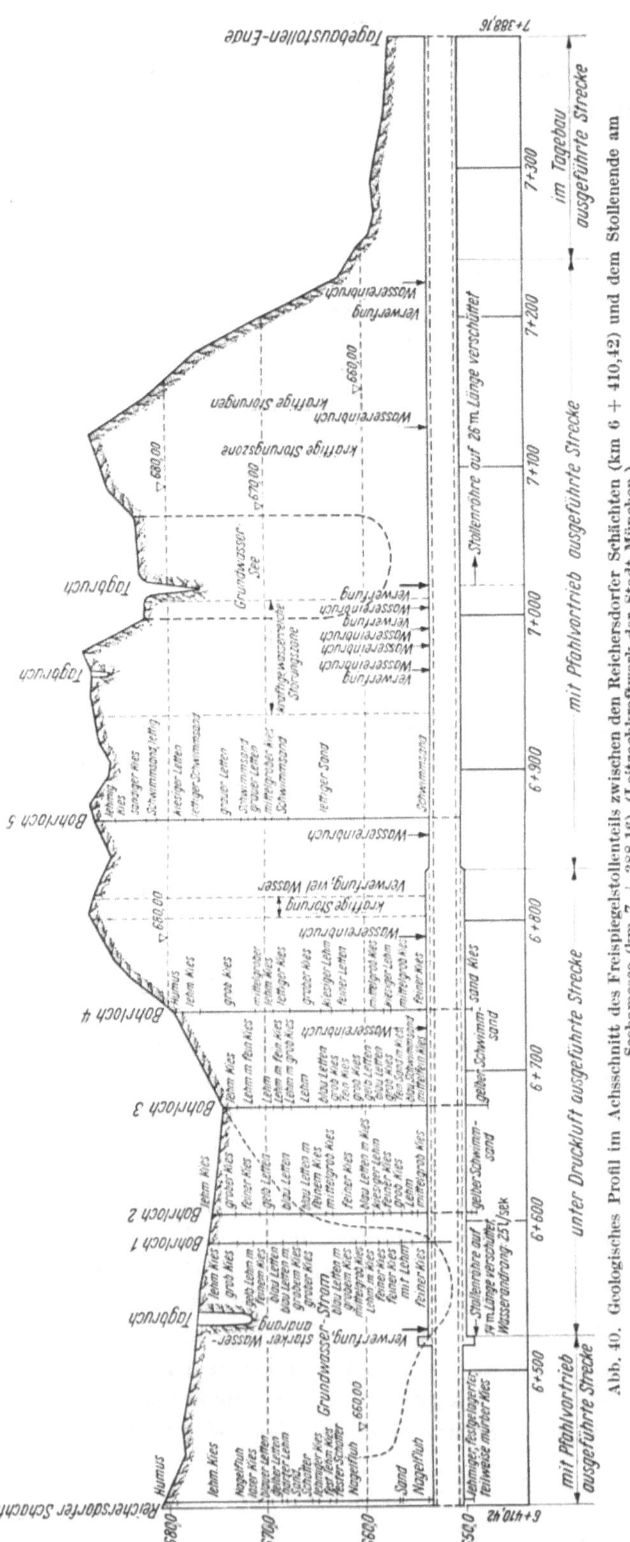

Abb. 40. Geologisches Profil im Achsschnitt des Freispiegelstollenteils zwischen den Reichersdorfer Schächten (km 6 + 410,42) und dem Stollenende am Seehamesee (km 7 + 388,16). (Leitzachkraftwerk der Stadt München.)

First bei km 6 + 536, der zu einem großen Verbruch führte und die Stollenröhre in wenigen Minuten auf 14 m verschüttete, gänzlich unerwartet. Die an der Brust tätigen Mineure konnten sich gerade noch in Sicherheit bringen. Einige Tage darauf bildete sich über der Einbruchstelle in nächster Nähe eines Bauernhauses ein Tagbruchtrichter (Pinge) von etwa 8 m Durchmesser und rund 3,5 m Tiefe, der sich dann während der Aufräumungsarbeiten im Stollen in den folgenden Tagen noch vergrößerte. Trotz aller Gegenmaßnahmen kam die Trichtervergrößerung erst zum Stillstand, als die Verbruchstelle im Stollen wieder unterfangen war. Alle Versuche aber, mit der bisherigen Vortriebsweise weiterzukommen, scheiterten an dem, unter starkem Druck anstehenden schwimmenden Gebirge. Die Verhältnisse zwangen vielmehr dazu, für den Weiterbau ein Verfahren mit Druckluft und Schild zu wählen. Die dazu notwendige weitere Baustelleneinrichtung erforderte drei zusätzliche kostbare Monate.

Auch der Vortrieb von der Seeseite her war sehr mühevoll und schwierig. In den vielen Verwerfungen, die oft nur 1 m stark waren, wurde fast ausnahmslos stark gespanntes Wasser angetroffen. Das Gebirge bestand an vielen Stellen aus feinem Triebsand und Kies, zeitweise mit Findlingen bis zu 1 m³ Größe durchsetzt, mit zwischenliegenden Lehmschichten von rasch wechselnder Mächtigkeit. Wurde hinter stauendem Lehm Wasser angeschnitten, so ergoß sich dieses unter starkem Druck in die Stollenröhre, dabei große Mengen von Triebsand und Kies mit sich reißend. Die Mineure hatten große Mühe aufzuwenden, um in solchen Fällen die Brust schnell genug zu schließen. Aber selbst durch die Fugen des Brustverzuges, mit dem fast ausschließlich gearbeitet wurde, ergoß sich das Wasser mit heftigen Strahlen. Durch die Mitnahme der feinen Teile konnten sich über und hinter der Brust Höhlungen bilden, die zeitweise mit donnerähnlichem Getöse wieder in sich zusammenstürzten und neue Wasseransammlungen und Gefahrenmomente mit sich brachten. Der Gebirgsdruck war zeitweise so stark, daß bei der auch hier angewandten Kunzschen Rüstung die hölzernen Sohlschwellen gebrochen sind. Auch Risse in den eisernen Rüstungsringen waren verschiedentlich festzustellen. Diese mußten in solchen Fällen durch Holzstempel verstärkt und verstrebt werden. Kurz nach der Inangriffnahme dieses Stollenteils machte sich bereits eine neue Aufpfändung der aufgefahrenen Strecke notwendig, da der gesamte Querschnitt mitsamt den Rüstungen um durchschnittlich 30 cm gesenkt war.

Diese streckenweise schwierigen und unerwarteten Gebirgsverhältnisse bei Ausführung des Stollens B zwischen Schlierachtal und Sechamer See verursachten natürlich auch hier, besonders infolge der notwendigen Umstellungen der Baustelleneinrichtung (Änderung des Vortriebsystems) und der damit verbundenen erheblichen Verlängerung der vorgesehenen Bauzeit (insgesamt ½ Jahr), beträchtliche Mehrkosten.

In vielen der angeführten Beispiele tritt uns neben dem Boden das Wasser in flüssiger Form als hartnäckiger und gefährlicher Gegner entgegen. Nun kann uns das Wasser aber auch in der Form festen *Eises im Boden* Schwierigkeiten bereiten und Schaden verursachen. Eis hat nämlich bei 0° C ein spezifisches Volumen von 1,0898; wenn also das Bodenwasser gefriert, wächst der ursprünglich vorhandene Raum um rund 9%. Bei frostgefährlichen Böden erhöht sich der Wassergehalt während des Gefrierens beträchtlich, weil durch den kapillaren Sog Wasser herangezogen wird. Dadurch geht die Frosthebung über das normale 9%ige Ausdehnungsmaß der ursprünglich vorhandenen Wassermenge weit hinaus. Abb. 41 macht diese Volumänderung sehr anschaulich. Die damit verbundene Frosthubkraft führt bei einseitiger Unterfrierung zu Rißbildungen im beanspruchten Baukörper. Bei ausgesteiften Baugruben in *frostschiebenden* Böden entstehen, wenn Frost einfällt, Eislinsen hinter

Abb. 41 a u. b. Homogener und geschichteter Bodenfrost. (Nach GOTTSTEIN.)
a Massiver oder homogener Bodenfrost. Der obere Teil der völlig mit Wasser gesättigten Sandprobe ist gleichförmig durchgefroren. Eine besondere Eisausscheidung ist nicht zu beobachten. Der Wassergehalt in dem gefrorenen Boden ist der gleiche wie in dem nichtgefrorenen Teil der Probe. Eine nennenswerte Hebung der Bodenoberfläche ist nicht erkennbar. Kennzeichen der frostsicheren Bodenarten. b Geschichteter oder heterogener Bodenfrost. Der gefrorene Teil der Tonprobe zeigt Eislinsen und Eisschichten. Sein Wassergehalt ist von ursprünglich 25% auf über 45% angestiegen. Die Bodenoberfläche ist um den Gesamtbetrag der Eisschichtenstärken hochgehoben worden. Kennzeichen der frostgefährlichen Bodenarten.

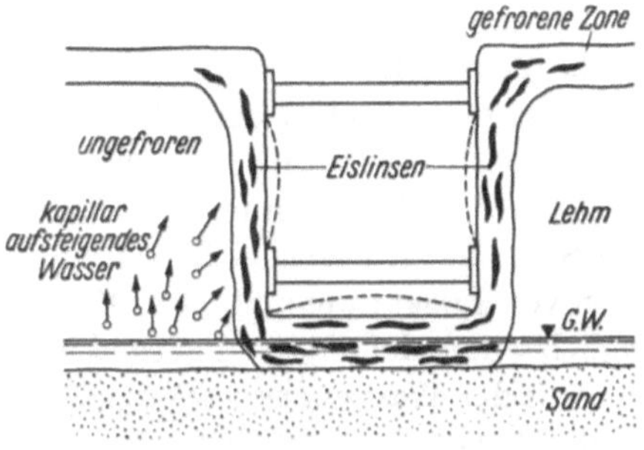

Abb. 42. Frostwirkung auf Baugruben. (Nach KÖGLER-SCHEIDIG.)

der Schalung. Diese üben einen beträchtlichen zusätzlichen Druck auf die Steifen aus (Knickgefahr). Bei Frostaufbruch (Tauen) werden die in den Eislinsen gebundenen (größeren) Wassermengen frei, der dadurch aufgeweichte Boden fließt aus den Schalungszwischenräumen aus und die Aussteifung bricht nach (Schema Abb. 42). Vielgestaltig und in strengen Wintern sehr umfangreich sind die Schäden, die der Frost, besonders in seinem Endstadium, bei seinem Aufbruch, an den Fahrbahndecken und dem Deckenunterbau der Straßen, befestigten Rollbahnen von Flugplätzen, Böschungsbefestigungen von Flüssen und Kanälen usw. verursacht.

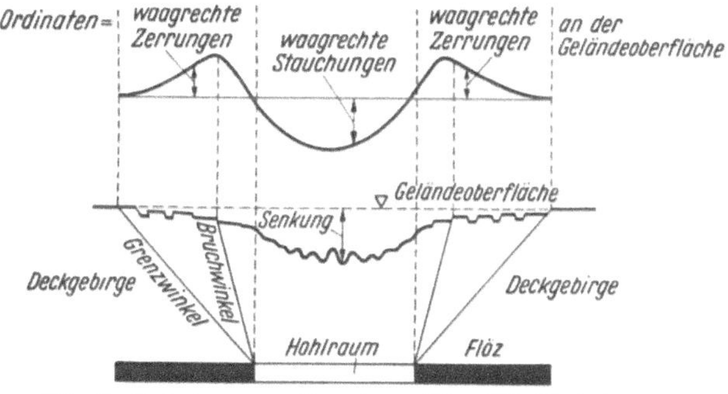

Abb. 43. Bodenbewegung über einem Abbaufeld. (Nach LEHMANN.)

In Gebieten, deren mittlere Jahrestemperatur unter 10° C liegt (Nordsibirien, nördliches Skandinavien, nördliches Kanada), reicht die *dauernd*

Abb. 44. Schäden infolge von Zerrungen im Boden am Rand einer Pinge. (Nach LEHMANN.)

gefrorene Bodenschicht 100 m und mehr in die Tiefe und im Sommer taut dort der Boden nur auf 1 bis 2 m unter Bodenoberfläche auf. Entsprechend den dort umgekehrt gelagerten Verhältnissen muß man für die

Abb. 45. Stauchungsschaden in einem Steilprofil aus Ziegelmauerwerk. (Nach RAMSHORN.)

Abb. 46. Erdspalte quer durch einen ausgebauten Vorfluter. (Nach RAMSHORN.)

Gründung von Bauwerken die *taufreien*, also die gefrorenen Bodenschichten aufsuchen.

Auf S. 10 wurde bereits von den *Bodenbewegungen in Bergbaugebieten* gesprochen, bei denen infolge des Kohlenabbaues Senkungen der Geländeoberfläche auftreten (Abb. 43). Diese Muldenbildungen (Tagbrüche) nennt man auch *Pingen.* Bei dieser Bodenabsenkung treten einmal Beanspruchungen auf, die die lotrechten Bodenbewegungen hervorrufen,

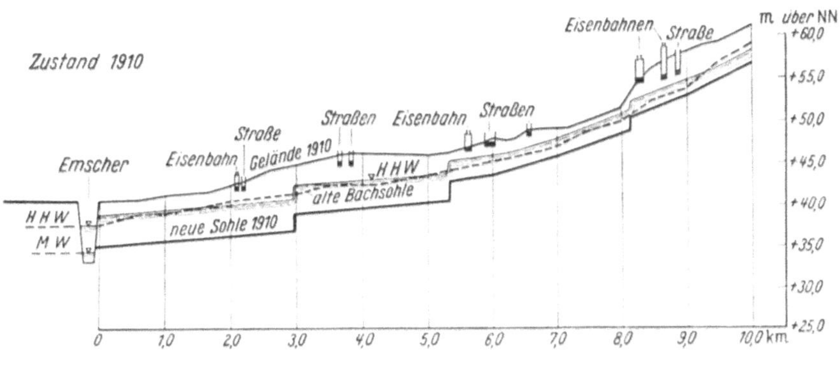

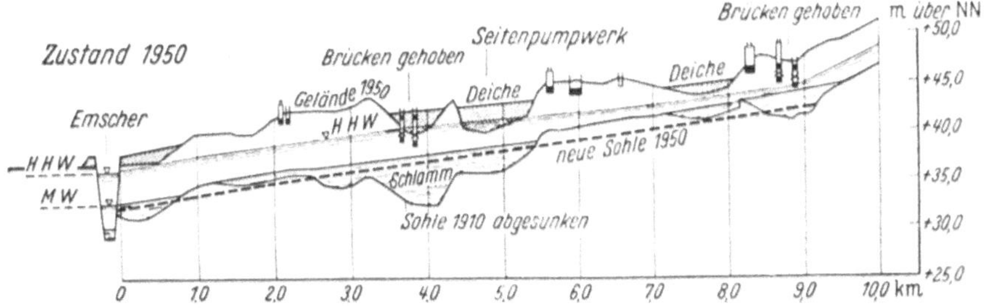

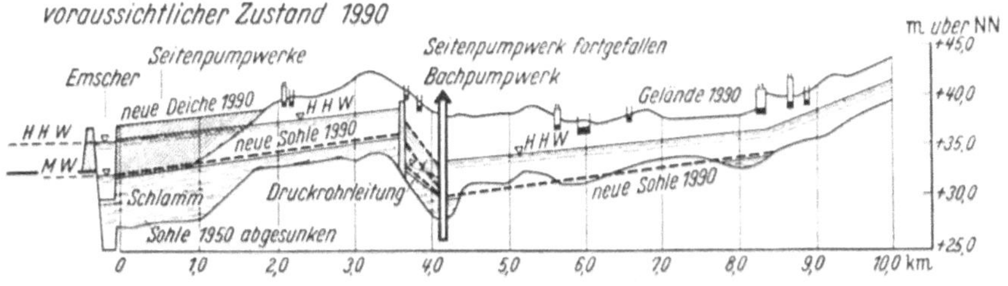

Abb. 47. **Beispiel des Einflusses von Bodensenkungen auf die Regulierung eines Nebenbaches im Emschergebiet.** (Nach RAMSHORN.)

zum anderen Beanspruchungen infolge der waagrechten Bodenbewegungen. Können die betroffenen Bauwerke die sich aus den Beanspruchungen ergebenden Spannungen nicht aufnehmen, dann treten Schäden ein. Die Abb. 44 u. 45 zeigen aufgetretene Zerrungs- bzw. Stauchungsschäden an Bauwerken, die keine besondere Gründung besitzen, Abb. 46 einen Senkungsschaden (Erdspaltenbildung). Abb. 47

gibt in Anlehnung an einen bestimmten Fall im Arbeitsbereich der Emschergenossenschaft den Einfluß von Bodensenkungen auf die Regulierung eines Nebenbaches der Emscher wieder. Das obere Profil zeigt die 1910 ausgeführte Regulierung. Bis zum Jahre 1950 trat allmählich der Zustand ein, wie ihn das mittlere Längsprofil zeigt. Man sieht die Veränderungen von Gelände und Sohle als Folge der eingetretenen Senkungen. Die Ufer mußten streckenweise durch Deiche aufgehöht, die Sohle je nach den eingetretenen Senkungen aufgehöht oder aber vertieft werden. Abgesunkene Seitengebiete werden durch Pumpwerke entwässert. Das untere Profil stellt schließlich den voraussichtlichen Zustand im Jahre 1990 dar, wie er auf Grund der errechneten künftigen Senkungen gezeichnet werden kann. Es ergibt sich zu jener Zeit die Notwendigkeit den gesamten Vorfluter bei Km 4,0 zu pumpen. Die Skizze zeigt ferner die weiteren erheblichen Arbeiten am Bachlauf selbst, auch die Errichtung neuer Seitenpumpwerke.

D. Bodenarten.

Nach der geologischen Geschichte der äußeren Erdrinde lassen sich zunächst 2 große Gruppen von Bodenarten unterscheiden: einmal die aus festem Felsgestein bestehenden, massig oder in Schichtlagen zusammenhängenden („gewachsenen") Gesteinsmassen, also das ***Felsgerüst*** der Erdkruste (im Wasser nicht mehr erweichend und zerfallend); zum anderen die *Schutthülle*, das sind die Ablagerungen der lockeren, also noch unverfestigten Verwitterungsprodukte (Trümmergesteine) vom großen Felsbruchstück bis zu den feinsten Gesteinsteilchen, deren Entstehung und Erscheinungsformen wir bereits weiter oben kennen gelernt haben. Dabei zeigte sich bereits die außerordentliche Mannigfaltigkeit dieser beiden Gruppen in gesteinskundlicher Hinsicht und mit Bezug auf den Aggregatszustand, mit dem sie aus dem geologischen Geschehen hervorgegangen sind.

Um dieser Verschiedenheit bei der *bautechnischen* Beurteilung des Bodens[1] Rechnung zu tragen, wurden die nicht verfestigten Trümmergesteine unter dem Begriff „Mineralböden" zusammengefaßt, während die ebenfalls nicht verfestigten, aber organisch entstandenen „Humus"- und „Faulschlammböden" gesondert behandelt werden. Vielfach werden die Mineralböden weiter unterteilt in: *nichtbindige* Böden, *schwachbindige* Böden, *gutbindige* Böden. So kommt man für die Feststellung der

---

[1] Wegen Einteilung der Böden nach dem Schwierigkeitsgrad bei der Gewinnung (Lösung) als Unterlage bei Vertragsabschlüssen mit Unternehmern, für Aufstellung von Kostenanschlägen usw. siehe Anhang, Tafel 13.

Tabelle 3. *Übersicht der bodenbildenden Erdstoffe*[1].

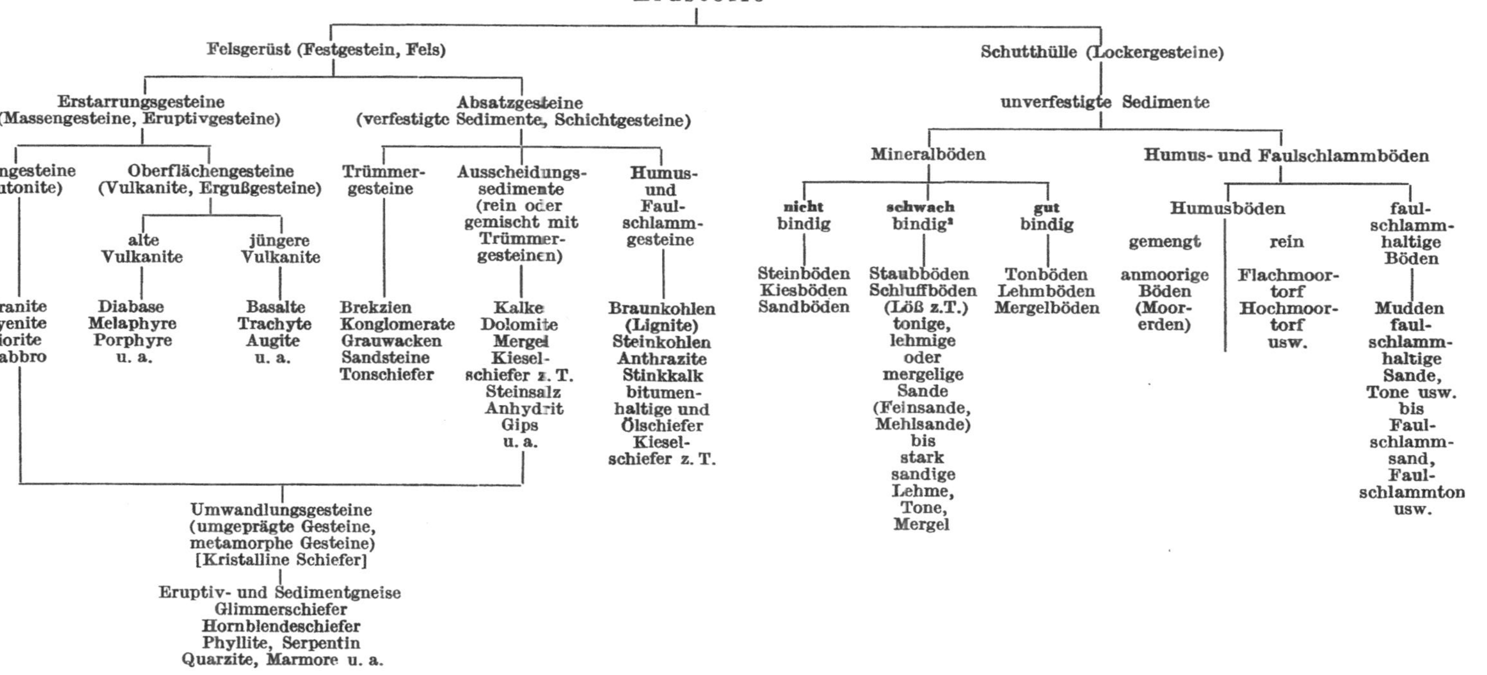

[1] In Anlehnung an TIEDEMANN: Über Bodenuntersuchungen bei Entwurf und Ausführung von Ingenieurbauten. Berlin: W. Ernst & Sohn. 1941.
[2] Vgl. Fußnote S. 64.

Baueigenschaften des Baugrundes zu folgenden *Bodenarten* (vgl. auch Tabelle 3, S. 63)[1].

1. Gewachsener Fels (Festgestein).

Hier lassen sich nach der erdgeschichtlichen Entstehung 3 Gruppen unterscheiden:

die **Erstarrungsgesteine** (Plutonite [Tiefengesteine] und Vulkanite [Ergußgesteine], aus den feurig-flüssigen Schmelzen des Erdinnern hervorgegangen);

die **Sedimentgesteine** (Absatzgesteine, Schichtengesteine, verfestigte Ablagerungen, chemische oder Ausscheidungssedimente);

die **Umwandlungsgesteine** (umgeprägte Gesteine, metamorphe Gesteine).

Unter den nach mineralogischer Zusammensetzung und geologischer Entstehung verschiedenartigen Festgesteinen dieser 3 Gruppen gibt es solche, die — sauber abgeräumt — einen ausgezeichneten Baugrund bilden: unter den *Tiefen*gesteinen: Granite, Syenite, Diorite, Gabbro, unter den *alten Vulkaniten:* Diabase, Melaphyre, Porphyre u. a., unter den *jüngeren Vulkaniten:* Basalte, Trachyte, Augite u. a.; unter den *umgewandelten* Gesteinen: Eruptiv- und Sedimentgneise, Glimmerschiefer, Hornblendeschiefer, Phyllite, Serpentin, Quarzite, Marmore u. a.; unter den Absatzgesteinen gesunde Kalke und Dolomite, sowie feste Grauwacken, Sandsteine und Tonschiefer. Man bezeichnet solche Gesteine wegen ihrer hohen Druckfestigkeit und ihrer großen Widerstandsfähigkeit als *Hartgesteine.*

Kleinere Festigkeit weisen die *halbfesten* Gesteine auf. Dazu gehören die Konglomerate und Brekzien, die festen Mergel, die chemischen Sedimente Gips, Anhydrit, außerdem die weniger festen unter den erstgenannten Gesteinen. Denn infolge tektonischer Einwirkung können die Baueigenschaften von „Fest"gesteinen örtlich sehr verschieden sein (Pressungsschäden oder sonstige tektonische Durchbewegung, ungünstiger Schichteneinfall, Verwerfungen, Spalten- und Kluftbildungen mit möglichen gefährlichen Wasserbewegungen usw.); das gleiche gilt auch hinsichtlich der mehr oder weniger tiefgreifenden Verwitterungswirkungen und glazialen Verformungen. *Solche Einflüsse können die bau-*

---

[1] In DIN 1054 vom Juni 1953 sind die als Baugrund in Frage kommenden Bodenarten nur noch in die *3* Gruppen unterteilt:

„nichtbindige Böden (z. B. Sand, Kies, Geröll und ihre Mischungen),
bindige Böden (z. B. toniger Schluff, Ton und ihre Mischungen, auch mit nichtbindigen Bodenarten, wie sandiger Ton, Lehm, Mergel),
sonstige Böden, z. B. Fels, organische Böden wie Torf und Faulschlamm, Aufschüttungen."

Die schwachbindigen Böden sind bei dieser Einteilung auf die erste (reine Schluffe) und zweite Gruppe (tonige Schluffe, Löß) aufgeteilt. OHDE (Hütte, Bd. III. 27. Aufl. 1951) wiederum reiht die Torf- und Faulschlammböden bei der Gruppe der „bindigen Böden" ein.

technische Eignung auch eines Felsuntergrundes bis zur Unbrauchbarkeit herunterdrücken (vgl. dazu die Beispiele unter C).

Auch für die Projektierung und den Bau einer Ingenieuranlage auf oder im Fels ist es deshalb eine selbstverständliche Voraussetzung, daß die geologischen und die gesteinskundlichen Verhältnisse, die Zustandsform, die Härte, Tragfähigkeit, Beständigkeit des Gesteins gegen Verwitterung, sowie die wichtige Frage der Wasserdurchlässigkeit *vorher* klargestellt wird. Gips, Anhydrit und ähnliche, im Wasser leicht lösliche Gesteine dürfen als Bauwerksgrund nur Verwendung finden, wenn eine Gewähr dafür besteht, daß *keine* Benetzung dieser Gesteine durch Wasser stattfinden kann. Aber auch Kalk und Dolomit muß vor fließendem und Sickerwasser geschützt werden.

Zum Beispiel sind die in den Alpen weit verbreiteten Devonkalke und Triaskarbonatschichten (Muschelkalk, Wetterstein- und Dachsteinkalk usw.) meist *wasserwegig* und dann ohne — meist kostspielige — Dichtungsmaßnahmen als Baugrund für massive oder geschüttete Sperrenbauwerke und Triebwasser-Druckstollen nicht oder doch nur beschränkt geeignet (Verringerung der Stauhöhe, Verminderung des Stauraumes; Herabsetzung des inneren Überdruckes bei Stollen). Dies trifft manchmal auch zu für umgeprägte Gesteine (z. B. Gneis, Kalkglimmerschiefer, Urtonschiefer usw.). Bei Anlage eines künstlichen Pumpspeichers auf einer Bergkuppe im böhmischen Massiv (Oberpfalz) zeigte beispielsweise der dort anstehende *Gneis* so durchgreifende Verwitterung, daß eine künstliche Dichtung des gesamten Beckens unerläßlich war. Während die Wasserwegigkeit eines aus Festgestein bestehenden Baugrundes die sonst gegebene Tragfähigkeit und Standfestigkeit früher oder später herabsetzt und schließlich gefährdet, kann umgekehrt einmal der Baugrund zwar die Wasserdichtigkeit gewährleisten, aber nicht die Tragfähigkeit und Standfestigkeit. Letzteres trifft z. B. in den Alpen für die dort weit verbreiteten Werfener Schichten und die dortigen meisten tonreichen Mergel zu. Die Art des Streichens und Fallens der Festgesteine beeinflußt ebenfalls, besonders bei geschichteten Absatzgesteinen, den Grad der Wasserundurchlässigkeit bzw. Wasserwegigkeit, nicht selten aber auch die Standsicherheit.

2. Böden aus Lockergesteinen.

a) Nichtbindige Böden (körnige Böden, Reibungsböden): Gerölle, Schotter, Kies, Sand.

Über deren Entstehung (Loswitterung, Verfrachtung, Ablagerung) wurde bereits im Abschnitt B, 1 das Wesentliche gesagt und es wurde dabei festgestellt, daß sie durch Wasser aufbereitet und von mehr oder weniger grobem Korn sind. DIN 4022 unterscheidet diese Gesteinstrümmer als Bodengemengeteile je nach ihrer Korngröße (Tabelle 4).

Tabelle 4. *Kennzeichnung der Hauptbodenarten aus Lockergesteinen.*
[Nach DIN 4022 vom Januar 1953 (Entwurf).] Im Vergleich dazu die Grenzen für Sand und Kies für die Betonbereitung[1].

Bezeichnung	Korndurchmesser in mm	Vergleichsgrößen	Grenzen von Sand und Kies für die Betonbereitung	
			Bezeichnung	Korndurchmesser mm
Steine (Geröll, Schotter)	über 63		Grobkies, Steinschlag	30 bis 70
Grobkies	63 bis 20			
Mittelkies	20 bis 6		Feinkies, Splitt	7 bis 30
Feinkies	6 bis 2	etwa über Streichholzkopfgröße	Grobsand	1 bis 7
Grobsand	2 bis 0,6	etwa über Grobgrießgröße	Feinsand	< 1
Mittelsand	0,6 bis 0,2	etwa Grießgröße		
Feinsand	0,2 bis 0,06	bis zur Grenze der Erkennbarkeit der Einzelkörner		
Schluff, Ton	kleiner als 0,06	Einzelkörner nicht mehr mit bloßem Auge erkennbar		

[1] Bezeichnung der Körnungen nach DIN 1045.

Die Zusammensetzung der Böden nach Korngrößen machen die *Kornmischungslinien* deutlich (Abb. 48). Wie aus dieser Abbildung zu entnehmen ist, zeigen die ausgesprochenen *Sand*böden *steile* Kornverteilungslinien, d. h. die Körnung des Sandes ist meist viel gleichmäßiger, als jene der gröberen Verwitterungsprodukte, z. B. Flußkies und der Münchener Würmeiszeitschotter. Dagegen zeigt das Salzachgeschiebe im Oberlauf unterhalb *Krimml* zwischen 200 und 500 mm Korngröße wiederum eine steile Kornverteilungslinie (Abb. 49).

Da die losgewitterten Gesteinstrümmer auf ihrem Taltransport durch Abrieb und fortgesetzte Verwitterung immer kleiner werden, finden wir Böden mit großen Trümmergesteinen vor allem im Gebirge und seinen unmittelbaren Vorländern, außerdem in den diluvialen Gletscherablagerungen z. B. der norddeutschen Tiefebene. Die am Fuße der Hänge oben im Hochgebirge lagernden Schotter- und Geröllmassen (Schutthalden, Bergrutsche, Bergsturzmassen) haben hauptsächlich lockeres Gefüge und sind deshalb stark wasserdurchlässig. Ähnlich liegen die Verhältnisse für

Schwemmkegel und Stirnmoränenwälle. Die meisten dieser Lockerabsätze führen neben Grobschutt besonders in den tieferen Lagen auch noch mehr oder weniger Feinbestandteile. Als Speicheruntergrund besonders abschreckend sind, wie schon weiter oben erwähnt, die Schottersohlen in Alpentälern, die nur aus Schotter oder Sand bestehen ohne irgendwelche dichtende tonige Schichten. Bei 44 von STINY auf Verwertbarkeit als Talsperrenbaustellen untersuchten Plätze hat sich nur die Hälfte als beschränkt geeignet erwiesen (verringerter Aufstau und umfangreiche künstliche Verbesserungen!), während die andere Hälfte als gänzlich unbrauchbar gewertet werden mußte.

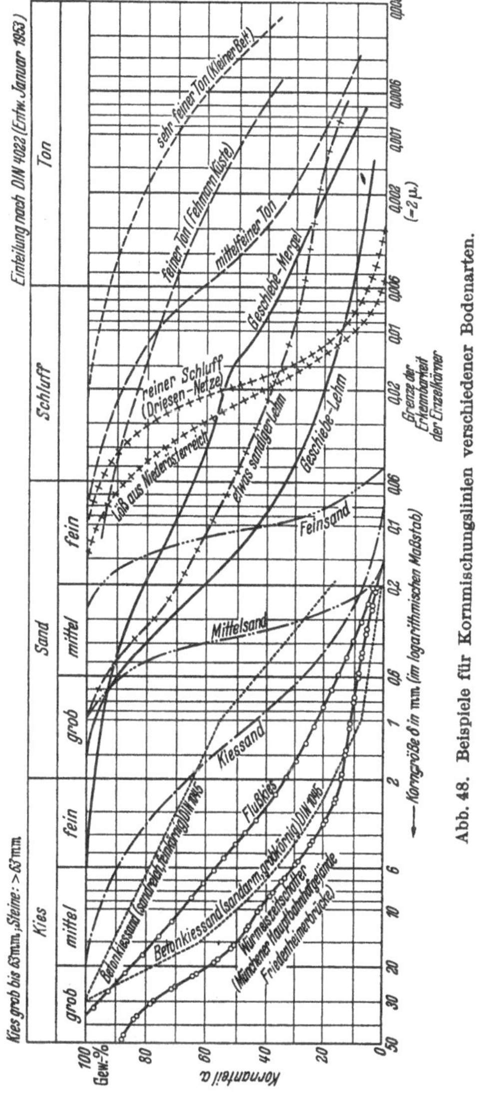

Abb. 48. Beispiele für Kornmischungslinien verschiedener Bodenarten.

Aber auch da, wo diese alpinen Ablagerungen durch Hinzutritt von staubfeinem Mehlsand, sowie tonigen Bodenbestandteilen wasserundurchlässig und durch Verkittung mit gelöstem Kalk sehr fest geworden sind (z. B. manche Vorlandmoränen) bleiben sie ein *unzuverlässiger* Baugrund wegen ihrer großen Unregelmäßigkeit im Gefüge, ihrer weiteren Verwitterungsfähigkeit und der Gefahr ihrer Auswaschbarkeit. Auf solche Auswaschungen sind manche Geröllanhäufungen zurückzuführen.

Noch weiter talabwärts, etwa im Bereiche des Mittellaufes der Flüsse finden sich die Absätze von flachen Kieseln und Schotterkörnern (> 2 mm). Sie liegen meist dicht aufeinander und besitzen für viele Zwecke ausreichende Tragfähigkeit, wenn ihre Standfestigkeit besonders gegenüber Wassersickerungen gewährleistet ist, sind aber als Baugrund schwer zu durchrammen. Reine *Flußkiese* sind vom Flußwasser meist ausgewaschen und bieten einen guten Betonkies, allerdings fehlt ihnen häufig das Feinmaterial $< 0{,}2$ mm, so daß es besonders beschafft und zugemischt werden muß. Eine große Beweglichkeit zeigen die Kiesablagerungen mit nicht flacher, sondern runder Körnung (Schwierigkeiten beim Aushub von Baugruben), ebenso die lockeren Ablagerungen an Flußmündungen und Einmündungen an Seen (Schwemmkegel).

Nach v. TERZAGHI ist bei lehmfreien, völlig trockenen oder völlig wassergesättigten Sanden und Schottern (Bodenarten mit makroskopi-

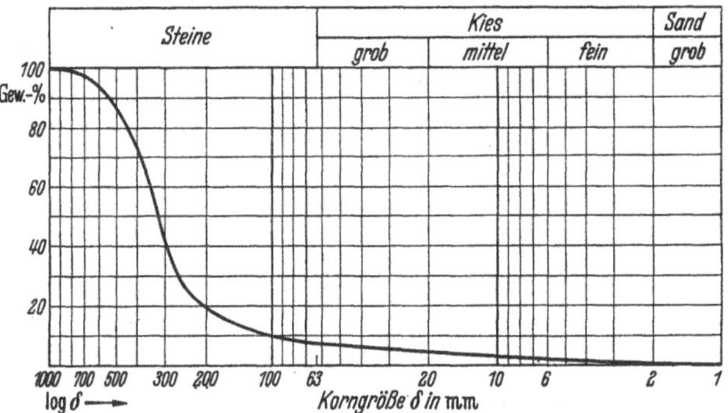

Abb. 49. Kornmischungslinie des groben Salzachgeschiebes im Oberlauf bei Krimml (Pinzgau).

schen Einzelkörnern) die Haltekraft = 0 und die *Ziffer* der inneren Reibung ist mindestens $\mu = 0{,}60$ bis $0{,}65$ oder der entsprechende innere Reibungs*winkel* $\varrho = 31°$ bis $33°$ ($\mu = \operatorname{tg} \varrho$).

Ganz reiner Kies ist selten. Meist ist das, was man im allgemeinen Kies nennt, ein *Gemisch* von Kies mit Sand. Diese Ablagerungen sind weitverbreitet und hauptsächlich während der Eiszeiten von den wasserreichen und arbeitskräftigen Flüssen und Strömen aufgeschüttet worden. Die mineralogische Zusammensetzung der Kiese in den verschiedenen Ablagerungen ist je nach dem geologischen Aufbau der Gebirge, aus denen die zugehörigen Flüsse kommen, sehr verschieden. Dagegen sind die Kiese in der einzelnen Ablagerung, wenn sie *mariner* Art ist, im allgemeinen einförmig zusammengesetzt. Dies ist entweder darauf zurückzuführen, daß sie nur die Gesteine enthalten, die in der Nähe, etwa an dem alten Strand anstanden, oder daß von den abgelagerten Gesteinen jene mit geringer Widerstandsfähigkeit inzwischen vollkommen verwittert oder zersetzt wurden.

Die *Sand*körner, welche infolge ihrer Härte dem Zerkleinerungsprozeß während des Transportes und der wiederholten Umlagerungen widerstanden haben, bestehen vorherrschend oder fast völlig aus Quarz. Sie sind eckig und kantig und lassen oft noch ihr Kristallgefüge erkennen. Durch die Wasserströmung oder bei Dünensanden durch den Wind findet oft eine weitgehende Sortierung nach Korngrößen statt, so daß besonders Strand- und Dünensande das bereits weiter oben erwähnte sehr gleichmäßige Korn aufweisen, wobei hauptsächlich die ersteren wegen ihrer dichten Lagerung wasserundurchlässig sind, allerdings auch ihre Durchrammung sehr erschweren. Diese Verhältnisse treffen vor allem auf die diluvialen und tertiären Sande zu, soweit letztere nicht schon zu Sandstein verfestigt sind (Molasse!). Diese dichte Lagerung der Sande ist darauf zurückzuführen, daß sie über längere erdgeschichtliche Zeiträume hin durch Auflasten von mächtigen Sedimenten und Eisschollen zusammengepreßt und durch Erdstöße (Gebirgsbildung und Vulkanismus im Tertiär und Altdiluvium) kräftig eingerüttelt sind. Im übrigen wird aber die Wasserwegigkeit der Sande mehr durch ihren Gehalt an Schluff und Ton, als durch die Feinheit ihres Korns bestimmt.

Schwimmsand (Triebsand) ist tertiärer oder auch diluvialer feinstkörniger und *locker* gelagerter Sand (Korngrößen zwischen 0,1 und 0,02 mm) von *runder* Kornform mit geringen, gleichmäßig verteilten Beimengungen *mergeliger* Art, *die begierig Wasser aufnehmen und es festhalten.* Dabei quillt der Mergel kolloidal auf und der entstehende Brei fließt dann, besonders unter Druck und bei Wasserübersättigung, unaufhaltsam aus. Nur wenn es sicher gelingt, den Wasserzutritt zu solchen Sanden und damit deren Volumenvergrößerung zu verhindern, sind sie ungefährlich.

b) Schwachbindige Böden (Stauberden): Mehlsand, Schluff, Silt; Löß.

Bei Staubsandablagerungen handelt es sich um mineralische Bodenbestandteile in der vorherrschenden Korngröße von 0,002 bis 0,06 mm, die im allgemeinen *keine* Tonteile enthalten. Sie sind größtenteils vom Wind ausgesonderte Absätze, wie z. B. der Löß, oder Ausschwemmungen aus Gletscherablagerungen, wie die Flottlehme (Flottsande). Kennzeichnend für sie ist, daß sie beim Trocknen nicht zerfallen, wie die nichtbindigen Böden, sondern zusammenbacken, aber im Wasser rasch auseinander fallen bzw. sich zwischen den Fingern zerreiben lassen, während die weiter unten behandelten gutbindigen Böden beim Trocknen hart und fest werden und im Wasser zusammenhalten. *Im Erd- und Wasserbau sind Staubböden* (wie übrigens auch sandige Lehme) *bautechnisch die gefährlichsten Bodenarten.* Denn infolge ihrer Feinheit und des Fehlens bindiger Bodenteile besitzen manche von ihnen eine sehr große Beweglichkeit und können im wassergesättigten Zustand in kurzer Zeit breiartig auseinanderfließen wie Schwimmsand. In Böschungen fließen sie schon bei geringem Strömungsdruck des Porenwassers auseinander. Dabei sind diese schwachbindigen Böden, besonders im wassergesättigtem Zustand, hinsichtlich ihrer bautechnischen Eigenschaften oft schwer zu beurteilen: ob sie Bauwerke zu tragen vermögen, wie sie sich beim Freilegen während des Aushubs verhalten werden, ob sie als Böschungen unter Wasser ausreichende Standfestigkeit besitzen usw. Es wird deshalb sehr empfohlen, das Verhalten dieser Böden schon beim Aufschließen während der Schürfungen und Bohrungen aufmerksam zu beobachten und bereits an der Baustelle die tatsächliche Kornzusammensetzung festzustellen, z. B. mit dem SPOERELschen Baustellenschlemmverfahren unter Benutzung gefärbten „Leitkorns".

Abb. 50. „Lößkindl." (Sammlung des naturhistorischen Museums in Wien. [Nach CORNELIUS.])

Werden die durch Wasser oder Wind in regenarmes Klimagebiet fortgetragenen und dann dort *locker* abgelagerten Staubteilchen (Korngröße 0,05 bis 0,1 mm) durch Kalk verkittet, dann entsteht *echter Löß*. Er ist zur Eiszeit durch Auswehen der Wüsten und Steppen, aber auch der vegetationslosen Ablagerungsflächen der Gletscher und Flüsse entstanden. Er besteht aus 60 bis 70 (höchstens 80)% Quarzstaub, 10 bis 20% Feldspatstaub und aus i. M. 10 bis 25%, äußerstenfalls bis 40% Kalk (Verfestigungsmittel). Zahlreiche andere staubförmige Gesteinsteilchen kommen als Beimengungen vor. Echter Löß ist besonders stark wasserdurchlässig. Wegen seiner lockeren Lagerung besitzt er ein großes Porenvolumen, so daß sich ein erheblicher Teil der in ihn eindringenden Tagwässer im Feingefüge seiner Struktur kapillar in der Schwebe halten kann, woraus sich sein hoher Wassergehalt erklärt. Wegen der Löslichkeit seines Kalkgerüstes kann er nur oberhalb des Grundwassers lagern. Er ist leicht an seinem wurzelschwammigen Gefüge, sowie an den meist vorhandenen Lößschneckengehäusen und Lößkindeln (knollige Kalkkonkretionen; Abb. 50) zu erkennen. Löß steht mit hohen lotrechten Wänden (Lößlandschaft Chinas). Er ist nur in trockenem oder wenig feuchtem Zustand noch als mittlerer Baugrund anzusprechen; stark wasserhaltig mit entspanntem Porenwasser wird er zu einem schlechten Baugrund.

Wird der echte Löß in seiner Oberflächenschicht vom Regen ausgewaschen, d. h. der Kalk aufgelöst und der Feldspat zu Ton zersetzt, so geht diese Schicht (von etwa 2 m Stärke) in *Lößlehm* über. Dieser Boden hat ein anderes Gefüge, wie der echte Löß. Er verhält sich wie ein magerer Ton- oder Lehmboden. Er ist nicht plastisch, sondern nur knetbar.

Beim *Schwemmlöß* und *Unterwasserlöß* fehlt der Kalkgehalt. Ersterer verhält sich wie schluffiger, mergeliger Tonschlamm, letzterer ist eine schwachbindige Staubablagerung.

In Europa ist der Löß eiszeitlichen Alters; er nimmt hier in einem breiten Gürtel vom Kanal über West- und Mitteldeutschland, das Donaugebiet, Schlesien und Galizien bis nach Südrußland große Flächen ein. Seine Mächtigkeit beträgt hier aber nur wenige Meter und erreicht nur ausnahmsweise 20 bis 30 m, während sie in China, dem klassischen Land des Lößes, bis zu mehrere 100 m erreicht.

c) Gut bindige Böden: Ton, Lehm, Mergel, Letten, Tegel, Flinz.

Alle Tone gehen hervor aus den schwebend transportierten kleinsten Trümmerchen von verwitterten Feldspäten der verschiedensten Umbildungsstufen, den *Bodenkolloiden des Rohtones*[1] (Korngrößen meist < 0,005 mm). Sie bestehen aus feinsten biegsamen Teilchen von schuppenförmiger, stengeliger oder gedrungener Gestalt. Ihre kennzeichnenden Eigenschaften, die sie von allen nichtbindigen, rolligen Sandböden feinen Korns unterscheidet, ist ihre *Haftfähigkeit* (*Bindigkeit*, Kohärenz). Letztere ist von besonderer Bedeutung für die Beurteilung der Böden für bautechnische Zwecke.

Bei den *gemeinen Tonen* handelt es sich um verschwemmte Teilchen, die der Zusammensetzung nach einerseits aus kolloidem Ton (blättrigen Teilchen des *Kaolinits*, stengeligen oder stäbchenförmigen Teilchen des *Montmorillonits*, glimmerartigem *Halloysit* oder bzw. und Teilchen eines mineralogisch noch nicht eingegliederten vierten Minerals) bestehen, andererseits aus feinstem Staub von Quarz, unverwitterten Silikatresten (in erster Linie Glimmer, oft auch Feldspat u. a.), mitunter auch aus Kalkspat. Je nach dem Vorherrschen des einen oder anderen Tonminerals ist das Verhalten der Tonböden verschieden. In Tonböden mit Rutschneigung z. B. ist Montmorillonit wiederholt festgestellt worden.

Viele dieser Montmorillonite lagern in die Schichten des Kristallgitters zwischen die Sauerstoff-Ionenlagen Wassermoleküle in wechselnder Zahl von Lagen ein, wobei der Abstand dieser Schichten wächst (Quellung). Eine ähnliche Erscheinung zeigen die Halloysite, während sie beim Kaolinit fehlen. Da alle Tone außerdem infolge ihrer Zusammensetzung aus allerfeinsten Teilchen überaus feine Poren besitzen, nehmen sie Kapillarwasser auf (Montmorillonit im besonderen Maße) und erweichen dabei fortschreitend. Für die mehr oder weniger lockere Lagerung der Kornteilchen, also für die Höhe des Wassergehalts und damit für die Bildsamkeit des Tons spielen außerdem noch die Korn*form*, die elektrochemische

[1] Vgl. S. 6.

Wirkung der Teilchenoberfläche (Wasserbindefähigkeit) und der Gehalt an Schutzkolloiden (Humusstoffen) oder — mit entgegengesetzter Wirkung — an Elektrolyten (besonders Kalk). Dabei ist der *Wassergehalt und das Gefüge inkonstant*. Denn bei Belastung erfolgt wieder, wenn auch langsam, Wasserabgabe, bei Entlastung abermals Wasseraufnahme. Diese Zustandsänderungen (Konsistenzänderungen) haben dauernde Änderungen des Gefüges und seiner Festigkeit zur Folge, zum Unterschied von dem einmal abgelagerten Sandboden, der im wesentlichen unverändert liegen bleibt, wenn von örtlichen Ausspülungen oder vom Einrütteln etwa durch Erdstöße abgesehen wird.

Aus dem Vorstehenden ergibt sich, daß die Zustandsform und damit die Festigkeit der Tonböden bestimmt wird durch ihren Wassergehalt und durch die Zusammensetzung (Rohtonart, Rohtongehalt und andere Beimengungen, z. B. Sand), Korngröße und -form und sonstige Beschaffenheit der Bodenteilchen. Und diese wiederum sind verschieden je nach den Ursprungsgesteinen, aus denen der Tonboden durch Verwitterung hervorgegangen ist. Beim einzelnen Tonboden im unberührten Zustand hängt der Wassergehalt von dem Druck der Überlagerung und damit meist vom Alter der Ablagerung ab. Je größer die Überlagerung, desto höher der Druck, desto geringer der Wassergehalt und um so dichter und fester der Tonboden. Wegen seiner Feinporigkeit (geringe Durchlässigkeit) kann das Wasser, wie schon oben erwähnt, nur langsam entweichen, weshalb sich bei Tonböden die Senkungen unter Bauwerkslasten über Jahrzehnte hinziehen. Diese Verhältnisse können sich ändern, wenn im Tonboden Sandschichten oder Sandnester (mit Vorflutverbindung) eingelagert sind. Denn diese ermöglichen dann eine beschleunigte Entwässerung und erleichtern die Verfestigung des Tonbodens. In solchen Fällen muß deshalb mit erheblichen und schnelleinsetzenden Bauwerkssetzungen gerechnet werden.

Natürlich kann dem Tonboden auch durch Verdunstung Wasser entzogen werden. Da austrocknender kolloidreicher Tonboden schwindet und wegen der Haftung der Teilchen aneinander Risse bekommt, bedürfen solche Bodenschichten, wenn sie als Baugrund verwendet werden, eines Schutzes gegen diese Einwirkung. Außerdem muß verhindert werden, daß aus Tonböden geschüttete Dämme und Deiche durch Wasserzutritt erweichen und schließlich als Schlamm abfließen. Dieser Wasserzutritt könnte gegebenenfalls auch durch Schwindrisse erfolgen. Im Zusammenhang mit der Austrocknung von Tonböden wird auf die mögliche falsche Einschätzung eines solchen Bodens hingewiesen: es kann nämlich vorkommen, daß sich oberflächlich durch Austrocknung eine wasserarme und verhältnismäßig feste Tonbodenkruste gebildet hat, die die darunter befindlichen weicheren Tonschichten verdeckt und so eine nicht vorhandene Dichte und Tragfähigkeit des Baugrundes vortäuscht. Die

Sicherungsmaßnahmen gegen aufweichenden und dann evtl. ausfließenden Tonboden können bestehen in der Anordnung von Spundwänden (Umschließung), durch Abfangen des Tagwassers und etwaigen Sickerwassers in Gerinnen und Sickerleitungen, gegebenenfalls noch durch Dränierung der Baugrubensohle.

Die bautechnische Bedeutung der Tonböden ergibt sich nicht nur aus ihrem Sonderverhalten, sondern auch aus ihrer großen Verbreitung: in den Überschwemmungsgebieten großer Flüsse findet sich der Flutgebietston und Aueton; Schlammton, Schlick und Klei bilden die

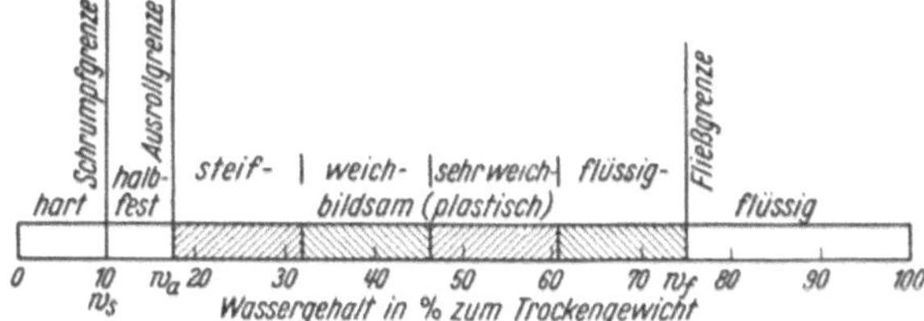

Abb. 51. Bezeichnung für die Zustandsformen von Tonböden. (Nach SCHEIDIG.)

schlammigen Absätze der Haffe und der Küstengebiete (Nordseemarschen); Tiefwassertone entstanden auf der Sohle von Seen und Meeren, eiszeitliche Tonsedimente als Absätze aus den Schmelzwässern in den Urstromtälern. Deshalb finden sich Tonböden in weiter Verbreitung und großer Mächtigkeit im norddeutschen Flachland.

Je nach dem Wassergehalt ist der Ton dünn- bis zähflüssig (Schlamm, Schlick), bildsam, plastisch, halbfest oder hart (vgl. Abb. 51). DIN 1054, 4, Tafel, Anmerkung 3 (Juni 1953) gibt für die Zustandsform eines bindigen Bodens folgende Behelfsregel für ungestörte und vor Verdunstung geschützte Bodenproben:

Breiig ist ein Boden, der in der geballten Faust gepreßt zwischen den Fingern hindurchquillt.

Weich ist ein Boden, der sich leicht kneten läßt.

Steif ist ein Boden, der nur schwer knetbar ist, sich aber in der Hand zu 3 mm dicken Walzen ausrollen läßt, ohne zu reißen oder zu bröckeln.

Halbfest ist ein Boden, der beim Versuch, ihn zu 3 bis 4 mm dicken Walzen auszurollen, zwar bröckelt und reißt, der aber doch noch feucht genug ist und deshalb dunkel aussieht.

Hart ist ein Boden, der ausgetrocknet ist und deshalb hell aussieht, und dessen Schollen in Scherben zerbrechen.

Nach dem Gehalt an Tonkolloiden (Rohton) unterscheidet man *fetten* und *mageren* Ton. Ersterer enthält mehr als 50% Rohton und fühlt sich fettig (geschmeidig) an, letzterer hat dagegen mehr als 50% an schluffigen und sandigen Teilen und fühlt sich rauh an.

Gliederung der Mineralböden nach dem *Ton*gehalt:

reiner Tonboden	90 bis 100%	tonhaltige Teile
strenger Tonboden	75 bis 90%	„ „
Tonboden	50 bis 75%	„ „
schwerer Lehmboden	40 bis 50%	„ „
milder Lehmboden	30 bis 40%	„ „
sandiger Lehmboden	20 bis 30%	„ „
lehmiger oder toniger Sand	5 bis 20%	„ „
Sandboden	bis 5%	„ „

Unter den Begriff Tonböden fallen außer dem oben behandelten gemeinen Ton folgende Ablagerungen, die für das Bauen von Bedeutung sind:

Lehm. Er ist ein Tonboden mit stärkerem Quarzsandgehalt. Bei einem Sandgehalt bis zu 70% spricht man von „magerem" Lehm (tonigem Sand); „fetter" Lehm enthält bis zu 70% Ton (sandiger Ton). Seine gelbe bis braune Farbe stammt von Beimengungen feinsten Brauneisenerzes. Da er durch Verwitterung und Auswaschen von Mergel entstanden ist, ist er kalkfrei. Sein großer Sandgehalt erleichtert und beschleunigt infolge der größeren Poren des Sandes die Wasseraufnahme. Daher ist er Wasserangriffen leichter ausgesetzt als Tonböden. Im übrigen gilt für Lehmböden das oben beim Ton Gesagte. Stark wasserhaltig ist er als schlechter Baugrund anzusprechen.

Mergel (Tonmergel, Lehmmergel) sind bindige Böden mit starkem Kalk- oder Dolomitgehalt. Steigt der Kalkgehalt auf über 60%, dann spricht man von *Kalkmergel.* Ist er verfestigt, d. h. wird er auch bei längerer Lagerung im Wasser nicht erweicht, dann gehört er zu den Festgesteinen (Steinmergel). Enthält der Mergel mehrere Prozent abgerundeter Steinchen, wird er mit *Geschiebemergel* bezeichnet (oft stark durch Eisüberlagerungen vorverdichtet). Er ist in der norddeutschen Tiefebene als Grundmoräne der diluvialen Gletscher sehr weit verbreitet, wobei er ein Gemenge aus Trümmern von Oberflächengesteinen Skandinaviens, sowie aus Geröllen bildet, das die damaligen Gletscher vom Grunde der Ostsee mitgerissen haben. Auf dem weiten Verfrachtungsweg wurden diese Gesteine je nach ihrer Härte mehr oder weniger zerkleinert, abgerollt, zermalmt. Auf Grund dieser Entstehung ist der Geschiebemergel nicht nur mineralogisch, sondern auch hinsichtlich der Körnung außerordentlich mannigfaltig zusammengesetzt. In ihm finden sich Gesteinstrümmer aller Körnungen von den größten Blöcken und Steinen bis zu Kies, Sand, Schluff und Ton, alles gut abgerollt und ineinander gewirkt. Den Hauptgemengeteil bildet meist der Sand, der aber immer mit größeren oder kleineren Mengen von Ton durchsetzt ist. Der Kalkgehalt beträgt 3 bis 12%; er kann aber auch auf 20% und mehr ansteigen. Der Geschiebemergel verwittert oberflächlich zu *Geschiebelehm,* indem der

Kalk ausgelaugt und fortgeführt wird. Als *fester trockener Kalkmergel* ist er ein recht guter Baugrund.

Bei abnehmendem Kalkgehalt geht das Gestein aber in mergeligen Ton über, der nun noch 10 bis 2% Kalk enthält und zu den Lockergesteinen zu rechnen ist. Dieser mergelige Ton, der oft die gleiche Farbe und die gleiche Schichtung und Schieferung zeigt, wie das Gestein Mergelschiefer, wird vielfach „Mergel" schlechthin genannt. Diese Bezeichnung ist besonders für den kalkhaltigen Ton des eiszeitlichen Geschiebemergels üblich. Durch den Kalkgehalt wird der Mergel im erdstatisch günstigen Sinn verändert.

Mit *Letten* werden sowohl fette Tone, als auch nicht voll verwitterte Tonböden bezeichnet, welche die Lagerung und Beschaffenheit des Ursprungsgesteins erkennen lassen, aber auch schwachbindige Staubböden, die hauptsächlich aus Mehlsand und Schluff bestehen. Der Name wird oft falsch gebraucht und sollte nicht mehr verwendet werden (langwierige Rechtsstreite).

Die Bezeichnung *Tegel* für gleichmäßigen, *bild*samen bis festen Tonboden von grauer bis blauer und auch grüner Farbe ist in verschiedenen Orten üblich.

Mit *Flinz* wird ein in Bayern, besonders im Untergrund Münchens vorkommender tonreicher Mergel oder kalkhaltiger Ton (Flinzmergel) bezeichnet. Er bildet einen guten Baugrund, ist dicht, aber schwer zu rammen.

d) Böden organischen Ursprungs: Humus, Torf, Faulschlamm.

Der *Humus (Mutterboden)* ist ein Gemisch von Humusstoffen mit mineralischen Verwitterungsstoffen. Dabei entstehen die Humussubstanzen durch die unter Luftabschluß vor sich gehende Verwesung angehäufter toter Pflanzenteile. Die Durchmischung der oberen Bodenschicht erfolgt durch die erdefressende Bodenfauna (Regenwürmer und gewisse Insektenlarven). Diese entleeren des Nachts an der Oberfläche die am Tage in der Tiefe gefressene Erde. Darüber hinaus sind die genannten Bodenbewohner die eigentlichen Umbildner der organischen Substanz des Bodens, nämlich der verwesenden Pflanzen- und Tierfette, zu *Humus*. Ein Teil der Humussubstanzen verleiht dem Wasser saure Eigenschaften *(Humussäuren)*.

Die Humuserde bildet die wenige Dezimeter starke, bakterienbelebte oberste Schicht des Bodens, die starken Gehalt an organischen Teilchen aufweist. Wegen ihrer Aggression sind alle Humusstoffe bei Gründung jedes Bauwerks abzuräumen, außerdem sind Mörtel und Beton gegen den Angriff der Humussäuren zu schützen.

Torf (Moorboden). Wenn stehende Gewässer (Seen, Teiche, tote Flußarme) versumpfen, indem sie durch Wasserpflanzen und Algen, später durch Sumpfgewächse (Ried und Wollgräser, Schilfrohr, Binsen, Moose) allmählich von den seichten Ufern zur Gewässermitte hin zuwachsen, wobei die lebende filzige Pflanzendecke die tieferen Lagen gegen den Luftsauerstoff abschließt, dann entstehen *Moore*. Dabei verfilzen diese Vegetationslagen zu *Torf*, einer dunkelbraunen, zunächst faserigen Masse, die aber allmählich alle organische Struktur einbüßt.

Sind die Bedingungen zur Ansiedlung des eigentlichen Torfmooses (Sphagnurn) gegeben, dann wächst dieses auf der vorher gebildeten filzigen Pflanzendecke nach oben und erhebt sich mit der Zeit über seine Ränder, bis zu 5 m und darüber. Es entsteht das *Hochmoor*. Es ist wie ein Schwamm mit Wasser vollgesogen. Unter der lebenden Pflanzendecke geht auch hier die Vertorfung vor sich. Das Moorwachstum wird in unseren Gegenden auf etwa 5 bis 6 m im Jahrhundert durchschnittlich geschätzt.

Moore der skizzierten Typen sind vor allem in der kühlen, gemäßigten Zone verbreitet: in Nordwestdeutschland (Hannover), aber auch in den ehemals vergletscherten Teilen des Alpenvorlandes finden sich solche von vielen Quadratkilometern Ausdehnung.

Da die Moore von mineralischen Böden, die der Wind oder das Wasser absetzt, überdeckt werden können, findet man in den wechselnden Schichten des Alluviums Moore bis zu großer Tiefe und auch in mehrfachen Schichten. So beginnen die von Kleiböden überlagerten alten Niederungsmoore in Holland im Mittel etwa 12 m, stellenweise aber erst 23 m unter dem Grundwasserspiegel.

Torf und Moorböden sind ein schlechter Baugrund, den man nach Möglichkeit beseitigt. Selbst schon dünne Moorschichten im Untergrund können ein Bauwerk wegen ihrer großen Nachgiebigkeit gefährden. Der starke Wechsel der Mächtigkeit der Moorschichten und das häufige, nesterweise Auftreten der Moorböden macht es notwendig, den Baugrund bei Feststellung von Moorschichten besonders eingehend zu untersuchen, um ungleiche Setzungen des Bauwerks zu vermeiden. Bei Dammbauten hat man anstehende mächtigere Schichten von Moor (und weichem Ton), die man nicht ausbaggern konnte, durch Sprengen mit Erfolg in Bewegung gebracht, so daß sie sich unter der Dammlast rascher und leichter seitlich ausquetschen ließen.

Faulschlammböden. Wenn angehäufte organische Substanz unter Wasser verwest, dann entsteht *Faulschlamm* oder *Sapropel*. Die organischen Sedimentteilchen im Wasser liefern besonders die absterbenden kleinsten Lebewesen (Plankton), die vermischt mit feinsten mineralischen Gesteinstrümmern (Kalk, Ton) absinken. Man unterscheidet *Halbfaulschlamm* oder *Gyttja*, wenn der Sauerstoff noch Zutritt hat; dadurch gehen der Gyttja die leichtest oxydierbaren Bestandteile, wie Eiweißstoffe, rasch verloren, so daß es nur zu einer Teilverwesung kommt. Bei Sapropel im engeren Sinne oder Vollfaulschlamm wird der Gesamtbestand der organischen Stoffe von der Verwesung erfaßt, weil hier der Abschluß gegen Sauerstoff vollkommen ist.

In gleicher Weise kann durch kalkausscheidende Algen und Kalkschalen von Weichtieren *Faulschlammkalk* (Sapropelkalk) entstehen, aus Kieselalgen, die kalkfrei sind, *Kieselgur*. Faulschlammkalk und Kieselgur faßt man unter den Sammelbegriffen Infusorienerde und Diatomeenerde zusammen (Diatomeen = Kieselorganismen).

Wenn in Faulschlamm enthaltendes Gewässer Sinkstoffe eingeströmt sind, dann kann der Faulschlamm von Feinsand, lehmigen oder tonigen Schichten überlagert sein, über den dann neue Faulschlammschichten oder -nester folgen können. Infolge des ständigen Hin- und Herpendelns der alluvialen Gewässer findet man häufig sandige und tonige Schichten in buntem Wechsel mit Torf und Faulschlamm.

Faulschlamm ist übelriechend, gallertartig; an der Luft erhärtet er; seine Farbe ist bläulich, grünlich oder bräunlich. Unter Lasten verhält er sich ähnlich wie Tonschlamm: er bildet einen schlechten Baugrund.

E. Untersuchung des Baugrundes.

Im einleitenden Abschnitt über den Zusammenhang zwischen Bauwerk und Baugrund wurde bereits erläutert, warum Baugrunduntersuchungen unerläßlich sind. In welchem Umfang dies zu geschehen hat, hängt ab von der Größe und Zweckbestimmung des Bauwerks, von der Beschaffenheit des Bodens, von seiner voraussichtlichen Belastung, sowie von der Zahl und Zuverlässigkeit der Ergebnisse der in der unmittelbaren Nachbarschaft durchgeführten Bodenerkundungen. *Als Regel sollte gelten, daß in allen Fällen, in denen über die Bodenbeschaffenheit* (Baueigenschaften) *irgend welche Zweifel bestehen, Bodenuntersuchungen zu veranlassen sind*[1]. Diese können sich nur in ganz einfachen Fällen und bei leichten Bauwerken, wie kleineren Wohnhäusern, kleineren landwirtschaftlichen Bauten, Behelfsbauten u. a., auf Sondierungen beschränken, wenn nicht schlechter Baugrund (weicher Ton-, Klei- oder Moorboden) ansteht. In allen anderen Fällen sind mindestens sorgfältige und ausreichende Schürfe oder Probebohrungen, gegebenenfalls auch Probebelastungen durchzuführen, zu denen in schwierigeren Fällen und bei größeren Bauwerken in der Regel wissenschaftliche Bodenuntersuchungen unter Heranziehung einer Versuchsanstalt (bodenphysikalisches Institut) treten müssen.

Besonders sorgfältige und eingehende bautechnische Bodenuntersuchungen sind u. a. notwendig[1]:

[1] „Richtlinien für bautechnische Bodenuntersuchungen". Deutscher Baugrundausschuß bei der Deutschen Gesellschaft für Bauwesen. Berlin: Beuth-Vertrieb. 1941.

Bei gewissen Baugrundarten, wie Auffüllungen, plastischem Ton, mit Torf und Faulschlamm durchsetzten Böden, auch in größerer Tiefe und im Bereich von Betonfundamenten oder Betonpfeilern (auf Gehalt an angreifenden Säuren), ferner, falls Erschütterungen auftreten können, auch bei für ruhende Lasten tragfähigen Boden, wie Sand und feinem Kies, namentlich, wenn diese im Bereich des Grundwassers liegen, bei Löß, wenn später Wasserzutritt möglich ist, bei stark klüftigem Gestein, bei konzentrierten Lasten (Türmen, Silos u. a.), gewissen Tragwerken, z. B. statisch unbestimmten Systemen (besonders Rahmen, durchlaufender Träger) oder solchen mit größerem Seitenschub (Bogenbrücken, Rahmen u. a.), ferner bei dynamisch beanspruchten Bauwerken, insbesondere Maschinenfundamenten,

bei Tunneln und schwierigen Erdbauten, wie tiefen Einschnitten in rutschgefährlichen Tonen und in wasserführendem Gebirge, hohen Dämmen auf stark zusammendrückbarem Untergrund, auszukofferndem Torf,

bei hochwertigen Straßen, besonders auf weichen, frostgefährlichen oder zu Rutschungen neigenden Bodenarten, sowie bei hohem Grundwasserspiegel,

bei Staudämmen, Deichen und anderen Bauwerken, deren Beschädigung besonders weittragende Folgen hat.

Mit Rücksicht auf das gesteckte Ziel in dem vorliegenden Buch beschränken sich die Ausführungen über die verschiedenen Arten der Bodenuntersuchung darauf, einen Überblick über die dafür entwickelten Verfahren zu geben[1].

1. Geologische Untersuchungen.

In den vorhergegangenen Abschnitten wurde versucht, dem Leser den verwickelten Aufbau des Bodens als Ergebnis seines geologischen Werdeprozesses zum Bewußtsein zu bringen. Daß die dabei so außerordentlich wechselvollen Auswirkungen der tektonischen Kräfte, sowie der Verwitterung, Erosion, Wasser-, Eis- und Windverfrachtung und der so vielfältigen und dabei immer wieder anders gearteten Sedimentationsbedingungen zusammen mit dem Einfluß des Faktors Zeit notwendig zu außerordentlich unterschiedlichen Eigenschaften der gebildeten Böden auch in bautechnischer Hinsicht führen *mußten*, ist wohl einleuchtend. Daraus ergibt sich die Notwendigkeit, von Fall zu Fall erst die Bau-

---

[1] Eine ausführliche Literaturzusammenstellung finden sich in PETERMANN-BÖDECKER: Schrifttum über Bodenmechanik. Berlin 1937; E. SCHULZE: Schrifttum über Bodenmechanik in Deutschland in den Jahren 1939–1947. Abhandlungen über Bodenmechanik und Grundbau. Bielefeld 1948; SCHULZE-MUHS: Literaturverzeichnis (513 Nummern) in „Bodenuntersuchungen für Ingenieurbauten“. Berlin, Göttingen, Heidelberg: Springer 1950.

eigenschaften klar zu stellen, ehe man ein Bauobjekt einem Boden als Baugrund anvertraut. Die Mißachtung dieser Notwendigkeit hat schon viel Lehrgeld gekostet. Die zahlreichen, an Bauanlagen aufgetretenen Schäden (Risse, Setzungen, Verschiebungen, Rutschungen, Einstürze usw.) sprechen eine deutliche Sprache.

In vielen Fällen muß der *Geologe* bei dieser Bodenerkundung das erste Wort haben. Diese Forderung gilt dabei nicht nur für Bauten im Gebirge oder Hügelland, wo ihre Erfüllung wohl allgemein als selbstverständlich betrachtet wird, sondern ebenso sehr für das Bauen im Flachland und Küstengebiet, zumindest bei Bauanlagen mit großen Lasten und erheblichen Gründungstiefen, bei Bauanlagen an Geländesprüngen, in Gebieten mit Sandböden verschiedener Lagerungsdichte, in eiszeitlichen Geschiebemergeln u. a. Wo es sich um die Sicherungen gegen Bodenbewegungen handelt, kommt eine besondere Bedeutung der richtigen Erkennung der Bewegung und Wirkung des im Boden vorhandenen Wassers zu.

Bei einer solchen geologischen Voruntersuchung wird das Baugelände und seine Umgebung, wenn möglich an Hand einer geologischen Karte neueren Datums, vom Geologen zusammen mit dem verantwortlichen Bauingenieur begangen, um die im Untergrund anstehende geologische Formation, ferner die Schichtung, die Tektonik, die morphologischen, petrographischen, paläontologischen, ingenieurbiologischen und vor allem auch die hydrologischen Verhältnisse klarzulegen. Geographische Lage (z. B. Erdbebengebiet, Untertagebau u. a.), Oberflächenbeschaffenheit, Pflanzenwuchs, bereits vorliegende Erfahrungen an Bauten in der Nachbarschaft zusammen mit der geologischen Karte geben eine erste Orientierung. Für die weitere Klärung leisten die bereits vorhandenen Aufschlüsse: Felswände, steil angeschnittene Täler, Uferränder an Wasserläufen und Meeresküsten, Kies-, Sand- und Tongruben, Wegeinschnitte, Steinbrüche, Brunnen, Wasserversorgungsanlagen, Bewegung der Wasserstände oberirdischer und unterirdischer Gewässer usw. besonders gute Dienste.

Aus der erkannten Formation lassen sich Rückschlüsse auf die Herkunft des Untergrundes und seine Eigenschaften ziehen. Es lassen sich über Ablagerungen, Verwerfungen, Klüfte, Dolinen u. a., aber auch über Wasserwegigkeit des Untergrundes und über seine Grundwasserverhältnisse Voraussagen machen. Aus dem erkannten Zeitalter kann also auf die in ihm zur Ablagerung gekommenen Bodenarten geschlossen werden. Handelt es sich dabei etwa um einen in einen Hang eingeschnittenen Triebwasserkanal, dann erlauben die so festgestellten Bodenarten eine Aussage darüber, ob bei der in Aussicht genommenen Trasse beispielsweise rutschgefährliche Tonböden, zum Zerfall neigende Letten, klüfte- und spaltenreiche Muschelkalke, oder aber dichtes und standfestes Felsgestein zu erwarten sind. Ist der Geologe frühzeitig genug, d. h. bereits zu Beginn der Planung zugezogen worden, so lassen sich bei ungünstigen Ergebnissen (z. B. gegebener Rutschgefahr) durch rechtzeitige Rücksichtnahme darauf in der Planung (z. B. Abwehrmaßnahmen oder Verlegung) erhebliche Mehrausgaben für sonst später notwendig werdende Sanierungen ersparen.

Geologe und Bauingenieur haben nun auf Grund der gemeinsamen Durchsprache des Ergebnisses einer geologischen Voruntersuchung zu prüfen, ob noch weitere Erkundungsmaßnahmen *außer* den immer durchzuführenden Schürfungen zur Vervollständigung des gewonnenen Einblicks in den Untergrund durchgeführt werden sollen, und bejahendenfalls welche. Dafür kommen in Frage: Bohrungen, Sondierstollen (vgl. Abb. 23a); geophysikalische Untersuchungen, bodenmechanische Untersuchungen; Untersuchungen auf mögliche mechanische und chemische Einflüsse und evtl. lösende Wirkungen des Wassers; Probebelastungen.

Ob solche Erkundungsmittel zusätzlich zur geologischen Voruntersuchung herangezogen werden müssen und wenn ja, welche von ihnen und in welchem Umfang, darüber muß letzten Endes der Bauingenieur die Entscheidung treffen. Denn *er* trägt die Verantwortung für die Stabilität seiner Anlage, also für eine dauernd stabile, aber auch kostenmäßig vertretbare Gründung aller Bauteile. Hier ist *er* der Fachmann, der bei gegebenem Baugrund die gründungstechnischen Möglichkeiten übersehen und ausschöpfen muß, um der eben genannten diskrepanten Doppelforderung gerecht zu werden. Dies wird ihm um so leichter gelingen, je größer einerseits seine bodenkundlichen Kenntnisse, andererseits seine grundbautechnischen Erfahrungen sind, oder umgekehrt: wer es nicht gelernt hat, den Baugrund hinsichtlich seiner bautechnischen Eigenschaften richtig zu beurteilen, wird auch keinen gründungstechnisch zweckmäßigen Bauwerksentwurf zustande bringen.

2. Geophysikalische Voruntersuchungen.

Der Vorteil der geophysikalischen Flächenuntersuchungen besteht darin, daß sie ohne viele Messungen Auskunft über die Zusammensetzung des Untergrundes unter einem verhältnismäßig großen Bereich des Baugeländes geben. Sie arbeiten aber vielfach ungenauer, als die Punktmessungen und bedingen verwickeltere Auswertungsverfahren. Sie sind deshalb vor allem dann am Platze, wenn auf einem ausgedehnten Baugelände der günstigste Ort für die Errichtung eines Bauwerks gesucht wird. Oft ermöglichen diese Verfahren die Erkundung der Festigkeitsverhältnisse (Elastizitätsmodul) des Untergrundes. Dies trifft besonders für Sand in größerer Tiefe zu, wenn ungestörte Sandproben keine verlässige Auskunft über die in der Tiefe vorhandene Verspannung zu geben vermögen. Unsicher werden die geophysikalischen Verfahren, wenn größere Folgen von Schichten im Untergrund die Deutung der Meßergebnisse erschweren.

Für Bauzwecke kommen folgende geophysikalische Verfahren in Frage: das *seismische,* das speziell für die Baugrundforschung entwickelte *dynamische* und das *geoelektrische* Verfahren.

a) Seismische Bodenuntersuchung[1].

Bei diesem Verfahren wird an einer bestimmten Stelle eine einmalige stoßweise Erschütterung ausgelöst (Sprengung, Fallwerk). Die dadurch künstlich hervorgerufenen Bodenwellen (Longitudinalwellen), die sich nach allen Seiten hin gleichmäßig ausbreiten, werden an den meist sehr scharf ausgeprägten Bodenschichtgrenzen nach dem Brechungsgesetz in ihrer Richtung abgelenkt (gebrochen) oder zurückgeworfen. Gemessen wird nun die Ausbreitungsgeschwindigkeit der *gebrochenen* Wellen in m/sek. Daraus können, da man die Fortpflanzungsgeschwindigkeiten der Wellen in den verschiedenen Gesteins- und Bodenarten kennt (von 500 bis 1000 m/sek in trockenem Sand und Schotter, steigend bis 5000 bis 6000 m/sek in Basalt), mit Hilfe von Seismographen oder Geophonen die Lage, Neigung und Schichtmächtigkeit, sowie die Beschaffenheit der Bodenschichten mit ziemlicher Genauigkeit hergeleitet werden.

Das Verfahren ist besonders geeignet, die Mächtigkeit von Böden aus Lockergestein über festem Gestein möglichst schnell zu ermitteln (z. B. Lage des festen Felsgrundes bei Talsperren), ferner bei Wasserbauten für Feststellungen bis 50 m unter Wasser. Weniger geeignet ist es bei geringmächtigen Schichtfolgen von Sand, Lehm, Ton usw., weil hier die Messungen zu ungenau werden. Da das Verfahren mit den elastischen Konstanten des Bodens arbeitet, setzt es für seine Verwendung Böden voraus, die sich wie elastische Körper verhalten, also vor allem *nichtbindige* Böden. Der Tiefenmeßbereich umfaßt alle für Baugrunduntersuchungen in Betracht kommenden Tiefen.

b) Dynamische Bodenuntersuchungen[2].

Bei diesem Verfahren[3] wird der zu untersuchende Untergrund nicht mehr nur durch einen einzigen Stoß erschüttert, sondern mit Hilfe einer Schwingungsmaschine durch fortlaufende Stöße in *Dauerschwingungen* versetzt. Außerdem werden hier nicht mehr die Fortpflanzungsgeschwindigkeiten der Longitudinalwellen v_L, wie oben, sondern der *Transversalwellen* (Scherungswellen) v_T in m/sek gemessen. Das Verfahren ist nach

[1] KREIS u. CADISCH: Schweiz. Bauzeitg. 1933. S. 161.

[2] HERTWIG: Bauingenieur 1931, S. 457 u. 476. Z. VDI. 1933, S. 550.

[3] Entwickelt von der *Deutschen Forschungsgesellschaft für Bodenmechanik (Degebo)* gemeinsam mit dem *Geophysikalischen Institut der Universität Göttingen.*

seinem heutigen Stand im Bereich seiner erfolgreichen Verwendungsmöglichkeit (Maximaltiefe etwa 20 m) dem seismischen Verfahren überlegen. Der wichtigste Verwendungszweck des dynamischen Verfahrens ist die Untersuchung eines größeren Baugeländes auf Durchlässigkeiten im Untergrund (etwa Einlagerungen, wie alte Flußläufe, Gräben, Priele usw.). Aus Knicken in der Laufzeitkurve kann das Vorhandensein weicherer oder andererseits festerer Schichten in sonst homogenen Böden schnell und scharf abgegrenzt werden. Das Ergebnis wird dann noch durch einige Kontrollbohrungen überprüft, wodurch auch die Beschaffenheit des Untergrundes einwandfrei festgestellt wird.

Bei *nicht*bindigen Böden erhält man mit dem Verfahren im Schwingungsbereich einen aufschlußreichen Einblick in die Lagerungsdichte und über diese in die Tragfähigkeit des Untergrundes. Auch hier werden nur die elastischen Vorgänge im Boden erfaßt, so daß man über *nicht*elastische Vorgänge (bleibende Setzungen nichtbindigen Bodens, Setzungen bindigen Bodens) keinen Aufschluß erhält. Deshalb kann man mit Hilfe dieses Verfahrens nur über elastische Bauwerksetzungen *nicht*bindiger Böden Voraussagen machen und zwar für den Bereich, in dem die bleibenden Setzungen gegenüber den elastischen klein bleiben. Vorausgesetzt ist dabei, daß eine ausreichende Tiefenwirkung der Schwingungsmaschine festgestellt ist.

Über die Grundwasserverhältnisse gibt das Verfahren keine Auskunft.

Mit einem ähnlichen Verfahren, das sich äußerlich wenig von der dynamischen Baugrunduntersuchung unterscheidet, läßt sich durch Feststellung der *Schwingungsverhältnisse des Baugrundes* voraussagen, wie sich dieser bei *dynamischen Beanspruchungen* (Erschütterungsmaschinen) verhalten wird. Der Schwerpunkt liegt jetzt nur bei der Ermittlung der Eigenschwingungszahlen und der dynamischen Bettungs- und Schubziffern des Baugrundes, d. h. bei der Feststellung der beiden „dynamischen Kennziffern (Beiwerten)“ des Bodens, mit denen bei der Berechnung von Maschinenfundamenten und bei anderen dynamischen Bauaufgaben die statische Belastung vervielfacht werden muß.

c) Geoelektrische Bodenuntersuchung[1].

Für Baugrunduntersuchungen hat sich von den verschiedenen geoelektrischen Verfahren nur die *Widerstandsmethode* bewährt. Dabei wird der Potentialunterschied gemessen und darnach der Widerstand bestimmt, den der Untergrund dem künstlich eingeleiteten bzw. induzierten elektrischen Gleichstrom entgegensetzt. Durch 2 Elektroden wird der Strom in den Boden geleitet, mit 2 in den Boden gesteckten Metallstäben (Sonden) erfolgt dann die Widerstandsbestimmung. Die guten Ergeb-

[1] TÖLKE: Bauingenieur 1937. S. 271–294. Berlin: Springer.

nisse des Verfahrens sind darauf zurückzuführen, daß die Leitfähigkeit der Festgesteine und der Böden aus Lockermaterial große Unterschiede aufweist, z. B. magnesiumreicher Ton 1 bis 3, Gletscherablagerungen 180 bis 4000, Sandböden 1000 bis 10000, Sandsteine 50 bis 500, Erstarrungsgesteine 500 bis 5000, jeweils $\Omega \cdot$ m Widerstand. Die gesamte Ausrüstung ist sehr einfach und in einem Handkoffer unterzubringen. Das Verfahren ist für beliebige Tiefen anwendbar.

Das geoelektrische Verfahren gibt zuverlässig die Lage, Grenze, Neigung von Felshorizonten unter Überlagerungsschichten und die Durchfeuchtung tiefliegender Schichten (Grundwasserhorizonte, Grenze zwischen wasserdurchlässigen und undurchlässigen Böden, Grad der Durchlässigkeit, Hohlraum, Wasserstockwerke, Quellen usw.) an, ebenso die wechselnde Lage von wasserundurchlässigen, bindigen Bodenschichten und von durchlässigen Sand- und Kiesböden. Ferner ermöglicht es Rückschlüsse auf den Grad der Durchlässigkeit und läßt Störungen im Untergrund (z. B. Hohlräume in Kalkfelsbänken) sicher erkennen. Es kommt deshalb besonders bei der Baugrunderkundung der Wasserbauten aller Art in Betracht (Stauwerke, Talsperren!), für die Auffindung vermuteter wasserführender Schichten, die besonders auch im Tunnel- und Stollenbau zu so großen Schwierigkeiten führen können, wie die weiter oben gebrachten Beispiele anschaulich zeigen (vgl. Beispiel S. 49 unten). Diese elektrischen Untersuchungen lassen sich schneller und viel billiger durchführen, als Bohrungen. Die zur Nachprüfung der Genauigkeit des Verfahrens noch notwendigen Bohrungen können auf ein Minimum verringert werden.

3. Schürfungen und Bohrungen.

Wenn einfache Bauverhältnisse vorliegen (Einzelbauwerke, Vorhandensein gleichwertigen Aufschlusses), genügen *Schürfe* oder *Bohrungen*, um den notwendigen Einblick in den anstehenden Untergrund zu erhalten. Sie bilden außerdem als *Punkt*untersuchungen die unerläßliche Ergänzung zu den geologischen und geophysikalischen *Flächen*untersuchungen, da sie einen unmittelbaren Einblick in den Boden ermöglichen, in die Art und den Verlauf seiner Schichtung, in die Beschaffenheit, insbesondere in die Lagerungsdichte der einzelnen Schichten, in die Lage des Grundwasserträgers und die Tiefe des Grundwasserspiegels, sowie (besonders bei den Schürfgruben) in die Bodenbearbeitbarkeit beim Lösen (Kostenermittlung für Aushub und evtl. Transport!).

Zahl, Lage und Tiefe der Schürfe und Bohrungen bestimmt die Bauleitung; die evtl. Ergebnisse der Untersuchungen zu 1. und 2. liefern dafür wertvolle Fingerzeige. Die Richtlinien dafür geben DIN[1] 4021 (Entwurf Juli 1952): „Baugrund und Grundwasser. Grundsätze der Erkun-

[1] DIN Deutsche Industrienormen. Berlin: Beuth-Vertrieb G. m. b. H.

dung. Bohrungen. Schürfe. Probenahme," und DIN 1054 (Juni 1953) mit Beiblatt (Oktober 1953). Darnach sollen diese Aufschlüsse grundsätzlich so tief geführt werden, daß alle jene Schichten des Baugrundes erschlossen werden, welche die Setzungen des Bauwerks beeinflussen. Dafür wird im allgemeinen bei Einzelgründungskörpern im nichtfelsigen Untergrund eine Tiefe gleich der dreifachen Sohlenbreite, mindestens aber 6 m für ausreichend erachtet, bei Bauten mit mehreren Gründungskörpern und bei Plattengründungen eine Tiefe gleich dem 1,5fachen der Bauwerksbreite, jeweils von Gründungssohle ab gemessen. Die Schürftiefe kann auch bei gedrängten und langgestreckten Bauwerksgrundrissen in Erweiterung der „Richtlinien für bautechnische Bodenuntersuchungen"[1] aus dem mittleren Sohldruck $= \dfrac{\text{gesamte Bauwerkslast}}{\text{ganze verbaute Grundfläche}}$ und der geringsten Breite der überbauten Grundfläche ($C_{\min}$) hergeleitet werden:

bis 1 kg/cm² mittlerem Sohldruck das 1fache von $C_{\min}$
bis 2 kg/cm² mittlerem Sohldruck das 2fache von $C_{\min}$
bis 3 kg/cm² mittlerem Sohldruck das 3fache von $C_{\min}$
bis 5 kg/cm² mittlerem Sohldruck das 4fache von $C_{\min}$

Weitere Richtlinien darüber wollen den obigen Vorschriften entnommen werden. Die Gegenüberstellung der Vor- und Nachteile von Schürfung und Bohrung gibt Tabelle 5.

Tabelle 5 nach DIN 4021.

Schürfen (Schürfgruben, Schürfgräben, Schürfschächte)	*Bohren* (Flach- und Tiefbohrungen)
Vorteile:	
Begehbar, dadurch sicheres Erkennen der Lagerungsverhältnisse und der Schichtung sowie der Art und der Stellen der Wasserzutritte. Unmittelbare Prüfung des Bodens an den Wandungen auf der Sohle möglich. Kein Mischen der Bodenarten bei der Entnahme. Leichte und zuverlässige Entnahme ungestörter Proben aus allen Bodenarten.	Keine wesentliche Behinderung im Grundwasser. Möglichkeit großer Erkundungstiefen. Fast überall anwendbar.
Nachteile:	
Größerer Zeitaufwand. Höhere Kosten bei größerer Tiefe, da oft Aussteifen oder Verzimmern erforderlich. Im Grundwasser Wasserhaltung nötig.	Vermischung des Bohrgutes, dadurch unsichere Beurteilung der Lagerungsverhältnisse. Bestimmen der Bodenarten bei Meißelarbeit oft schwierig, bei steinigem und aufgefülltem Boden (bei Findlingen, Mauerschutt und Müll) zuweilen unzuverlässig oder unmöglich. In nichtbindigen Schichten ist die Entnahme ungestörter Proben im allgemeinen unmöglich.

Entnahme von Bodenproben. Das beim normalen Bohrvorgang gewonnene Bodenmaterial ist mehr oder weniger durchmischt und aufgeweicht, d. h. „gestört". In diesem Zustand gestattet es folgende Faktoren (Kennwerte) der Böden festzustellen, die von Einfluß auf die Kennzeichnung und Vergleichbarkeit der Böden sind (Stoffgewicht, Kornverteilung, wenn keine Entmischung stattfinden kann, Zusammensetzung und Beimengungen u.a.). Doch müssen auch die „gestörten" Proben einwandfrei entnommen und aufbewahrt werden, wenn sie für die Untersuchung der bautechnischen Eigenschaften von Wert sein sollen. In verstärktem Maße gilt diese Forderung für die Entnahme von Proben in „*un*gestörtem" Zustand, d. h. in natürlicher Lagerung und mit natürlichem Wassergehalt, mit denen vor allem Hohlraumgehalt, Lagerungsdichte, Raumgewicht, Wasserdurchlässigkeit, Wassergehalt, Zustandsformen, Plastizität, Kapillarität, Scherfestigkeit und Setzung festgestellt werden. Um eine sorgfältige Ausführung der Probeentnahmen in Deutschland zu gewährleisten, wurden im Rahmen der deutschen Normen Richtlinien aufgestellt (DIN 4021, 1952), ebenso für die Anlage der Schichtenverzeichnisse (DIN 4022, Blatt 1, Februar 1955). Sie wollen erreichen, daß bei den späteren bodenphysikalischen Untersuchungen Fehlschlüsse infolge unsachgemäßer Behandlung bei der Entnahme vermieden werden, daß außerdem durch eine klare und eindeutige Bezeichnung für die Boden- und Felsarten die gewonnenen Ergebnisse mit anderenorts festgestellten Eigenschaften vergleichbar werden und gegebenenfalls für andere Fälle wieder nutzbar gemacht werden können.

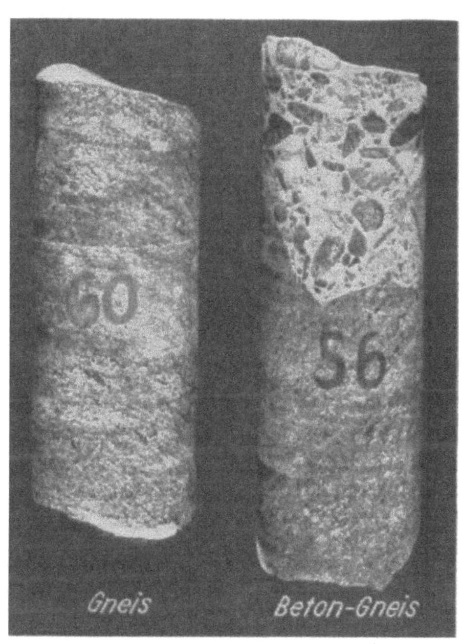

Abb. 52. Untersuchung des aus Gneis bestehenden Untergrundes einer Schwergewichtsmauer durch Kernbohrung (Höllensteinkraftwerk, Bayr. Wald).

Bei Schürfgruben geschieht die „ungestörte" Probenentnahme durch Ausstechen mit Stahlzylindern von mindestens 100 mm Durchmesser. Um beim Bohren ungestörte Proben zu erhalten, wurden zahlreiche besondere Geräte entwickelt. Sie unterscheiden sich voneinander durch die Art und Weise, wie beim Hochziehen das Herausrutschen des Bodens verhindert wird. Wo die gebräuchlichen Bohrverfahren den Boden nicht mehr zu durchdringen vermögen, geht man zur *Kern*bohrung über, bei der mit einer rotierenden Bohrkrone ein kreisförmiger Körper, der „Kern" aus dem Boden geschnitten wird (Abb. 52). Dabei wird bei Felsbohrungen als Spülflüssigkeit gewöhnlich Wasser, bei bindigen Böden meist eine Spülflüssigkeit von $\gamma > 1$ t/m³ („Dickspülung") benützt. Die ungestörten Bodenproben sollen entsprechend DIN 4021 aus dem ungestörten Boden unterhalb der Verrohrung entnommen werden.

4. Bodenphysikalische Untersuchungen.

a) Baugrund aus verfestigten Gesteinen (Felsbänken).

Wenn gesunder Fels in geschlossenen Bänken von einigen Metern Mächtigkeit ansteht, ist er meist so tragfähig, daß die Bauwerke ohne besondere Vorkehrungen auf ihn aufgesetzt (gegründet) werden können. Wie schon weiter oben gezeigt (S. 26 und mehrere der Beispiele S. 38ff.), stehen die verfestigten Gesteine vielfach mehr oder minder stark tektonisch zerrüttet, manchmal auch in stark verwittertem Zustand („fauler" Fels) an. Dadurch können sie nicht nur hinsichtlich ihrer Tragfähigkeit geschwächt sein, sondern auch in anderer Hinsicht für Bauvorhaben minderwertig oder sogar ungeeignet werden. In solchen Fällen kann es notwendig werden, über die unerläßlichen geologischen Ermittlungen über die Gesteinsarten, Lagerungsverhältnisse, Verwerfungen, Klüftigkeit, Wasserführung; gegebenenfalls geophysikalischen Flächenuntersuchungen und unmittelbaren Erschließung durch Schürfungen bzw. Bohrungen hinaus Untersuchungen über die stoffliche Zusammensetzung, über die Festigkeitseigenschaften, über das Verhalten gegenüber Wasser u. a. durchzuführen, die im mechanisch-technischen Prüfraum vorgenommen werden. Dazu gehören die neuzeitlichen mikroskopischen Untersuchungsverfahren, die einen Einblick geben in das Wesen des Gesteins und in seine technisch wichtigen Eigenschaften (Gefüge des Gesteins, Größe, Gestalt und Zersetzung der Mineralbestandteile), ferner die Zerdrückungsversuche zur Ermittlung der Festigkeit. Für diese Untersuchungsverfahren und die dabei anzuwendenden Geräte sind ebenfalls einheitliche Vorschriften vereinbart:

DIN 2101: Probeentnahme,
DIN 2102: Raumgewicht, Wichte, Hohlraum,
DIN 2103: Wasseraufnahme,
DIN 2104: Frostprüfung,
DIN 2105: Druckfestigkeit,
DIN 2107: Schlagfestigkeit,
DIN 2108: Abnutzbarkeit,
DIN 2109: Widerstand gegen Zertrümmern,
DIN 2110: Raummetergewicht,
DIN 2111: Ergänzung der Frostbeständigkeitsprüfung durch Kristallisationsprüfung.

b) Unverfestigte Ablagerungen (Mineral-, Humus- und Faulschlammböden).

Zu eingehenden bodenmechanischen (erdstoffphysikalischen) Untersuchungen muß gegriffen werden, wenn die unter 1. bis 3. behandelten Untersuchungsverfahren noch keine volle Klarheit über die Baueigenschaften der Böden (Tragfähigkeit, Setzungen, Rutschungen, Verhalten zu Wasser) gebracht haben, oder wenn für die Ausarbeitung der Konstruktionspläne schwierigerer, evtl. hochbelasteter Bauanlagen zuverlässige Kennziffern der anstehenden Bodenarbeiten unerläßlich sind (vgl. dazu S. 77).

Zur Durchführung der Untersuchungen dienen die einwandfrei entnommenen Bodenproben. Die Darstellung der den Zustand kennzeichnenden Untersuchungsergebnisse erfolgt auf zweierlei Art: einmal mit *festen Zahlenwerten (Kennziffern)*, wenn der Zustand der entnommenen Probe während der Untersuchung *keine* Veränderung durch äußere Einwirkungen (Belastungen) erfahren hat, oder *graphisch* (in Kurvenform), wenn die Erdprobe während der Untersuchung *Belastungen* unterworfen wird. Denn dadurch ändert sich der Probenzustand und damit auch der diesen Zustand kennzeichnende Festwert. Den Zusammenhang zwischen jeweiliger Belastung und zugehörigem Festwert gibt dann die aufgetragene Kurve.

Für die Beschreibung der Bodeneigenschaften können folgende Einzeluntersuchungen notwendig werden:

Stoffgewicht γ_s der *festen* Bestandteile des Bodens. Es ist gleich dem mittleren spezifischen Gewicht der Mineralstoffe, aus denen sich der untersuchte Boden zusammensetzt (t/m^3). Als normales Stoffgewicht mineralischer Erdstoffe kann man $\gamma_s = 2{,}65\ t/m^3$ ansehen. Organische Beimengungen machen es kleiner, Schwermineralien im Korngemisch setzen es hinauf.

Der Hilfswert γ_s wird in der Hauptsache gebraucht für die Feststellung der Porenvolumens n, der Porenziffer ε, des Raumgewichts γ des Bodens. Er ist außerdem unentbehrlich bei der Schlämmanalyse, sowie bei Durchlässigkeitsuntersuchungen und Druckversuchen. Seine Ermittlung erfolgt mit dem Pyknometer.

Kornverteilung (vgl. S. 66). Sie gibt den Anteil der verschiedenen Korngrößen an der Gesamtmenge der Bodenprobe in Gewichtsprozenten. Sie wird durchgeführt, um den Boden richtig bezeichnen und einordnen zu können (Schlußfolgerungen aus Lage und Neigung der Verteilungskurve), besonders aber zur Feststellung des Gehalts an Feinkorn, das das physikalische Verhalten der Böden bestimmt (Durchlässigkeit, Verdichtung, Schubfestigkeit, Kapillarität, Frostgefährlichkeit).

Der *wirksame* Korndurchmesser d_{10} (d. i. der Korndurchmesser bei 10% in der Verteilungskurve) wird verwendet zur formelmäßigen Ermittlung der Durchlässigkeit k des Bodens. Das Verhältnis der Korngrößen d_{50} (50%) zu d_{10}, also $U = \frac{d_{50}}{d_{10}}$ gibt den *Ungleichförmigkeitsgrad* $\left(\text{bisher } \frac{d_{60}}{d_{10}}\right)$.

Zur Feststellung der Kornverteilung dient bei Körnungen von 10 bis 0,06 mm (*nicht*bindige Böden) die *Siebanalyse*, für das Feinkorn 0,1 bis 0,001 (bindige Böden) die *Schlämm*analyse (Aräometermethode nach BOUYOUCOS-CASAGRANDE). Auf Baustellen wird das Schnellschlemmverfahren von SPOEREL (Leitkornverfahren) mit Vorteil verwendet.

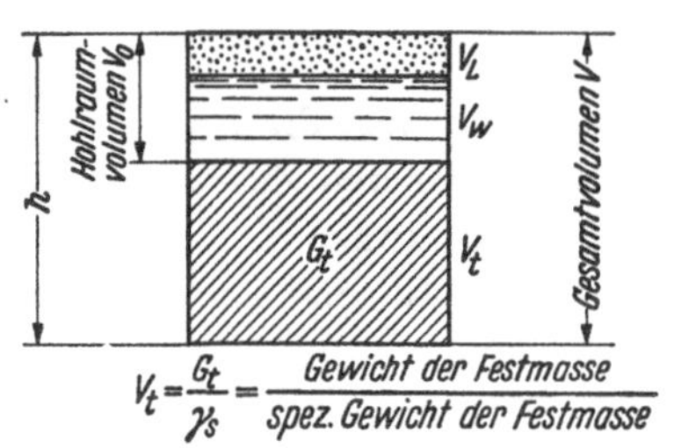

Abb. 53. Porenvolumen.

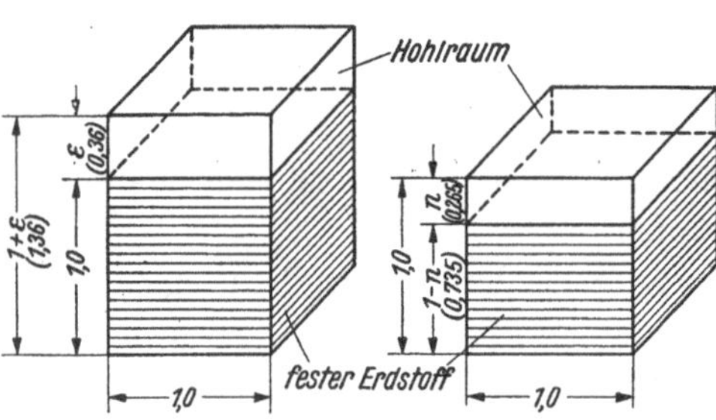

Abb. 54. Zusammenhang zwischen Porenziffer ε und Porenvolumen n.

Zusammensetzung und Beimengungen. Zur Bestimmung der Mineralien und ihrer Einordnung dienen Röntgenuntersuchungen. Die Feststellung der mineralogischen und chemischen Zusammensetzung der Böden sollte, besonders bei Tonböden, allgemein durchgeführt werden. Da die Baueigenschaften der Böden durch Beimengungen verschlechtert werden können (starke Herabsetzung der Tragfähigkeit durch organische Stoffe feinster Verteilung, Aggressivität gegenüber Baustoffen bei S-Gehalt [vgl. Walchenseestollen S. 55 Mitte] usw.), sind die Untersuchungen gegebenenfalls auf diese zu erstrecken.

Hohlraumgehalt (Porenvolumen n und Porenziffer ε). „*Porenvolumen*" (Porenanteil) eines Bodens ist das Verhältnis seines Hohlraumgehalts zum Gesamtraum

$$= \frac{V_0}{V} = n = \frac{V - V_t}{V} \cdot 100\,\% .$$

$$\text{„\textit{Porenziffer}"} = \frac{\text{Hohlraum}}{\text{Raum der völlig dicht gedachten Festmasse}} = \varepsilon = \frac{V - V_t}{V_t}$$

(Abb. 53). Zwischen n und ε besteht die Beziehung (Abb. 54)

$$n = \frac{\varepsilon}{1 + \varepsilon} \cdot 100\,\% \qquad \text{oder} \qquad \varepsilon = \frac{n}{1 - n} .$$

Diese Kennwerte werden neben dem Raumgewicht und dem Reibungswinkel (beide siehe unten!) am meisten verwendet: bei Berechnung des

Raumgewichts, der Wasserdurchlässigkeit, bei der Auswertung der Zusammendrückungsversuche und ihrer Anwendung auf Setzungsberechnungen, sowie bei allen Fragen, die mit der Lagerungsdichte eines Bodens zu tun haben.

Lagerungsdichte, Verdichtungsfähigkeit eines Sandes. Die *Lagerungsdichte* (relative Dichte) erhält man aus dem Verhältnis

$$D = \frac{V_0 - V}{V_0 - V_d} = \frac{\varepsilon_0 - \varepsilon}{\varepsilon_0 - \varepsilon_d} = \frac{\text{tatsächliche Raumverringerung}}{\text{größtmögliche Raumverringerung}} \left(= \frac{n_0 - n}{n_0 - n_d} \right).$$

Darin bedeuten V = Rauminhalt der ungestörten Bodenprobe,
V_0 = Rauminhalt bei lockerster Lagerung,
V_d = Rauminhalt bei dichtester, eingerüttelter Lagerung

und ε, ε_0 und ε_d bzw. n, n_0 und n_d die entsprechenden Porenziffern bzw. Porenvolumen.

Die *Verdichtungsfähigkeit* wird dargestellt durch

$$D_F = \frac{V_0 - V_d}{V_d - V_t} = \frac{\varepsilon_0 - \varepsilon_d}{\varepsilon_d} = \frac{\text{größtmögliche Raumverringerung}}{\text{Hohlraumgehalt vollverdichteten Sandes}}.$$

Bei $D = 0$ würde die lockerste, bei $D = 1$ die dichteste Lagerung vorhanden sein. Nach v. TERZAGHI ist eine Lagerung von Sand mit

$$0 < D \leqq \frac{1}{3}: \text{ locker}$$

$$\frac{1}{3} < D \leqq \frac{2}{3}: \text{ mitteldicht}$$

$$\frac{2}{3} < D \leqq 1: \text{ dicht.}$$

Die Größe der Verdichtungsfähigkeit D_F liegt zwischen den Grenzen 0,35 und 0,7.

Die Ermittlung erfolgt durch die Bestimmung der Porenziffern in natürlicher, lockerster und dichtester Lagerung mittels Waage und Trockenschrank. Dabei ist die natürliche Lagerung von Sanden für die die Untersuchungen nur in Frage kommen, schwierig feststellbar, weil eben die ungestörte Entnahme schwierig ist. Die Kennwerte erlauben einen Rückschluß auf die Tragfähigkeit und auf evtl. Einrüttelungssetzungen des Baugrundes bei Rammungen in der Nachbarschaft von Bauten. Anwendung bei Prüfungen von Bodenverdichtungen!

Raumgewicht. Das „Raumgewicht" γ eines Bodens ist das Gesamtgewicht einer Raumeinheit einschließlich der darin enthaltenen (luft- oder wassererfüllten) Hohlräume (in t/m³). Ist das Gewicht in natürlichem Zustand = G_n und die Raumeinheit des ungestörten Bodens = V, so ist $\gamma = \frac{G_n}{V}$ t/m³. Die Kennziffer γ gehört zu den Bodeneigenschaften, die fast bei jeder bodenstatischen Berechnung wie Erddruck, Erdwiderstand, Setzung usw. benötigt wird.

Völlig trockener Boden:	$\gamma_0 = \left(1 - \frac{n}{100}\right)\gamma_s$	t/m³	γ_s = spezifisches Gewicht der Festmasse = ≈ 2,62 bis 2,65 t/m³
naturfeuchter Boden:	$\gamma_n = \left(1 - \frac{n}{100}\right)\left(1 + \frac{w_n}{100}\right)\gamma_s$	t/m³	
wassergesättigter Boden:	$\gamma_w = \left(1 - \frac{n}{100}\right)\gamma_s + \frac{n}{100}\cdot 1$	t/m³	w_n = natürlicher Wassergehalt
Raumgewicht des Bodens unter Wasser (mit Auftrieb):	$\gamma_u = \left(1 - \frac{n}{100}\right)(\gamma_s - 1)$	t/m³	n = Porenvolumen

Bei Kiesen und Sanden wird das Raumgewicht einer ungestörten Probe mit einer Waage ermittelt, wobei man das Gewicht der Probe und dessen Rauminhalt feststellt. Ungestörte Proben von bindigen Böden werden erst unverändert, dann mit Paraffinüberzug, gewogen. Die Ermittlung des Rauminhalts erfolgt durch Eintauchen in Wasser. Nach Abzug des Paraffinrauminhalts ergibt sich das Probenvolumen und schließlich das Raumgewicht.

Wasserdurchlässigkeit. Sie wird angegeben durch die „Durchlässigkeitsziffer“ k, d. i. die Geschwindigkeit in m/sek, mit der Wasser von 20° C und mit dem Gefälle $J = \frac{h}{d} = 1$ die in das Versuchsgerät eingebaute Probe von der Schichthöhe l mit dem Druck h durchfließt. Nach dem linearen DARCY-Gesetz $v = k \cdot J$ wird $k = \frac{v}{J} = v \cdot \frac{l}{h} = \frac{Q}{F \cdot t} \cdot \frac{l}{h}$ [m/sek], wenn die Wassermenge Q [m³] den Querschnitt (senkrecht zur Strömungsrichtung) F [m²] der Bodenprobe in der Zeit t [sek] durchfließt. Je geringer die Korngröße, desto geringer die Porenziffer, desto geringer auch die Durchlässigkeit. Bei gut bindigen Böden in gut verdichtetem Zustand wird die Durchlässigkeit außerordentlich klein, so daß man solche Böden als praktisch undurchlässig betrachtet. Deshalb erübrigt sich bei ihnen in den meisten Fällen eine Durchlässigkeitsprüfung. Lediglich wenn schwachbindige Böden auf ihre Brauchbarkeit für Dichtungszwecke an Staudämmen, Deichen, Kanal- und Stauweihersohlen überprüft werden sollen, benötigt man die k-Werte, dann aber auch für gestörte Gefüge (Wasserdurchlässigkeitsprüfung in diesem Falle auch mit durchgekneteten Bodenproben). Zuverlässigere k-Werte erhält man bei den stärker durchlässigen Sand- und Kiesböden durch Pumpversuche an Ort und Stelle im Gelände (vgl. die Beispiele über Grundwasser, S. 355ff.); sie werden für hydrologische Berechnungen (Grundwasserspiegel, Grundwasserabsenkung, Grundwasserstand hinter Bauwerken, Sickerlinien in Dämmen und Deichen) gebraucht.

Wassergehalt. Er gibt nach ATTERBERG das Verhältnis des Wassers, das in einer Bodenprobe jeweils (auch im natürlichen Zustand) enthalten ist, zu deren Trockenmasse-Gewicht G_t (in %), also $w = \frac{W}{G_t} \cdot 100\%$. Für *wassergesättigte* Böden ist $w = \frac{n \cdot \gamma_w}{(1-n) \cdot \gamma_s} = \varepsilon \cdot \frac{\gamma_w}{\gamma_s}$, wobei γ_w = Stoffgewicht (spez. Gew.) des Wassers, γ_s = Stoffgewicht der Festmasse, n = Porenvolumen, ε = Porenziffer des Bodens. Bei *nicht*wassergesättigten Böden führt v. TERZAGHI statt des Wassergehaltes w den *Feuchtigkeitsgrad* n_w ein, der das Verhältnis des Wassers in den Hohlräumen zum Gesamthohlraum angibt. In diesem Fall wird

$$w = \frac{n_w \cdot n \cdot \gamma_w}{(1-n)\,\gamma_s}, \quad \text{also } n_w = \frac{w \cdot \gamma_s (1-n)}{n \cdot \gamma_w} = \frac{w \cdot \gamma_s}{\varepsilon} \text{ für } \gamma_w = 1 .$$

Aus der Höhe von w kann sofort auf die Beschaffenheit des Bodens geschlossen werden, insbesondere auf die Zustandsform bindiger Böden. Außerdem dient diese Kennziffer zur Bestimmung des Raumgewichts des Bodens und zur Untersuchung der Unterschiede innerhalb der einzelnen ungestörten Proben, die sehr oft verhältnismäßig groß sind.

Durch wiegen der ungestörten Bodenproben (G_n), trocknen derselben und abermaliges wiegen (G_t) erhält man $w_n = \frac{G_n - G_t}{G_t} \cdot 100\%$.

Zustandsformen („Konsistenzgrenzen" von ATTERBERG). Die „Konsistenzzahl" K des Bodens in natürlicher Lagerung wird gegeben durch die Lage des natürlichen Wassergehalts zur Ausroll- und Fließgrenze

$$K = \frac{\text{Fließgrenze } w_f - \text{natürlichen Wassergehalt } w_n}{\text{Fließgrenze } w_f - \text{Ausrollgrenze } w_a} = \frac{w_f - w_n}{w_f - w_a} \cdot 100\% .$$

Fließgrenze: sie dient in Verbindung mit dem natürlichen Wassergehalt zur Kennzeichnung der Zustandsform bindiger Böden. Böden mit hohen Fließgrenzen sind stets sehr feinkörnig, besitzen kleine Steifezahl und geringe Reibungswinkel. Sie setzen sich daher stark und neigen zum Rutschen, zeigen also eine geringe Eignung als Baugrund.

Ausroll-(Plastizitäts-)grenze: sie dient ebenfalls zur Kennzeichnung der Beschaffenheit bindiger Böden und erlaubt daraus Schlüsse für bestimmte Bauaufgaben zu ziehen (Dammerdstoff aus bindigem Bodenmaterial soll unter der Ausrollgrenze liegen).

Schrumpfgrenze: Diese findet besonders häufig Verwendung, wenn das Verhalten von Einschnitts- und besonders von Dammböschungen überprüft werden soll (bei hoher Schrumpfgrenze rasches Aufreißen des Bodens).

Die *Plastizitätszahl* (Bildsamkeitszahl): $P = \varepsilon_F - \varepsilon_A$ (ε_F = der Fließgrenze, ε_A = der Ausrollgrenze zugeordnete Porenziffer) ist eine zuverlässige Kennziffer für das Verhalten der Tonböden. ε_F und ε_A ergeben sich aus $\varepsilon = w \cdot \frac{\gamma_s}{\gamma_n} = w \cdot \gamma_s$ (für $\gamma_w = 1$).

Kapillarität. In den Porengängen eines Bodens steigt das Wasser kapillar in die Höhe, und zwar um so mehr, je enger die Gänge sind. Die Steighöhe, bis zu welcher Wasser infolge der Oberflächenspannung und der

Adhäsion zwischen Korn und Flüssigkeit aus dem Grundwasser hochgesaugt wird, bezeichnet man mit *kapillarer Steighöhe H*. Bei Böden mit großem Feinstteilgehalt wird die Steighöhe besonders groß (H bei feinem Sand etwa 0,1 bis 0,5 m, bei fettem Ton über 50 m). Diese Kennziffer wird vor allem ermittelt, um zu prüfen, ob ein Boden frostgefährlich ist. Um Schäden daraus zu vermeiden, muß die evtl. Schutzschichtdecke Straßenbau) dicker sein, als deren Steighöhe H entspricht.

Scherfestigkeit (innere Reibung und Kohäsion). Die Scherfestigkeit eines „gewachsenen Bodens" (τ in kg/cm²) ergibt sich nach dem Gesetz von COULOMB als Summe aus der — für eine Bodenprobe festwertigen — *Kohäsion* (Haftfestigkeit) c kg/cm²* und der *inneren Reibung* tg ϱ, die sich geradlinig mit dem Erdkornnormaldruck p kg/cm² ändert, also $\tau = c + p \cdot \operatorname{tg} \varrho = c + p\mu$ (ϱ = „*Reibungswinkel*"; $\operatorname{tg} \varrho = \mu$ = „*Reibungsbeiwert*") (Abb. 55). Die Größen c und ϱ (bzw. μ) sind Konstanten, die von der Bodenart und ihrem Zustand abhängig sind.

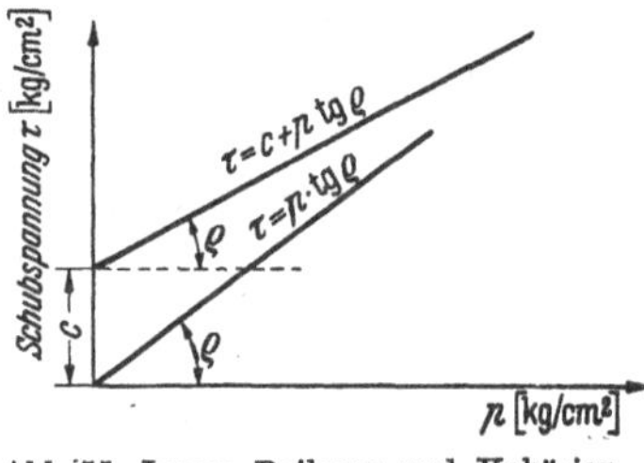

Abb. 55. Innere Reibung und Kohäsion.

Echte Kohäsion liegt vor, wenn die Bodenkörner miteinander verkittet sind. Eine ähnliche Wirkung ruft die Kapillarkraft sehr feinkörniger Böden hervor. Sie kann ausgeschaltet werden, indem die Bodenproben während des Versuches unter Wasser gesetzt werden. Auch durch Knetung der Probe verschwindet ein beträchtlicher Teil der Kohäsion. Für reine Sand- und Kiesböden wird wegen des Fehlens der Haftfestigkeit $c = 0$, also $\tau = p \cdot \operatorname{tg} \varrho$ (Abb. 55). Die Heranziehung der Haftfestigkeit des Bodens zum Tragen ist besonders bei der Beurteilung der Rutschgefahr von Böschungen notwendig. Dagegen ist es insbesondere bei der Berechnung des Erddruckes und Erdwiderstandes wirtschaftlich vertretbar, auf die Berücksichtigung der Haftfestigkeit zu verzichten, wenn

Tabelle 6. *Reibungs- und Kohäsionswerte.* (Nach KÖGLER-SCHEIDIG.)

Bodenart	ϱ in °	$\mu = \operatorname{tg} \varrho$	c in kg/cm²
Sand, trocken oder naß ..	37–32	0,75–0,62	0
Schluffe, Löße	35–30	0,70–0,58	0,1–0,3
Lehme	30–26	0,58–0,49	0,2–0,5
magere Tone	28–20	0,53–0,36	junge Tone, weich
fette Tone	20–10	0,36–0,18	0,05–0,5 kg/cm²
organische Tone	18– 8	0,32–0,14	ältere feste Tone
			bis 10 kg/cm²

* OHDE schlägt hier statt der Bezeichnung Kohäsion (Haftfestigkeit) die Bezeichnung „*Gleitfestigkeit*" vor, um auszudrücken, daß es sich bei c *nicht* um eine Art Zugfestigkeit, sondern um einen *Gleitwiderstand* handelt. (Bautechnik 16 [1938]).

diese in ihrer Größe gegenüber der Reibungsfestigkeit nicht allzusehr hervortritt.

Die Ermittlung von τ erfolgt in einem Scherapparat, in dem die Bodenproben bei behinderter Seitenausdehnung durch senkrechten Druck und waagrechtem Schub beansprucht werden.

Neben dem Raumgewicht γ ist der Reibungsbeiwert $\operatorname{tg} \varrho = \mu$ die am meisten verwendete Bodeneigenschaft. Außer bei den bereits oben erwähnten Ermittlungen des Erddruckes und des Erdwiderstandes wird ihre Größe z. B. auch noch gebraucht bei der Feststellung der Gelände- und Bruchsicherheit bei Stützbauwerken, wie überhaupt bei Grenz-

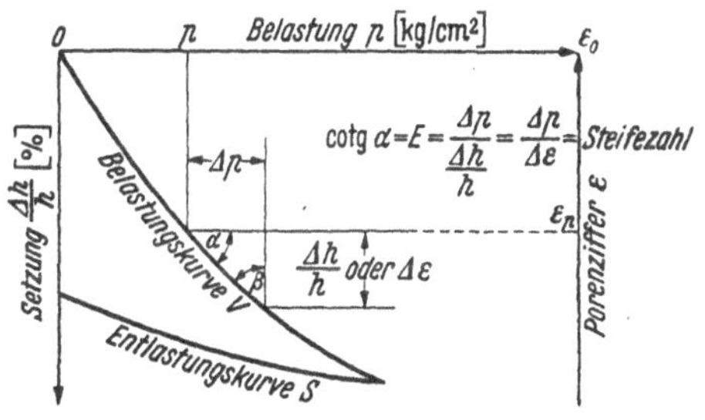

Abb. 56. Drucksetzungs- bzw. Druckporenzifferdiagramm.

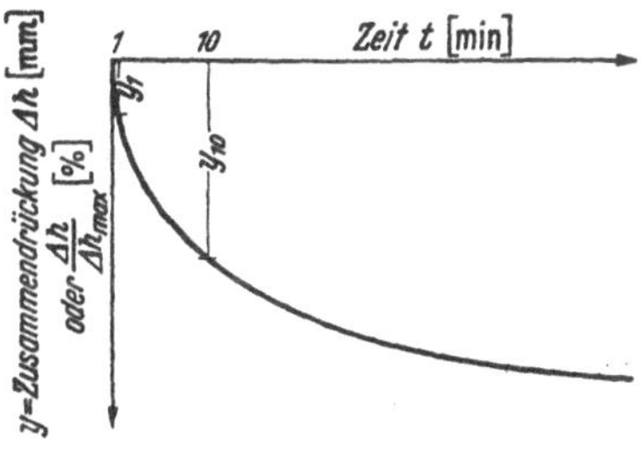

Abb. 57. Zeit-Setzungslinie.

belastungsermittlungen von Baugrundschichten. Die Scherfestigkeit ist außer bei den oben erwähnten Rutschuntersuchungen von Böschungen noch maßgebend für die Tragfähigkeit von Pfählen und senkrecht belasteten Spundbohlen.

Bei einem *trockenen nicht*bindigen Boden können *Böschungs*winkel und zugeordneter innerer *Reibungs*winkel ϱ gleich gesetzt werden, die Bestimmung des ersteren also an Stelle des Scherversuches treten. Für bindige Böden trifft dies natürlich *nicht* zu.

Steifezahl, mittlere Setzungsziffer. Trägt man für eine unter Druck gesetzte Bodenprobe (Verdichtungsversuch mit behinderter Seitenausdehnung im Kompressions-Durchlässigkeits-[K-D]-Apparat von CASAGRANDE oder im Ödometer von TERZAGHI) den Zusammenhang zwischen den Setzungen und den zugehörigen Drücken in einem rechtwinkligen Koordinatensystem auf, so erhält man das Druck-Setzungsdiagramm (Abb. 56). Das Verhältnis $\operatorname{cotg} \alpha = E = \frac{\Delta p}{\frac{\Delta h}{h}} = \frac{\Delta p}{\Delta \varepsilon}$ (kg/cm²) der Druck-Setzungskurve bezeichnet man mit „Steifezahl“ und den reziproken Wert davon mit der „mittleren Setzungsziffer“ $\Delta s_m = \frac{1}{E} = \frac{\Delta h}{\Delta p \cdot h} = \frac{\Delta \varepsilon}{\Delta p}$.

Die festgestellten Kennziffern werden bei allen Setzungsberechnungen benötigt. Die Zeit-Setzungslinien (Abb. 57) dienen der Ermittlung des zeitlichen Verlaufes der Setzungen von Bauwerken durch Übertragung der Zeiten im Verhältnis der Quadrate der Schichtstärke in der Natur h^1 und der Probestärke im Versuch h_2 bei gleichen Setzungsprozenten $\frac{t_1}{t_2} = \frac{h_1^2}{h_2^2}$.

5. Probebelastungen des Baugrundes.

Zu den Untersuchungsverfahren, welche das Verhalten des Baugrundes im Gelände selbst erkunden, gehören auch noch die *statischen Probebelastungen.* Diese „Punkt"-Untersuchungen hat man früher vielfach in jenen Fällen angewendet, in denen über das Verhalten des Baugrundes hinsichtlich seiner Tragfähigkeit (zulässige Bodenpressung) oder Zusammendrückbarkeit (Setzung) noch keine Klarheit bestand. Am unrechten Platz und mit ungeeigneten Mitteln angesetzt, und falsch ausgewertet infolge des damals noch unzureichenden Wissens um die Bodeneigenschaften, blieben Mißerfolge nicht aus. Erst die jüngst entstandene Baugrundwissenschaft hat mit ihren Forschungserkenntnissen auch die Zusammenhänge aufgedeckt, die zwischen der Belastung eines Baugrundes und dessen — je nach Bodenart wechselnde — Reaktionen darauf bestehen, und so die Voraussetzungen für eine erfolgreiche Anwendung von Probebelastungen geschaffen, damit aber gleichzeitig auch die Möglichkeiten für ihre nutzbringende Verwendung erheblich eingeengt. So läßt die DIN 1054 z. B. Probebelastungen bei *Flächen*gründungen in *nicht*bindigen Böden nur noch unter der Voraussetzung zu, daß sie in Verbindung mit Schürfungen bzw. Bohrungen durchgeführt werden [4.326.1]. Probebelastungen bei bindigen Böden sind überhaupt nur in den seltenen Fällen brauchbar, in denen der Endzustand der langdauernden Setzungen abgewartet werden kann [4.326.4].

a) Probebelastungen bei Flächengründungen.

Um bei *nicht*bindigen Böden (Sand) das *seitliche Ausweichen* desselben möglichst *auszuschalten,* soll die Belastungsfläche der Druckplatte mindestens 1000 cm² groß sein. Aber auch in diesem Falle bleibt der Tiefenwirkungsbereich der Probelast *wesentlich kleiner,* als jener des auflastenden Bauwerks mit seiner viel größeren Lastfläche, mit der die Einsenkung wächst (vgl. Abb. 58). Unter diesen Umständen vermag das Ergebnis der Probebelastung keine Auskunft über den Wirkungsbereich des Bauwerks und über das Verhalten des dort lagernden Bodens (Senkung) zu geben. Dieser Bodenbereich, innerhalb dessen die Setzungen noch wesentlich beeinflußt werden, reicht in eine Tiefe, die etwa gleich ist der anderthalbfachen Breite des Bauwerks. Bis in diese Tiefe muß die Tragfähigkeit des Baugrundes untersucht werden, was, wie gesagt, durch die Probebelastung direkt nicht möglich ist; denn der Vergrößerung der Belastungsfläche zur Steigerung der Tiefenwirkung stehen die noch rascher wachsenden Aufwendungen entgegen. Sind die Bodenverhältnisse im Spannungsbereich der Probebelastung und des wirklichen Bauwerks trotz verschiedener Tiefe dieselben, so kann aus der Probebelastung die zu erwartende Setzung geschätzt werden, indem man von der Tatsache Gebrauch macht, daß bei gleicher bezogener Spannung die Setzungen mit der Wurzel aus der Grundfläche anwachsen [DIN 1054 B.* 4.326].

Erstreckt sich die Tiefenwirkung der Probebelastung über zwei oder mehrere verschiedenartige Bodenschichten, dann ist eine Probebelastung vollkommen zwecklos, weil aus dem Untersuchungsergebnis nicht festgestellt werden kann, wie die einzelnen Bodenschichten an der Gesamtsenkung beteiligt sind. In einem solchen Fall müßte man, wenn schon die Durchführung einer Probebelastung mangels anderer Untersuchungsmöglichkeiten[1] unerläßlich ist, die Probelast und ihre Lastplatte jeweils so bemessen, daß ihr Wirkungsbereich nicht über diese Schicht hinausgreift, und daraus dann den Einfluß der Belastung auf die Setzung des Bauwerks berechnen. Dieses Verfahren müßte man für jede einzelne anstehende Schicht durch Freilegen derselben in Schächten oder in Bohrrohren durchführen.

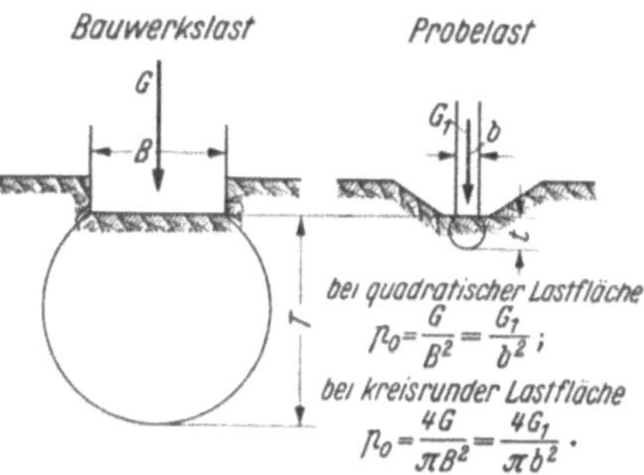

Abb. 58. Tiefenwirkung der größeren Lastfläche. Kurven gleichen Druckes bei gleicher mittlerer Bodenpressung p_0 in der Sohlenfläche, aber verschieden großer Platten. (Nach v. TERZAGHI.)

Auch die „*Bruchlast*" (Erschöpfung der Tragfähigkeit) läßt sich nicht ohne weiteres durch eine Probebelastung ermitteln, da der letzteren eine *andere* Bruchlast zugeordnet ist, als der Bauwerkslast. Sie wächst mit der Größe der Lastfläche. Sie ist außerdem abhängig von der Gründungstiefe und der inneren Reibung. Es ist also auch das Ergebnis der Probebelastung hinsichtlich der Tragfähigkeit des Bodens schwer deutbar.

Bei *bindigen* Böden mit geringer Wasserdurchlässigkeit dauert die Zusammendrückung wegen der sehr langsamen Abgabe des Porenwassers sehr lang. Damit hier eine Probebelastung zu brauchbaren Ergebnissen führen kann, muß diese solange aufrechterhalten werden, bis die Setzungsvorgänge der betroffenen Bodenschichten einigermaßen abgeklungen sind. Deshalb ist es hier vorteilhafter, die voraussichtlichen Senkungen mit entnommenen *un*gestörten Proben von sehr kleiner Probendicke in der Versuchsanstalt zu ermitteln.

---

* Beiblatt zu DIN 1054, erschienen Oktober 1954.

[1] Aus *nicht*bindigen Böden, wie Kies, Sand, Schluff, Löß, Torf usw. lassen sich keine „ungestörten" Proben entnehmen.

Schließlich kann man auch die veränderte Druckverteilung und die veränderten Einflüsse, die sich bei einer tieferen Gründung gegenüber einer Flächengründung ergeben, *nicht* durch Probebelastungen ermitteln.

Zusammenfassend läßt sich feststellen, daß Probebelastungen mit Flächen auf der Baugrubensohle oder in bestimmten Tiefen unter der Sohle also keine eindeutigen oder doch nur mit großer Vorsicht zu benutzende Werte zur Beurteilung der Tragfähigkeit des Baugrundes und der Setzungen des Bauwerkes liefern. Dies hängt auch damit zusammen, daß eine Probebelastung eine Art *Modellversuch* bildet, ohne daß für seine Übertragung auf die Wirklichkeit derzeit eine genauere Kenntnis der Modellgesetze für die Böden vorliegen (im Gegensatz zum wasserbaulichen Versuchswesen).

Handelt es sich aber lediglich darum, die Zusammendrückbarkeit der jeweiligen obersten Bodenschichten miteinander zu vergleichen, oder die örtlichen Unregelmäßigkeiten des Baugrundes zu erkunden, dann bilden Probebelastung dafür ein sehr gut geeignetes Mittel, wenn das gleiche Verfahren und gleiche Lastplatten zur Verwendung kommen. Haben die Lastplatten die genügende Größe ($> 1\ m^2$), um das seitliche Ausweichen auszuschalten, dann läßt sich durch Probebelastungen für den Bereich ihrer Tiefenwirkungen auch die Steifezahl E dieser Bodenschicht ermitteln.

Für die Durchführung von Probebelastungen hat der Deutsche Ausschuß für Baugrundforschung Richtlinien herausgegeben, auf die hier verwiesen wird[1].

b) Probebelastungen bei Pfahlgründungen.

Im Gegensatz zu Flächengründungen sind Probebelastungen von Einzelpfählen (Rammpfählen, Ortpfählen) für die Feststellung der Tragfähigkeit bei stehenden Pfahlgründungen das einzige wirklich sichere Untersuchungsverfahren, wenn die Belastung mit einem Zugversuch verbunden wird. Dies kommt in DIN 1054 nicht nur dadurch zum Ausdruck, daß empfohlen wird, bei größeren Bauten die zulässige Pfahlbelastung[2] durch Probebelastungen zu ermitteln, sondern daß die Baupolizei in Zweifelfällen sogar die Durchführung von Probebelastungen fordern kann [5.371]. Die Belastung wird dabei möglichst bis zur Grenzbelastung durchgeführt, d. h. bis der Pfahl zu versinken beginnt. Die Hälfte dieser Grenzbelastung gilt dann als zulässige Belastung (2fache Sicherheit).

[1] Richtlinien für bautechnische Bodenuntersuchungen. Deutscher Baugrundausschuß bei der Deutschen Gesellschaft für Bauwesen. Berlin: Beuth-Verlag 1937.

[2] Wegen der zulässigen Pfahlbelastungen *ohne* Probebelastung in *nicht*bindigen Böden, und zwar bei einwandfrei festgestellten Bodenverhältnissen vgl. Tafel 9 des Anhangs S. 392.

Wird die Grenzbelastung nicht erreicht, gilt die Hälfte der erreichten höchsten Last als zulässige Belastung (wegen Erhöhung derselben siehe 5.372). In analoger Weise können bei Probebelastungen von *Zug*pfählen, wenn sie *einzeln* stehen, 50% der Grenzzugbelastung oder die Hälfte der höchsten erreichten Zuglast der zulässigen Zugbeanspruchung zugrunde gelegt werden. „Bei Zugpfahlgruppen ist die Überschneidung der durch den Pfahlzug beeinflußten Erdkörper zu berücksichtigen und der zulässige Pfahlzug entsprechend abzumindern“ [5.373].

Da bei Pfählen, die auf *bindigem* Boden stehen (steifer Ton, Geschiebemergel), in besonderem Maße aber bei *schwebenden* Pfahlgründungen die Setzungen sehr langsam vor sich gehen, kann die Probebelastung auch hier, wie bei Flächengründungen, in der üblichen Versuchszeit keinen Anhalt über die zu erwartenden Setzungen geben. In diesem Falle ist die Probebelastung zu ergänzen durch eine Setzungsberechnung für die durch die Pfähle belasteten, zusammendrückbaren Bodenschichten (vgl. dazu Tafel 9, Voraussetzungen Ziffer 7, 2. Satz, S. 392).

Da bei der stehenden Pfahlgründung die Übertragung der Pfahlauflasten auf die tragenden Bodenschichten durch die Reibung am Pfahlmantel und durch den Eindringungswiderstand der Pfahlspitze erfolgt, wird also bei der Probebelastung (*Druck*belastung) die *Summe* aus Mantelreibung und Spitzenwiderstand erhalten. Durch den anschließenden *Zug*versuch ergibt sich dann die *Mantelreibung allein* (angenähert), vorausgesetzt, daß es sich um einen *zylindrischen* (prismatischen) Pfahl handelt. Meist sind die verwendeten Pfähle aber konisch (Holzpfähle!). Man rammt deshalb für die Probebelastung außer einem konischen Pfahl einen zylindrisch bearbeiteten Pfahl (beide aus Holz) und macht für beide den Zugversuch. Eine andere Möglichkeit, um die Mantelreibung allein zu erhalten, bietet folgendes Verfahren: man rammt einen Hilfspfahl von 25 cm Durchmesser, zieht ihn wieder heraus, rammt nun einen Pfahl von 30 cm Durchmesser, aber nur soweit, daß unter der Pfahlspitze noch ein Hohlraum bleibt, und belastet. Der Spitzenwiderstand allein (Ausschaltung der Mantelreibung) wird beispielsweise erhalten, indem ein Hilfspfahl von 30 cm Durchmesser gerammt und dann wieder gezogen wird. In dieses Pfahlloch wird nun ein Pfahl von 25 cm Durchmesser

Tabelle 7. *Tragfähigkeit von Einzelpfählen.*

Bodenart	Mantelreibung in t/m² aus Zugversuchen Grenzwert	Spitzenwiderstand in t Grenzwert
Reiner Sand und Kies	10–12	~ 50 und mehr
Steifer Ton	6–10	~ 10 und mehr
Weicher plastischer Ton	3–4	~ 3,5
Sehr weicher Ton	1–2	~ 1,0
Moor, Müllauffüllung	0,7	0

geschoben, kurz nachgerammt und damit die Probebelastung durchgeführt[1].

Eine Vorstellung von der Größenordnung der Mantelreibung und des Spitzenwiderstandes ergeben die aus Probebelastungen gewonnenen Erfahrungswerte in Tabelle 7 (nach SCHEIDIG).

Da bei der Rammung der Pfähle Formänderungen (Setzungen) im Boden auftreten[2], die die Größe der Mantelreibung und des Spitzenwiderstandes mitbestimmen, können diese beiden Größen nicht einfach addiert

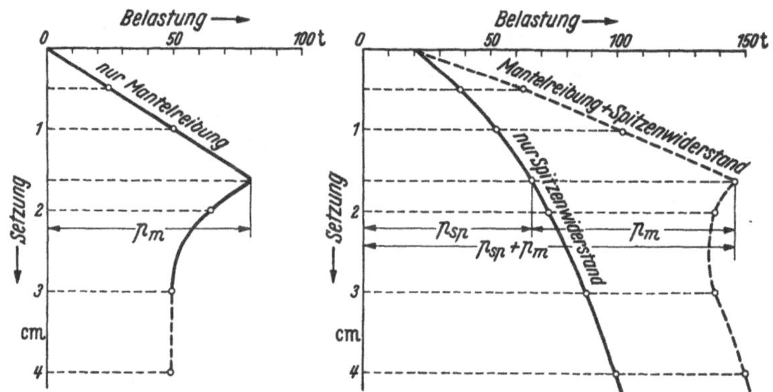

Abb. 59. Zusammenhang zwischen Mantelreibung, Spitzenwiderstand und Formänderung des Bodens. Lastsenkungskurve für Mantelreibung allein und für Spitzenwiderstand allein bei Belastungsprobe eines Einzelpfahles. (Nach SCHEIDIG.)

werden. Einer gewissen Setzung entspricht immer nur eine gewisse Mantelreibung und ein gewisser Spitzenwiderstand. Das heißt, alle 3 Größen: Formänderung, Mantelreibung und Spitzenwiderstand sind voneinander abhängig. Darnach ergibt sich in Abb. 59 eine Höchstbruchlast von $p_{sp} + p_m = \sim 140$ bis 150 t, wogegen die Maxima der Einzelwerte ohne Rücksicht auf die zugeordneten Setzungswerte zusammen irreführend $p_{m\,\max} + p_{sp\,\max} = \sim 80 + 100 = \sim 180$ t als Höchstbruchlast errechnen ließen.

Es ist aber zu beachten, daß es nach DIN 1054 (1953) nicht mehr gestattet wird, Mantelreibung und Spitzenwiderstand lediglich mit Hilfe von Beiwerten des Erddruckes und des Erdwiderstandes zu berechnen, wenn diese Beiwerte aus Handbüchern oder Tafeln entnommen sind, da man durch eine entsprechende Auswahl der Erddruckbeiwerte beliebige Ergebnisse für die Höhe der zulässigen Belastungen bereitstellen kann

[1] Diese und weitere Verfahren siehe in KÖGLER-SCHEIDIG: Baugrund und Bauwerk. 5. Auf. S. 228 u. 229.

[2] Manche Tone verlieren unter besonderen Bedingungen durch Erschütterungen beim Rammen infolge Strukturzerstörung ihre Steifigkeit und Festigkeit (wesentliche Verschlechterung des Baugrundes). Umgekehrt werden locker gelagerte Sande beim Rammen eingerüttelt und gewinnen dadurch an Festigkeit.

[5.36]. Die Ermittlung der zulässigen Belastung von Rammpfählen aus *Rammformeln* war schon bisher nur *bedingt* zugelassen: Verwendung solcher Formeln nur bei *nicht*bindigen Böden und auch dann nur, wenn sie auf Grund von Probebelastungen als zuverlässig nachgewiesen werden [5.35].

F. Zusammenstellung der für den ersten Teil herangezogenen Literatur.

Abhandlungen über Bodenmechanik und Grundbau. Forsch.-Ges. f. Straßenwes. Bielefeld 1948: Erich Schmidt. – AGATZ: Der Kampf des Ingenieurs gegen Erde und Wasser im Baugrund. Berlin: Springer 1936. – ALTMANN u. OELBAUM: Überleitung der Mangfall und der Schlierach zum Seehamer See zur Erweiterung des Leizach-Kraftwerks der städt. Elektr.-Werke München. Sonderdruck aus Z. Die Bautechnik. Berlin: W. Ernst & Sohn 1930. – ANDREAE: Gebirgsdruckerfahrungen und Baumethoden im Schweizer Tunnelbau. Intern. Gebirgsdruck-Tagung. Leoben 1950. Wien 1950, S. 33. – BASTIAN: Weltall und Urwelt. Deutsche Buchgemeinschaft. Berlin u. Darmstadt. 1954. – BENDEL: Ingenieurgeologie. 2 Bd. Wien 1944/48: Springer-Verlag. – BERGEAT-SAPPER: Die Vulkane. Breslau-F. Hirt 1925. – BRENNECKE-LOHMEYER: Der Baugrund. Bd. I, Teil 1, 6. Auflage. Berlin: W. Ernst & Sohn 1948. – BRISKE: Der Einfluß des Baugrundes auf die Erdbebenerschütterung. Bautechnik 1933. – CORNELIUS: Über einige zu wenig beachtete Gefahren für den Bau von Wasserkraftanlagen in den Alpen, De. Wa. Wi. 1941. – Ders.: Grundzüge der allgemeinen Geologie. Wien: Springer 1953. – DÜCKER: Der Bodenfrost im Straßenbau. E. Schmidt-Verlag. – EFFENBERGER: Z. öst. Ing. u. Arch.-Ver., Okt. 1923. – ENDELL: Bautechnik 1935, S. 225. – GAILHOFER: Das Spullersee-Kraftwerk. Konstanz: Oberbad. Verlagsanst. 1925. – *Geologica Bavarica*. Herausgegeben vom Bayer. Geolog. Landesamt Nr. 17 München 1953. – GHEYSELINCK: Die ruhelose Erde. Eine Geologie für jedermann. Deutscher Verlag. 1954. – GOTTSTEIN: Grundsätzliches über Frostschäden an Straßen, ihre Ursachen und ihre Verhütung. Berlin 1937. – JUNG: Kleine Erdbebenkunde. Verst. Wiss. Berlin, Göttingen, Heidelberg: Springer 1953. – KASTNER: Die Ausbildung und Bemessung gepanzerter Druckschächte. Internat. Gebirgsdruck-Tagung Leoben 1950. Wien 1950, S. 68. – Ders.: Zur Theorie des echten Gebirgsdrucks im Felshohlraumbau. Österr. Bauz., 7. Jg. Wien: Springer 1952. – KÖGLER: Über Baugrundprobebelastungen. Bautechnik 1931, H. 24, S. 357. – KÖGLER-SCHEIDIG: Baugrund und Bauwerk. 5. Aufl., Berlin: W. Ernst & Sohn 1948. – KOLLBRUNNER: Fundation und Konsolidation. Bd. I u. II, Zürich: Schweizer Druck- u. Verlagsh. 1946/48. – KRANZ: Die Geologie im Ingenieur-Baufach. Stuttgart: F. Encke 1927. – KRAUS: Die Baugeschichte der Alpen. I. u. II. Teil. Berlin: Akademie-Verl. 1951. – KREY-EHRENBERG: Erddruck, Erdwiderstand und Tragfähigkeit des Baugrundes. 5. Aufl., Berlin: Ernst & Sohn 1936. – LOOS: Praktische Anwendungen von Baugrunduntersuchungen bei Entwurf und Beurteilung von Erdbauten und Gründungen. Berlin: Springer 1937. – LUDIN: Wasserkraftanlagen. H. f. B., III. T., 1. Hälfte, S. 253. Berlin/Göttingen/Heidelberg: Springer 1934. – MACHATSCHKI: Spezielle Mineralogie auf geochemischer Grundlage. Wien: Springer 1953. – „Merkblatt zur Verhütung von Bodenfrostschäden" der Deutschen Akademie für Bauforschung. – MÜLLER: Bergzerreißung. Österr. Bauzeitschr. Wien: Springer 1953. – MÜLLER: Deutschlands Erdoberflächenformen. Stuttgart: K. Wittwer 1941. – NEUMANN: Grundzüge der Bodenkunde für Ingenieure. Stuttgart: K. Wittwer 1948. – OHDE: Grundbaumechanik. Hütte III. 27. Aufl. Berlin: W. Ernst & Sohn 1951. – Ders.: Zur Theorie des Erddruckes unter besonderer Berücksichtigung der Erddruckverteilung. Bautechn. Bd. 16 (1938). – PETERMANN: Bodenmechanik. Taschenb. f. Bauing., 2. Aufl., Berlin/Göttingen/Heidelberg: Springer 1955. – PRESS: Baugrundbelastungsversuche mit Flächen verschiedener Größe. Bautechn. 1930, H. 42. – Baugrundbelastungsversuche bei der Ausführung einer Senkkastengründung. Ztrbl. d. Bauverwaltg. 1937, H. 47. – Baugrundprobebelastungen, ihre Auswertung und die an den Bauwerken gemessenen Setzungen. Bautechn. 1932, H. 30. – Baugrunduntersuchungen und ihre Beurteilung. Ztrlbl. d. Bauverw. 1931, H. 31. – Der Boden als Baugrund. 3. Aufl. Berlin: W. Ernst & Sohn 1949. – RAINER: Der Bau des neuen Semmering-Tunnels. Österr. Bauzeitschr. Wien: Springer 1952. – RAMSHORN: Technische Probleme im Emschergebiet. – REDLICH-v. TERZAGHI-KAMPE: Ingenieur-Geologie. Wien u. Berlin: Springer 1929. – Richtlinien für bautechnische Bodenuntersuchungen. Deutscher Baugrundausschuß bei der Deutschen Gesellschaft f. Bauwesen. Berlin: Beuth-Verlag 1937 (z. Z. in Neubearbeitung). – SCHAEFER: Die diluviale Erosion und Akkumulation. Landshut: Verl. d. Amtes f. Landeskunde 1950. – SCHOKLITSCH: Der Baugrund. 2. Aufl. Wien: Springer 1952. – SCHRAFL: Schweizer Bauzeitg. Bd. 83 (1924) Nr. 1 u. 3. – SCHULTZE-MUHS: Bodenuntersuchungen f. Ingenieurbauten. Berlin/Göttingen/Heidelberg: Springer 1950. – SCHWARZ: Grundsätzliches zur Meeresgeologie, Tatsächliches und Grundsätzliches zur Küstensenkungsfrage. Senkenbergiana 14. 40–70 (1932). – SIEBERG: Erdbebenforschung und ihre Verwertung für Technik, Bergbau und Geologie. Jena: Gustav Fischer 1933. – Beitrag zur erdbebenkundlichen Bautechnik und Bodentechnik. Veröff. d. Reichsanstalt f. Erdbebenforschg. H. 29. Berlin: Reichsverlagsanstalt 1937. – SINGER: Der Baugrund. Wien: Springer 1932. – SÖLCH: Die Ostalpen. Breslau: F. Hirt 1930. – STINY: Technische Geologie. Stuttgart: F. Encke 1922. – Geologische Grundlagen des Talsperrenbaues in den deutschen Alpen. De. Wa. Wi. 1940. – STRECK: Grundlagen der Wasserwirtschaft und Gewässerkunde. Berlin/Göttingen/Heidelberg: Springer 1953. – TIEDEMANN: Die Bedeutung des Bodens im Bauwesen. H. d. B. 10. Bd. Berlin: Springer 1932. – Über Bodenuntersuchungen bei Entwürfen und Ausführungen von Ingenieurbauten. Berlin: W. Ernst & Sohn 1946. – WEDLER: Richtlinien für die zulässige Belastung des Baugrundes und der Pfahlgründung. Berlin: W. Ernst & Sohn 1947. – WILSER: Geologie für Wasserkraftausbau. Wasserkraft und Wasserwirtschaft 1931.

Zweiter Teil.

Aufgaben.

Aufgabe 1.

Hydrostatischer Druck auf senkrechte ebene Flächen. Ermittlung der Rammtiefe und Querschnittsbemessung von Spundwänden. Aktiver und passiver Erddruck.

Die Baugrube für ein großes Wasserbauwerk wird zum Zwecke der Wasserhaltung eingespundet.

1. Welchem jeweiligen statischen Wasserdruck sind die Spundwände ausgesetzt bei den verschiedenen, in Abb. 60 näher beschriebenen Flußwasserständen, wenn die Baugrubensohle im Bereich der Spundwand bündig bleibt mit der Flußsohle (Kote 520,90), und wenn zunächst angenommen wird, daß der Boden aus vollkommen wasserundurchlässigem Material besteht?

2. Welche jeweiligen Beanspruchungen würden diese statischen Wasserdrücke verursachen für eine Spundwand Bauart „Larssen“ Profil Nr. III, aus Stahl von 50/60 kg/mm² Festigkeit, dessen Widerstandsmoment 1363 cm³ je lfd. m Spundwand beträgt, wenn die Einspannstelle 50 cm unter der Flußsohle angenommen würde? (vgl. Fußnote S. 115).

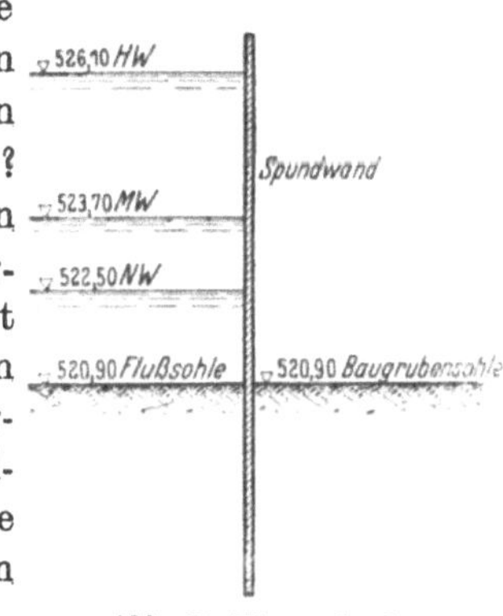

Abb. 60. Wasserstände.

3. Welche Erddruckverhältnisse ergeben sich für die Spundwand bei einseitigem Wasserdruck auf die Wand?

4. Wie tief müssen die Spundbohlen in den Boden eingerammt werden (Rammtiefe!), damit bei HW (W. Sp. = 526,10) die Bohlwand vom Wasserdruck nicht umgelegt wird, wenn der Boden aus dicht gelagertem Sand mit einem inneren Reibungswinkel $\varrho = 32^1/_2°$ besteht und das Raumgewicht γ_e des Materials unter Wasser mit 1,2 t/m³ festgestellt wurde (*Stoff*gewicht der Festmasse des Bodens [Sand] $\gamma_s = 2{,}6$ t/m³; da-

her *Raum*gewicht des völlig trockenen Bodens bei 25% Porenvolumen $\gamma_e = (1-0{,}25) \cdot \gamma_s = 0{,}75 \cdot 2{,}60 = 1{,}95$ t/m³, und unter Wasser $\gamma_u = (1-0{,}25)(2{,}6-1) = 0{,}75 \cdot 1{,}6 = 1{,}2$ t/m³, wie vorstehend bereits angegeben) (vgl. S. 89 bis 90)?

5. Bis zu welcher Kote müßte man bei stillgelegten Wasserhaltungsmaschinen die Baugrube von der flußabwärts gelegenen Seite her unter Wasser setzen (fluten), wenn für die unter Frage 4 beschriebenen Bodenverhältnisse eine Larssenwand, Profil III, aus Stahl von 50/60 kg/mm² Festigkeit bei flußseitigem Hochwasser (Kote 526,10) nicht stärker beansprucht werden soll als mit $\sigma = 1620$ kg/cm²?

6. Welche Rammtiefe und welches Larssenprofil ergibt sich für die Bohlwand bei Hochwasser im Fluß (526,10), trockener Baugrube (520,90) und Bodenverhältnissen gemäß Frage 5 ($\varrho = 32^1/_2°$, $\gamma'_e = 1{,}2$ t/m³ unter Wasser), wenn die Bohlwand durch Druckstreben abgesteift wird?

Lösung.

Bevor an die Lösung der einzelnen Teilfragen der Aufgabe herangegangen wird, möge kurz auf die wichtigsten Sätze aus der Hydrostatik hingewiesen werden.

Der *hydrostatische Druck* (= Druck des *ruhenden* Wassers zum Unterschied vom Druck oder Stoß des *bewegten* Wassers) entsteht aus folgenden Ursachen:

a) Das Wasser setzt der Verschiebung seiner Teilchen einen äußerst geringen Widerstand entgegen und ist nahezu unzusammendrückbar;

b) die Wasserteilchen stehen unter dem Einfluß der Schwere (sind *nicht* gewichts*los*).

Daraus erklärt sich die wichtige Erscheinung, daß alle flüssigen Körper, also auch das Wasser, *den Druck nach allen Seiten hin unverändert fortpflanzen. Im Innern einer Flüssigkeit ist also an irgendeinem Punkte der Druck nach allen Richtungen gleich.*

Dieser Druck ist eine wirkende Kraft und hat als solche *drei* Bestimmungsgrößen:

1. die zahlenmäßige *Größe*,
2. die *Richtung*, in welcher der Druck wirkt,
3. den *Angriffspunkt*.

Die *Größe* des statischen Wasserdruckes auf ein *ebenes*, beliebig geformtes und geneigtes Flächenstück ist gleich dem Gewicht einer Wassersäule, welche die gedrückte Fläche zur Grundfläche und den Schwerpunktsabstand der gedrückten Fläche vom Wasserspiegel zur Höhe hat. (Größe des Wasserdruckes bei *gekrümmten* Flächen siehe Aufgabe 13.)

Die *Richtung* des Wasserdruckes ist stets *normal zur gedrückten Fläche.*

Sein *Angriffspunkt* liegt stets in der gedrückten Fläche selbst, ist aber *nicht identisch mit dessen Flächenschwerpunkt*, wie noch gezeigt wird.

Nun zu den einzelnen Aufgaben selbst.

Zu 1. Wie groß ist der hydrostatische Druck auf jeden Breitenmeter der Spundwand bei 1,60 m Wasserstand außerhalb der Baugrube?

Nach den obigen Sätzen ergibt sich für ein ebenes Flächenelement ΔF, dessen Schwerpunkt vom Wasserspiegel den Abstand y hat, der Wasserdruck zu

$$\Delta W = \gamma \cdot \Delta F \cdot y,$$

wobei γ = spez. Gew. des Wassers. Hätte das gedrückte Flächenelement ΔF eine horizontale Lage, so stellte das Gewicht des über dem Flächenelement stehenden Wasserprismas unmittelbar den Wasserdruck dar. Da der Druck im Innern der Flüssigkeit an ein und derselben Stelle nach allen Seiten hin gleich groß ist, ändert sich an der Größe des Wasserdruckes nichts, wenn wir benanntes Flächenelement ΔF im Wasser um seinen *Schwerpunkt* beliebig drehen, es also – um auf unser Beispiel zu kommen – senkrecht stellen.

Bei unverändertem spezifischem Gewicht und gleichbleibender Größe der jeweiligen ebenen Flächenelemente ist der Wasserdruck direkt proportional der zugehörigen Wassertiefe y, was aus der Beziehung

$$\Delta W = \gamma \cdot \Delta F \cdot y$$

ohne weiteres abgelesen werden kann.

Wählt man rechteckige Flächenelemente von 1,0 m Breite und Δy m Höhe, setzt also $\Delta F = 1{,}0 \cdot \Delta y$, führt außerdem $\gamma = 1{,}0$ t/m³ ein, so wird ΔW für ein solches Flächenelement

$$\Delta W = \Delta y \cdot y.$$

Mit dieser Beziehung läßt sich für jeden Flächenstreifen die Größe des Wasserdruckes ermitteln. Die *Summierung* aller dieser *Teil*drücke liefert den *Gesamt*wasserdruck auf die *Gesamt*fläche.

Geht man von *unendlich kleinen* Flächenelementen aus, dann wird der *Gesamt*wasserdruck W:

$$W = \int d\,W = \int d\,y \cdot y = \left[\frac{y^2}{2}\right]_{y_1}^{y_2}.$$

In unserem Falle ist die Summierung von $y = 0$ bis $y = 1{,}6$ m zu erstrecken. Daher erhält man die *Größe* des Wasserdruckes zu

$$W = \int_{y_1=0}^{y_2=1{,}6} y \cdot d\,y = \left[\frac{y_2^2}{2} - \frac{y_1^2}{2}\right] = \frac{1{,}60^2}{2} - 0 = \mathbf{1{,}28}\text{ t}$$

pro 1 m Breite.

Die *Richtung* dieses Druckes W ist *senkrecht* zur gedrückten Fläche, in unserem Falle also horizontal.

Der *Angriffspunkt* des Gesamtwasserdruckes liegt in der gedrückten Spundwandfläche. Sein Abstand a von der oberen Benetzungslinie dieser Fläche wird ganz *allgemein* bestimmt durch die Beziehung

$$a = \frac{\text{Trägheitsmoment der gedrückten Fläche}}{\text{statisches Moment dieser Fläche}},$$

bezogen auf die Schnittlinie der Spundwandfläche mit der Wasserspiegelfläche als Achse (Punkt A in Abb. 61).

Also

$$a = \frac{\int y^2\,dF}{\int y \cdot dF}.$$

Nimmt man wieder einen Flächenstreifen von 1,0 m Breite und dy Höhe, setzt also

$$dF = dy \times 1{,}0,$$

so wird

$$a = \frac{\int y^2 dF}{\int y dF} = \frac{\left[\frac{y^3}{3}\right]_{y_1=0}^{y_2=t=1{,}6}}{\left[\frac{y^2}{2}\right]_{y_1=0}^{y_2=t=1{,}6}} = \frac{\frac{1{,}60^3}{3}}{\frac{1{,}60^2}{2}}$$

$$a = \tfrac{2}{3} \cdot 1{,}60 = \mathbf{1{,}07}\,\text{m}.$$

Bei vom Wasserdruck beanspruchten *Rechteck*flächen mit *vertikal-horizontal* orientierten Symmetrieachsen ist die Lage des *Angriffspunktes* des Wasserdruckes gegeben durch den Schwerpunkt der Belastungsfläche (Wasserdruckdreieck, -trapez, -rechteck!). Bei dem oben behandelten Beispiel ist die Belastungsfläche, wie unten noch gezeigt wird, ein *Dreieck*, dessen Schwerpunkt vom Wasserspiegel den Abstand $a = \frac{2}{3} \cdot 1{,}60 = \mathbf{1{,}07}$ m hat. Das Resultat deckt sich also mit dem aus der *allgemeinen* Formel für den Angriffspunkt hergeleiteten Wert. Im Anhang Tafel 1 ist die Angriffspunktbestimmung für einige Sonderfälle gezeigt.

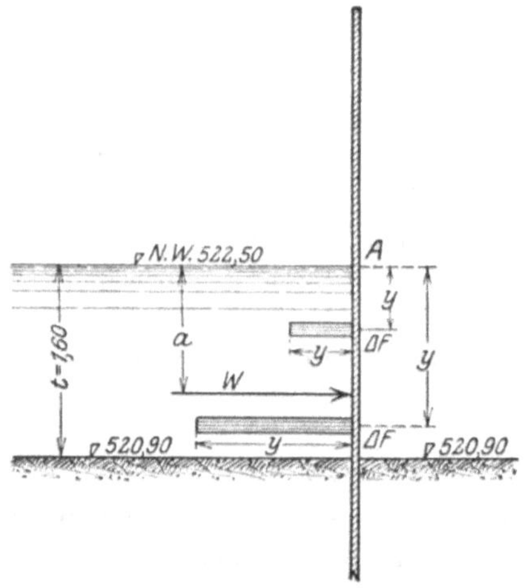

Abb. 61. Wasserdruck in verschiedenen Wassertiefen.

Wir sahen weiter oben, daß die Größe des Wasserdruckes auf ein ebenes Flächenelement gleich dem Gewicht einer Wassersäule ist, welche das gedrückte Flächenteilchen zur Grundfläche und dessen Schwerpunktsabstand vom Wasserspiegel zur Höhe hat. Es läßt sich daher der hydrostatische Druck auf jedes Element der gedrückten Fläche durch eine

Wassersäule darstellen, welche normal zum gedrückten Flächenelement steht und deren Höhe gleich ist dem Abstand dieses Flächenteilchens vom Wasserspiegel.

Davon wird in der Praxis nun weitgehend Gebrauch gemacht. Deshalb soll dieser Weg zur Darstellung und Ermittlung des Wasserdruckes auch für die vorliegende und die nächsten Aufgaben eingeschlagen werden.

Da der Abstand des Schwerpunktes eines Flächenteilchens B (Abb. 62) vom Wasserspiegel = Null ist, daher auch die Wassersäule, welche den Wasserdruck darstellt, die Höhe = Null hat, ist der Wasserdruck auf das Flächenelement B = Null.

Der Abstand des Flächenteilchens C vom Wasserspiegel ist 0,40 m; deshalb wird der Wasserdruck in C durch eine Wassersäule von 0,40 m Höhe dargestellt.

Der Abstand des Flächenteilchens F vom Wasserspiegel beträgt 1,60 m; folglich wird der hydrostatische Druck auf F dargestellt durch eine Wassersäule von 1,60 m Höhe.

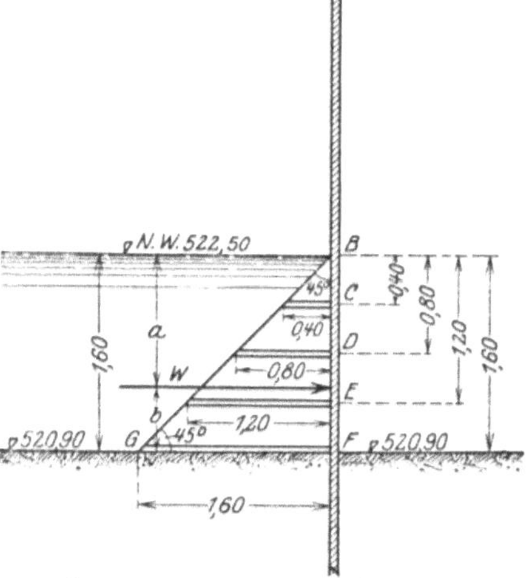

Abb. 62. Wasserdruckdreiecke für verschiedene Wasserstände.

Trägt man in analoger Weise für sämtliche Flächenelemente des gedrückten ebenen Flächenstreifens BF die zugehörigen Wassersäulen auf und verbindet deren Endpunkte, so müssen diese ohne Ausnahme auf der Verbindungsgeraden BG liegen. Die Fläche des Dreieckes $BFG = \frac{1{,}60^2}{2} = 1{,}28$ t pro 1 m Breite gibt dann bei einem spezifischen Gewicht des Wassers $\gamma = 1{,}0\ \mathrm{t/m^3}$ ohne weiteres den Gesamtwasserdruck auf den ebenen, 1,0 m breiten Flächenstreifen BF.

Aus der Darstellung Abb. 62 läßt sich auch sofort entnehmen, daß die *Belastungsfläche* ein gleichschenklig-rechtwinkliges Dreieck ist, dessen Hypotenuse BG mit dem Flächenstreifen BF einen Winkel von 45° einschließt *(Wasserdruckdreieck)*.

Der *Gesamtwasserdruck*, welcher nunmehr *durch das Dreieck BFG der Größe nach dargestellt ist*, ergab sich aus Teilwasserdrücken, die sämtlich senkrecht auf den zugehörigen Flächenelementen stehen. *Deshalb muß auch der resultierende Wasserdruck senkrecht auf BF stehen. Sein Angriffspunkt* wird, wie schon weiter oben gezeigt wurde, durch den *Schwerpunkt des Wasserdruckdreiecks* festgelegt, denn durch diesen muß der Wasserdruck gehen. Da der Schwerpunkt eines Dreiecks in $h/3$ von der Dreiecksbasis entfernt liegt, wenn h die Höhe des Dreiecks bedeutet, so folgt für unseren Fall (vgl. Abb. 62)

$$b = \frac{1}{3} \cdot 1{,}60 = \mathbf{0{,}53}\ \mathrm{m}$$

oder

$$a = 1{,}60 - 0{,}53 = \mathbf{1{,}07}\ \mathrm{m}\,,$$

wie bereits weiter oben auch noch auf anderem Wege gefunden wurde. Zusammenfassend ergibt sich also bei *Nieder*wasserstand (= Flußwasserspiegelkote 522,50) ein Gesamtwasserdruck

$$W_N = \mathbf{1{,}28}\ \mathrm{t\ pro\ 1\ m\ Spundwandbreite};$$

dessen Abstand von der Flußsohle (= Schwerpunktabstand) beträgt unter Bezugnahme auf die Bezeichnungen in Abb. 63

$$b_N = \mathbf{0{,}53}\ \mathrm{m}.$$

Analog erhält man für *Mittel*wasser (Spiegelkote 523,70):

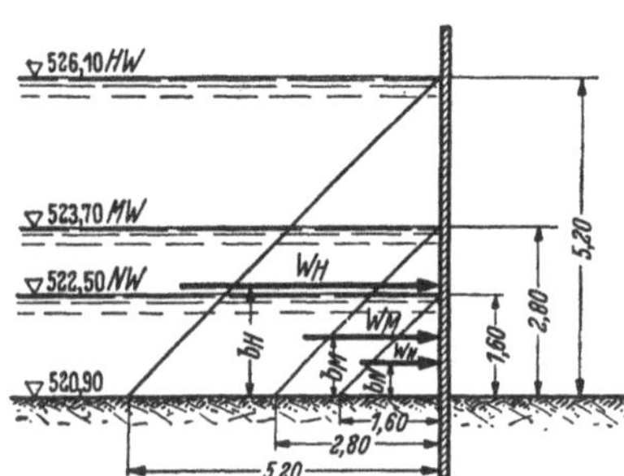

Abb. 63. Wasserdruckdreiecke für verschiedene Wasserstände.

$$W_M = \frac{2{,}80^2}{2} = \mathbf{3{,}92}\ \mathrm{t}$$

pro 1 m Spundwand,

$$b_M = \frac{2{,}80}{3} = \mathbf{0{,}93}\ \mathrm{m};$$

und für *Hoch*wasser (Spiegelkote 526,10):

$$W_H = \frac{5{,}20^2}{2} = \mathbf{13{,}52}\ \mathrm{t}$$

pro 1 m Spundwand

$$b_H = \frac{5{,}20}{3} = \mathbf{1{,}73}\ \mathrm{m}\,.$$

Man beachte das rasche Anwachsen des resultierenden Wasserdruckes als Folge seiner Abhängigkeit vom *Quadrat* der Wassertiefe!

Zu 2. Die Spundwand ist als ein im Boden eingespannter Konsolträger zu betrachten. Die Einspannstelle soll zunächst 0,50 m unter der Flußsohlenkote, also auf Kote 520,40 m angenommen werden. (Die weitere Behandlung der Aufgabe bringt unter Ziffer 3 für die tatsächlichen statischen Verhältnisse des im Boden steckenden Teils der Spundwand noch Klarheit!)

Bei dieser Annahme erhalten wir je lfd. m Spundwand für *Nieder*wasser bei einem Hebelsarm von

$$l_N = b_N + 0{,}50 = 0{,}53 + 0{,}50 = \mathbf{1{,}03}\ \mathrm{m}$$

ein Moment

$$M_N = W_N \cdot l_N = 1{,}28 \cdot 1{,}03 = \mathbf{1{,}32}\ \mathrm{tm}\,,$$

also eine Beanspruchung

$$\sigma_N = \frac{M_N}{\mathfrak{W}} = \frac{132\,000 \text{ cmkg}}{1363 \text{ cm}^3} = \mathbf{97} \text{ kg/cm}^2;$$

für Mittelwasser:

$$l_m = b_M + 0{,}50 = 0{,}93 + 0{,}50 = \mathbf{1{,}43} \text{ m}$$

$$M_m = W_M \cdot l_M = 3{,}92 \cdot 1{,}43 = \mathbf{5{,}60} \text{ tm},$$

$$\sigma_M = \frac{M_M}{\mathfrak{W}} = \frac{560\,000 \text{ cmkg}}{1363 \text{ cm}^3} = \mathbf{410} \text{ kg/cm}^2;$$

für Hochwasser:

$$l_H = b_H + 0{,}50 = 1{,}73 + 0{,}50 = \mathbf{2{,}23} \text{ m},$$

$$M_H = W_H \cdot l_H = 13{,}52 \cdot 2{,}23 = \mathbf{30{,}2} \text{ tm},$$

$$\sigma_H = \frac{M_H}{\mathfrak{W}} = \frac{3\,020\,000 \text{ cmkg}}{1363 \text{cm}^3} = \mathbf{2210} \text{ kg/cm}^2.$$

(Die zulässige Beanspruchung für Stahl 50/60 geht bis 1620 kg/cm², die Bruchfestigkeit liegt bei 5000 bis 6000 kg/cm².)

Zu 3. *Vorbemerkung:* a) Für das *eingehendere Studium* der beim Grundbau gegebenen Erddruck- und Wasserdruckprobleme wird auf die einschlägige *Spezialliteratur* verwiesen[1].

b) *Kurze Zusammenfassung der Berechnungsgrundlagen.* Wenn man von „Erddruck" spricht, denkt man in erster Linie an den *seitlichen* Druck des Erdreiches auf eine Wand (z. B. Rückwand einer Stützmauer an einem Geländesprung [Beispiel 3], einseitig hinterfüllte Spundwand mit und ohne Verankerung usw.) Dieser seitliche „Erddruck" kommt dadurch zustande, daß zunächst die Wand im nachgiebigen Untergrund unter der schiebenden Wirkung des aus gleichmäßig abgesetzten Schichten bestehenden Erdkörpers — („Ruhedruck E_0" nach TERZAGHI, „natürlicher Erddruck E_n" nach KREY) — eine kleine Vorwärts- und Drehbewegung ausführt. Der drückende Bodenkörper folgt dieser Bewegung, indem er auf einer von A ausgehenden näherungsweise ebenen Fläche („Gleitfläche") nachrutscht, bricht (Abb. 64a). Dabei muß in den Gleitflächen die durch die Bewegung mobilisierte innere Reibung, manchmal

[1] z. B. MÜLLER-BRESLAU: Erddruck auf Stützmauern. Stuttgart: Kröner Verlag 1947. — KREY-EHRENBERG: Erddruck, Erdwiderstand und Tragfähigkeit des Baugrundes. 5. Aufl. Berlin: Ernst & Sohn 1936. — OHDE: Zur Theorie des Erddruckes unter besonderer Berücksichtigung der Erddruckverteilung. Bautechnik Bd. 16 (1938). Dort auch ausführliche weitere Literaturangaben. — Zur Erddrucklehre. Bautechnik Bd. 25 (1948). — AGATZ: Der Kampf des Ingenieurs gegen Erde und Wasser im Grundbau. Berlin: Springer 1936. — BRENNECKE-LOHMEYER: Der Grundbau. Bd. I, Teil 1: Baugrund. 6. Auflage. Berlin: W. Ernst & Sohn 1948. — KÖGLER-SCHEIDIG: Baugrund und Bauwerk. 5. Auflage. Berlin: W. Ernst & Sohn 1948.

auch noch die Kohäsion (Haftfestigkeit [Abb. 64c]; Kapillarkraft bei sehr feinkörnigen Böden) überwunden werden ($\tau = c + p \cdot \mu$ [S. 92], oder insgesamt $T = c \cdot F + p \cdot F \cdot \mu$, wobei $c \cdot F = K$ = Haftfestigkeit, und $p \cdot F = N$ = Normalkraft für die ganze Gleitfläche von der Größe F). Diese Gleitwiderstände haben natürlich eine Verminderung des nun wirksamen „aktiven Erddruckes" gegenüber dem vor Auslösung der Bewegung herrschenden „natürlichen Erddruck" zur Folge.

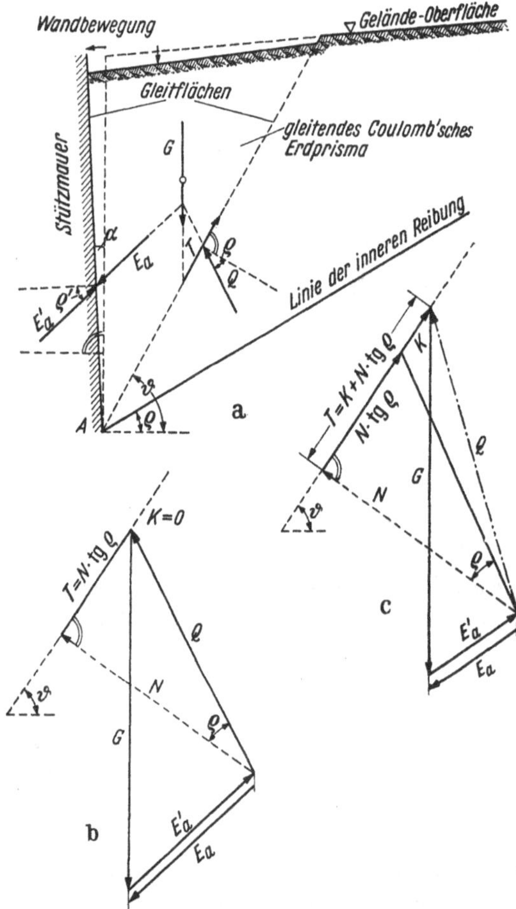

Abb. 64. a Zustandekommen des oberen Grenzwertes des aktiven Erddruckes E_a durch das Abgleiten des Erdprismas nach der sehr kleinen Drehbewegung der Mauerrückwand. b Gleitwiderstand infolge innerer Reibung ($K = 0$). c Gleitwiderstand aus innerer Reibung und Haftfestigkeit (bzw. Kapillarkraft).

Diese Voraussetzungen (Grundlagen) der sogenannten älteren *klassischen Erddrucktheorie* erlauben, die Größe des *aktiven* (angreifenden) *Erddruckes* E_a aus der Bedingung herzuleiten, daß das Gewicht G des gleitenden Erdkörpers mit den Kräften E'_a und Q im Gleichgewicht stehen muß (Abb. 64b). Durch die Berücksichtigung des Gleitwiderstandes in seiner vollen Wirksamkeit erhält man so den *Kleinstwert des aktiven Erddruckes* (unteren Grenzwert). Mit diesem Wert wird man es immer zu tun haben, wenn die Nachgiebigkeit der Stützwand ausreicht, um die kleine Rutschbewegung des Erdkeils hinter der Wand auszulösen.

Nun kann aber auch der erdstatische Fall eintreten, daß nicht mehr die Erde der aktive, schiebende Teil ist, sondern daß umgekehrt ein Bauglied schiebend gegen einen Erdkörper wirksam wird (etwa das Widerlager einer Gewölbekonstruktion infolge des Horizontalschubs, im Boden steckende Teile einer waagrecht beanspruchten Spundwand [Aufgabe 1] usw.). Dieser Druck auf den Erdkörper kann so stark werden, daß letzterer auszuweichen beginnt, wobei sich wieder eine Gleitfläche, jetzt aber von wesentlich geringerer Neigung, ausbildet. Auch hier wirkt der größtmögliche Gleitwiderstand τ der durch die äußere Kraft erzwungenen Verschiebung entgegen. Aus dem auch hier wieder vorausgesetzten Gleichgewichtszustand der Kräfte folgt diesesmal der *passive Erddruck* E_p

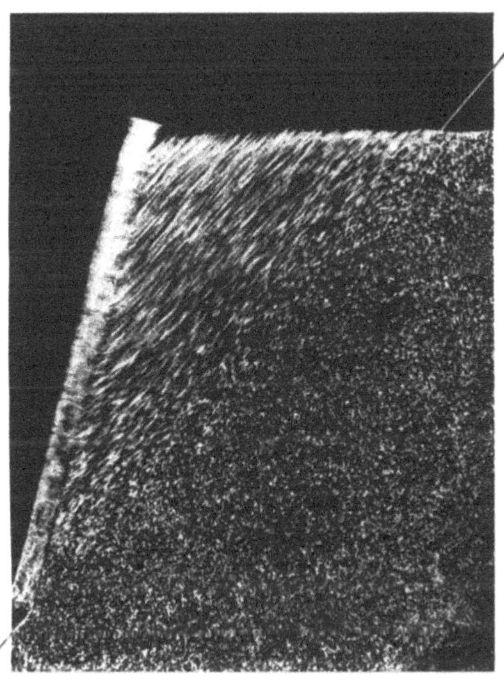

Abb. 64d. Photographische Aufnahme der Bewegung eines Erdkörpers aus Sand bei einer Wanddrehung um 0,6°. (Nach MÜLLER-BRESLAU.)

(Erdwiderstand), der aber nun der *obere Grenzwert* des Erddruckes ist, weil eben E_p schon den größtmöglichen Widerstand (Gegendruck) gegen ein weiteres Nachschieben des Baugliedes bietet.

Die sich bildenden Gleitflächen können beim *aktiven* Erddruck für baupraktische Aufgaben *in den meisten Fällen als eben angenommen werden*, da auch bei kurvenförmigen Gleitflächen der untere Erddruckgrenzwert meist nur wenig von dem COULOMBschen Wert abweicht. *Anders* liegen die Verhältnisse *beim Erdwiderstand*. Hier muß man zur Erlangung zutreffender Werte verschiedentlich mit gekrümmten Gleitflächen rechnen.

Die alte klassische Annahme *dreieckförmiger Erddruckverteilung* mit dem größten Druck am unteren Endpunkt der Wand reicht auch nach den neueren bodenphysikalischen Erkenntnissen aus, wenn es sich darum handelt, Anhaltspunkte für die standsichere Durchbildung von Stützmauern zu gewinnen. Sie entspricht sogar meistens den tatsächlichen Verhältnissen[1], besonders bei Stützmauern und unverankerten Spundwänden, die *oben* unter Erddruckwirkung *stärker* nachgeben als unten (Drehung um den *Fuß*punkt der Wand; vgl. Abb. 65a), so daß sich die untere Gleitfläche und die Zwischengleitflächen frei ausbilden können (Normalfall mit linearer Druckverteilung).

Wenn dagegen eine Wanddrehung um das *obere* Wandende als Drehpunkt erfolgt, weil die Wand besonders unten nachgibt (z. B. bei ab-

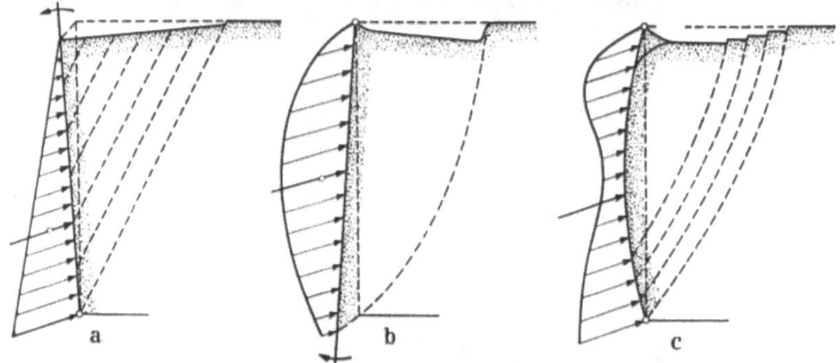

Abb. 65a—c. Wandbewegungsart, Gleitflächenformen und Erddruckverteilung (schematisch). (Nach OHDE.)

gesteiften Spundwänden mit fortschreitendem einseitigem Erdaushub), dann entsteht eine kreisförmige Hauptgleitfläche und eine gekrümmte Erddruckverteilung (Abb. 65b). Auch bei Festhaltung des oberen *und* unteren Wandendes (Durchbiegung der Wand!) ergibt sich eine nach unten ausgebogene Gleitfläche. Hier wird aber der Erddruck durch Schirmwirkung (Gewölbewirkung) erheblich vermindert (Abb. 65c).

Ähnliche Zusammenhänge bestehen für den *oberen* Grenzwert des *Erdwiderstandes.*

Die *Größe* des Erddruckes kann bekanntlich *graphisch* und *rechnerisch* ermittelt werden. Erstere Verfahren sind gegenüber den letzteren meist einfacher und dann diesen vorzuziehen. Zu den *zeichnerischen* Verfahren bei *ebenen* Gleitflächen zählen die Konstruktion von E_a bzw. E_p nach REBHANN (Auftragung der Erddruckdreiecke $E_{\frac{a}{p}} = \frac{1}{2} \cdot \gamma' \cdot e \cdot f$ [Abb. 66a], wobei $\gamma' = \gamma + \frac{2p}{h}$ [Abb. 66b]) und die Herleitung der E-Werte durch Auftragung der CULMANNschen E-Linien oder der ENGESSERkurve. Der rechnerische Weg zur Erddruckermittlung führt für den allgemeinen Fall

[1] Zum Beispiel OHDE: Zur Theorie des Erddruckes. Zur Erddrucklehre. — KREY-EHRENBERG: Erddruck, Erdwiderstand.

$\left(\begin{smallmatrix}\alpha\\ \beta\\ \delta\end{smallmatrix} \gtrless 0\right)$ auch bei *ebenen* Gleitflächen zu sehr umständlichen Formeln. Zum Beispiel lautet die Formel in der von WEYRAUCH angegebenen Form für den

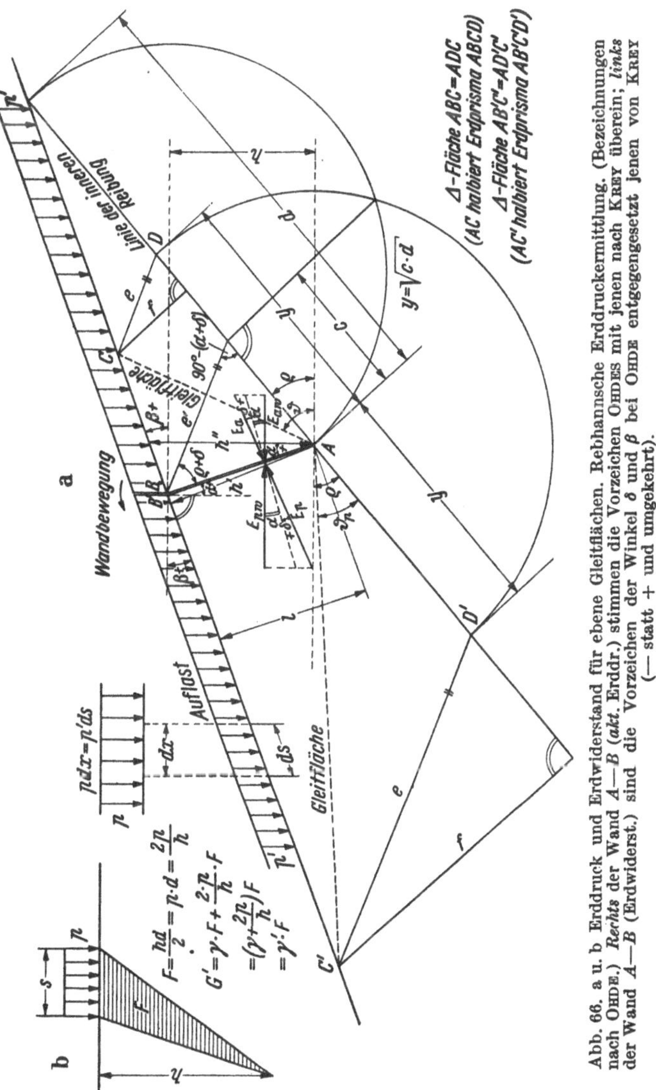

Abb. 66. a u. b Erddruck und Erdwiderstand für ebene Gleitflächen. Rebhannsche Erddruckermittlung. (Bezeichnungen nach OHDE.) *Rechts* der Wand A—B (*akt.* Erddr.) stimmen die Vorzeichen OHDES mit jenen nach KREY überein; *links* der Wand A—B (Erdwiderst.) sind die Vorzeichen der Winkel δ und β bei OHDE entgegengesetzt jenen von KREY (— statt + und umgekehrt).

Verhältniswert λ der *waagrechten* Erddruckkomponente $\left(E_{\substack{aw\\pw}} = \lambda_{\substack{a\\p}} \cdot \gamma' \frac{h^2}{2}\right)$ mit den OHDEschen Winkelvorzeichen:

$$\lambda_{\substack{a\\p}} = \frac{\cos^2(\varrho - \alpha)}{\cos^2\alpha} \cdot \frac{1}{\left[1 \pm \sqrt{\frac{\sin(\varrho+\delta)\sin(\varrho-\beta)}{\cos(\delta+\alpha)\cos(\alpha-\beta)}}\right]^2}.$$

Für $E_{\substack{a\\p}} = \dfrac{E_{\substack{aW\\pW}}}{\cos(\delta + \alpha)}$ und mit $l = \dfrac{h}{\cos\alpha}$ (Abb. 66a) ergibt sich

$$E_{\substack{a\\p}} = \frac{\gamma' \cdot l^2}{2} \cdot \frac{\cos^2(\varrho - \alpha)}{\cos(\delta + \alpha)} \cdot \frac{1}{\left[1 \pm \sqrt{\dfrac{\sin(\varrho + \delta) \cdot \sin(\varrho - \beta)}{\cos(\delta + \alpha) \cdot \cos(\alpha - \beta)}}\right]^2} \; *$$

(+ = aktiver Erddruck, − = Erdwiderstand).

Die Rechnung erfolgt zweckmäßig mit Hilfe von Erddrucktabellen. Man achte aber dabei darauf, auf welche Lagen der Winkel sich deren Vorzeichen beziehen. Für die Ermittlung der Erd*widerstands*werte wird empfohlen, statt der Tabellen für ebene Gleitflächen solche für kreisförmige Gleitflächen (KREY[1]) zu benutzen.

Um die Rechenarbeit für den obigen Ausdruck für $\lambda_{\substack{a\\p}}$ zu erleichtern, hat ihn OHDE umgeformt. Er setzt $\operatorname{tg}\alpha = a$, $\operatorname{tg}\beta = b$, $\operatorname{tg}\delta = m$, $\operatorname{tg}\varrho = \mu$ und erhält dann

$$\lambda_{\substack{a\\p}} = \left[\frac{1 + \mu \cdot a}{\sqrt{1 + \mu^2} \pm \sqrt{(\mu + m)(\mu - b)\dfrac{(1 + a^2)}{(1 + a \cdot b)(1 - m \cdot a)}}}\right]^2,$$

ein Ausdruck, der mit dem Rechenschieber ohne Erddrucktabellen verhältnismäßig schnell gerechnet werden kann.

Für lotrechte Wand ist $a = 0$:

$$\lambda_{\substack{a\\p}} = \frac{1}{[\sqrt{1 + \mu^2} \pm \sqrt{(\mu + m)(\mu - b)}]^2}.$$

Für $a = 0$ und $\beta = \delta$ ($b = m$) (RANKINEscher Sonderfall) wird

$$\lambda_{\substack{a\\p}} = \frac{1}{[\sqrt{1 + \mu^2} \pm \sqrt{\mu^2 - b^2}]^2}.$$

Ist die Wand lotrecht und das Gelände waagrecht, also $a = 0$ und $b = 0$, so wird

$$\lambda_{\substack{a\\p}} = \frac{1}{[\sqrt{1 + \mu^2} \pm \sqrt{\mu \cdot (\mu + m)}]^2}.$$

Wird schließlich auch noch die Wandreibung vernachlässigt ($a = 0$, $b = 0$, $m = 0$), ergibt sich

$$\lambda_{\substack{a\\p}} = \frac{1}{[\sqrt{1 + \mu^2} \pm \mu]^2}.$$

Setzt man wieder für $\mu = \operatorname{tg}\varrho$, für $\sqrt{1 + \mu^2} = \sqrt{1 + \operatorname{tg}^2\varrho} = \dfrac{1}{\cos\varrho}$, so wird

$$\lambda_{\substack{a\\p}} = \frac{1}{\left(\dfrac{1}{\cos\varrho} \pm \dfrac{\sin\varrho}{\cos\varrho}\right)^2} = \left(\frac{\cos\varrho}{1 \pm \sin\varrho}\right)^2 = \operatorname{tg}^2\left(45 \mp \frac{\varrho}{2}\right)$$

---

* Ausführliches darüber siehe in OHDE: S. 110, Fußnote 1.

[1] KREY-EHRENBERG: S. 110, Fußnote 1.

und man hat die viel gebrauchten Erddruckformeln für $\alpha = 0$, $\beta = 0$, $\delta = 0$:

$$E_a = \frac{1}{2}\gamma' \operatorname{tg}^2\left(45^\circ - \frac{\varrho}{2}\right)h^2 = \frac{1}{2}(\gamma' \cdot \lambda_a \cdot h) \cdot h = \frac{1}{2} g_a \cdot h \,(\mathrm{t/m}),$$

bzw.
$$E_p = \frac{1}{2}\gamma' \operatorname{tg}^2\left(45^\circ + \frac{\varrho}{2}\right)\cdot t^2 = \frac{1}{2}(\gamma' \cdot \lambda_p \cdot t) \cdot t = \frac{1}{2} g_p \cdot t \,(\mathrm{t/m}).$$

Um nun mit den vorstehend genannten Verfahren und Formeln die Größe des (aktiven) Erddruckes bzw. des Erdwiderstandes auf ein Bauwerk zu erhalten, sind nach sorgfältiger Baugrunderkundung festzustellen: die Berechnungsgrundwerte der Bodenschichten[1], insbesondere das Raumgewicht der Erdkörper über und unter Wasser (vgl. bes. S. 90f.), der innere Reibungswinkel ϱ (und evtl. die Haftfestigkeit) jeder anstehenden Bodenart (S. 92), gegebenenfalls der Wandreibungswinkel δ für (aktiven) Erddruck und Erdwiderstand, vielfach auch die Gleitflächen (ϑ) für E_a und E_p; schließlich die Flächen, die einer der beiden Erddruckwirkungen ausgesetzt sind und die Lage und Form der gedrückten Wand im Vertikalschnitt.

Hinsichtlich der *Reibung zwischen Wand und Erdkörper* ist noch das Folgende zu sagen: die Annahme nach COULOMB (WINKLER, MÜLLER-Breslau), daß man für gewöhnlich mit der Wirksamkeit der Wandreibung rechnen kann, daß also der aktive Erddruck unter dem Reibungswinkel δ (= Reibungswinkel zwischen Boden und Wand) zur Wandnormalen angreift, trifft meist zu[2]. Beim Fehlen genauerer Unterlagen für die Größe dieses Reibungswinkels kann, wenn es sich um *aktiven* Erddruck handelt, bei Bauwerken aus Beton mit senkrechter Rückwand und bei Stahlspundwänden $\delta_a = +\frac{\varrho}{2}$ gesetzt werden. Ist die Rückwand geneigt oder liegt eine Winkelstützmauer vor, wird empfohlen $\delta_a = 0$ anzunehmen. Bei Erd*widerstand* kann bei Betonbauwerken und bei Stahlspundwänden, wenn ebene Gleitflächen zugrunde gelegt sind, $\delta_p = -\frac{\varrho}{2}$, bei Stahlspundwänden und kreisförmigen Gleitflächen δ_p bis $-\varrho$ gesetzt werden; bei freiaufgelagerter Ankerstahlspundwand ist dagegen $\delta_p = 0$ zu setzen. Die oft gebrauchte Näherungsannahme, $\delta_p = 0$ zu setzen und den Erdwiderstand (λ_p), mit 2 zu multiplizieren, ist ungenau und wird daher vielfach abgelehnt[3]. Nach DIN 1054 (Juni 1953) dürfen bei Ermittlung der zulässigen Belastung von Pfählen weder die Mantelreibung, noch der Spitzenwiderstand lediglich mit Hilfe von

[1] Man beachte dazu das im ersten Teil S. 86ff. Gesagte.

[2] Die Vertreter der RANKINE-MOHRschen Richtung nehmen die Angriffsrichtung des Erddruckes gleichlaufend zur Oberfläche des Bodens an.

[3] AGATZ: „Grundbau" in SCHLEICHER: Taschenbuch f. Bauing., Bd. II. S. 112. Berlin, Göttingen, Heidelberg: Springer 1955.

Beiwerten des Erddruckes und des Erdwiderstandes errechnet werden, die aus Handbüchern oder Tafeln entnommen sind.

Da der Einfluß der Wandreibung δ bei Grundbauwerken auf die Größe des *aktiven* Erddruckes (E_a) im allgemeinen *gering* ist, wird er häufig vernachlässigt, insbesondere bei glatten Wänden und wassergesättigtem Boden. Dagegen hat die Wandreibung auf die Größe des Erd*widerstandes* (E_p) einen *erheblichen* Einfluß.

Bei wasserdurchlässigen Böden werden Erd- und Wasserdruck gesondert angesetzt. Bei wassergesättigtem Boden ist dabei dessen Raumgewicht $\gamma'_e = \gamma_u = \left(1 - \frac{n}{100}\right) \cdot \gamma_s$ (S. 90) abzüglich des Auftriebs einzusetzen. Der Auftrieb ergibt sich als das vom Boden *tatsächlich* verdrängte Flüssigkeitsvolumen. Ist das Porenvolumen des Bodens n, so ist also sein Raumgewicht unter Wasser

$$\begin{aligned} \gamma'_e (= \gamma_u) &= \left(1 - \frac{n}{100}\right)\gamma_s - \left(1 - \frac{n}{100}\right)\gamma_w \\ &= \left(1 - \frac{n}{100}\right)(\gamma_s - \gamma_w) \\ &= \left(1 - \frac{n}{100}\right)(\gamma_s - 1)\,. \end{aligned}$$

Hat z. B. ein lockerer Kiesboden ein Porenvolumen $n = 40\%$, also ein Raumgewicht $\gamma_e = \left(1 - \frac{n}{100}\right) \cdot 2{,}65 = (1 - 0{,}4) \cdot 2{,}65 = 1{,}6\ \mathrm{t/m^3}$, so vermindert sich dies bei Wasserüberflutung unter der Wirkung des Auftriebes auf

$$\gamma'_e = \left(1 - \frac{40}{100}\right)(2{,}65 - 1) = 0{,}99 \sim 1{,}0\ \mathrm{t/m^3}.$$

In diesem Raumgewicht ist das aus den Poren *nicht* verdrängte Wasser $\left(\frac{n}{100} = 0{,}4\ \mathrm{t/m^3}\right)$ mit enthalten. Wollte man das γ'_e einfach herleiten aus $\gamma_e - 1{,}0$, dann muß dieser Wert mit dem Gewicht des nicht verdrängten Wassers berichtigt werden durch den Ansatz $\gamma_e - 1{,}0 + \frac{n}{100} \cdot 1{,}0$; für unser Beispiel ergibt sich dann wieder

$$1{,}6 - 1{,}0 + 0{,}4 = 1{,}0\ \mathrm{t/m^3}.$$

Das setzt natürlich auch die Kenntnis des Porenvolumens voraus.

Erddruckverhältnisse.

Wenn eine Spundwand in einen waagrechten Boden eingerammt wird, dann wirkt — solange keine weitere Kräfteeinwirkung auf die Wand dazukommt — auf den im Boden steckenden Teil ein *natürlicher* Erddruck $E_n = \frac{1}{2}\gamma_e \cdot \lambda_n \cdot t^2$, wobei λ_n genügend genau ~ 1 gesetzt werden kann. Greift nun am freistehenden Teil der Bohlwand eine zusätzliche

Kraft an (in der vorliegenden Aufgabe die Resultierende des Wasserdruckes!), dann müssen an dem im Boden steckenden Teil der Wand *einspannende Kräfte* wirksam sein, wenn die Wand nicht einfach weggeschoben und umgelegt werden soll. Die durch die Einspannung festgehaltene Wand erfährt aber durch den Wasserdruck eine Biegung und wegen der Nachgiebigkeit des Bodenmaterials eine Drehung um einen festen Drehpunkt D im Boden (Belastungsfall Abb. 65a, S. 110).

Solange die Kraftwirkung klein ist (z. B. Wasserdruck bei NW im Fluß!), ist auch die Wanddrehung gering, d. h. D liegt hoch (Abb. 67a).

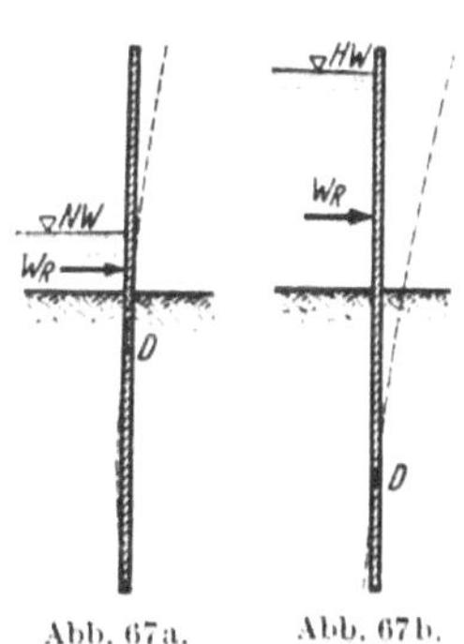

Abb. 67a. Abb. 67b.

a Wirkung eines kleinen Wasserdruckes auf die Spundwand. b Wirkung eines großen Wasserdruckes auf die Spundwand.

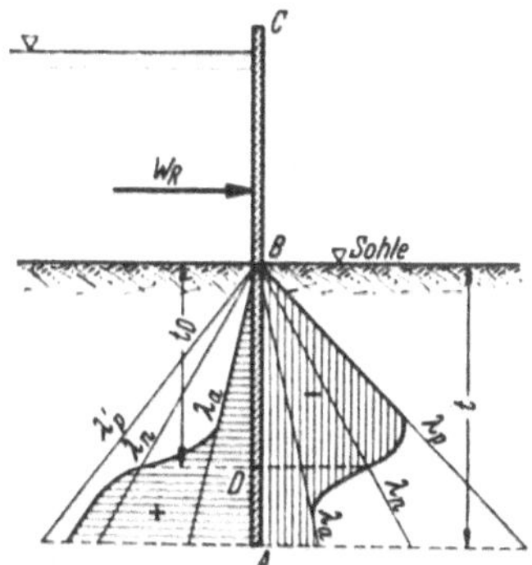

Abb. 68. Erddruckverhältnisse beiderseits der Spundwand unter dem Einfluß von W_R.

Mit steigender Inanspruchnahme, d. h. mit wachsendem W_R rückt der Drehpunkt D nach unten (siehe Biegelinie Abb. 67b)[1]. Im ersteren Falle haben wir eine geringere Beanspruchung des Spundwandmaterials als bei tiefer Lage von D, es ist dort also auch die Rammtiefe nicht so gut ausgenützt wie im Fall Abb. 67b. Man kann das auch so ausdrücken: Bei gleicher Kraftwirkung W_R ist die Beanspruchung des Wandmaterials um so größer, je geringer die Rammtiefe ist. Da der Ingenieur bestrebt ist, das Wandmaterial möglichst gut auszunützen und demgemäß die Rammtiefe festzulegen, bildet der in Abb. 67b dargestellte Beanspruchungsfall die Grundlage für die weitere Betrachtung.

Welche Erddruckverhältnisse ergeben sich im Bereich AB der Bohlwand unter dem Einfluß von W_R (Abb. 68)? *Vorher* wirkte *beiderseits* auf jedes Element $\gamma_e \cdot \lambda_n \cdot t'$, wenn t' veränderliche Tiefen unter der Sohle bedeutet. Da im Drehpunkt D in der Tiefe t_D *keine* Verschiebung der Wand eintritt (vgl. Abb. 67b), wird dort auch *nach* dem Wirksamwerden

[1] Damit erfährt die in Frage 2 zunächst getroffene Annahme, die Einspannstelle ganz allgemein mit 50 cm unter Sohle festzulegen, ihre Kritik und Berichtigung.

von W_R der Erddruck beiderseits unverändert $\gamma_e \cdot \lambda_n \cdot t_D$ betragen. Im übrigen Bereich des Wandteils AB treten infolge der Verschiebung der Wand passive Erddrücke auf, weil der Boden diesen Verschiebungen Widerstand entgegensetzt. Dieser Erdwiderstand wirkt im Bereich BD von rechts her, im Bereich AD von links her (Abb. 68). Da die Verschiebung der Wand bei B größer ist als bei A, wird auch der passive Erddruck rechts oben $(\gamma_e \cdot \lambda_p \cdot t')$ größer sein als der passive Erddruck links unten $(\gamma_e \cdot \lambda_p' \cdot t')$, also $\lambda_p > \lambda_p'$. Andererseits wird links oben infolge der Bewegung des Wandteiles BD nach rechts der natürliche Erddruck $\gamma_e \cdot \lambda_n \cdot t'$ auf den aktiven Erddruck $\gamma_e \cdot \lambda_a \cdot t'$ verringert. Entsprechend liegen die Verhältnisse rechts unten (Verringerung von $\gamma_e \cdot \lambda_n \cdot t'$ auf $\gamma_e \cdot \lambda_a \cdot t'$).

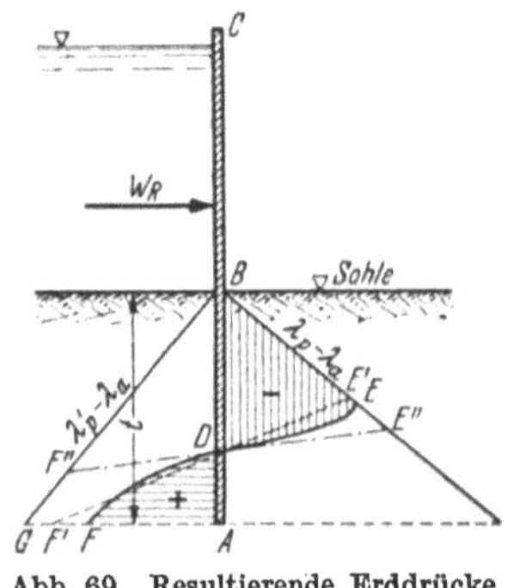

Abb. 69. Resultierende Erddrücke aus Abb. 68.

Natürlich sind dem Anwachsen des passiven Erddruckes rechts oben Grenzen gesetzt, wenn die Wand nicht einstürzen soll. Das gleiche gilt für E_a links oben. Diese Grenzen ergeben sich aus den Grenzwerten von λ_p bzw. λ_a für das gegebene Bodenmaterial, d. h. aus dem inneren Reibungswinkel ϱ für die vorliegenden Verhältnisse und dem Reibungswinkel δ zwischen Wand und Boden.

Entsprechend der Biegung des im Boden steckenden Bohlwerkteiles erfährt der passive Erddruck E_p' links unten eine weitere Verringerung. Außerdem ergibt sich infolge der Biegung für den Übergang vom passiven Erddruck rechts oben zum passiven Erddruck links unten eine gekrümmte Linie.

Die vorstehenden Überlegungen führen zunächst zu der in Abb. 68 dargestellten Verteilung der Erddrücke. Diese Darstellung kann man dann noch vereinfachen, wenn man die entgegengesetzt gerichteten positiven und negativen Kräfte in Abzug bringt (vgl. Abb. 69).

Der Verlauf der Krümmung EDF ist unbekannt. Auch wenn man diese Übergangslinie durch eine Gerade ersetzt (etwa $E'F'$ oder $E''F''$), ist eine schlüssige Rechnung nicht möglich. Denn für die 3 Unbekannten: die Lage von D, die Rammtiefe t und die Neigung der Verbindungsgeraden stehen nur 2 Gleichgewichtsbedingungen zur Verfügung: Summe aller Kräfte = Null und Summe aller Momente = Null. Man muß deshalb über die Lage der Übergangslinie eine Annahme machen, die der Wirklichkeit möglichst nahe kommt und dann die noch verbleibenden 2 Unbekannten (t, Lage von D) ermitteln. Dieses Rechenverfahren ist umständlich und im Hinblick auf die Unsicherheit der Unterlagen, auf denen die Rechnung aufbauen muß, im Ergebnis doch nur bedingt zuverlässig.

Man hat deshalb zur Vereinfachung der Berechnung der Stabilitätsverhältnisse bzw. der Rammtiefe *Näherungsrechnungen* vorgeschlagen, die ausreichend genau sind, d. h. hinreichende Sicherheit bieten, wenn nur die Boden- und Wasserstandsverhältnisse vorher genügend geklärt sind[1]. Bei den nachfolgend behandelten Fragen der Aufgabe wird von einer solchen Näherungsrechnung Gebrauch gemacht.

Für die richtige Wahl der λ_a- und λ_p-Werte spielt noch die *Reibung* zwischen Erde und Wand eine besondere Rolle. Diese hängt wiederum ab von den kleinen Verschiebungen zwischen Wand und Erde.

In unserem Beispiel hat die sich drehende und biegende Bohlwand die Tendenz, das rechts oben angelagerte Bodenmaterial zusammenzudrücken und dann wegzuschieben. Da dies der daneben ruhende Bodenkörper verhindert, versucht das gedrückte Bodenmaterial nach oben auszuweichen. Das tritt tatsächlich ein, wenn der Grenzwert des Erdwiderstandes überschritten wird. Für den Zustand der Stabilität, von dem ja ausgegangen wird, wird daher rechts oben der Erddruck E_p schräg von unten nach oben auf die Wand wirken und dabei zum Teil sogar der volle Reibungswinkel ($-\delta$) zur Wirksamkeit kommen. Darnach könnte der Erddruckbeiwert λ_p und damit E_p verhältnismäßig hoch angenommen werden, weil für *negative* Reibungswinkel δ die λ_p-Werte stark wachsen (vgl. z. B. Tafel 3 im Anhang).

Anders dagegen links unten! Hier versucht der Bohlwandteil AD entsprechend seiner Drehung das benachbarte Bodenmaterial nach oben wegzudrängen. Das ist wegen der darüber lagernden Erdmassen nicht möglich. Es widersetzt sich also das in Mitleidenschaft gezogene Material dieser Bewegung, E'_p wirkt also schräg nach unten und der Reibungswinkel δ wird *positiv*. Das bedeutet aber wesentlich kleinere λ'_p-Werte als bei negativem δ.

Wie eben festgestellt, versucht der nach links drückende Bohlwandteil AD ein Erdprisma zu bewegen, das bis zur Erdoberfläche (Baugrubensohle) reicht. Das entspräche eigentlich einem Gesamtgegendruck des Bodenmaterials von $\frac{1}{2}\,\gamma_e \cdot \lambda_p \cdot t^2$. Es könnte also λ'_p höher angenommen werden als sich oben erst ergab. Dies läßt sich berücksichtigen, indem man den ungünstig wirkenden Einfluß der Reibung für den Wandteil AD außer Ansatz läßt, d. h. die λ'_p-Werte für $\delta = 0$ wählt.

Beispielsweise ergäbe sich bei $\varrho \sim 30^\circ$ und $\delta = -30^\circ$ rechts oben $\lambda_p \sim 10$, für $\lambda'_p = 3{,}03$ bei $\delta = 0^\circ$. Gegenüber diesen λ_p-Werten spielt der aktive Erddruck mit $\lambda_a \sim 0{,}3$ bei $\delta = 0^\circ$, 0,297 bei $\delta = +30^\circ$, 0,866 bei $\delta = -30^\circ$ kaum eine Rolle.

---

[1] Vgl. KREY: Erddruck, Erdwiderstand. 5. Aufl. S. 209ff. – BRENNECKE-LOHMEYER: Grundbau. 4. Aufl. Bd. 2, S. 69ff.

LOHMEYER[1] *hält es für unbedenklich, bei* ***verankerten*** *Bohlwänden in gewachsenem Boden von* $\varrho \geqq 25°$ *den passiven Erddruck* E_p *doppelt so hoch anzunehmen, wie er sich rechnerisch für eine glatte Wand* ($\delta = 0°$) *ergibt, also* $2\lambda_p$ *für* $\delta = 0$ *anzusetzen*[2]. Ausgenommen hiervon sind die *Sonderfälle* (hoher Wasserdruck, Ankerwände unter Einwirkung von nur waagrechten Kräften, Dalben), bei denen geprüft werden muß, ob die Reibung wirklich auftreten kann. Bei geschüttetem Boden (Auffüllung) und bei Bodenarten mit $\varrho < 25°$ darf nur mit λ_p für $\delta = 0$ gerechnet werden. Falls diese Böden der Zusammenpressung nicht mehr ausreichenden Widerstand entgegensetzen, darf man nur mit ihrem Erddruck E_a, *nicht* mit ihrem Erdwiderstand E_p rechnen.

Ferner erscheint es zulässig, bei Berechnung des *aktiven* Erddruckes E_a die Reibung ganz unberücksichtigt zu lassen wegen ihres geringen Einflusses.

Nun wieder zu unserem Beispiel! Es handelt sich hier um eine glatte Spundwand mit hohem Wasserdruck, also um einen der oben genannten *Sonderfälle.* Wenn man die übrigens kleine Reibungskomponente des Erddrucks E_a vernachlässigt, dann ist das *Gewicht der Spundwand* die einzige nach *unten* gerichtete Kraft, welche der nach *oben* wirkenden Reibungskomponente des Erdwiderstands E_p entgegenwirkt. *Man kann sich leicht überzeugen, daß das Gewicht je lfd. m der statisch notwendigen Spundwandprofile nicht ausreicht, diese Reibungskomponente wirksam aufzunehmen.*

Im vorliegenden Beispiel darf deshalb die rechts oben wirksame Reibungskomponente von E_p nicht berücksichtigt werden, d. h. es ist λ_p für $\delta = 0°$ in Ansatz zu bringen. E_p wirkt senkrecht zur Wand, also horizontal. Da λ_p für $\delta = 0°$ wesentlich kleiner wird, als etwa für $\delta \sim -30°$, wächst die für die Stabilität notwendige Rammtiefe t.

Wollte man in einem solchen Falle den Erdwiderstand trotzdem geneigt gegen die Wand annehmen, um an Rammtiefe t zu sparen, dann muß jedesmal nachgewiesen werden, daß die lotrechte Komponente des Erdwiderstandes auch wirklich aufgenommen werden kann. Es soll aber dann $\varrho > 25°$ sein!

Wasserdruckverhältnisse.

Bis jetzt war stillschweigend vorausgesetzt, daß der Wasserdruck nur auf dem Wandteil BC, der *über* der Flußsohle liegt, lastet. Das ist so lange nur zutreffend, als kein Wasser in den unter der Flußsohle anstehenden Boden einzudringen vermag (z. B. dichter bindiger Boden!). Bei

---

[1] BRENNECKE-LOHMEYER: Grundbau. 4. Aufl. Bd. 2, S. 64ff.

[2] Wie schon auf S. 113 (Fußnote 3) hingewiesen, lehnt AGATZ diese Annahme als ungenau ab. Vgl. SCHLEICHER: Taschenbuch für Bauingenieure. 2. Aufl. Bd. II, S. 112.

nicht dichten bindigen oder sonstigen durchlässigen Böden dringt das Wasser in den Boden ein und füllt die vorhandenen Hohlräume aus. Auch bei dichten bindigen Böden muß damit gerechnet werden, daß mit dem Einrammen der Spundbohlen das Wasser von oben längs der Bohlen in die Tiefe gedrückt wird.

Wenn nun das von oben kommende Wasser dauernd in den Boden, unterhalb des Horizonts durch A wegfließen kann, ohne diesen zu sättigen, dann wird der auf der Flußsohle lastende hydrostatische Druck bei diesem Abwärtsfließen allmählich für die Überwindung der Reibungswiderstände verbraucht, und zwar um so stärker, je rascher diese Fließbewegung vor sich geht (vgl. dazu z. B. die Aufgaben des 2. Bandes über die Druckhöhenverbräuche zur Überwindung der Reibungswiderstände in Gerinnen und Leitungen!). Der Druck bei B von der Größe $\gamma_w \cdot h$ nimmt deshalb nach unten ab bis auf Null. Von dieser Stelle ab sickert das Wasser nur noch unter der Wirkung der eigenen Schwere nach abwärts.

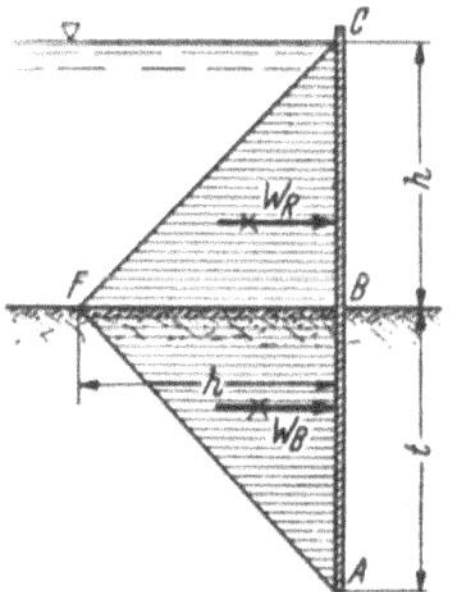

Abb. 70. Belastungsbild für den Wasserdruck.

Mit der Abnahme des hydrostatischen Druckes von B ab mit der Tiefe verringert sich auch im gleichen Maße der Druck auf den im Boden steckenden Bohlwerksteil. In den allermeisten Fällen läßt sich nicht genau angeben, wie diese Druckabnahme im Boden verläuft. Nehmen wir einmal näherungsweise an, daß die Druckabnahme gleichmäßig erfolgt, und zwar so, daß der Druck bei $A = 0$ wird. Dann haben wir in diesem Falle von rechts (Boden unter der Baugrubensohle!) keinen Wasserdruck auf die Spundwand. Es ergibt sich damit das in Abb. 70 gezeigte Belastungsbild für den Wasserdruck.

Wie verändern sich nun die Druckverhältnisse, wenn das vom Fluß in den Boden kommende Druckwasser nicht abfließen kann, sondern den Boden vollkommen mit Wasser sättigt? Auf der *linken* Seite der Bohlwand wächst dann der Wasserdruck mit der Tiefe an und erreicht bei A seine volle Höhe mit $\gamma_w(h + t)$. Der *links*seitige Wasserdruck auf die Wand AC wird also dargestellt durch das Wasserdruckdreieck ACD (Abb. 71).

Wenn nun der Boden bei A so mit Wasser gesättigt ist, daß dort ein hydrostatischer Druck von der Größe $\gamma_w(h + t)$ wirksam ist, so wird das Wasser um A herum in den rechts von der Wand unter der Baugrube liegenden Bodenkörper gedrückt. Mit dessen Sättigung steigt dort das Wasser bis zur Baugrubensohle an. Damit wird auch von *rechts* her ein Wasserdruck auf die Wand wirksam, der bei A die volle Höhe $\gamma_w(h + t)$ hat und bis B auf Null abnimmt. Auch das Gesetz für diese Abnahme kennt man nicht.

In Abb. 71 sind 3 Möglichkeiten dafür angedeutet. Der tatsächliche Verlauf der Linie EB hängt von der Beschaffenheit des Bodens (Material, Dichte, Lagerung, Schichtenverlauf) und evtl. von der Art der Wasserhaltung in der Baugrube ab.

Nimmt man den rechtsseitigen Wasserdruck – wie im vorliegenden Beispiel geschehen – mit dem *Dreieck* ABE an, verbindet also E mit B durch eine Gerade entsprechend einer gleichmäßigen Druckabnahme von $\gamma_w(h+t)$ auf 0, dann heben sich die durch die Druckdreiecke ABD und ABE dargestellten entgegengesetzt wirkenden Wasserdrücke auf und es bleiben linksseitig die Wasserdrücke CBF mit der Resultierenden W_R und $BFD = BFA$ mit der Resultierenden W_B für die Wand wirksam. Das gibt das gleiche Belastungsschema für Wasserdruck wie für den in Abb. 70 dargestellten Fall. Der Unterschied zwischen den Raumgewichten des Bodens (γ_e für trockenen Boden und γ'_e für wassergesättigtem Boden) bleibt jedoch bestehen, was beachtet werden wolle.

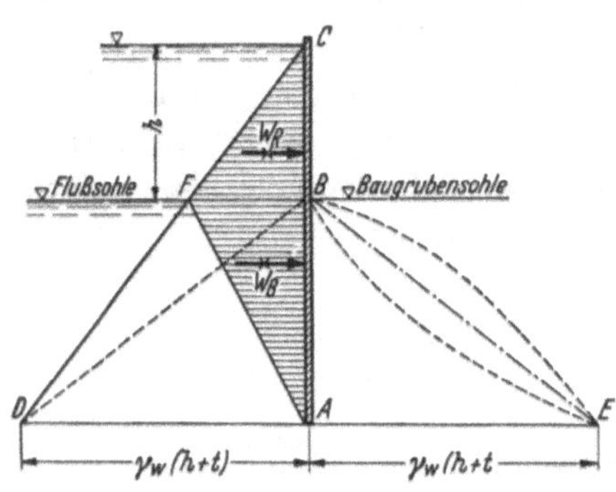

Abb. 71. 3 Möglichkeiten für den Wasserdruck.

Die Sättigung des Bodens mit Wasser längs der Spundwand verringert natürlich auch die Reibung zwischen Bodenmaterial und Bohlwand, so daß die weiter oben gemachte Annahme, in unserem Falle die Reibungskräfte zu vernachlässigen, hier nochmals eine Rechtfertigung findet (siehe S. 141ff.).

Wegen des Bodenraumgewichtes im Wasser wird auf die Ausführungen auf S. 114 verwiesen.

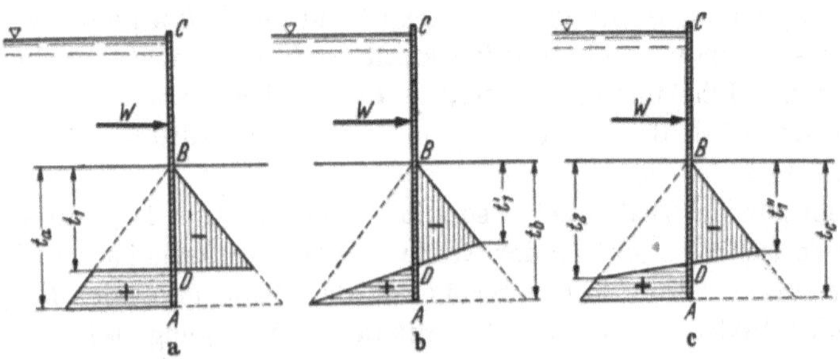

Abb. 72. Belastungsfälle.

Zu 4. Die gesuchte Rammtiefe soll mit einem der auf S. 117 erwähnten Näherungsverfahren ermittelt, und zwar soll dafür die Näherungsrechnung verwendet werden, welche LOHMEYER unter Benutzung einer Dissertation von BLUM angibt (Ersatzbalkenverfahren).

Zur Ableitung dieses Verfahrens wird wieder von der unbekannten Übergangslinie vom passiven Erddruck E_p auf den Erdwiderstand E'_p (siehe S. 116, Abb. 69) ausgegangen. Es werden die in Abb. 72 dargestellten 3 Annahmen dafür gemacht.

Die wahrscheinlichste, der Biegungslinie entsprechende Form des Übergangs zeigt Fall c). Die Fälle a) und b) können also als Grenzfälle betrachtet werden.

Für jeden der in Abb. 72 skizzierten Belastungsfälle lassen sich die Stabilitätsbedingungen $\Sigma P = 0$ und $\Sigma M = 0$ ansetzen, wobei im Falle c) die Ordinate t''_1 mit

$$t''_1 = \frac{t_1 + t'_1}{2}$$

zweckmäßig in Ansatz gebracht wird [t_1 im Falle a), t'_1 im Falle b)]. Wie schon früher erwähnt, werden die Ansätze und Rechnungen auch dann noch umständlich, wenn man, wie es LOHMEYER macht, ansetzt

$$(\lambda'_p - \lambda_a) = (\lambda_p - \lambda_a) .$$

Dafür ist das Ergebnis um so überraschender. Denn man erhält unter der vorstehenden Gleichsetzung für ein bestimmtes Zahlenbeispiel bei den 3 Annahmen folgendes Verhältnis der Rammtiefen:

$$t_a : t_b : t_c \sim 1{,}00 : 1{,}05 : 1{,}01 .$$

Dieses Verhältnis der Rammtiefen ändert sich fast nicht, wenn man andere Zahlenbeispiele zugrunde legt. Die Grenzwerte liegen nur um 5% auseinander.

Damit rechtfertigt sich aber die folgende *Näherungs*rechnung nach BLUM-LOHMEYER:

Bei dieser wird angenommen, daß der von links wirksame passive Erddruck E'_p als Einzelkraft P_E angreift in der Rammtiefe t_0. Der von rechts wirksame passive Erddruck wird durch ein Dreieck dargestellt mit der Grundlinie

$$g_p = \gamma_e \cdot (\lambda_p - \lambda_a) \cdot t_0 .$$

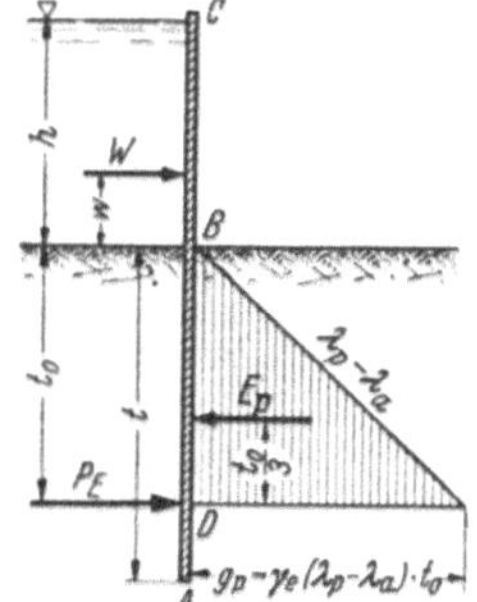

Abb. 73. Ansatz für die Gleichung für t_0

Aus der Stabilitätsbedingung erhält man, wenn man den Momenten-Nullpunkt auf P_E legt und zunächst den resultierenden Wasserdruck von links mit W und seinen Abstand von der Sohle mit w ansetzt, folgende Gleichung für t_0 (Abb. 73):

$$W \cdot (t_0 + w) - \gamma_e (\lambda_p - \lambda_a) \cdot \frac{t_0^2}{2} \cdot \frac{t_0}{3} = 0.$$

Daraus:

$$t_0^3 - \frac{6W}{\gamma_e(\lambda_p - \lambda_a)} \cdot t_0 - \frac{6W \cdot w}{\gamma_e(\lambda_p - \lambda_a)} = 0.$$

Rechnet man nun für ein bestimmtes, aber beliebig gewähltes Zahlenbeispiel t_0 aus vorstehender Gleichung und für das gleiche Zahlenbeispiel die Werte t_a, t_b und t_c entsprechend den Belastungsannahmen der Abb. 72, dann ergibt sich aus dem Vergleich, daß t_0 noch verbessert werden muß.

Die Verbesserung lautet:

$$t = (1{,}20 \text{ bis } 1{,}25) \cdot t_0 .$$

Diese Verbesserung ist nun so gut wie *konstant*, wie man auch das Zahlenbeispiel wählen mag. Das heißt also: hat man t_0 mit obiger Näherungsbeziehung gerechnet, dann ist die *wirkliche* Rammtiefe t um 20 bis 25% größer als der Wert t_0 angibt. Dabei trifft der Faktor 1,20 die wahrscheinliche richtige Größe; der Faktor 1,25 stellt ein Maß dar, das mit Sicherheit ausreicht.

[Wenn man, dem Vorschlag KREYS folgend, den Wert $(\lambda_p' - \lambda_a) = 0{,}8$ $(\lambda_p - \lambda_a)$ setzt, dann ergibt sich die wirkliche Rammtiefe als das 1,22 bis 1,28fache von t_0. Der Unterschied ist also gegenüber der LOHMEYERschen Annahme $(\lambda_p' - \lambda_a) = (\lambda_p - \lambda_a)$ mit 3 v. H. unwesentlich].

Nun zur Berechnung unseres Beispiels!

Gegeben ist dicht gelagerter Sandboden vom Böschungswinkel $\varrho = 32^1/_2{}^\circ$ mit dem Raumgewicht des Materials γ_e' $(= \gamma_u) = 1{,}2$ t/m³ unter Wasser und $\gamma_e = 1{,}95$ t/m² im völlig trockenen Zustand. Der linksseitig wirkende Wasserdruck wird unter Berücksichtigung der früheren Überlegungen (siehe S. 118f. und Abb. 70 u. 71) mit den beiden Teilkomponenten W_R und W_B in Ansatz gebracht. Da $\alpha = 0^\circ$ (lotrechte Wand) und $\beta = 0^\circ$ (Fluß- und Baugrubensohle waagrecht), desgleichen $\delta = 0^\circ$ (keine Reibung zwischen Boden und Wand, E_p also waagrecht), wird nach Tafel 2 bzw. 3 des Anhanges:

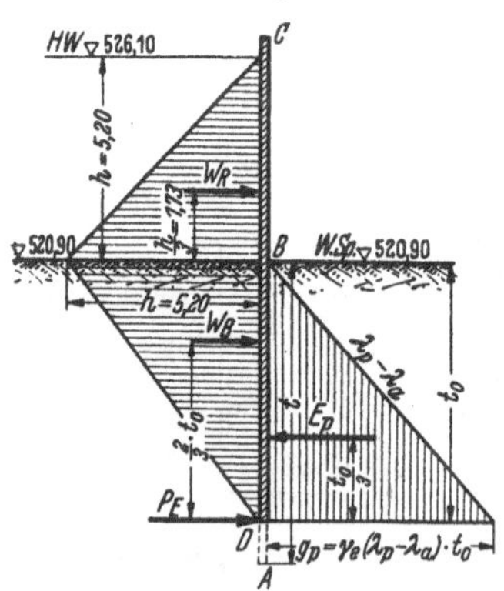

Abb. 74. Belastungsbild.

$$\lambda_a = 0{,}30; \quad \lambda_p = 3{,}33; \quad \lambda_p - \lambda_a = 3{,}03.$$

Wir untersuchen die beiden *Grenz*fälle:

a) der Boden rechts der Wand (unter der Baugrubensohle) ist völlig wassergesättigt, steht also unter Auftrieb ($\gamma_e' = 1{,}20$ t/m³);

b) der Boden rechts der Wand ist völlig trocken ($\gamma_e = 1{,}95$ t/m³).

Für beide Fälle gilt:

$$W_R = \frac{5{,}20^2}{2} = 13{,}52\,\text{t}; \quad W_B = \frac{h \cdot t_0{}^*}{2} = \frac{5{,}20}{2} \cdot t_0 = 2{,}60 \cdot t_0\,.$$

Ermittlung der Rammtiefe.

Zu a)

$$g_p = \gamma_e' \cdot (\lambda_p - \lambda_a) \cdot t_0 = 1{,}2 \cdot 3{,}03 \cdot t_0 = 3{,}68 \cdot t_0\,.$$

Damit ergibt sich nach LOHMEYER (Abb. 74)

$$W_R \cdot \left(t_0 + \frac{h}{3}\right) + W_B \cdot \tfrac{2}{3} t_0 - \gamma_e' (\lambda_p - \lambda_a) \cdot \frac{t_0^2}{2} \cdot \frac{t_0}{3} = 0,$$

$$13{,}52\,(t_0 + 1{,}73) + 1{,}73 \cdot t_0^2 - 0{,}61 \cdot t_0^3 = 0$$

$$t_0^3 - 2{,}83 \cdot t_0^2 - 22{,}20 \cdot t_0 - 38{,}40 = 0$$

daraus $t_0 = 6{,}85$ m

und Rammtiefe $t = 1{,}25 \cdot t_0 =$ **8,55** m.

Zu b)

$$g_p = \gamma_e \cdot (\lambda_p - \lambda_a) \cdot t_0$$

$$= 1{,}95 \cdot 3{,}03 \cdot t_0 = 5{,}90 \cdot t_0$$

$$13{,}52\,(t_0 + 1{,}73) + 1{,}73 \cdot t_0^2 - 0{,}98 \cdot t_0^3 = 0$$

$$t_0^3 - 1{,}76\, t_0^2 - 13{,}8 \cdot t_0 - 23{,}9 = 0$$

daraus $t_0 = 5{,}3$ m

und Rammtiefe $t = 1{,}25 \cdot t_0 =$ **6,6** m.

Wäre in letzterem Falle der Wasserdruck W_R unberücksichtigt geblieben, also angenommen worden, daß sich der Druck des Flußwassers nicht nach unten fortsetzen würde (vollkommen dichte Flußsohle!), so ergäbe sich $t_0 \sim 4{,}35$ m und $t \sim 5{,}45$ m. *Für diesen Sonderfall wird die Rammtiefe ungefähr gleich der freien Wandhöhe über Boden, was der vielfach verwendeten Faustregel* $t = h$ *entspricht.* Bei den gegebenen Bodenverhältnissen zu a) und b) hat man aber bei Anwendung dieser Faustregel keine Gewähr für Stabilität[1].

* Der Wasserdruck W_B wäre eigentlich als ein Trapez anzusetzen mit $\sim \frac{h + 0{,}2h}{2} \cdot t_0$, da wir ja nur mit $t_0 \sim \frac{t}{1{,}25}$ rechnen. Es kann aber im Hinblick auf die unvermeidlichen sonstigen Unsicherheiten der Annahmen die in Abb. 74 benützte Vereinfachung gerechtfertigt werden, besonders wenn zur Sicherheit $t = 1{,}25 \cdot t_0$ gewählt wird.

[1] $t \sim h$ trifft im allgemeinen zu für freistehende Wand im trockenen Boden mit einseitigem Erddruck oder freier Wand mit Erddruck und beiderseits gleichem Wasserdruck. Bei Auftreten von Wasserüberdruck ergeben sich *beträchtliche* Abweichungen von dieser Faustregel.

Nun soll das Beispiel der Ziffer 4 auch noch nach einem Verfahren in Anlehnung an OHDE[1] gerechnet werden. Nach den beiden Gleichgewichtsbedingungen ist (Abb. 75):

$$1.\quad \frac{1}{2}\gamma_e'(\lambda_p-\lambda_a)\cdot t^2-\frac{1}{2}p't'-\gamma_w\cdot\frac{h^2}{2}-\gamma_w\cdot\frac{t\cdot h}{2}=0\,.$$

$$2.\quad \frac{1}{6}\gamma_e'(\lambda_p-\lambda_a)\cdot t^3-\frac{1}{6}p'\cdot t'^2-\gamma_w\cdot\frac{h^2}{2}\left(\frac{h}{3}+t\right)-\gamma_w\cdot\frac{t\cdot h}{2}\cdot\frac{2}{3}t=0\,.$$

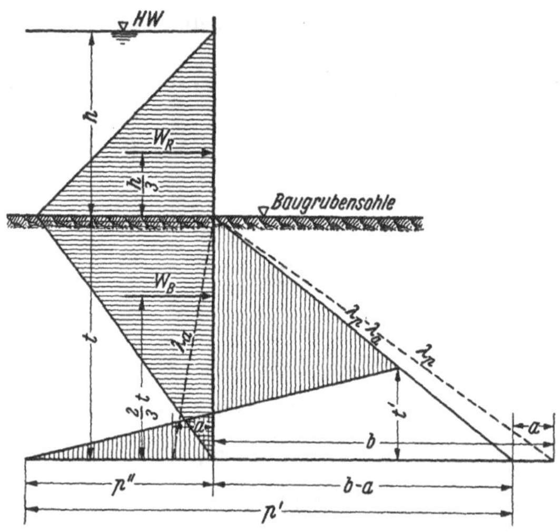

Abb. 75. Verfahren in Anlehnung an OHDE.

Setzt man mit OHDE $t=\tau\cdot h$, also $h=\frac{t}{\tau}$, so wird

$$1.\quad \frac{1}{2}\cdot\gamma_e'(\lambda_p-\lambda_a)\cdot t^2-\frac{1}{2}\gamma_w\cdot\frac{t^2}{\tau^2}-\frac{1}{2}\gamma_w\cdot\frac{t^2}{\tau}=\frac{1}{2}p't'.$$

$$2.\quad \frac{1}{6}\cdot\gamma_e'(\lambda_p-\lambda_a)\cdot t^3-\frac{1}{6}\gamma_w\cdot t^3\left(\frac{1}{\tau^3}+\frac{3}{\tau^2}\right)-\frac{1}{6}\gamma_w\cdot t^3\cdot\frac{2}{\tau}=\frac{1}{6}p't'^2.$$

Mit 2) : 1) erhält man

$$t'=t\cdot\frac{\left[\gamma_e'(\lambda_p-\lambda_a)-\gamma_w\left(\frac{1}{\tau^3}+\frac{3}{\tau^2}+\frac{2}{\tau}\right)\right]}{\left[\gamma_e'(\lambda_p-\lambda_a)-\gamma_w\left(\frac{1}{\tau^2}+\frac{1}{\tau}\right)\right]}$$

und damit
$$p'=\frac{t^2}{t'}\cdot\left[\gamma_e'(\lambda_p-\lambda_a)-\gamma_w\left(\frac{1}{\tau^2}+\frac{1}{\tau}\right)\right]$$

oder
$$p'=t\cdot\frac{\left[\gamma_e'(\lambda_p-\lambda_a)-\gamma_w\left(\frac{1}{\tau^2}+\frac{1}{\tau}\right)\right]^2}{\left[\gamma_e'(\lambda_p-\lambda_a)-\gamma_w\left(\frac{1}{\tau^3}+\frac{3}{\tau^2}+\frac{2}{\tau}\right)\right]}\,.$$

[1] OHDE: Bautechnik Bd. 16 (1938). VII. f.

Die Spannung p'' wird dann:

$$p'' = p' - (b - a) = p' - \gamma_e' (\lambda_p - \lambda_a)\, t\,,$$

wobei p' vorstehend bereits ermittelt ist.

Für die mindesterforderliche Rammtiefe, bei der eine *erd*hinterfüllte Wand *ohne* Wassereinfluß (trocken) gerade noch nicht einstürzt, gibt OHDE[1] die Formel für $\mu = 0{,}60$ ($\varrho = 31°$)

$$t_{\min} = 0{,}823 \cdot h\,.$$

Als Näherungsformel für unverankerte und unversteifte Spundwand mit *Erd*druck (γ_e = Raumgewicht *über* Grundwasser, γ_e' = Raumgewicht *unter* Grundwasserspiegel = Baugrubensohle) gibt er:

$$t = \frac{1{,}5 \cdot h}{\sqrt[3]{D' - 1}} \quad [\mathrm{m}]\,,$$

wobei $D' = 1 + \frac{\gamma_e'}{\gamma_e}\left(\frac{\lambda_p}{\lambda_a} - 1\right)$ ist und der Faktor 1,5 einen 50%igen Sicherheitszuschlag darstellt.

Für *unseren Fall* (Beispiel der Ziffer 4) ermitteln wir das $t_{\min}$ mit OHDE aus der Beziehung

$$t' = 0\,.$$

Es ergibt sich

$$\frac{1}{\tau^3} + \frac{3}{\tau^2} + \frac{2}{\tau} = \frac{\gamma_e'}{\gamma_w} (\lambda_p - \lambda_a)$$

und mit $\tau = \frac{t}{h}$:

$$\frac{1}{\left(\frac{t}{h}\right)^3} + \frac{3}{\left(\frac{t}{h}\right)^2} + \frac{2}{\left(\frac{t}{h}\right)} = \frac{\gamma_e'}{\gamma_w} (\lambda_p - \lambda_a) = f(t)\,.$$

Daraus für γ_e': $t_{\min} = 6{,}94$ m; mit $t = 8{,}55$ m (S. 123) Sicherh. = 1,23;
für γ_e: $t_{\min} = 5{,}20$ m; mit $t = 6{,}6$ m (S. 123) Sicherh. = 1,27;

(vgl. dazu DIN 1054, 4.33: darnach ist für kreisförmige Gleitflächen nach KREY 1,3fache Sicherheit gegen Grundbruch nachzuweisen. Ein Beispiel dafür bringt Aufgabe 3. Man beachte im Zusammenhang mit dem Sicherheitszuschlag die Wichtigkeit einer zuverlässigen Bodenuntersuchung [Schichtenfolge, Bodenarten, Raumgewichte, Winkel der inneren Reibung, Wasserverhältnisse]).

Dimensionierung der Wand.

Das größte Moment tritt oberhalb D auf, so daß die Übergangslinie von E_p auf E_p' und damit die Ansätze des Näherungsverfahrens ohne

[1] OHDE: Bautechnik Bd. 16 (1938). VII, f.

Einfluß auf die Größe des Maximalmomentes sind. Für M als Momentenpunkt ergibt sich

$$M_x = W_R \cdot \left(\frac{h}{3} + x\right) + \left[\gamma_w \cdot h \cdot x \cdot \frac{x}{2} - \gamma_w \cdot \frac{h \cdot x^2}{t_0 \cdot 2} \cdot \frac{x}{3}\right]$$

$$- \tfrac{1}{2}\gamma_e \cdot (\lambda_p - \lambda_a) \cdot x^2 \cdot \frac{x}{3}{}^{*}$$

für $M_x =$ Maximum wird $\frac{d M_x}{d x} = 0$.

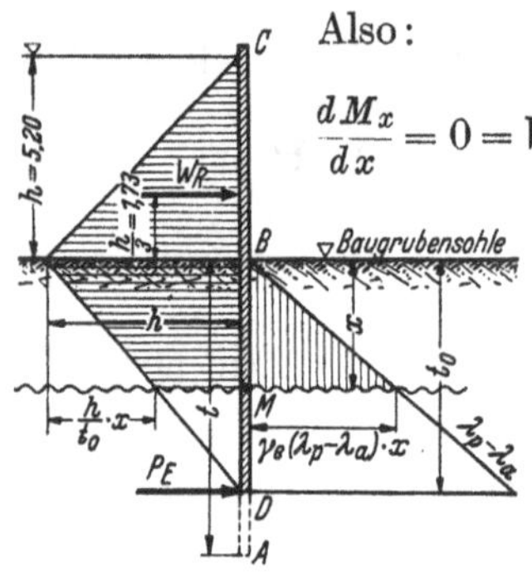

Abb. 76. Ermittlung von Maximum M_x.

Also:

$$\frac{d M_x}{d x} = 0 = W_R + \gamma_w \cdot h \cdot x - \gamma_w \cdot \frac{h}{t_0} \cdot \frac{x^2}{2} - \gamma_e (\lambda_p - \lambda_a) \cdot \frac{x^2}{2}.$$

Dabei ist

$$W_R = 13{,}52\ t, \quad \gamma_w = 1{,}0\ \mathrm{t/m^3},$$
$$h = 5{,}20\ \mathrm{m}, \quad \lambda_p - \lambda_a = 3{,}03.$$

Zu a) hier $\gamma_e' = 1{,}2\ \mathrm{t/m^3}$!;

$$t_0 = 6{,}85\ \mathrm{m}.$$

Somit

$$0 = 13{,}52 + 5{,}20\, x - \frac{5{,}20}{6{,}85} \cdot \frac{x^2}{2} - 1{,}2 \cdot 3{,}03 \cdot \frac{x^2}{2} \quad \text{und} \quad x = \mathbf{3{,}93}\ \mathrm{m}.$$

Daraus

$$\max M = 13{,}52 \cdot 5{,}66 + 5{,}20 \cdot \frac{3{,}93^2}{2} - \frac{5{,}20 \cdot 3{,}93^3}{6{,}85 \cdot 6} - \frac{1}{2} \cdot 1{,}20 \cdot 3{,}03 \cdot \frac{3{,}93^3}{3} =$$
$$+ 72{,}1\ \mathrm{tm} = + 7\,210\,000\ \mathrm{kg/cm}.$$

Für Stahl von der Festigkeit 50/60 kg/mm² ist $\sigma_{zul.} = 1620\ \mathrm{kg/cm^2}$. Es ist also ein Widerstandsmoment notwendig von $\frac{7\,210\,000}{1620} = 4400\ \mathrm{cm^3}$. Das Larssenprofil VI hat ein Widerstandsmoment $W = 4200\ \mathrm{cm^3}$/lfd. m Wand; daher $\sigma = 1720\ \mathrm{kg/cm^2}$. Wenn bei Bestimmung von max M von den ungünstigsten Belastungsannahmen ausgegangen wird, bestehen keine Bedenken, das normal zulässige $\sigma = 1620\ \mathrm{kg/cm^2}$ um bis 25% zu überschreiten. In unserem Falle beträgt die Überschreitung etwa 6%.

Bei der Wahl von Spundwandeisen „Larssen" Profil V aus Resistastahl ergäbe sich eine Beanspruchung von $\sigma = \frac{7\,210\,000}{3000} = 2410\ \mathrm{kg/cm^2}$. Die normal zulässige Beanspruchung von $\sigma = 2100\ \mathrm{kg/cm^2}$ für Resistastahl wäre hier um 15% überschritten.

* γ_e bzw. γ_e'.

Zu b)

$$\gamma_e = 1{,}95\ \mathrm{t/m^3};\quad t_0 = 5{,}3\ \mathrm{m}.$$

Somit

$$\frac{dM_x}{dx} = 0 = 13{,}52 + 5{,}20 \cdot x - \frac{5{,}20}{5{,}30} \cdot \frac{x^2}{2} - 1{,}95 \cdot 3{,}03 \cdot \frac{x^2}{2}$$

und

$$x = 2{,}82\ \mathrm{m}.$$

Damit

$$\max M = 13{,}52 \cdot 4{,}55 + \frac{5{,}20 \cdot 2{,}82^2}{2} - \frac{5{,}20}{5{,}30} \cdot \frac{2{,}82^3}{6} - \frac{1{,}95}{2} \cdot 3{,}03 \cdot \frac{2{,}82^3}{3}$$

$$= +\,56{,}4\ \mathrm{tm} = +\,5\,640\,000\ \mathrm{kgcm}.$$

Für Larssenprofil V aus Stahl von 50/60 kg/mm² Festigkeit (Widerstandsmoment = 3000 cm³) erhält man σ = 1880 kg/cm² mit einer Überschreitung des normal zulässigen σ = 1620 kg/cm² um 12%.

Der Vergleich der beiden Annahmen a) und b) ergibt demnach:

a) Larssenprofil VI aus Stahl 50/60 kg/mm²;
Länge der Bohlen (statisch bedingt): 8,55 + 5,20 = **13,75** m;
Gewicht je lfd. m Wand: 0,290 · 13,75 = **3,98** t.

b) Larssenprofil V aus Stahl 50/60 kg/mm²;
Länge der Bohlen (statisch bedingt): 6,60 + 5,20 = **11,80** m;
Gewicht je lfd. m Wand: 0,238 · 11,80 = **2,81** t.
(Vgl. hierzu S. 128, zu 6, 1. Absatz.)

Um zu gewährleisten, daß das theoretische Widerstandsmoment auch tatsächlich vorhanden ist, werden jeweils 2 Spunddielen vor der Rammung zu Doppelbohlen zusammengezogen und im gemeinsamen Schloß gepreßt oder noch besser im oberen Teil dieses Schlosses zusammengeschweißt. Außerdem erhält die Wand oben eine Verholmung (etwa aus [-Eisen) mit unterlegten Futterstücken[1].

Zu 5. Durch die Überflutung der Baugrube sättigt sich der Boden unter derselben mit Wasser. Das Bodenmaterial steht damit unter Auftrieb, so daß für E_p das Raumgewicht des Bodens mit $\gamma'_e = 1{,}2\ \mathrm{t/m^3}$ angesetzt werden muß. Die von rechts und links wirkenden Wasserdrücke heben sich teilweise auf. Es bleibt ein von links wirkender Restwasserdruck, der (ungünstig) bis zum unteren Ende der Bohlwand mit $(h - y)$ angesetzt werden soll (Abb. 77), statt am unteren Bohlenende auf Null auszulaufen (vgl. S. 118f.).

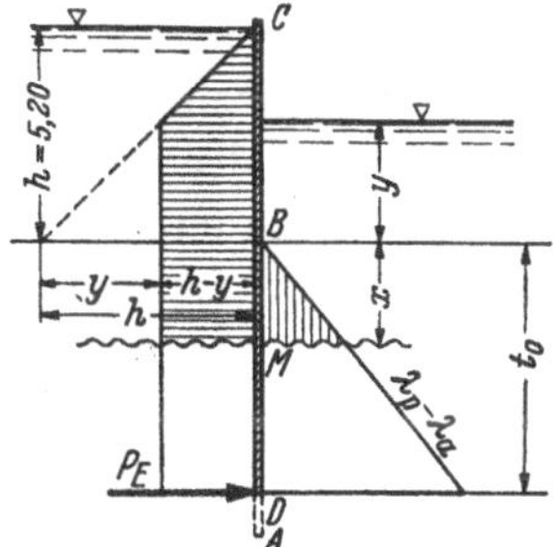

Abb. 77. Überflutete Baugrube.

Wenn das Larssenprofil III, dessen Widerstandsmoment W = 1363 cm³ beträgt, nur

[1] Vgl. hierzu auch die kritischen Betrachtungen in AGATZ: Der Kampf des Ingenieurs gegen Erde und Wasser im Grundbau. Berlin: Springer 1936.

mit $\sigma_{zul.} = 1620\ \mathrm{kg/cm^2}$ beansprucht werden soll, dann darf das Biegungsmoment der Wand nicht höher ansteigen als auf

$$\max M = \sigma_{zul.} \cdot W = 1620 \cdot 1363$$
$$\max M = 2\,210\,000\ \mathrm{kgcm} = \mathbf{22{,}1}\ \mathrm{tm}.$$

Andererseits ist M_x:

$$M_x = \frac{5{,}20^2}{2}\left(\frac{5{,}20}{3} + x\right) - \frac{y^2}{2}\left(\frac{y}{3} + x\right) + (h - y) \cdot \frac{x^2}{2} - \frac{1}{2} \cdot \gamma_e' (\lambda_p - \lambda_a) \cdot \frac{x^3}{3}.$$

M_x wird Maximum für

$$\frac{d M_x}{d x} = 0 = \frac{5{,}20^2}{2} - \frac{y^2}{2} + (h - y) \cdot x - \frac{\gamma_e'}{2} (\lambda_p - \lambda_a) \cdot x^2$$

für $\gamma_e' = 1{,}2\ \mathrm{t/m^3}$ und $\lambda_p - \lambda_a = 3{,}03$ ergibt sich dann

$$x = \frac{5{,}20 - y}{3{,}64} \underset{(-)}{+} \sqrt{\left(\frac{5{,}20 - y}{3{,}64}\right)^2 + 7{,}43 - \frac{y^2}{3{,}64}} = f(y).$$

Somit

$$\max M = 22{,}1 = 13{,}52\,(1{,}73 + f(y)) - \frac{y^2}{2}\left(\frac{y}{3} + f(y)\right) +$$
$$+ (5{,}20 - y)\frac{f(y)^2}{2} - 0{,}6 \cdot f(y)^3,$$

daraus schließlich durch Versuchsrechnung

$$y = \mathbf{3{,}96}\ \mathrm{m}$$
$$x = \mathbf{2{,}14}\ \mathrm{m}$$
$$t_0 = \mathbf{4{,}33}\ \mathrm{m}$$ (nach LOHMEYER!)
$$t = \mathbf{5{,}40}\ \mathrm{m}.$$

Zu 6. Bei den bisherigen Beispielen war die Spundwand unverankert bzw. unversteift angeordnet. Das entspricht statisch dem Fall eines elastisch eingespannten Konsolträgers. Mit zunehmender Wandhöhe, d. h. zunehmender Belastungshöhe durch steigenden Wasserspiegel, wächst hier die Beanspruchung auf Biegung sehr schnell (vgl. Zahlenergebnisse der Frage 2 auf S. 106 u. 107). Das führt zu großen Rammtiefen und sehr schweren, also teueren Spundwandprofilen. Wirtschaftlich günstiger werden die Verhältnisse, wenn man die Wand oben verankert oder durch Versteifungen abstützt. Eine solche Absteifung wird häufig bei Einspundungen von Baugruben zur Wasserhaltung durchgeführt. Deshalb soll auch dafür noch ein Beispiel gebracht werden. Und zwar sollen des Vergleichs wegen die gleichen Boden- und Wasserdruckverhältnisse zugrunde gelegt werden, wie bei Frage 4 dieser Aufgabe [$\varrho = 32^1/_2{}^\circ$; $\gamma_e' = 1{,}2\ \mathrm{t/m^3}$ unter Wasser (vgl. S. 122 Mitte)].

Was bedeutet die Anbringung der Steife[1] für die statischen Verhältnisse der Wand? Bei der freien, also unverstrebten Wand muß zur Ge-

[1] Die folgenden Überlegungen gelten natürlich auch für den Fall, daß statt der *Druck*strebe ein *Zug*anker nach der anderen Richtung angebracht wird.

währleistung der Standfestigkeit an dem im Boden steckenden Wandteil ein einspannendes Kräftepaar wirksam sein (E_p und E'_p oder deren Ersatzkraft P_E). Bei der oben abgestützten Wand ist dieses Einspannmoment zur Standsicherheit *nicht* unbedingt notwendig. Es ist ein Gleichgewichtszustand auch möglich, wenn die Belastung (in unserem Fall der Wasserdruck!) oben von der Steife aufgenommen wird und unten vom Erdwiderstand E_p, Statisch haben wir also etwa die Verhältnisse wie bei einem Träger auf 2 Stützen (vgl. Abb. 78b).

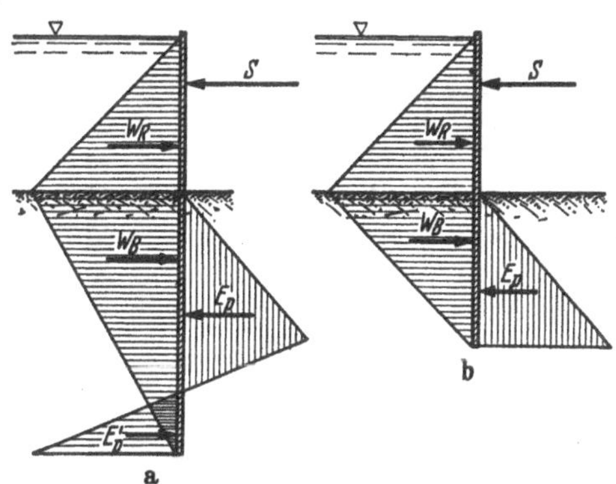

Abb. 78. a Wand mit Einspannung im Boden. b Wand ohne Einspannung im Boden.

Bei wachsender Rammtiefe tritt dann allerdings im Boden wieder Einspannung auf (Abb. 78a).

Bei der oben gestützten Wand müssen also 2 Fälle ins Auge gefaßt werden:

a) *Wand mit Einspannung im Boden*; der Erdwiderstand wird von rechts und von links voll ausgenützt (Einspannmoment). Es ergibt sich dabei eine größere Rammtiefe als im Falle b, aber geringere Wandbeanspruchung (schwächeres Profil) (Abb. 78a).

b) *Wand ohne Einspannung im Boden*; der Erdwiderstand von rechts erreicht am unteren Wandende Größtwert; *keinen* Erdwiderstand von links (also *kein* Einspannmoment). Dieser Fall ergibt geringste Rammtiefe, aber höchste Beanspruchung der Wand (Abb. 78b).

Blum und Lohmeyer[1] empfehlen nun, *stets mit Einspannung zu rechnen,* weil der Fall ohne Einspannung in der Bemessung der Rammtiefe an die Grenze der Sicherheit geht. Wird aus irgend einem Grunde das Bohlwerk überlastet (etwa durch ein HW über die Kote 526,10 hinaus in unserem Beispiel!) oder sind die Bodenverhältnisse zu günstig angenommen, oder gibt die Strebe nach, dann reicht die Rammtiefe nicht mehr aus, die Bohlwand weicht aus. Tritt dagegen bei einer Bohlwand, die auf Grund des Grenzfalles mit Einspannung bemessen ist, eine Überlastung ein, so verschiebt sich in der Momentenfläche die Schlußlinie so, daß das Einspannmoment kleiner, das Feldmoment größer wird. Es tritt also eine höhere Biegungsbeanspruchung der Wand ein, die die Wand unter teilweiser Ausnützung der Sicherheit, die in der Festlegung der zulässigen Biegungsspannung liegt, aushalten kann. Die Rammtiefe

[1] Vgl. Blum: Einspannungsverhältnisse bei Bohlwerken. Dissertation 1930. — Brennecke-Lohmeyer: Grundbau. 4. Aufl. Bd. 2, S. 88.

reicht zunächst aus, das untere Ende der Wand geht elastisch nach links und der Belastungsfall mit Einspannung nähert sich dem Fall ohne Einspannung.

Im folgenden sollen für das Beispiel unter Frage 4 beide Fälle (*ohne* und *mit* Einspannung) untersucht werden, wenn die Wand durch eine Strebe abgestützt wird. Dabei ist die Steife 0,50 m über MW, also auf Kote + 524,20 angeordnet.

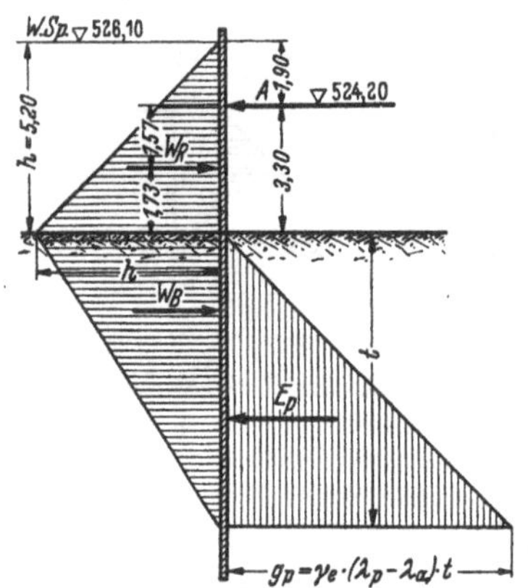

Abb. 79. Ohne Einspannung.

1. Fall: ohne Einspannung.

Summe der Momente um A = Null.

Unter Bezug auf Abb. 79 wird

$$0 = W_R \cdot 1{,}57 + W_B \cdot \left(3{,}30 + \frac{t}{3}\right) - E_p\left(3{,}30 + \frac{2}{3}t\right)$$

$$W_R = \frac{5{,}20^2}{2} = 13{,}52$$

$$W_B = \frac{5{,}20 \cdot t}{2} = 2{,}60 \cdot t$$

$$E_p = \frac{\gamma_e(\lambda_p - \lambda_a) \cdot t^2}{2} = 1{,}82 \cdot t^2$$

$$0 = 13{,}52 \cdot 1{,}57 + 2{,}60 \cdot t\left(3{,}30 + \frac{t}{3}\right) - 1{,}82 \cdot t^2 \cdot \left(3{,}30 + \frac{2}{3}t\right)$$

und

$$t^3 + 4{,}23 \cdot t^2 - 6{,}97 \cdot t = 17{,}27,$$

daraus Rammtiefe $t = \mathbf{2{,}30}$ m.

Summe der Horizontalkräfte = Null.

$$0 = A + E_p - W_R - W_B.$$

Daraus

$$A = W_R + W_B - E_p = 13{,}52 + 5{,}98 - 9{,}72 = \mathbf{9{,}78}\ \text{t}.$$

Zur Dimensionierung des Wandprofils muß das maximale Biegungsmoment ermittelt werden. Es tritt da auf, wo die Querkraft zu Null wird, also (Abb. 80):

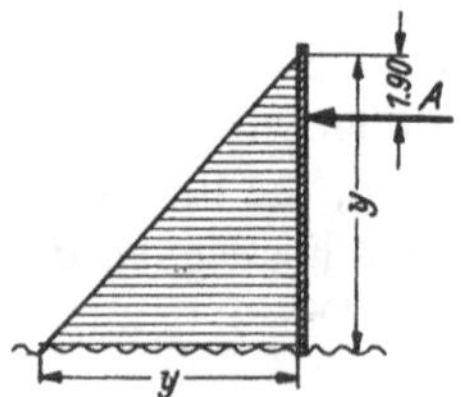

Abb. 80. Ermittlung des maximalen Biegungsmomentes.

$$A - \frac{y^2}{2} = 0, \quad y = \sqrt{2A} = \sqrt{2 \cdot 9{,}78} = 4{,}42\ \text{m},$$

das ist 5,20 − 4,42 = 0,78 m über der Sohle.

$$\max M = A\,(y - 1{,}90) - \frac{y^2}{2} \cdot \frac{y}{3}$$

$$= 9{,}78 \cdot 2{,}52 - \frac{4{,}42^3}{6}$$

$$\max M = \mathbf{10{,}27}\ \text{tm}.$$

Für $\sigma = 1200$ kg/cm² (Stahl von der Festigkeit 37/44 kg/mm²) ergibt sich ein notwendiges $W = \frac{1027000}{1200} = 855$ cm³ und damit ein Larssenprofil II mit $W = 850$ cm³. Dessen Gewicht je m² Wand beträgt 122 kg. Das Gewicht je lfd. m Wand ermittelt sich also zu $0{,}122 \cdot (5{,}20 + 2{,}30) =$ **0,92** t. Will man nun die Strebe nicht waagrecht anbringen, sondern schräg gegen den Boden abstützen, so dürfte diese, weil die Wand nur eine Vertikalkomponente V gleich dem Gewicht der Wand aufzunehmen vermag, nicht steiler stehen als dem Winkel α entspricht. Dabei ist in unserem Falle (Abb. 81)

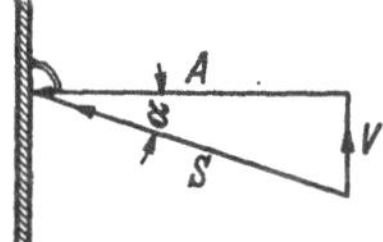

Abb. 81. tg α.

$$\operatorname{tg}\alpha = \frac{V}{A} = \frac{0{,}92}{9{,}78} = 0{,}093; \quad \alpha \sim 5^0.$$

Bei der Anordnung der Streben ist also hinsichtlich der *Neigung* Vorsicht geboten. Es muß von Fall zu Fall untersucht werden, ob die Vertikalkomponente der schrägen Strebenkraft wirklich aufgenommen werden kann (vgl. S. 116ff.).

2. Fall: mit Einspannung.

Die Wand ist in diesem Falle bei A frei aufgelagert, im Boden elastisch eingespannt. Das System ist also einfach statisch unbestimmt. Zu seiner genauen Lösung muß neben den bisher angewendeten Gleichgewichtsbedingungen die Biegelinie zu Hilfe genommen werden (vgl. hierzu die Untersuchung S. 132 u. 133 mit Abb. 83).

Blum hat für die eingespannte verankerte Wand zur Ermittlung der Rammtiefe und des maximalen Biegungsmomentes ein abgekürztes Verfahren entwickelt durch Einführung des „Ersatzbalkens". Diesem Verfahren liegt folgende Überlegung zugrunde:

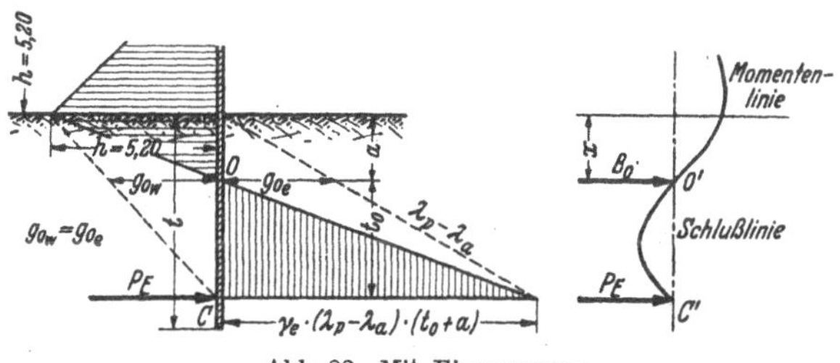

Abb. 82. Mit Einspannung.

Infolge der Einspannung im Boden tritt neben der positiven Momentenfläche auch eine negative Momentenfläche auf. Die Momentenschlußlinie schneidet infolgedessen die Momentenlinie in einem Punkt O' (Abb. 82). Oberhalb dieses Punktes verhält sich die Wand genau wie ein Balken auf 2 Stützen („Ersatzbalken"). Kennt man die Lage dieses

Punktes O' („stellvertretendes Auflager"), so kann die Ankerkraft A (Strebenkraft) und das größte Biegungsmoment wie bei einem Balken auf 2 Stützen ermittelt werden. Das statisch unbestimmte System ist damit auf das statisch bestimmte System zurückgeführt. Nur für die Rammtiefe ist dann noch eine Beziehung aufzustellen.

Blum hat nun auf Grund der Untersuchungsergebnisse vieler Zahlenbeispiele mit verschiedenartigsten Belastungen festgestellt, *daß der Momentennullpunkt O' so nahe an den Belastungsnullpunkt O heranrückt, daß ohne Bedenken $x = \sim a$ gesetzt werden, d. h. angenommen werden kann, daß das „stellvertretende" Auflager für B_0 um das Maß a unter dem Bodenrand, also in O liegt.*

Damit ist für den „Ersatzbalken" des oberhalb O liegenden Wandteiles die Aufgabe auf den vorher behandelten Fall der nicht eingespannten verankerten (abgestützten) Wand auf 2 Auflagern zurückgeführt.

Die Lage des Nullpunktes O der Belastung $g_{0_w} = g_{0_e}$ ist aus den gegebenen bzw. zugrunde gelegten Belastungsannahmen leicht festzustellen. In unserem Fall wirkt links der Wand im Boden das Wasserdruckdreieck mit der Grundlinie h und der Höhe = der Rammtiefe. Damit ist diese Belastung veränderlich mit t. Um diese Schwierigkeit zu beseitigen, wird eine zu erwartende Rammtiefe zunächst geschätzt. Dann kann O ermittelt und die resultierende Belastungsfläche aufgetragen werden (Abzug der Wasserdruckflächen von der Belastungsfläche des Erdwiderstandes, vgl. Abb. 82[1]).

a) Ermittung des Ersatzbalkens. Gegeben: $\gamma_e'(\lambda_p - \lambda_a) = 3{,}64$; angenommen $a = 1{,}10$.

Dann ergibt sich aus $\Sigma M = 0$ für O als Momentenpunkt:

$$A\,(3{,}30 + 1{,}10) - 13{,}52 \cdot (1{,}73 + 1{,}10) - \frac{5{,}20}{2} \cdot 1{,}10 \cdot \tfrac{2}{3} \cdot 1{,}10 = 0,$$

daraus $A = 9{,}38$ t.

Für B_0 ergibt sich:

$$A + B_0 - 13{,}52 - \frac{5{,}20}{2} \cdot 1{,}10 = 0$$

$$B_0 = 16{,}38 - A = 16{,}38 - 9{,}38 = \mathbf{7{,}0}\ \text{t}.$$

Das maximale Moment tritt im Abstand y vom HW-Spiegel, d. h. $(h - y)$ vom Bodenrand auf. Nach S. 130 ist

$$y = \sqrt{2A} = \sqrt{2 \cdot 9{,}38} = 4{,}33\ \text{m}.$$

Somit das maximale Moment (siehe S. 130):

$$\max M = A \cdot (y - 1{,}90) - \frac{y^3}{6} = 9{,}38\,(4{,}33 - 1{,}90) - \frac{4{,}33^3}{6} = \mathbf{9{,}28}\ \text{tm}.$$

[1] Dabei ist die untere Spitze des Wasserdruckdreiecks zur Vereinfachung in den Angriffspunkt C der Ersatzkraft P_E an der Wand gelegt.

Für Larssenprofil I_a neu aus Stahl 50/60 kg/mm² und $W = 600$ cm³ ergibt sich $\sigma = \frac{928000}{600} = 1550$ kg/cm² ($\sigma_{zul.} = 1620$ kg/cm²).

b) Ermittlung der Rammtiefe. Unter Bezug auf Abb. 82 ergibt sich für den Momentenpunkt auf der Ersatzkraft P_E:

$$B_0 \cdot t_0 - \gamma_e' (\lambda_p - \lambda_a) \cdot (t_0 + a) \cdot \frac{t_0}{2} \cdot \frac{t_0}{3} = 0 .$$

(Moment in O ist Null und $C'O'$ ebenfalls Ersatzbalken!).

Daraus

$$t_0^2 + a\,t_0 = \frac{6\,B_0}{\gamma_e' (\lambda_p - \lambda_a)}$$

$$t_0 = -\frac{a}{2} + \sqrt{\frac{a^2}{4} + \frac{6\,B_0}{\gamma_e' (\lambda_p - \lambda_a)}} .$$

Durch Einsetzen der gegebenen Werte wird

$$t_0 = -\frac{1{,}10}{2} + \sqrt{\frac{1{,}10^2}{4} + \frac{6 \cdot 7{,}0}{3{,}64}} = \mathbf{2{,}89}\ \text{m}$$

$$t_0 + a = 2{,}89 + 1{,}10 = 3{,}99\ \text{m}.$$

Setzt man zur Festlegung der wirklichen Rammtiefe statt t_0 den Wert $1{,}20 \cdot t_0$ zur Berücksichtigung des Erdwiderstandes E_p', der zunächst durch P_E ersetzt wurde[1], so erhält man für t:

$$t = a + 1{,}20 \cdot t_0 = 1{,}10 + 1{,}20 \cdot 2{,}89 = \mathbf{4{,}57}\ \text{m}.$$

In Abb. 83 ist die Untersuchung auch noch mit Hilfe der Biegelinie durchgeführt. Der Erdwiderstand E_p' von links wurde dabei durch die Ersatzkraft P_E ersetzt. Es ist nun t_0 so zu wählen, daß in den Punkten D'' und C'' der Biegelinie keine Verschiebung eintritt, daß diese Punkte also auf einer Senkrechten liegen. (Sollte die Strebe oder ein auf der anderen Seite der Wand angebrachter Zuganker eine Verschiebung erleiden, so wäre diese vorher zu ermitteln und Punkt D'' der Biegelinie um diesen Betrag entsprechend seitlich zu verschieben.)

Wie man sich leicht selbst überzeugen kann, spricht die Biegelinie auf kleine Änderungen von t_0 sehr kräftig an. Bei zu großem t_0 schlägt sie in unserem Falle nach links aus, bei zu kleinem t_0 nach rechts. Durch Mitteln kann man dann mit hinreichender Genauigkeit den richtigen Wert t_0 abschätzen[2]. Um die Linie $C''D''$ in der Zeichnung senkrecht zu erhalten, wird im Krafteck der Flächenteile F der Pol so gelegt, daß der letzte

---

[1] Vgl. Brennecke-Lohmeyer: Grundbau. 4. Aufl. Bd. II, S. 85. – Blum: Einspannungsverhältnisse bei Bohlwerken, Diss. 1930, S. 26.

[2] Dieses Probierverfahren vermeidet Hedde, indem er aus der Unstimmigkeit der ersten Biegelinie die richtige Lage der Momentenschlußlinie in einfacher Weise analytisch berechnet; siehe hierzu Bautechn. 1937, Heft 51, S. 659ff.

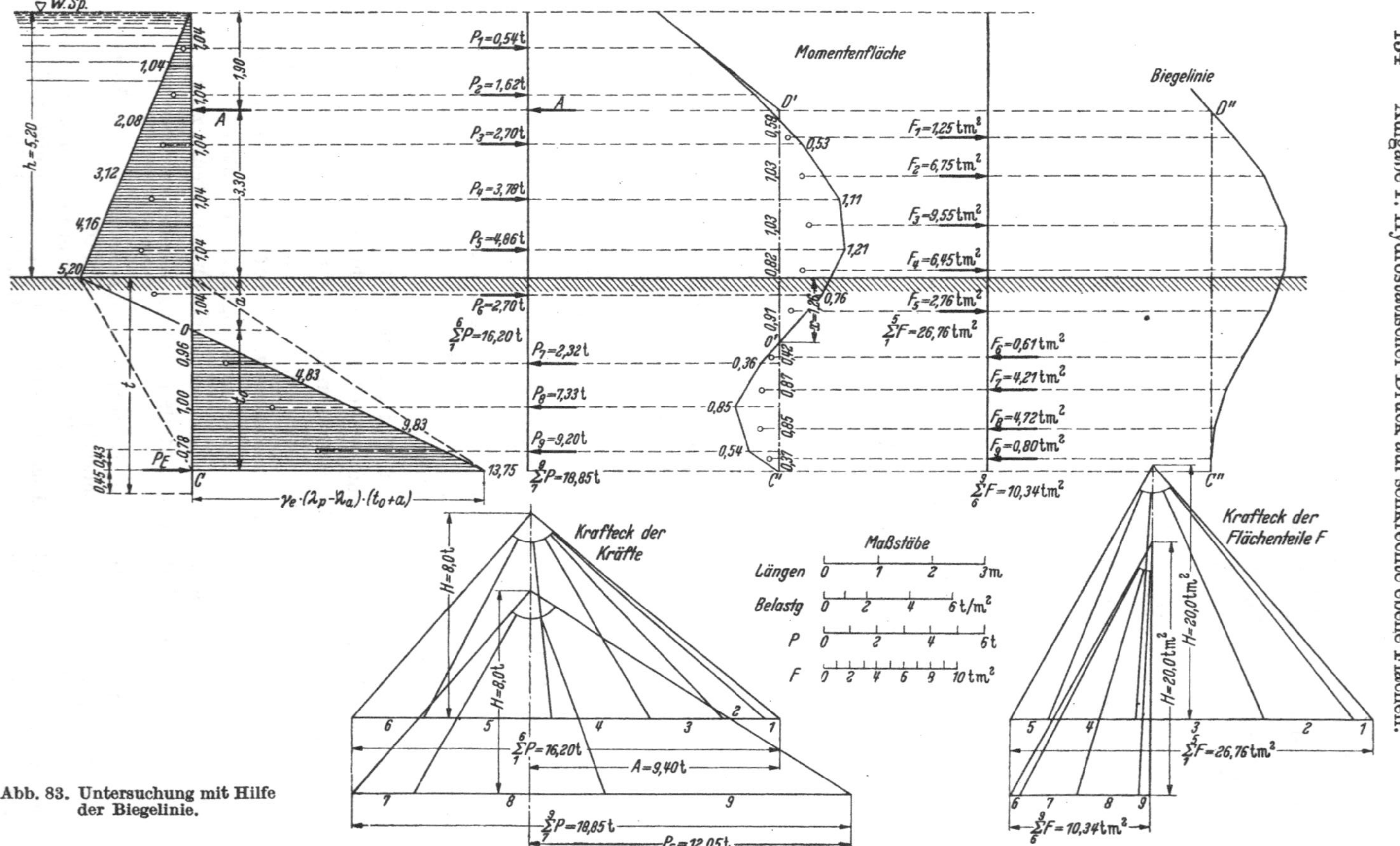

Abb. 83. Untersuchung mit Hilfe der Biegelinie.

Polstrahl senkrecht steht (siehe Abb. 83). Solange lediglich die *Lage* der Biegelinie festgestellt zu werden braucht, nicht die wahre *Größe* der Biegungs*ordinaten*, kann die Größe des Polabstandes beliebig angenommen werden[1].

Die genaue Untersuchung ergibt:

$$a = 1{,}04\ \text{m}; \quad x = 1{,}26\ \text{m}; \quad \max M = 1{,}21 \cdot 8{,}0 = \mathbf{9{,}68}\ \text{tm};$$

$t_0 = 2{,}74$ m; $P_E = 12{,}05$ t, entsprechend einer Vergrößerung der Rammtiefe um 0,45 m (vgl. Abb. 83).

Gesamte Rammtiefe: $t_0 + a + 0{,}45 = \mathbf{4{,}23}$ m.

Bei Beibehaltung des weiter oben gewählten Larssenprofils Ia neu aus Stahl 50/60 erreicht jetzt $\sigma = \frac{968000}{600} = 1615$ kg/cm², also den gerade zulässigen Wert. Mit Rücksicht auf den vorübergehenden Verwendungszweck wäre auch noch ein höheres σ vertretbar.

Aufgabe 2.

Bemessung eines Kastenfangedammes aus zwei verankerten Spundwänden.

Eine Baugrube von großer Breite soll gegen einen äußeren Wasserstand von $\max h = 5{,}20$ m dicht abgeschlossen werden durch einen Kastenfangedamm, bestehend aus 2 durch Anker verbundene Larssenspundwände, deren Zwischenraum mit Sand ausgefüllt wird ($\varrho = 30°$, $\gamma_e = 1{,}8$ t/m³ im Trockenen). Der Untergrund besteht aus einer 5,8 m starken Sandschicht mittlerer Körnung von $\varrho = 30°$ und $\gamma_e' = 1{,}1$ t/m³ (unter Wasser); darunter befindet sich ein dichter Ton. Man entwerfe den Fangedamm!

Lösung.

In der Aufgabe 1 wurde unter Frage 6 eine gegen Wasserdruck versteifte Larssenwand untersucht. Dabei ergab sich, daß die Versteifung nahezu waagrecht angebracht werden muß, denn es steht der Vertikalkomponente der schrägen Strebenkraft lediglich das Spundwandgewicht entgegen und dieses ist zu klein, um die mit wachsender Schräglage der Strebe zunehmende Größe der Vertikalkomponente aufnehmen zu können. Ist die Baugrube zu groß, um eine horizontale oder nahezu horizontale Strebe anzubringen, ist es auch nicht möglich, die Strebe durch einen Zuganker nach der anderen Seite hin zu ersetzen, so muß man zu

[1] Im übrigen vgl. z. B. auch BRENNECKE-LOHMEYER: Grundbau, 4. Aufl. Bd. II, S. 83–84.

anderen konstruktiven Mitteln greifen, um die wasserhaltenden Spundbohlen nicht zu schwer und zu lang, d. h. unwirtschaftlich werden zu lassen. Ein solches konstruktives Mittel ist z. B. die Anbringung von einer Erdschüttung (auf einer Seite oder auf beiden Seiten der Wand, Abb. 84). Reicht bei gegebenen Verhältnissen der Platz dafür nicht aus, dann stehen noch andere Konstruktionsformen des Fangedammes zur Verfügung[1].

In unserem Beispiel soll ein *Kasten*fangedamm aus Spundwandeisen (doppeltes Spundwandbauwerk) angebracht werden. Diesen kann man sich aus einem einfachen Spundwandbauwerk entstanden denken, indem

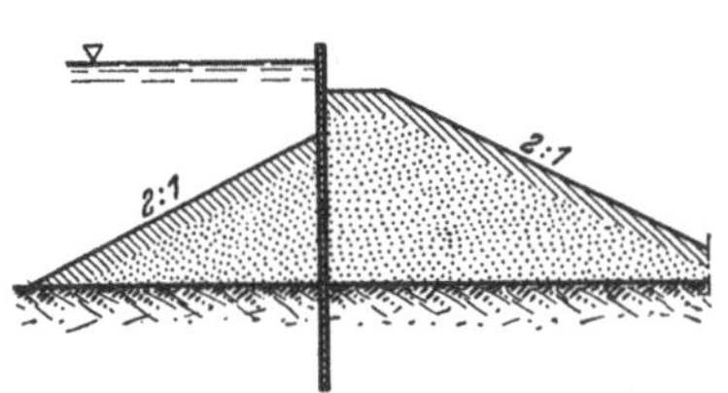

Abb. 84. Angeschütteter Fangedamm.

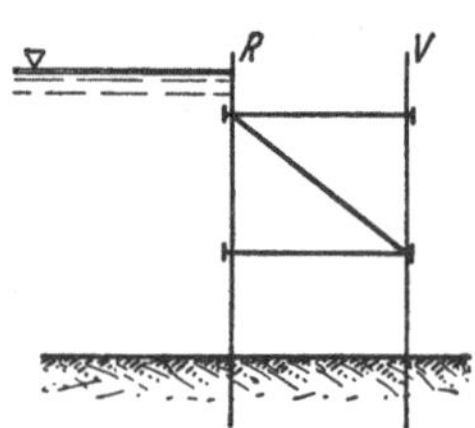

Abb. 85. Gerippe eines Kastenfangedammes.

man zunächst 2 für sich gerammte Wände durch Streben fest miteinander verbindet (Abb. 85), so daß zwischen Vorderwand (*V*) und Rückwand (*R*) eine *Verbund*wirkung gewährleistet ist. Füllt man den zwischen beiden Wänden vorhandenen Zwischenraum (Kasten) nun noch mit Bodenmaterial aus, so tritt zu den bisherigen äußeren Kräften für die Stabilität des Bauwerks noch das *Gewicht* des Füllmaterials hinzu. Der Kastenfangedamm wird damit zu einem Mittelding zwischen einem Massivbauwerk (Schwergewichtsbauwerk) und der einfachen Spundwandkonstruktion der Aufgabe 1. Außer der Gewichtswirkung übernimmt die Füllung die Druckwirkung der Rückwand, so daß gegebenenfalls auf die Anbringung von Druckstreben verzichtet werden kann[2].

Betrachtet man den Kastenfangedamm als *reines Schwergewichtsbauwerk* — ein solches ist es tatsächlich, wenn die Rammtiefe sehr gering ist oder wenn der Untergrund nicht geeignet ist zu einer biegungsfesten Verbindung zwischen Wand und Boden —, so läßt sich die Forderung aufstellen, daß das Gewicht der Füllung und ihre innere Festigkeit dem einseitigen Wasserdruck ausreichenden Widerstand entgegensetzen[3].

[1] In BRENNECKE-LOHMEYER: Grundbau, Bd. 1 (1927) sind auf S. 208ff. eine Reihe solcher Konstruktionen gezeigt.

[2] Über die verschiedenen Konstruktionsformen von Fangedämmen aus doppelten Spundwänden vgl. AGATZ: Kampf des Ingenieurs S. 156 usw.

[3] Vgl. HAGER: Die Berechnung von Fangedämmen. Wasserkr. u. Wasserwirtsch. 1931, Heft 14. — PENNOYER, R. P.: Gravity Bulkheads and Cellular Cofferdams. Civ. Engng. 1934, Heft 6.

Für die Standfestigkeit des Dammes wird daraus die Forderung hergeleitet: 1. die Drucklinie muß immer im Kern des Dammes liegen und 2. die im Erdkörper auftretenden Schubkräfte müssen von der inneren Reibung zwischen Erde und Wand vollkommen aufgenommen werden, so daß keinerlei Verschiebungen auftreten können.

Für die erste Bedingung ergeben sich folgende Ansätze für die Fuge in der Tiefe x unter Wasserspiegel (Abb. 86):

Wasserdruck auf die Tiefe x: $W_x = \frac{x^2}{2}$,

Moment M_{OP} von W_x in bezug auf die Fuge OP:

$$M_{OP} = W_x \cdot \frac{x}{3} = \frac{x^3}{6};$$

damit Moment M_D um den Punkt D

$$M_D = M_{OP} - G_x \cdot y = \frac{x^3}{6} - \gamma_e \cdot x \cdot b \cdot y\,.$$

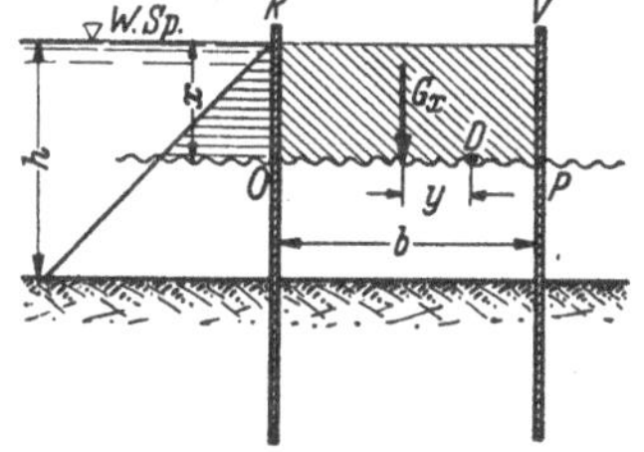

Abb. 86. Berechnung eines Kastenfangedammes aus Spundwandeisen.

Wenn D ein Punkt der Drucklinie ist, dann wird $M_D = 0$. Also

$$O = \frac{x^3}{6} - \gamma_e \cdot x \cdot b \cdot y = \frac{x^2}{6} - \gamma_e \cdot b \cdot y\,.$$

Daraus

$$y = \frac{x^2}{6\gamma_e \cdot b}\,.$$

Für $x = h$ soll $y = \frac{b}{6}$ im Grenzfall werden (Drucklinie geht durch den Kernrand!).

Für die notwendige Breite des Fangedammes ergibt sich also:

$$\frac{b}{6} = \frac{h^2}{6\gamma_e \cdot b} \quad \text{und} \quad b_1 \geqq \sqrt{\frac{h^2}{\gamma_e}} = h\sqrt{\frac{1}{\gamma_e}}\,.$$

Für die 2. Bedingung (Gleitsicherheit) ergibt sich für die Fuge an der Sohle ($x = h$):

a) wenn man die Schubspannung rechteckig über die Fuge verteilt annimmt:

$$W_h = G_h \cdot \operatorname{tg}\varrho \quad (\varrho = \text{Reibungswinkel, Böschungswinkel})$$

$$\frac{h^2}{2} = \gamma_2 \cdot b \cdot h \cdot \operatorname{tg}\varrho; \quad \text{daraus} \quad b_2 \geqq \frac{h}{2\gamma_e \cdot \operatorname{tg}\varrho}\,.$$

b) bei parabolischer Verteilung der Spannung über die Fuge:

$$\tau_{vorh.} = \frac{3}{2} \cdot \frac{W}{b} \quad \text{und} \quad \tau_{zul.} = \frac{G_h}{b} \cdot \operatorname{tg}\varrho\,,$$

also

$$\frac{3}{2} \cdot \frac{W}{b} = \frac{G_h}{b} \cdot \operatorname{tg}\varrho; \quad \frac{3}{2} \cdot \frac{h^2}{2} = \gamma_e \cdot b \cdot h \cdot \operatorname{tg}\varrho;$$

daraus

$$b_2' \geqq \frac{3h}{4 \cdot \gamma_e \cdot \operatorname{tg}\varrho} \left(= 1{,}5 \cdot \frac{h}{2 \cdot \gamma_e \cdot \operatorname{tg}\varrho} = 1{,}5 \cdot b_2 \right).$$

Für die Bemessung der Breite b des Fangedammes ist der ungünstigste, d. h. größte der Werte b_1 oder b_2 bzw. b_2' zugrunde zu legen.

Zum Unterschied von der oben skizzierten Betrachtungsweise kann der Fangedamm aber auch bis zum *Fuß*punkt der Spundwände als ein Schwergewichtsbauwerk betrachtet werden, das unter der Einwirkung sowohl der äußeren als auch der inneren Kräfte stabil sein muß. *Der in der vorliegenden Aufgabe gesuchte Kastenfangedamm soll auf Grund dieser Betrachtungsweise berechnet werden.*

1. Stabilitätsuntersuchung des Kastens als Ganzes.

Es müssen die *äußeren* Kräfte im Gleichgewicht sein, d. h.

$$\Sigma H = 0; \quad \Sigma V = 0; \quad \Sigma M = 0 .$$

Welche äußeren Kräfte wirken in diesem Falle?

1. Der *Wasserdruck*. Es ist ungünstig angenommen, daß sich der flußseitige Wasser*über*druck von der Höhe h bis an den Fuß der Rückwand fortsetzt (Abb. 87). Dadurch ergeben sich die Wasserdruckkomponenten W_1 und W_2. Um zu verhindern, daß Wasser durch die Spundwandschlösser in die Dammfüllung eindringt, wird die rückwärtige Spundwand R durch eine Lehmschicht von etwa 30 bis 50 cm gedichtet (Abb. 96). Um von oben eindringendes Tagwasser und von unten kommendes Druckwasser aus dem Füllkörper des Kastens wegzuführen, werden in die Schenkel etwa jeder 6. Bohle 10 Sickerlöcher von etwa 20 mm Durchmesser gebohrt. Die Lochreihen werden in einem solchen Abstand vom oberen Spundwandrand angeordnet, daß sie nach Rammung der Bohlen unter und über der Sohle der Baugrube zu liegen kommen (Abb. 96). Außerdem kann man die unterste Lage der Füllung aus Material mit größerer Korngröße als Filterkörper herstellen oder Drainrohre in gleichen Abstand wie die Lochreihen (etwa 2,4 m) verlegen. *Dadurch wird gewährleistet, daß der Füllkörper nicht unter Auftriebswirkung kommt, so daß sein Einheitsgewicht tatsächlich mit* $\gamma_{e_1} = 1{,}8\ \mathrm{t/m^3}$ *zur Wirksamkeit kommt und daß der Wasserüberdruck in der vorausgesetzten Weise auftritt.*

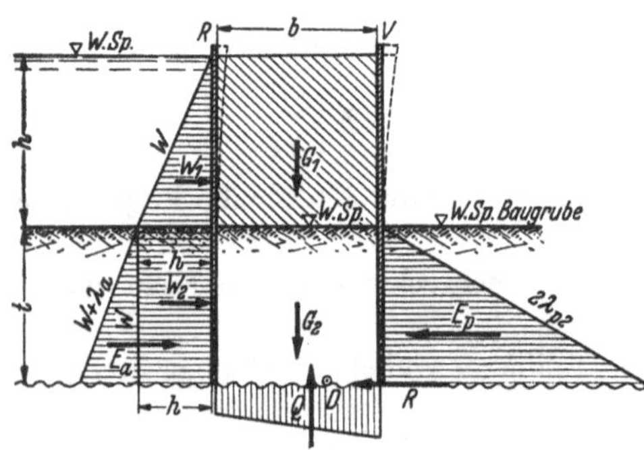

Abb. 87. Stabilitätsuntersuchung des Kastenfangedammes.

2. Der *aktive Erddruck* E_a, der an der Rückwand links unten entsteht.

3. Das *Gewicht des Erdkörpers* zwischen den Spundwänden. Dieses setzt sich zusammen aus dem Gewicht G_1 der Füllung (γ_{e_1}) und dem Gewicht G_2 des Bodens zwischen den beiden Wänden (γ_{e_2}).

4. Der *Erdwiderstand* E_p, der an der Vorderwand rechts unten entsteht. Die Wandreibung wird durch Ansatz von $2\lambda_p$ berücksichtigt (vgl. S. 118).

5. Die *Reibung* in der Wandfußfuge.

6. Die *Bodenpressung* Q in der Wandfußfuge.

Aus der Bedingung $\Sigma H = 0$ ergibt sich

$$W_1 + W_2 + E_a - E_p - R = 0$$
$$R = W_1 + W_2 + E_a - E_p.$$

Andererseits gilt für R:

$R \leqq (G_1 + G_2)\operatorname{tg}\varrho$ (bei rechteckiger Verteilung der Scherspannung) bzw.
$R \leqq \frac{3}{2}(G_1 + G_2)\operatorname{tg}\varrho$ (bei parabolischer Verteilung der Scherspannung).

Q soll im Kern bleiben, d. h. es dürfen keine Zugspannungen auftreten, weil sie nicht übertragen werden können. Für den Grenzfall muß also Q durch D gehen ($b = b_{\min}$). Für diesen Fall ist die Kantenpressung an der Rückwand:

$$\sigma = 0 = \frac{P}{F} - \frac{M}{W'} \quad (W' = \text{Widerstandsmoment})$$

$$\sigma = 0 = \frac{G_1 + G_2}{b_{\min}} - \frac{6M}{b_{\min}^2}.$$

Da

$$G_1 + G_2 = \gamma_{e_1} \cdot b \cdot h + \gamma_{e_2} \cdot b \cdot t,$$

also

$$\frac{G_1 + G_2}{b} = \gamma_{e_1} \cdot h + \gamma_{e_2} \cdot t,$$

ergibt sich bei $b = b_{\min}$:

$$\frac{6M}{b_{\min}^2} = \gamma_{e_1} \cdot h + \gamma_{e_2} \cdot t$$

und

$$b_{\min} = \sqrt{\frac{6M}{\gamma_{e_1} \cdot h + \gamma_{e_2} \cdot t}}.$$

M ist dabei in unserem Falle das maximale Biegungsmoment aus Wasser- und Erddruck für die betrachtete Fuge und deshalb veränderlich mit $t\,(M = f(t))$.

Denn da, wo das größte Biegungsmoment auftritt, liegt der ungünstigste Querschnitt. Dabei betrachten wir den Fangedamm als Ganzes als einen eingespannten Konsolträger. Für das Biegungsmoment erhält man:

$$M = \frac{h^2}{2}\left(t + \frac{h}{3}\right) + h \cdot t \cdot \frac{t}{2} + \gamma_{e_2} \cdot \lambda_{a_2} \cdot \frac{t^2}{2} \cdot \frac{t}{3} - \gamma_{e_2} \cdot 2\,\lambda_{p_2} \cdot \frac{t^2}{2} \cdot \frac{t}{3}.$$

Das maximale Biegungsmoment M ergibt sich aus $\frac{dM}{dt} = 0$.

$$h^2 + 2 \cdot h \cdot t - \gamma_{e_2}(2 \cdot \lambda_{p_2} - \lambda_{a_2}) \cdot t^2 = 0$$

$$t = \frac{h}{\gamma_{e_2}(2 \cdot \lambda_{p_2} - \lambda_{a_2})} \overset{+}{(-)} \sqrt{\frac{h^2}{\gamma_{e_2}^2(2 \cdot \lambda_{p_2} - \lambda_{a_2})^2} + \frac{h^2}{\gamma_{e_2}(2 \cdot \lambda_{p_2} - \lambda_{a_2})}}.$$

Für unser Beispiel gilt:

$h = 5{,}20$; $\gamma_{e_1} = 1{,}8\ \text{t/m}^3$; $\gamma_{e_2} = 1{,}1\ \text{t/m}^3$; $\varrho = 30°$; $\alpha = \beta = \delta = 0$;
$\lambda_{a_1} = \lambda_{a_2} = 0{,}33$; $\lambda_{p_1} = \lambda_{p_2} = 3{,}03$; $2\lambda_{p_2} = 6{,}06$; $2\lambda_{p_2} - \lambda_{a_2} = 5{,}73$;

$$\gamma_{e_2}(2 \cdot \lambda_{p_2} - \lambda_{a_2}) = 6{,}30.$$

Somit Tiefe des Fangedammes im Boden

$$t = \frac{5{,}20}{6{,}30} + \sqrt{\frac{5{,}20^2}{6{,}30^2} + \frac{5{,}20^2}{6{,}30}} = 2{,}91 \sim \mathbf{2{,}90}\ \text{m}^*$$

und

$$\max M = \frac{5{,}20^2}{2} \cdot 4{,}63 + 5{,}20 \cdot \frac{2{,}90^2}{2} - 6{,}30 \cdot \frac{2{,}90^3}{6} = \mathbf{58{,}9}\ \text{tm};$$

daraus

$$b_{\min} = \sqrt{\frac{6 \cdot 58{,}9}{1{,}8 \cdot 5{,}20 + 1{,}1 \cdot 2{,}90}} = \mathbf{5{,}30}\ \text{m}.$$

Wir geben dem Damm eine Breite von 5,80 m, von Spundwandschloß-Vorderwand zu Spundwandschloß-Rückwand gemessen.

2. Dimensionierung der beiden Spundwände.

a) Vorderwand. Die beiden Wände werden durch Anker miteinander verbunden in Abständen von 2,40 m. Diese Anker bilden für die *Vorder*wand V Stützen, so daß diese Wand als eine verankerte Wand zu betrachten ist. Sie kann, wie bei dem auf S. 128 ff. bereits behandelten Fall, als Träger auf 2 Stützen gerechnet und damit die Rammtiefe ermittelt werden. Dies bedeutet nicht nur eine Vereinfachung der Rechnung, sondern man erhält dadurch auch sichere Werte für das zu wählende Spundwandprofil. Die Größe der Ankerkraft A hängt von der Verteilung des (aktiven) Erddruckes ab. Je ausgeprägter diese nach Fall c der Abb. 65 (S. 110) erfolgt, um so größer wird A gegenüber dem A bei der dreieckförmigen Druckverteilung. In

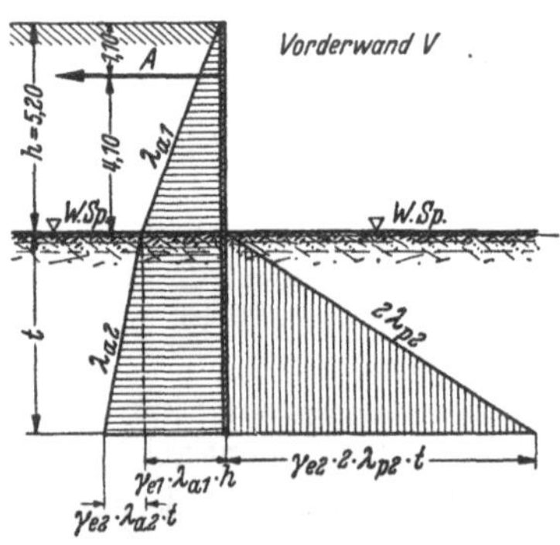

Abb. 88. Vorderwand.

* Die tatsächliche Rammtiefe der beiden Spundwände wird durch Einzeluntersuchungen erst noch festgestellt.

unserem Falle weicht die tatsächliche Druckverteilung nur wenig von der Dreiecksverteilung ab (vgl. Abb. 65 a).

Andererseits hängt die Dimensionierung der *Rück*wand vom Ansatzpunkt K des Gleitkeiles für den Erddruck auf die *Vorder*wand ab (vgl. Abb. 94). Dieser Ansatzpunkt ist aber bei frei aufgelagerter Spundwand der Fußpunkt der Wand, und er liegt bei eingespannter Wand in $\frac{t}{2}$ bis $\frac{t}{3}$ unter Bodenplanie[1]. Bei *eingespannter Vorder*wand rückt also der Ansatzpunkt des Gleitkeiles nach oben, was zu einer geringeren notwendigen Rammtiefe für die Rückwand führt.

Aus diesen Überlegungen soll in unserem Fall die *Vorder*wand als frei aufgelagerter Träger berechnet und bemessen, die Rammtiefe t aber dann so groß angenommen werden, daß noch eine Einspannung vorhanden ist.

Auf die Vorderwand wirken folgende Kräfte: die Ankerkraft A, die aktiven Erddrücke (γ_{e_1}, λ_{a_1} bzw. γ_{e_2}, λ_{a_2}), sowie der Erdwiderstand (γ_{e_2}, $2\,\lambda_{p_2}$ unter Berücksichtigung der Wandreibung). Durch die Drainung der Kastenfüllung soll der Wasserstand auf gleicher Höhe wie in der Baugrube gehalten werden, damit kein einseitiger Wasserüberdruck auftreten kann.

Wie auf S. 130 ergibt sich wieder: ΣM um $A = 0$.

$$0 = \tfrac{1}{2}\gamma_{e_1}\cdot\lambda_{a_1}\cdot h^2\cdot(\tfrac{2}{3}h - 1{,}10) + \gamma_{e_1}\cdot\lambda_{a_1}\cdot h\cdot t\cdot\left(\frac{t}{2} + 4{,}10\right) +$$
$$+\tfrac{1}{2}\gamma_{e_2}\cdot\lambda_{a_2}\cdot t^2\cdot(\tfrac{2}{3}t + 4{,}10) - \tfrac{1}{2}\gamma_{e_2}\cdot 2\cdot\lambda_{p_2}\cdot t^2\cdot(\tfrac{2}{3}t + 4{,}10)\,.$$

Für $\gamma_{e_1} = \gamma_e = 1{,}8$; $\lambda_{a_1} = \lambda_a = 0{,}33$; $\gamma_{e_2} = \gamma'_e = 1{,}1$; $\lambda_{a_2} = \lambda_{a_1} = \lambda_a = 0{,}33$; $\lambda_{p_2} = \lambda_p = 3{,}03$ wird

$$\gamma_{e_1}\cdot\lambda_{a_1}\cdot h = 1{,}8\cdot 0{,}33\cdot 5{,}20 = 3{,}09\ \mathrm{t/m^2},$$
$$\tfrac{1}{2}\gamma_{e_2}\cdot(2\cdot\lambda_{p_2} - \lambda_{a_2}) = 3{,}15\,.$$

Somit

$$0 = 8{,}03\cdot\left(\frac{2}{3}\cdot 5{,}20 - 1{,}10\right) + 3{,}09\cdot t\cdot\left(\frac{t}{2} + 4{,}10\right) -$$
$$- 3{,}15\cdot\tfrac{2}{3}t^3 - 3{,}15\cdot 4{,}10\cdot t^2\,.$$

Daraus

$$t^3 + 5{,}41\cdot t^2 - 6{,}04\cdot t = 9{,}07 \quad \text{und} \quad t \sim \mathbf{1{,}75}\ \mathrm{m}.$$

[1] Bei äußerst sorgfältiger Ermittlung der Bodenkonstanten (ϱ; γ_e; γ'_e) und der ungünstigsten Belastungen kann der Ansatzpunkt K der Gleitfläche in $t/3$ der Vorderwand-Rammtiefe angenommen werden. Will man die Sicherheit vergrößern, rückt K abwärts nach $t/2$ der Rammtiefe. Bei unübersichtlichen Konstruktionen wird man der Sicherheit wegen K noch tiefer legen. Bei freier Auflagerung rückt dann K bis zum Fußpunkt der Vorderspundwand hinab [Homberg: Graphische Untersuchungen von Fangedämmen und Ankerwänden (Heft 8 der Mitteilungen aus dem Gebiete des Wasserbaues und der Baugrundforschung. Berlin: W. Ernst & Sohn 1938) und die dort durchgeführten kritischen Betrachtungen zu den bisherigen Berechnungsmethoden.]

Für diese Rammtiefe von $t = 1{,}75$ m ergibt sich für A:

$$A = \tfrac{1}{2} \cdot \gamma_{e_1} \cdot \lambda_{a_1} \cdot h^2 + \gamma_{e_1} \cdot \lambda_{a_1} \cdot h \cdot t - \tfrac{1}{2} \cdot \gamma_{e_2} \cdot (2 \cdot \lambda_{p_2} - \lambda_{a_2}) \cdot t^2 .$$

Mit obigen Werten wird $A = \mathbf{3{,}78}$ t.

Das Maximalmoment tritt da auf, wo die Querkraft zu Null wird.

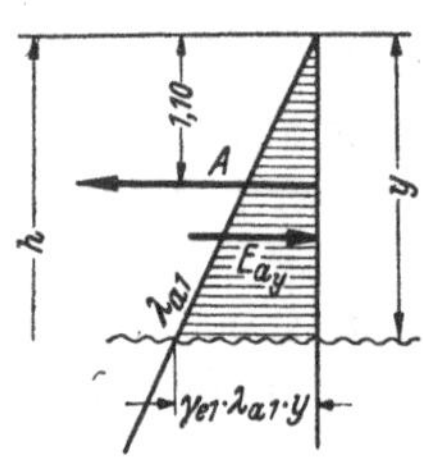

Abb. 89. Bestimmung des Maximalmomentes.

$$A - \frac{\gamma_{e_1}}{2} \cdot \lambda_{a_1} \cdot y^2 = 0$$

$$y = \sqrt{\frac{2A}{\gamma_{e1} \cdot \lambda_{a1}}} = \sqrt{\frac{2 \cdot 3{,}78}{1{,}8 \cdot 0{,}33}} = \mathbf{3{,}57}\ \text{m},$$

das ist $5{,}20 - 3{,}57 = 1{,}63$ m über Sohle

$$\max M = A\,(y - 1{,}10) - E_{a_y} \cdot \frac{y}{3}$$

$$= 3{,}78\,(3{,}57 - 1{,}10) - \frac{1{,}8}{6} \cdot 0{,}33 \cdot 3{,}57^3 = \mathbf{4{,}80}\ \text{tm}.$$

Gewählt Larssen Profil Ia aus St. 45/52 mit $W = 380$ cm³ und $M_{zul.} = 5{,}55$ tm

$$\sigma = \frac{M_{vorh.}}{W} = \frac{480\,000}{380} = 1260\ \text{kg/cm}^2 .$$

Die Rammtiefe wird mit Rücksicht auf das weiter oben Gesagte (Einspannung!) mit 3,0 m festgelegt, die Bohlenlänge also $5{,}20 + 3{,}0 = 8{,}20$ m.

Anker. Anker unter $1^1/_2{}''$ ⌀ sind mit Rücksicht auf die Lebensdauer nicht zu empfehlen. $\sigma_{zul.}$ bei St. 37 800 kg/cm², bei St. 52 1200 kg/cm². Das Ankermaterial soll *zäh* sein, daher benützt man *keine Kohlenstoffstähle* (St. 48, St. 50/60). Bei Anordnung von Gelenkscheiben ist eine Erhöhung der zulässigen Beanspruchung um 25% angebracht.

In unserem Falle müssen von den Ankern 3,78 t je lfd. m Wand aufgenommen werden. Bei dem gewählten Abstand der Anker von je 2,40 m wird der Ankerzug $P = 3{,}78 \cdot 2{,}40 = 9{,}07$ t.

Es wird gewählt ein Ankerrundstahl von $1^3/_4{}'' = 44{,}5$ mm Außendurchmesser. Beim Gewinde beträgt dann der Reindurchmesser 37,9 mm und der Kernquerschnitt $F_k = 11{,}31$ cm². Somit

$$\sigma = \frac{90{,}70}{11{,}31} = 800\ \text{kg/cm}^2.$$

Es würde also als Ankermaterial St. 37 genügen. Zur Sicherheit wird St. 52 gewählt.

Gurtung. Bei dem gewählten Ankerabstand von $l = 2{,}40$ m wird das im Gurt auftretende maximale Moment

$$M = \frac{P \cdot l}{10} = \frac{9{,}07 \cdot 2{,}40}{10} = 2{,}18\ \text{tm}.$$

Gewählt werden mit Rücksicht auf das Ausrichten der Wand 2 [16 Stahl 37 vom Widerstandsmoment $2 \cdot 116 = 232$ cm³.

$\sigma_{vorh.} = \frac{218\,000}{232} = 940$ kg/cm². Die Gurtung wird an der Vorderwand V an der Kastenaußenseite, an der Rückwand R an der Kasteninnenseite angebracht (Abb. 96).

Nun soll die Berechnung der vorderen Spundwand auch noch unter Zugrundelegung eines Sicherheitsfaktors η durchgeführt werden.

Die vordere Spundwand (V) ist eine einfach verankerte biegsame Wand, bei der der (hochliegende) Anker nachgibt (Abb. 91a). Es liegt also hinsichtlich der Erddruckverteilung eine Überlagerung der Fälle a und c nach Abb. 65 (S. 110) vor, wobei jedoch die Gleitflächenkrümmung nur noch gering ist und damit auch die Abweichung der tatsächlichen (gekrümmten) Erddruckverteilung von der Dreieckverteilung klein bleibt, so daß mit dieser gerechnet werden kann. Um eine Sicherheit gegenüber der Gefahr der Überwindung des Erdwiderstandes vor dem Fuß der Spundwand zu haben, darf der *vorhandene* Erdwiderstand im Bruchfall *nicht voll ausgenutzt werden.* Macht man nach dem Vorschlage KREYS die Annahme, daß der in Anspruch genommene Teil des Erdwiderstandsdreiecks durch die gestrichelte, parallel zur Spundwand laufende Linie durch P (Abb. 92) abgegrenzt wird, dann ergibt sich die Sicherheit aus

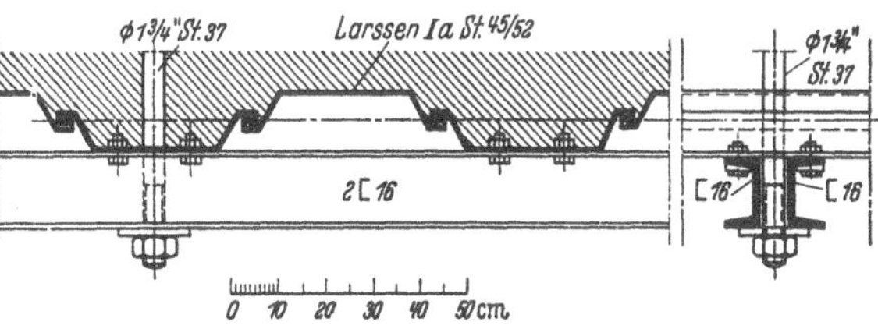

Abb. 90. Gurtung.

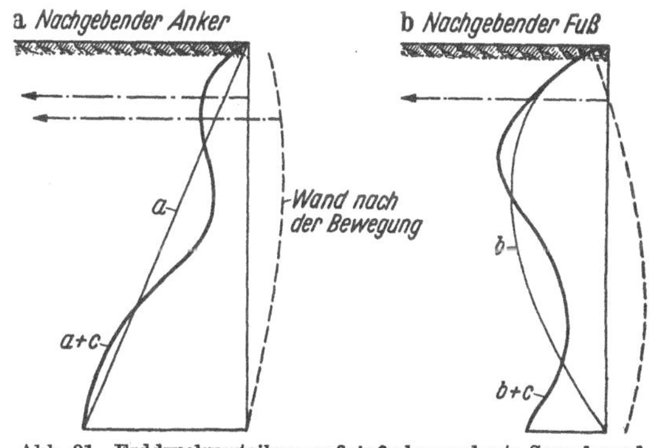

Abb. 91. Erddruckverteilung auf einfachverankerte Spundwand. (Nach OHDE.)

$$\eta = \frac{\gamma'_e \lambda_p \cdot \frac{t^2}{2}}{E_{p\,w}}.$$

Die Lage des Punktes P auf der λ_p-Linie wird bestimmt durch die Tiefe t' mit

$$t' = t\sqrt{1 - \frac{1}{\eta}}.$$

Mit $\eta = 1{,}5$* wird $t' = 0{,}57 \cdot t$. Führt man mit diesem Wert t', aber unter Beibehaltung der gegebenen Rechengrundlagen die Ermittlung der Rammtiefe t durch, indem man in der Momentengleichung für das Moment des Erdwiderstandes setzt (Abb. 92):

$$E_{pw} = \lambda_p \cdot \gamma_e' (t - t') \cdot \frac{t + t'}{2} \left[\frac{t + t'}{4} + \frac{t - t'}{2} + h - a\right],$$

mit $t' = 0{,}57 \cdot t$ also

$$E_{pw} = \lambda_p - \gamma_e' \cdot 0{,}34\, t^2 \,(0{,}61\, t + h - a)\,,$$

dann erhält man eine Rammtiefe von **2,18** m.

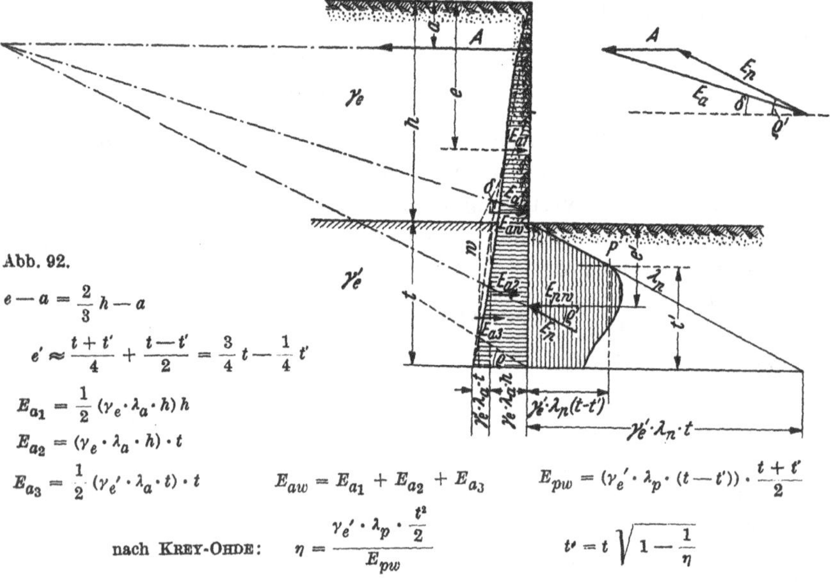

Abb. 92.

Bei Berücksichtigung der Wandreibung $\left(\delta \approx \frac{\varrho}{2} = \frac{30^\circ}{2} \approx 16^\circ,\ \lambda_a = 0{,}304;\ \varrho' \approx 25^\circ,\ \lambda_p = 8{,}06\right)$ wird mit der KREYschen Annahme und $\eta = 1{,}5$ die Rammtiefe $t = $ **1,65** m.

Vielfach wird empfohlen, *im* Damm zur Sicherheit auch noch mit überhöhtem Wasserstand ($\sim \frac{1}{2}$ bis $\frac{2}{3}$ des zugrunde gelegten höchsten Außenwasserstandes) zu rechnen. Macht man das in unserem Beispiel, indem der Wasserstand im Damm trotz der getroffenen Entwässerungsmaßnahmen etwa mit $\frac{h}{2}$ angenommen wird, dann wirkt aus dem Damm

* Bei größeren h-Werten $\eta \approx 2{,}0$ unter der Voraussetzung genauer Kenntnis von ϱ (μ) und γ_e bzw. γ_e'.

heraus auf die Vorderwand (V) außer dem Erddruck E_a zusätzlich noch ein Wasserdruck, wie er in Abb. 92 schematisch einpunktiert ist. Soweit das Wasser in den Damm hinaufreicht, ist dann statt γ_e der Wert γ_e' zu setzen. Rechnet man außerdem mit Reibung zwischen Wand und Boden und nimmt wiederum $\eta = 1{,}5$ an, dann erhält man eine notwendige Rammtiefe $t = \mathbf{2{,}58}$ m.

Mit der weiter oben festgelegten Rammtiefe von 3,0 m weist die vordere Spundwand also auch noch für einen Wasserstau im Damm ($\frac{1}{2}h$) eine mehr als 1,5fache Sicherheit auf. Auch Wandprofil, Anker und Gurtung genügen mit ihrer Bemessung diesem ungünstigen Belastungsfall.

Die *Rückwand* (R) erfährt durch die Annahme eines Stauwassers im Damm eine Verringerung des vom Fluß her auf sie wirkenden Wasserüberdruckes, sie wird also statisch günstig beeinflußt.

b) Rückwand. Auf die Rückwand wirkt von links her der Wasserdruck W. Unter seinem Einfluß macht der obere Teil der Rückwand R eine Drehung nach rechts. Die gleiche Wirkung ruft der Ankerzug A hervor. Bei der Rechtsdrehung preßt sich dieser obere Wandteil gegen die Erdhinterfüllung des Kastens und versucht diese wegzuschieben. Dadurch wird der Erdwiderstand λ_{p_1}' mobilisiert, der sich dieser Verschiebung widersetzt. Mit sinkendem Wasserstand, also kleiner werdendem W geht die Wandverschiebung zurück und damit wird auch der tatsächlich erregte Erdwiderstand (als Reaktion darauf) geringer. Andererseits wird mit steigendem Wasserspiegel, also wachsendem W die Wandverschiebung und damit die Reaktion des Erdwiderstandes größer, bis letzterer seinen möglichen Größtwert erreicht.

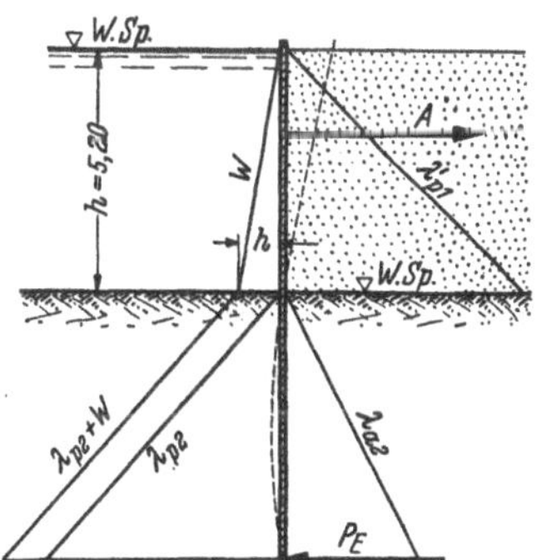

Abb. 93. Beanspruchung der Rückwand.

Die Verdrehung und Verbiegung der Wand nach rechts in ihrem oberen Teil führt zu einer Drehung der Wand nach links im unteren, im Boden steckenden Wandteil NQ (Abb. 94). Ihr widersetzt sich der links anruhende Bodenkörper mit seinem Erdwiderstand λ_{p_2}. Außerdem wirkt in unserem Falle auf den Bohlwerksteil NQ (Abb. 94) noch der Wasserüberdruck von der Höhe h der Verdrehung der Wand nach links entgegen. (Dieser Wasserüberdruck ergibt sich infolge der Entwässerung der Kastenfüllung, siehe S. 138 unten. Von rechts wirkt auf diesen Wandteil der aktive Erddruck λ_{a_2}. Bei genügend großer Rammtiefe wird auf das untere Wandende auch noch ein Erdwiderstand von rechts her wirksam werden (mit P_E in Abb. 93 angedeutet).

Statisch ist also die Rückwand als eine unverankerte eingespannte Spundwand (Ankerwand) zu behandeln.

Eine besondere Überlegung ist noch hinsichtlich der Größe des Erdwiderstandes λ'_{p_1} der Kastenfüllung notwendig. Dazu muß von den Erddruckverhältnissen an der *Vorder*wand ausgegangen werden.

Die *Vorder*wand des Fangedammes hat sich unter dem Druck des von ihr gestützten Erdkörpers nach rechts bewegt. Dadurch hat sich die Gleitfläche KL ausgebildet (Abb. 94), auf welcher sich die Erdteilchen des Gleitkörpers KLJ bei der Rechtsverschiebung der Vorderwand in Bewegung gesetzt haben. Bei diesem Gleitkörperzustand kann sich keinerlei Erdwiderstand in demselben ausbilden. Es bleibt aber die Gewichtswirkung des Keiles KLJ auf den Erdkörper $KLHNM$, wodurch letzterer gegen angreifende Kräfte aus der Rückwand abgestützt wird.

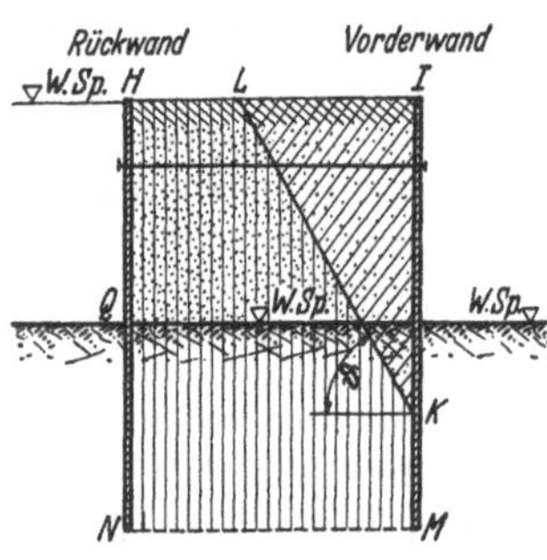

Abb. 94. Erdwiderstand der Kastenfüllung.

Für die Ausbildung des Erdwiderstandes auf die Rückwand HQ steht danach nur der in Ruhe gebliebene Erdkörper $KLHNM$ bereit, der längs der Gleitfläche KL durch die Auflast des Gleitkörpers KLJ belastet ist. Der so entstehende Erdwiderstand im Kasten kann natürlich nicht die Größe erreichen wie im ungestörten Erdreich.

HOMBERG hat zur Ermittlung dieses Erdwiderstandes ein graphisches Verfahren entwickelt[1]. Dabei ergeben sich gekrümmte λ_{p_1}-Linien und kleinere E'_{p_1}-Werte als normalerweise. Gestützt auf diese Untersuchungen wird im vorliegenden Beispiel der Erdwiderstand zur *Vereinfachung* mit dem *halben* Wert angesetzt, wie er sich für ungestörtes Erdreich ergäbe, also $\lambda'_{p_1} = \frac{1}{2}\lambda_{p_1}$ bei $\delta = 0°$ gesetzt, dafür aber die λ'_{p_1}-Linie geradlinig angenommen.

Nun ist noch der Übergang vom Erdwiderstand, der rechts des Wandteiles HQ wirksam ist, zum passiven Erddruck links vom Wandteil NQ festzulegen. Dazu folgende Überlegung: Für die Standsicherheit der Rückwand muß $\Sigma H = 0$ sein. Bei festen Werten W und A muß daher mit wachsendem E'_{p_1} auch E_{p_2}, d. h. die Rammtiefe t zunehmen. Je tiefer also der Übergang zu liegen kommt, desto größer wird die Rammtiefe.

Nach den Untersuchungen HOMBERGS[1] ergibt sich nun für die Verteilungslinie des Erdwiderstandes, daß für jede beliebige Tiefe der Ankerwand (= Rückwand unseres Fangedammes) die ungünstigste Gleitfläche durch den gleichen Punkt geht, und zwar durch den Ansatzpunkt K des Gleitkeiles für den Erddruck auf die Vorderwand (Abb. 94).

---

[1] Siehe Fußnote S. 141.

Für die Übergangslinie ist also die Tiefenlage von K bestimmend. Da die Vorderwand bei der gewählten Rammtiefe von 2,40 m (statt der rechnungsmäßigen von 1,75 m bei freier Auflagerung) eine Einspannung aufweist, da ferner die Bodenkonstanten als sorgfältig ermittelt vorausgesetzt werden, wird es als ausreichend sicher erachtet, K in $\frac{t}{3}$ anzunehmen, d. h. die Übergangslinie in 0,80 m unter Bodenplanie anzunehmen[1]. Die Lage der Übergangslinie wird horizontal gewählt (vgl. S. 120, Abb. 72a).

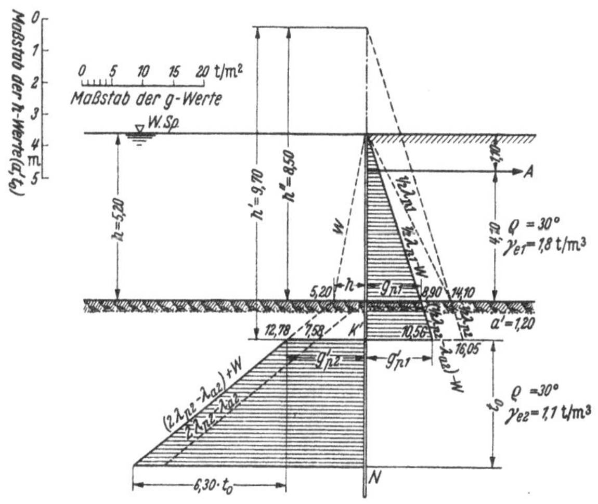

Abb. 95. Belastungsbild der Rückwand.

Die Reibung zwischen Wand und Boden für den Erdwiderstand links unten wird berücksichtigt durch Ansatz von $2\,\lambda_{p_2}$ bei $\delta = 0$ wie bei der Vorderwand.

Damit ergibt sich das in Abb. 95 aufgetragene Belastungsbild.

Rechnungsgrundlagen:

$A = 3{,}78\,\text{t}$; $a' \sim \frac{t}{2}$ der Vorderwand-Rammtiefe als Drehpunkt $\approx 1{,}20\,\text{m}$;

$$\gamma_{e_1} = \gamma_{e_2} = 1{,}8\,\text{t/m}^3;\quad \gamma_e = \gamma_e' = 1{,}1\,\text{t/m}^3;\quad \lambda_{a_2} = \lambda_a = 0{,}33\;(\delta = 0);$$

$$\lambda_{p_1} = \lambda_{p_2} = \lambda_p = 3{,}03 \quad \text{für } \varrho' = 0\,.$$

$$g_{p_1} = \frac{1}{2}\lambda_{p_1}\cdot\gamma_{e_1}\cdot h - h = h\cdot\left(\frac{1}{2}\lambda_{p_1}\cdot\gamma_{e_1} - 1\right) = 5{,}2\left(\frac{3{,}03}{2}\cdot 1{,}8 - 1\right) =$$

$$= 5{,}2\cdot 1{,}72 = \mathbf{8{,}9}\ \text{t/m}^2\,.$$

[1] Siehe Fußnote S. 141.

$$g'_{p_1} = \gamma_{e_2} \cdot \frac{1}{2} \lambda_{p_2} \cdot \left(a' + h \cdot \frac{\gamma_{e1}}{\gamma_{e2}}\right) - \gamma_{e_2} \cdot \lambda_{a_2} \cdot a' - h =$$

$$= \gamma_{e_2} \cdot \left(\frac{1}{2} \lambda_{p_2} - \lambda_{a_2}\right) \cdot a' + \frac{1}{2} \lambda_{p_2} \cdot \gamma_{e_1} \cdot h - h =$$

$$= 1{,}1\left(\frac{3{,}03}{2} - 0{,}33\right) \cdot 1{,}2 + \frac{3{,}03}{2} \cdot 1{,}8 \cdot 5{,}2 - 5{,}2 = \mathbf{10{,}56}\ \mathrm{t/m^2}\,.$$

$$g'_{p_2} = \gamma_{e_2} \cdot (2\,\lambda_{p_2} - \lambda_a)\, a' + h = 1{,}1\,(2 \cdot 3{,}03 - 0{,}33) \cdot 1{,}2 + 5{,}2 = \mathbf{12{,}78}\ \mathrm{t/m^2}.$$

Für *Stabilität der Rückwand* muß für die Horizontale durch N (Abb. 94) gelten: $\Sigma M = 0$.

$$0 = A\,(h - a + a' + t_0) + \gamma'_e\,(2\,\lambda_{p_2} - \lambda_a) \cdot \frac{t_0^3}{6} + g'_{p_2} \cdot \frac{t_0^2}{2} -$$

$$- g_{p_1} \cdot \frac{h}{2}\left(\frac{h}{3} + a' + t_0\right) - \frac{g_{p_1} + g'_{p_1}}{2} \cdot a'\,(0{,}58 + t_0)\,,$$

$$0 = A\,(5{,}30 + t_0) + 1{,}05\, t_0^3 + \frac{12{,}78}{2} \cdot t_0^2 -$$

$$- 8{,}9 \cdot 2{,}60\,(2{,}93 + t_0) - \frac{8{,}9 + 10{,}56}{2} \cdot 1{,}2\,(0{,}58 + t_0)\,,$$

$$0 = t_0^3 + 6{,}08 \cdot t_0^2 - 29{,}6 \cdot t_0 - 52{,}0\,.$$

Daraus $t_0 = 4{,}13 \approx 4{,}2$ m; Rammtiefe rechnungsmäßig $t = a' + t_0 = 1{,}2 + 4{,}2 =$ **5,4** m.

Die Rückwand muß zur Abdämmung des Flußwassers bis in die undurchlässige Tonschicht hinein gerammt werden ($t > 5{,}8$ m).

Dimensionierung der Wand. Es gilt wieder:

$$M = A\,(x - 1{,}10) - \left(\gamma_{e_1} \frac{1}{2} \lambda_{p_1} - 1\right) \cdot \frac{x^3}{6} \quad \text{für } x \leqq h\,,$$

$$M = 3{,}78 \cdot x - 3{,}78 \cdot 1{,}10 - 1{,}73 \cdot \frac{x^3}{6}\,.$$

Für $\max M: \frac{dM}{dx} = 0 = 3{,}78 - 3 \cdot 0{,}29\, x^2$.

$$x = \sqrt{\frac{3{,}78}{0{,}87}} = \mathbf{2{,}08}\ \mathrm{m} < h = 5{,}2\ \mathrm{m}\,.$$

$$\max M = 3{,}78\,(2{,}08 - 1{,}10) - 0{,}29 \cdot 2{,}08^3$$

$$\max M = \mathbf{1{,}09}\ \mathrm{tm}\,.$$

Für den ungünstigen Fall, daß sich im Damm Stauwasser ansammelt $\left(\text{bis } \frac{h}{2} \text{ als Beispiel}\right)$, nimmt der Wasserüberdruck vom Fluß her nur noch von 0 bis $\frac{h}{2}$ zu. Dieser Verkleinerung des Staudruckes steht auf der anderen Wandseite eine Verringerung des Erdwiderstandes von der

Wandhöhe $\frac{h}{2}$ nach abwärts entgegen wegen der Verminderung des γ_e-Wertes auf γ_e'. Es berechnet sich t_0 zu 4,04 m, also t in diesem Fall zu 5,24 m (rechnungsmäßig). Da x auch jetzt noch *oberhalb* $\frac{h}{2}$ liegt

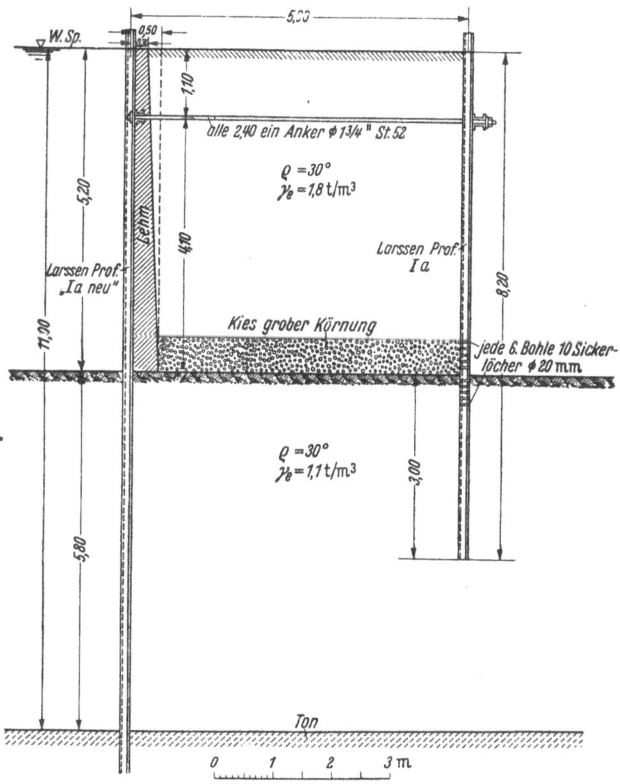

Abb. 96. Querschnitt durch den Fangedamm.

$\left(x < \frac{h}{2}\right)$, tritt an der Größe von $\max M$ gegenüber dem zuerst gefundenen Wert keine Änderung ein.

Zur Aufnahme von $\max M$ genügt rechnungsmäßig ein Larssenprofil Ia aus St. 37/44 mit einem $W = 380$ cm³/lfd. m Wand bei $\sigma = \frac{109\,000}{380} = 287$ kg/cm².

Des besseren Rammens wegen (geringeres Federn!) empfiehlt es sich im vorliegenden Fall, das Profil „Ia neu" zu wählen, das bei 7 kg Mehraufwand je m² Wand ein $h = 220$ mm und ein $W = 600$ cm³ gegenüber $h = 130$ mm bzw. $W = 380$ cm³ bei Profil Ia besitzt.

Aufgabe 3.

Entwurf einer Kaimauer. Stabilitätsuntersuchung einer Massivmauer. Untersuchung auf Geländebruchsicherheit. Massivgründung. Fundament mit vorgesetzter Spundwand. Fundament auf Pfählen. Aufgelöste Mauerformen.

Für den Handelskai eines neu zu erbauenden Binnenhafens an einem kanalisierten Fluß soll eine Kaimauer aus Beton entworfen werden. Bei den vorliegenden Verhältnissen erfolgt die Ausführung in trockener Baugrube. Wasserspiegel und Bodenverhältnisse sind in Abb. 97 gegeben. Die Kaiauflast entspricht einer Erdschüttung von 1,25 m Höhe bei $\gamma_e = 1{,}8\ \text{t/m}^3$, die bis 1,0 m hinter die Vorderkante der Mauerkrone reicht.

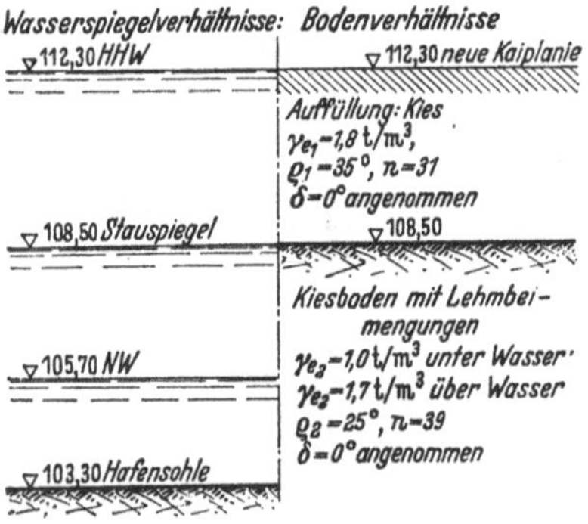

Abb. 97. Wasserstände und Bodenverhältnisse.

Der Stauspiegel mit der Kote 108,50 wird durch ein unterhalb der Hafenausfahrt liegendes Stauwehr im Fluß gehalten. Die Tragfähigkeit des Bodens in Geländehöhe (108,50) wurde mit 12 kg/cm² ermittelt, die zulässige Bodenbeanspruchung dort mit 4 kg/cm² festgelegt.

Lösung.

Allgemeine Betrachtung[1].

Bei einer Kaimauer handelt es sich statisch um ein Stützbauwerk[2] zur Fixierung eines Geländesprunges am Wasser. Als Kaimauer hat es die Nutzauflasten des Kai, statisch außerdem Schiffsstöße und Schiffzug durch die Trossen, den Erddruck infolge des Geländesprunges, eventuell Wasserüberdruck aufzunehmen und auf den tragenden Boden zu übertragen.

[1] Vgl. dazu z. B.: AGATZ: Der Kampf des Ingenieurs gegen Erde und Wasser im Grundbau. Berlin: Springer 1936. – HEDDE: Neuere Kaimauern im Jb. dtsch. Ges. Bauwesen 1925. – MUND: Stützmauer. Handb. f. Eisenbeton Bd. 4, 4. Aufl. Berlin 1934, und die Vorbemerkung zur Aufgabe 4, S. 84ff.

[2] *Stütz*bauwerk, weil durch Wasser- und Erddruck auch *waagrechte* Kräfte auftreten. Bei Bauwerken, welche nur von *lotrechten* Kräften beansprucht werden, spricht man von *Trag*bauwerken.

Die konstruktive Entwicklung dieser Stützbauwerke im See- und Binnenhafenbau hat zu einer stärkeren Unterscheidung zwischen *Unterbau* und *Aufbau* geführt. Während der im Wasser und Boden stehende *Unterbau* nur statische Aufgaben zu erfüllen hat, muß der *Aufbau* statischen wie betrieblichen Anforderungen in gleichem Maße genügen. Das führt zu einer Verschiedenheit hinsichtlich Konstruktion und Ausführung beider Teile.

Beim *Unterbau* sind Konstruktionsform und Bauverfahren sehr verschieden. In erster Linie hängen diese vom Zustand und den Eigenschaften des Baugrundbodens, sowie von den Bodenwasserverhältnissen ab. Sie bedingen in erster Linie die zu wählenden konstruktiven Möglichkeiten und Bauverfahren. Sie weichen voneinander ab, je nachdem die Ausführung im Trockenen oder im Wasser erfolgt, ob der Boden vorher durch Baggerung entfernt werden kann oder erst während der Bauausführung weggebracht wird. Von diesen Verhältnissen hängt es entscheidend ab, welcher Baustoff zur Verwendung gelangt und welche Konstruktionsform geeignet ist (Betonieren im Trockenen oder unter Wasser oder unter der Taucherglocke, Ausführung mit Senkkasten oder Brunnen, Blockbauten, Rammbauten mit Pfählen bzw. Spundwänden).

Statisch hat der Unterbau die vom Aufbau kommenden Lasten, dann den auf ihn unmittelbar wirkenden Erddruck und gegebenenfalls Wasserüberdruck aufzunehmen und auf die tragende Bodenschicht zu übertragen, und zwar so, daß deren Tragfähigkeit nicht überschritten wird, daß weder ein Kippen noch ein Gleiten noch ein Gelände- oder Grundbruch eintritt. Die immer wieder zu beobachtenden Setzungen, Verdrehungen, Verschiebungen und Einstürze von solchen und ähnlichen Stützbauwerken, mahnen uns, immer wieder zu prüfen, *ob der Fertigzustand bzw. die Bauausführung die Voraussetzungen der statischen Berechnung auch erfüllt bzw. gewährleistet und ob die Bodenverhältnisse gründlich untersucht sind.* KREY[1] *hat mit Recht darauf hingewiesen, daß die Kunst der geschickten Behandlung aller Aufgaben, in denen der Erddruck bzw. der Erdwiderstand eine überwiegende Rolle spielt, primär nicht in der peinlich genauen Berechnung der auftretenden Kräfte liegt, sondern vielmehr in der richtigen Erkenntnis des für die Standsicherheit in jedem einzelnen Fall ungünstigsten und dabei möglichen Bewegungszustandes.*

Nun zum *Aufbau!* In unserem Beispiel ist er der sichtbare Teil der Kaimauer, der als Mauer gleichmäßig durchläuft. Der Aufbau wird meist als Stützmauer aus Beton oder Stahlbeton ausgeführt (Massivmauer, Winkelstützmauer, sonstige aufgelöste Konstruktionen). Er hat die weiter oben bereits erwähnten lotrechten Kaiauflasten, Schiffsstöße und Schiffzug durch die Trossen, sowie den Erddruck aufzunehmen. Bei der

---

[1] KREY: Erddruck, Erdwiderstand, 5. Aufl., S. 110.

Dimensionierung dieser Bauteile ist zu beachten, daß sie gegebenenfalls schweren Schiffstößen ausgesetzt sind und daß man diesen Stößen von großen Schiffsmassen zweckmäßig wiederum größere Massen entgegenstellt. Von diesem Gesichtspunkt aus gesehen sollten diese Aufbauten an der schwächsten Stelle nicht unter 1,0 m Stärke ausgeführt werden.

Für die *Schiffskaimauern* muß nun noch auf eine besondere *Forderung hinsichtlich deren wasserseitiger Begrenzung* hingewiesen werden. Das moderne Schiff mit seiner angenähert rechteckigen Querschnittsform hat für diese wasserseitige Begrenzung eine gewisse Einheitlichkeit gebracht in einer möglichst steilen Führung im Bereich der normalen Betriebswasserstände. Man will dadurch den Abstand zwischen Schiff und Kaimauer (Verladekran) so klein wie möglich halten. Denn der statische Vorteil einer Neigung ist meist nicht so groß wie der Betriebsvorteil, der durch möglichst große Nähe des Schiffes erreicht wird. Diese Verringerung des Abstandes trägt zu einem raschen Umschlag und damit zur Verbilligung des Frachtverkehrs bei. In Deutschland wird außerdem auf die Vermeidung waagrechter Absätze in der wasserseitigen Kaimauerflucht großer Wert gelegt, damit sich namentlich die kleineren Binnenschiffe bei Steigen oder Fallen des Wassers mit ihren Scheuerleisten nicht festhaken können. Wo sie nicht zu vermeiden sind, bringt man entsprechend lange und vorstehende Reibhölzer zum Schutze an.

In unserem Beispiel (Aufgabe 3) liegen die Verhältnisse so, daß die Bauausführung der Kaimauer in trockener Baugrube vorgenommen werden kann. Das führt bei Verwendung von Beton als Baustoff auf ein massiv gegründetes Bauwerk mit dem Charakter einer *Stützmauer*.

Die Bauausführung in trockener Baugrube hat nach Agatz folgende *Vorteile* gegenüber einem Pfahlrost- oder Spundwandbauwerk[1]:

1. Die Freilegung bis zur Gründungsfuge des Bauwerks gibt einen vollkommenen Einblick in die Bodenverhältnisse bis in diese Tiefe des Grundes; sie zeigt gegebenenfalls vorhandene unsichere Stellen, ohne vorher den Boden mit zahllosen Bohrlöchern absuchen zu müssen.

2. Das gesamte Bauwerk kann unter klaren statischen Beanspruchungen hergestellt werden. Es gibt keine unübersehbaren Zusatzbeanspruchungen.

3. Man hat es in der Hand, daß für die Dimensionierung des Bauwerkes lediglich die Beanspruchungsverhältnisse während des Betriebes maßgebend sind, nicht auch noch diejenigen während des Baues.

4. Die bisher genannten Vorteile erlauben eine günstigere Beanspruchung des Baustoffes und eine gute Anpassung der konstruktiven Gestaltung an den Verwendungszweck dank der heute einheitlichen Verwendung von Beton und Stahlbeton.

---

[1] Agatz: Der Kampf des Ingenieurs, S. 244 u. 245.

5. Die Arten der Bauausführung sind mannigfaltiger und ebenfalls mehr auf die jeweiligen örtlichen Besonderheiten abgestellt als beim Pfahlrost- und Spundwandbauwerk. Dies gilt übrigens nicht nur für unseren Fall der Trockenbauweise, sondern auch für Naßbauweise. Denn auch Druckluft-, Brunnen- und Senkkastengründung führen zu einem massivgegründeten Stützbauwerk.

Diese Vorteile führen dazu, daß in neuerer Zeit auch bei uns in Deutschland das massiv gegründete Bauwerk häufiger ausgeführt wird als früher, *wenn guter Baugrund in einigermaßen erreichbarer Tiefe ansteht.* Letztere Einschränkung gibt schon den Hinweis, daß man immer wieder — besonders beim deutschen Seehafenbau wegen der vorhandenen überwiegend schlechten Untergrundverhältnisse — mit Fällen zu tun haben wird, wo man gerne und dankbar zu den anderen Gründungsarten greifen wird, weil sie allein eine befriedigende, vielleicht sogar die einzig mögliche Lösung einer gegebenen Bauaufgabe gestatten.

Bei den unserer Aufgabe zugrunde gelegten Verhältnissen kommen, da die Ausführung des Stützbauwerkes in trockener Baugrube erfolgt, folgende Konstruktionen in Frage:

1. Einfache *Massivmauer* (Schwergewichtsbauwerk, aus unbewehrtem oder bewehrtem Stampfbeton oder aus Mauerwerk);
2. *Massivmauer mit waagrechter Entlastungsplatte* (Kragplatte);
3. *aufgelöste* Mauer (mit luft- oder erdseitigen Spargewölben oder mit Verstärkungspfeilern; Winkelstützmauern ohne und mit Versteifungsrippen).

1. Massivmauer.

Die Querschnittsform der Mauer wird hinsichtlich ihrer vorderen, also wasserseitigen Begrenzung in erster Linie, wie schon weiter oben erwähnt, durch den Zweck der Mauer als Handelskai bestimmt. Der Handelskai eines Binnenhafens dient besonders auch dem Stückgutverkehr. Für diesen ist ein möglichst steiler Anlauf an der Vorderseite erwünscht. Da sich der Umschlagverkehr in unserem Falle normalerweise bei gestautem Wasser (108,50) vollzieht, ist der steile Wandanlauf für die Schiffe auch nur im Staubereich notwendig. Während des bei niedergelegtem Wehr (hochgezogenen Wehrverschlüssen!) bestehenden Niederwasserstandes dient der Hafen wesentlich nur noch als Schutzhafen, um den Schiffen mit größerem Tiefgang für die Dauer dieses niederen Wasserstandes die notwendige Schwimmtiefe sicherzustellen. In *diesem* Wasserstandsbereich verliert die Forderung nach möglichst steilem Anlauf der Vorderseite der Kaimauer an Bedeutung, so daß hier mit einem flacheren Anlauf zugunsten der statischen Erfordernisse gearbeitet werden kann. Es wird deshalb in unserem Fall für den Bereich über NW (105,70) ein Anlauf 1 : 10, unter NW ein solcher von 2 : 3 gewählt. Die Rückseite der Mauer soll so ausgebildet werden, daß sich die Hinterfüllungserde möglichst dicht an sie anlegen kann.

Festlegung der Belastungsfälle.

Im Betrieb ist der *Regelfall* der Belastung gegeben, wenn die Verschlüsse des unterhalb des Hafens liegenden Wehres so weit geschlossen sind, daß sie den Stauspiegel im Hafen dauernd auf Kote 108,50 halten.

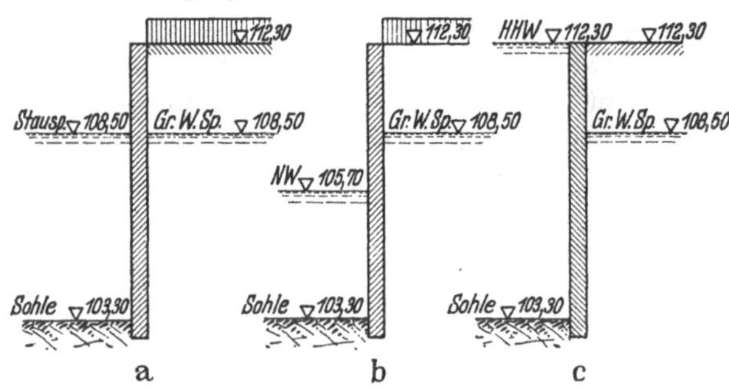

Abb. 98a—c. Betriebsbelastungsfälle.

Bei dem durchlässigen Untergrund stellt sich dann der Grundwasserspiegel hinter der Mauer ebenfalls angenähert auf 108,50 ein (Abb. 98a).

Nun kann aber auch der Fall eintreten, daß die Wehröffnungen rasch freigegeben werden müssen während einer Niederwasserführung des Flusses. Dann sinkt der W. Sp. im Hafen auf 105,70, während der Grundwasserspiegel hinter der Mauer zunächst noch auf Kote 108,50 beharrt (Abb. 98b).

Schließlich ist der Fall eines sehr raschen Steigens des W. Sp. auf Kote 112,30 möglich, ohne daß das Grundwasser hinter der Mauer zunächst mitsteigt (z. B. Hochwasser mit Eisaufbruch eventuell Eisversetzung nach langer Frostperiode[1]. Damit ergibt sich der in Abb. 98c dargestellte Belastungsfall, bei welchem außerdem ungünstig angenommen ist, daß keine Kaiauflast vorhanden ist.

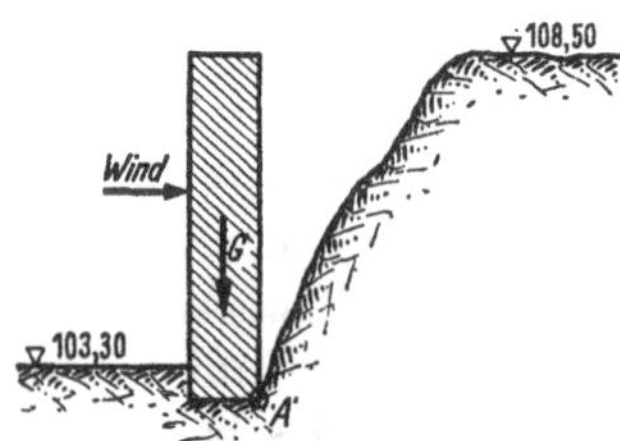

Abb. 99. Mauer auf Winddruck.

Es ist leicht zu übersehen, daß die Fälle b) und c) Belastungsfälle darstellen, zwischen denen der Regelfall a) liegt. Die nachfolgenden Untersuchungen beschränken sich aus Gründen der Raumersparnis lediglich auf die Belastungsfälle b) und c).

Natürlich ist auch die Frage zu prüfen, ob die Mauer auch *während der Bauausführung standfest ist.* Da könnte einmal die Wirkung des *Winddruckes* von Bedeutung sein (Abb. 99). Solange nun das Moment

[1] Vgl. hierzu Bd. 2, S. 576.

des Gewichts G um A größer ist als das Windmoment um A, tritt kein Kanten ein. Praktisch wird dieser Belastungsfall selten eine Bedeutung erlangen, da man die Mauer nicht in einem Zuge bis zur Höhe 112,30 betoniert, sondern in mehreren Abschnitten, wobei jeweils nach Fertigstellung eines Abschnittes hinterfüllt wird. Vorher steht aber die Bolzung der Schalung. Im vorliegenden Beispiel kann deshalb von der Behandlung dieses Belastungsfalles Abstand genommen werden. Schließlich ist während der Bauausführung auch noch der Fall denkbar, daß die massive Mauer bereits fertiggestellt und hinterfüllt ist, während an den anderen Hafenbecken noch gearbeitet wird, weshalb die vorgesehene Hafeneinfahrt noch nicht freigebaggert ist. Da kann sich — auch bei offenem Wehr — unter der Wirkung höherer Flußwasserstände der Fall ergeben, daß z. B. hinter der Mauer der Wasserstand bis auf 108,50 ansteigt, während das Hafenbecken durch Wasserhaltung wasserfrei gehalten wird (Wasserstand im Becken *vor* der Mauer = 103,30 = Beckensohle). Für *diesen* Fall wird weiter unten die Grundbruchuntersuchung durchgeführt[1].

Ermittlung der Horizontalkräfte.

Neben den Mauergewichtskomponenten G wirken die Erddrücke einschließlich der in Erdschüttung ausgedrückten Kaiauflast, die horizontalen Wasserdrücke, die vertikalen Wasserauflasten und der Bodengegendruck. Zur Vereinfachung der Rechnung und zur Sicherheit werden die Erddrücke des Bodens bzw. der Hinterfüllung als auf eine senkrechte glatte Wand wirkend angenommen bei $\delta = 0°$, auch da, wo die Wand abgeschrägt ist. Diese Abschrägung wird berücksichtigt durch Ansatz des lotrecht wirkenden Erdgewichts.

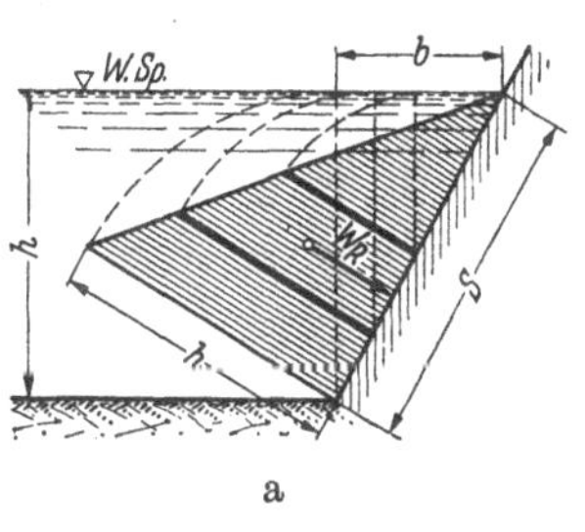

a

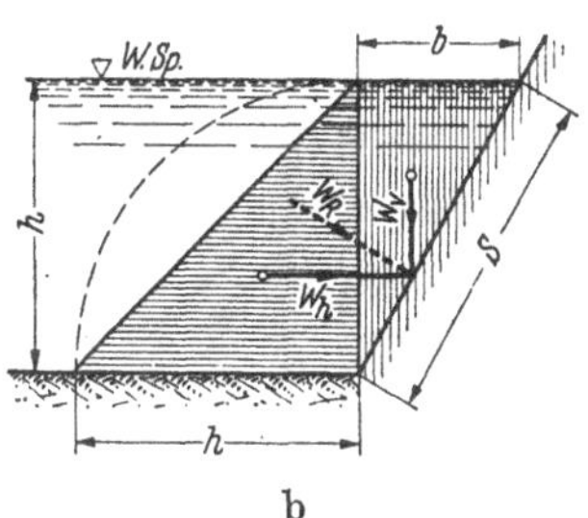

b

Abb. 100 a und b. Wasserdruckdreiecke.

Auch der Wasserdruck auf die schrägen Mauerflächen ist, wie oben ausgeführt, jeweils in seine horizontale und vertikale Komponente zerlegt. Gemäß Ziffer 1 der 1. Aufgabe ergibt sich die Größe des resultierenden Wasserdruckes W_R auf eine schräge, aber ebene Fläche aus dem in Abb. 100 a dargestellten Wasserdruckdreieck. Seine Größe ist

$$W_R = \tfrac{1}{2} \cdot h \cdot s = \tfrac{1}{2} \cdot h \cdot \sqrt{h^2 + b^2}\,.$$

[1] Bei Bearbeitung eines Projektes sind natürlich *sämtliche* Belastungsfälle zu untersuchen.

Nun läßt sich der Wasserdruck W_R auf die schräge Fläche auch darstellen durch seine horizontale und vertikale Komponente W_h und W_v (Abb. 100b). Wie die nachfolgende Rechnung zeigt, haben diese beiden Komponenten die gleiche Resultierende W_R, wie sie sich im Wasserdruckdreieck der Abb. 100a ergibt.

$$W_h = \tfrac{1}{2} h^2; \quad W_v = \tfrac{1}{2} h \cdot b; \quad W_R = \sqrt{W_h^2 + W_v^2} = \sqrt{\tfrac{1}{4} h^4 + \tfrac{1}{4} h^2 \cdot b^2}$$

$$= \tfrac{1}{2} h \sqrt{h^2 + b^2}, \text{ wie oben.}$$

Damit ist gezeigt, daß diese Zerlegung von W_R in W_h und W_v zum gleichen Ergebnis führt.

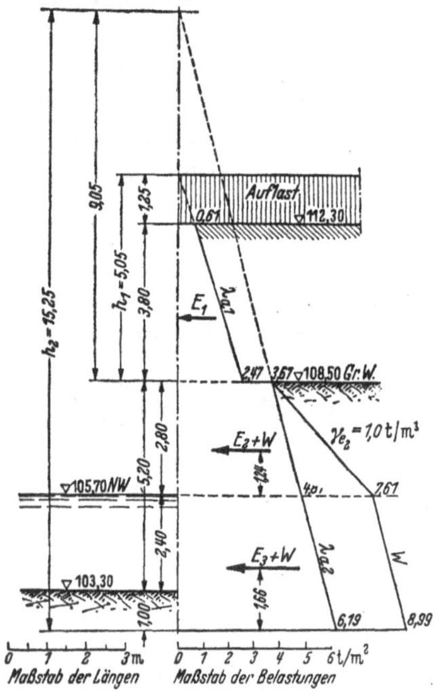

Für die Belastungsfälle b) und c) (S. 172f.) ergeben sich dann die Belastungsbilder der Abb. 101a u. 101b, wobei die Fundamentfuge zunächst 1,00 m unter Hafensohle angenommen ist.

Abb. 101 a. Belastungsfall b.

Belastungsfall b:

Grundwerte:

über 108,5: $\gamma_{e_1} = 1{,}8$ t/m³; $\varrho = 35°$; $\lambda_{a_1} = 0{,}272$; $\delta = 0$;

unter 108,5: $\gamma_{e_2} = 1{,}0$ t/m³; $\varrho = 25°$; $\lambda_{a_2} = 0{,}406$; $\delta = 0$.

$$g_a = 1{,}8 \cdot 0{,}272 \cdot 1{,}25 = 0{,}61 \text{ t/m}^2$$

$$h_1 = 3{,}80 + 1{,}25 = 5{,}05 \text{ m}$$

$$g_{a_1} = 1{,}8 \cdot 0{,}272 \cdot 5{,}05 = 2{,}47 \text{ t/m}^2$$

$$h_2 = 6{,}20 + 5{,}05 \cdot \frac{1{,}8}{1{,}0} = 15{,}25 \text{ m}$$

$$g'_{a_1} = 1{,}0 \cdot 0{,}406 \cdot 9{,}05 = 3{,}67 \text{ t/m}^2$$

$$g_{a_2} = 1{,}0 \cdot 0{,}406 \cdot 15{,}25 = 6{,}19 \text{ t/m}^2$$

$$g_{a_{NW}} = 1{,}0 \cdot 0{,}406 \cdot 11{,}85 = 4{,}81 \text{ t/m}^2$$

$$\overleftarrow{E_1} = \frac{0{,}61 + 2{,}47}{2} \cdot 3{,}80 = 5{,}85 \text{ t/m}$$

$$\overleftarrow{E_2 + W_2} = \frac{3{,}67 + 7{,}61}{2} \cdot 2{,}80 = 15{,}60 \text{ t/m}$$

$$\overleftarrow{E_3 + W_3} = \frac{7{,}61 + 8{,}99}{2} \cdot 3{,}40 = 28{,}20 \text{ t/m}$$

$$\Sigma H = 49{,}65 \text{ t/m}$$

Belastungsfall c:

Grundwerte wie bei Fall b. Keine Auflast.

$$g_{a_1} = 1,8 \cdot 0,272 \cdot 3,8 = 1,86 \text{ t/m}^2$$

$$\overleftarrow{E}_1 = 1,86 \cdot \frac{3,8}{2} = 3,54 \text{ t/m}$$

$$\overrightarrow{W}_1 = \frac{3,80^2}{2} = 7,21 \text{ t/m}$$

$$\overrightarrow{W_1 - E_1} = 3,67 \text{ t/m}$$

$$h_1 = 3,60 \cdot \frac{1,8}{1,0} = 6,85 \text{ m}$$

$$g'_{a_1} = 1,0 \cdot 0,406 \cdot 6,85 = 2,78 \text{ t/m}^2$$

$$h_2 = 6,20 + 6,85 = 13,05 \text{ m}$$

$$g_{a_2} = 1,0 \cdot 0,406 \cdot 13,05 = 5,30 \text{ t/m}^2$$

$$\overleftarrow{E}_2 = \frac{2,78 + 3,80}{2} \cdot 2,50 = 8,22 \text{ t/m}$$

$$\overrightarrow{W}_2 = 3,80 \cdot 2,50 = 9,50 \text{ t/m}$$

$$\overrightarrow{W_2 - E_2} = 1,28 \text{ t/m}$$

$$\overleftarrow{E}_3 = \frac{3,80 + 5,30}{2} \cdot 3,70 = 16,82 \text{ t/m}$$

$$\overrightarrow{W}_3 = 3,80 \cdot 3,70 = 14,04 \text{ t/m}$$

$$\overleftarrow{E_3 - W_3} = 2,78 \text{ t/m}.$$

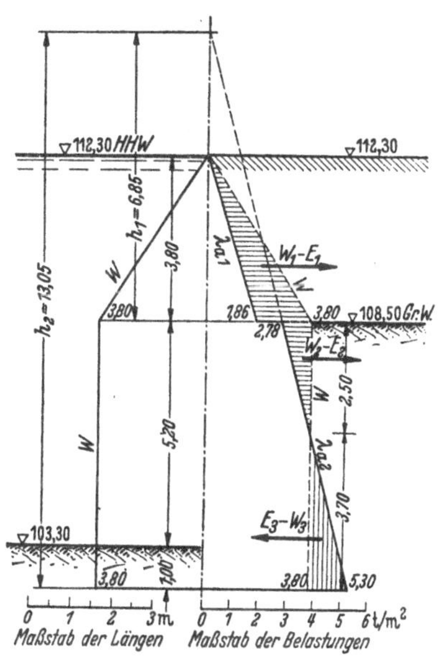

Abb. 101 b. Belastungsfall c.

Wie man leicht feststellen kann, wirkt im Belastungsfall c) die Gesamtresultierende der Horizontalkräfte nach *rechts* und verschiebt demgemäß auch die Resultierende aus den Mauergewichten und der vertikalen Wasserauflast etwas gegen die Mauerrückkante. Die Schlußkraft trifft aber die Fundamentfuge in unserem Falle immer noch in der Nähe der Fugenmitte, nämlich im Abstand $x = 2,53$ m von der rückwärtigen Mauerkante entfernt bei Zugrundelegung der Mauerform gemäß Abb. 102 (Grundform). Deshalb wird die weitere Untersuchung zunächst nur für den Belastungsfall b) weitergeführt. Für die *endgültige* Mauerform sind in den Abb. 110 u. 110a die Schlußkräfte für die beiden Belastungsfälle b) und c) ermittelt.

Entwicklung der Mauerform.

Die einfachste Form des Stützmauerquerschnittes wäre das Rechteck. Dieses bildet aber eine sehr teuere Lösung. Denn die Betonmassen der

Mauerquerschnitte sind um so geringer, je besser sich die Querschnittsachse, d. i. die Verbindungslinie der Mittelpunkte der einzelnen waagrechten Fugen der Stützlinie anschmiegt. Wesentlich günstiger als die Rechteckform ist ein Querschnitt mit geneigter Vorderwand. Durch Rückwärtsneigung auch der Hinterwand läßt sich der Querschnitt weiter verbessern. Diese Form erfordert aber besondere Sorgfalt bei der Ausführung, um ein Kanten bei fehlender Hinterfüllung zu verhindern. In den beiden letzten Fällen ist es vorteilhaft, die Bodenfuge schräg (nach vorne steigend) anzuordnen. Schließlich kann man die Vorderwand lotrecht und die Rückwand schräg anordnen mit einer Neigung nach vorne. Dieser Querschnitt führt wieder zu einer größeren Grundfläche und zu Mehraufwand an Beton, oft sogar gegenüber einer Rechteckmauer. Dies ist nun aber gerade die Querschnittsform, die für Kaimauern wegen der Forderung nach einer möglichst steilen Führung der Vorderwand (siehe S. 152) in Frage kommt, wenn man sich für eine einfache Massivmauer (Schwergewichtsmauer) entscheidet.

Im gegebenen Beispiel erhält die Vorderwand der Mauer einen Anlauf 1 : 10 über Kote 105,70 und einen solchen von 2 : 3 unter 105,70. Damit liegt das Profil der Vorderwand fest. Wird nun noch die mittlere Stärke der Mauer nach der bekannten Faustregel mit $^1/_3$ ihrer Höhe angenommen ($\frac{1}{3}$ 10,0 = 3,33 m) und die Rückwand lotrecht ausgebildet, so ist eine *Grundform* für den Mauerquerschnitt gefunden. Zunächst soll diese Mauergrundform für den Belastungsfall b) untersucht werden, um festzustellen, wo Betonmassen gespart werden können und wo andererseits die Dimensionen dieser Grundform nicht ausreichen (Abb. 102).

Das Untersuchungsergebnis in Abb. 102 zeigt, daß die Stützlinie (d. i. die Verbindungslinie der Durchstoßpunkte der Resultierenden in den untersuchten Mauerwerkfugen) bereits oberhalb der Kote 105,70 aus dem Kern des Querschnittes heraustritt und dann bis zur Fundamentfuge außerhalb des Kerns verläuft. Damit treten in diesem Mauerbereich Zugspannungen in der Mauerrückwand auf. Um diese zu vermeiden, muß der Mauerquerschnitt im Bereich der Zugspannungen verbreitert werden. Andererseits kann im oberen Teil der Mauer, in ihrem Aufbau (oberhalb 108,50), an der Rückseite Betonmaterial eingespart werden.

Standsicherheit des Bauwerks.

Diese kann bei Lockerböden dadurch gefährdet sein, daß der Baugrund unter der Wirkung der Belastung durch das Bauwerk sehr stark lotrecht nach unten nachgibt, letzteres also *unzulässig große Setzungen* erfährt, oder daß dieses Nachgeben nicht nur nach unten, sondern auch *seitlich* in die Nachbarschaft der Fundamentsohle erfolgt (*Grundbuchgefahr* einschließlich *Gleiten* und *Kippen*). Es wird in solchen Fällen die

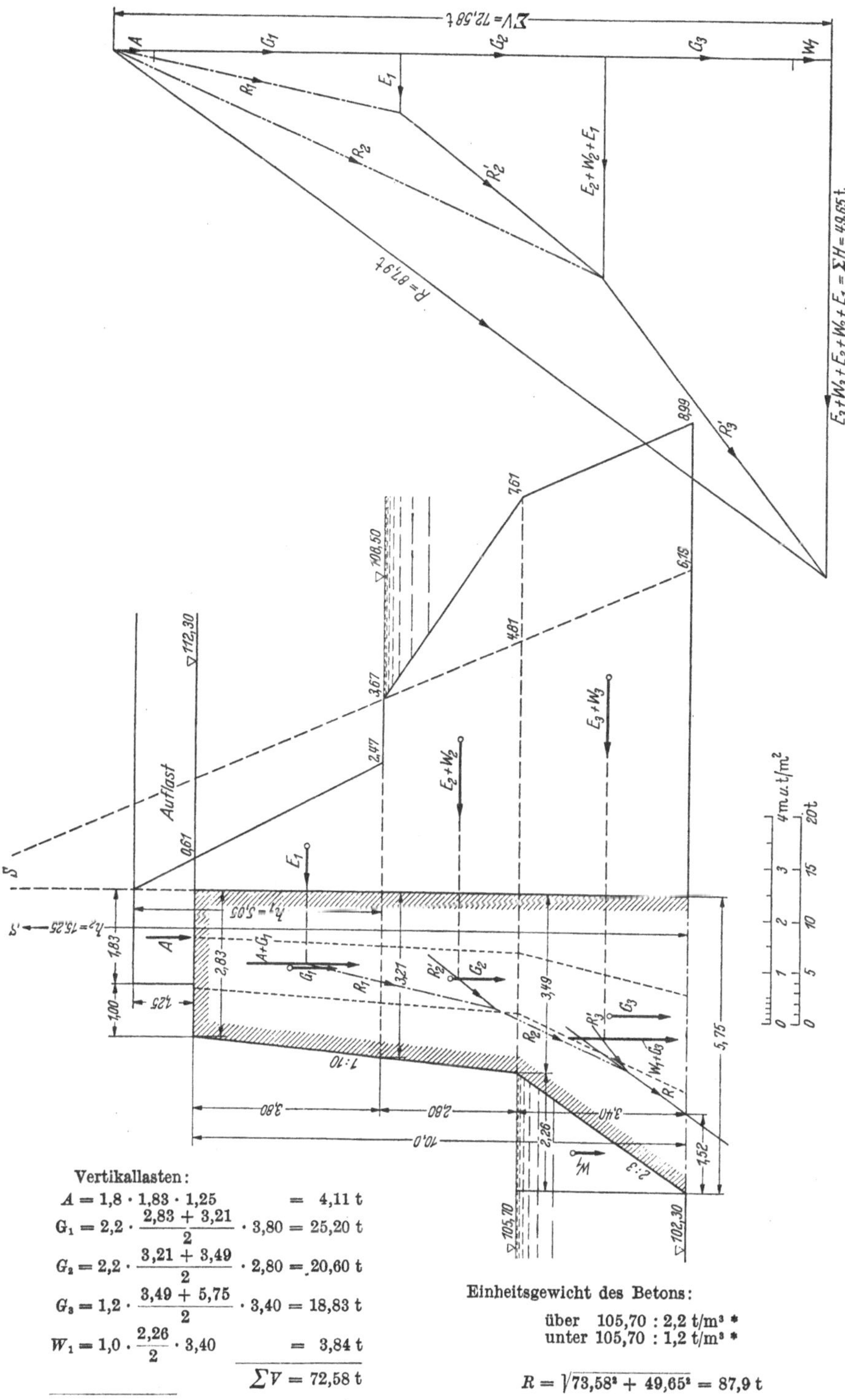

Abb. 102. Untersuchung der Mauergrundform für Belastungsfall b.

Vertikallasten:

$$A = 1{,}8 \cdot 1{,}83 \cdot 1{,}25 = 4{,}11\ \text{t}$$

$$G_1 = 2{,}2 \cdot \frac{2{,}83 + 3{,}21}{2} \cdot 3{,}80 = 25{,}20\ \text{t}$$

$$G_2 = 2{,}2 \cdot \frac{3{,}21 + 3{,}49}{2} \cdot 2{,}80 = 20{,}60\ \text{t}$$

$$G_3 = 1{,}2 \cdot \frac{3{,}49 + 5{,}75}{2} \cdot 3{,}40 = 18{,}83\ \text{t}$$

$$W_1 = 1{,}0 \cdot \frac{2{,}26}{2} \cdot 3{,}40 = 3{,}84\ \text{t}$$

$$\sum V = 72{,}58\ \text{t}$$

Einheitsgewicht des Betons:

über 105,70 : 2,2 t/m³ *
unter 105,70 : 1,2 t/m³ *

$$R = \sqrt{73{,}58^2 + 49{,}65^2} = 87{,}9\ \text{t}$$

* *Eingerüttelter* Beton mit guter Kornzusammensetzung kann bis 2,4 (1,4) t/m³ wiegen.

Widerstandsfähigkeit des Bodens gegen lotrechte Zusammenpressung und möglicherweise auch noch jene gegen seitliches Verschieben mehr oder weniger großer Bodenmassen überwunden. Die Kräfte, welche diesen Grundwiderstand bedingen, sind die *innere Reibung* und die *Haftfestigkeit.* Diese halten die Bodenteilchen in ihrer gegenseitigen natürlichen Lage fest. Wirkt nun eine Last auf die Teilchen ein, dann werden sie elastisch verformt und ändern sowohl ihre Lage als auch ihre gegenseitige Entfernung unter Verkleinerung des Porenraumes (im Störungsbereich: plastische Verformung [Bodenverdichtung, Lastsetzung]; außerhalb bis Grenzfläche der Beeinflussung: elastische Verformung). Bei *körnigen* (rolligen) Böden erfolgt die Setzung stetig mit der Lastzunahme, bis bei Überschreitung einer gewissen Einheitslast (Proportionalitätsgrenze) eine ruckartige Lastsenkung erfolgt infolge der Bildung von (symmetrischen oder nur einseitigen) Gleitflächen geringsten Widerstandes, die im Boden von den Fundamentecken aus um sich greifen (Grundbruch). Bei *bindigen* Böden spielt das *Wasser* in den Poren eine große Rolle. Sind z. B. die Poren mit Wasser voll gesättigt (luftfrei), dann tritt bei *rascher* Aufbringung einer größeren Last zwar auch eine Verformung der hier vorhandenen Mineralschuppen des Bodens ein, aber im gleichen Augenblick gelangt das Porenwasser unter Spannung (Porenwasser-Überdruck) und verhält sich wie eine unzusammendrückbare zähe Flüssigkeit, weil hier bei den außerordentlich kleinen Poren das Abfließen des Porenwassers unter dem Belastungsdruck sehr viel langsamer vor sich geht, als bei nichtbindigen (rolligen) Böden mit ihren vergleichsweise viel größeren Poren. Bei Überschreitung der Grenzbelastung bricht die Last schließlich durch unter seitlichem Emporpressen des Bodens. Hat das Porenwasser dagegen bei entsprechend *langsamer* Laststeigerung Zeit zum Abfließen, dann erfolgt die Senkung nur infolge Verdichtung des Bodens, und zwar stetig, wie bei rolligen Böden.

Bedenkt man, was im Abschnitt „Baugrund“ über die vielerlei Entstehungsbedingungen für die Bodenschichten im einzelnen, über ihre wechselnden Zusammensetzungen und ihre divergierenden Eigenschaften gesagt wurde, dann leuchtet ein, daß auch der Ablauf der vorstehenden Vorgänge von Baugrund zu Baugrund ein anderer sein wird. Die Reaktion des Bodens auf Bauwerkslasten hängt eben von den Eigenschaften des Bodens bzw. der Bodenschichten unter, über und neben der Bauwerkssohle ab, also von seinen Stoffwerten, wie Gleitwiderstand (innere Reibung einschließlich Kohäsion, letztere bei Feinsanden und bindigen Böden) und natürlicher Vorbelastung durch (frühere) Überlagerungsschichten und Diluvialeisschollen (Porenraum, Raumgewicht, Verdichtungszahl). Von Einfluß sind weiter die Art der Schichten, ihre Neigung und Mächtigkeit, der Wassergehalt des Bodens und der Wasserwechsel in ihm. Dazu kommt noch der Einfluß des Bauwerkfundaments, seine

Form, Größe, die Tiefenlage der Fundamentsohle unter Gelände, das Maß der Elastizität (Steife) der Lastplatte, ob Bauwerksgründung ungehinderte Seitenausdehnung des Bodens unter der Fundamentsohle erlaubt oder nicht (Einspundung), und schließlich der Belastungscharakter (ruhende Last oder ständiger Lastwechsel, Erschütterungen durch Maschinen und Verkehr).

Diese zahlreichen Wechselbeziehungen zwischen den verschiedenartigsten Bau-(Gründungs-)aufgaben und den ebenso vielfältigen Baugrundverhältnissen lassen sich *nicht* durch allgemein gültige Bodenfestwerte erfassen. Bei sehr vielen Entwürfen besonders auf dem ausgedehnten Gebiet des Ingenieurbauwesens ist man vielmehr gezwungen, sich zunächst volle Klarheit über den geologischen und stofflichen Aufbau des jeweiligen Bodens (Baugrundes) und seinem Verhalten bei Belastungen zu verschaffen, um in jedem Falle zuverlässige Unterlagen für die Feststellung seiner *Tragfähigkeit* (Widerstandsfähigkeit gegenüber lotrechter Zusammendrückbarkeit und gegen seitliches Herauspressen) zu gewinnen[1]. Diese Erkundungsarbeiten werden manchmal in Verbindung mit Probebelastungen bzw. Proberammungen durchgeführt (vgl. S. 96). Sie erlauben in jedem Falle die *Grenzbelastung* bzw. die *kritische Gründungstiefe*, bei der der Grundbruch zu erwarten steht, zu ermitteln und unter Zugrundelegung eines Sicherheitsfaktors η die *zuzulassende Baugrundbelastung* (in kg/cm²) festzulegen. Nur für die einfachen Fälle, bei denen bereits günstige Erfahrungen an Bauwerken in der Nachbarschaft vorliegen, geben die DIN 1054 (1953) für *Flachgründungen Zahlenwerte* für *zulässige Bodenpressungen*, außerdem Erfahrungswerte für *zulässige Pfahlbelastungen*, deren Verwendung aber in beiden Fällen an bestimmte Voraussetzungen geknüpft ist[2]. Sind diese erfüllt, ist bei solchen Flachgründungen nur noch nachzuweisen, daß das Bauwerk gegen *Gleiten* ausreichend gesichert ist. Grundbruchsicherheit, damit auch die Kippsicherheit, sowie im allgemeinen auch das Einhalten tragbarer Setzungen für normale Bauwerke ist durch die Tafelwerte bereits gewährleistet.

Bodenpressung und Sohldruck.

Die lotrechte Gesamtbodenpressung $\sum\limits_{0}^{F} p$, die in der Fundamentfuge (Sohlfuge) eines Bauwerks wirksam ist, ist *stets* gleich der Gesamtheit der auf das Bauwerk wirkenden lotrechten Lastkomponenten einschließlich der Eigengewichte ($V = \Sigma\,[P_v,\ G_v,\ E_v,\ W_v]$) also

$$V = \Sigma(P_v,\ G_v,\ E_v,\ W_v) = \sum_{0}^{F} p\,.$$

[1] Vgl. dazu insbesonders Aufgabe 4, Fall b, S. 205ff.

[2] Vgl. Anhang, Tafeln 8–9, S. 389–392 (mit Erläuterungen).

So groß muß auch der Gegendruck des Baugrundes gegen die Lasten des Bauwerks sein (actio = reactio). Wie sich dieser Gegendruck (Sohldruck) aber jeweils *über die Fundamentfuge verteilt*, für diese Feststellung fehlt im allgemeinen noch ein verlässiges Verfahren.

Nimmt man an — wie das auch immer bei der bisher üblichen Sohlspannungsermittlung geschieht —, daß der Erdkörper unter der Sohlfuge dem HOOKEschen Gesetz folgt, dann ergibt sich bei rechteckiger Sohlfläche und mittig angreifender lotrechter Lastresultierender eine rechteckige Spannungsfläche (gleichmäßige Verteilung der Spannung p); bei

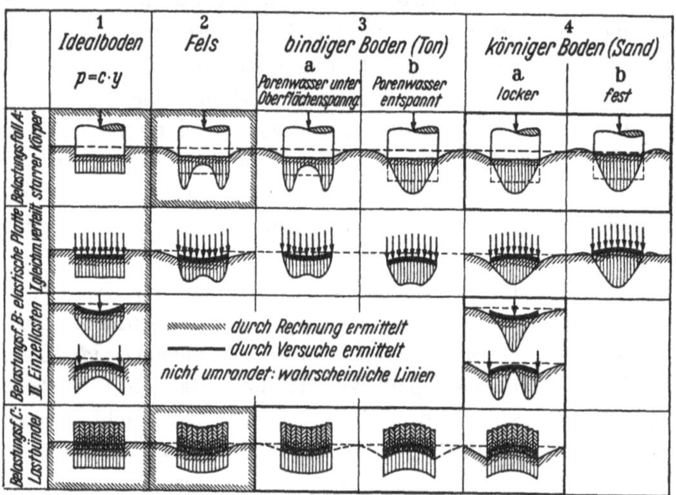

Abb. 103. Verteilung der Sohlspannungen für verschiedene Bodenarten bei verschiedenen Belastungsfällen und verschiedenen Steifigkeitsgraden von Grundwerken[1].

außermittiger Belastung erhält man in diesem Falle trapez- bzw. dreieckförmige Sohlspannungsflächen (siehe unten!). In vielen Fällen stimmen die so gewonnenen Ergebnisse mit den tatsächlich auftretenden Sohlspannungsverteilungen keineswegs überein. Denn die Verteilung der Sohldrücke über die Fundamentfuge des Grundwerks hängt außer von der Beschaffenheit des Bodens und der Anordnung der Bauwerkslasten von der Gründungstiefe, von der Größe des Grundwerks (Summe der Fundamentflächen) und vom Grad der Steifigkeit des Gründungskörpers ab. Abb. 103 gibt einen Einblick in die Verschiedenartigkeit der Sohldruckverteilung bei verschiedenen Lastanordnungen, verschiedenen Bodenarten und wechselnder Grundwerksteifigkeit (starre Lastkörper, biegsame Lastplatten, schlaffe Lastbündel).

Je tiefer die Lage der Lastübertragungsfläche unter der Geländeoberfläche liegt, um so mehr wird das seitliche Ausweichen des Bodens am Lastflächenrand durch die dortige Bodenüberlagerung verhindert, um so mehr wird daher der Boden unter dem Lastflächenrand befähigt werden, höhere Lastanteile aufzunehmen. Dadurch vergleichmäßigt sich die Sohldruckverteilung. Unter *großen* Lastflächen, die unter der Bodenoberfläche liegen, dürfte die Sohlspannungsverteilung daher wenig von der rechteckigen Verteilung abweichen.

Ungeklärter liegen die Verhältnisse hinsichtlich der Sohldruckverteilung bei außermittigem Druck, besonders mit schräger Belastung, wie sie für Stützbauwerke typisch ist. Hier wird man sich — vorläufig wenigstens — mit dem bisherigen Ermittlungsverfahren für die Sohldruckverteilung behelfen müssen (vgl. dazu weiter unten eine Näherungsmethode nach OHDE).

Nach DIN 1054 (Ziffer 4.327) darf die Spannungsverteilung unter der Sohle bei Ermittlung der Setzungen im allgemeinen geradlinig angenommen werden.

Bei schwierigeren Gründungsaufgaben empfiehlt es sich, zwecks Abschätzung der wahrscheinlichen Sohldruckverteilung mit einer bodenmechanischen Versuchsanstalt zusammenzuarbeiten, um verlässige Unterlagen für die Feststellung der Querkräfte und Biegungsmomente zu haben, welche der Bodengegendruck als Gegenspieler der Bauwerkslasten hervorruft (elastische Fundamentanordnung!).

Nun wieder zu unserem Beispiel!

Im Falle unserer hohen Massivmauer handelt es sich um einen offensichtlich „starren" Gründungskörper, dessen Lasten in der Bauwerkslängsachse als gleichmäßig verteilt angenommen werden können. Fällt bei einem solchen steifen Grundwerk der Schwerpunkt der lotrechten mittig angreifenden Lastkomponente mit dem Schwerpunkt der Fundamentfläche zusammen, dann ergeben sich an allen Stellen der Sohlfläche unabhängig von ihrer Größe *gleiche Setzungen*. Unter diesen Umständen kann der Sohldruck *nicht* mehr gleichmäßig verteilt sein[1]. Für körnigen Boden, wie er in unserem Fall vorliegt, ergibt sich etwa eine parabelförmige Verteilung (Abb. 103, Belastg.-Fall A, 4). Allerdings verschiebt sich hier infolge der Außermittigkeit unserer Lastresultierenden R auch die Parabelachse der Druckverteilungsfläche im gleichen Sinn wie R.

Nach der *üblichen* Berechnung für die Bodenpressung (geradlinige Verteilung) ergibt sich für unseren Fall:

$$\sigma_{1/2} = \frac{P}{F} \pm \frac{M}{W}.$$

P ist dabei die Vertikalkomponente der Schlußkraft R, F die Fläche der gedrückten Bodenfuge, M das Moment der Vertikalkomponente P in bezug auf den Mittelpunkt S der gedrückten Fläche, W das Widerstands-

[1] Vgl. hierzu z. B. KÖGLER-SCHEIDIG: Baugrund und Bauwerk, 5. Aufl. (1948), S. 92.

moment der gedrückten Fläche. Solange R, also auch P innerhalb des Kerns, d. i. im mittleren Drittel des Querschnittes angreift, ist die gedrückte Fläche gleich der Fundamentfuge der Mauer. Für 1 m Mauertiefe wird dann nach Abb. 104.

$$\sigma_{1/2} = \frac{P}{1 \cdot b} \pm \frac{P \cdot e}{\frac{1 \cdot b^2}{6}} = \frac{P}{b} \pm \frac{6 \cdot P \cdot e}{b^2} = \frac{P}{b}\left(1 \pm \frac{6 \cdot e}{b}\right).$$

Das +-Zeichen bezieht sich auf die größte Randspannung σ_1, das −-Zeichen auf die kleinste Randspannung σ_2.

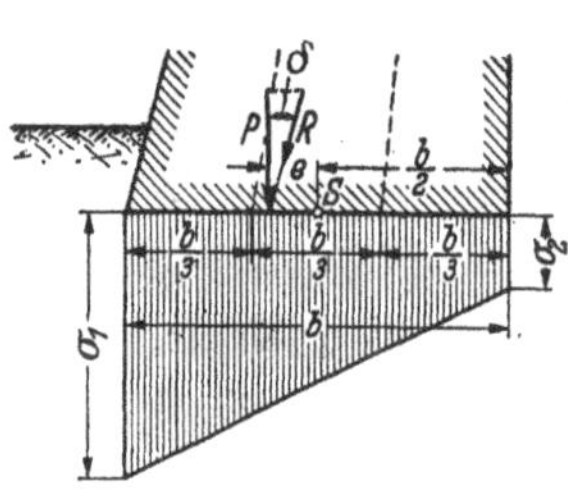

Abb. 104. Bodenpressung.

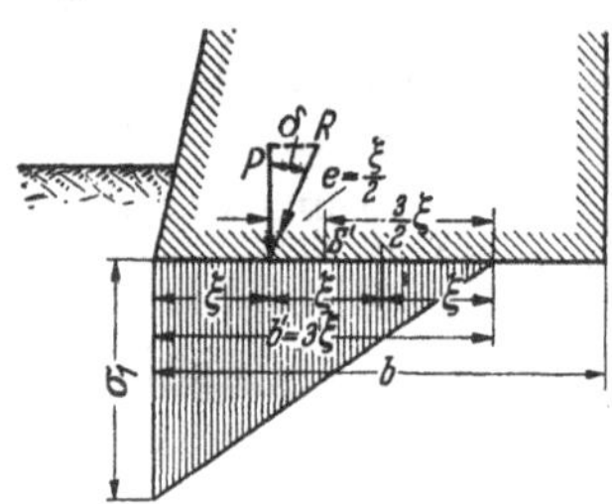
Abb. 105. Bodenpressung für Belastungsfall b.

Wandert P nach links, so wächst σ_1 und es vermindert sich σ_2, bis $\sigma_2 = 0$ wird, wenn P den linken Kernrand erreicht $\left(e = \frac{b}{6}\right)$. Denn dann gilt:

$$\sigma_{1/2} = \frac{P}{b}\left(1 \pm \frac{6 \cdot \frac{b}{6}}{b}\right); \quad \sigma_1 = \frac{2\,P}{b}; \quad \sigma_2 = 0\,.$$

Rückt mit R die Normalkomponente P links aus dem Kern heraus (Abb. 105), so verkleinert sich die gedrückte Fläche auf $b' = 3\,\xi$. Ferner wird jetzt $e = \frac{\xi}{2}$ und

$$\sigma_1 = \frac{P}{3\,\xi}\left(1 + \frac{6 \cdot \xi}{2 \cdot 3\,\xi}\right) = \frac{2\,P}{3\,\xi} = \frac{2\,P}{b'}\,.$$

In unserem Beispiel ist $P = \Sigma V = 72{,}58$ t (Abb. 102) und $\xi = 1{,}52$ m, also

$$\sigma_1 = \frac{2}{3} \cdot \frac{72{,}58}{1{,}52} = 31{,}8 \text{ t/m}^2 = 3{,}18 \sim 3{,}2 \text{ kg/cm}^2\,.$$

Wie groß ist gegenüber diesem Druck auf den Boden die *zulässige Bodenbeanspruchung* (= zulässige Tragfähigkeit in t/m² bzw. kg/cm²)?

Hat man für einen Boden eine bestimmte Belastung in *Geländehöhe* zugelassen, so bestehen für eine tiefer liegende Gründungssohle keine Bedenken, zur zulässigen Oberflächenbelastung das Bodengewicht bis zur Bauwerkssohle zuzuschlagen (Vorbelastung p_v), solange dadurch die Grenzbelastung p_g nicht überschritten wird (Abb. 106).

In unserem Beispiel wurde die Tragfähigkeit des Bodens in Geländehöhe (108,50) mit 12 kg/cm² = 120 t/m² ermittelt. Die Fundamentfuge der Mauer ist zunächst in die Tiefe 102,30 (= 1 m unter Hafensohle, d. h. 6,20 m unter Gelände) gelegt. Wäre *vor* dem Baubeginn der Grundwasserspiegel unter 102,30 gelegen, so könnte die Tragfähigkeit in dieser Tiefe angenommen werden mit $120 + 1{,}7^{*} \cdot 6{,}20 = 130{,}5$ t/m². Tatsächlich war der Grundwasserspiegel des Baugeländes auch vor Baubeginn abhängig vom jeweiligen Stand des Flußwasserspiegels. Er dürfte also wohl kaum unter 105,70 heruntergegangen sein. Damit stand auch der Boden bis zur Höhe des Grundwasserspiegels unter Auftriebswirkung. Es empfiehlt sich deshalb für die Ermittlung der Tragfähigkeit in der Fundamentfuge zur Sicherheit nicht mit $\gamma_e = 1{,}7$ t/m³, sondern mit $\gamma_e = 1{,}0$ t/m³ zu rechnen. Dann erhält man: $120 + 1{,}0 \cdot 6{,}20 = 126{,}20$ t/m². Bei Annahme dreifacher Sicherheit wird die zulässige Tragfähigkeit ~ 42 t/m² = 4,2 kg/cm² > 3,2 kg/cm² (siehe S. 164).

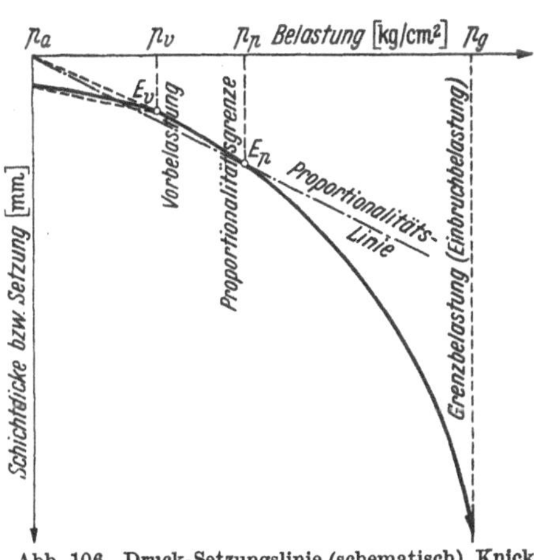

Abb. 106. Druck-Setzungslinie (schematisch). Knickpunkt E_v zeigt die frühere Vorbelastung (p_v) an.

Nach DIN 1054 (4.21, b 2) wäre bei Flächengründungen für einen Boden aus grobem Sand bis Kies bereits bei 2 m Gründungstiefe und $b = 5$ m Sohlenbreite unter den im Anhang, Tafel 8, S. 389, angegebenen Voraussetzungen eine Bodenpressung von 6 kg/cm² > 4,2 kg/cm² zulässig.

Auch die Außermittigkeit der Mittelkraft R ist mit $\xi = 1{,}52$ m wesentlich geringer, als sie nach DIN 1054 (4.113) höchstens zugelassen wird, nämlich mit $\frac{5{,}0}{6} = 0{,}83$ m (5,0 m = Fundamentbreite).

Kippsicherheit.

Die Berücksichtigung des vertikal nach oben wirkenden Wasserüberdruckes (Sohlenwasserdruck, Auftrieb) geschah hier in der meist üblichen Weise durch Verminderung des Raumgewichtes des eingetauchten Bauwerkteiles (Grundwerkteiles) um das Raumgewicht des Wassers. Dem hydrostatisch weniger Geschulten wird empfohlen, auch die vertikalen Wasserdruckkräfte wie die horizontalen Wasserdrücke im Lastverteilungsdiagramm aufzutragen. Macht man das für unser Beispiel

---

* Siehe Angabe zu Aufgabe 3, S. 150.

und nimmt dabei an, daß der von unten nach oben wirkende Sohlenwasserdruck von der Mauerrückkante (A) zur Vorderkante (B) *geradlinig* abnimmt, so ergibt sich das in Abb. 107 dargestellte Belastungsbild für den Sohlenwasserdruck. Man erkennt, daß die näherungsweise getroffenen Annahmen für das Raumgewicht des Mauerwerks (2,2 t/m³ über Kote 105,70, 1,2 t/m³ unter 105,70) etwas zu günstig für die Stabilitätsuntersuchungen der Mauer sind. Bei der geradlinigen Verteilung AB des Sohlenwasserdruckes wird die Scheidelinie zwischen den beiden verschiedenen Raumgewichten bestimmt durch die Linie CD. Man erkennt aber weiterhin, daß auch damit dem tatsächlichen Sohlenwasserdruck noch nicht gänzlich entsprochen ist, da das Wasserdruckdreieck CEF unberücksichtigt bleibt. Es wird auf diese Verhältnisse ausdrücklich hingewiesen. Wenn das Beispiel gleichwohl mit den vereinfachenden günstigeren Annahmen durchgerechnet wurde, so geschah es, um die Zahlenrechnungen für den Leser möglichst einfach und übersichtlich zu erhalten.

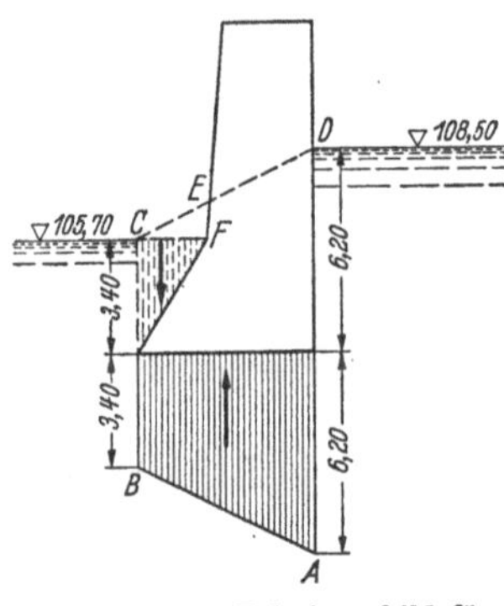

Abb. 107. Belastungsbild für Sohlwasserdruck.

Nun zur Kippsicherheit! Nach der bisher üblichen Betrachtungsweise hielt man eine *Kipp*gefahr bei einem Stützbauwerk für gegeben, wenn die Resultierende der sämtlichen, oberhalb der Bodenfuge wirkenden horizontalen und vertikalen Kräfte *außerhalb* der Mauervorderkante verläuft, oder wenn das Moment der waagrechten Kraftkomponenten um die Fundamentvorderkante (ungünstiger gelegene Fundamentkante) größer ist, als das entgegendrehende Moment der Vertikalkomponenten um dieselbe Kante als Drehachse. Dieses Verfahren setzt voraus, daß der Boden unter der Sohlfläche infolge der Lastwirkung nur ganz wenig nachgibt, wie es besonders bei gut verfestigten Böden (z. B. Fels) tatsächlich der Fall ist.

Bei Lockerböden mit ihrer verhältnismäßig größeren Nachgiebigkeit kann ein Kippen der Mauer um eine „Kante" im vorstehenden Sinn natürlich nicht zustande kommen. Man kann sich mit KREY den Kippvorgang z. B. so vorstellen, daß sich mit dem Nachgeben des Bodens unter der Lastresultierenden zunächst eine kreiszylindrische Gleitfläche[1] mit dem Mittelpunkt in O ausbildet, die das Fundament einhüllt, wie etwa in Abb. 108a. Beim Eintreten des Kippens beginnt sich dann das Bauwerk samt den miterfaßten Erdkörpern (G_4 und G_5 in Abb. 108a)

[1] KREY hat auch ein Verfahren für die Grundbruchuntersuchung mit *ebenen* Gleitflächen in seinem vielzitierten Buch („Erddruck, Erdwiderstand") gezeigt. Vgl. dazu S. 151 Fußnote.

um O als Drehpunkt zu drehen. Dabei haben wir es mit folgenden Kräfteverhältnissen zu tun:

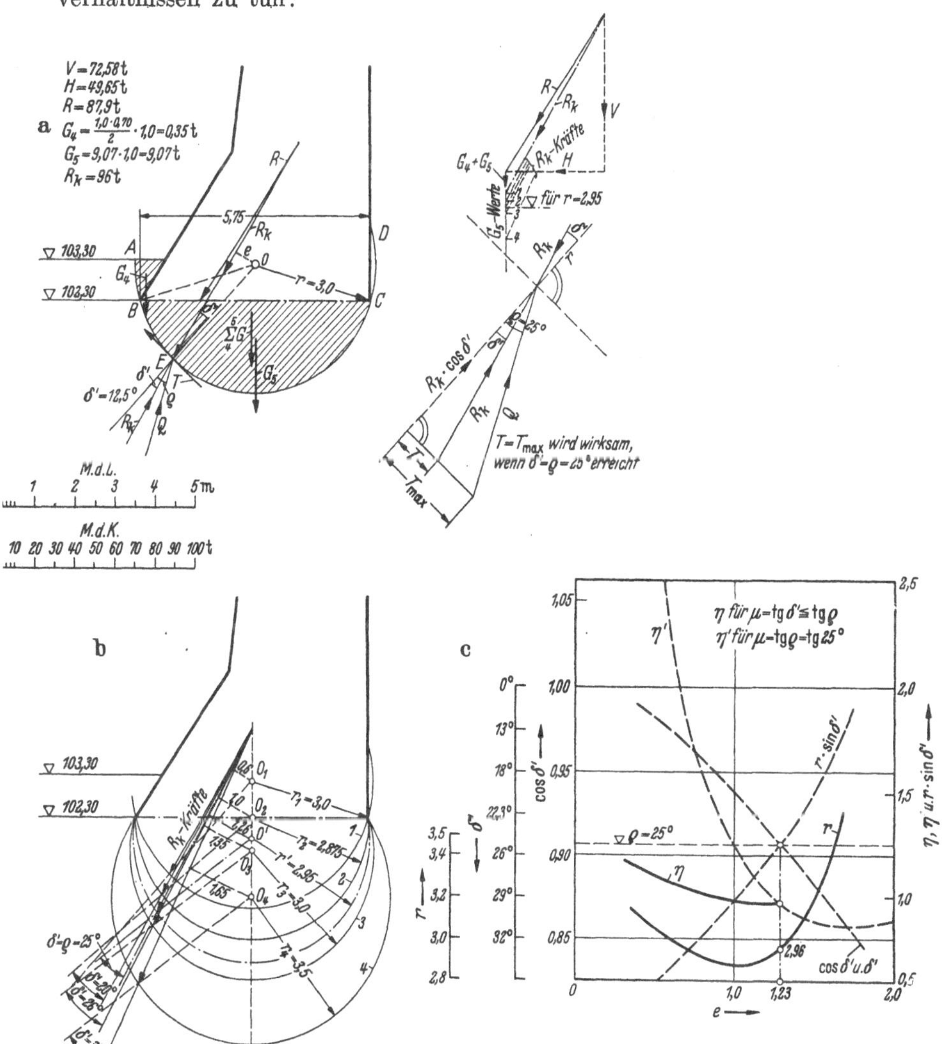

Abb. 108. Untersuchung der Kippsicherheit der Stützmauer nach dem Verfahren von KREY.

In E greift die Resultierende R_K an, die sich aus R der Mauer und den schraffierten Erdgewichten G_4 und G_5 ergibt. Mit dem Hebelarm e erzeugt sie um O ein Moment $R_K \cdot e$. Bei der Drehung des Mauer-Erdkörpers auf der Gleitfläche muß die entgegenwirkende Schubkraft T (Reibungswiderstand des stehenbleibenden Bodens) überwunden werden, deren Moment um O beträgt: $T \cdot r$. Für dieses Moment läßt sich mit μ als

Reibungsziffer und für $k = 0$ (keine Haftfestigkeit) schreiben (Abb. 108a, Kräfteplan):

$$T \cdot r = R_K \cdot \cos \delta' \cdot \mu \cdot r .$$

Für Gleichgewicht muß sein:

$$R_K \cdot e = R_K \cdot \cos \delta' \cdot \mu \cdot r$$

oder

$$e = \cos \delta' \cdot \mu \cdot r .$$

Legt man μ mit tg δ' zugrunde[1], dann ergibt sich für e:

$$e = \cos \delta' \cdot \operatorname{tg} \delta' \cdot r = \sin \delta' \cdot r ,$$

und für die Kippsicherheit

$$\eta = \frac{\sin \delta' \cdot r}{e} .$$

Da die Lage von O zunächst willkürlich gewählt ist, ist auch η als Zufallswert zu betrachten. Ferner ist der Winkel der inneren Reibung im Boden unter der Sohlfuge mit $\varrho = 25°$ ermittelt; bei Beginn einer Kippbewegung um O wird dieser Winkel voll wirksam. Dann ist μ mit tg ϱ = tg 25° = 0,466 in Ansatz zu bringen, somit

$$e = \cos \delta' \operatorname{tg} \varrho \cdot r = \cos \delta' \cdot r \cdot 0{,}466$$

und

$$\eta' = \frac{\cos \delta' \cdot \operatorname{tg} \varrho \cdot r}{e} .$$

Um den Einfluß der Lage von O auf die Kippsicherheit η bzw. η' zu übersehen, wurden in Abb. 108b u. c für verschiedene Drehpunktlagen die Werte r, e, δ' und die zugeordneten Sicherheitsgrade η und η' aufgetragen, η nur bis tg δ' = tg ϱ = tg 25°, da für die Schubkraft T ein größerer Reibungswinkel als $\varrho = 25°$ nicht zur Verfügung steht (T_{max} für $\varrho_{max} = 25°$). Diese näherungsweise Untersuchung zeigt, daß die ungünstigste Gleitfläche für unseren Mauerquerschnitt ungefähr für die Drehpunktlage O_4 in Betracht kommt, bei der sich ein Wert $\eta' \approx 0{,}86 < 1{,}3$ ergibt (vgl. DIN 1054, Ziffer 4.33 und die Grundbruchuntersuchung weiter unten). Es besteht also nach diesem Untersuchungsverfahren für unseren Querschnitt bei den gegebenen Bodenverhältnissen keine Kippsicherheit, obwohl die Resultierende aller Lasten *innerhalb* der Sohlenfuge angreift (Sicherheit gegen Kippen nach der bisherigen Anschauung).

[1] Es wird nur jener innere Reibungswert mobilisiert, der zur Aufrechterhaltung des Gleichgewichtszustandes notwendig ist (actio = reactio), also $\mu = \operatorname{tg} \delta'$ (Abb. 108a, Kräfteplan).

Gleitsicherheit.

Nun bleibt noch die Untersuchung der Standsicherheit des Bauwerks gegen *Gleiten!*

Der weiter oben nach BRENNECKE ermittelte Reibungswiderstand von 16 t entspricht einem $m = \operatorname{tg} \delta = \frac{16}{72{,}58} = 0{,}22$, stellt also einen sehr sicheren Wert gegen Gleiten her.

Die Gleitsicherheit läßt sich in manchen Fällen verbessern durch Anordnung schräger Fugen (Abb. 109a), gegebenenfalls mit Verzahnungen an der Bausohle. Dabei soll die Verzahnung so angeordnet werden, daß sich die Zähne gegen den widerstehenden Erdkörper verstemmen (Abb. 109b). Um für unser Beispiel die Gleitsicherheit zu erzwingen, könnte auch an eine solche Fundamentfugenausbildung gemäß der Abb. 109a u. b gedacht werden.

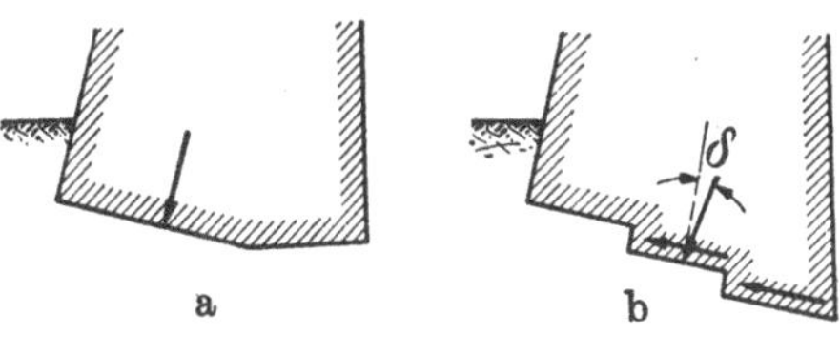

Abb. 109 a u. b. Gleitsicherheit.

Es gibt aber auch noch andere konstruktive Mittel, um die Gleitsicherheit der gewünschten Kaimauer zu gewährleisten. Die Betrachtungen hierzu folgen auf S. 185.

Verbesserte Mauerform.

Die aus der Grundform entwickelte verbesserte Mauerform stellt Abb. 110 dar. Die Stützlinie verläuft für den ungünstigsten Belastungsfall b) nunmehr sowohl im Aufbau, wie auch im Unterbau des Stützbauwerks im Kern, aber doch so nahe an dem Kernrand, daß der Baustoff ausgenützt ist.

Die Untersuchung der Standsicherheit dieser Mauerform ergibt für Belastungsfall b):

a) Die Schlußkraft R liegt innerhalb des Kerns; damit ist die Kippsicherheit gegeben.

b) Für die Bodenpressung erhält man bei $\Sigma V = 81{,}14$ t,

$$b = 6{,}56 \text{ m}, \quad e = \frac{6{,}56}{2} - 2{,}32 = 0{,}96 \text{ m} \quad (\text{Abb. } 110):$$

$$\sigma_{1/2} = \frac{81{,}14}{6{,}56}\left(1 \pm \frac{6 \cdot 0{,}96}{6{,}56}\right) = 12{,}4 \cdot (1 \pm 0{,}88)$$

$$\sigma_1 = +\,23{,}3 \text{ t/m}^2 = +\,2{,}33 \text{ kg/cm}^2; \quad \sigma_2 = +\,1{,}49 \text{ t/m}^2 = +\,0{,}15 \text{ kg/cm}^2.$$

Die zulässige Tragfähigkeit wurde bereits mit 4,2 kg/cm² ermittelt, das ist das 1,8fache von 2,33 kg/cm². Dies bietet genügend Sicherheit auch für eine andere Sohldruckverteilung mit größerer Maximalpressung als dem σ_1 entspricht.

c) $\operatorname{tg}\delta = \frac{\Sigma H}{\Sigma V} = \frac{49{,}65}{81{,}14} = 0{,}61$, also $\delta_{erf.} \sim 31°$; vorhandener Winkel der inneren Reibung $\varrho_{vorh.}$ = maximal zulässiges $\delta = 25°$, d. h. die Standsicherheit gegen Gleiten ist trotz der Vergrößerung der Vertikalkomponente der Schlußkraft noch *nicht* gegeben.

Auf die Mauer wirken Horizontalkräfte, deren Summe auf S. 156 ermittelt wurde zu $\Sigma H = 49{,}65$ t. Nehmen wir an, daß zur Ausführung der Mauer auch das Bodenmaterial vor dem vorderseitigen Fuß derselben weggegraben wurde, dann können wir nach der Wiederhinterfüllung *nicht* damit rechnen, daß hier voller passiver Erddruck der Verschiebung entgegenwirkt. Vernachlässigen wir deshalb diesen Erdwiderstand von links, dann muß ΣH vollständig von dem Reibungswiderstand aufgenommen werden, der zwischen Bauwerksohle und darunter lagerndem Boden wirksam wird, wenn die Mauer unter der Wirkung der Horizontalkräfte seitwärts zu gleiten beginnt.

Nach BRENNECKE ist der mittlere Reibungswiderstand für Kies gegen rauhes Mauerwerk in Tiefen von 5 bis 10 m unter Gelände etwa 3,5 t/m². Das ergibt je lfd. m Mauer $3{,}5 \cdot (1{,}52 \cdot 3) = 16$ t ($1{,}52 \cdot 3$ deshalb, weil außerhalb dieses Bereiches der Fundamentfuge keine Pressung zwischen Mauer und Boden vorhanden ist, also auch keine Reibung wirksam sein kann (vgl. Abb. 105, S. 164). Da $\Sigma H = 49{,}65\, t > 16{,}t$, ergibt sich also aus dieser Berechnungsart *keine* Standsicherheit gegen Gleiten für die Mauer.

Die Gleitsicherheit kann auch festgestellt werden aus dem Winkel δ, den die Schlußkraft (Resultierende) auf die Fundamentfuge mit der Senkrechten auf diese Frage bildet (Abb. 104 u. 105).

Die Tangente dieses Winkels soll nämlich zur Gewährleistung der Gleitsicherheit nicht größer sein, als

bei rauhem Mauerwerk auf Kies und Sand: $m = \operatorname{tg}\delta = 0{,}50$ bis $0{,}60$, entsprechend einem Winkel $\delta \sim 26°$ bis $31°$,

bei glattem Mauerwerk auf Kies und Sand: $m = \operatorname{tg}\delta = 0{,}30$ bis $0{,}40$, entsprechend einem Winkel $\delta \sim 17°$ bis $22°$*.

Dabei ist aber zu beachten, daß m nie größer angenommen werden darf, als dem inneren Reibungswinkel ϱ *des Bodens im Bereich der Gleitfläche entspricht, also* $m < \operatorname{tg}\varrho$. Denn selbst wenn die unmittelbar unter der Fundamentfuge anstehenden Bodenteilchen unter der Einwirkung der rauhen Mauersohle ein größeres δ aufweisen sollten, dann vollzieht sich das Gleiten eben in der nächst tieferen Bodenschicht, in welcher wieder

---

* Vgl. Tafel 5 u. 6 über Reibungsziffern im Anhang.

nur der kleinere innere Reibungswinkel ϱ zur Verhinderung des Gleitens zur Verfügung steht.

In unserem Falle wäre zur Gleitsicherheit ein Reibungswinkel notwendig von $\operatorname{tg} \delta = \frac{\Sigma H}{\Sigma V} = \frac{49{,}65}{72{,}58} = 0{,}69$, entsprechend $\delta_{erf.} \sim 35°$. Dem steht aber nur ein *vorhandener* Reibungswinkel $\delta_{vorh.} = 25°$ gegenüber, entsprechend $\operatorname{tg} \varrho = 0{,}47$, d. h. auch dieser Mauerquerschnitt besitzt *keine* Standsicherheit gegen Gleiten.

Die Untersuchung für den Belastungsfall c) wird nachfolgend *rechnerisch* durchgeführt, da die spitzen Winkel bei der graphischen Untersuchung zu groben Ungenauigkeiten führen.

Rechnerische Untersuchung für Belastungsfall c).

Fuge *I–I*:

Last	H	V	Hebelsarm	M
A_1	–	4,10	1,50	+ 6,15
G_1	–	14,95	2,57	+ 38,42
W_1'	–	0,72	3,55	+ 2,56
$\overrightarrow{W_1 - E_1}$	3,67	–	1,27	– 4,66
Σ_I	3,67	19,77	–	+ 42,47

$$x_I = \frac{\Sigma M}{\Sigma V} = \frac{42{,}47}{19{,}77} = 2{,}14 \text{ m}$$

$$e_I = 3{,}68 - \left[\frac{2{,}58}{2} + 2{,}14\right] = 0{,}25 \text{ m.}$$

Fuge *II–II*:

Last	H	V	Hebelsarm	M
ΣV_I	–	19,77	2,14	+ 42,47
A_2	–	7,52	0,55	+ 4,13
G_2	–	12,80	1,90	+ 24,44
W_2'	–	1,46	3,83	+ 5,59
$\overrightarrow{W_2 - E_2}$	1,28	–	1,97	– 2,52
$\overleftarrow{E_3 - W_3}$	0,04	–	0,10	(+ 0,004)
$\overrightarrow{\Sigma H_I}$	3,67	–	2,80	– 10,28
Σ_{II}	4,91	41,55	–	+ 63,83

$$x_{II} = \frac{63{,}83}{41{,}55} = 1{,}52 \text{ m}$$

$$e_{II} = 3{,}96 - \left[\frac{3{,}96}{2} + 1{,}50\right] = 0{,}46 \text{ m.}$$

Fuge *III–III*:

Last	H	V	Hebelsarm	M
ΣV_2	–	41,55	1,52	+ 63,20
G_3	–	13,70	2,40	+ 32,88
W'_3	–	12,48	4,80	+ 59,90
$\overleftarrow{E_4 - W_4}$	1,45	–	0,79	+ 1,15
$\overrightarrow{\Sigma H_{II}}$	4,91	–	2,40	– 11,79
Σ_{III}	3,46	67,73	–	+ 145,34

$$x_{III} = \frac{145,34}{67,73} = 2,15 \text{ m}$$

$$e_{III} = 5,56 - \left[\frac{5,56}{2} + 2,15\right] = 0,63 \text{ m}.$$

Fuge *IV–IV* (Bodenfuge):

Last	H	V	Hebelsarm	M
ΣV_{III}	–	67,73	2,15	+ 145,34
G_4	–	7,87	3,28	+ 25,79
W'_4	–	9,00	6,06	+ 54,54
$\overleftarrow{E_5 - W_5}$	1,30	–	0,48	+ 0,62
$\overrightarrow{\Sigma H_{III}}$	3,46	–	1,00	– 3,46
Σ_{IV}	2,16	84,60	–	+ 222,83

$$x_{IV} = \frac{222,83}{84,60} = 2,63 \text{ m}$$

$$e_{IV} = 6,56 - \left[\frac{6,56}{2} + 2,63\right] = 0,65 \text{ m}.$$

Damit ergibt sich folgende Spannungsverteilung in der Bodenfuge:

$$\sigma_{1/2} = \frac{\Sigma V}{b}\left(1 \pm \frac{6 \cdot e}{b}\right) = \frac{84,60}{6,56}\left(1 \pm \frac{6 \cdot 0,65}{6,56}\right) = 12,89\,(1 \pm 0,594)$$

$$\sigma_1 = 12,89 \cdot 1,594 = +\,20,6 \text{ t/m}^2 = +\,2,06 \text{ kg/cm}^2$$

$$\sigma_2 = 12,89 \cdot 0,406 = +\,5,24 \text{ t/m}^2 = +\,0,52 \text{ kg/cm}^2.$$

Für den Belastungsfall c) liefert die Standsicherheitsuntersuchung (siehe Abb. 110a) folgendes Ergebnis:

a) Die Schlußkraft R (R_4) liegt im Kern; keine Kippgefahr!

b) Die Randpressungen werden für $\Sigma V = 84,60$ t und $e = 0,65$ m

$$\sigma_1 = +\,20,6 \text{ t/m}^2 = +\,2,06 \text{ kg/cm}^2 \quad \text{(Fundamentvorderkante)},$$
$$\sigma_2 = +\,5,24 \text{ t/m}^2 = +\,0,52 \text{ kg/cm}^2 \quad \text{(Fundamenthinterkante)}.$$

c) $\operatorname{tg}\delta = \frac{\Sigma H}{\Sigma V} = \frac{2,16}{84,60} = 0,026 < \operatorname{tg}\varrho_{vorh.} = 0,47$;

keine Gleitgefahr!

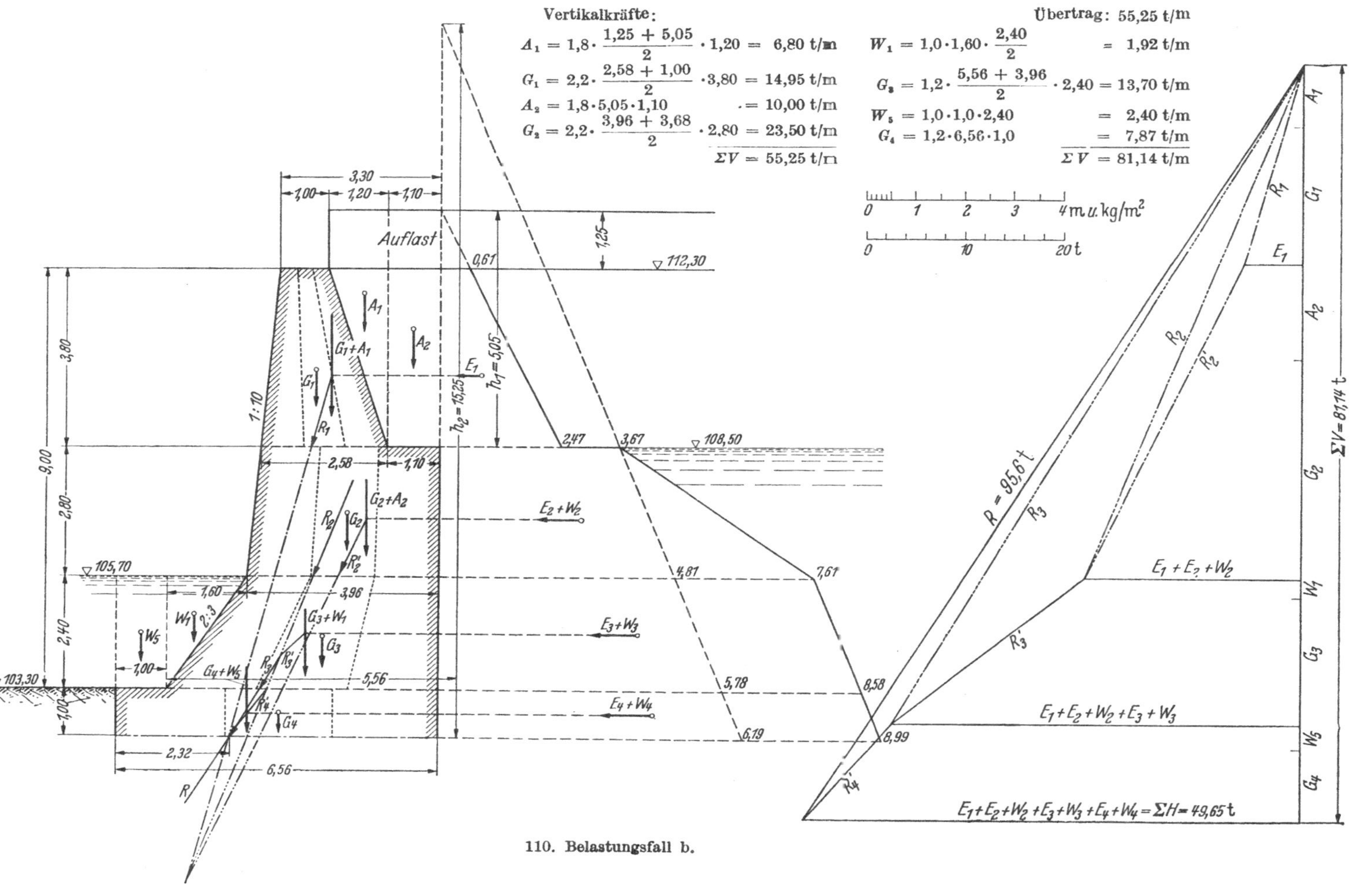

110. Belastungsfall b.

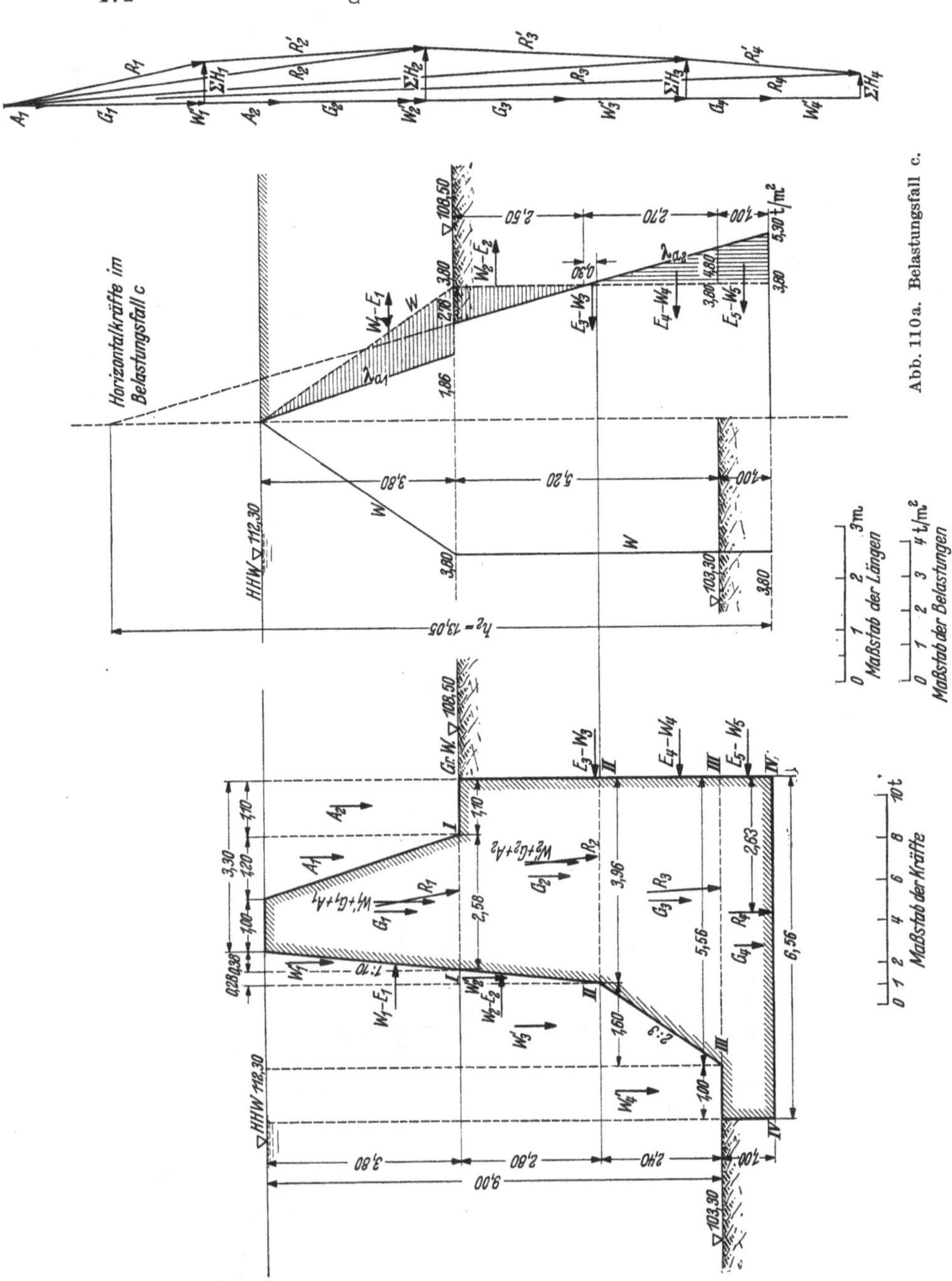

Abb. 110a. Belastungsfall c.

Ehe das Gleitproblem weiter verfolgt wird, ist es *notwendig, zu prüfen, ob der Geländesprung, als Ganzes betrachtet, bruchsicher ist*, d. h. ob nicht eine Gleitfläche im Boden möglich ist, auf welcher der dadurch abgegrenzte Erdkörper mitsamt dem Stützbauwerk wegrutschen kann (Abb. 111). Denn ein solcher *Geländebruch* ist auch dann möglich, wenn das Stützbauwerk, für sich allein betrachtet, in jeder Hinsicht standsicher zu sein scheint. Nach DIN 1054 (1953) ist die *Sicherheit gegen Grundbruch stets nachzuweisen*, wenn in geringer Gründungstiefe große Bodenpressungen entstehen, wenn Bauwerke an einer Böschung oder einem Geländesprung errichtet werden oder wenn die Schichtenfolge einen Grundbruch besonders begünstigt.

Geländebruchsicherheit.

Für die Feststellung der Geländebruchsicherheit hat SVEN HULTIN unter Zugrundelegung einer kreisförmig gekrümmten Gleitfläche ein zeichnerisch-rechnerisches Verfahren entwickelt, das von KREY, HEDDE, MARX weiter durchgearbeitet und vervollkommnet wurde[1].

Dem Verfahren liegt folgender Gedanke zugrunde:

Beim Abrutschen auf der gefährlichen Gleitfläche dreht das Gesamtgewicht des überhöhten Teiles des Geländesprunges, der über der Gleit-

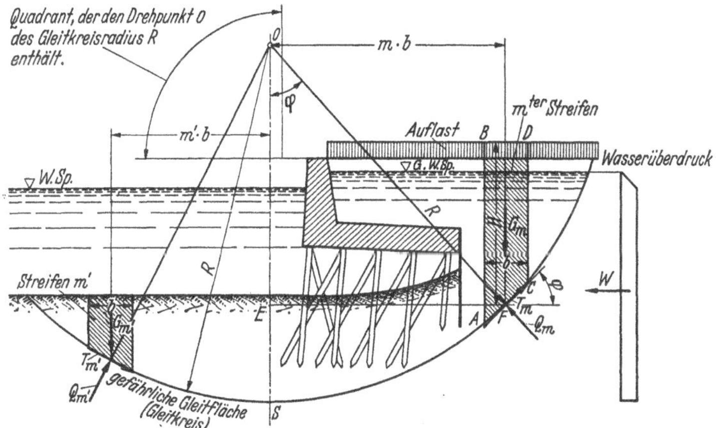

Abb. 111. Geländebruch.

fläche liegt (Bodengewicht, Bauwerkgewicht, Auflast) um den Mittelpunkt O des Gleitkreises (Abb. 111). Dadurch entsteht ein *rechts*drehendes Moment um O. In analoger Weise ergibt sich ein *links*drehendes Moment um O für das Bodenmaterial über der Gleitfläche im Bereich

[1] AGATZ: Der Kampf des Ingenieurs, S. 29ff. – HEDDE: Beitrag zur Berechnung der Standsicherheit eines Bauwerkes gegen Grundbruch des Untergrundes nach KREY: Bautechn. 1929, S. 327. – KREY: Erddruck, Erdwiderstand, 5. Aufl., S. 117ff. – MARX: Die Berechnung der Rutschgefahr. Bautechn. 1931, S. 103.

des tiefliegenden Teiles des Geländesprunges. Als Differenz bleibt ein *rechts*drehendes Moment der Materialgewichte.

Entlang der Gleitfläche wirken außerdem die Normalkräfte des Erdwiderstandes Q und die Schubkräfte T. Die Resultierende der Normalkräfte Q des Erdwiderstandes muß, da die Gleitfläche ein Kreis ist und deshalb alle Teildrücke Q radial angreifen, durch den Drehmittelpunkt O gehen. Das Moment dieser Resultierenden in bezug auf diesen Drehpunkt O ist somit gleich Null. Es bleiben also nur die *links*drehenden Momente der Schubkräfte T längs der Gleitfläche, welche dem *rechts*drehenden Moment aus den Gewichten entgegenwirken.

Stabilität hinsichtlich des Geländebruches besteht nur dann, wenn diese Momente gleich groß sind.

Nun hängt die Größe der Schubkräfte ab von der Reibung, die längs der Gleitfläche dem Abrutschen entgegenwirkt. Diese Reibung ist aber eine Funktion des inneren Reibungswinkels ϱ des Bodenmaterials längs des Gleitkreises ($\operatorname{ctg} \varrho$)[1]. Man kann deshalb für die Stabilität des Untergrundes gegen Geländebruch auch fordern, $\operatorname{ctg} \varrho$ so zu wählen, daß das Moment aus den Schubkräften gleich wird dem Moment aus den Gewichten. Die *Sicherheit* besteht dann darin, daß der tatsächlich vorhandene Reibungswinkel $\varrho_{vorh.}$ größer ist als derjenige Winkel ϱ, der für die Stabilität hinsichtlich Geländebruches mindestens erforderlich ($\varrho_{erf.}$), d.h.

$$\eta = \frac{\operatorname{tg} \varrho_{vorh.}}{\operatorname{tg} \varrho_{erf.}} > 1 .$$

Früher war für η gefordert, daß es auch für den ungünstigsten Fall möglichst über 1,1 liegen soll. In DIN 1054, Ausgabe 1953, Abschnitt 4.33 wird für kreisförmige Gleitflächen nach KREY 1,3fache Sicherheit gegen Grundbruch gefordert.

Tritt bei dem zu untersuchenden Geländesprung ein einseitiger Wasserüberdruck auf, so muß auch dieser noch berücksichtigt werden. Der ungünstigste Fall dafür ist gegeben, wenn das Moment dieses Wasserdruckes M_w in bezug auf den Drehpunkt O im gleichen Sinne wirkt wie das Moment aus den Gewichten (Abb. 111). Damit vergrößert sich der Wert $\Sigma(h \cdot \sin \varphi)$ der Spalte 5 der Tabellen 9 bis 11 (siehe Durchrechnung der Beispiele S. 180, 181 und 183) um den Ausdruck $\frac{M_w}{b \cdot R}$. In unserer Aufgabe ist dieser Zustand gegeben für *Belastungsfall*: W.Sp. *vor* der Mauer 103,30, hinter der Mauer 108,50, so daß für *diesen* die Geländebruchuntersuchung als Beispiel durchgeführt werden soll.

Bei der vorstehenden Stabilitätsbetrachtung hinsichtlich des Geländebruches wurden die Erddrücke auf die Vertikalfugen der Gleitscheibe

[1] Vgl. KREY: Erddruck, Erdwiderstand, 5. Aufl., S. 120ff.

(z. B. $\overline{AB}$ und $\overline{CD}$ in Abb. 111) gleich groß und entgegengesetzt gerichtet angenommen, so daß sie sich aufheben. Das ist an sich eine Annahme, die mit der Wirklichkeit nicht übereinstimmt, insbesondere dort, wo sich die Vertikalbelastung plötzlich ändert (in der Nähe der Vorderkante des Stützbauwerks.) Bei der Rechnung stellt sich aber heraus, daß der Fehler, der durch diese Annahme gemacht wird, von so geringem Einfluß auf das Endergebnis ist, daß damit die vereinfachende Annahme gerechtfertigt ist[1].

Durchführung der Untersuchung auf Geländebruchsicherheit.

1. Zunächst muß der Gleitflächenradius R und dessen Drehpunkt O angenommen werden. Diese Annahme muß willkürlich erfolgen, aber so, daß O in den in Abb. 111 näher bezeichneten Quadranten zu liegen kommt. Außerdem wird man O oberhalb des höchsten Punktes der Belastungsbegrenzungslinie für die Streifenhöhen h (siehe Ziffer 3, unten) annehmen und $\overline{OS}$ soweit nach links verschieben, daß das Stützbauwerk von dieser Vertikalen nicht geschnitten wird. Im übrigen hängt die Lage von O von der Größe des Radius R ab. Da die Ermittlung der gefährlichen Gleitfläche *nur durch ein Probieren praktisch möglich ist*[2], wird man zweckmäßig den ersten Versuch mit einer Gleitfläche machen, die unmittelbar unter der Bauwerksohle, bei Pfahlgründung unter den Pfahlspitzen verläuft. Bei den weiteren Versuchen vergrößert man die Schnitttiefe. Einen Anhalt dafür gibt die Tatsache, daß die Sicherheit der Gleitflächen vom tiefgelegenen Bodenrand des Geländesprunges nach unten erst abnimmt, um dann wieder zu wachsen. Die gefährliche Gleitfläche ist dann an der Grenze dieser zwei Bereiche zu suchen.

2. Nach Annahme eines Drehpunktes O und eines Halbmessers R für den Gleitkreis wird die dadurch bestimmte Gleitscheibe (= Erd- und Mauerwerkkörper *über* der Gleitfläche) in n senkrechte Streifen von an sich beliebiger, aber unter sich gleicher Breite $b = \frac{R}{n}$ zerlegt. Der mittelste Streifen 0 wird genau unter den Mittelpunkt O des Gleitkreises gelegt. Dann ergibt sich für den Streifen mit der Ziffer m (Abb. 111):

$$\sin\varphi = \frac{m \cdot b}{R} = \frac{m \cdot \frac{R}{n}}{R} = \frac{m}{n}$$

[1] Wo in besonderen Fällen ernste Bedenken gegen diese Annahme bestehen, empfiehlt es sich, nach dem Verfahren von Marx zu arbeiten (siehe Bautechn. 1931, S. 103: „Die Berechnung der Rutschgefahr").

[2] Einen Weg für die analytische Ermittlung von O und R skizziert Agatz in „Der Kampf des Ingenieurs ...", S. 34. Dieses Verfahren kommt aber für die Praxis kaum in Frage.

z. B. für Streifen $m = 5$:

$$\sin \varphi = \frac{5}{n}.$$

Wählt man nun zur Vereinfachung der Rechnung $n = 10$, teilt also den Halbmesser R in 10 gleiche Teile, so wird

$$\sin \varphi = \frac{m}{10}$$

z. B. für Streifen 0:

$$\sin \varphi = \frac{0}{10} = 0,$$

Streifen 5:

$$\sin \varphi = \frac{5}{10} = 0{,}5 \quad \text{usw.}$$

3. Nun werden die Erd- und Bauwerkgewichte, sowie Auflasten der einzelnen Streifen auf das gleiche Einheitsgewicht (am zweckmäßigsten auf $\gamma_0 = 1{,}0\ \mathrm{t/m^3}$) umgerechnet und damit die diesem γ_0 zugeordnete Belastungshöhe h festgelegt. Es ist $h = \gamma \cdot H$; soweit das Bodenmaterial unter Wasser steht, wird $h = \left(1 - \frac{n}{100}\right)(\gamma_e - 1) \cdot H$ (Berücksichtigung des Auftriebes). Wenn in einem Streifen Materialien mit verschiedenen Einheitsgewichten vorkommen (z. B. Bauwerkteile, Erdkörper, Auflast) oder der Endstreifen (z. B. 9) nicht die volle Breite b hat, setzt man näherungsweise $h = \frac{\Sigma G}{b}$.

Nun greifen wir einen beliebigen Streifen (z. B. den m-ten Streifen heraus. Derselbe wirkt mit seinem Gewicht $G_m = \gamma_0 \cdot b \cdot h$ auf die Gleitfläche. Beim Abrutschen auf derselben dreht dieses Gewicht G_m um den Drehpunkt O am Hebelarm $EF = R \cdot \sin \varphi = \frac{m}{n} \cdot R$ (vgl. Abb. 111). Es ergibt sich damit das Moment:

$$\gamma_0 \cdot b \cdot h \cdot \frac{m R}{n} = \gamma_0 \cdot b \cdot h \cdot \sin \varphi \cdot R.$$

Das resultierende Moment aller Laststreifen beträgt daher:

$$M_G = \gamma_0 \cdot b \cdot R \left[\sum_0^m (\sin \varphi\, h) \ \text{rechts} \ - \sum_0^{m'} (\sin \varphi \cdot h) \ \text{links}\right].$$

Entgegen wirkt das Moment der Schubkraft. Diese ist für einen Streifen:

$$T = \gamma_0 \cdot \xi \cdot b, \quad \text{wobei} \quad \xi \sim \frac{h}{\cos \varphi (\operatorname{ctg} \varrho + \operatorname{tg} \varphi)}\,^*,$$

* Vgl. KREY: Erddruck, Erdwiderstand, S. 122.

somit das Moment um O für einen Streifen $= \gamma_0 \cdot \xi \cdot b \cdot R$. Moment der Schubkraft für alle Streifen:

$$M_T = \gamma_0 \cdot b \cdot R \cdot \Sigma \xi .$$

Zur Gewährleistung der Stabilität müssen die Komente M_G und M_T einander gleich werden durch geeignete Wahl von $\operatorname{ctg} \varrho$, also nach Kürzung mit $\gamma_0 \cdot b$:

$$\sum_0^m (\sin \varphi \cdot h) \text{ rechts } - \sum_0^{m'} (\sin \varphi \cdot h) \text{ links } = \Sigma (\sin \varphi \cdot h) = \Sigma \xi .$$

Tritt einseitiger waagrechter Wasserüberdruck auf, dann lautet die Stabilitätsgleichung:

$$\Sigma (\sin \varphi \cdot h) + \frac{M_w}{b \cdot R} = \Sigma \xi .$$

Vertikale Wasserauflasten sind ebenfalls zu berücksichtigen. In unserem Falle handelt es sich um mit Grundwasser gesättigte (luftfreie) Erdkörper (*vor* der Mauer unter 103,30, *hinter* der Mauer unter 108,50). Diese Erdkörper stehen bis zum Wasserspiegel zwar unter Auftrieb, aber das in den Poren vorhandene Wasser wirkt mit seinem Gewicht auf die Gleitfläche (γ unter Wasser $= 1{,}0$ t/m^3, Porenvolumen $n = 0{,}39$, also Wassergewicht 0,39 t/m^3).

Die Durchführung der Rechnung bietet nach den obigen Überlegungen nun keine besonderen Schwierigkeiten mehr und läßt sich in Tabellenform sehr schnell bewerkstelligen.

Da der für die Stabilität mindestens erforderliche Winkel ϱ zunächst nicht bekannt ist, könnte man für $\operatorname{ctg} \varrho$ verschiedene Annahmen machen (z. B. $\operatorname{ctg} \varrho = 10$, $\operatorname{ctg} \varrho = 4$, $\operatorname{ctg} \varrho = 3$ wählen), dafür die zugehörigen Werte $\Sigma \xi$ berechnen und dann den richtigen Wert ϱ, der für die Stabilität mindestens erforderlich ist, durch Mittelung bestimmen. Dieser richtige Wert ist jener, für welchen $\Sigma (\sin \varphi \cdot h) + \frac{M_w}{b \cdot R} = \Sigma \xi$.

Viel schneller kommt man zum Ziel, wenn man nach dem Vorschlage Kreys für den erforderlichen Winkel ϱ angenähert setzt (vgl. die Tabellen 8, 9, 10, S. 180, 181, 183):

$$\operatorname{ctg} \varrho_1 \sim \frac{\Sigma h}{\Sigma (\sin \varphi \cdot h)} \quad \text{bzw.} \quad \operatorname{ctg} \varrho_1 \sim \frac{\Sigma h}{\Sigma (\sin \varphi \cdot h) + \frac{M_w}{b \cdot R}}$$

und unter Zugrundelegung dieses Wertes $\operatorname{ctg} \varrho_1$ die Größe $\Sigma \xi$ berechnet und prüft, ob sie mit $\Sigma (\sin \varphi \cdot h)$ bzw. der $\Sigma (\sin \varphi \cdot h) + \frac{M_w}{b \cdot R}$

übereinstimmt. Ist dies nicht der Fall, wird der richtige Wert $\operatorname{ctg} \varrho'_{1\,erf.}$ nach HEDDE[1] erhalten mit seiner Fehlerformel:

$$\Delta \operatorname{ctg} \varrho_1 \sim \operatorname{ctg} \varrho_1 \cdot \frac{\Sigma \xi - \left(\Sigma (\sin \varphi \cdot h) + \frac{M_w}{b \cdot R}\right)^*}{\Sigma \xi}$$

und

$$\operatorname{ctg} \varrho'_{1\,erf.} = \operatorname{ctg} \varrho_1 + \Delta \operatorname{ctg} \varrho_1 .$$

Tabelle 8. $R_1 = 22$ m. *Hafenbecken leer (W.Sp. 103,30), hinter der Mauer W.Sp. 108,50.*

Streifen	h	$\frac{m}{n} = \sin \varphi$	$\cos \varphi$	$h \sin \varphi$	$\operatorname{ctg} \varrho_1 \approx \frac{\Sigma h}{\Sigma (h \cdot \sin \varphi) + \frac{M_{w_1}}{b_1 \cdot R_1}} = \frac{111,9}{52,43} = 2,14$; $\xi_1 = \frac{h}{\cos \varphi \cdot \operatorname{ctg} \varrho_1 + \sin \varphi} = \frac{h}{a_1}$		
					$\cos \varphi \times$ $\times \operatorname{ctg} \varrho_1$	a_1	ξ_1
1	2	3	4	5	6	7	8
9	0,5	0,9	0,44	+ 0,45	0,94	1,84	0,27
8	6,3	0,8	0,60	5,05	1,28	2,08	3,03
7	10,4	0,7	0,71	7,28	1,52	2,22	4,69
6	12,9	0,6	0,80	7,74	1,71	2,31	5,58
5	14,9	0,5	0,87	7,45	1,86	2,36	6,32
4	16,5	0,4	0,92	6,60	1,97	2,37	6,96
3	17,0	0,3	0,95	5,10	2,03	2,33	7,33
2	18,3	0,2	0,98	3,66	2,09	2,29	7,99
1	6,4	0,1	0,995	0,64	2,12	2,22	2,88
0	2,6	0	1	0	2,14	2,14	1,22
1′	2,5	− 0,1	0,995	− 0,25	2,12	2,02	1,24
2′	2,1	− 0,2	0,98	0,42	2,09	1,89	1,11
3′	1,3	− 0,3	0,95	0,39	2,03	1,73	0,75
4′	0,2	− 0,4	0,92	0,08	1,97	1,57	0,13
	$\Sigma h = 111,9$			+ 43,97 − 1,14			$\xi_1 = 49,50$
				$\Sigma (h \cdot \sin \varphi) = 42,83$			
				$+ \frac{M_{w_1}}{b_1 \cdot R_1} = 9,60$			
				52,43			

$$\Delta \operatorname{ctg} \varrho_1 \approx 2,14 \cdot \frac{49,50 - 52,43}{49,50} = -0,13; \quad \operatorname{ctg} \varrho'_1 = \operatorname{ctg} \varrho_1 + \Delta \operatorname{ctg} \varrho_1 = 2,14 - 0,13 = 2,01 .$$

$$\varrho'_1 \text{ (erforderlich)} = 26^1/_2{}^\circ; \quad \eta_1 = \frac{\operatorname{tg} \varrho_{vorh.}}{\operatorname{tg} \varrho'_{1\,erf.}} = \frac{\operatorname{tg} 25^\circ}{\operatorname{tg} 26,5^\circ} = \frac{0,466}{0,499} = 0,93 < 1,3 .$$

Die Rechnung ist in den Tabellen 8 bis 10 durchgeführt, und zwar für folgende Fälle:

[1] HEDDE: Beitrag zur Berechnung der Standsicherheit: Zit. S. 175 Fußnote.

* Bei fehlendem waagrechtem Wasserüberdruck entfällt im Zähler der Summand $\frac{M_w}{b \cdot R}$.

Tabelle 8 bzw. Abb. 112. W. Sp. *vor* der Mauer 103,30, *hinter* der Mauer 108,50; $R = 22$ m.

Tabelle 9 bzw. Abb. 113. W. Sp. wie bei Tabelle 8; $R = 24$ m.

Tabelle 10 bzw. Abb. 114. W. Sp. wie bei Tabelle 8; $R = 26$ m.

Die Rechnung ergibt für den zugrunde gelegten Belastungsfall für $R_1 = 22$ m (Gleitfläche durch den hinteren Fußpunkt der Mauer!) mit $\eta = 0{,}93$ *keine* Bruchsicherheit, d. h. es muß mit der Möglichkeit

Tabelle 9. *$R_2 = 24$ m. Hafenbecken leer (W. Sp. 103,30), hinter der Mauer W. Sp. 108,50.*

Streifen	h	$\frac{m}{n} = \sin\varphi$	$\cos\varphi$	$h \cdot \sin\varphi$	$\operatorname{ctg}\varrho_2 \approx \frac{\Sigma h}{\Sigma(h\cdot\sin\varphi) + \frac{M_{w_2}}{b_2 \cdot R_2}} = \frac{151{,}2}{61{,}93} = 2{,}44$; $\xi_2 = \frac{h}{\cos\varphi \cdot \operatorname{ctg}\varrho_2 + \sin\varphi} = \frac{h}{a_2}$ — $\cos\varphi \times \operatorname{ctg}\varrho_2$	a_2	ξ_2
1	2	3	4	5	6	7	8
9	1,8	0,9	0,44	1,62	1,08	1,98	0,91
8	8,5	0,8	0,60	6,80	1,47	2,27	3,74
7	12,3	0,7	0,71	8,60	1,74	2,44	5,05
6	15,2	0,6	0,80	9,12	1,96	2,56	5,93
5	17,4	0,5	0,87	8,70	2,13	2,63	6,61
4	19,1	0,4	0,92	7,65	2,25	2,65	7,21
3	20,2	0,3	0,95	6,06	2,32	2,64	7,65
2	22,2	0,2	0,98	4,44	2,40	2,60	8,54
1	10,8	0,1	0,995	1,08	2,43	2,53	4,27
0	5,2	0	1	0	2,44	2,44	2,30
1′	5,4	− 0,1	0,995	− 0,54	2,43	2,33	2,32
2′	4,9	− 0,2	0,98	0,98	2,40	2,20	2,23
3′	4,0	− 0,3	0,95	1,20	2,32	2,02	1,98
4′	2,8	− 0,4	0,92	1,12	2,25	1,85	1,51
5′	1,0	− 0,5	0,87	0,50	2,13	1,63	0,61
	$\Sigma h = 151{,}2$			+ 54,07 − 4,34			$\Sigma\xi_2 = 60{,}86$
				$\Sigma(h\cdot\sin\varphi) = 49{,}73$			
				$+\frac{M_{w_2}}{b_2 \cdot R_2} = 12{,}20$			
				61,93			

$$\Delta \operatorname{ctg}\varrho_2 \approx 2{,}44 \cdot \frac{60{,}86 - 61{,}93}{60{,}86} = -0{,}04; \quad \operatorname{ctg}\varrho_2' = 2{,}44 - 0{,}04 = 2{,}40\,.$$

$$\varrho_2' \text{ (erforderlich)} = 22^2/_3{}^\circ; \quad \eta_2 = \frac{0{,}466}{0{,}418} = 1{,}11 < 1{,}3\,.$$

gerechnet werden, daß die über der Gleitfläche befindliche Gleitscheibe mitsamt der Mauer wegrutscht. Bei $R_2 = 24$ m liegt gegen Grundbruchgefahr eine 1,1fache Sicherheit vor. Sie genügt aber noch nicht der in der DIN 1054 geforderten 1,3fachen Sicherheit. Sie erreicht diese erst

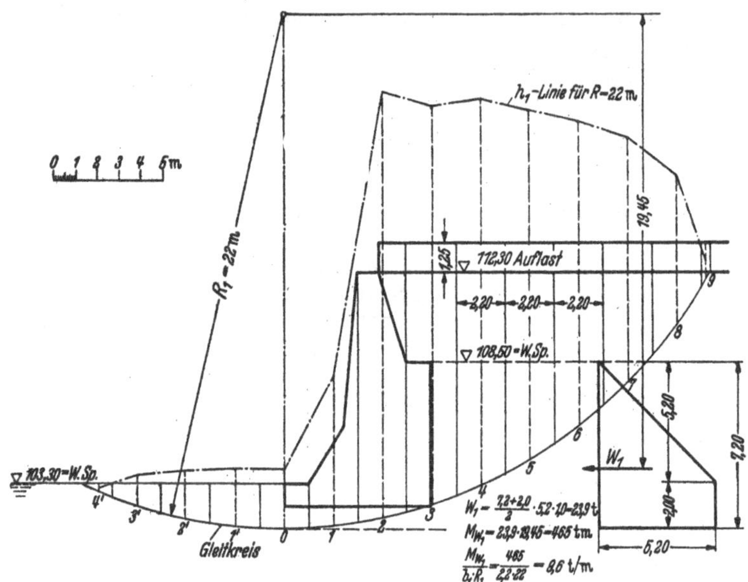

Abb. 112. 1. $R_1 = 22$ m; $b_1 = \frac{22}{10} = 2{,}2$ m h_1-Linie für W.Sp. *vor* der Mauer auf 103,30, *hinter* der Mauer auf 108,50 (Tab. 8).

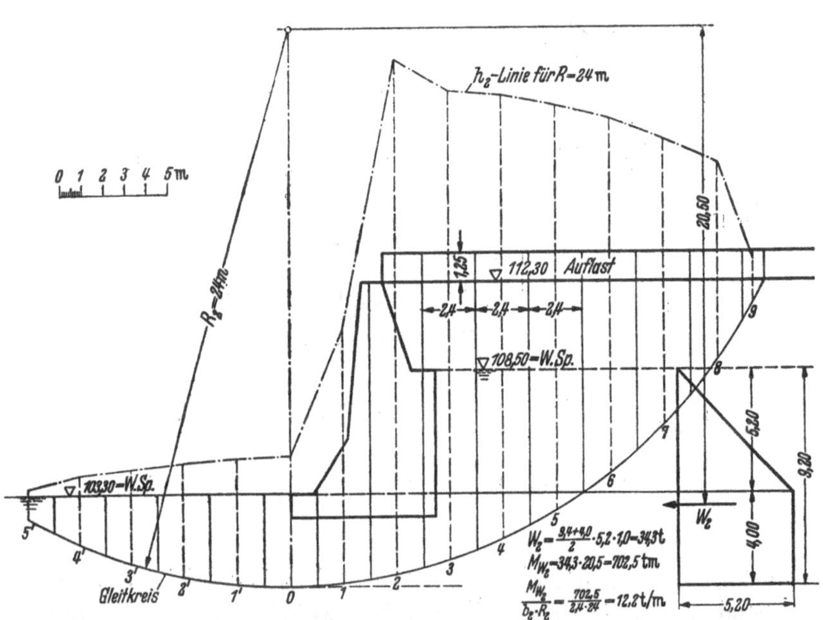

Abb. 113. 2. $R_2 = 24$ m; $b_2 = \frac{24}{10} = 2{,}4$ m h_2-Linie für W.Sp. *vor* der Mauer auf 103,30, *hinter* der Mauer auf 108,50 (Tab. 9).

Tabelle 10. $R_3 = 26$ *m. Hafenbecken leer (W.Sp. 103,30), hinter der Mauer W.Sp. 108,50.*

Streifen	h	$\frac{m}{n} = \sin\varphi$	$\cos\varphi$	$h\cdot\sin\varphi$		$\operatorname{ctg}\varrho_3 \approx \frac{\Sigma h}{\Sigma(h\cdot\sin\varphi) + \frac{Mw_3}{b_3\cdot R_3}} = \frac{188{,}9}{68{,}20} = 2{,}77$; $\xi_3 = \frac{h}{\cos\varphi\cdot\operatorname{ctg}\varrho_3 + \sin\varphi} = \frac{h}{a_3}$		
						$\cos\varphi \times \operatorname{ctg}\varrho_3$	a_3	ξ_3
1	2	3	4	5		6	7	8
9	2,8	0,9	0,44	+ 2,52		1,22	2,12	1,32
8	10,5	0,8	0,60	8,40		1,66	2,46	4,26
7	14,4	0,7	0,71	10,01		1,97	2,67	5,40
6	17,5	0,6	0,80	10,50		2,22	2,82	6,20
5	19,9	0,5	0,87	9,95		2,41	2,91	6,84
4	21,7	0,4	0,92	8,68		2,55	2,95	7,36
3	23,0	0,3	0,95	6,90		2,63	2,93	7,85
2	22,9	0,2	0,98	4,58		2,72	2,92	7,85
1	14,8	0,1	0,995	1,48		2,76	2,86	5,17
0	8,4	0	1	0		2,77	2,77	3,03
1′	8,2	− 0,1	0,995		− 0,82	2,76	2,66	3,08
2′	7,7	− 0,2	0,98		1,44	2,72	2,52	3,06
3′	6,7	− 0,3	0,95		2,01	2,63	2,33	2,88
4′	5,4	− 0,4	0,92		2,16	2,55	2,15	2,51
5′	3,6	− 0,5	0,87		1,80	2,41	1,91	1,88
6′	1,4	− 0,6	0,80		0,84	2,22	1,62	0,87
	$\Sigma h = 188{,}9$			+ 63,02	− 9,07			$\Sigma\xi_3 = 69{,}56$
				$\Sigma(h\cdot\sin\varphi) = 53{,}95$				
				$+\frac{Mw_3}{b_3\cdot R_3} = 14{,}25$				
				68,20				

$$\Delta \operatorname{ctg}\varrho_3 \approx 2{,}77\cdot\frac{69{,}56-68{,}20}{69{,}56} = +0{,}05\,;\quad \operatorname{ctg}\varrho_3' = 2{,}77+0{,}05 = 2{,}82\,;$$

$$\varrho_3'\ (\text{erforderlich}) = 19^1/_2{}^\circ;\quad \eta_3 = \frac{0{,}466}{0{,}354} = 1{,}32 > 1{,}3\ (\text{zulässig}).$$

für eine Gleitfläche mit $R_3 = 26$ m, die 5 m unter dem vorderen Fußpunkt des Mauerfundaments verläuft.

Die Ergebnisse sind in Abb. 115, S. 185 aufgetragen. Ein ähnliches Ergebnis lieferte die Grundbruchuntersuchung des Belastungsfalles b) (siehe S. 154) (*ohne* Berücksichtigung der *lotrechten* Wasserlasten).

Folgerungen aus dem Ergebnis der Untersuchung auf Geländebruchsicherheit.

Hätte die Gleitkreisuntersuchung für $R_1 = 22$ m bereits eine ausreichende Bruchsicherheit ($\eta > 1{,}3$) ergeben, so bestände keine Geländebruchgefahr und damit keine Beschränkung für die Fundierungstiefe der Mauer. Sie wäre lediglich mit Rücksicht auf die weiter oben festgestellte Gleitgefahr in der Fundamentfuge so auszubilden, daß auch diese Möglichkeit ausgeschaltet würde.

Bei der bestehenden Geländebruchgefahr mit $R_1 = 22$ m und Wasserüberdruck muß eine Gründungskonstruktion gewählt werden, welche die gefährliche Gleitfuge in eine andere Bahn zwingt, bei der dann Sicherheit gegen ein Wegrutschen besteht. Dies wird konstruktiv erreicht

entweder durch so tiefes Hinabführen der ganzen Mauer (oder einer Herdmauer) in den Boden, daß die so *erzwungene* Gleitfläche eine Sicherheit $\eta > 1{,}3$ bietet,

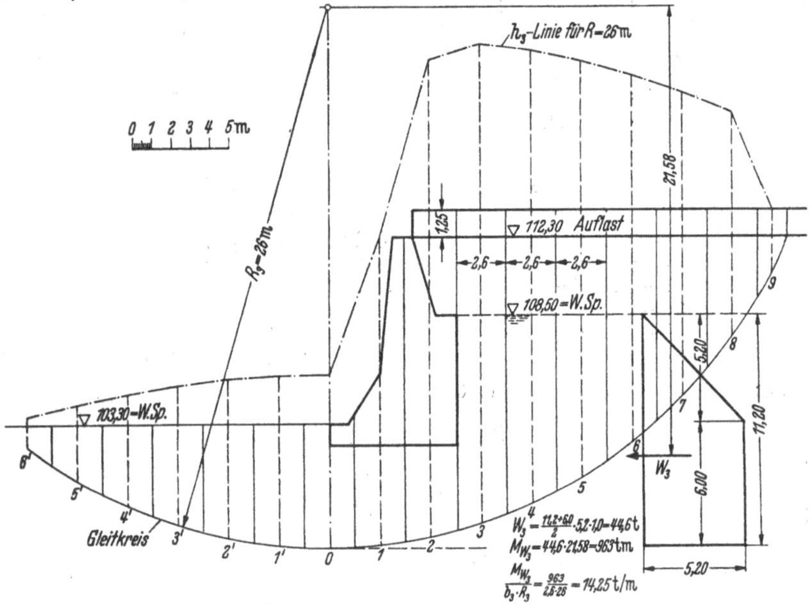

Abb. 114. 3. $R_3 = 26$ m; $b_3 = \frac{26}{10} = 2{,}6$ m h_3-Linie für W. Sp. *vor* der Mauer auf 103,30, *hinter* der Mauer auf 108,50 (Tab. 10).

oder durch so starke Verbreiterung des Mauerunterteiles nach rückwärts, daß die gefährliche Gleitfuge von der Mauer unterschnitten und so wiederum eine Gleitfläche erzwungen wird, welche den notwendigen Sicherheitsgrad η bietet,

oder indem man mittels der Pfahlspitzen eines Pfahlrostes die Gleitfläche nach unten hin verlagert. (Wegen Verlagerung der Gleitfläche nach unten durch eine Spundwand siehe weiter unten!)

Es ergeben sich also zur Gewährleistung der Stabilität des Bauwerkes einschließlich des Erdkörpers gegen Geländebruch bei waagrechtem Wasserüberdruck die Forderungen nach einer entsprechenden Breite oder Tiefe der Bauwerksgründung. Die Grenze für diese Stabilität gibt der Gleitkreis in Abb. 114 mit $\eta \sim 1{,}3$. Um diese Gleitfläche durch eine Verbreiterung des Mauerwerks zu erzwingen, müßte in unserem Fall die Fundamentfuge von 6,56 m Breite auf über 15 m Breite vergrößert werden. Das stellt keine brauchbare Lösung dar. Somit bleibt nur die Tieferführung der Bauwerkgründung bis unter die Grenzgleitfläche (R_3 = 26 m). Dies kann geschehen durch Herabführung der Unterkante der Massivmauer bis unter den Grenzgleitkreis oder durch Anordnung eines Pfahlrostes unter der bisher auf Kote 102,30 angenommenen Fundamentfuge.

Schließlich kann man noch daran denken, die Verlagerung der gefährlichen Gleitfläche nach unten durch eine Spundwand zu erzwingen. AGATZ[1] hält diese Lösung nicht für empfehlenswert, wenn $\eta < 1,1$ ist, da eine Spundwand, gleich welchen Baustoffes, selten eine gefährliche Gleitfläche in eine andere Bahn zwingen kann. Entweder wird nämlich bei genügend tiefer Rammung unter die erzwungene Gleitfläche der Scherwiderstand des Wandprofils oder bei geringer Rammtiefe die Kraft, die aufzuwenden ist, um den Teil der Spundwand unterhalb der gefährlichen Gleitfläche herauszuziehen, in die Rechnung eingesetzt. Da der erstere Fall praktisch selten vorkommt, muß in der Regel mit der zweiten Möglichkeit gerechnet werden. Diese wird aber nicht immer zur Änderung der Gleitfläche ausreichen. Gleichwohl wird weiter unten aus Übungsgründen ein Beispiel für Geländebruchsicherung durch vorgesetzte Spundwand behandelt.

Fundamentausbildung.

a) Massivgründung. In Abb. 116 ist ein Lösungsversuch dafür gegeben. Das Fundament ist bis 4,20 m unter Hafensohle geführt. Dabei wurde die Rückwand aus Ersparnisgründen unterschnitten. Ebenso wurde der Teil BD der Fundamentfuge so geneigt angeordnet, daß die Schlußresultierende R möglichst lotrecht auf dieser Fuge steht, zur Gewährleistung der Gleitsicherheit. Der so gewonnene Mauerunterbau erzwingt eine Gleitfläche, die durch C gehen muß. Diesem Gleitkreis entspricht nach Abb. 115 allerdings nur eine Geländebruchsicherheit von $\eta \sim 1,15$.

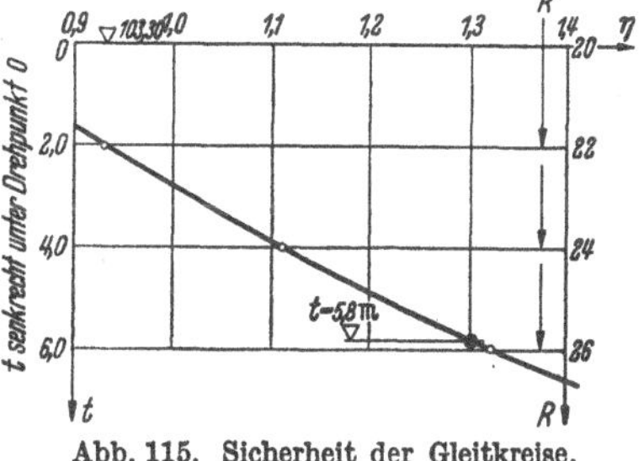

Abb. 115. Sicherheit der Gleitkreise.

Die Gewährleistung des geforderten Sicherheitsgrades gegen Geländebruch würde beim Festhalten an einer Massivgründung dazu zwingen, die Mauer noch tiefer in den Boden hineinzugründen. Normalerweise ergibt dies aber unwirtschaftliche Konstruktionen, so daß man zweck-

[1] AGATZ: Kampf des Ingenieurs, S. 34.

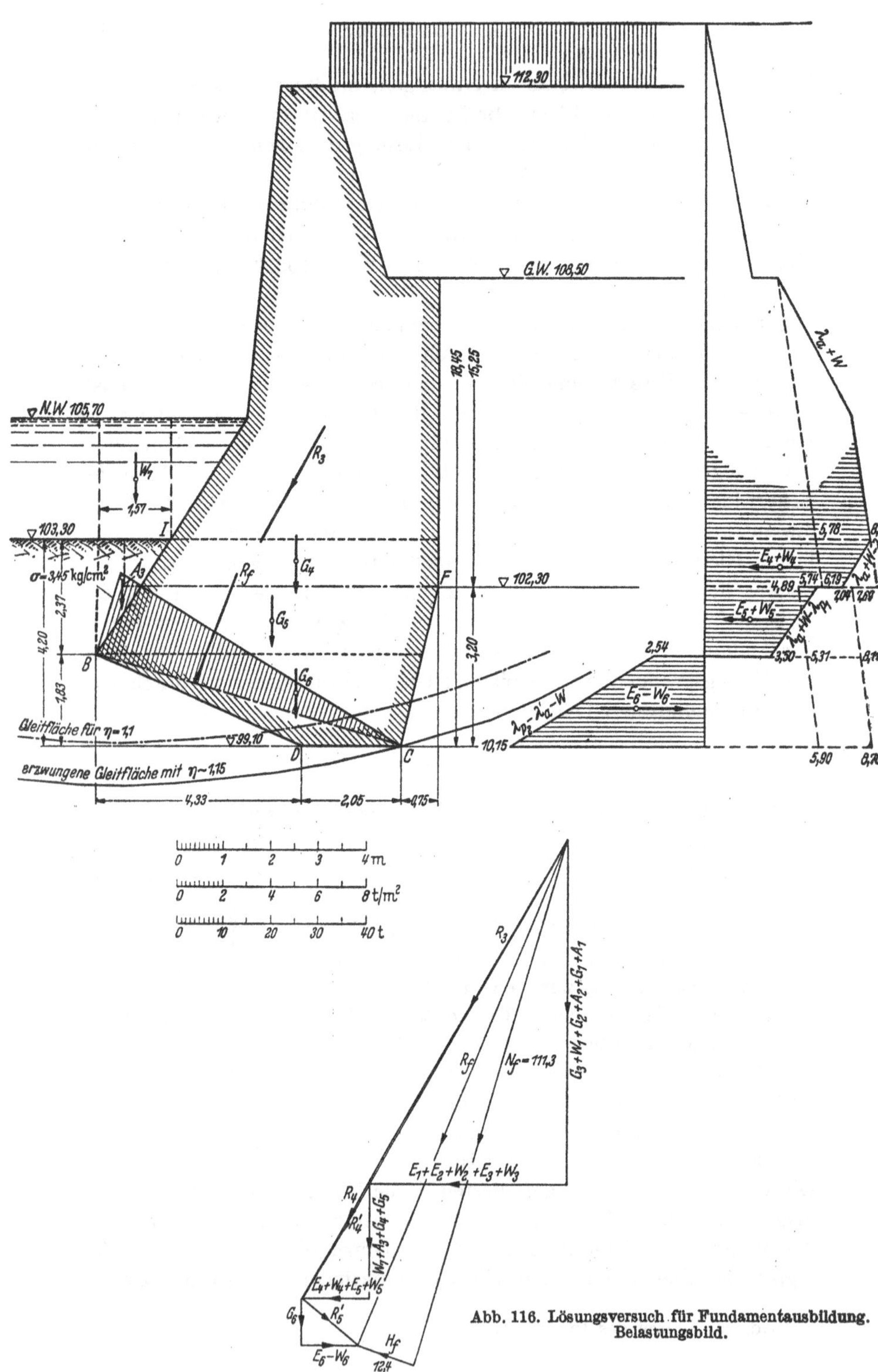

Abb. 116. Lösungsversuch für Fundamentausbildung. Belastungsbild.

mäßiger zu einer anderen der oben genannten Konstruktionsmöglichkeiten greift.

Mit der Tiefergründung der Mauer wächst zwar deren Gewicht, aber auch der aktive Erddruck an der Mauerrückseite bei Gleichbleiben des Wasserüberdruckes. Andererseits wirkt jetzt diesen Horizontalkräften von vorne her der passive Erddruck entgegen. In Abb. 116 ist das Belastungsbild dafür aufgetragen. Es ergab sich aus folgenden Überlegungen:

Das rückwärtige Wandstück $\overline{FC}$ hat eine Neigung $\alpha = +13^\circ$ gegen die Vertikale. Dadurch verringert sich der aktive Erddruck. Es ergibt sich für $\varrho = 25^\circ$ $\lambda_a' = 0{,}32$ (gegen $\lambda_a = 0{,}406$ bei $\alpha = \pm 0$). Damit erhält man für den *aktiven* Erddruck

in der Tiefe: 102,30: $g_a = 1{,}0 \cdot 0{,}32 \cdot 15{,}25 = 4{,}89\ \text{t/m}^2$

„ „ „ 99,10: $g_a = 1{,}0 \cdot 0{,}32 \cdot 18{,}45 = 5{,}90$ „

Der *passive* Erddruck wirkt auf die Wandstreifen $\overline{BJ}$ und $\overline{BD}$. $\overline{BJ}$ hat einen Neigungswinkel $\alpha = -34^\circ$ gegen die Vertikale. Bei Berücksichtigung der Reibung ist δ hier *negativ* anzusetzen, was zur Vergrößerung der λ_p-Werte führt.

Zur Sicherheit soll deshalb für diesen Wandstreifen $\delta = 0$ angesetzt werden, da der für dieses Wandstück in Betracht kommende widerstehende Erdkörper in unserem Falle wegen der Bauausführung zum Teil aus Auffüllung besteht.

Der Wandstreifen $\overline{BD}$ hat einen Neigungswinkel $\alpha = +67^\circ$. Bei Berücksichtigung der Reibung zwischen Boden und Wand wird hier δ *positiv*. *Positive* δ-Werte verringern aber die λ_p-Werte. *Zur Sicherheit wird deshalb für* $\overline{BD}$ *mit Berücksichtigung der vollen Reibung gerechnet*, also $\delta = \varrho = +25^\circ$ in Ansatz gebracht.

Für λ_p besteht ganz allgemein die Beziehung:

$$\lambda_p = \frac{\cos^2(\varrho - \alpha)}{\cos^2\alpha \cdot \cos(\delta - \alpha) \cdot \left[1 - \sqrt{\frac{\sin(\varrho - \delta)\cdot\sin(\varrho + \beta)}{\cos(\delta - \alpha)\cdot\cos(\alpha + \beta)}}\right]^2}.$$

Für $\beta = 0$ (Gelände bzw. Fuge waagrecht):

$$\lambda_p = \frac{\cos^2(\varrho - \alpha)}{\cos^2\alpha \cdot \cos(\delta - \alpha) \cdot \left[1 - \sqrt{\frac{\sin(\varrho - \delta)\cdot\sin\varrho}{\cos(\delta - \alpha)\cdot\cos\alpha}}\right]^2}.$$

Für Streifen $\overline{BJ}$:

$$\varrho = 25^\circ; \quad \alpha = -34^\circ; \quad \delta = 0 \quad \text{gesetzt}$$

$$\lambda_{p_1} = \frac{\cos^2(\varrho = \alpha)}{\cos^2\alpha \cdot \cos(-\alpha \cdot \left[1 - \sqrt{\frac{\sin\varrho\cdot\sin\varrho}{\cos(-\alpha)\cdot\cos\alpha}}\right]^2}$$

$$\lambda_{p_1} = \frac{\cos^2(25^\circ + 34^\circ)}{\cos^2 34^\circ \cdot \cos 34^\circ \cdot \left[1 - \sqrt{\frac{\sin^2 25^\circ}{\cos^2 34^\circ}}\right]^2} = 1{,}95\,.$$

Für Streifen $\overline{BD}$

$$\varrho = 25°; \quad \alpha = +67°; \quad \delta = +25°$$

$$\lambda_{p_2} = \frac{\cos^2(25° - 67°)}{\cos^2 67° \cdot \cos(25° - 67) \cdot \left[1 - \sqrt{\frac{\sin(25° - 25°) \cdot \sin 25°}{\cos(25° - 67°) \cdot \cos 67°}}\right]^2} = 4{,}5\,,$$

daraus:

$$g_{p_1} = \gamma_{e_2} \cdot \lambda_{p_1} \cdot h = 1{,}0 \cdot 1{,}95 \cdot 2{,}37 = 4{,}61\ \text{t/m}^2$$

$$g'_{p_2} = 1{,}0 \cdot 4{,}50 \cdot 2{,}37 = 10{,}65\ \text{t/m}^2$$

$$g_{p_2} = 1{,}0 \cdot 4{,}50 \cdot 4{,}20 = 18{,}85\ \text{t/m}^2$$

Auf Grund dieser Ergebnisse wurde die *resultierende* Belastung in Abb. 116 aufgetragen und mit Hilfe eines Kräfteplanes die Schlußresultierende R_f der Lage, Größe und Richtung nach ermittelt, ausgehend von der Resultierenden R_3 (siehe Abb. 110, S. 173). Für die Fuge $\overline{BC}$ ergibt sich dann die größte Randspannung nach der üblichen Methode zu

$$\sigma = \frac{2\,N_f}{3 \cdot \xi} = \frac{2 \cdot 111{,}3}{3 \cdot 2{,}15} = 34{,}5\ \text{t/m}^2 = \mathbf{3{,}45}\ \text{kg/cm}^2,$$

also kleiner als die Tragfähigkeit des Bodens (siehe S. 165).

Da R_f auf $\overline{BC}$ (und damit auch auf $\overline{BD}$) angenähert senkrecht steht, ist auch die Gleitsicherheit gewährleistet.

b) Geländebruch- und Gleitsicherung durch vorgesetzte Spundwand. Aus den früheren Betrachtungen über die Geländebruchsicherheit ergibt sich die Notwendigkeit, die Sicherungsspundwand so tief in den Boden zu führen, daß bei der damit erzwungenen Gleitfläche nicht nur ein genügender Sicherheitsgrad gegen Geländebruch gegeben ist, sondern auch Gewähr besteht, daß die Spundwand bei Eintritt einer Bewegung nicht aus dem Boden herausgezogen oder abgeschert wird.

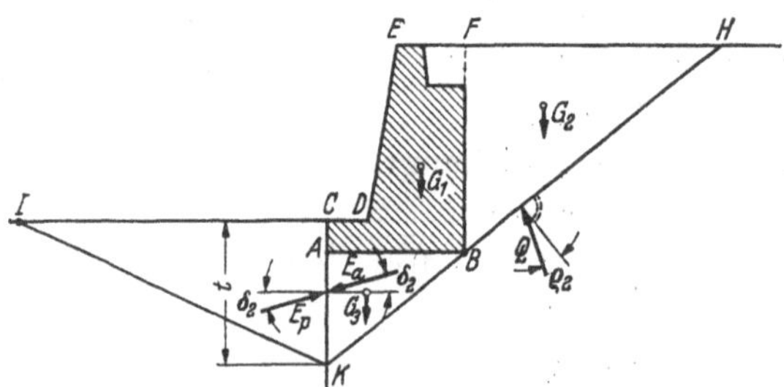

Abb. 117. Geländebruchannahme.

Zur Bestimmung der notwendigen Rammtiefe der Spundwand hat Krey ein Verfahren ermittelt unter Annahme *ebener* Gleitflächen[1]. Diesem Verfahren liegt folgender Gedanke zugrunde:

Auf der durch den hinteren Fundamentpunkt B einer Mauer gelegten Gleitfläche KH (Abb. 117) rutsche die Mauer zusammen mit den Erdprismen BFH und ABK abwärts und dränge den davor liegenden

[1] Krey: Erddruck, Erdwiderstand, 5. Aufl., S. 115ff.

Erdkeil JCK unter Überwindung des *passiven* Erddruckes aus seiner Lage. Erst wenn der Erdwiderstand E_p *größer* als E_a ist, kommt diese Bewegung *nicht* zustande.

Setzt man nun der Mauer eine Spundwand vor, so drückt diese die Gleitfläche zum Fußpunkt der Wand herab. Solange trotz Vorschaltung

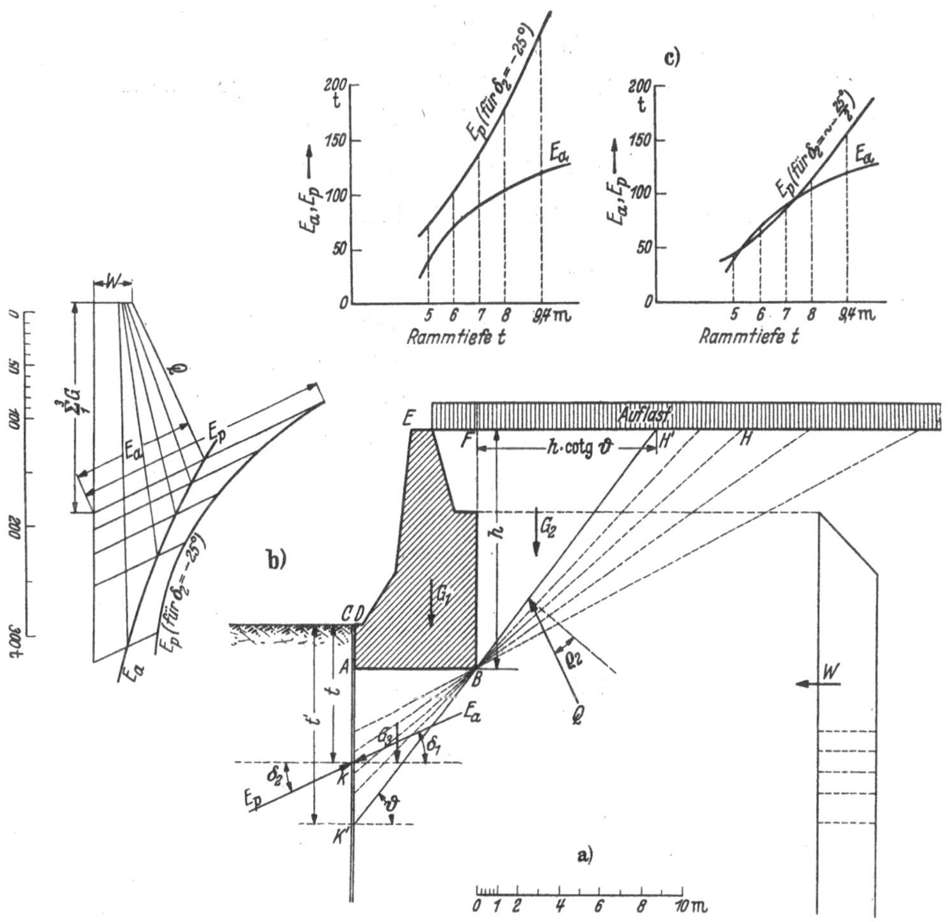

Abb. 118a—c. Notwendige Rammtiefe für die Gleitsicherheit.

der Spundwand $E_a > E_p$ bleibt, wird die Spundwand die oben gekennzeichnete Gleitbewegung der Mauer samt Erdkörper nicht aufhalten, die Spundwand wird vielmehr mit weggeschoben.

Um die für die Gleitsicherheit notwendige Rammtiefe zu finden, geht man nun so vor: man legt zuerst durch den Punkt B eine Gleitfläche $K'H'$ (Abb. 118a), deren Neigung $\operatorname{cotg} \vartheta$ man für den festgestellten inneren Reibungswinkel ϱ_2 und den geschätzten Reibungswinkel δ_1 des *aktiven* Erddruckes E_a an der Spundwand aus den Tabellen für den *aktiven* Erddruck entnimmt.

In unserem Beispiel ist $\varrho_2 = 25°$. Setzt man auch den Reibungswinkel $\delta_1 = 25°$ (und zwar mit +-Zeichen), so ergibt sich aus den Tabellen $\operatorname{ctg} \vartheta = 0{,}80$. Dann wird die Strecke $\overline{FH'} = h \cdot \operatorname{ctg} \vartheta$. Legen wir die Fundamentfuge AB auf Kote 101,30 m, also 2,0 m unter Hafensohle, und lassen das Fundamentbankett 0,40 m vor dem Mauerfußpunkt D vorspringen ($\overline{CD} = 0{,}40$ m), um die Schaltafeln für die aufgehende Mauer sauber aufsetzen zu können, dann wird (Abb. 118a)

$$\overline{FH'} = h \cdot \operatorname{ctg} \vartheta = 11 \cdot 0{,}8 = 8{,}8 \text{ m}$$

und die Gerade HBK schneidet dann die Rammtiefe

$$\overline{CK'} = t' = 9{,}4 \text{ m ab.}$$

Nun lassen sich die Gewichte G_1, G_2, G_3 unmittelbar der Größe und Richtung nach ermitteln. Es wird für $t' = 9{,}4$ m $\sum_1^3 G = 195{,}13$ t (siehe Tabelle 11, S. 191). Von dem Bodengegendruck Q und dem aktiven Erddruck E_a sind die Kraftrichtungen bekannt. Durch Zusammensetzung der Gewichte $\sum_1^3 G$ mit den Richtungen der Kräfte Q und E_a ergibt sich die *Größe* von E_a mit 120 t (Abb. 118b).

Der vorstehend festgelegten Gleitfläche $K'H'$ entspricht der *passive* Erddruck

$$E_p = \tfrac{1}{2} \gamma_e \cdot \lambda_p \cdot t'^2 = \tfrac{1}{2} \cdot 1{,}0 \cdot \lambda_p \cdot 9{,}40^2.$$

Mit welchem Wert ist λ_p anzusetzen? Die Reibungskomponente ist beim Erdwiderstand nach *oben* gerichtet, d. h. es wird δ *negativ*. Bei Annahme $\delta_2 = -25°$ wird $\lambda_p = 5{,}60$ gegenüber $\lambda_p = 2{,}48$ bei $\delta = \pm 0°$. Bei voller Wirksamkeit der Reibung wächst E_p demnach auf $\frac{1}{2} \cdot 1{,}0 \cdot 5{,}60 \cdot 9{,}40^2 = 247$ t an, ermäßigt sich andererseits bei Fehlen der Reibungswirkung auf $\frac{1}{2} \cdot 1{,}0 \cdot 2{,}48 \cdot 9{,}40^2 = 109$ t. Dieser letztere Wert ist kleiner als der *aktive* Erddruck E_a; beim Fehlen der Reibung ist also $E_p < E_a$, d. h. es ist keine Sicherheit gegen Gleiten gegeben, trotz der großen Rammtiefe von 9,40 m.

Es muß deshalb bei jeder solchen Aufgabe stets von neuem die Frage geprüft werden, ob und in welchem Maße die Reibung aufgenommen werden kann. Denn nur soweit dies der Fall ist, darf die Reibung rechnungsmäßig in Ansatz gebracht werden. Die Reibungskraft, die aufgenommen und deshalb rechnungsmäßig angesetzt werden kann, ist gegeben durch das Gewicht der Spundwand je lfd. m Wand. Diese Verhältnisse kommen vor allem bei nassen bindigen Böden ($\varrho < 25°$) bzw. bei Bauwerken mit ausschließlich *waagrechten* Kraftwirkungen in Betracht.

Bei nicht bindigen Böden, insbesondere bei Kies- und Sandböden mit scharfkantigem Korn ($\varrho \geqq 25°$) kann der Reibungswinkel δ_2 bis zur vollen Größe von $\varrho_2 (\varrho_2 = \delta_2)$ anwachsen.

Um den Einfluß des Reibungsansatzes auf die Rechenergebnisse zu veranschaulichen, wird die Untersuchung einmal durchgeführt mit $\delta_2 = -25°$ (Reibung voll wirksam!) entsprechend $\lambda_p = 5{,}60$ und dann auch mit $\delta_2 = \sim -\frac{25°}{2}$ entsprechend $\lambda_p \sim 3{,}50$, letztere Annahme als sichergehend für die vorliegenden Bodenverhältnisse (Kiesboden mit Lehmbeimengungen und $\varrho_1 = 25°$).

Nun wieder zur Ermittlung der Rammtiefe! Bei der oben zunächst angenommenen Gleitfläche mit $h \cdot \mathrm{ctg}\,\vartheta = 8{,}8$ m wird, wie schon angegeben, $E_a = 120$ t, $E_p = 247$ t (für $\delta = -25°$) bzw. $E_p = 154$ t $\left(\text{für } \delta = \sim -\frac{25°}{2}\right)$. Es ist also $E_a < E_p$ bei η-Werten von 2,06 bzw. 1,28 (Tabelle 11). Wie gestalten sich die Verhältnisse bei Verringerung der Rammtiefe t? Wo liegt die ungünstigste Gleitfläche? Diese findet man durch Drehen der Gleitfläche HK um den Punkt B, so daß Gleitflächen mit flacheren Neigungen entstehen bei gleichzeitiger Verkleinerung der zugehörigen Rammtiefen t. Diese Untersuchung ist in Abb. 118 und Tabelle 11 durchgeführt.

Tabelle 11.

Rammtiefe t in m	G_1	G_2*	G_3	$\sum_1^3 G$	W**	E_a	E_p bei $\delta_2 = -25°$	$\eta = \frac{E_p}{E_a}$	E_p bei $\delta_2 = \sim -\frac{25°}{2}$	$\eta = \frac{E_p}{E_a}$
	in t								in t	
5,0	83,01	241,9	8,95	333,86	24,62	37	70	1,89	43,7	1,18
6,0	83,01	170,0	11,9	264,91	27,42	69	100,8	1,46	63,1	0,92
7,0	83,01	133,1	14,9	234,13	30,22	89	137	1,54	85,6	0,96
8,0	83,01	111,2	17,9	212,11	32,72	103	179	1,74	111,9	1,09
9,4	83,01	90,1	22,02	195,13	36,96	120	247	2,06	154	1,28

Die Untersuchung ergibt, daß die ungünstige Gleitfläche etwa bei 6 m Rammtiefe zu suchen ist. Für diese Rammtiefe wird die Sicherheit η am kleinsten. Sie liegt für $\delta_2 = -25°$ bei $\eta \sim 1{,}45$, für $\delta_2 = \sim -\frac{25°}{2}$ bei $\eta \sim 0{,}92$, d. h. in letzterem Falle ist *keine* Sicherheit mehr vorhanden. Man wird deshalb bei Anordnung einer Spundwand über 7 m Rammtiefe gehen, um für das Mittel der beiden Annahmen unseres Beispiels

* Bei der Ermittlung der Gewichte G_2 ist natürlich zu berücksichtigen, daß oberhalb der Kote 108,50 das Einheitsbodengewicht γ_e mit 1,8 t/m³ anzusetzen ist und daß G_2 auch die Auflast mit enthält.

** Bei Zusammensetzung der Kräfte ΣG, Q, E_a ist auch der Wasserüberdruck W mit anzusetzen.

auf eine Sicherheit η hinsichtlich des Geländebruches zu kommen, die im Mittel bei $\sim$ 1,3 liegt[1].

c) Geländebruch- und Gleitsicherung durch Grundpfähle[2]. Da die Tragfähigkeit des Bodens an sich ausreicht, die vertikalen Bauwerkslasten aufzunehmen, haben die Pfähle in unserem Falle entsprechend den Ausführungen auf S. 185 lediglich die Aufgabe, die Gleitfläche so weit nach unten zu verlagern, daß Stabilität hinsichtlich Geländebruchsicherheit besteht. Während die Gleitflächenverlagerung durch eine Spundwand eine unsichere Sache ist (vgl. S. 188), liegen die Verhältnisse dafür bei der Pfahlrostgründung wesentlich günstiger.

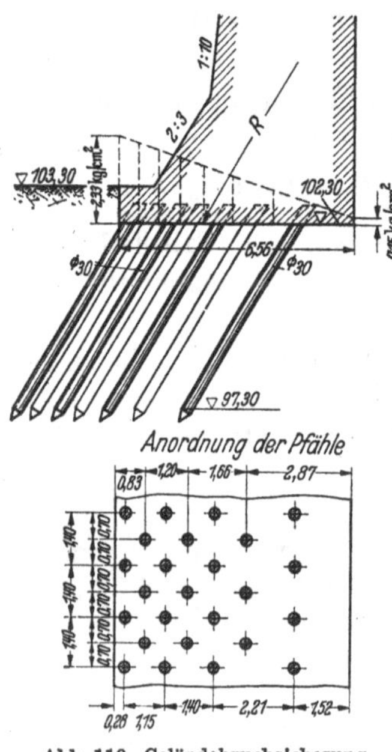

Abb. 119. Geländebruchsicherung durch Pfahlfundierung.

Wie das Ergebnis der Geländebruchuntersuchung in Abb. 115 ergab, beginnt der Bereich, in dem für das Stützbauwerk Geländebruchsicherheit besteht, etwa 4 m unter der Hafensohle. Dabei wächst die Sicherheit mit zunehmender Tiefe. Für den Gleitkreis der Abb. 114, S. 184 ($R = 26$ m ergab sich η zu 1,3. Bis zu dieser Gleitfläche wollen wir die Sicherungspfähle, wofür Holzpfähle mit einem mittleren Durchmesser von 30 cm vorgesehen werden, rammen.

Es muß aber dafür gesorgt werden, daß sie einer Abscherung oberhalb der Kote 97,30 (Abb. 119) etwa infolge Ausbildung einer Gleitfläche in diesem Bereich sicher widerstehen können. Setzen wir die zulässige Scherfestigkeit von dauernd nassem Kiefernholz mit $\tau_{zul.} = 15$ kg/cm² an, dann ergibt sich bei $H = 49{,}65$ t/lfd. m Mauer (Abb. 110, S. 173) ein notwendiger *Gesamt*querschnitt der Pfähle je lfd. m Mauer von

$$F = \frac{49\,650}{14} = 3320 \text{ cm}^2.$$

[1] Wie sich aus Tabelle 11, sowie auch aus den Untersuchungen auf S. 184 ergibt, vergrößert sich η auch bei *ab*nehmender Gründungstiefe. Mit Rücksicht auf das S. 176ff. Gesagte muß aber zur Gewährleistung der Geländebruchsicherheit die größere Rammtiefe gewählt werden. Bestünde keine Geländebruchgefahr, sondern lediglich Gleitgefahr in der Fundamentfuge, käme man mit einer geringeren Rammtiefe der Spundwand aus.

[2] Ausführlicheres über „Pfahlgründung" siehe Aufgabe 4 dieser Sammlung S. 199 und Aufgabe 5 S. 223ff.

Abb. 120. Pfahlrostuntersuchung nach dem Spannungstrapez-Verfahren.

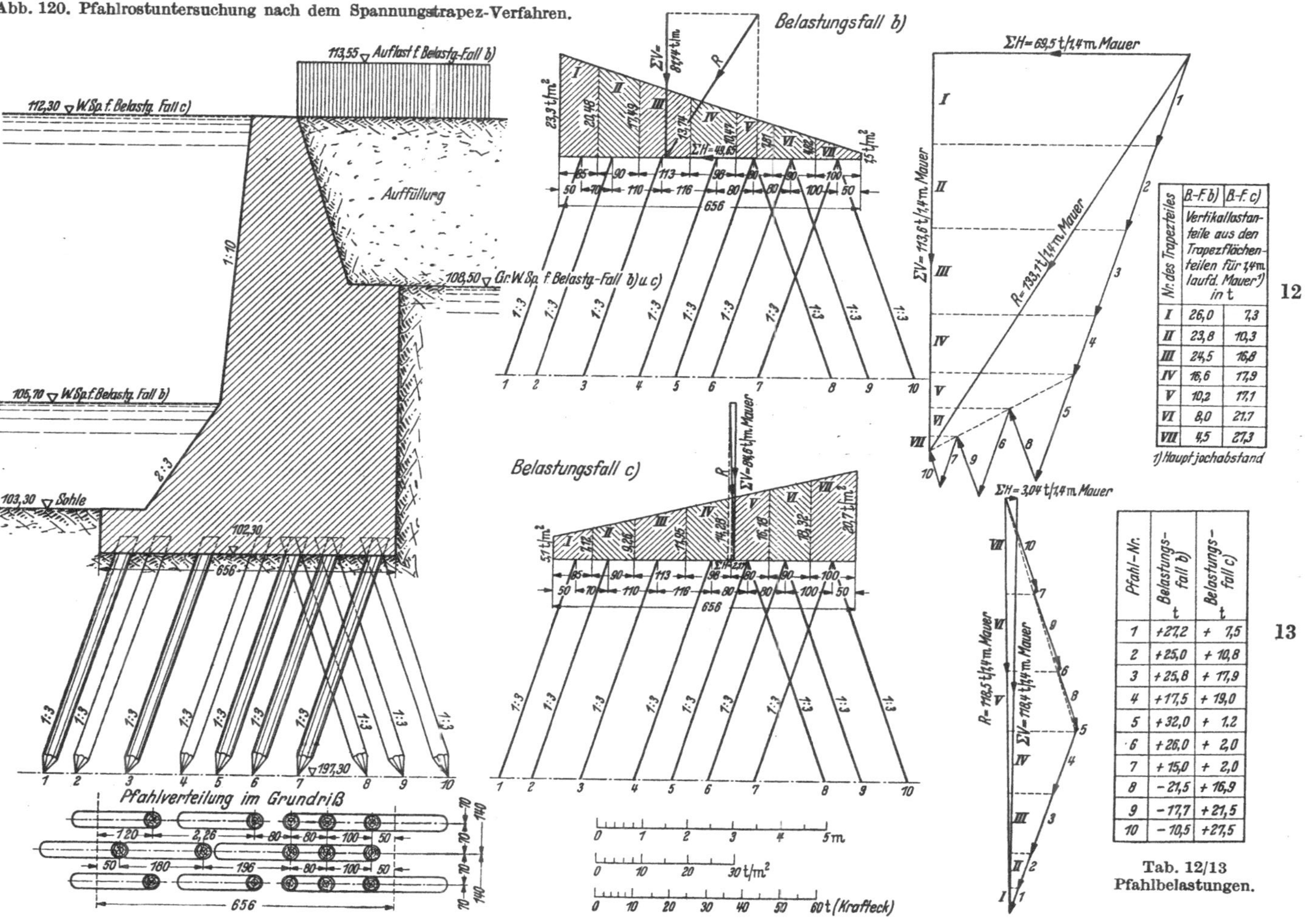

12

Nr. des Trapezteiles	B.-F. b)	B.-F. c)
	Vertikallastanteile aus den Trapezflächenteilen für 1,4 m laufd. Mauer¹) in t	
I	26,0	7,3
II	23,8	10,3
III	24,5	16,8
IV	16,6	17,9
V	10,2	17,1
VI	8,0	21,7
VII	4,5	27,3

1) Hauptjochabstand

13

Pfahl-Nr.	Belastungsfall b) t	Belastungsfall c) t
1	+27,2	+ 7,5
2	+25,0	+ 10,8
3	+25,8	+ 17,9
4	+17,5	+ 19,0
5	+32,0	+ 1,2
6	+26,0	+ 2,0
7	+ 15,0	+ 2,0
8	− 21,5	+ 16,9
9	− 17,7	+ 21,5
10	− 10,5	+ 27,5

Tab. 12/13 Pfahlbelastungen.

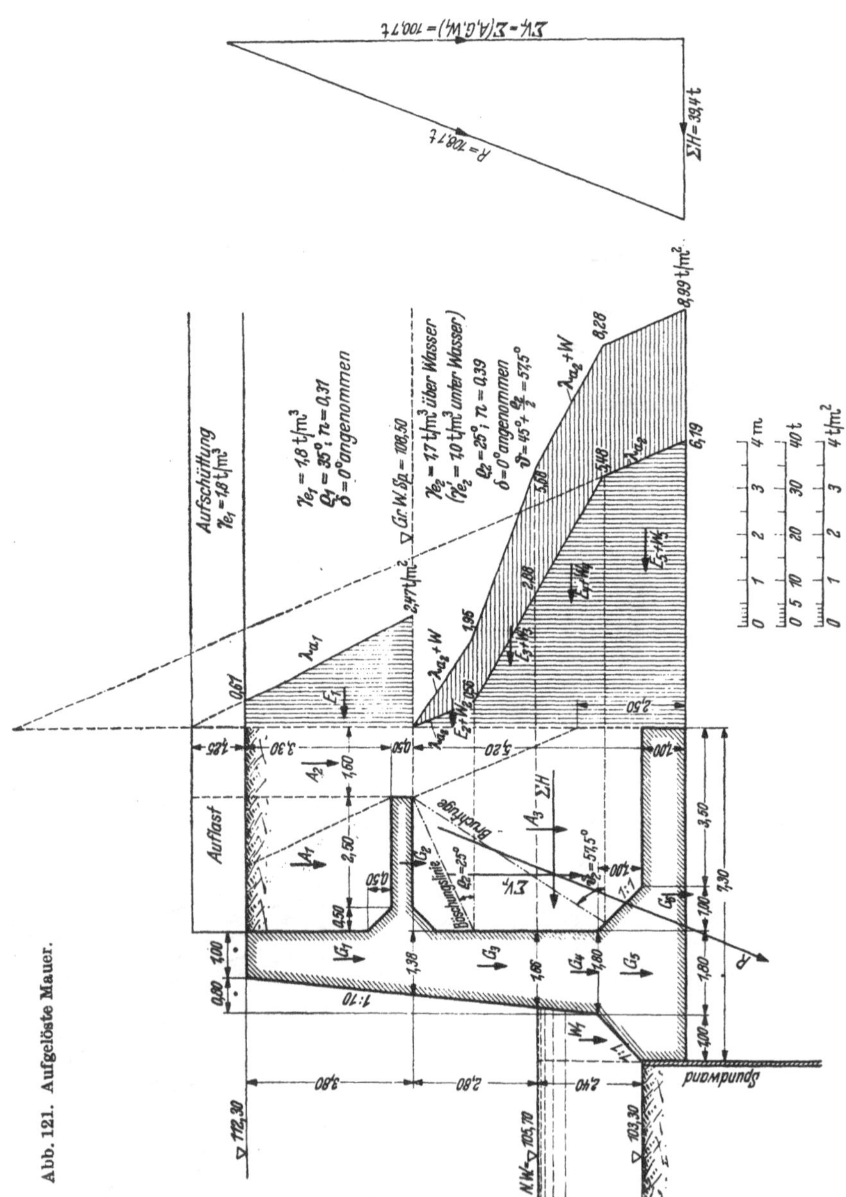

Abb. 121. Aufgelöste Mauer.

Das sind bei 30 cm Pfahldurchmesser

$$n = \frac{F}{f} = \frac{3320}{\frac{d^2\pi}{4}} = \frac{3320}{700}$$

$$= \sim 5 \text{ Pfähle je lfd. m Mauer,}$$

d. h. je Joch bei 1,4 m Jochabstand = 7 Pfähle.

Die von den Pfählen aufzunehmenden Kräfte je lfd. m Mauer sind aus Abb. 110, S. 173 zu entnehmen mit $\Sigma V = 81{,}14$ t, $\Sigma H = 49{,}65$ t und $R = 95{,}6$ t. Da R innerhalb des mittleren Drittels der Grundfuge bleibt, treten keine Zugspannungen auf, so daß von diesem Gesichtspunkt aus Zugpfähle für diesen Belastungsfall entbehrlich sind. Der Pfahl*abstand* ergibt sich durch Einteilung des Spannungstrapezes der Grundfuge in 7 gleich große Flächenteile entsprechend der oben gefundenen Anzahl der Pfähle (7) und Ansatz der Pfahlachsen im Schwerpunkt der Flächenteile. Damit erhält jeder Pfahl rechnungsmäßig den gleichen Lastanteil, nämlich $\frac{R}{7}$.

Sollen die Pfähle die waagrechten Kräfte ganz aufnehmen, so läßt sich dies erreichen, indem man die Pfähle in die Richtung der Gesamtresultierenden R legt. Der vorentwickelte Konstruktionsgedanke ist in Abb. 119 durchgeführt.

Selbstverständlich entspricht diese Pfahlanordnung hinsichtlich Verteilung im Grundriß und Neigung der Pfähle nur dem

Zu Abb. 121

Vertikalkräfte.

a) Auflasten:

$A_1 = 1{,}8 \cdot \left(3{,}0 \cdot 4{,}55 - \frac{0{,}50^2}{2}\right) = 24{,}4$ t

$A_2 = 1{,}8 \cdot 1{,}50 \cdot 5{,}05 = 13{,}6$ t

$A_3{}^* = 1{,}0 \cdot \left(4{,}50 \cdot 5{,}20 - \frac{0{,}50^2}{2} - \frac{1{,}00^2}{2}\right) = 22{,}7$ t

b) Mauergewichte:

$G_1 = 2{,}2 \cdot \frac{1{,}0 + 1{,}38}{2} \cdot 3{,}80 = 9{,}9$ t

$G_2 = 2{,}2 \cdot \left(3{,}0 \cdot 0{,}50 + \frac{0{,}5^2}{2}\right) = 3{,}5$ t

$G_3 = 2{,}2 \cdot \left(\frac{1{,}38 + 1{,}66}{2} \cdot 2{,}80 + \frac{0{,}5^2}{2}\right) = 9{,}6$ t

Übertrag: $= 83{,}7$ t

Übertrag: $= 83{,}7$ t

$G_4 = 1{,}2 \cdot \frac{1{,}66 + 1{,}80}{2} \cdot 1{,}40 = 2{,}9$ t

$G_5 = 1{,}2 \cdot \frac{1{,}80 + 3{,}80}{2} \cdot 1{,}0 = 3{,}4$ t

$G_6 = 1{,}2 \cdot 7{,}30 \cdot 1{,}0 = 8{,}8$ t

c) Wasserauflast:

$W_1 = \sim 1{,}0 \cdot \frac{2{,}40 + 1{,}40}{2} = 1{,}9$ t

$\Sigma V_r = \Sigma (A, G, W_1) = 100{,}7$ t

Horizontalkräfte.

$E_1 = \frac{0{,}61 + 2{,}47}{2} \cdot 3{,}80 = 5{,}9$ t

$E_2 + W_2 = 1{,}95 \cdot \frac{1{,}39}{2} = 1{,}4$ t

$E_3 + W_3 = \frac{1{,}95 + 5{,}68}{2} \cdot 1{,}41 = 5{,}4$ t

$E_4 + W_4 = \frac{5{,}68 + 8{,}28}{2} \cdot 1{,}60 = 11{,}2$ t

$E_5 + W_5 = \frac{8{,}28 + 8{,}99}{2} \cdot 1{,}80 = 15{,}5$ t

$\Sigma H = 39{,}4$ t

* Einschließlich Wasserlast im Dreieck über der Böschungslinie.

zugrunde gelegten Belastungsfall. Bei anderen Belastungsfällen mit steileren Gesamtresultierenden R erfahren die Pfähle außer der Druckbeanspruchung auch noch eine Biegungsbeanspruchung, die um so größer wird, je mehr sich R der Lotrechten nähert (Bauzustand!) oder gar von links nach rechts geneigt ist, wie im Belastungsfall c S. 154. Mit fortschreitender Richtungsänderung von R würde überdies bei nicht ausreichender Tragfähigkeit des Bodens die Gefahr des schrägen *Absackens* der Mauer nach hinten wachsen. Schließlich würde beim Übergang vom trapezförmigen zum rechteckig verteilten Bodengegendruck eine *Änderung* der Druckbeanspruchung der Pfähle eintreten (*Ab*nahme im Vorderteil, *Zu*nahme im hinteren Teil der Sohlfuge).

Zu einer Verbesserung dieser statischen Verhältnisse kommt man, wenn man ein Pfahlsystem aus Druck- und Zugpfählen wählt, wie beispielsweise jenes mit *zwei* Pfahlrichtungen in Abb. 120. Untersucht wurden dort die beiden Belastungsfälle b) und c) (S. 154), und zwar wurde dafür das Spannungstrapez-Näherungsverfahren verwendet, weil in diesem Falle die Pfähle verhältnismäßig gleichmäßig über die Sohle verteilt angenommen sind. Die Erläuterung des Näherungsverfahrens findet sich in Aufgabe 5 und zwar dort für *drei* Pfahlneigungen (lotrechte und schräge Druckpfähle und schräge Zugpfähle). Für Mauern mit großen waagrechten Lasten (Kaimauern), bei denen gut tragfähiger Grund (z. B. Sand) in größerer Tiefe erst ansteht, ist eine solche Pfahlrostkonstruktion die brauchbarste. Es wird deshalb empfohlen, diese Aufgabe 5 (S. 223) zum besseren Verständnis der Untersuchungen der Abb. 120 durchzusehen. Die Pfahlbelastungen für das in Abb. 120 gewählte Pfahlsystem sind aus der dort beigefügten Tabelle 13 für beide Belastungsfälle zu entnehmen. Dabei ist zu beachten, daß sich die Kräftepläne auf 1,4 m Mauerlänge beziehen, entsprechend dem angenommenen Abstand der Hauptpfahljoche von 1,4 m. Die Spannungstrapeze sind dagegen auf 1,0 lfd. m Mauer bezogen.

Die Abmessungen der Pfähle hängen von den zulässigen Pfahlbelastungen und diese wiederum von der Tragfähigkeit der Pfähle und des Baugrundes ab. Die damit zusammenhängenden Fragen werden in Aufgabe 4, Fall *b*, S. 205 behandelt.

2. Aufgelöste Mauer.

Aus Ersparnisgründen werden die durchlaufenden massiven Mauern häufig aufgelöst in Pfeiler, die — soweit notwendig — durch biegungssteife Konstruktionen miteinander verbunden werden. Hier soll von den gegebenen vielerlei Möglichkeiten jene herausgegriffen werden, bei welcher zwischen den Pfeilern eine horizontale Entlastungsplatte angebracht ist (vgl. Abb. 121, 122a u. b). Diese Entlastungsplatte hat den Zweck, den auf die Mauerfront wirksamen Erddruck durch die Schattenwirkung der Platte zu verringern. Aus Abb. 121 ist der Einfluß der Platte auf die Verminderung des horizontalen Erddruckes deutlich zu ersehen. Sie erstreckt sich bis zum Schnittpunkt der durch die hintere Plattenkante gelegten Bruchfuge mit der Mauerrückwand. Diese Verringerung der ΣH in Verbindung mit der Erhöhung von ΣV durch Vergrößerung der Erdauflast wegen der größeren Fundamentbreite führt zu

$$\operatorname{tg}\delta = \frac{\Sigma H}{\Sigma V} = \frac{39,4}{100,7} = 0,39$$

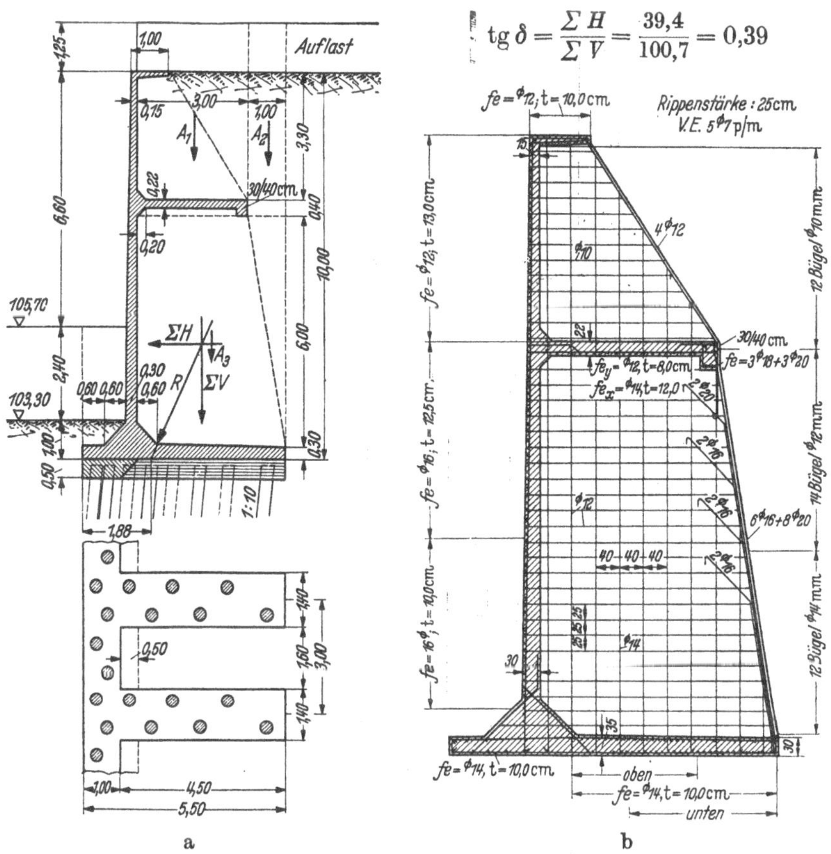

Abb. 122a u. b. Stützmauer in Stahlbeton.

entsprechend einem $\varrho_{erf.} = 21°$. Demgegenüber kann mit einem vorhandenen Reibungswinkel $\varrho \sim 25°$ gerechnet werden, also

$$\eta = \frac{\operatorname{tg}\varrho}{\operatorname{tg}\delta} = \frac{\mu}{m} = \frac{0,47}{0,39} = 1,2 \text{ fach.}$$

Da nach DIN 1054 die Sicherheit gegen ein Verschieben des Bauwerks in der Gründungssohle (Gleitsicherheit), wie auch die Sicherheit gegen ein Verdrängen des Bodens unter dem Bauwerk (Grundbruchsicherheit) 1,5 betragen soll, reicht also auch bei dieser Mauerform die Sicherheit

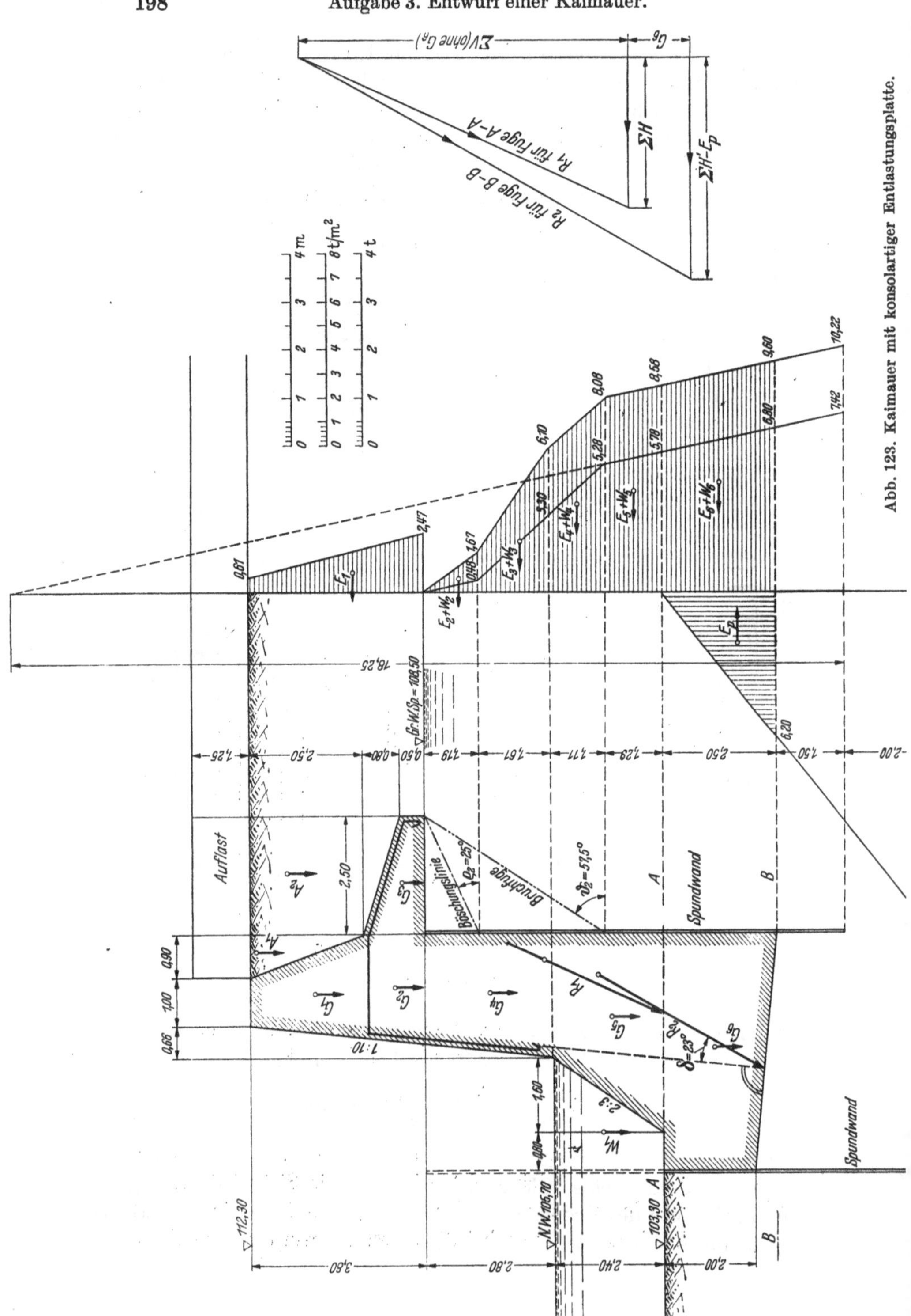

Abb. 123. Kaimauer mit konsolartiger Entlastungsplatte.

gegen Gleiten (1,2fach) *nicht* aus. Durch die notwendige Sicherung gegen die Geländebruchgefahr durch Pfähle oder Spundwand oder entsprechend tief geführtem Fundament wird auch die geforderte Gleitsicherheit und Grundbruchsicherheit erreicht.

Bei dem in Abb. 122a u. b gezeigten Lösungsversuch der Kaimauer ist die Auflösung bis zur reinen Stahlbetonkonstruktion fortgeführt. Der Leichtigkeit dieser Mauerart steht der erhebliche Nachteil gegenüber, daß sie sehr empfindlich gegen Schiffsstöße ist. Im übrigen gilt auch für sie die gleiche Forderung hinsichtlich der Geländebruchsicherheit wie bei den anderen Mauerkonstruktionen unseres Aufgabenbeispiels.

Eine andere Art einer Kaimauer mit *konsolartiger* Entlastungsplatte gibt Abb. 123 wieder. In Verbindung mit der vorderen und hinteren Spundwand gestattet sie die Ausführung unter Wasserhaltung im Trockenen unmittelbar am Flußufer. Eine solche Ufermauer wurde von der Bauunternehmung Philipp Holzmann A. G. für den Rheinkai der Fordwerke in Köln entworfen und ausgeführt.

Aufgabe 4.

Brückenpfeilergründung mit Betonfundament und mit Pfahlrost.

Auf dem in Abb. 124 dargestellten Brückenpfeiler aus Beton von 14 m Breite ruht eine vertikale Auflast von $P = 1400$ t auf beweglichem Auflager. Dadurch wird eine nach beiden Seiten horizontal wirkende Reibungskraft R hervorgerufen, die mit 3% der Auflast P_1 angenommen werden soll. R greift in Höhe + 7,50 (Mitte Lager) an.

Für den Baugrund werden zwei verschiedene Annahmen gemacht. Einmal soll er bestehen aus festgelagertem Kiessand (Fall *a*), dessen zulässige Belastungsbeanspruchung mit 4,0 kg/cm² gegeben ist. Dann soll er angenommen werden, gemäß Abb. 124 rechts (Fall b).

Man bilde für beide Fälle die Pfeilergründung aus!

Lösung.

Vorbemerkung.

Allgemeine Gesichtspunkte für die Ausbildung der Grundwerke[1].

Das Grundwerk (Fundament, Grundbau) stellt die Verbindung zwischen Bauwerk und Baugrund her. Es hat den Zweck, die auf das Bau-

[1] Vgl. außer KREY, BRENNECKE-LOHMEYER, AGATZ, KÖGLER-SCHEIDIG, OHDE (Zit. S. 107), SCHOKLITSCH: Grundbau. Wien: Springer 1932. FRANZIUS: Grundbau. Berlin: Springer 1927, und die Ausführungen zu Aufgabe 3, S. 150ff.

werk wirkenden Kräfte (Eigengewichte, Nutzlasten, evtl. Erd- und Wasserdrücke) ohne unzulässige Beanspruchungen aufzunehmen und auf den Baugrund zu übertragen. Dabei soll das Grundwerk keine dem Bauwerk nachteiligen Bewegungen (Setzungen, Drehungen) ausführen. Daß die Setzungen nicht zulässig groß werden, wird üblicherweise dadurch indirekt nachgewiesen, daß die Drücke auf die Bodenfuge unter der

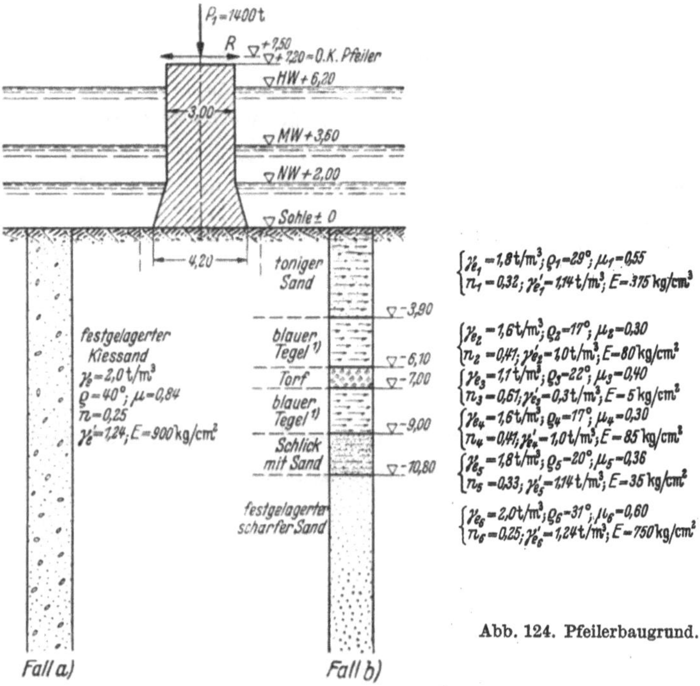

Abb. 124. Pfeilerbaugrund.

zulässigen Pressung bleiben, wobei dann auch nach den vorliegenden Erfahrungen die Setzungen im zulässigen Bereich bleiben (DIN 1054 [1953], Abschn. 4.2). Die Kräfteübertragung vom Bauwerk auf das Grundwerk soll außerdem so erfolgen, daß die noch auftretenden zulässigen Setzungen des ganzen Bauwerkes möglichst gleichmäßig erfolgen, damit keine schädlichen Drehungen und Risse im Bauwerk auftreten.

Die Einschränkung der Bewegungen des Grundwerks lediglich auf *schädliche* Bewegungen ergibt sich aus der Tatsache, daß *alle* Gründungen auf *nachgiebigem* Boden (Sand, Lehm usw.) auch später noch Be-

[1] Bei der vorhandenen Wassersättigung beträgt der Wassergehalt nach S. 91:

$$w = \frac{n \cdot \gamma_e'}{(1-n) \cdot \gamma_s} = \frac{0{,}41 \cdot 1{,}0}{0{,}59 \cdot 2{,}70} = 0{,}26 = 26\%.$$

Es handelt sich in diesem Falle also um einen „steifplastischen“ Ton (vgl. S. 73, Abb. 51).

wegungen aufweisen, besonders bei Bauwerken mit wechselnder Belastung oder bei veränderlichem Grundwasserstand. Je nachdem, ob man das Auftreten von Rissen ganz vermeiden oder aber solche unschädlicher Art zulassen will, wird man mehr oder weniger kostspielige technische Mittel für die Ausgestaltung des Grundwerks anwenden (Zweck und Art des Bauwerks!).

So ergeben sich einerseits aus der Eigenart und Zweckbestimmung des Bauwerks, andererseits aus der Beschaffenheit des Baugrundes die Forderungen, welche zur Erfüllung der oben genannten Aufgaben an das Grundwerk in statischer und konstruktiver Hinsicht gestellt werden müssen. Darüber hinaus muß die Auswahl des Baustoffes natürlich so getroffen werden, daß das Grundwerk widerstandsfähig genug ist, evtl. zerstörenden Einflüssen der Luft, des Bodens, des Wassers, von schädlichen chemischen Bestandteilen in denselben (z. B. Moorsäure, Sulfate usw.) und von Lebewesen (Bohrwurm) zu widerstehen bzw. diese zerstörenden Einflüsse von den anderen Bauwerksteilen fernzuhalten. Daneben spielen natürlich, wie bei jedem anderen Bauwerk auch, die verfügbaren Arbeitsmittel, Ausführungskosten und Bautermine eine Rolle.

Für die Vielfalt der möglichen Aufgabenstellungen einerseits, der Baugrundverhältnisse andererseits stehen die verschiedensten Bauweisen für das Grundwerk und die verschiedensten Verfahren zu dessen Herstellung zur Verfügung. Dabei wird unterschieden in *Flachgründungen*, bei denen die Auflasten in der Nähe der Bodenoberfläche auf den Boden übertragen werden, und in *Tiefgründungen*, bei denen das Grundwerk die Auflasten in größere Tiefen überträgt, sei es um die größere Tragfähigkeit tiefer liegender Bodenschichten auszunützen, sei es um unter dem Boden liegenden Nutzraum zu erhalten.

Fall a) der Aufgabe: Flächengründung (Betonfundament).

In diesem Falle liegt ein ausgesprochen guter, d. h. gut tragfähiger Baugrund vor. Bei solchen Verhältnissen läßt sich das Grundwerk als *Flachgründung* in offener Baugrube unmittelbar auf der Gründungsschicht aufbetonieren (aufmauern). In unserem Falle muß nur für die notwendige Wasserhaltung für die Ausführung gesorgt werden, da es sich um einen im Flusse stehenden Brückenpfeiler handelt.

Für die *Tiefenlage der Fundamentsohle* ist dabei zu beachten, daß nur bei *frostbeständigem Felsboden* unmittelbar auf die Bodenoberfläche gegründet werden kann. In allen anderen Fällen muß die Grundwerksohle *mindestens* so tief in den Boden hineingelegt werden, als der Frosttiefe entspricht (in Deutschland 1,0 bis 1,5 m; letzterer Wert für strenge Winter). Dies ist notwendig wegen der Volumenänderung des Bodens beim Gefrieren und Auftauen (S. 57 und Abb. 41).

Bei Grundwerken, die in *Wasser* zu stehen kommen, ist für die Bestimmung der Fundamentsohle auch zu prüfen, ob durch eine mögliche Änderung der Wasserspiegellage Änderungen der Auftriebsverhältnisse im Boden eintreten können. Für diesen Fall kann es notwendig werden, die Sohle unter den tiefsten zu erwartenden Wasserspiegel zu legen, um Überraschungen hinsichtlich unzulässiger Setzungen zu vermeiden. Bei *fließendem* Wasser muß außerdem dafür gesorgt werden, daß dessen kolkende Wirkung das Grundwerk früher oder später nicht zu gefährden vermag.

In unserem Fall wird zur Kolksicherung eine um das Fundament laufende Stahlspundwand gerammt, welche gleichzeitig als Wasserhaltungsspundwand dient, um den Fundamentbeton im Trockenen einbringen zu können. Nach Fertigstellung des Grundwerks wird diese Spundwand dann unter Wasser in Höhe der Flußsohle abgeschnitten mit dem autogenen Unterwasserschneidbrenner. Diese Spundwand hat noch den weiteren Vorzug, daß sie die Widerstandsfähigkeit des Baugrundes erhöht und die Zeit der unvermeidlichen Setzungen verkürzt, weil sie das seitliche Ausweichen des Bodens verhindert.

Die *Grundwerksohle* wird nach Möglichkeit *normal* zur Richtung des Druckes angelegt, der auf sie wirkt, in unserem Falle der pendelnden Schlußkraft *waagrecht*.

Die *Größe* der *Grundfläche* des Fundaments ist abhängig von dem mit Rücksicht auf die zulässigen Setzungen zuzulassenden Sohldruck. Dieser ist in unserem Beispiel mit 4,0 kg/cm² = 40 t/m² gegeben. Dieser Wert liegt im Rahmen der zulässigen Bodenpressungen der Tafel nach DIN 1054 (siehe Anhang, Tafel 8). Auch die dort genannten Voraussetzungen für die Benutzung dieser Werte treffen für unser Beispiel (Fall a) zu.

Mit 40 t/m² Sohldruck ergibt sich für eine Fundamentbreite gleich der unteren Pfeilerbreite von 4,20 m eine *zulässige* Gesamtbelastung für den lfd. m Pfeiler:

$$Q = 4{,}2 \cdot 1{,}0 \cdot 40 = 168\ \text{t}.$$

Die tatsächliche Belastung aus dem Auflagerdruck (ständige Last + Verkehrslast), dem Pfeilereigengewicht und dem Fundament beträgt je lfd. m Pfeiler:

Auflagerdruck: $\frac{1400}{14} = 100\ \text{t}$

Pfeilereigengewicht: $3{,}0 \cdot 5{,}2 \cdot 1{,}0 \cdot 2{,}2 = 34{,}3\ \text{t}$

$\frac{3{,}0 + 4{,}2}{2} \cdot 2{,}0 \cdot 1{,}0 \cdot 2{,}2 = 15{,}8\ \text{t}$

50,1 t

Fundamentgewicht bei der Annahme von 4,2 m Fundamentbreite und 2,5 m Fundamenttiefe:

$4{,}2 \cdot 1{,}0 \cdot 2{,}5 \cdot 2{,}2 = 23{,}1\ \text{t}$

$\Sigma P = 173{,}2\ \text{t}$

Diese Belastung ergäbe eine Bodenbeanspruchung von $\frac{\Sigma P}{F} = \frac{173{,}2}{4{,}2 \cdot 1{,}0}$ $= 41{,}3\ \text{t/m}^2$ gegenüber $40\ \text{t/m}^2$ zulässiger Belastung. Die Überschreitung wäre also nicht erheblich. Nun wirkt aber noch die horizontale Reibungskraft R, die angenommen ist mit 3% der Auflast P_1, also $R = \frac{3}{100} \cdot 100 = 3$ t je lfd. m Pfeiler. Diese Kraft ruft ein Moment in bezug auf die Fundamentsohle hervor, was zu einer Verlagerung der Schlußkraft aus der Sohlenmitte nach der Seite führt. Die bisher rechteckige Spannungsverteilung geht dadurch in eine trapezförmige über, d. h. auf einer Seite wächst die Bodenbeanspruchung, auf der anderen nimmt sie ab.

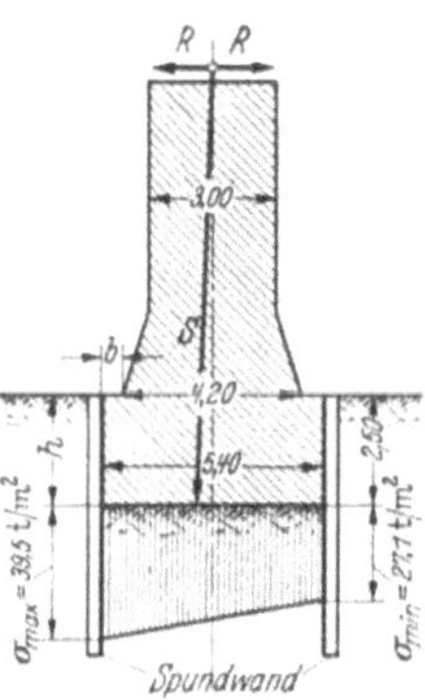

Abb. 125. Verbreitertes Brückenfundament.

Hebelsarm von R: $7{,}50 + 2{,}50 = 10{,}0$ m,

Moment aus R: $M_R = 3{,}0 \cdot 10{,}0 = 30$ mt.

Nach der üblichen Methode[1] ergeben sich nun folgende Randspannungen:

$$\sigma = \frac{\Sigma P}{F} \pm \frac{W_R}{M},$$

F = Fundamentfläche,

W = Widerstandsmoment der gedrückten Fundamentfläche.

$$\sigma = \frac{173{,}2}{4{,}2 \cdot 1{,}0} \pm \frac{30{,}0}{\frac{4{,}2^2 \cdot 1{,}0}{6}} = 41{,}3 \pm 10{,}2\,.$$

$\max\sigma = 51{,}5\ \text{t/m}^2 > 40\ \text{t/m}^2$, d. h. die Fundamentbreite von 4,20 m reicht nicht aus, um die maximal auftretende Bodenpressung unter der zulässigen Bodenbeanspruchung zu halten. Dies wird erst erreicht durch eine Verbreiterung des Fundaments auf 5,40 m (Abb. 125). ΣP erhöht sich dann um $(5{,}4 - 4{,}2) \cdot 1{,}0 \cdot 2{,}5 \cdot 2{,}2 = 6{,}6$ t auf 179,7 t je lfd. m Pfeiler und es wird

$$\sigma = \frac{179{,}7}{5{,}4 \cdot 1{,}0} \pm \frac{30{,}0}{\frac{5{,}4^2 \cdot 1{,}0}{6}} = 33{,}3 \pm 6{,}2\,.$$

Daher $\max\sigma = 39{,}5 \sim 40\ \text{t/m}^2$ entsprechend der zulässigen Bodenbeanspruchung von $40\ \text{t/m}^2$.

Hier könnte man den Einwand machen, daß nach DIN 1054 (4.221) die *Kanten*pressungen auf gewachsene nichtbindige Böden um 30% über dem zulässigen Tafelwert liegen dürfen ($\max\sigma$ bis $52{,}0\ \text{t/m}^2$), weil die Grundbruchsicherheit im allgemeinen von der Druckspannung im Schwerpunkt abhängt, also nur diese nicht überschritten werden darf, was bei uns mit $\frac{51{,}5 + 31{,}1}{2} = 41{,}3\ \text{t/m}^2$ ebenfalls angenähert zuträfe. Nun führt aber das Vergrößern der Kantenpressung gegenüber der Mittelpressung zu

[1] Vgl. dazu S. 163f.

einseitiger Neigung des Grundbauwerkes. Deshalb soll man bei schmalen Grundkörpern und bei jenen, die sich nicht wesentlich drehen dürfen (Stützmauern, Rahmentragwerke usw.), nur vorsichtig von dieser Erhöhung der Tafelwerte Gebrauch machen. In unserem Falle wurde die Erhöhung der Randspannung über die zulässige Bodenbeanspruchung hinaus durch Verbreiterung des Fundamentes beseitigt.

Bei dieser Ermittlung der Bodenbeanspruchung wurde der *Auftrieb* (Sohlwasserdruck)[1], der auf Fundament und Pfeiler wirksam wird, nicht berücksichtigt. Es wurde vielmehr so gerechnet, als läge der Wasserspiegel auf Kote − 2,5 m (= Fundamentsohle).

Tatsächlich steht nicht zu erwarten, daß der Flußwasserspiegel unter den Niederwasserstand zurückgeht. Durch die Poren des Bodens (Kiessand) dringt das Wasser ein und sättigt diesen. Der dem jeweiligen Flußwasserstand entsprechende hydrostatische Druck pflanzt sich deshalb unter der Spundwand hinweg zur Fundamentsohle fort und wirkt dort als Sohlenwasserdruck (Auftrieb). Dieser erreicht sein Maximum bei Hochwasser (+ 6,20 m). Dann ermäßigt sich ΣP auf 146,5 t, weil das Einheitsgewicht des Betons bis auf Kote + 6,20 mit $\gamma_b = 1{,}2$ t/m³ anzusetzen ist, und es verringert sich $\max \sigma$ auf 33,3 t/m².

Mit fallendem Wasserstand nimmt $\max \sigma$ zu und erreicht bei NW (+ 2,0) etwa 36 t/m². Die gewählte Fundamentbreite darf deshalb also sichergehend hinsichtlich der Bodenpressung betrachtet werden.

Die oben angestellten Untersuchungen haben die Notwendigkeit ergeben, die Grundwerksohle zu vergrößern. Dies ist durch Verbreiterung von 4,20 m Pfeilerfußbreite auf 5,40 m Fundamentbreite geschehen (Ausbildung eines Banketts!). Bei unbewehrten Betonfundamenten müssen nun Bankethöhe h und Bankettbreite b in einem solchen Verhältnis gewählt werden, daß die zulässigen Zug- und Scherbeanspruchungen des Fundamentbaustoffes (in unserem Falle Beton) nicht überschritten werden.

Die Zugbeanspruchung des Grundwerks ergibt sich aus der Biegungsbeanspruchung des Bankettvorsprunges infolge der Belastung durch den Bodenwiderstand. Das Konsolmoment aus dem Bodenwiderstand p t/m² im Querschnitt AB ist

$$M = \frac{p \cdot b^2}{2},$$

(wenn p als gleichförmig verteilt angenommen wird). Widerstandsmoment in AB für 1 m Pfeilerlänge:

$$W = \frac{b^3}{6} \cdot 1{,}0 .$$

[1] Wegen Auftrieb vgl. auch Aufgabe 9, S. 280ff.

Bezeichnet σ_z die Betonzugspannung, dann ist

$$M = \sigma_z \cdot W,$$

also
$$\frac{p b^2}{2} = \sigma_z \cdot \frac{h^2}{6}.$$

Daraus
$$\sigma_z = \frac{3\,p \cdot b^2}{h^2}.$$

Für $b = 0{,}60$ m, $p_{\max} = 36$ t/m² und $h = 2{,}50$ m wird

$$\sigma_z = \frac{3 \cdot 36 \cdot 0{,}60^2}{2{,}50^2} = 6{,}2 \text{ t/m}^2 = 0{,}6 \text{ kg/cm}^2.$$

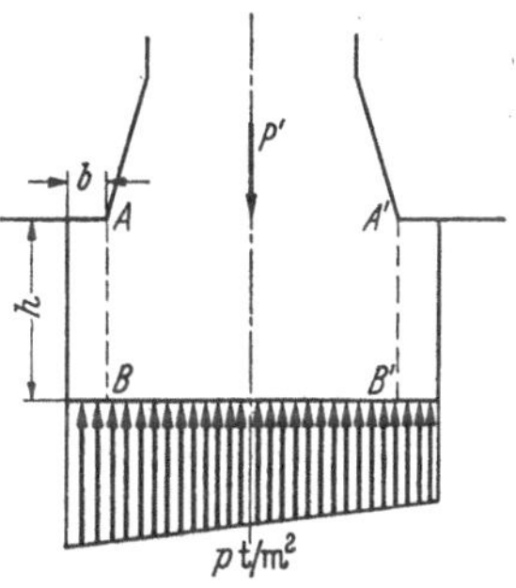

Abb. 126. Untersuchung der Zugbeanspruchung des Grundwerks.

Es darf das Grundwerk aber auch nicht längs der Schnitte $A\,B$ und $A'B'$ abgeschert werden durch die Wirkung der Kraft P' = Auflagerdruck + Pfeilereigengewicht (*ohne* Fundament) = 100 + 42,9 = 142,9 t*, d. h. es muß

$$\tau \cdot F \geqq P'$$

sein.

Dabei ist τ = Scherbeanspruchung und F = Scherfläche = 2 · 2,5 · 1,0.

Demnach
$$\tau = \frac{142{,}9}{2 \cdot 2{,}5 \cdot 1{,}0} = 28{,}5 \text{ t/m}^2 = 2{,}85 \text{ kg/cm}^2.$$

Die gewählte Fundamentstärke von $h = 2{,}50$ m bietet also ausreichende Sicherheit hinsichtlich der Biege- und Scherbeanspruchung.

Fall b) der Aufgabe: Pfahlgründung.

Rechnerische Ermittlung der Grenzbelastung (Bruchbelastung) und der zulässigen Belastung.

In diesem Falle stehen unter einer Sandschicht mit tonigen Beimengungen bildsame (plastische) und zwar „steife" Tonschichten[1] an, unterbrochen von einer Torfschicht. Es handelt sich hier also um Bodenschichten, deren Tragfähigkeiten wesentlich unter jener des festgelagerten Kiessandes im Falle a) liegen. Demgemäß muß auch die zulässige Belastung, die aus Sicherheitsgründen ja nur einen Bruchteil der Grundbruchlast betragen darf, für diese „weichen" Bodenschichten wesentlich niederer angesetzt werden, als im Falle a). Für die Berechnung der Bruchlasten (Grenzbelastungen), bei der infolge der Zusammendrückung des Untergrundes und der seitlichen Verdrängung des Erdreiches Bauwerkfundamente absacken, hat neuerdings OHDE Formeln

* Für *NW* (+ 2,0).

[1] Fußnote S. 200 und S. 73, sowie Abb. 51, ferner DIN 1054, b 1 u. b 33 (Anhang: Tafel 8).

aufgestellt für lotrechte mittige Belastung (lotrechtes Eindringen) ohne und mit Wasserüberdruck (Abb. 127), sowie für Schrägbelastungen (außermittigem Sohldruck). OHDE setzt für die Gleitflächengrenzbelastung (mittl. Normalpressung ν_g t/m²)* die Summe der (linear überlagerten) Anteile aus Eigengewicht des Bodens *unter* der Sohlfuge (Gleitkörpergewicht), Erdauflast p (*seitl.* Erdbelastung *ober*halb der Sohlfuge) und Festigkeit (Kohäsion) k_s, also:

$$\nu_g = \lambda_\gamma \cdot \gamma_e \cdot b + \lambda_p \cdot p + \lambda_k \cdot k_s .$$

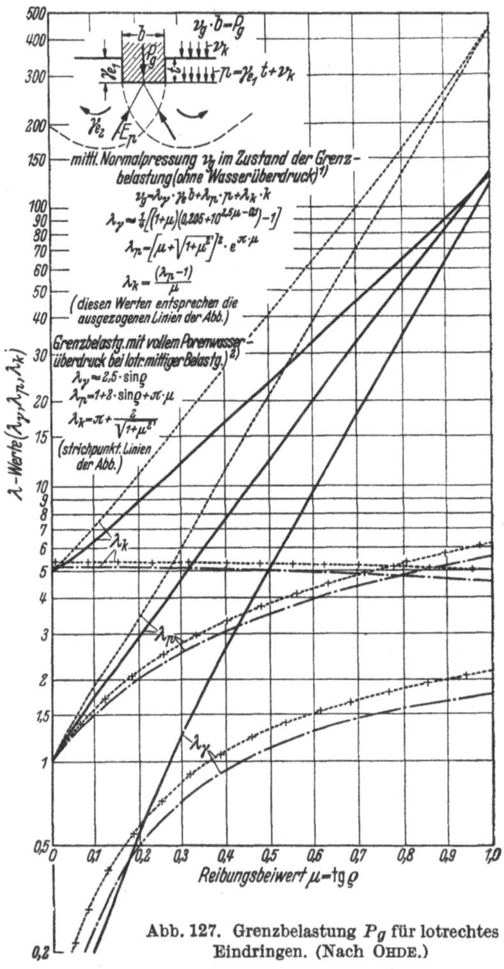

Abb. 127. Grenzbelastung P_g für lotrechtes Eindringen. (Nach OHDE.)

[1] Sandiger Boden oder „langsame Belastung“ bei bindigem Boden (vgl. S. 160).

[2] „Schnelle Belastung“ bindigen Bodens, unveränderter Wassergehalt (vgl. S. 160).

symmetr. lotrechtes Eindringen *ohne* Porenwasserüberdruck (rolliger Boden oder bindiger Boden bei „langsamer“ Belastung).

symmetr. lotrechtes Eindringen *mit* Porenwasserüberdruck (bindiger Boden bei „schneller“ Belastung).

einseitiges Ausweichen *ohne* Porenwasserüberdruck (rolliger Boden oder bindiger Boden bei „langsamer“ Belastung).

einseitiges Ausweichen *mit* Porenwasserüberdruck (bindiger Boden bei „schneller“ Belastung).

In unserem Falle sind alle Schichten wasserüberflutet, stehen also unter Auftriebswirkung (γ_e'; $k_s = 0$).

Faßt man die weichen Schichten näherungsweise zu *einer* Schicht zusammen, indem man die Mittelwerte von γ_e' und ϱ unter Berücksichtigung der Schichtdicken bildet:

$$\gamma_{e\,m}' = \frac{\gamma_{e_2}' \cdot t_2 + \gamma_{e_3}' \cdot t_3 + \cdots}{t_2 + t_3 + \cdots}$$

bzw.

$$\varrho_m = \frac{\varrho_2\, t_2 + \varrho_3\, t_3 + \cdots}{t_2 + t_3 + \cdots},$$

dann erhält man $\gamma_{e\,m}' = 0{,}95$ t/m³, $\varrho_m = 18{,}4°$; $\mu_m = \mathrm{tg}\,\varrho_m = 0{,}33$ und damit bei „schneller“ Be-

* Bautechnik 1950, auch Hütte III, 27. Aufl., S. 923 ff. Berlin: W. Ernst & Sohn 1951.

lastung[1] (unvermindertem Wassergehalt) und lotrechtem Eindringen aus Abb. 127

$$\lambda_{\gamma m} = 0{,}75; \; \lambda_{p m} = 2{,}65.$$

Für die Fundamentsohle auf − 3,90 (Abb. 128) ergibt sich dann

$$\nu_g = 0{,}75 \cdot 0{,}95 \cdot 5{,}40 + 2{,}65 \cdot (1{,}14 \cdot 3{,}9) = 15{,}4 \text{ t/m}^2 = 1{,}54 \text{ kg/cm}^2.$$

Die tatsächlich vorhandene mittlere Normalspannung in der Fundamentfuge beträgt dagegen je m Fundamentlänge

$$\nu_{vorh.} = \frac{P}{6 \cdot 1{,}0} = \approx \frac{190}{5{,}4 \cdot 1{,}0} = 35 \text{ t/m}^2 = 3{,}5 \text{ kg/cm}^2,$$

ist also mehr als doppelt so groß, wie ν_g.

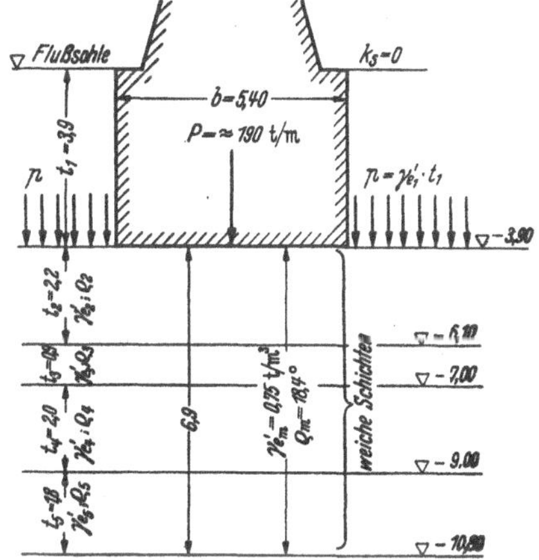

Abb. 128. Zusammendrückung des Untergrundes.

Da nach OHDE das *zulässige* $\nu_{zul.}$ etwa zweifache Sicherheit bieten soll, wenn mit vollem μ gerechnet worden ist, wie wir es auch tatsächlich getan haben, also

$$\eta_p \approx \frac{\nu_g}{\nu_{zul.}} = 2{,}0$$

gesetzt werden soll, ergibt sich für die untersuchte weiche Schicht bei der angenommenen Lage der Sohlfuge ein

$$\nu_{zul.} \approx \frac{1{,}54}{2{,}0} = \sim 0{,}8 \text{ kg/cm}^2$$

gegenüber einer *vorhandenen* mittleren Bodenpressung von 3,5 kg/cm² (vgl. Fußnote 1, S. 205: DIN 1054!). Eine Flächengründung wie im Falle a) ist also bei den weichen Bodenschichten ausgeschlossen.

Ein anderes Verfahren für die *rechnerische* Festlegung der *zulässigen* Belastung ($\nu_{zul.}$) hat FRÖHLICH entwickelt[2]. Er geht dabei *nicht* von der OHDEschen Grenzbelastung (Bruchlast) aus, er will vielmehr $\nu_{zul.}$ nach der Belastung an der *Proportionalitätsgrenze* bemessen (vgl. Abb. 106, S. 165), da die Spannungsverhältnisse im Boden bis zu dieser Grenze dem HOOKEschen Gesetz folgen, also rechnerisch erfaßt werden können. Die entsprechende Belastung bezeichnet FRÖHLICH mit *kritischer Randbelastung* p_R (= $\nu_{zul.}$). Sie gibt nicht nur die Grenze für eine gleichmäßig über die Bauwerkssohle verteilte Bodenpressung an, sondern auch für die Randwerte einer im übrigen beliebig verteilten Belastung. Sie gilt

[1] Normalfall.

[2] FRÖHLICH: Druckverteilung im Baugrund. Wien: Springer 1934. – BRENNECKE-LOHMEYER: Der Grundbau. Bd. I, 6. Aufl., S. 105 u. 149. Berlin: W. Ernst & Sohn 1948.

außerdem auch unabhängig von Größe und Form der Lastfläche. Der Ansatz für p_R lautet:

$$p_R = \frac{\pi \cdot (\gamma_e \cdot t + k_s)}{\operatorname{cotg} \varrho - \left(\frac{\pi}{2} - \varrho\right)} = \alpha \cdot (\gamma_e \cdot t + k_s)\,.$$

γ_e = Bodenraumgewicht *über* der Gründungssohle (unter Berücksichtigung des Wassersättigungsgrades),
t = Gründungstiefe,
ϱ = Winkel der inneren Reibung des Bodens *unter* der Gründungssohle.
α-Werte in Abb. 129.
k_s = Kohäsion *oberhalb* der Gründungssohle (für Sandböden $k_s = 0$).

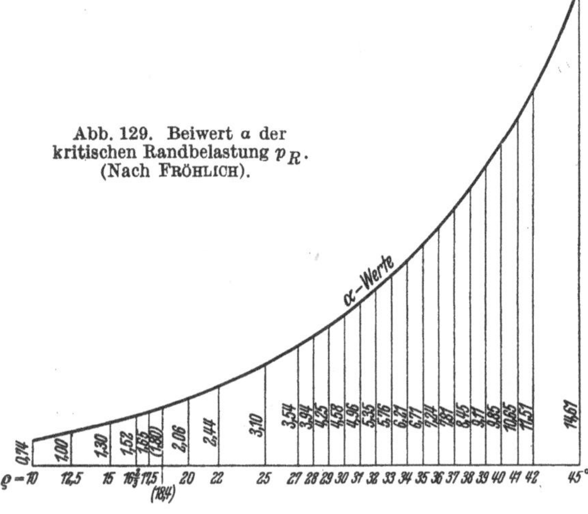

Abb. 129. Beiwert α der kritischen Randbelastung p_R. (Nach FRÖHLICH).

Voraussetzungsgemäß sind bei dieser Berechnung die bleibenden (plastischen) Setzungen nicht in Anspruch genommen, sondern nur die elastischen, bei Entlastung wieder zurückgehenden Senkungen. Da diese Voraussetzung nicht ganz der Wirklichkeit entspricht, kann diese Berechnungsart nur als *Näherungs*rechnung gewertet werden. Sie hätte aber, falls sie sich als *solche* auf die *Dauer bewährt,* den großen Vorzug, nur die vorherige Ermittlung der beiden Kennwerte γ_e und ϱ vorauszusetzen, was verhältnismäßig einfach geschehen kann.

Geht man für die Berechnung der kritischen Randbelastung von den gleichen Annahmen aus, wie oben bei der Rechnung nach dem OHDEschen Verfahren, so ergibt die Zahlenrechnung (für $\varrho = 18{,}4°$ wird $\alpha = 1{,}8$; $\gamma'_{e_1} = 1{,}14$ t/m³; $t = 3{,}9$ m; $k_s = 0$)

$$p_R = 1{,}8 \cdot 1{,}14 \cdot 3{,}9 = 8{,}0 \text{ t/m}^2 = \mathbf{0{,}8} \text{ kg/cm}^2.$$

Es ergibt sich also in unserem Beispiel eine vollkommene Übereinstimmung der *zulässigen* Belastungswerte $v_{zul.}$ nach OHDE und FRÖHLICH. Tatsächlich muß diese gute Übereinstimmung bis zu einem gewissen Grad als zufällig betrachtet werden. Man wird gut tun, wenn man sich dieser Tatsache bei der *Berechnung* von v_g bewußt bleibt, um sich gegebenenfalls vor falschen Schlüssen zu bewahren. Denn gerade bei den Böden hat man es vielfach mit so vielerlei und verschieden gearteten Einflüssen zu tun, die obendrein in oft schwer überschaubarer Weise ineinander greifen, daß es *nicht immer* möglich ist, Zustand und Verhalten solcher schwieriger Böden mit einigen Kennwerten und Rechenansätzen richtig und vollkommen zu erfassen, ohne die Heranziehung der Spezialkenntnisse und langjährigen Erfahrungen des bodenmechanischen Spezialisten. Für die Vororientierung sind aber solche Überschlagsrechnungen immer vorteilhaft.

Setzungsberechnung (vgl. dazu S. 158 u. Fußnote 1).

Es wurde bisher bereits wiederholt auf den Vorgang der Setzungen infolge der Zusammendrückung der Poren der Baugrundschichten hingewiesen (vgl. dazu S. 71 ff. und S. 178 ff). Besondere Aufmerksamkeit verdienen dabei neben den organischen Böden die Tonböden, da sie infolge der Porenfeinheit das Wasser nur sehr langsam abgeben, wodurch sich der Setzungsvorgang über große Zeiträume hinzieht (Beispiel S. 39). Beim Torf kommt zur reinen Gefügeverdichtung, die mit Porenwasserabgabe verbunden ist, noch eine zusätzliche Volumenverminderung, die auf eine chemische Zersetzung der Festsubstanz (Inkohlungsvorgang) zurückzuführen ist.

Darüber hinaus ist die Zusammendrückung von vielen Faktoren abhängig, deren Zusammenspiel sich oft schwer übersehbar auswirkt. Auf alle Fälle sind die eintretenden Setzungen verhältnisgleich dem Sohldruck p_0. Sie wachsen außerdem mit der Mächtigkeit der gedrückten Schicht und bei gleichem Sohldruck mit der Größe der Lastfläche. Ferner besteht eine Abhängigkeit der Setzungen von der Form der Lastflächen (ob kreisförmig, rechteckig, streifenförmig), von der Druckausbreitung (der Winkel α der Druckausbreitung nimmt nach unten stetig zu) und der Druckverteilung in den Bodenschichten unter der Lastfläche (Abb. 130 u. 131), ferner von der POISSON-Zahl m, die ihrerseits von der Beschaffenheit des Bodens abhängt. Der Boden kann nur bei geringen Belastungen und da auch nur näherungsweise als ein raumbeständiger, elastisch-isotroper Stoff betrachtet werden, der dem HOOKEschen Gesetz gehorcht ($m = 2$). Mit wachsender Belastung wächst auch m von 2 bis auf etwa 5. Der Einfluß der physikalischen Eigenschaften des Bodens auf die Setzungen in dem in Frage kommenden Baugrundteil wird auch noch durch die Steifezahl E zu erfassen versucht. Auch diese Größe ist keine Konstante, sondern mit der Belastung veränderlich. Wenn deshalb dieser E-Wert etwa einem Druck-Setzungsdiagramm entnommen wird (Abb. 57), dann muß das in der Kurve da geschehen, wo der Druck im Ödometer mit dem in der Bodenschicht herrschenden Druck übereinstimmt. Einen Überblick über die *Größenordnung* der Steifeziffern (E-Werte) für verschiedene Bodenarten gibt die folgende Zusammenstellung nach KÖGLER-SCHEIDIG:

[1] DIN 4019. Baugrund. Setzungsberechnungen bei lotrechter, mittiger Belastung. Richtlinien.

Bodenart	*Größenordnung von E in kg/cm²*
Kiessand, dicht	1000–2000
Sand, dicht	500– 800
Sand, locker	100– 200
Ton, halbfest	80– 150
Ton, steifplastisch	40– 80
Ton, weichplastisch	15– 40
Klei, Schlick	5– 30
Torf	1– 5

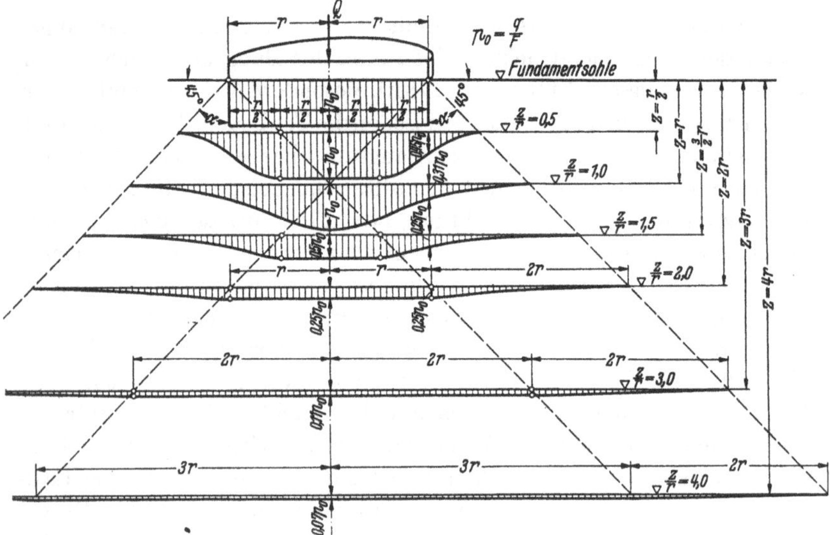

Abb. 130. Abhängigkeit der Druckverteilung von der Tiefe $z = f(r)$ bei einer *Kreisflächenlast*. (Nach KÖGLER.)

Eine Anzahl der oben genannten Faktoren und Zusammenhänge kann bei einer Setzungsberechnung, wenn überhaupt, dann nur mehr oder weniger näherungsweise berücksichtigt werden. Aber auch dann bleibt das Rechenverfahren verwickelt und das schließlich erzielte Ergebnis ist nur unter Vorbehalt richtig. Es bedarf dann noch einer kritischen Überprüfung an Hand von bisher gemachten Erfahrungen mit ähnlich gearteten Böden.

Deshalb empfiehlt DIN 1054 (1953) Abschnitt 4.322 für Setzungsberechnungen vor allem Untersuchungsergebnisse heranzuziehen, die von anerkannten Untersuchungsstellen ermittelt worden sind. Außerdem soll der Entwerfende, damit die Ergebnisse richtig gedeutet werden, die Untersuchungsstelle stets an der Setzungsberechnung beteiligen[1].

[1] Während des Buchsatzes (Mai 1955) ist DIN 4019, Blatt 1: Baugrund-Setzungsberechnungen bei lotrechter, mittiger Belastung erschienen. Das Blatt 2: Baugrund-Setzungsberechnungen bei schräger und ausmittiger Belastung ist in Vorbereitung.

Nun einige Setzungsberechnungen! Zunächst soll das unterschiedliche Verhalten des Bodens gegen Zusammendrückung für die beiden Fälle a) und b) gezeigt werden. Dazu soll, da es uns hierbei nur auf die Größenordnung ankommt, die aus der bekannten Beziehung $s = \frac{p_0 \cdot t}{E}$ für eine *quadratische Lastfläche* hergeleitete Formel für die Gesamtsetzung s

$$s = \frac{p_0 \cdot t}{E} \cdot \frac{a}{a + 2 \cdot t \cdot \operatorname{tg} \alpha}$$

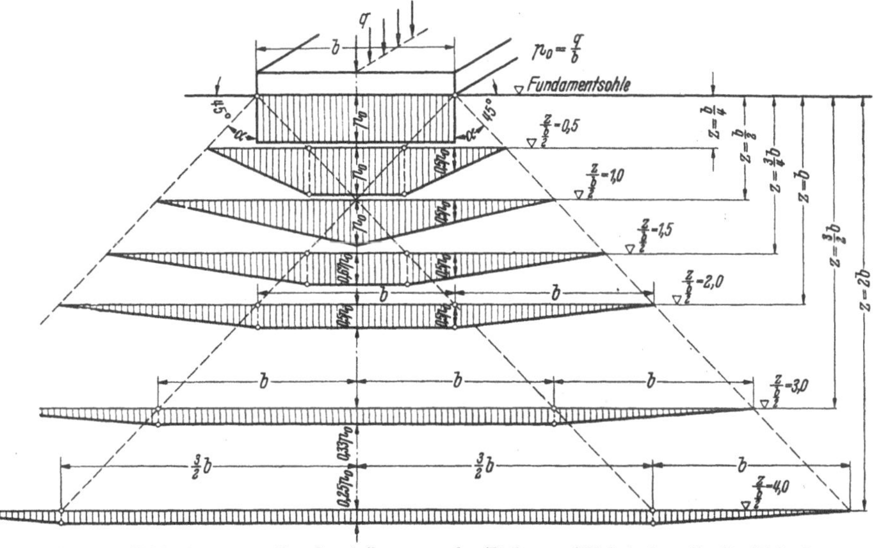

Abb. 131. Abhängigkeit der Druckverteilung von der Tiefe $z = f(b)$ bei einer *Streifenflächenlast.* (Nach KÖGLER.)

dienen[1]. Darin bedeuten: s = Gesamtsetzung in cm; p_0 = Druck auf die unter der Sohlfläche liegende Bodenschicht in kg/cm²; t = Mächtigkeit der gedrückten Bodenschicht in cm; E = Steifezahl der gedrückten Bodenschicht in kg/cm²; a = Seitenlänge der *quadratischen* Lastfläche in cm; $p_0 \cdot \frac{a}{a + 2t \cdot \operatorname{tg} \alpha}$ = Druck in der Tiefe t; α = Druckverteilungswinkel.

Dieser Ansatz hat zur Voraussetzung, daß 1. die zusammendrückbare Schicht unmittelbar unter der Sohlfuge liegt und eine Dicke t aufweist, 2. sich der Druck geradlinig unter α gegen die Lotrechte nach unten ausbreitet, 3. der Druck in jeder waagrechten Ebene zwischen 0 und t gleichmäßig verteilt ist, 4. die Steifezahl E auf die ganze Tiefe konstant ist (sogenannte „einfache Annahme"). Für die übliche Annahme $\alpha = 45°$ ist $\operatorname{tg} \alpha = 1$, also

$$s = \frac{p_0 \cdot t}{E} \cdot \frac{a}{a + 2t}.$$

[1] KÖGLER-SCHEIDIG: S. 84, Zit. S. 163.

Da sich der vorstehende Ansatz auf eine quadratische Platte bezieht, denken wir uns unsere rechteckige Sohlfläche von $14{,}0 \cdot 5{,}4\ \text{m}^2$ in ein Quadrat verwandelt, dessen Seitenlänge sich ergibt zu $a = \sqrt{14{,}0 \cdot 5{,}4} = 8{,}7\ \text{m}$*. t läßt sich aus Abb. 132 mit 8,3 m ablesen (Sohlfläche auf − 2,5 m). Unter Berücksichtigung eines NW-Standes (+ 2,0) und $(14{,}0 \cdot 5{,}4)\ \text{m}^2$ Sohlfläche, also 2230 t Gesamtpfeilerauflast auf die Sohlfuge ergibt sich die Einheitslast auf diese zu

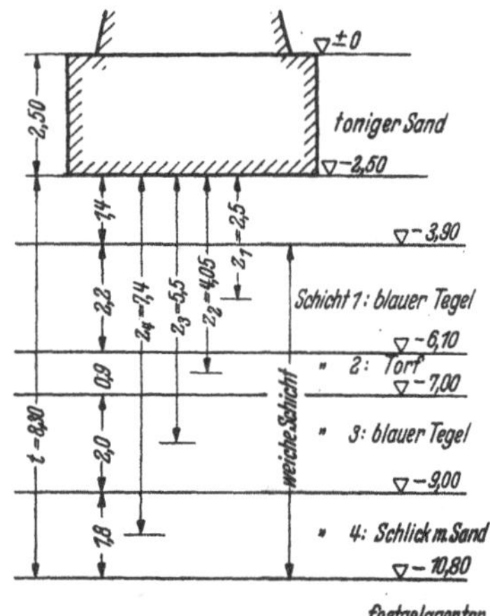

Abb. 132. Schichtenverlauf im Fall b.

$$v_{vorh.}(p_0) = \frac{2230}{14{,}0 \cdot 5{,}4} = 30\ \text{t/m}^2 = 3{,}0\ \text{kg/cm}^2$$

und die Gesamtsetzung

im *Falle a)* mit $E \sim 900\ \text{kg/cm}^2$ und $\alpha = 45°$:

$$s_a = \frac{3{,}0 \cdot 830}{900} \cdot \frac{870}{870 + 2 \cdot 830} = 0{,}95 = \sim 1\ \text{cm}$$

im *Falle b)* mit einem gemittelten $E_m \sim 25\ \text{kg/cm}^2$ für die weiche Schicht, sonst aber mit gleichen Zahlenwerten, wie bei a):

$$s_b = \sim 1 \cdot \frac{900}{25} = 36\ \text{cm}.$$

Aus diesen überschlägig ermittelten Zahlenwerten ergibt sich, daß — wie nicht anders zu erwarten ($v_{zul.}$!) — der Boden im Falle b) eine viel größere Zusammendrückung erfährt, als im Falle a). Dabei ist dieser, nach der „einfachen Annahme" hergeleitete s_b-Wert gegenüber der unten durchgeführten genaueren Setzungsberechnung noch zu klein (siehe diese!).

Ermittlung der Gesamtsetzung aus den Teilsetzungen in den einzelnen Schichten.

Der Druck unmittelbar unter der Sohlfläche wird wieder mit $p_0 = 3{,}0\ \text{kg/cm}^2$ angesetzt. Wird die Sohlfläche wieder näherungsweise als Quadrat angesehen mit der Quadratseite a = 8,7 m, so können die Drücke aus der Abb. 130 mit $r \sim \frac{a}{2} = \frac{8{,}7}{2} = 4{,}35$ m (Kreisflächenlast!) ermittelt werden. Unter Benutzung der Abb. 132 ergibt sich dann für die einzelnen Schichten[1]:

* Für Kreisflächen ergibt sich statt a der Durchmesser $d = \sqrt{\frac{4F}{\pi}}$ (in unserem Beispiel $d = \sqrt{\frac{4(14{,}0 \cdot 5{,}4)}{3{,}14}} = 9{,}8$ m) und $s = \frac{p_0 \cdot t}{E} \cdot \frac{d}{d + 2t\,\text{tg}\,\alpha}$.

[1] Kögler-Scheidig: 5. Aufl., S. 107, Zit. S. 163. — Eine weitere Möglichkeit der Druckermittlung nach Boussinesq-Steinbrenner in „Straße" 1934, S. 121.

Schicht 1: Mittlere Tiefe unter Sohle $= z_1 = 2{,}5$ m; $\frac{z_1}{r} = \frac{2{,}5}{4{,}35} = 0{,}575$; Schichtdicke $t_1 = 2{,}2$ m; Druck unter Flächenmitte: $p_M = 1{,}0\,p_0$; am Flächenrand $p_{R_1} = 0{,}43 \cdot p_0$; Mittel $p_1 = \frac{1{,}0 + 0{,}43}{2}\,p_0 = 0{,}71 \cdot p_0 = 0{,}71 \cdot 3{,}0 = \mathbf{2{,}13}$ kg/cm²; für die Schichtdicke $t_1 = 220$ cm und die Steifezahl $E_1 = 80$ kg/cm² wird die Setzung:

$$s_1 = \frac{p_1 \cdot t_1}{E_1} = \frac{2{,}13 \cdot 220}{80} = \mathbf{5{,}9}\ \text{cm}\,.$$

Schicht 2: $z_2 = 4{,}05$ m; $\frac{z_2}{r} = \frac{4{,}05}{4{,}35} = 0{,}93$; $t_2 = 0{,}90$ m; $p_{M_2} = 1{,}0 \cdot p_0$; $p_{R_2} = 0{,}33 \cdot p_0$; Mittel $p_2 = \frac{1{,}0 + 0{,}33}{2}\,p_0 = 0{,}66\,p_0 = 0{,}66 \cdot 3{,}0 = \mathbf{1{,}98}$ kg/cm²; $E_2 = 5$ kg/cm²;

$$s_2 = \frac{p_2 \cdot t_2}{E_2} = \frac{1{,}98 \cdot 90}{5} = \mathbf{35{,}7}\ \text{cm}\,.$$

Schicht 3: $z_3 = 5{,}5$ m; $\frac{z_3}{r} = \frac{5{,}5}{4{,}35} = 1{,}26$; $t_3 = 2{,}0$ m; $p_{M_3} = 0{,}74 \cdot p_0$; $p_{R_3} = 0{,}28 \cdot p_0$; Mittel $p_3 = \frac{0{,}74 + 0{,}28}{2}\,p_0 = 0{,}52 \cdot p_0 = 0{,}52 \cdot 3{,}0 = \mathbf{1{,}56}$ kg/cm²; $E_3 = 85$ kg/cm²;

$$s_3 = \frac{p_3 \cdot t_3}{E_3} = \frac{1{,}56 \cdot 200}{85} = \mathbf{3{,}7}\ \text{cm}\,.$$

Schicht 4: $z_4 = 7{,}4$ m; $\frac{z_4}{r} = \frac{7{,}4}{4{,}35} = 1{,}7$; $t_4 = 1{,}8$ m; $p_{M_4} = 0{,}4 \cdot p_0$; $p_{R_4} = 0{,}25\,p_0$; Mittel $p_4 = \frac{0{,}40 + 0{,}25}{2}\,p_0 = 0{,}32\,p_0 = 0{,}32 \cdot 3{,}0 = \mathbf{0{,}96}$ kg/cm²; $E_4 = 35$ kg/cm²;

$$s_4 = \frac{p_4 \cdot t_4}{E_4} = \frac{0{,}96 \cdot 180}{35} = \mathbf{4{,}9}\ \text{cm}\,.$$

Gesamtsetzung: $s = s_1 + s_2 + s_3 + s_4 = 5{,}9 + 35{,}7 + 3{,}7 + 4{,}9 = 50{,}2 = \sim 50$ cm.

Mittelbildung bei Kennwerten.

Wie wir gesehen haben, sind bei geschichtetem Baugrund für überschlägige Tragfähigkeitsbestimmungen oder Setzungsermittlungen Mittelungen von gleichartigen Bodenkennwerten verschiedener Größe durchzuführen. Dies ist unerläßlich in jenen Fällen, bei denen Rechenansätze benutzt werden, die eine solche Mittelung voraussetzen, wie beispielsweise die Formeln von FRÖHLICH oder OHDE (S. 207ff.). Die dabei in Frage kommenden Kennwerte (γ_e, ϱ, μ) sind, wie dort bereits gezeigt, sehr einfach unter Heranziehung der Schichtmächtigkeiten h als „Gewichte“ zu ermitteln. Die Ergebnisse werden um so zuverlässiger, je genauer die gebrauchten Kennwerte vorher bestimmt worden sind.

Problematischer kann diese Mittelbildung bei Kennwerten werden, die eine verwickeltere Abhängigkeit von den anderen Bodenwerten aufweisen. Das sei am Beispiel der Steifeziffer E kurz gezeigt. Bei geschichtetem Baugrund hängt deren Mittelwert zunächst einmal von den Schichtdicken h ab (h-Werte als Gewichte), also

$$E_m = \frac{E_1 \cdot h_1 + E_2 \cdot h_2 + \cdots}{h_1 + h_2 + \cdots}.$$

In unserem Beispiel (Abb. 128):

$$E_{m_1} = \frac{80 \cdot 2{,}2 + 5 \cdot 0{,}9 + 85 \cdot 2{,}0 + 35 \cdot 1{,}8}{2{,}2 + 0{,}9 + 2{,}0 + 1{,}8} = 60 \text{ kg/cm}^2.$$

Ferner hängt E_m von den mittleren Drucken p in jeder Schicht ab (p-Werte als Gewichte). In unserem Beispiel lassen sich diese, wie schon oben gezeigt, aus Abb. 130 herleiten, also

$$E_{m_2} = \frac{80 \cdot 2{,}13 + 5 \cdot 1{,}98 + 85 \cdot 1{,}56 + 35 \cdot 0{,}96}{2{,}13 + 1{,}98 + 1{,}56 + 0{,}96} = 52 \text{ kg/cm}^2.$$

Setzt man das Mittel dieser beiden Werte an mit

$$E_m = \sqrt[2]{E_{m_1} \cdot E_{m_2}} = \sqrt[2]{60 \cdot 52},$$

so erhält man $E_m = 55{,}8$ kg/cm².

Soweit die Steifezahlen der zu untersuchenden Schichten nicht sehr erheblich voneinander abweichen, kann man mit dem vorstehenden Mittelungsverfahren zu brauchbaren E_m-Werten kommen, wie unten an einem Beispiel gezeigt wird. In unserem Beispiel (Fall b) liegen die Verhältnisse ungünstiger. Das soll an Hand der oben durchgeführten Berechnung der Teilsetzung der einzelnen Schichten erläutert werden. Bildet man für die dort ermittelten Einzelschichtdrücke $p_1, p_2 \ldots$ das p_m mittels der Schichtdicken als Gewichte, setzt also

$$p_m = \frac{2{,}13 \cdot 2{,}2 + 1{,}98 \cdot 0{,}9 + 1{,}56 \cdot 2{,}0 + 0{,}96 \cdot 1{,}8}{2{,}2 + 0{,}9 + 2{,}0 + 1{,}8} = 1{,}64 \text{ kg/cm}^2,$$

dann ergibt sich für die Gesamtdicke der weichen Schichten ($t = 690$ cm) und die Gesamtsetzung $s = 50$ cm, von der E_m ja auch abhängt, ein wesentlich kleineres E_m, als oben, nämlich

$$E_m = \frac{p_m \cdot t}{s} = \sim \frac{1{,}64 \cdot 690}{50} = 23 \text{ kg/cm}^2.$$

Verursacht wird diese starke Abweichung durch den großen Einfluß der Torfschichte mit ihrem überragenden Anteil an der Gesamtsetzung. Denken wir uns die Torfschichte weg, indem wir die Schichten 3 und 4 unmittelbar an die Schicht 1 anschließen, also um 90 cm nach oben rücken, dann ergeben sich folgende Rechnungswerte aus den (teilweise veränderten) Werten $p_1' = 2{,}13$ kg/cm²; $p_2' = 1{,}95$ kg/cm²; $p_3' = 1{,}12$ kg/cm² durch Mittelung $p_m' =$ **1,77** kg/cm²; aus den (ebenfalls teilweise veränderten) Werten für die Teilsenkungen $s_1' = 5{,}9$ cm; $s_2' = 4{,}6$ cm; $s_3' = 5{,}8$ cm durch Summierung $\Sigma s' =$ **16,3** cm.

Mit der Gesamtdicke der weichen Schichten $t = 600$ cm errechnet sich aus der Setzungsformel:

$$E'_m = \frac{p'_m \cdot t'}{\sum s'} = \frac{1{,}77 \cdot 600}{16{,}3} = \mathbf{65}\ \text{kg/cm}^2 .$$

Leitet man das E'_m für den gleichen Fall lediglich aus seiner Abhängigkeit von der Schichtdicke und den mittleren Drücken in den einzelnen Schichten her ($E'_{m_1} = 68$ kg/cm² und $E'_{m_2} = 62{,}5$ kg/cm²) und bildet deren geometrisches Mittel, dann erhält man ebenfalls $E'_m = 65$ kg/cm², d. h. also Übereinstimmung der Ergebnisse mit den beiden Rechnungsverfahren. Wenn also ein Baugrund — etwa durch Bohrungen — erschlossen ist, d. h. die einzelnen anstehenden Schichten nach Mächtigkeit und Bodenart soweit erkundet sind, daß auch Klarheit über die schätzungsweise vorliegenden E-Werte besteht, läßt sich aus diesen — sofern sie nicht zu sehr voneinander abweichen — mit den Schichtdicken und mittleren Drücken der Einzelschichten als „Gewichte" ein näherungsweise zutreffender E_m-Wert herleiten, um damit die voraussichtliche Gesamtsetzung größenordnungsmäßig zu überschlagen. Liegen bereits genauere Untersuchungsergebnisse vor, dann erübrigt sich natürlich eine solche Mittelbildung von E, weil an Hand dieser Ergebnisse die zahlenmäßige Größe der Einzelsetzungen und damit der Gesamtsetzung viel zuverlässiger ermittelt werden kann, als mit Hilfe der oft problematischen Mittelwerte.

Stehende Pfahlgründung.

Die vorstehend ermittelte unzulässig große Setzung des Pfeilerfundamentes läßt sich vermeiden, wenn der Brückenpfeiler auf den unter dem Schlick (— 10,8) anstehenden, gut tragfähigen festgelagerten scharfen Sand gegründet, d. h. an Stelle einer *Flach*gründung eine *Tief*gründung gewählt wird.

Für eine solche Tiefgründung bestehen im allgemeinen folgende Möglichkeiten:

1. Herabführung der Gründung bis zum gut tragfähigen Grund in offener Baugrube unter Wasserhaltung durch Einspundung der Baugrube;
2. Gründung des Pfeilers auf Pfählen;
3. Gründung mittels Versenkung des an der Bodenoberfläche hergestellten Grundwerks oder Gesamtbauwerks (Brunnen, Senkkasten, Druckluftsenkkasten).

Für das vorliegende Beispiel wird die *Pfahlgründung* gewählt. Bei dieser übernehmen die Pfähle die Aufgabe, die vom Bauwerk kommende Belastung auf tiefer liegende tragfähige Baugrundschichten zu übertragen. Da die Pfähle sowohl durch den Bodenwiderstand gegen die Pfahlspitzen, als auch durch den Reibungswiderstand an dem Pfahlumfang getragen werden können, ist die Art und Weise der Übertragung der Bauwerkslasten auf den Untergrund verschieden. Die dafür vorhandenen praktischen Möglichkeiten liegen demnach zwischen den beiden Grenzfällen:

a) Die Pfähle werden durch die *nicht* tragfähigen Bodenschichten hindurchgerammt und auf eine dichtgelagerte, gut tragfähige Bodenschicht aufgesetzt, *so daß sie die von oben kommenden Lasten wie Säulen mit ihren Pfahlspitzen auf diesen tragfähigen Untergrund übertragen (Spitzendruckpfähle).* Solche Pfähle werden vielfach als *Festpfähle* bezeichnet (*stehende* Pfahlgründung).

b) Die Pfähle nehmen die Bauwerkslasten hauptsächlich *durch die Reibungswiderstände auf, die die wenig tragfähigen Bodenschichten auf den Pfahlumfang ausüben.* Diese Gründung ist in der Regel „nur dann anzuwenden, wenn zwar unter bindigen zusammendrückbaren Schichten der tragfähige Baugrund so tief liegt, daß er mit wirtschaftlichem Aufwand von den Pfahlspitzen nicht erreicht werden kann, die bindigen Schichten aber mit zunehmender Tiefe allmählich fester, d. h. weniger zusammendrückbar werden, so daß geringere Setzungen zu erwarten sind als bei einer Flächengründung“[1]. Da hier die Pfähle und das auf ihnen ruhende Bauwerk durch die Reibungswiderstände im Untergrund gewissermaßen in der Schwebe gehalten werden, bezeichnet man diese Pfahlgründung als *schwebende Pfahlgründung*, und die dafür angesetzten Pfähle als *Schwebepfähle*[2] (Reibungspfähle).

In den meisten praktischen Fällen hat man sowohl Spitzenwiderstand als auch Pfahlumfangsreibung, ohne daß man zuverlässig angeben kann, welcher Anteil vom Gesamtpfahlwiderstand auf den Spitzenwiderstand und welcher auf die Mantelreibung trifft[3]. Insofern ist die obige Unterscheidung für die Einteilung der verschiedenen Bauweisen nicht geeignet. Man hat deshalb die Einteilung gewählt:

1. tiefer Pfahlrost auf Grundpfählen;
2. hoher Pfahlrost auf freistehenden Pfählen (Langpfählen).

Im ersten Fall liegt das Tragwerk (d. i. der Rost oder die Rostplatte oder die Bauwerksohle selbst, wenn diese die Rostplatte ersetzt) unmittelbar auf dem Erdboden auf oder greift in denselben ein. Die Pfähle stecken dann auf ihrer ganzen Länge im Boden und heißen Grundpfähle. Im zweiten Fall liegt das Tragwerk über dem Boden, so daß auch der obere Teil der Pfähle über den Boden emporragt (frei steht).

Die Konstruktion und Berechnung eines Pfahlrostbauwerkes erfordert zunächst die genaue Ermittlung der *äußeren Kräfte*, welche das Pfahlrostsystem belasten können (Bauwerkauflasten einschl. der bleibenden

[1] DIN 1054 (1953); 5. 112.
[2] Vgl. dazu z. B. BRENNECKE-LOHMEYER: Grundbau, 4. Aufl., Bd. 2, S. 93ff.
[3] Vgl. dazu S. 98 und Abb. 59.

und vorübergehenden Verkehrslasten, aktiver und passiver Erddruck, Wasserdruck einschl. Auftrieb und deren Schwankungen). Diese äußeren Kräfte lassen sich zusammenfassen zu einer Horizontalkraft H, einer Vertikalkraft V und einem Moment M um den Trägheitsschwerpunkt eines Pfahlrostes (Nullpunkt). An Hand dieser statischen Klarstellung läßt sich nun die günstigste Pfahlstellung unter Berücksichtigung der vorkommenden extremen Belastungsfälle bestimmen. Unter günstigster Pfahlstellung wird dabei diejenige verstanden, bei der sämtliche Pfähle wenigstens annähernd gleich stark beansprucht werden und nicht zu starke Laständerungen durch die verschiedenen möglichen Belastungsfälle eintreten[1].

Neben der Ermittlung der Pfahlkräfte ist noch die *Tragfähigkeit* der Pfähle zu bestimmen. Diese ist nun nicht nur abhängig von den oft schwierig zu bestimmenden Bodenkonstanten, insbesondere der Reibungsziffer μ und von den Grundwasserverhältnissen, sondern auch noch davon, *wie* die Pfähle als tragende Glieder in den Untergrund hineingebracht werden, ob beschädigt oder unbeschädigt. Denn diesen Zustand kann man ja nicht durch den Augenschein feststellen. Deshalb gestalten sich Konstruktion und Berechnung eines Pfahlgründungsbauwerks in den meisten Fällen schwierig. Um Fehlschläge zu vermeiden, empfiehlt AGATZ, die bodenmechanischen und hydrostatischen Verhältnisse, Konstruktion, statische Untersuchung sowie Bauausführung als einheitliches Ganzes zu betrachten[2].

Bei *unserem Beispiel* handelt es sich im wesentlichen um lotrechte Belastungen für das Grundwerk, da die horizontale Reibungskraft im Brückenauflager im Verhältnis zu Eigengewicht + Nutzlast gering ist[3], da hier ferner keine einseitigen Wasserdrücke wirksam werden können und ebenso auch keine einseitigen Erddruckkräfte auftreten. Dadurch ergeben sich einfache statische Verhältnisse. Wird die Bauwerksohle, wie bei Brückenpfeilern meist üblich, in den Boden hineingelegt, so erhält man für das Grundwerk die Anordnung eines *tiefen Pfahlrostes mit Grundpfählen*[4]. Die anstehenden, wenig tragfähigen Bodenschichten sind immerhin noch so dicht gelagert und von solcher Beschaffenheit, daß sie den eindringenden Pfählen Reibungswiderstand entgegensetzen. Die darunter befindliche Bodenschicht (– 10,80) ist gut tragfähig. Bei Herabführung

[1] Vgl. hierzu z. B. AGATZ: Der Kampf des Ingenieurs, Berlin: Springer 1936.

[2] Vgl. dazu auch DIN 1054, 5. 2 (Richtlinien für Entwurf und Bemessung von Pfahlgründungen).

[3] Diese horizontale Reibungskraft am Brückenauflager wird hier sowohl von der Spundwand als auch von der Reibung zwischen Fundamentsohle und darunter befindlichem Boden leicht aufgenommen.

[4] Da und dort sind auch Brückenpfeiler ausgeführt worden, bei denen die Fundamentunterkante *über* dem Boden liegt, wodurch sich dann ein *hoher* Pfahlrost ergibt (z. B. Krugkoppelbrücke in Hamburg).

der Pfähle bis in diese Schicht hinein erfahren die Pfähle also Spitzenwiderstand *und* Umfangsreibung. Die Pfähle wirken also statisch wie Säulen, die an ihrem Umfang gegen das Absacken abgestützt sind. Damit bilden sie ein Mittelding zwischen Festpfählen und Schwebepfählen.

Zur Feststellung der notwendigen Pfahlanzahl zur sicheren Übertragung der äußeren Kräfte (Eigengewicht + Nutzlast) in den Boden muß die *zuzulassende Belastung des Einzelpfahles (Tragfähigkeit)* bekannt sein. Daß diese vor allem bestimmt wird durch die Baugrundbeschaffenheit, bei Festpfählen (Spitzendruckpfählen) in erster Linie von der Bodenbeschaffenheit neben und unter den Pfahlspitzen *und* nach dem Einbringen der Pfähle, erhellt bereits aus den bisherigen Ausführungen. Aber auch Gestalt und Baustoff der Pfähle, Art und Weise ihrer Fertigung und Einbringung in den Boden beeinflussen die Tragfähigkeit und damit die zuzulassende Belastung des Einzelpfahles. Für stehende Pfahlgründungen gibt die DIN 1054 (1953) bei einfachen Verhältnissen und einwandfrei festgestellten Bodenverhältnissen für Holz- und Stahlbetonpfähle feste Zahlenwerte für die zulässige Pfahlbelastung (siehe Anhang Tafel 9). In schwierigen Fällen ist der sicherste Weg zu ihrer Feststellung die Rammung von Probepfählen an Ort und Stelle und deren allmählich bis zur Grenzlast gesteigerten Belastung, bei der das Versinken des Pfahles beginnt. Als *zulässige* Belastung gilt die Hälfte der bei den Probebelastungen gefundenen Grenzbelastung (oder der höchsten erreichbaren Last).

Eine Hemmung für die Anwendung dieses Verfahrens ist vielfach seine Kostspieligkeit. Deshalb hat man versucht, die Tragfähigkeit von Pfählen im voraus durch Rechnung zu bestimmen. Dazu gehören zunächst einmal die sog. *Rammformeln.* Man hat dabei die durch den Rammbären geleistete Arbeit in Beziehung gesetzt zu dem Eindringungswiderstand und zur Senkung des Pfahles. Es gibt eine große Zahl von Formeln, welche auf dieser Grundlage aufgestellt sind. Die Beschaffenheit des Bodens wird bei diesen Formeln fast durchweg nur mittelbar berücksichtigt, indem das „Ziehen" des Pfahles in die Rechnung eingeführt wird. Nun verhält sich der Pfahl beim Einrammen aber ganz anders, wie unter der späteren ruhenden Last, wenn die Rammschwingungen in Pfahl und Boden abgeklungen sind. So ist auch die Folgerung vom Rammwiderstand auf die später zuzulassende Pfahlbelastung sehr unsicher, solange nicht zuverlässige Erfahrungsberichte in genügender Anzahl vorliegen. Deshalb läßt die DIN 1054 die Ermittlung der zulässigen Belastung aus Rammformeln nur bei nichtbindigen Böden zu und auch dann nur, wenn die Rammformel auf Grund örtlicher Erfahrungen von der Baupolizeibehörde unter genau festgelegten Voraussetzungen zugelassen ist oder im Einzelfalle auf Grund von Probebelastungen als zuverlässig nachgewiesen wird.

Eine andere Möglichkeit, die zulässige Belastung eines Pfahles rechnerisch zu ermitteln, kann die zahlenmäßige Erfassung der Mantelreibung und des Spitzenwiderstandes mit Hilfe der Beiwerte des Erddruckes und des Erdwiderstandes bieten. Zu den für ein solches Berechnungsverfahren vorgeschlagenen Formeln gehört z. B. die DÖRRsche Formel. Für den Fall *zylindrischer Rammpfähle* mit dem Durchmesser d (gültig auch für Holzpfähle trotz ihrer leichten Verjüngung) ergibt sich die *Tragfähigkeit bei überall gleichen* Bodenverhältnissen nach DÖRR zu:

$$T = \gamma \cdot \lambda_p \cdot F \cdot l + \tfrac{1}{2}\,\mu\,\gamma\,(1 + \mathrm{tg}^2\,\varrho) \cdot U \cdot l^2.$$

Sind *verschiedene Bodenschichten* vorhanden, wie in unserem Beispiel b), mit den Werten $\gamma_1, \varrho_1, \mu_1, \lambda_{p_1}$; $\gamma_2, \varrho_2, \mu_2, \lambda_{p_2}$ usw. bis $\gamma_n, \varrho_n, \mu_n, \lambda_{p_n}$ und den Schichtstärken t_1, t_2 usw. bis t_n, sowie den entsprechenden, ebenso großen Pfahlteillängen l_1, l_2 usw. bis l_n, dann ergibt sich für Rammpfähle gleichbleibenden Querschnitts allgemein:

$$\begin{aligned} T = {} & \gamma_1 \cdot \lambda_{p_1} \cdot F \cdot l_1 + \tfrac{1}{2}\,\mu_1\,\gamma_1 \cdot (1 + \mathrm{tg}^2\,\varrho_1)\,U \cdot l_1^2 \\ & + \gamma_2 \cdot \lambda_{p_2} \cdot F \cdot l_2 + \mu_2 \cdot \gamma_2 \cdot (1 + \mathrm{tg}^2\,\varrho_2)\,U \cdot \left(l_1 + \frac{l_2}{2}\right) l_2 \\ & + \cdots\cdots \\ & + \gamma_n \cdot \lambda_{p_n} \cdot F \cdot l_n + \mu_n \cdot \gamma_n \cdot (1 + \mathrm{tg}^2\,\varrho_n)\,U \cdot \left(l_1 + l_2 + \cdots + l_{n-1} + \frac{l_n}{2}\right) l_n . \end{aligned}$$

Setzt man als Material für die Rammpfähle Kieferstämme vom Durchmesser 35 cm* voraus, so ergibt sich:

Querschnitt des Pfahles $F = \dfrac{d^2 \cdot \pi}{4} = \dfrac{0{,}35^2 \cdot 3{,}14}{4} = 0{,}096\ \mathrm{m}^2$;

Umfang des Pfahles $U = d \cdot \pi = 0{,}35 \cdot 3{,}14 = 1{,}10\ \mathrm{m}$.

Mit den Werten der Abb. 124, Fall b und den aus der Tafel 6 des Anhanges entnommenen Zahlenwerten für den Ausdruck $(1 + \mathrm{tg}^2\varrho)$ würde sich mit der Formel von DÖRR folgender Wert für T ergeben, wenn die Pfähle auf der untersten tragfähigen Schicht aufstehen:

$$\begin{aligned} T = {} & 1{,}14 \cdot 2{,}9 \cdot 0{,}096 \cdot 1{,}9 + \frac{0{,}55}{2} \cdot 1{,}14 \cdot 1{,}31 \cdot 1{,}10 \cdot 1{,}9^2 \\ & + 1{,}0 \cdot 1{,}8 \cdot 0{,}096 \cdot 2{,}2 + 0{,}30 \cdot 1{,}0 \cdot 1{,}1 \cdot 1{,}10 \cdot \left(1{,}9 + \frac{2{,}2}{2}\right) \cdot 2{,}2 \\ & + 0{,}3 \cdot 2{,}2 \cdot 0{,}096 \cdot 0{,}9 + 0{,}40 \cdot 0{,}3 \cdot 1{,}17 \cdot 1{,}10 \cdot \left(4{,}1 + \frac{0{,}9}{2}\right) \cdot 0{,}9 \\ & + 1{,}0 \cdot 1{,}8 \cdot 0{,}096 \cdot 2{,}0 + 0{,}30 \cdot 1{,}0 \cdot 1{,}1 \cdot 1{,}10 \cdot \left(5{,}0 + \frac{2{,}0}{2}\right) \cdot 2{,}0 \\ & + 1{,}14 \cdot 2{,}0 \cdot 0{,}096 \cdot 1{,}8 + 0{,}36 \cdot 1{,}14 \cdot 1{,}13 \cdot 1{,}10 \cdot \left(7{,}0 + \frac{1{,}8}{2}\right) \cdot 1{,}8 \\ T = {} & 2{,}89 + 51{,}76 = \mathbf{54{,}65}\ \mathrm{t}. \end{aligned}$$

---

* Die erforderliche Stärke d eines Pfahles in Metern von der Länge l kann überschlägig aus $d = (0{,}2 + 0{,}012 \cdot l)$ ermittelt werden.

Setzt man die zuzulassende Beanspruchung der Kiefernpfähle mit Rücksicht auf das verhältnismäßig weiche und ungleichmäßige Baustoffmaterial unter Wasser mit $\sigma_{zul.} = 60 \text{ kg/cm}^2 = 600 \text{ t/m}^2$ an, dann vermögen diese $(F \cdot \sigma_{zul.}) = 0{,}096 \cdot 600 = 57{,}6$ t/Pfahl zu tragen. Dies setzt natürlich voraus, daß der Pfahl nach unten nicht ausweichen, d. h. in seine Unterlage nicht einsinken kann. Nach DIN 1054 galt früher: zulässige Pfahlbelastung in Tonnen = Pfahldurchmesser in cm. Nunmehr ist für mittleren Durchmesser von 35 cm eine Pfahllast von 38 t zugelassen, entsprechend $\sigma_{zul.} = 39{,}5 \text{ kg/cm}^2$.

Hinsichtlich der Verwendung der DÖRR-Formel ist folgendes zu beachten:

Selbstverständlich kann die mit einer solchen Formel berechnete Tragfähigkeit nur dann den jeweils vorliegenden wirklichen Verhältnissen einigermaßen nahe kommen, wenn die Größe der Erddruckbeiwerte dafür einwandfrei ermittelt sind. Dies gilt insbesondere auch für die Reibungswerte $\mu = \text{tg}\,\delta$ $(\delta \leqq \varrho)$. Gerade bei diesen besteht aber die Schwierigkeit, sie „ungestört" zu messen und die Veränderungen festzustellen, die sie beim Einbringen des Pfahles erfahren. Da man durch eine geeignete Auswahl der Erddruckbeiwerte schließlich jedes beliebige Rechenergebnis zu erhalten vermag, lehnt die DIN 1054 (1953) im Abschnitt 5.36 die Ermittlung der zulässigen Belastung mit solchen Formeln ab, wenn diese Beiwerte lediglich aus Handbüchern oder Tafeln entnommen, d. h. also nicht zuverlässig aus Bodenproben bodenkundlich ermittelt sind.

Zur Sicherheit sollen die Pfähle auch noch auf *Knicken* untersucht werden. Wie groß wird die *Knickkraft* P_K? Bekanntlich versteht man unter dieser Kraft diejenige Größe der Achsenkraft P, bei welcher der Stab noch gerade bleibt. Wird P größer, so wachsen die Biegungsspannungen σ_b des Stabes rasch, bis infolge unzulässiger Randspannungen sein Zerknicken eintritt. Die Achsenkraft wird höchstens $^1/_3$ bis $^1/_5$ so groß zugelassen als die berechnete Knickkraft P_K, wobei σ_K höchstens gleich der Quetschgrenze zu setzen ist (Sicherheit mindestens 3- bis 5fach).

In unserem Falle können wir die Pfähle als mit ihren Enden eingespannt und in der Achse geführt betrachten. Dann wird

$$P_K = \frac{4\,\pi^2 \cdot E \cdot J}{l^2}\,.$$

Dabei ist es üblich, die Elastizitätsziffer E von Kiefernholz für Druck parallel zur Faser mit $96\,000 \text{ kg/cm}^2 = 960\,000 \text{ t/m}^2$ anzusetzen[1]. Das Trägheitsmoment J beträgt:

$$\frac{d^4 \cdot \pi}{64} = \frac{0{,}35^4 \cdot 3{,}14}{64} = 0{,}00074 \text{ m}^4\,.$$

[1] In Rotterdam wurden für Holzpfähle E-Werte bis $200\,000 \text{ kg/cm}^2$ gemessen.

Wird der Grundwerkbeton endgültig 2,0 m stark ausgeführt, die Fundamentunterkante also auf Kote − 2,0 gelegt, so ist die freie Knicklänge $l = 10{,}80 - 2{,}0 = 8{,}80$ m.

$$P_K = \frac{4 \cdot \pi^2 \cdot 960000 \cdot 0.00074}{8{,}80^2} = 361 \text{ t}.$$

$$\text{Sicherheit für } T_{zul.} = 38 \text{ t}: \frac{P_K}{T_{zul.}} = \frac{361}{38} = 9{,}5 \text{ fach.}$$

Anordnung der Pfähle und Pfahlabstand.

Bei gleichmäßig belasteter Rostfläche werden die Pfähle meist in Reihen, dann und wann auch gegeneinander versetzt angeordnet. Bei der letzteren Anordnung ist die Lastverteilung gleichmäßiger und die Verdichtung des Bodens vollkommener. Bei Verwendung von Pfahlsystemen mit verschiedenen Pfahlrichtungen ist die Versetzung meist unerläßlich (vgl. z. B. Abb. 139, S. 233). Sie wird auch besonders angewendet für schwebende Pfahlgründungen und für Tiefgründungen mit starker Belastung.

Der *Abstand* der Pfähle ist abhängig von der Stärke und der Länge der Pfähle, von den Lasten, die der Pfahlrost bzw. das Grundwerkfundament zu tragen hat und von den Bodenverhältnissen. Der Abstand muß jedenfalls so groß sein, daß beim Rammen keine gegenseitige Beschädigung der Pfähle eintritt, und daß sie sich dabei auch sonst nicht gegenseitig beeinflussen. Für eine solche Anordnung kommt man auch zur bestmöglichen Ausnützung der Tragfähigkeit der Pfähle. Diese Überlegungen führen dazu, tunlichst Pfahlabstände zwischen 0,75 m und 1,25 m (und darüber) zu wählen.

Die für das Bauwerk notwendige *Gesamt*pfahlzahl läßt sich bei lotrechter Pfahlanordnung ermitteln aus

$$n = \frac{\Sigma P}{T},$$

wenn

ΣP = Gesamtgewicht des Bauwerkes einschl. Grundwerksplatte und Auflast (+ Verkehrslast)

und

T = Tragfähigkeit des einzelnen Pfahles bedeutet.

Diese Gesamtpfahlzahl muß nun im Grundriß unter Berücksichtigung des zweckmäßigen Pfahlabstandes untergebracht werden, wodurch wiederum Breite und Länge des Grundwerkfundaments festgelegt werden.

In den meisten Fällen der Pfahlgrundwerke jedoch leitet sich die notwendige Gesamtzahl der Pfähle aus der notwendigen Anzahl der Pfähle je Joch her (vgl. hierzu die Beispiele der Abb. 120, S. 193, sowie Abb. 138, S. 232 und Abb. 139, S. 233).

In unserem Beispiel sei ein Abstand der Hauptpfahljoche von 1,6 m gewählt. Die Fundamentbreite wird endgültig, um die Pfähle mit ausreichendem Abstand unterzubringen, mit 6,2 m bei 2,0 m Tiefe festgelegt. Damit erhält jedes Joch eine Belastung von

$$1{,}6(100{,}0+3{,}0\cdot 5{,}2\cdot 1{,}0\cdot 2{,}2 + 3{,}6\cdot 2{,}0\cdot 1{,}0\cdot 1{,}2 + 6{,}2\cdot 2{,}0\cdot 1{,}0\cdot 1{,}2) = 1{,}6\cdot 157{,}8 = 262\ \text{t}.$$

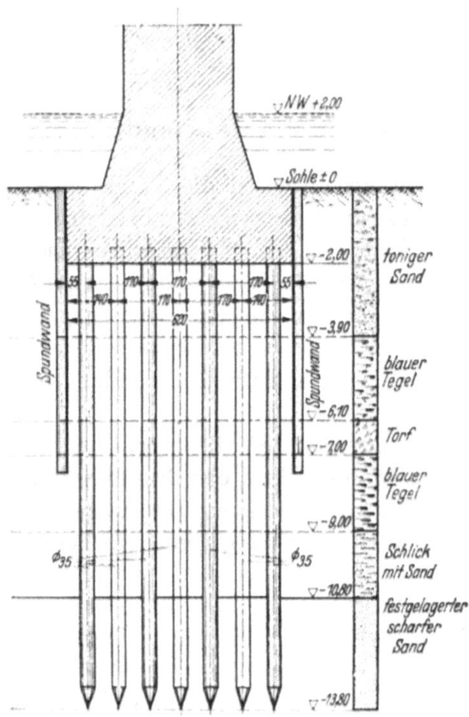

Abb. 133. Schnitt durch die Gründung des Brückenpfeilers.

Für die nach DIN 1054 zugelassene Pfahltragfähigkeit von 38 t je Pfahl ⌀ 35 cm ergeben sich somit $\frac{262}{38} = 7$ Pfähle je Joch. Die gewählte Anordnung mit versetzten Pfählen (4 Stück im Hauptjoch, 3 Stück im Nebenjoch) ergibt sich aus Abb. 133.

Die Beanspruchung des Baugrundes durch die Summe der Pfahlkräfte in der Höhe der Pfahlspitzen darf nicht höher sein, als für Flächengründungen zulässig ist. Begrenzt man die Gründungsfläche durch eine Linie, die im halben Pfahlabstand, d. s. $\frac{170}{2} = 85$ cm außerhalb der Randpfähle verläuft (DIN 1054), dann ist die Gründungsfläche $(3\cdot 170 + 2\cdot 85)\cdot 160 = 109000\ \text{cm}^2$, und $\sigma = \frac{262000}{109000} = 2{,}4\ \text{kg/cm}^2$. Zulässig wäre $5{,}0 + 1{,}24 = \sim 6{,}2\ \text{kg/cm}^2$ bei Berücksichtigung der Erhöhung der zulässigen Bodenpressung mit zunehmender Tiefe unter Gelände.

Aufgabe 5.

Pfahlgründung eines Stützbauwerkes. Culmann- und Spannungstrapezverfahren.

Die Gründung eines Stützbauwerkes soll durch Anordnung eines hohen Pfahlrostes erfolgen, dessen Hauptjoche je 1,60 m Abstand haben. Die Beanspruchung des Pfahlrostes setzt sich zusammen aus einer *lotrechten* Gewichtsauflast V (Eigengewicht einschl. Nutzlast) und aus einer *Horizontal*kraft H (Erddruck, horizontaler Wasserüberdruck, evtl. Pollerzug), die in der Unterkante der Rostplatte (Kote — 0,50) angreift. Aus *Übungsgründen* wird die zahlenmäßige Größe der Auflast V festgelegt durch das nach rechts offene Spannungstrapez in der Abb. 134. Die rechtsseitige Begrenzung des Trapezes ist bestimmt durch die noch nicht festgelegte Rostplattenbreite. Die Horizontalkraft H beträgt 35 t (siehe Abb. 134). Die Belastungsangaben beziehen sich jeweils auf 1,6 lfd. m Mauer entsprechend dem Jochabstand von 1,6 m.

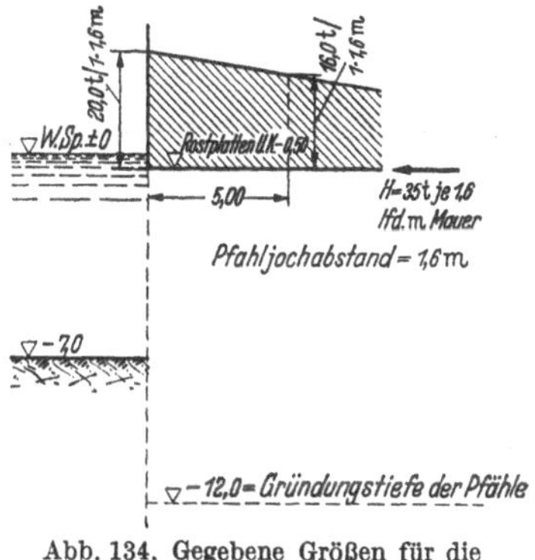

Abb. 134. Gegebene Größen für die gesuchte Pfahlgründung.

Die Untergrundverhältnisse machen es notwendig, die Pfähle bis auf Kote — 12,0 zu rammen; der Boden selbst steht auf — 7,0 an.

Es soll ein zweckmäßiges Pfahlsystem festgelegt werden!

Lösung[1].

Wenn man die vielen in der Fachliteratur veröffentlichten ausgeführten Pfahlrostbauwerke miteinander vergleicht, so gewinnt man den Eindruck, daß dem Konstrukteur für die Pfahlanordnung gewissermaßen alle Möglichkeiten offen stehen, wenn diese Anordnung nur zu einem standsicheren Stützbauwerk führt[2]. Bei genauerem Studium kommt man

[1] BRENNECKE-LOHMEYER: Grundbau, Zit. S. 136. — AGATZ: Der Kampf des Ingenieurs, Zit. S. 175; ders. in Taschenbuch für Bauingenieure, Bd. 2. Grundbau. Berlin: Springer 1955. — SCHOKLITSCH: Grundbau. Wien: Springer 1952. — FRANZIUS: Grundbau. Berlin: Springer 1937. — SCHULZE, F. W. OTTO: Seehafenbau, Bd. 2. Berlin: W. Ernst & Sohn 1937. — NÖKKENTVED, CHR.: Berechnung von Pfahlrosten. Berlin: W. Ernst & Sohn 1938. — KÖGLER-SCHEIDIG: Baugrund und Bauwerk. Berlin: W. Ernst & Sohn 1948. — SCHENCK: Der Rammpfahl. Berlin: W. Ernst & Sohn 1951.

[2] Vgl. dazu DIN 1054 (1953), 5. 2 und DIN 1054 (1953) Beiblatt.

aber bald zu der Feststellung, daß viele dieser ausgeführten Pfahlrostbauwerke eine statisch klare Aufteilung der Pfähle vermissen lassen. Je verwickelter dabei das zugrunde gelegte System ist, desto schwieriger wird seine Berechnung und desto unklarer und unzuverlässiger werden die Verhältnisse hinsichtlich der Übereinstimmung zwischen den festzustellenden Kraftwirkungen und den Bewegungen des Pfahlrostes.

Es ist deshalb ein wichtiger Grundsatz bei der Ausbildung eines Pfahlrostes, ein Pfahlsystem zu wählen, das die Möglichkeit einer einfachen und übersichtlichen Berechnung insofern bietet, als den ermittelbaren Kraftwirkungen die eintretenden Bewegungen tatsächlich entsprechen. Dieses Ziel kann am besten durch die Anordnung *einfacher* Pfahlsysteme mit nicht mehr als 3 verschiedenen Pfahlrichtungen erreicht werden.

Eine zweite — selbstverständliche — Forderung bei der Ausbildung eines Pfahlrostes geht dahin, zunächst einmal zu versuchen, mit einer möglichst kleinen Zahl von Pfählen auszukommen. In den meisten Fällen ist die Breite des Maueraufbaues bzw. die Breite der Pfahlrostplatte von vorneherein nicht gegeben. Es ist leicht zu übersehen, daß bei zunehmender Breite auch die Auflast V anwächst, so daß auch die Zahl der Pfähle wachsen muß, um diese wachsende Auflast auf die tragfähige Bodenschicht zu übertragen. Lediglich das Verhältnis von V zu H wird günstiger und damit deren Resultierende R steiler geneigt. Diese Sachlage trifft auch für unser Beispiel zu. Nach den vorstehenden Überlegungen ist es also keineswegs gesagt, daß die Wahl einer sehr breiten Konstruktion für die Stabilität der Pfahlrostgründungen immer solche wesentlichen konstruktiven Vorteile bietet, daß sie wirtschaftlich vertretbar ist. Andererseits ist die Verminderung der Breite begrenzt durch die äußeren Anforderungen an den Aufbau (Krangleise usw.), durch die wachsende Neigung der Resultierenden R (kleiner werdendes V bei gleichbleibendem H) sowie durch die Zusammendrängung der Pfähle auf zu engem Raum.

Eine dritte Forderung hat zum Ziele, eine Pfahlstellung zu suchen, bei der sämtliche Pfähle wenigstens annähernd gleich stark beansprucht werden und bei der — wenn man es mit verschiedenen Belastungsfällen zu tun hat — nicht zu starke Laständerungen durch diese verschiedenen Belastungsfälle bei den einzelnen Pfählen eintreten.

Um unter Anpassung an diese Forderungen eine zweckmäßige Pfahlanordnung zu erhalten, muß man den Weg des Probierens gehen. Dies gilt auch für den Fall, daß man sich auf *ein bestimmtes* Aufteilungsschema für den Pfahlrost festlegt.

Eine *wirtschaftlich günstige* Form des Pfahlrostes wird erhalten durch Anordnung von *lauter parallelen* Pfählen, welche in der Richtung der Gesamtresultierenden R der äußeren Kräfte V und H geneigt sind. Da man die Pfähle aus rammtechnischen Gründen nicht gerne stärker als 1 : 3 (ctg α des Neigungswinkels = $\frac{1}{3}$) neigt, muß der Rost so breit werden, daß $V \geqq 3\,H$.

In unserem Beispiel ist das erreicht bei einer Rostplattenbreite von rd. 6,0 m. Denn dann wird (vgl. Abb. 135)

$$V = \frac{20{,}0 + 15{,}2}{2} \cdot 6{,}0 = 105{,}6\ \text{t}$$

bezogen auf 1,6 m Mauerlänge = Jochabstand.

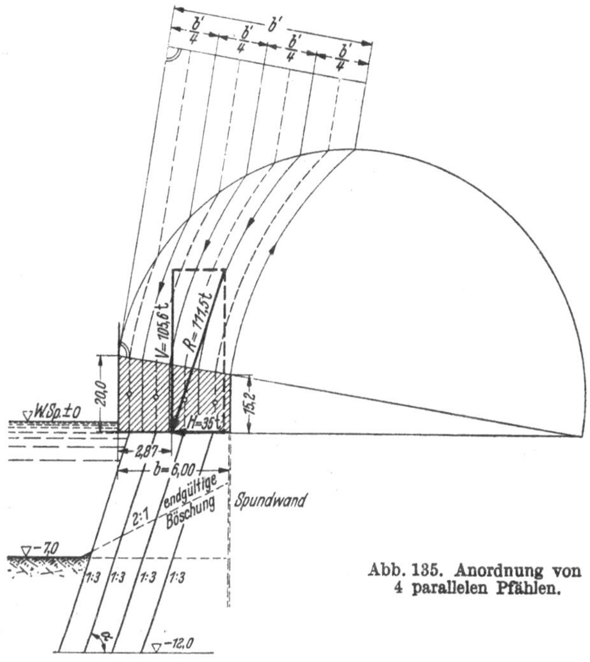

Abb. 135. Anordnung von 4 parallelen Pfählen.

Demnach

$$H : V = 35 : 105{,}6 = 1 : 3$$

und die Resultierende

$$R = \sqrt{H^2 + V^2} = \sqrt{35^2 + 105{,}6^2} = \mathbf{111{,}5}\ \text{t}.$$

Da

$$\sigma_1 = 20{,}0 = \frac{V}{b}\left(1 + \frac{6 \cdot e}{b}\right) \quad \text{vgl. S. 164)},$$

wird

$$e = \left(\frac{\sigma_1 \cdot b}{V} - 1\right) \cdot \frac{b}{6} = \left(\frac{20{,}0 \cdot 6{,}0}{105{,}6} - 1\right) \cdot \frac{6{,}0}{6} = 0{,}13\ \text{m}\,.$$

Damit ist auch der Angriffspunkt der Resultierenden R festgelegt mit $\left(\frac{6{,}0}{2} - 0{,}13\right) = 2{,}87$ m Abstand von Pfahlrostvorderkante.

Bei Annahme von 4 Pfählen ergibt sich bei gleicher Inanspruchnahme jeden Pfahles pro Pfahl $\frac{111,5}{4} = 28$ t (entsprechend etwa einem Pfahldurchmesser von 30 cm).

Um nun alle 4 Pfähle gleich stark zu belasten, wird das von der vertikalen Auflast herrührende Spannungstrapez nach dem bekannten Verfahren (siehe Abb. 135) in 4 flächengleiche Trapeze aufgeteilt. Im Schwerpunkt jedes solchen Flächenabschnittes sitzt dann ein Pfahl. Die Richtung der Pfähle ist, wie schon oben ausgeführt, parallel der Kraftrichtung von R mit der Neigung 1 : 3. Neben der Wirtschaftlichkeit ist ein weiterer Vorteil dieses Pfahlrostsystems die annähernd gleichmäßige Belastung des Untergrundes auf die Breite der Pfahlrostplatte.

Die Verwendung eines solchen einfachen Systems für die Pfahlanordnung setzt voraus, daß der zugrunde gelegte Belastungsfall *dauernd* vorhanden ist. Bei Kaimauern ist nun sowohl das V, in dem ja auch die Verkehrslast der Mauer mitenthalten ist, veränderlich, als auch das H, z. B. bei wechselndem Grundwasserstand hinter der Mauer. Diese Veränderungen der äußeren Kräfte verursachen Änderungen des R nach Größe, Richtung und Angriffspunkt. Damit trifft auch für den Pfahlrost die gleichmäßige zentrische Belastung der Pfähle nicht mehr zu. Es ändern sich die zentrischen Pfahlbelastungen, außerdem kommen noch Biegungsmomente hinzu. Ferner hat das System mit einseitig geneigten parallelen Pfählen den Nachteil, daß die Pfähle über die vordere Mauerflucht vorragen, wodurch sie Beschädigungen besonders stark ausgesetzt sind und z. B. ungeeignet werden für Ufereinfassungen von Hafenumschlaganlagen.

Es soll deshalb noch ein zweites, sehr zweckmäßiges Pfahlsystem an Hand des gegebenen Zahlenbeispieles erläutert werden. Es ist gekennzeichnet durch die Anordnung von 3 *verschiedenen Pfahlrichtungen*, wobei im Vorderteil des Grundwerkes *lotrechte Druckpfähle*, im zurückliegenden Teil *schräge Druck- und Zugpfähle*, angeordnet werden (vgl. Abb. 137)[1]. Die lotrechte Richtung der vorderen Druckpfähle vermeidet deren Vorschießen über die Mauerflucht und gestattet damit das Anbringen einer vorderen lotrechten Spundwand zum Abschluß des Grundwerks gegen die Einwirkung des Wassers. Die hinteren Druck- und Zugpfähle werden so angeordnet, daß sie angenähert die gleiche Neigung erhalten.

[1] Die Anordnung eines *Zug*pfahles setzt selbstverständlich voraus, daß derselbe tief genug in dicht gelagertem, reibungsreichem Boden (z. B. Sandboden) steht. Die zulässige Tragfähigkeit eines solchen Zugpfahles wird am sichersten durch Zugversuche an Probepfählen festgelegt. Nach den bisher vorliegenden Erfahrungen kann man die Beanspruchung auf Herausziehen aus tief genug im Sandboden steckenden Pfählen mit $^2/_3$ bis $^3/_4$ ihrer Drucktragfähigkeit annehmen. Die Zugpfähle müssen natürlich auch zugfest in die Rostplatte eingebunden werden.

Für unser Beispiel wählen wir als erste Annahme eine Pfahlrostplattenbreite von 6,0 m, d. i. dieselbe Breite wie bei der in Abb. 225 dargestellten Parallelanordnung der Pfähle. Vorne sollen 2 lotrechte Pfähle angesetzt werden im Abstand von 0,50 und 1,50 m von der Vorderkante der Mauer. Der hintere Grundwerkteil wird durch 3 Pfähle gebildet, von denen zwei mit 1 : 3 nach vorne geneigt werden und ein Pfahl die Neigung 1 : 3 nach hinten erhält (Zugpfahl). Die Lage dieser Pfähle ist aus Abb. 137 zu entnehmen.

Die rechnerische Nachprüfung dieses angenommenen Systems soll mit den *Näherungsverfahren*

1. nach CULMANN und 2. mit dem *Spannungstrapez* durchgeführt werden.

1. CULMANN-Verfahren.

Diesem Verfahren liegt die Aufgabe zugrunde, die zunächst unbekannten Größen von 3 lediglich durch ihre Wirkungslinien festgelegten Kräften P_1, P_2, P_3 zu ermitteln, welche mit einer nach Größe, Richtung und Angriffspunkt gegebenen Kraft Q im Gleichgewicht stehen und mit dieser in ein- und derselben Ebene liegen (Abb. 136a).

Zur Lösung dieser Aufgabe wolle folgendes bedacht werden: Von den 4 Kräften Q, P_1, P_2, P_3 lassen sich je 2 zu den Resultierenden R_{QP_1} bzw. $R_{P_2P_3}$ zusammenfassen. Wenn nun Gleichgewicht unter den 4 Kräften bestehen soll, dann müssen diese beiden Resultierenden in die gleiche Wirkungslinie fallen, entgegengesetzt gerichtet sein und die gleiche zahlenmäßige Größe besitzen.

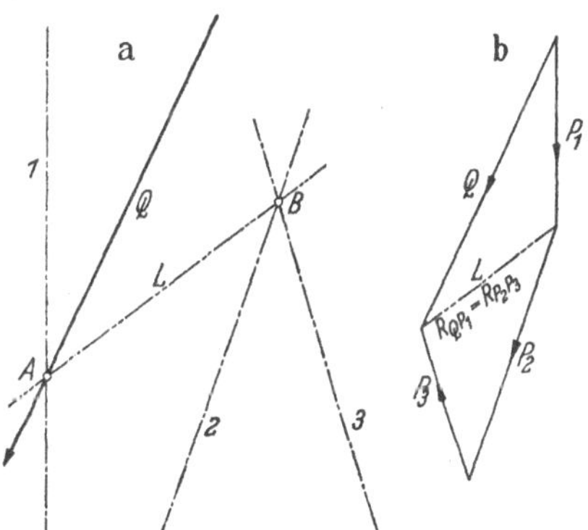

Abb. 136a u. b. CULMANN-Verfahren.

Da die Resultierende der Kräfte Q und P_1 durch den Schnittpunkt A ihrer Wirkungslinien, und ebenso die Resultierende der Kräfte P_2 und P_3 durch den Schnittpunkt B der diesen Kräften entsprechenden Wirkungslinien gehen muß, ist — nach den eben festgestellten Gleichgewichtsbedingungen — die Verbindungslinie L von A nach B offensichtlich die *gemeinsame* Wirkungslinie dieser beiden Resultierenden. Die Aufgabe wird also gelöst, indem man das nach Größe und Richtung bekannte Q mittels eines Kräftedreiecks in die ihren Wirkungslinien nach bekannten Kräfte P_1 und R_{QP_1} und dann die nunmehr nach Größe und Wirkungsrichtung bekannte Resultierende $R_{QP_1} = R_{P_2P_3}$ in die beiden Kräfte P_2 und P_3 zerlegt (Abb. 136b).

Um die zutreffenden Richtungspfeile der Kräfte P_1, P_2, P_3 zu erhalten, ist zu beachten, daß die Kraft Q in unserem Falle der Resultierenden R der äußeren Kräfte entspricht, welche in die 3 Komponenten P_1, P_2, P_3 zerlegt ist. Q (bzw. R) ist demnach Schlußlinie im Kraftеck. Diese Schlußlinie liegt nach Größe und Richtung fest. Deshalb müssen P_1, P_2, P_3 Richtungspfeile erhalten, welche dem Umfahrungssinn für Gleichgewichtszustand *entgegen*gerichtet sind. Wenn Q eine Druckbeanspruchung darstellt, sind in unserem Falle auch P_1 und P_2 Druckkräfte, wogegen P_3 einer Zugbeanspruchung entspricht.

In Abb. 137a ist dieses Verfahren auf das gewählte Pfahlsystem angewendet. Dabei sind die beiden lotrechten Pfähle *1* und *2*, sowie die schrägen Pfähle *3* und *4* jeweils zusammengefaßt gedacht in der Schwerlinie dieser Pfähle. Wären mehrere Zugpfähle (mit *5* bezeichnet) vorhanden, so wären auch diese in ihrer Schwerlinie zusammenzufassen. Bei der zunächst gemachten Annahme, daß alle Pfähle gleichen Querschnitt erhalten, liegen diese Schwerlinien in der Mitte zwischen *1* und *2* bzw. *3* und *4*. In Abb. 137 und 137a ist das CULMANN-Verfahren durchgeführt. Es liefert die Pfahlkräfte *1*, *2*, *3*, *4*, *5*, deren Größen aus der Tabelle 14 zur Abb. 137 zu entnehmen sind. Dabei sind die Pfahlkräfte *1* und *2*, ebenso *3* und *4* jeweils einander gleich, weil auch die Pfahlquerschnitte *1* und *2*, ebenso *3* und *4* jeweils einander gleich angenommen sind.

Tabelle 14.

Verfahren	Pfahl Nr.	*1*	*2*	*3*	*4*	*5*
a) Culmann	Belastung t	+ 25,8	+ 25,8	+ 41,4	+ 41,4	− 27,0
b) Spannungstrapez ..	Belastung t	+ 19,5	+ 36,8	+ 36,0	+ 44,0	− 28,5
c) Culmann	Belastung t	+ 22,0	+ 31,1	+ 35,6	+ 46,4	− 28,4

Um die Wirksamkeit des *Zug*pfahles zu gewährleisten, wird in Fällen wie bei unserem Beispiel das Grundwerk in der Flucht der Mauervorderkante durch eine Spundwand gegen das Wasserbecken abgeschlossen und der Hohlraum dahinter zwischen den Pfählen mit Erdmaterial (Sand oder Kies wegen der Reibung!) aufgefüllt. Die Ermittlung der zulässigen Tragkraft der Pfähle etwa nach DÖRR muß dann für den *aufgefüllten* Bereich mit $\cos^2 \varrho$ statt $(1 + \mathrm{tg}^2 \varrho)$ erfolgen (vgl. Aufgabe 4, S. 219 und Tabelle 7 des Anhanges). Die Nachprüfung des rechnungsmäßigen Ergebnisses durch Probepfähle ist dringend anzuraten.

Das Kräftespiel des Pfahlrostes läßt sich auch durch eine *Momentengleichung* erfassen. Denn da das System im Gleichgewicht sein soll, muß die Summe der Momente aus den äußeren Kräften und den Pfahlreaktionen um einen beliebigen Momentennullpunkt zu Null werden ($\Sigma M = 0$). Da dem graphischen CULMANN-Verfahren dieselben Gleichgewichtsbedingungen zugrunde liegen wie dem Momentenverfahren, müssen beide bei gleichen Pfahlreaktionen gleiche Ergebnisse liefern. Bei Aufstellung der Momentengleichung ist lediglich zu beachten, daß — wie schon erwähnt — die Pfahlkräfte als Reaktionen der äußeren Bean-

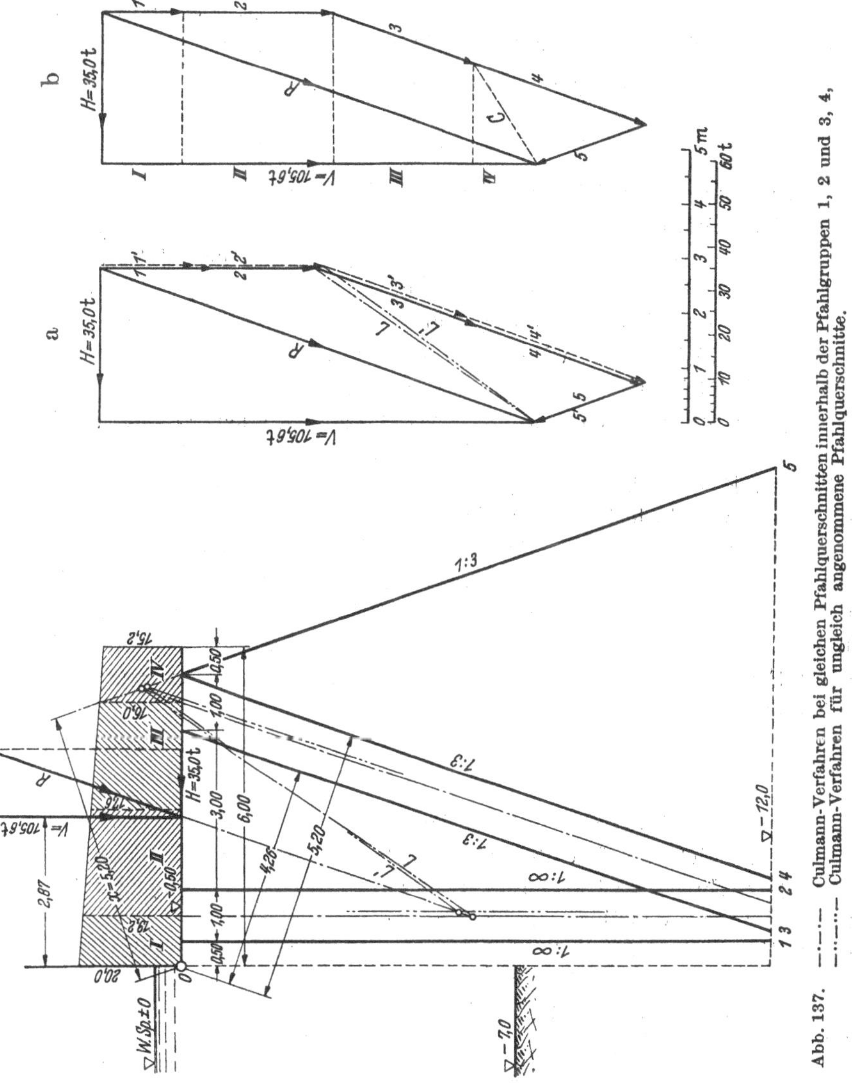

Abb. 137. —·—·— Culmann-Verfahren bei gleichen Pfahlquerschnitten innerhalb der Pfahlgruppen 1, 2 und 3, 4, —··—··— Culmann-Verfahren für ungleich angenommene Pfahlquerschnitte.

spruchungen (R bzw. V und S) anzusetzen sind. Man hat mit der Momentengleichung die Möglichkeit, das Ergebnis des graphischen CULMANN-Verfahrens rechnerisch nachzuprüfen. Nachfolgend wird dies beispielsweise durchgeführt für die Lage des Zugpfahles *5* (senkrechter Abstand des Pfahles *5* vom Momentennullpunkt O).

Als Momentennullpunkt wird Punkt O in Abb. 137 angenommen. Da die Horizontalkraft H durch O geht, ergibt sich (siehe Abb. 137)

$$V \cdot 2{,}87 - P_1 \cdot 0{,}50 - P_2 \cdot 1{,}50 - P_3 \cdot 4{,}26 - P_4 \cdot 5{,}20 - P_5 \cdot x = 0\,.$$

Setzt man für $V = 105{,}6$ t und für P_1 bis P_5 die nach CULMANN gefundenen Werte der Tabelle 14 zur Abb. 137 ein, so wird

$$105{,}6 \cdot 2{,}87 - 25{,}8 \cdot 0{,}50 - 25{,}8 \cdot 1{,}50 - 41{,}4 \cdot 4{,}26 - 41{,}4 \cdot 5{,}20 + 27{,}0 \cdot x = 0$$

$$x = \mathbf{5{,}20}\ \text{m}.$$

Diese Momentengleichung kann natürlich auch von vorneherein benützt werden, um irgend eine Pfahlrostgröße zu bestimmen. Beispielsweise läßt sich mit ihr die Lage jedes beliebigen Pfahles ermitteln, wenn die übrigen Pfähle der Lage und Richtung nach angenommen sind, und wenn etwa für jeden Pfahl die gewünschte Belastung P (zuzulassende Tragfähigkeit) festgelegt wird. Da diese Pfahlbelastungen P als Reaktionen mit R im Gleichgewicht stehen müssen, lassen sich diese Belastungen zunächst nach Größe und Richtung evtl. auch nach der Zahl der Pfähle in einem Krafteck mit dem gegebenen R auf dieses abstimmen. Mit der Momentengleichung kann dann der der Lage nach unbekannte Pfahl festgelegt werden.

Das Momentenverfahren liefert — wie auch das CULMANN-Verfahren — nur dann genau zutreffende Ergebnisse, wenn für jede der 3 Pfahlrichtungen nur je 1 Pfahl vorgesehen ist. Bei mehr als 3 Pfählen ist das Ergebnis — wie bei CULMANN — nur näherungsweise zutreffend. Bei dieser Sachlage verdient das graphische CULMANN-Verfahren wegen seiner größeren Übersichtlichkeit den Vorzug.

2. Spannungstrapez-Verfahren.

Aus der Vertikalkomponente V der Resultierenden R aller äußeren Kräfte läßt sich für die Unterkante des Aufbaues (= Unterkante Rostplatte) das Spannungstrapez auftragen. (In unserer Aufgabe ist der Einfachheit halber das Spannungstrapez unmittelbar gegeben.) Mit Hilfe dieses Spannungstrapezes läßt sich nun eine Verteilung der lotrechten Kraftkomponenten auf die Einzelpfähle und Pfahlböcke (*4, 5* in Abb. 137 ist so ein Pfahl Pfahlbock!) vornehmen, indem man dieses Trapez durch lotrechte Linien, welche die Abstände der Pfahlköpfe halbieren, unterteilt. Die so erhaltenen Teiltrapeze stellen die Lastanteile von V dar, die auf jeden Pfahl bew. jeden Pfahlbock treffen.

In Abb. 137 sind die lotrechten Lastanteile *I, II, III, IV* der Pfähle für unser Beispiel ermittelt und in Abb. 137b aufgetragen. Nun muß noch die horizontale Komponente H der Resultierenden R auf die *Schräg*pfähle verteilt werden. Das ist ebenfalls im Krafteck der Abb. 137b ausgeführt, wobei H im Verhältnis der lotrechten Belastungen *III* und *IV* auf den Pfahl *3* bzw. den Pfahlbock *4*, *5* verteilt wurde. Auf den Pfahlbock *4*, *5* muß also der lotrechte Lastanteil *IV* sowie der entsprechende horizontale Lastanteil aufgeteilt werden. Diese beiden Lastanteile ergeben den resultierenden Lastanteil C. Durch Zerlegen von C in die Kraftrichtungen *4* und *5* erhält man die Größe der Kraftwirkungen auf die Pfähle *4* und *5*. Bei der Anordnung von mehr als einem Bock erhält man für die Summe der Bockpfähle ebenfalls eine Resultierende C aus der Summe der vertikalen und horizontalen Lastanteile, die nunmehr unter Berücksichtigung der auf die einzelnen Böcke treffenden lotrechten Teillast analog zerlegt wird. (In Abb. 139 ist dieses Verfahren für 2 Böcke durchgeführt.)

Das Ergebnis der Nachrechnung des gewählten Pfahlsystems mit Hilfe des Spannungstrapez-Verfahrens ist ebenfalls in der Tabelle der Abb. 137 eingetragen.

In Abb. 137 ist noch aus Übungsgründen das CULMANN-Verfahren durchgeführt, wenn die Pfähle *1* und *2*, ebenso die Pfähle *3* und *4* verschiedene Querschnitte aufweisen. Dabei sind als Beispiel folgende Durchmesser angenommen:

Pfahl *1*:	Ø 30 cm	Pfahl *3*:	Ø 35 cm
Pfahl *2*:	Ø 35 cm	Pfahl *4*:	Ø 40 cm.

Die Abstände der Schwerlinie von den zugeordneten Pfählen verhalten sich nunmehr umgekehrt wie die Pfahlquerschnitte. Die neuen Pfahlkräfte sind in der Tabelle 14 zu Abb. 137 unter c) eingetragen. Dabei verhält sich Pfahlkraft *1'* zu *2'*, wie Pfahlquerschnitt $F_{1'}$ zu $F_{2'}$, ebenso *3'* zu *4'*, wie $F_{3'}$ zu $F_{4'}$.

Beim Vergleich der Ergebnisse der beiden Untersuchungsverfahren ist folgendes zu beachten:

Das CULMANN-Verfahren liefert dann bessere Ergebnisse, wenn die Zahl der Pfähle je Joch nicht groß ist, wenn die Pfähle sehr ungleichmäßig über die Sohle verteilt sind (größerer Abstand zwischen vorderen Druckpfählen und den hinteren schrägen Pfählen oder Böcken), und wenn eine verhältnismäßig große Horizontalkraft vorhanden ist.

Das Spannungstrapez dagegen ergibt bessere Ergebnisse bei gleichmäßigerer Verteilung der Pfähle über die Sohle, was meist auf die Anordnung vieler Pfähle pro Joch hinausläuft, und bei kleiner Horizontalkraft H*.

Nun noch eine kurze Kritik zur Pfahlanordnung der Abb. 137. Sie weist den Nachteil auf, daß sich die Pfähle *2* und *3* schneiden und daß Pfahl *4* sehr nahe an die Spitze des Pfahles *2* herankommt. Will man

---

* Eine *eingehende* Kritik der Berechnungsverfahren von Pfahlrosten an Hand zahlreicher Beispiele findet sich in AGATZ: Der Kampf des Ingenieurs, Zit. S. 175.

einzelne Pfähle des Pfahljoches nicht versetzen, dann könnte zunächst daran gedacht werden, die schrägen Druckpfähle durch Steilerstellen von den Vorderpfählen abzurücken. Das führt aber, wie man aus dem

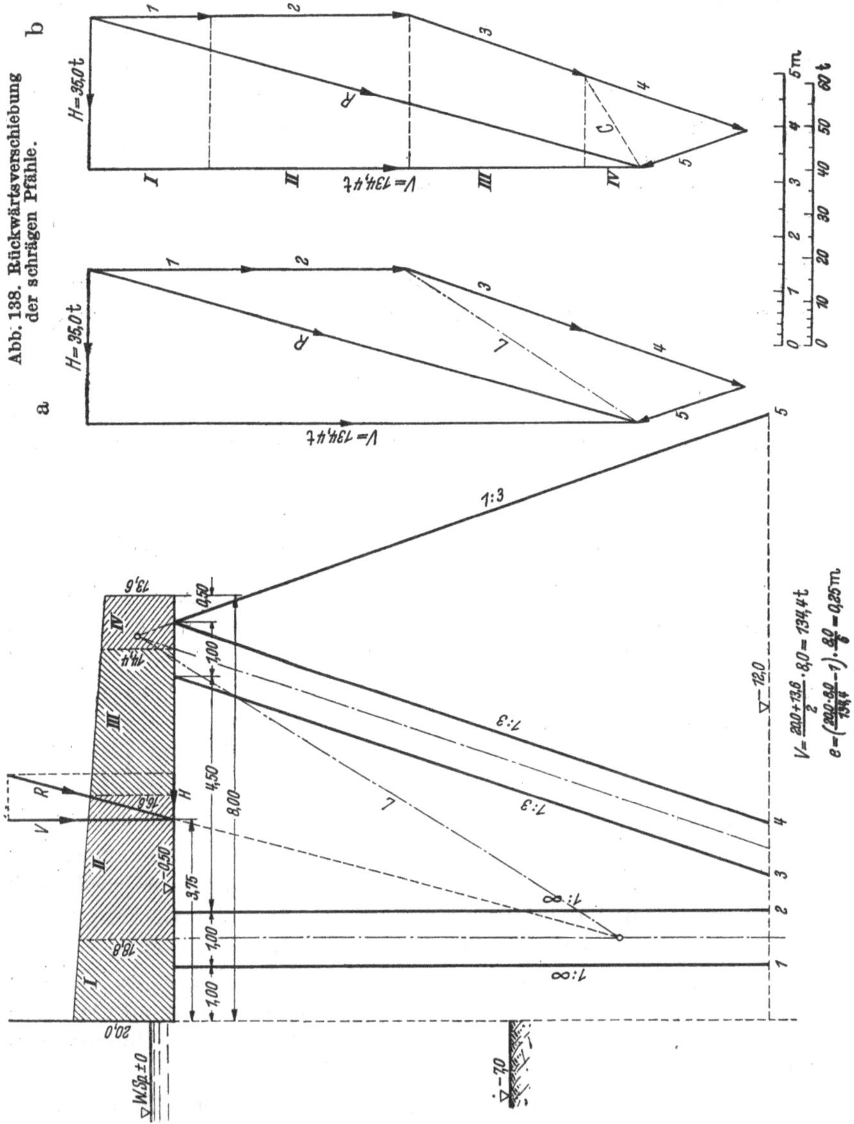

Abb. 138. Rückwärtsverschiebung der schrägen Pfähle.

Krafteck nach CULMANN (Abb. 137a) ohne weiteres entnehmen kann, zu unzulässig großen Pfahlkräften für die Pfähle *3*, *4* und *5*. Eine zweite Möglichkeit bietet die Rückwärtsverschiebung der schrägen Pfähle so weit, daß die Pfahlspitze des Pfahles *3* die Pfahlspitze *2* nicht mehr gefährdet.

In Abb. 138 ist diese Verschiebung durchgeführt. Die Pfahlrostplatte hat nunmehr 8,0 m Breite erreicht. Die Untersuchung nach CULMANN zeigt, daß der Zuwachs an Auflast wesentlich von den Pfählen *1* und *2*

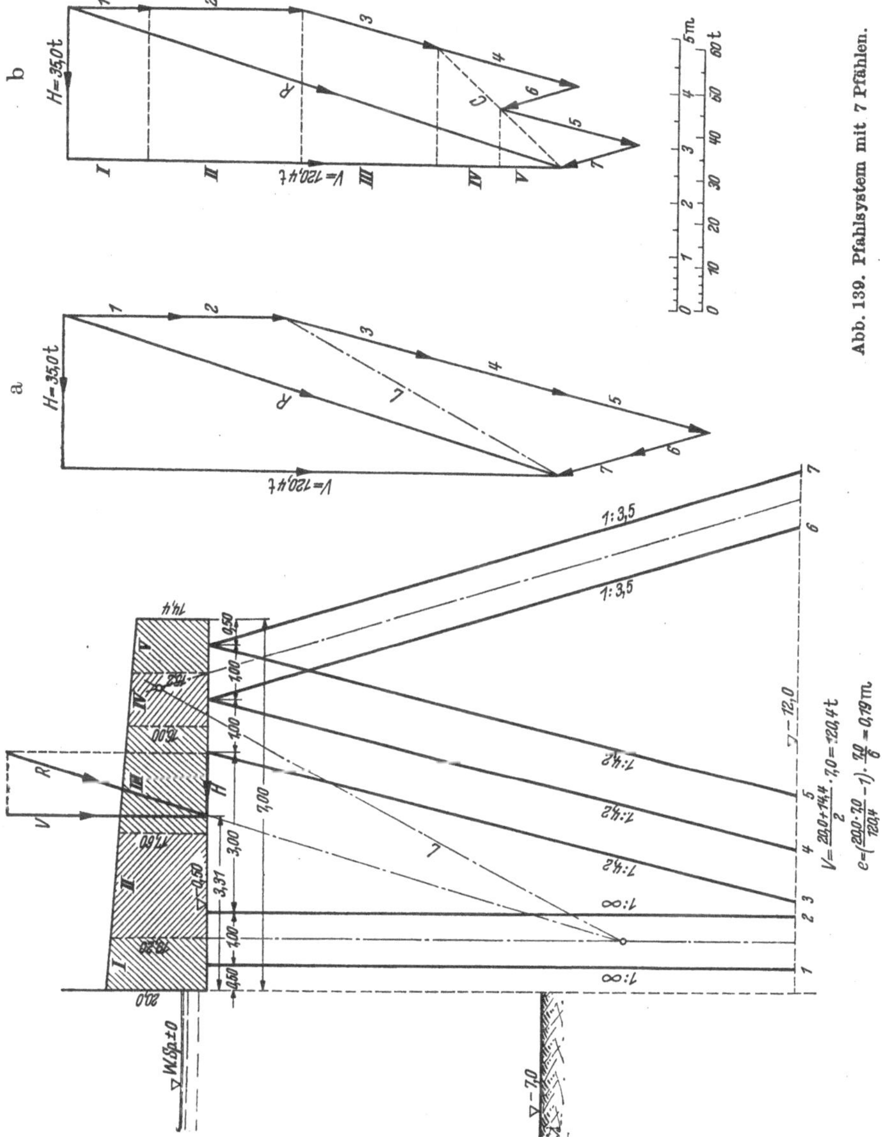

Abb. 139. Pfahlsystem mit 7 Pfählen.

aufzunehmen ist, die übrigens ebenfalls um 50 cm nach rückwärts gerückt wurden, um den Abstand zwischen vorderer Spundwand und Pfahl günstiger zu gestalten. Für die Pfähle *3* und *4* ergeben sich erhebliche

Belastungen, die große Pfahldurchmesser bedingen. Für solche Durchmesser ist aber der Pfahlabstand von 1,0 m von Pfahlmitte zu Pfahlmitte sehr knapp.

Tabelle 15 (zu Abb. 138).

Verfahren	Pfahl Nr.	*1*	*2*	*3*	*4*	*5*
Culmann	Belastung t	+ 38,4	+ 38,4	+ 43,5	+ 43,5	− 26,0
Spannungstrapez	Belastung t	+ 29,4	+ 48,5	+ 44,5	+ 41,0	− 26,5

Es wurde deshalb, um eine weitere Entwurfsmöglichkeit aufzuzeigen, in Abb. 139 ein Pfahlsystem entworfen mit 7 Pfählen, Verringerung der Rostplattenbreite auf 7,0 m und steilerer Anordnung der Schrägpfähle. Die nunmehr auftretenden Pfahlkräfte sind der Tabelle 16 zu Abb. 239 zu entnehmen. Gegenüber den Anordnungen in Abb. 137 und 138 sind günstigere Rammbedingungen und es ist eine merkliche Entlastung der schrägen Pfähle erreicht (Verringerung der notwendigen Pfahldurchmesser). Die vorhandenen zwei Böcke erfordern allerdings wieder eine Jochversetzung (vgl. hierzu Abb. 120, S. 194).

Tabelle 16.

Verfahren	Pfahl Nr.	*1*	*2*	*3*	*4*	*5*	*6*	*7*
Culmann	Belastung t	+27,7	+27,7	+35,0	+35,0	+35,0	−19,0	−19,0
Spannungstrapez	Belastung t	+19,6	+36,8	+34,4	+34,0	+34,5	−18,5	−19,0

Die endgültige Entscheidung über die der Ausführung zugrunde zu legende Pfahlordnung ergibt sich nun aus den sonstigen äußeren Bedingungen und Anforderungen an das zu entwerfende Bauwerk.

Aufgabe 6.

Seemole, Senkkasten, Stabilität gegen Wellenangriff.

Die in Abb. 140 dargestellte Seemole wird mit Eisenbetonsenkkästen hergestellt. Die Senkkästen von je 8,50 m Breite, 10,0 m Höhe und 21,0 m Länge werden in einem behelfsmäßigen Dock angefertigt, dann schwimmend zur Verwendungsstelle gebracht und dort abgesenkt. Die Füllung der Senkkästen erfolgt durch Sandeinspülung. Als Unterbau für die Schwimmkästen ist eine etwa 1,0 m starke, waagrecht abgeglichene Bruchsteinschüttung verwendet, die auf Fels aufruht. Jeder Senkkasten besitzt außer der mittleren Längsrippe Querwände aus Eisenbeton von 20 cm Stärke im Abstand von je 3,5 m. Das Einheitsgewicht des Meerwassers betrage $\gamma_m = 1{,}025$ t/m³. Welche Belastungen ergeben sich für den lfd. m fertigen Senkkasten

1. im Dock,
2. auf dem Transport zur Verwendungsstelle,
3. beim Absenken,
4. beim Aufsetzen auf den Unterbau.
5. Welche Stabilitätsverhältnisse weist die Seemole auf, wenn die angreifenden Wellen die Werte $2\,h = 3{,}00$ m und $2\,L = 70$ m haben (vgl. Abb. 149)?

Lösung[1].

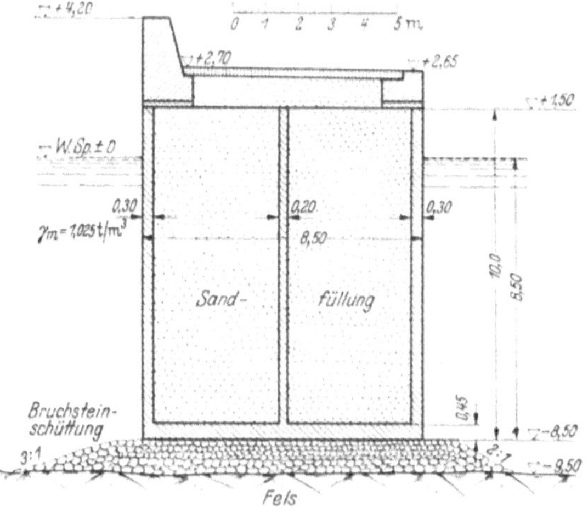

Abb. 140. Querschnitt durch die geplante Seemole.

Mit Schwimmkasten wird ein Hohlkörper beliebiger Form bezeichnet, der *unten und an den Seiten* dichte Wände besitzt. Er wird auf einer schwimmenden Unterlage oder am Lande hergestellt, dann zu Wasser gebracht, schwimmend zur Verwendungsstelle befördert und versenkt, entweder durch provisorisches Einlassen von Wasser oder gleich durch Einfüllen von Sand oder Beton.

Der Vorteil dieser Gründungsart besteht vor allem darin, daß die Hauptarbeiten auf geschützten Werkplätzen über Wasser, unter genauer Kontrolle und unabhängig vom Wetter (Sturm, Wellengang, Hochwasser, Eisgang) durchgeführt werden können. Soweit Eisenbetonkonstruktionen dabei benützt werden, haben diese ausreichend Zeit zum Abbinden, ehe sie den mechanischen und chemischen Angriffen des Wassers ausgesetzt werden. Auch die Baustoffzufuhr und -lagerung ist bei Herstellung an Land günstiger. Ferner lassen sich bei diesem Arbeitsverfahren sehr massige Grundwerkskörper herstellen, die nach der Versenkung auch schwerem Seegang gegenüber schon standfest sind, wenn die Fertigstellungsarbeiten noch im Gange sind. Schließlich können die Versenkungsarbeiten an der Verwendungsstelle während der Zeiten günstiger Witterungsverhältnisse durchgeführt werden.

---

[1] *Literatur*: z. B. BRENNECKE-LOHMEYER: Grundbau, 4. Aufl., Bd. 3. Berlin: W. Ernst & Sohn. – SCHULZE: Seehafenbau, Bd. 2. Berlin: W. Ernst & Sohn. – AGATZ: Der Kampf des Ingenieurs gegen Erde und Wasser im Grundbau. Berlin: Springer 1936. – BRUNS: Berechnung des Wellenstoßes auf Molen und Wellenbrechern. Jb. Hafenbautechn. Gesellschaft 1941/49. Berlin: Springer 1951. – SCHOKLITSCH: Der Grundbau. Wien: Springer 1952.

Wegen dieser Vorzüge, die bei vielen Wasserbauten ausgenützt werden können, gehört die Gründung mittels Senkkasten zu jenen Gründungsarten, die in stetig zunehmendem Maße Verwendung findet, und zwar nicht nur für ausgesprochene Seebauten (Wellenbrecher, Hafendämme, Kaimauern, Trockendocks, Leuchtfeuer und Seeschiffdalben), sondern auch für Gründungen im binnenländischen Wasserbau (z. B. Brückenpfeiler). Sie setzt allerdings voraus, daß der das Auflager für den Senkkasten bildende Untergrund in solchem Zustande ist, daß der Senkkasten sicher und fest daraufgesetzt werden kann.

Als Baustoffe für Senkkästen werden heute fast nur noch Stahl und in wachsendem Maße Stahlbeton, seltener noch Holz benützt. Bei Verwendung eiserner Schwimmkästen sollte man dabei alle Möglichkeiten ausschöpfen, um Teile des wertvollen Materials wieder zu gewinnen (z. B. leicht lösbare Verschraubung des Tragwerkes mit der Blechhaut zur Wiedergewinnung der letzteren nach der Auffüllung mit Mauerwerk; Verwendung behelfsmäßiger hölzerner Aussteifungen für den Kasten).

Bei der Senkkastengründung genügt es nicht, die Stabilitätsuntersuchung für das fertige Bauwerk durchzuführen. Der Schwimmkasten kann während der Bauausführung (beim Zuwasserlassen im leeren oder teilweise gefüllten Zustand, oder beim Absenken, oder im abgesenkten Zustand) Beanspruchungen ausgesetzt sein, die größer sind, als im Endzustand des fertigen Bauwerkes. Die dabei in Betracht kommenden Belastungen werden für den im Beispiel gegebenen Senkkasten nachfolgend ermittelt

1. Im Dock (Abb. 141).

Nach Fertigstellung des Senkkastens ergibt sich als einzige Belastung der unter dem Einfluß des Gewichtes hervorgerufene Bodengegendruck gegen die Kastensohle.

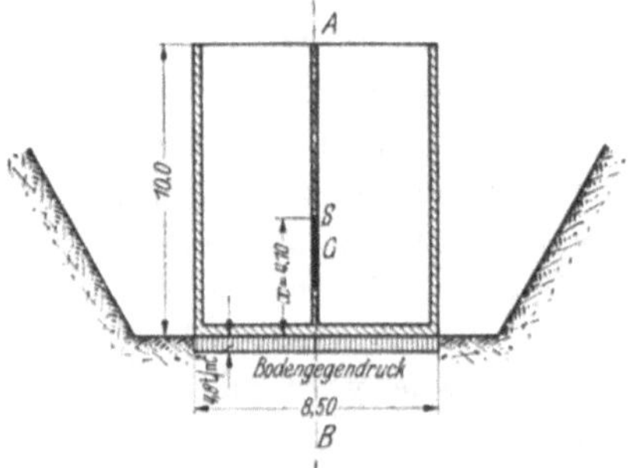

Abb. 141. Senkkasten.

Gewicht eines Senkkastens:

Sohle: $8{,}50 \cdot 21{,}0 \cdot 0{,}45 \cdot 2{,}4 = 192{,}5\,\text{t}$

Außenwand: $[21{,}0 \cdot 2 + (8{,}50 - 2 \cdot 0{,}30) \cdot 2] \cdot (10{,}0 - 0{,}45) \cdot 0{,}30 \cdot 2{,}4 = 398{,}0\,\text{t}$

Innenwände: $[(21{,}0 - 2 \cdot 0{,}30) + (8{,}50 - 2 \cdot 0{,}30 - 0{,}20) \cdot 5] \cdot (10{,}0 - 0{,}45) \cdot 0{,}20 \cdot 2{,}4 = 270{,}0\,\text{t}$

$G = 860{,}5\,\text{t}$

Angriffspunkt der Gewichtsresultierenden G:

Aus der Momentengleichung

$$860{,}5 \cdot x = 192{,}5 \cdot \frac{0{,}45}{2} + 398{,}0 \cdot \left(\frac{9{,}55}{2} + 0{,}45\right) + 270{,}0\left(\frac{9{,}55}{2} + 0{,}45\right)$$

errechnet sich

$$x = 4{,}10 \text{ m},$$

wobei x den Abstand des Angriffspunktes G von der Senkkasten-Unterfläche angibt.

Bei Annahme gleichförmiger Verteilung des Bodengegendruckes ergibt sich

$$\sigma = \frac{G}{F} = \frac{860{,}5}{8{,}5 \cdot 21{,}0} = \mathbf{4{,}8} \text{ t/m}^2 = \mathbf{0{,}48} \text{ kg/cm}^2.$$

2. Transport zur Verwendungsstelle.

Es sei angenommen, daß der Senkkasten nach Fertigstellung und Erhärtung zum Schwimmen gebracht wird, indem das behelfsmäßige Trockendock durch Öffnen eines Verschlusses unter Wasser gesetzt wird. Dieses Verfahren setzt natürlich voraus, daß das Trockendock tief genug ausgebaggert wird, so daß die Wassertiefe nach der Füllung ausreicht, den Senkkasten zum Schwimmen zu bringen. Damit ergibt sich die Frage nach der *Bedingung für das Schwimmen.*

Untersuchung auf Schwimmen.

Ein in das Wasser tauchender Körper vom Gewicht G erfährt einen Auftrieb A, der gleich ist dem Gewichte des von ihm verdrängten Flüssigkeitsvolumens. Solange $G > A$, sinkt der Körper. Er sinkt so tief ein, bis $G = A$, d. h. bis das Gewicht des Körpers gleich ist seiner Wasserverdrängung (Prinzip von Archimedes). Nun schwimmt der Körper. Bleibt bei vollkommenem Eintauchen des Körpers $G > A$, so ist der Körper nicht schwimmfähig; er geht unter.

Damit also der Senkkasten schwimmt, muß $G = A$ sein. Diese Bedingung setzt eine bestimmte Eintauchtiefe t des Schwimmkastens voraus. Für diese Eintauchtiefe t wird der Auftrieb $A = \gamma_m \cdot b \cdot l \cdot t$

$$\gamma_m = 1{,}025 \text{ t/m}^3 \text{ (Meerwasser)}, \quad b = 8{,}50 \text{ m}, \quad l = 21{,}0 \text{ m}$$

$$G = 860{,}5 \text{ t} = A.$$

Daraus

$$t = \frac{860{,}5}{1{,}025 \cdot 8{,}5 \cdot 21{,}0} = \mathbf{4{,}70} \text{ m}.$$

Der fertige leere Senkkasten taucht also im schwimmenden Zustand 4,70 m tief ein. Da diese Tauchtiefe kleiner ist als die Höhe des Schwimmkastens, ist dessen Schwimmfähigkeit gewährleistet. Das Trockendock muß demnach so tief ausgebaggert werden, daß sich in ihm nach der Füllung ein Wasserstand ergibt, der größer als 4,70 m ist (gegebenenfalls Ausnutzung des Flutwasserstandes zum Abschleppen!) (vgl. hierzu auch S. 265f.).

Untersuchung auf Kentern.

Der schwimmende Senkkasten wird nun bei ruhigem Wetter nach der Verwendungsstelle geschleppt. Dabei muß Sicherheit dafür bestehen, daß kein *Kentern* eintritt, d. h. daß der Schwimmkasten, wenn er durch irgendwelche Einwirkungen (z. B. Wellen) aus seiner Ruhelage (lotrechten Lage) gebracht wird, *nicht* umkippt, sondern sich wieder in die ursprüngliche Ruhelage (lotrechte Lage) zurückdreht. Dies ist nur der Fall, wenn in der Ruhelage kein labiles, sondern ein ***stabiles Gleichgewicht*** besteht. Das setzt für die ***Ruhelage*** voraus, daß G und A auf derselben

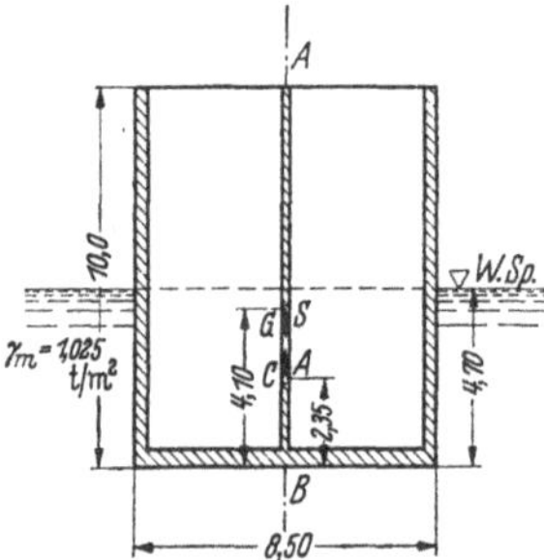

Abb. 142. Senkrechte Schwimmlage des Senkkastens.

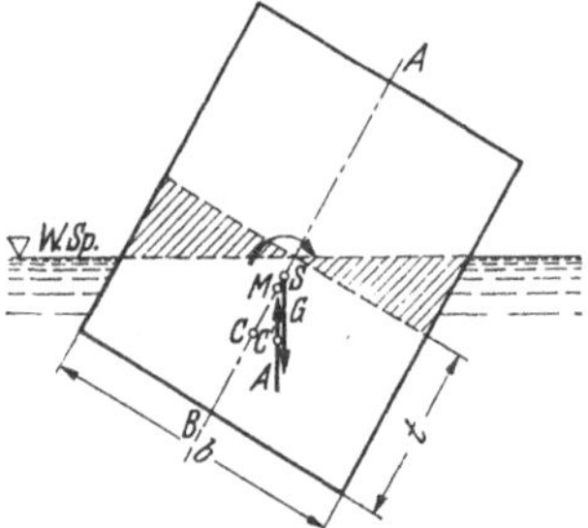

Abb. 143. Schräge Schwimmlage.

Wirkungslinie liegen, also kein Moment bilden. Wenn der Senkkastenschwerpunkt S lotrecht unter dem Angriffspunkt des Auftriebes C liegt, ist dieses stabile Gleichgewicht immer vorhanden. Aber auch dann, wenn S *über* dem Angriffspunkt C des Auftriebes (Verdrängungsschwerpunkt) liegt (Abb. 142), ist ein solches stabiles Gleichgewicht möglich. Neigt sich nämlich der schwimmende Körper aus seiner aufrechten Ruhelage nach einer Seite, so hebt sich auf der einen Seite ein Teil des Schwimmkörpers aus dem Wasser heraus, während auf der anderen Seite ein ebenso großer Teil eintaucht (vgl. Abb. 143). Dadurch tritt eine Verlagerung des Verdrängungsschwerpunktes C seitwärts nach C' ein. Am Schwimmkörper wirkt nun das Kräftepaar G (Schwimmkörpergewicht) und A (Auftrieb). Das hierdurch hervorgerufene Drehmoment kann nun den Schwimmkörper weiter nach der Seite drehen und zum Kentern bringen; es kann ihn aber auch in die ursprüngliche Ruhelage zurückdrehen, je nach dem Drehsinn des Drehmomentes. Da der Schwerpunkt des Schwimmkörpers seine Lage nicht ändert[1], hängt also der Drehsinn des bei der Seitwärtsdrehung des Schwimmkörpers aus der Ruhelage entstehenden Drehmomentes von der neuen Lage des Auftriebangriffspunktes C' ab. Schneidet das Lot durch C' die Achse $A-B$ des

[1] Der Schwerpunkt kann sich verschieben, z. B. bei schlecht beladenen Schiffen, wenn etwa bei Seitwärtsschwanken des Schiffes Nutzlast (Fässer!) seitwärts rollt.

Schwimmkörpers in einem Punkt M, der *oberhalb des Schwerpunktes* S *liegt*, so ergibt sich ein zurückdrehendes Moment, das den Schwimmkörper wieder aufrichtet, das Kentern also verhindert. Es ist dann stabiles Gleichgewicht gegeben. Liegt dagegen der Schnittpunkt M des Lotes durch C' mit $A-B$ *unterhalb* von S, so ergibt sich ein Drehmoment, das eine weitere Verdrehung des Schwimmkörpers hervorruft; es tritt Kentern ein (Abb. 143). Die Lage von M ist also entscheidend für die Stabilität des Schwimmkörpers.

Den Punkt M bezeichnet man mit Metazentrum (Breitenmetazentrum). Der Abstand des Metazentrums M vom Angriffspunkt C des Auftriebes ist gegeben durch die Beziehung:

$$\overline{MC} = \frac{J_x}{V}.$$

Dabei ist

J_x = Trägheitsmoment der horizontalen Querschnittsfläche des Schwimmkörpers, die von der Wasserlinie (= Schnittlinie von Schwimmebene mit Schwimmkörperaußenwand) begrenzt ist, in bezug auf die längere Schwimmkörperachse.

V = Wasserverdrängung.

Sicherheit gegen Kentern ist nun, wie schon oben gesagt, gegeben, wenn

$$\overline{MC} > \overline{SC} \; (\overline{MC} = \overline{SC} \text{ Grenzfall!}).$$

Wie liegen nun die Verhältnisse bei dem gegebenen Senkkasten? Es wird für $l = 1{,}0$ m

$$\overline{MC} = \frac{J_x}{V} = \frac{\frac{l \cdot b^3}{12}}{b \cdot l \cdot t} = \frac{b^2}{12 \cdot t},$$

wobei t die Tauchtiefe des Schwimmkastens in der Ruhelage bedeutet.

Für $b = 8{,}50$ m und $t = 4{,}70$ m (siehe S. 237 und Abb. 142) wird

$$\overline{MC} = \frac{8{,}50^2}{12 \cdot 4{,}70} = \mathbf{1{,}28} \text{ m}.$$

Andererseits ist (Abb. 142)

$$\overline{SC} = 4{,}10 - 2{,}35 = \mathbf{1{,}75} \text{ m}.$$

Da $\overline{MC} < \overline{SC}$ ist, liegt also M *unterhalb* S und der Schwimmkasten ist *nicht* kentersicher.

Um die Kentersicherheit zu erreichen, gibt es nun 2 Wege:

1. Verbreiterung des Senkkastens; denn dadurch wird $\overline{MC}$ größer (siehe oben die allgemeine Beziehung für $\overline{MC}$!). Dieses Mittel ist hier untauglich, da es zu einer starken Verteuerung der Bauanlage führt, ohne daß dies für die Stabilität der in Betracht kommenden Seemole notwendig ist.

2. Verlagerung des Schwerpunktes S nach unten (unter Beibehaltung der Senkkastenausmaße) durch Ballastzugabe, etwa durch teilweise Füllung mit Sand. Da der Schwimmkasten an der Verwendungsstelle an und für sich mit Sand gefüllt wird, ist dieses Mittel für die Gewährleistung der Kentersicherheit das zweckdienlichste, weil es keine zusätzlichen Kosten erfordert.

Stellen wir uns dabei weiter die Forderung, daß M etwa 40 bis 50 cm über S liegt, daß also die *metazentrische Höhe* $MS = \overline{MC} - \overline{SC} = 0{,}40$ bis 0,50 m wird, dann ergibt sich für den Sandballast eine Schichtdicke $z = 0{,}60$ m bei vollkommen gleichförmiger Verteilung.

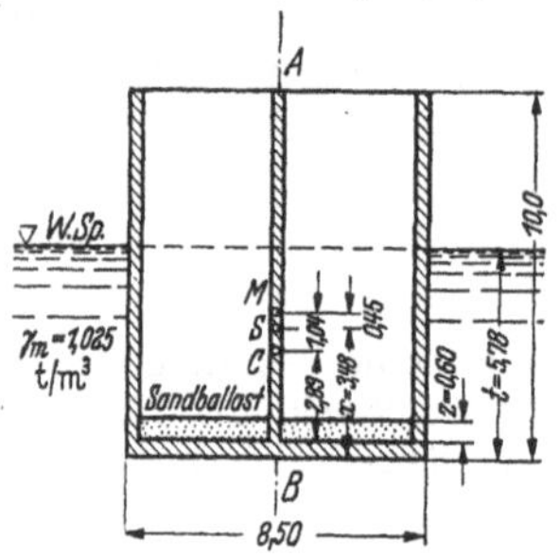

Abb. 144. Verbesserung der Kentersicherheit durch Ballastbeigabe.

Sandgewicht: $(8{,}50 - 0{,}80) \cdot (21{,}0 - 1{,}60) \cdot 0{,}6 \cdot 2{,}2 = 197$ t, wenn das Einheitsgewicht des nassen Sandes $\gamma_s = 2{,}2$ t/m³ beträgt.

Für die Lage des Senkkasten-Schwerpunktes ergibt sich (Abb. 144):

$$(197 + 860{,}5) \cdot x = 860{,}5 \cdot 4{,}10 + + 197 \cdot \left(0{,}45 + \frac{0{,}60}{2}\right); \; x = \frac{3677{,}8}{1057{,}5} = 3{,}48 \text{ m}.$$

Die Tauchtiefe t wird nun

$$t = \frac{1057{,}5}{1{,}025 \cdot 8{,}5 \cdot 21{,}0} = 5{,}78 \text{ m}$$

und

$$\overline{MC} = \frac{8{,}50^2}{12 \cdot 5{,}78} = 1{,}04 \text{ m}.$$

Somit beträgt die metazentrische Höhe $\overline{MS}$:

$$\overline{MS} = \overline{MC} - \overline{SC} = 1{,}04 - \left(3{,}48 - \frac{5{,}78}{2}\right) = 0{,}45 \text{ m}.$$

Diese metazentrische Höhe wird je nach dem gegebenen Fall bzw. dem gegebenen Zweck verschieden gewählt. Bei seetüchtigen Schiffen schwankt sie zwischen 0,30 und 1,40 m (Schnelldampfer 0,3 – 0,7 m), Segelschiffe 1,0 – 1,4 m, Kriegsschiffe 0,8 – 1,2 m). Da wir den Senkkasten zur Verwendungsstelle verbringen können, wenn die Verhältnisse des Seeganges günstig sind, wird die metazentrische Höhe von 0,45 m als sichergehend betrachtet. Sie läßt sich natürlich vergrößern durch Vergrößerung des Sandballastes. Unter 0,30 m für die metazentrische Höhe wird man bei Senkkästen nicht gehen.

Bei $\overline{MS} = 0{,}45$ m, d. h. also bei der Tauchtiefe $t = 5{,}78$ m muß die Sohle des Docks für die Herstellung der Schwimmkästen *mindestens* 6,0 m unter dem Wasserspiegel liegen, der sich bei Öffnen des Docks einstellt, damit der Kasten aufschwimmen kann und gleichzeitig sicher gegen Kentern ist.

Auftretende Belastungen während des Schleppweges zur Verwendungsstelle:

Auf die 4 Seitenwände des Senkkastens wirkt von außen je lfd. m Wand der Wasserdruck

$$W = \gamma_m \cdot \frac{t^2}{2} = 1{,}025 \cdot \frac{5{,}78^2}{2} = 17{,}1 \text{ t}$$

bei dreieckförmiger Verteilung (Abb. 145).

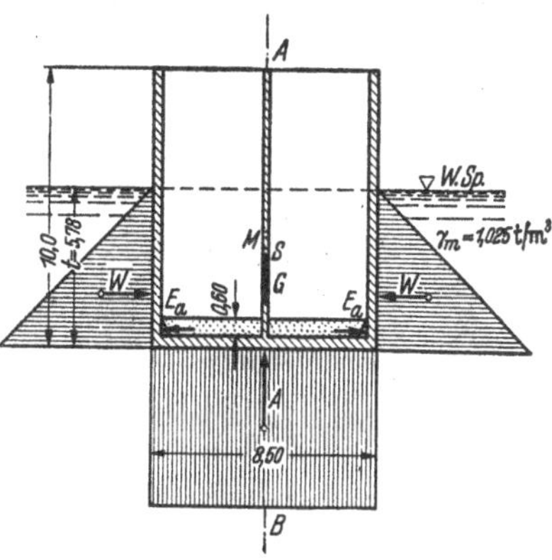

Abb. 145. Wasserdruckbelastung.

Von unten nach oben wirkt auf jeden Querstreifen von 1,0 m Länge in der Achse senkrecht zur Bildfläche der Auftrieb $A = 1{,}025 \cdot 5{,}78 \cdot 8{,}5 \cdot 1{,}0 = 49{,}1$ t.

Auf der Senkkastensohle lastet die 0,60 m starke Sandschicht mit einem Gewicht von $\frac{197}{21{,}0} = 9{,}38$ t für jeden Querstreifen des Kastens von 1,0 m Länge.

Der Sand verursacht auf die Seitenwände einen nach außen wirkenden aktiven Erddruck. Für $\gamma_s = 2{,}2$ t/m³, $\varrho = 35°$, $\delta = 0°$ wird nach Tabelle 2 des Anhanges $\lambda_a = 0{,}272$ und der Erddruck $E_a = \frac{1}{2} \cdot 2{,}2 \cdot 0{,}272 \cdot 0{,}60^2 = 0{,}11$ t je lfd. m Kastenlängswand.

3. Absenken.

An der Verwendungsstelle wird nun Senkkasten neben Senkkasten abgesenkt, indem deren Hohlräume mit Sand nach und nach gefüllt werden. Die Tauchtiefe t nimmt dabei zu von $t = 5{,}78$ m bis $t = 8{,}50$ m (Senkkasten sitzt auf, Abb. 140, S. 235). Den Anfangszustand hinsichtlich der dabei auftretenden Belastungen gibt Abb. 145, den Endzustand Abb. 147, einen Zwischenzustand während des Versenkens ($z = 1{,}50$ m Sandfüllung) die Abb. 146.

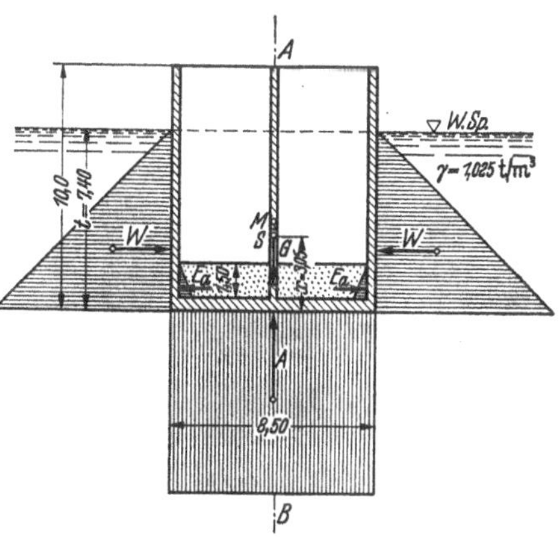

Abb. 146. Vergrößerung der Tauchtiefe durch Vergrößerung der Sandfüllung.

Für diesen Zwischenzustand wird:

Sandgewicht:

$$G_s = 197{,}0 \cdot \frac{1{,}50}{0{,}60} = 492.5 \text{ t}.$$

Lage des Schwerpunktes x des Senkkastens (einschl. der Sandfüllung):

$$860{,}5 \cdot 4{,}10 + 492{,}5\left(0{,}45 + \frac{1{,}50}{2}\right) = (860{,}5 + 492{,}5) \cdot x = 1353{,}0 \cdot x$$

$$x = \frac{4131{,}0}{1353{,}0} = 3{,}05 \text{ m}.$$

Tauchtiefe:
$$t = \frac{1353{,}0}{1{,}025 \cdot 8{,}5 \cdot 21{,}0} = 7{,}40 \text{ m}$$

$$\overline{MC} = \frac{8{,}50^2}{12 \cdot 7{,}40} = 0{,}81 \text{ m}.$$

Belastungen:

$$W = 1{,}025 \cdot \frac{7{,}40^2}{2} = 28{,}1 \text{ t je lfd. m Senkkasten,}$$

$$A = 1{,}025 \cdot 7{,}40 \cdot 8{,}50 \cdot 1{,}0 = 64{,}5 \text{ t je lfd. m Senkkasten,}$$

da $A = G$, ergibt sich der Auftrieb je lfd. m Senkkasten auch aus

$$A = \frac{1353{,}0}{21{,}0} = 64{,}5 \text{ t}$$

$$E_a = \tfrac{1}{2} \cdot 2{,}2 \cdot 0{,}272 \cdot 1{,}50^2 = 0{,}67 \text{ t je lfd. m Senkkasten.}$$

4. Endzustand des Absenkens.

(Kasten sitzt gerade auf.)

Der Endzustand des Absenkens ist gerade erreicht, wenn sich der Boden des Schwimmkastens auf der Steinschüttung aufzusetzen beginnt, wenn also die Tauchtiefe t den Wert 8,50 m erreicht (Abb. 147). Für diesen Grenzzustand des Schwimmens gilt noch die Beziehung $G = A$. G setzt sich zusammen aus dem Konstruktionsgewicht des Kastens (G_K = 860,5 t) und aus dem Gewicht G_s des Sandballasts von der zunächst unbekannten Füllhöhe z. G_s läßt sich ausdrücken durch

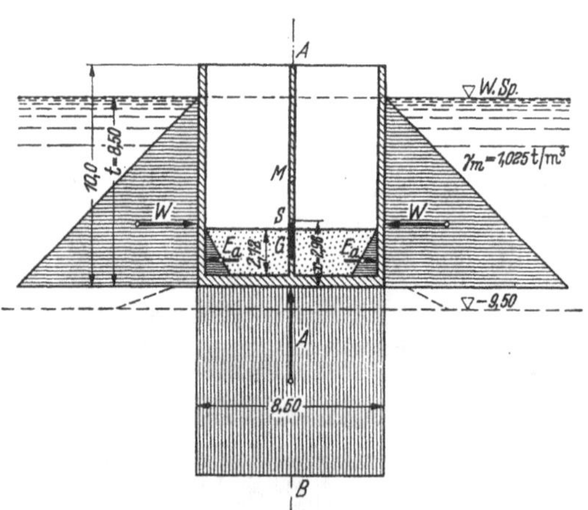

Abb. 147. Absenkzustand beendet.

$$G_s = 197{,}0 \cdot \frac{z}{0{,}60},$$

da sich bei $z = 0{,}60$ m Füllhöhe ein Gewicht des Sandballasts von 197,0 t ergab. Der Auftrieb ist bei 8,50 m Tauchtiefe gegeben durch

$$A = 1{,}025 \cdot 8{,}50 \cdot 8{,}50 \cdot 21{,}0 = 1555 \text{ t}.$$

Damit ist also
$$860{,}5 + 197 \cdot \frac{z}{0{,}60} = 1555{,}0 \text{ t},$$

daraus
$$z = \frac{(1555{,}0 - 860{,}5) \cdot 0{,}60}{197} = 2{,}12 \text{ m}.$$

Angriffspunkt von G:
$$860{,}5 \cdot 4{,}10 + 197 \cdot \frac{2{,}12}{0{,}60}\left(0{,}45 + \frac{2{,}12}{2}\right) = \left(860{,}5 + 197 \cdot \frac{2{,}12}{0{,}60}\right) \cdot x.$$

Somit:
$$x = \frac{4600}{1555} = 2{,}96 \text{ m}.$$

$$\overline{MC} = \frac{8{,}50^2}{12 \cdot 8{,}50} = \frac{8{,}50}{12} = 0{,}71 \text{ m}.$$

Dabei beachte man, daß der Schwerpunkt S jetzt bereits um 1,29 m *unter* dem Angriffspunkt C des Auftriebes liegt

$$\left(\frac{t}{2} = \frac{8{,}50}{2} = 4{,}25 \text{ m}, \; x = 2{,}96 \text{ m}; \text{ daher } \frac{t}{2} - x = 4{,}25 - 2{,}96 = 1{,}29 \text{ m}\right).$$

Belastungen:

$$W = 1{,}025 \cdot \frac{8{,}50^2}{2} = 37 \text{ t je lfd. m Senkkasten}$$

$$A = \frac{1555{,}0}{21{,}0} = 74{,}0 \text{ t je lfd. m Senkkasten}$$

$$E_a = 2{,}2 \cdot \frac{2{,}12^2}{2} \cdot 0{,}272 = 1{,}35 \text{ t je lfd. m Senkkasten.}$$

Wie man sieht, ergibt sich für die untersuchten Belastungszustände die ungünstigste Belastung der Kasten*sohle* für den Schwimmzustand und während des Transportes, dagegen die ungünstigste Belastung der *Seitenwände* im Augenblick des Aufsitzens auf dem Grundbau (Endzustand des Absenkens).

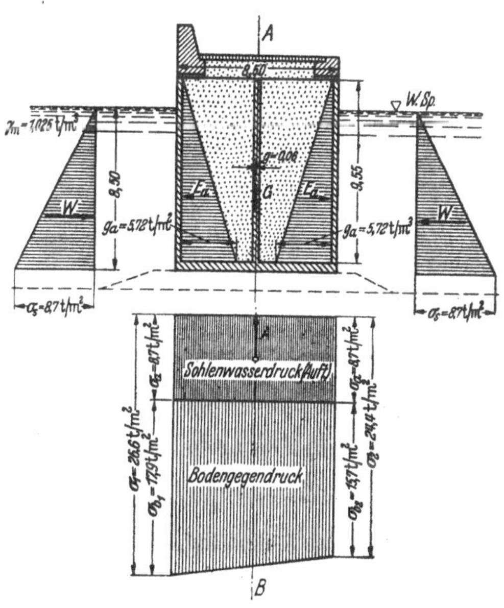

Abb. 148. Belastungen im Endzustand.

Mit dem Fortschreiten der Füllung des Schwimmkastenhohlraums mit Sand wächst G und E_a, während A und W konstant bleiben. Damit tritt eine Entlastung der Seitenwände ein, während der Auflagerdruck auf den Untergrund und damit der Bodengegendruck anwachsen.

Nach vollständiger Fertigstellung der Mole ergeben sich bei ruhiger See die in Abb. 148 dargestellten Belastungen.

Diese ermitteln sich wie folgt:

a) Molengewicht G:

Eisenbetonkonstruktion des Kastens G_k	$= 860{,}0$ t
Sandballast im Kasten $G_s = 197 \cdot \frac{9{,}55}{0{,}60}$	$= 3140{,}0$ t
Aufbau $G_a = 2{,}3 \cdot 1{,}18 \cdot 8{,}50 \cdot 21{,}0$	$= 484{,}5$ t
Senkkasten + Aufbau	$= 4484{,}5$ t
Brüstung $G_b = 2{,}2 \cdot 1{,}5 \cdot 1{,}0 \cdot 21{,}0$	$= 72{,}5$ t
	$G = 4557{,}0$ t

Lage des Angriffspunktes:

$$4484{,}5 \cdot \frac{8{,}50}{2} + 72{,}5 \cdot \left(\frac{8{,}50}{2} + 3{,}75\right) = 4557{,}0 \cdot x$$

$$x = \frac{19\,050 + 580}{4557} = \frac{19\,630}{4557} = 4{,}31 \text{ m.}$$

$$\text{Exzentrizität: } g = 4{,}31 - \frac{8{,}50}{2} = 0{,}06 \text{ m.}$$

b) Randspannungen aus Eigengewicht:

$$\sigma = \frac{P}{b}\left(1 \pm \frac{6 \cdot e}{b}\right)$$

$$P = \frac{4557}{21{,}0} = 217 \text{ t je lfd. m Mole}$$

$$\sigma = \frac{217}{8{,}50}\left(1 \pm \frac{6 \cdot 0{,}06}{8{,}50}\right) = 25{,}5\,(1 \pm 0{,}042)$$

$$\sigma_1 = 25{,}5 \cdot 1{,}042 = 26{,}6 \text{ t/m}^2$$

$$\sigma_2 = 25{,}5 \cdot 0{,}958 = 24{,}4 \text{ t/m}^2.$$

c) Sohlenwasserdruck (Auftrieb):

$$\sigma_a = 8{,}5 \cdot 1{,}025 = 8{,}7 \text{ t/m}^2,$$

d) Bodengegendruck:

$$\sigma_{b_1} = \sigma_1 - \sigma_a = 26{,}6 - 8{,}7 = 17{,}9 \text{ t/m}^2$$

$$\sigma_{b_2} = \sigma_2 - \sigma_a = 24{,}4 - 8{,}7 = 15{,}7 \text{ t/m}^2.$$

e) Seitenwasserdruck in 8,5 m Tiefe unter W.Sp.:

$$\sigma_s = \sigma_a = 8{,}7 \text{ t/m}^2$$

$$W = 8{,}7 \cdot \frac{8{,}5}{2} = 37 \text{ t je lfd. m Mole.}$$

f) Silodruck der Sandfüllung:

$$g_a = 2{,}2 \cdot 0{,}272 \cdot 9{,}55 = 5{,}72 \text{ t/m}^2$$

$$E_a = 5{,}72 \cdot \frac{9{,}55}{2} = 27{,}3 \text{ t je lfd. m Mole.}$$

5. Stabilitätsuntersuchung der Seemole bei Wellenangriff.

Der unter 4. behandelte Belastungsfall für die fertiggestellte Mole bei ruhiger See (Abb. 148) stellt einen Fall dar, der bei Molen an der offenen See *praktisch ohne* Bedeutung ist. Denn es ist ja der Hauptzweck einer Seemole, die Gewalten des Seeganges von den dahinterliegenden Schiffahrtsanlagen fernzuhalten. Das schließt aber in sich, daß sie selbst voll und ganz den zerstörenden Wirkungen der Wellen ausgesetzt sind und deshalb so gebaut sein müssen, daß sie auf die Dauer diesen Beanspruchungen standzuhalten vermögen[1]. Dies setzt aber die Kenntnis der von den Wellen ausgeübten Kräfte voraus.

Die für die Wellenstoßberechnungen wichtigste Wellenart ist die *Schwingungswelle*, bei der die Wasserteilchen eine kreisende Bewegung machen, ohne dabei fortzuschreiten. Lediglich die Wellen*form*, der Wechsel zwischen Erhebung (Wellenberg) und Vertiefung (Wellental), bewegen sich vorwärts. Aus der Schwingungswelle gehen die *Schlagwellen* und die *Kabbelsee* hervor. Bricht sich bei der Schwingungswelle der kreisende Umlauf $\left(\text{bei der kritischen Tiefe } \frac{H}{2L} = \frac{\text{Wassertiefe}}{\text{Wellenlänge}}\right)$, so entsteht eine *Übertragungswelle*, wobei die schwingende Bewegung in eine fortschreitende übergeht. Bei kleiner werdender Wassertiefe H (Ansteigen des Grundes im Küstenbereich) entsteht so die *Brandungswelle*.

Während es nun bisher noch nicht gelungen ist, eine befriedigende Berechnungsmethode für *brandende* Wellen zu finden, die hauptsächlich bei Bauwerken mit *geböschten seeseitigen Wänden* oder *geböschtem Molenunterbau* bei geringer Wassertiefe auftreten, liegen die Verhältnisse für Bauwerke mit *senkrechter Wand*, die in größere Tiefe unter den Wasserspiegel reicht, etwas *günstiger*. In diesem Falle hat man es nämlich mit *Schwingungswellen* zu tun, die nicht branden, sondern *zurückgeworfen* werden.

Für diesen letzteren Fall sind zahlreiche Ansätze[2] zur Ermittlung des Druckes, den die Wellen bei heftigsten Stürmen auf ein Bauwerk ausüben, entwickelt worden, wobei entweder die Belastungsfläche oder aber eine Einzelkraft das Ergebnis der Berechnung bildet. Von diesen vielen Ansätzen geben jene von SAINFLOU, RICHTER, LEVI und ANTONELLI die verhältnismäßig beste Übereinstimmung mit den durchgeführten Messungen und den Erfahrungen der Praxis. Das letztere Verfahren gibt besonders für die am meisten interessierenden größten Wellen die Naturerscheinung des Wellenstoßes gut wieder und erfaßt gegenüber dem Verfahren von LEVI auch die Größe des Stoßes am Fuße der Wand zutreffender. Deshalb sollte nach einem Beschluß des *XVI. internationalen*

[1] Genaueres über Molenkonstruktionen und ihre Beanspruchungen siehe z. B. in W. BILFINGER: Molenbau und Wellenwirkung. Dissertation München 1934.

[2] In der Zusammenstellung von BRUNS sind es 26 Verfahren oder Formeln (vgl. BRUNS, Zit. S. 235).

Schiffahrtskongresses 1935 dem Verfahren von ANTONELLI der Vorzug gegeben werden. BRUNS hält es für zweckmäßig, mit den *beiden* Verfahren von LEVI und ANTONELLI zu arbeiten, wobei aber dem Ergebnis nach ANTONELLI das größere Gewicht zukommt.

Im vorliegenden Beispiel wird der Wellenstoß nach SAINFLOU ermittelt und dann mit den Werten verglichen, die sich nach ANTONELLI ergeben würden.

Die Theorie von SAINFLOU[1] hat die Wirkung des statischen Druckes einer Kabbelsee (clapotis) zur Grundlage. Nach seinen Ableitungen er-

Abb. 149. Entstehung einer Seewelle.

gibt sich, daß die Schwingungsebene der Wasserbewegung vor der Wand um den Betrag h_0 *über* dem *ruhenden* Wasserspiegel liegt, und daß die Wellen an der senkrechten Wand sich um die *volle* Wellenhöhe $2h$ über die Schwingungsebene erheben bzw. um den gleichen Betrag unter diese Ebene herunterschwingen.

Bezeichnet (Abb. 149)

$2L$ = Wellenlänge,
$2h$ = Wellenhöhe auf offener See,
H = Meerestiefe vor der senkrechten Wand,

dann wird

$$h_0 = \frac{\pi \cdot (2h)^2}{2L} \cdot \frac{\operatorname{Cof} \frac{\pi \cdot H}{L}}{\operatorname{Sin} \frac{\pi \cdot H}{L}} \, *.$$

Für den Über- oder Unterdruck am Fuße der senkrechten Wand ermittelt SAINFLOU den Wert

$$a = \frac{2h}{\operatorname{Cof} \frac{\pi \cdot H}{L}} \, * \quad \text{(vgl. Abb. 150).}$$

Die rechten Seiten der beiden Gleichungen hängen lediglich von den Abmessungen der ankommenden Welle ab. Sind diese bekannt, so lassen sich h_0 und a und damit die Drücke einer Welle auf eine senkrechte Wand bestimmen.

---

[1] SAINFLOU: Ann. Ponts Chauss. 1928, 1935 und Genie civ. 1929.

* Tabellen für die hier vorkommenden hyperbolischen Funktionen finden sich z. B. in DUBBELS Taschenbuch für den Maschinenbau. 11. Aufl., Bd. I. Berlin/Göttingen/Heidelberg. Springer 1953. S. 30ff.

Wie ist H in der Rechnung anzusetzen? Sitzt die Mole unmittelbar auf festem (felsigen) Untergrund auf, dann ist natürlich auch H bis zum Untergrund anzusetzen. Bei Molen, die auf Steinschüttungen sitzen, ist es empfehlenswert, H nur bis zur Unterkante der steilen Wand zu rechnen, da auch steile Böschungen der Steinschüttung mit der Zeit flach und schmale Bermen durch Nachschüttungen breit werden können.

Wichtig für die Standsicherheit von Molen mit senkrechter Wand ist die Festsetzung der Tiefe der Unterkante des steilen Bauteiles. Der *XVI. Internationale Schiffahrtskongreß in Brüssel 1935*[1] empfiehlt hierfür *mindestens das Anderthalbfache der größten zu erwartenden Wellen* zu wählen.

Der Auftrieb (Sohlenwasserdruck) ist natürlich voll anzusetzen, wo das Wasser von unten her Druck ausüben kann. Dies ist bei Steinschüttungen immer der Fall. Aber auch bei Molen, die dicht auf Fels aufsitzen, und bei denen die Schlußkraft im Kern verbleibt[2], sollte man — nach den Erfahrungen an Talsperren, die auf Fels fundiert sind — den vollen Auftrieb wenigstens für ruhende Wasserspiegel berücksichtigen. Besonders wichtig ist dies im Hinblick auf die Gleitsicherheit, die durch den Auftrieb natürlich verkleinert wird. Der *XVI. Internationale Schiffahrtskongreß* empfiehlt, den Gleitwiderstand vorsichtig anzusetzen ($\mu \sim 0{,}5$ bis $0{,}6$, *nicht* größer).

Bei Verwendung großer Blöcke und Senkkästen auf Steinschüttung muß hinsichtlich der Gleitsicherheit auch bedacht werden, daß die Auflagerung zunächst oft nur auf einzelnen Punkten gegeben ist (labile Auflagerung), besonders wenn die Steinschüttung aus groben Brocken besteht. In solchem Falle ist eine Seitenbewegung bei grober See natürlich leichter möglich als bei vollkommener Flächenauflagerung. Meist wird dann erst durch die Bewegung des Aufbaues die Schüttung so zusammengequetscht, daß nunmehr gute Auflagerung und damit ausreichende Gleitsicherheit eintritt. Es empfiehlt sich deshalb, die obere Schicht der Schüttung aus kleineren Steinbrocken zu bilden, um eine stabile Flächenauflagerung von Anfang an zu gewährleisten.

Standsicherheitsuntersuchung.

Für Wellen von $2L = 70$ m und $2h = 3{,}0$ m (Abb. 149) wird

$$h_0 = \frac{\pi \cdot (3{,}0)^2}{70} \cdot \frac{\operatorname{Cof} \frac{\pi \cdot 8{,}50}{35}}{\operatorname{Sin} \frac{\pi \cdot 8{,}50}{35}}.$$

---

[1] Z. des Ständigen Verbandes der Schiffahrtskongresse 1935, H. 20, S. 58ff.

[2] Liegt die Schlußkraft *außerhalb* des Kerns, dann klafft die Bodenfuge und das eintretende Wasser verursacht Sohlenwasserdruck.

Dabei ist H nur bis Unterkante der lotrechten Mauer gemessen, also mit 8,50 m angesetzt.

$$h_0 = 0{,}405 \cdot \frac{\mathfrak{Cof}\, 0{,}763}{\mathfrak{Sin}\, 0{,}763} = 0{,}405 \cdot \frac{1{,}3055}{0{,}8392} = \mathbf{0{,}63}\ \text{m}$$

$$a = \frac{3{,}0}{\mathfrak{Cof}\, \frac{\pi \cdot 8{,}50}{35}} = \frac{3{,}0}{1{,}3055} = \mathbf{2{,}30}\ \text{t/m}^2.$$

Die sich daraus ergebenden Gesamtwasserdruckverhältnisse sind in Abb. 150 aufgetragen. Zur besseren Veranschaulichung des Wasserüberdruckes in Richtung von der See zum Hafen bei Höchststand der

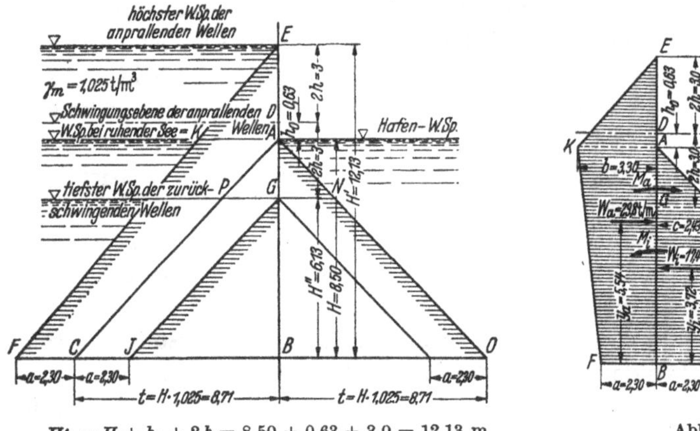

$H' = H + h_0 + 2h = 8{,}50 + 0{,}63 + 3{,}0 = 12{,}13$ m
$H'' = H + h_0 - 2h = 8{,}50 + 0{,}63 - 3{,}0 = 6{,}13$ m

Abb. 150. Wasserdrucke infolge Seewellen.

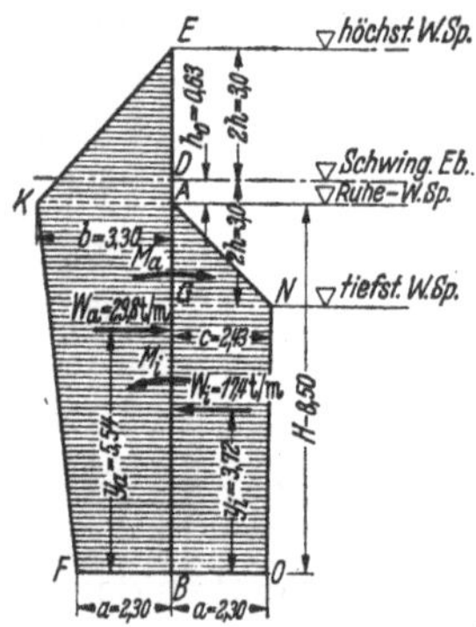

Abb. 151. Wasserüberdruckverhältnisse.

Welle vor der Mauer bzw. des Wasserüberdruckes in Richtung vom Hafen zur See bei Tiefstand des Wellenspiegels vor der Mauer wird die Abb. 151 zugefügt. Dabei ist (vgl. Abb. 150)

$$\overline{KA} = b = \frac{t + a}{H'}(2h + h_0) = \frac{11{,}01}{12{,}13} \cdot 3{,}63 = \mathbf{3{,}30}\ \text{t/m}^2$$

und

$$\overline{GN} = c = \frac{t}{H}(2h - h_0) = \frac{8{,}71}{8{,}50} \cdot 2{,}37 = \mathbf{2{,}43}\ \text{t/m}^2.$$

Äußerer Wasserüberdruck:

$$\begin{aligned} W_a &= \frac{H' \cdot (t + a)}{2} - \frac{H \cdot t}{2} \\ &= \frac{12{,}13\,(8{,}71 + 2{,}30)}{2} - \frac{8{,}50 \cdot 8{,}71}{2} \\ &= 66{,}8 - 37{,}0 \\ &= \mathbf{29{,}8}\ \text{t je lfd. m Mole.} \end{aligned}$$

Innerer Wasserüberdruck:

$$W_i = \frac{H \cdot t}{2} - \frac{H''(t-a)}{2}$$
$$= \frac{8{,}5 \cdot 8{,}71}{2} - \frac{6{,}13 \cdot 6{,}41}{2}$$
$$= 37{,}0 - 19{,}6$$
$$= \mathbf{17{,}4} \text{ t je lfd. m Mole.}$$

Kippmomente von W_a und W_i in bezug auf die Fundamentfuge:

$$M_a = \frac{H'(t+a)}{2} \cdot \frac{H'}{3} - \frac{H \cdot t}{2} \cdot \frac{H}{3} \qquad M_i = \frac{H \cdot t}{2} \cdot \frac{H}{3} - \frac{H''(t-a)}{2} \cdot \frac{H''}{3}$$
$$= 66{,}8 \cdot \frac{12{,}13}{3} - 37{,}0 \cdot \frac{8{,}50}{3} \qquad = 37{,}0 \cdot \frac{8{,}50}{3} - 19{,}6 \cdot \frac{6{,}13}{3}$$
$$= 270{,}0 - 104{,}8 \qquad = 104{,}8 - 40{,}0$$
$$= \mathbf{165{,}2} \text{ tm je lfd. m Mole.} \qquad = \mathbf{64{,}8} \text{ tm je lfd. m Mole.}$$

Lage des Angriffspunktes der Wasserdrücke W_a und W_i (Abb. 152):

$$y_a = \frac{M_a}{W_a} = \frac{165{,}2}{29{,}8} = \mathbf{5{,}54} \text{ m}$$

$$y_i = \frac{M_i}{W_i} = \frac{64{,}8}{17{,}4} = \mathbf{3{,}72} \text{ m.}$$

Stabilität:

I. Bei *äußerem* Wasserüberdruck (Abb. 152).

Damit das System im Gleichgewicht ist, muß für den Durchstoßpunkt der Resultierenden R im Punkt T_a der Bodenfuge gelten:

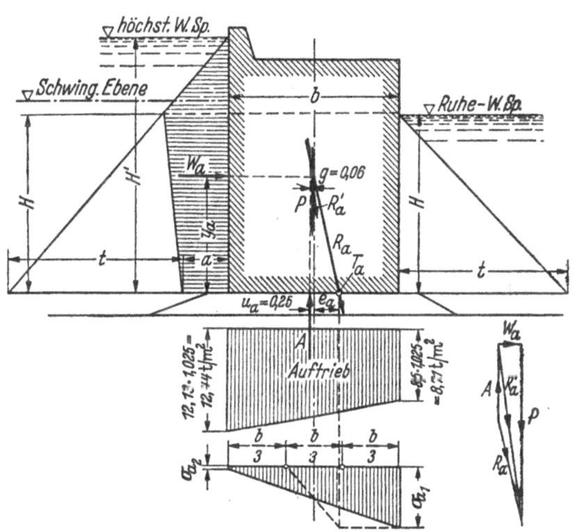

Abb. 152. Stabilitätsuntersuchung bei äußerem Wasserüberdruck.

$$P \cdot (e_a + 0{,}06) = A\,(e_a + u_a) + W_a \cdot y_a = A\,(e_a + u_a) + M_a$$

P = Molengewicht je lfd. m $= \frac{G}{21{,}0} = \frac{4557{,}0}{21{,}0} = 217$ t/m,

A = Auftrieb (Sohlenwasserdruck) für die in Abb. 152 eingetragenen Wasserstände vor und hinter der Mauer,

$$A = \frac{H' + H}{2} \cdot b \cdot \gamma_m = \frac{12{,}13 + 8{,}50}{2} \cdot 8{,}5 \cdot 1{,}025 = 89{,}8 \text{ t je lfd. m Mole,}$$

u_a = Abstand der Kraft A von Mitte Bodenfuge,

$$u_a = 4{,}25 - \frac{8{,}5}{3} \cdot \frac{12{,}44 + 2 \cdot 8{,}71}{12{,}44 + 8{,}71} = 4{,}25 - 4{,}00 = 0{,}25 \text{ m.}$$

Somit $\quad 217{,}0(e_a + 0{,}06) = 89{,}8(e_a + 0{,}25) + 165{,}2.$

Daraus

Exzentrizität $e_a = \dfrac{165{,}2 + 89{,}8 \cdot 0{,}25 - 217 \cdot 0{,}06}{217{,}0 - 89{,}8} = \dfrac{171{,}6}{127{,}2} = \mathbf{1{,}35}$ m.

Randspannungen:

$$\sigma_a = \frac{N}{b}\left(1 \pm \frac{6e_a}{b}\right) = \frac{P-A}{b}\left(1 \pm \frac{6e_a}{b}\right) = \frac{217{,}0 - 89{,}8}{8{,}5}\left(1 \pm \frac{6 \cdot 1{,}35}{8{,}50}\right)$$
$$= 14{,}96\,(\pm\, 0{,}95)$$
$$\sigma_{a_1} = 14{,}96 \cdot 1{,}95 = \mathbf{29{,}2}\ \text{t/m}^2 < 50{,}0\ \text{t/m}^2\ \text{(Grenzwert)}$$
$$\sigma_{a_2} = 14{,}96 \cdot 0{,}05 = \mathbf{0{,}7}\ \text{t/m}^2.$$

Für die Stabilität erforderliche Reibungsziffer:

$$\operatorname{tg} \varrho = \mu = \frac{W_a}{N} = \frac{W_a}{P-A} = \frac{29{,}8}{127{,}2} = 0{,}234 < 0{,}5 \text{ bis } 0{,}6.$$

II. Bei *innerem Wasserüberdruck* (Abb. 153).

Für Punkt T_i als Momentenpunkt muß bei Gleichgewicht gelten:

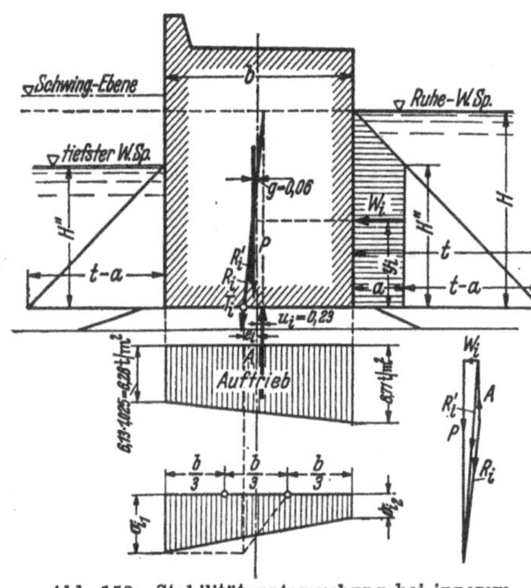

Abb. 153. Stabilitätsuntersuchung bei innerem Wasserüberdruck.

$$P \cdot (e_i - 0{,}06) = A\,(u_i + e_i)$$
$$+ W_i\, y_i = A\,(u_i + e_i) + M_i$$
$$P = 217\ \text{t/m}$$

A = Auftrieb für die Wasserstände der Abb. 153

$$= \frac{H'' + H}{2} \cdot b \cdot \gamma_m$$
$$= \frac{6{,}13 + 8{,}50}{2} \cdot 8{,}5 \cdot 1{,}025$$
$$= \mathbf{60{,}6}\ \text{t je lfd. m Mole}$$
$$u_i = 4{,}25 - \frac{8{,}50}{3} \cdot \frac{8{,}71 + 2 \cdot 6{,}28}{8{,}71 - 6{,}28} =$$
$$= 4{,}25 - 4{,}02 = \mathbf{0{,}23}\ \text{m}.$$

Somit $\quad 217{,}0\,(e_i - 0{,}06) = 60{,}6\,(0{,}23 + e_i) + 64{,}8.$

Exzentrizität $e_i = \dfrac{64{,}8 + 60{,}6 \cdot 0{,}23 + 217{,}0 \cdot 0{,}06}{217{,}0 - 60{,}6} = \dfrac{91{,}7}{156{,}4} = 0{,}59$ m.

Randspannungen: $\quad \sigma_i = \dfrac{217{,}0 - 60{,}6}{8{,}5}\left(1 \pm \dfrac{6 \cdot 0{,}59}{8{,}5}\right) = 18{,}4\,(1 \pm 0{,}42)$

$$\sigma_{i_1} = 18{,}4 \cdot 1{,}42 = \mathbf{26{,}2}\ \text{t/m}^2$$
$$\sigma_{i_2} = 18{,}4 \cdot 0{,}58 = \mathbf{10{,}7}\ \text{t/m}^2$$
$$\operatorname{tg} \varrho = \mu = \frac{W_i}{N} = \frac{W_i}{P-A} = \frac{17{,}4}{156{,}4} = 0{,}111.$$

Aus den Ergebnissen der Rechnung kann also für die gewählten Abmessungen der Mole deren Standsicherheit angenommen werden bei Beanspruchung durch Wellen mit der Charakteristik $2h = 3{,}0$ m und $2L = 70$ m. In den Fällen der Praxis ist es oft sehr schwierig, verlässige Unterlagen für die an der Molenstelle vorkommenden höchsten Wellen zu beschaffen, abgesehen davon, daß auf Erdbeben zurückzuführende Wellen über die an der Stelle sonst übliche Wellengröße weit hinaus gehen können. Das dadurch mögliche starke Auseinandergehen der Annahmen und der wirklichen Verhältnisse macht es unerläßlich, für einen ausreichenden Sicherheitszuschlag bei der Rechnung zu sorgen, der hier über das sonst bei Ingenieurbauten übliche Maß hinausgeht.

Für die im vorliegenden Beispiel gegebene Seemole werden die Grenzen der Standsicherheit überschritten bei Wellen von etwa $2h \sim 4{,}5$ m. Für eine Welle $2h = 4{,}0$ m und $2L = 100$ m ergeben sich z. B. folgende Werte:

$$h_0 = 1{,}03 \text{ m}; \quad a = 3{,}49 \text{ t}; \quad H' = 13{,}53 \text{ m}; \quad H'' = 5{,}53 \text{ m}.$$

$$W_a = 45{,}6 \text{ t/m}; \quad W_i = 22{,}6 \text{ t/m}; \quad M_a = 267 \text{ tm/m}; \quad M_i = 78{,}4 \text{ tm/m}.$$

$$y_a = 5{,}85 \text{ m}; \quad y_b = 3{,}47 \text{ m}; \quad A = 96 \text{ t/m}; \quad u_a = 0{,}26 \text{ m}; \quad e_a = 2{,}31 \text{ m}.$$

$$\xi_a = 4{,}25 - 2{,}31 = 1{,}94 \text{ m} < \frac{8{,}50}{3};$$

d. h. die Schlußkraft liegt außerhalb des Kerns.

Daher
$$\sigma_{a_1} = \frac{2}{3} \cdot \frac{N}{\xi_a} = \frac{2}{3} \cdot \frac{121{,}0}{1{,}94} = 41{,}5 \text{ t/m}^2$$

$$\operatorname{tg} \varrho = \mu = \frac{45{,}6}{121{,}0} = 0{,}378 \text{ entspr. } \varrho \sim 21°,$$

d. h. die Werte σ_{a_1} und μ nähern sich bereits den zulässigen Grenzwerten.

Nun sollen noch die aus der Wellenwirkung resultierenden Belastungsflächen und Kippmomente nach SAINFLOU und ANTONELLI verglichen werden.

Das Verfahren von ANTONELLI stellt eine Erfahrungsformel dar, abgeleitet unter Berücksichtigung des hydrostatischen Prinzips und der Wellenstoßmessungen in Genua. Sein Ansatz ist denkbar einfach, indem er annimmt, daß sich die Welle bei ihrem Anprall auf die Mauer bis auf eine Höhe von $2h$ (Höhe der freien Welle) über den ruhigen Wasserspiegel erhebt, wobei an dieser oberen Grenze der Wasserstoß zu Null wird. In diesem Augenblick ist — in Anwendung des hydrostatischen Gesetzes — in Höhe des ruhigen Wasserspiegels der Höchststoß der Wellen $= 2h$, und in dieser Größe wird er bis zur Sohle wirkend angenommen. Die Belastungsfläche stellt also für diesen Fall ein Wasserdrucktrapez dar mit den parallelen Seiten H und $H + 2h$, und der

Trapezhöhe $\gamma_m \cdot 2h$. Andererseits ergibt sich nach diesem Verfahren für das Herabschwingen der Welle (Wellental vor der Wand) ein Belastungsüberdruck von innen nach außen ein Belastungstrapez mit den Parallelseiten H und $H - 2h$ und einer Trapezhöhe von $\gamma_m \cdot 2h$.

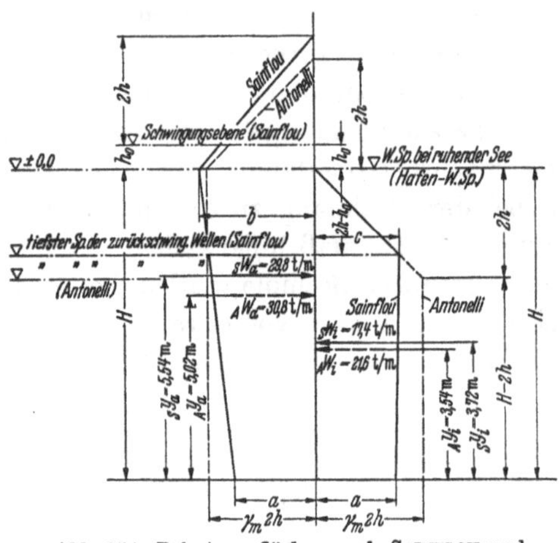

Abb. 154. Belastungsflächen nach Sainflou und Antonelli.

In der Tabelle 17 sind die Zahlenergebnisse nach Sainflou und Antonelli vergleichsweise zusammengestellt und in Abb. 154 sind die Belastungsflächen aufgetragen einschließlich der Angriffspunkte der resultierenden Drucke. Für den ungünstigen Belastungsfall der herausschwingenden Welle (Wellen*berg* vor der Außenwand) ergibt sich nach Sainflou ein größeres Kippmoment, als nach Antonelli. Die Verwendung des ersteren Verfahrens ist für diesen Fall vergleichsweise sichergehend. Dagegen ist das nach außen wirkende Kippmoment bei zurückschwingen der Welle (Wellen*tal* vor der Außenwand) nach Antonelli größer, gibt also etwas ungünstigere Stabilitätsverhältnisse, als bei Zugrundelegung des Sainflou-Verfahrens.

Tabelle 17.

	W_a t/m	v_a m	M_a tm/m	W_i t/m	v_i m	M_i tm/m
Sainflou (S)	29,8	5,54	165,2	17,4	3,72	64,8
Antonelli (A)	30,8	5,02	155	21,6	3,54	76,5

Aufgabe 7.

Senkbrunnen.

Ein *Sammel*brunnen für das Wasserwerk einer Stadt wird mittels „Brunnengründung" auf 15 m Tiefe versenkt. Der Querschnitt ist kreisförmig. Die Wände des Brunnens werden aus Klinkermauerwerk in hochwertigem Zementmörtel erstellt, um den Brunnen dicht zu machen. Zur Verminderung der Reibung werden die Außenflächen mit einem Putz aus fettem, gut geglättetem Zementmörtel versehen. Der Brunnenkranz

(Brunnenschling) besteht aus Stahlbeton und ist durch lotrechte Rundeisenanker mit dem Klinkermauerwerk verbunden. Er ruht unten mit einem Flacheisenring von 10 mm Stärke auf dem Untergrund auf. Die Maße des Brunnens und die Bodenkonstanten sind in Abb. 155 gegeben.

Es sollen die bei der Bauausführung auftretenden Kräfte ermittelt werden!

Lösung[1].

Zunächst: Was ist eine „Brunnengründung"?

Unter „Brunnengründung" versteht man ein Gründungsverfahren, bei dem ein *oben und unten offener* Hohlkörper (Brunnen) von beliebiger Grundrißform unter der Wirkung seines Gewichtes (gegebenenfalls unter Mitwirkung einer zusätzlichen Auflast) dadurch in den Boden abgesenkt wird, daß das Bodenmaterial im Inneren des Hohlkörpers unten beim Brunnenkranz mit Greifern oder mit Eimerbaggern mit lotrechten Leitern stetig abgegraben und herausbefördert wird. Für das Verfahren ist es gleichgültig, aus welchem Baustoff der Hohlkörper hergestellt ist (Holz, Eisen, Beton, Stahlbeton, Mauerwerk). Die Herausbeförderung des Bodenmaterials kann entweder unter Wasser erfolgen oder im Trockenen durch Abpumpen des in den Brunnen eindringenden Wassers. Diese Entscheidung hängt natürlich von den jeweils gegebenen Wasserverhältnissen ab. Nach Erreichung der notwendigen Tiefe wird der Brunnen entweder nur unten geschlossen (mit oder ohne Sickerschlitzen, je nachdem, ob es ein Wassergewinnungs- oder ein Sammelbrunnen für Wasserversorgung ist) oder aber es wird der Hohlkörper gänzlich ausgefüllt, wenn es sich um ein ausgesprochenes „Grundwerk" handelt.

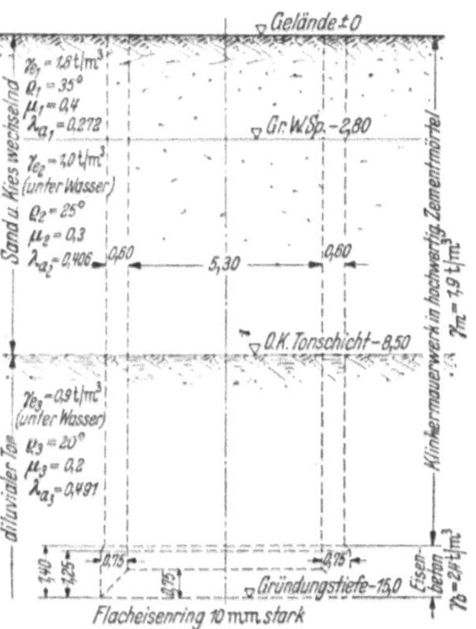

Abb. 155. Baugrundverhältnisse des Senkbrunnens.

Dieses Gründungsverfahren eignet sich besonders für stark wasserhaltige, aber gleichmäßige und *hindernisfreie* Böden für Absenktiefen bis etwa 15 m bis zum tragfähigen Baugrund. In besonders günstigen Fällen, wenn Wasserhaltung möglich, sind auch wesentlich größere Gründungstiefen erreicht worden. In den meisten Fällen dagegen werden

[1] Vgl. auch z. B. BRENNECKE-LOHMEYER: Grundbau, Bd. 3 (1934). – FRANZIUS: Grundbau 1927. – SCHOKLITSCH: Grundbau. Berlin: Springer 1952.

die Kosten bei größeren Tiefen als 15 m für Brunnen höher, als für Druckluftgründungen[1].

Voraussetzung für die Anwendung einer Brunnengründung ist die peinliche Sondierung des Baugrundes auf eingelagerte Hindernisse durch enggesetzte Bohrlöcher (Abstand derselben gegebenenfalls nur 4 bis 5 m).

Die gegebene Anwendung der Brunnengründung liegt bei der Herstellung von Sammelbrunnen oder Klärbehältern vor, weil das eigentliche Bauwerk selbst schon ein Brunnen ist. Darüber hinaus werden die Grundwerke von Pfeilern aller Art, von Brücken, Kranauflagerungen, Pfeilerunterstützungen großer Gebäude, aber auch von Molen an der See im freien Wasser vielfach durch Brunnengründungen erstellt unter Benutzung von Schwerlastkränen. Auch da, wo der Boden das Rammen von Spundwänden erschwert oder ganz unmöglich macht, z. B. bei *schweren* Mergelschichten (vgl. S. 74) und wo gleichzeitig keine ernstlichen Hindernisse (z. B. Findlinge usw.) im Boden eingelagert sind, ist die Brunnengründung der Gründung zwischen Spundwänden überlegen. Wegen der gesundheitlichen Gefahren der Druckluftgründungen für die Arbeiter sollte sie — wo immer möglich — diese Gründungsart ersetzen.

Baulich seien noch folgende kurze Hinweise gegeben: Der eigentliche Brunnen ruht auf einem Brunnenkranz (Schling, Schneide), der die Aufgabe hat, einmal das Eindringen des Brunnens in den Boden zu erleichtern, außerdem das Brunnenmauerwerk beim Absinken zusammenzuhalten und eine gleichmäßige Beanspruchung desselben zu gewährleisten für den Fall ungleichmäßigen Aushubes (Hohllegen eines Teiles der Schneide) oder des einseitigen Aufsetzens auf Hindernisse. Eine Verankerung des Brunnenkranzes mit dem Mauerwerk verhindert ein etwaiges Abreißen des Brunnenkörpers beim Absenken, was z. B. droht, wenn der Brunnen in einer oberen Bodenschicht sehr schwer, im unteren Teil dagegen leicht gleitet.

Die Stärke der Brunnenwandung wird in den allermeisten Fällen größer gewählt als sich infolge der Belastung aus Erd- und Wasserdruck ergibt. Das so vorhandene zusätzliche Gewicht erleichtert das Absenken und kommt vielfach billiger als die Anordnung einer künstlichen Belastung.

Untersuchung.

Zustand I: Das Absinken beginnt (Abb. 156).

An der Absinkstelle wurde eine Baugrube bis zum Grundwasserspiegel (— 2,80) ausgehoben und auf ihrer Sohle die Aufmauerung des Brunnens begonnen. Mit dem Absenken des Brunnens darf natürlich erst begonnen werden, wenn der untere Teil des zunächst fertiggestellten Brunnenstückes genügend abgebunden hat. *Wirksam für das Absinken ist nur das*

[1] Vgl. hierzu auch die Ausführungen zur Aufgabe 8, S. 265.

Brunnengewicht des zunächst fertiggestellten Teiles. Es beginnt erst, wenn das Brunnengewicht so groß ist, daß die dadurch hervorgerufenen Pressungen den vorhandenen Bodengegendruck überwinden. Diesen Zustand führt man künstlich herbei durch Verkleinerung der Auflagerfläche für die Brunnenschneide, indem man den Boden an der Schneide weggräbt,

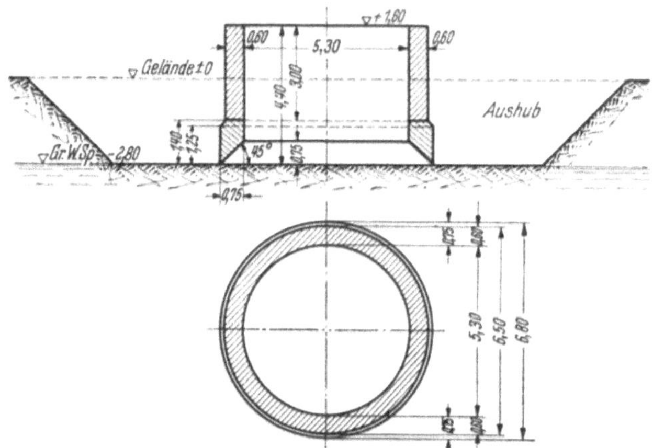

Abb. 156 a. Anordnung des Brunnenkranzes.

aber auch durch Erhöhung des Gewichtes (durch weiteres Aufmauern oder durch Zufügen von Ballast). Für das vorliegende Beispiel wurde lediglich zwecks Gewinnung einer zahlenmäßigen Vorstellung angenommen, daß bei Beginn des Absenkprozesses auf den Brunnenkranz von 1,40 m Höhe der Klinkermauerwerksring mit 3,0 m Höhe aufgesetzt ist (Gesamtbrunnenhöhe = 4,40 m).

Nun ergibt sich:

Volumen des Stahlbetonkranzes	14,48 m³
Gewicht des Stahlbetonkranzes	34,70 t
Volumen des Klinkermauerwerks je steigenden Meter	11,11 m³
Gewicht des Klinkermauerwerks je steigenden Meter	21,12 t

Damit wird für 4,4 m Gesamtbrunnenhöhe

$$\Sigma G_1 = 34{,}70 + 3 \cdot 21{,}12 = \mathbf{98{,}06}\ \text{t}.$$

Der Schneidengegendruck ist

$$\sigma_{s_1} = \frac{\Sigma G_1}{F_s}.$$

Ist die Kranzschneide so weit freigelegt, daß nur noch der Flacheisenring auf dem Boden aufruht, dessen Auflagerfläche

$$F_s = \frac{(6{,}80^2 - 6{,}78^2)\,\pi}{4} = 0{,}212\ \text{m}^2$$

beträgt, dann ergibt sich ein Schneidengegendruck

$$\sigma_{s_1} = \frac{98,06}{0,212} = 463 \text{ t/m}^2 = \mathbf{46,3} \text{ kg/cm}^2.$$

Mit 46,3 kg/cm² ist die zulässige Beanspruchung des anstehenden Kiessandbodens weit überschritten, d. h. der Brunnenteil von 4,4 m Höhe beginnt schon in den Boden einzusinken, wenn nur ein Teil der Kranzschneide freigegraben ist, d. h. ΣG reicht zum Ingangbringen des Absenkprozesses aus.

Zustand II: Der Brunnen erreicht die Tonschicht (Abb. 156b).

Mit dem Absinken des Brunnens im Kiesboden unter die Kote — 2,80 treten neben dem Brunnengewicht noch weitere Kräfte auf. Der

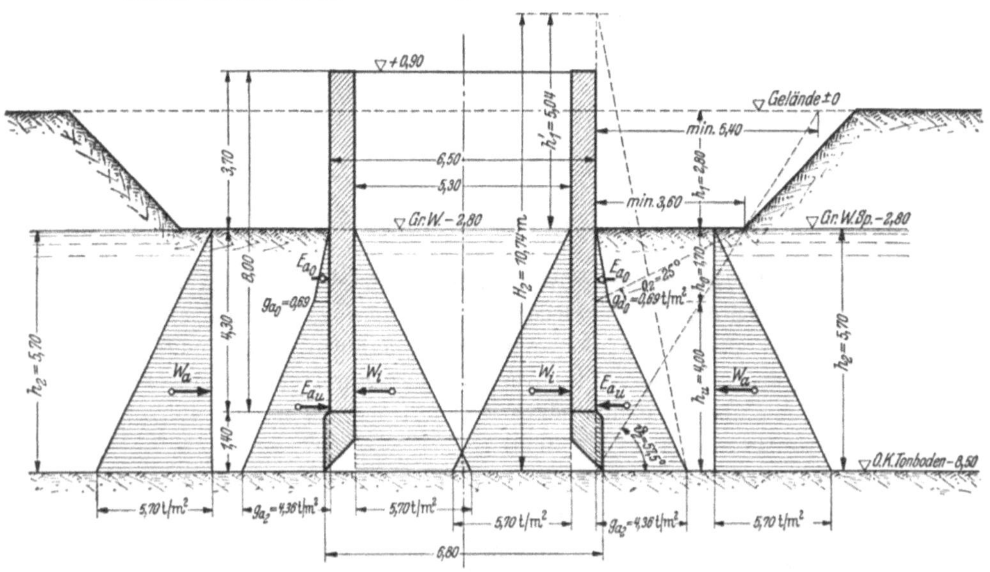

Abb. 156 b. Belastung des Brunnens bis — 8,50.

Brunnenkörper taucht in das Grundwasser ein. Der dadurch wirksam werdende Auftrieb verringert die Gewichtswirkung. Außerdem gleiten die Außenflächen des Brunnens an den anstehenden Bodenschichten vorbei und sind dem Einfluß des Erddruckes ausgesetzt, der wegen der Absinkbewegung eine nach oben wirkende Reibungskomponente hervorruft, die überwunden werden muß. Das nach abwärts wirkende, die Absinkbewegung begünstigende Brunnengewicht erfährt also eine Gegenwirkung durch Auftrieb und Reibung. Außerdem steht die Brunnenwandung unter der Einwirkung der horizontalen Wasserdrücke W_a von außen und W_i von innen, sowie unter der Einwirkung der Horizontalkomponente des Erddruckes E_a von außen.

Wenn die Brunnenschneide den Tonboden (die Kote − 8,50) erreicht, ergeben sich für eine Gesamtbrunnenhöhe von 8,0 + 1,4 = 9,4 m (Oberkante Brunnenmauerwerk auf + 0,90) folgende zahlenmäßigen Größen für die oben aufgeführten Kräfte:

1. Brunnengewicht:

$$\Sigma G_2 = 34{,}7 + 21{,}12 \cdot 8{,}0 = 34{,}7 + 168{,}9 = \mathbf{203{,}6}\ \text{t}.$$

2. Auftrieb (= Gewicht des vom Brunnenmauerwerk verdrängten Wasservolumens):

$$A_2 = 14{,}48 \cdot 1{,}0 + 11{,}11 \cdot 4{,}30 \cdot 1{,}0 = 14{,}48 + 47{,}8 = 62{,}28 \sim \mathbf{62{,}3\ t}.$$

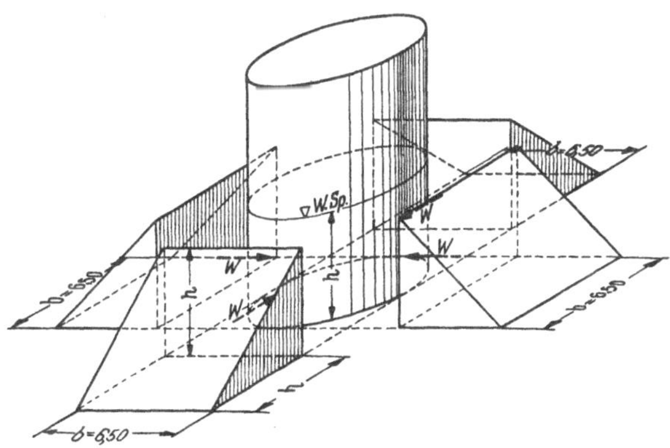

Abb. 157. Darstellung des horizontalen Wasserdruckes auf den Brunnenmantel (lotrechter Zylinder).

3. *Horizontale Wasserdrücke W_a und W_i*: In Abb. 156b sind diese Wasserdrücke durch ihre Belastungsdreiecke dargestellt, die zur Verbesserung der Übersicht in der Zeichnung vom Brunnenrand abgesetzt wurden. Da außerhalb und innerhalb des Brunnens gleiche Wasserspiegellage angenommen ist, werden auch die Wasserdruckdreiecke für W_a und W_i gleich. Diese Gleichheit von W_a und W_i gilt aber nur für einen unendlich schmalen Vertikalstreifen des Brunnens. Denn die Wasserdrücke wirken ja nicht auf ebene Flächen, sondern auf Zylinderwandungen, also auf *gekrümmte Flächen*. Die Ermittlung des Wasserdruckes auf gekrümmten Flächen wird in Aufgabe 13, 2. Teil, S. 345 und Aufgabe 14, S. 352 grundsätzlich behandelt. In Abb. 157 ist der äußere Wasserdruck auf einen lotrechten Zylinder zur besseren Veranschaulichung axonometrisch dargestellt. Es ergibt sich auf die *gesamte äußere* Brunnenwandung ein Wasserdruck von

$$W_{a_2} = 2 \cdot \frac{h_2^2}{2} \cdot b_a' + 2 \cdot \frac{h_2^2}{2} \cdot b_a'' .$$

Dabei ist

h_2 = Höhe der gedrückten (benetzten) Brunnenmantelfläche,

b'_a = Breite der Projektion der gedrückten krummen Fläche auf eine Ebene, die in der Bildebene des Aufrisses des Brunnens oder parallel dazu liegt,

b''_a = Breite der Projektion der gedrückten krummen Fläche auf eine Ebene, die senkrecht zur Bildebene und lotrecht steht.

Der Faktor 2 ergibt sich deshalb, weil der Wasserdruck von links *und* von rechts, von vorne *und* von hinten wirksam ist (vgl. Abb. 157).

In unserem Fall ist wegen des Kreisquerschnittes des Brunnens

$$b'_a = b''_a = b_{a_2}$$

und

$$W_{a_2} = 4 \frac{h_2^2}{2} \cdot b_{a_2} .$$

Dabei ist $b_{a_2} = 6{,}80$ m im Bereiche des Brunnenkranzes (auf 1,25 m Höhe) und nimmt dann auf die folgenden 0,15 m Höhe ab auf $b_{a_2} = 6{,}50$ m.

Berücksichtigt man dies durch entsprechende Zerlegung der Wasserdruckdreiecke in Trapeze, dann ergibt sich für W_{a_2}:

$$W_{a_2} = 4 \cdot \frac{5{,}70 + 4{,}45}{2} \cdot 1{,}25 \cdot 6{,}80 + 4 \cdot \frac{4{,}45 + 4{,}30}{2} \cdot 0{,}15 \cdot \frac{6{,}80 + 6{,}50}{2}$$
$$+ 4 \cdot \frac{4{,}30^2}{2} \cdot 6{,}50 ,$$
$$= 172{,}5 + 17{,}4 + 240{,}0 = \mathbf{429{,}9} \text{ t} .$$

Rechnet man zur Vereinfachung durchweg mit $b_{a_2} = 6{,}50$ m, so wird

$$W_{a_2} = 4 \cdot \frac{5{,}70^2}{2} \cdot 6{,}50 = 4 \cdot 105{,}5 = \mathbf{421{,}0} \text{ t} .$$

Jede der 4 Brunnenseiten ist also einem Wasserdruck von außen von $\frac{421{,}0}{4} = 105{,}3$ t ausgesetzt.

Nun zum Wasserdruck W_i auf die Brunnen*innenwandung*! Hier ergeben sich die analogen Verhältnisse wie bei W_a. Der *Gesamt*innenwasserdruck W_i wird demnach:

$$W_{i_2} = 4 \cdot \frac{h_2^2}{2} \cdot b_i = 4 \cdot \frac{5{,}70^2}{2} \cdot 5{,}30 = 4 \cdot 86{,}0 = \mathbf{344{,}0} \text{ t} .$$

Der äußere Gesamtwasserdruck überwiegt also gegenüber W_i um $421{,}0 - 344{,}0 = \mathbf{77{,}0}$ t.

Wenn man die Brunnenwandung im besonderen Falle nicht überdimensionieren, sondern rein nach statischen Gesichtspunkten festlegen will, dann muß dieser äußere Wasserüberdruck ebenfalls mitberücksichtigt werden, sofern im Brunnen kein so hoch über dem Grundwasserspiegel liegender Wasserstand künstlich gehalten wird, daß er diesen äußeren Überdruck annähernd kompensiert. In unserem Falle wäre dies erreicht bei

$$h'_2 = \sqrt{\frac{W_{a_2} \cdot 2}{5{,}30 \cdot 4}} = \sqrt{\frac{421{,}0 \cdot 2}{5{,}30 \cdot 4}} = 6{,}30 \text{ m},$$

da für $h'_2 = 6{,}30$ m (gegenüber 5,70 m *äußeren* Wasserstand)

$$W_{a_2} = W_{i_2} = 4 \cdot \frac{6{,}30^2}{2} \cdot 5{,}30 = 421{,}0 \text{ t}$$

würde.

Eine Spiegelüberhöhung im Brunnen von 60 cm gegenüber dem äußeren Grundwasserstand wird praktisch wohl nicht angewendet werden. Aber Hebungen des Innenwasserstandes bis zu 30 cm kommen vor. Man benützt einen solchen Überwasserstand, um eine Strömung unter der Schneide nach außen zu erzeugen zur Verminderung des Widerstandes des Bodens gegen das Absinken des Brunnens. Die umgekehrte Wasserbewegung vom Boden in das Brunneninnere hätte zwar hinsichtlich der Verringerung des Eindringungswiderstandes größere Wirkung; sie birgt aber die Gefahr in sich, daß ein Bodeneinbruch erfolgt, sie führt außerdem zu starken Absenkungstrichtern im Boden im Bereiche des Brunnens. Deshalb hat FRANZIUS[1] empfohlen, es als unübertretbare Regel beim Absenken von Brunnen unter Wasser gelten zu lassen, daß stets Wasser so in das Brunneninnere geleitet wird, daß der Wasserstand im Brunnen dauernd um *mindestens* 5 bis 10 cm höher ist als der äußere Wasserstand. Es entspricht dies etwa einem Spülverfahren, ähnlich wie es beim Einspülen von Pfählen verwendet wird.

4. *Erddruck*: Wie schon weiter oben ausgeführt, ist die Ermittlung des Erddruckes — außer zur Bestimmung der Beanspruchung der Brunnenwand — notwendig, um daraus die Größe der nach oben wirksamen Reibungskraft längs der Brunnenaußenwand herzuleiten. Die Schwierigkeit besteht nur darin, daß man keine genaue Kenntnis darüber hat, ob der Erddruck mehr als aktiver Erddruck oder aber mehr als passiver Erddruck (Erdwiderstand) wirksam ist. Bei Brunnen, deren Außenprofile im Aufriß eine Verjüngung nach oben zeigen, wird der Boden um den Brunnen herum beim Absenken gestört und gelockert, so daß hier die größere Wahrscheinlichkeit dafür besteht, daß der Erddruck in der Form des aktiven Erddruckes wirksam sein wird. Auch die Erfahrungen über die erleichterte Absenkung bei verjüngten Formen sprechen dafür. In den nachfolgenden Ermittlungen wird deshalb der *aktive* Erddruck E_a zugrunde gelegt.

In unserem Beispiel wurde zur Verringerung der Absenktiefe des Brunnens der Boden bis zum Grundwasser (— 2,80 m) ausgehoben. Der Aushub wurde dabei in einem solchen Umkreis um den Brunnen durchgeführt, daß beim Aufsitzen der Brunnenschneide auf der Tonschicht

[1] FRANZIUS: Grundbau, S. 223.

(– 8,50 m), der Gleitwinkel ϑ den Fuß der Aushubböschung schneidet. ϑ ergibt sich zu $45° + \frac{\varrho}{2} = 45° + \frac{25°}{2} = 57{,}5°$ und daraus die Aushubbreite auf der Baugrubensohle (– 2,80) zu **3,60** m. Bei dieser Anordnung wirkt der *über* Kote – 2,80 liegende Bodenkörper erst von der Kote – 8,50 ab voll beim Erddruck mit. Der Aushub hat hinsichtlich der Größe des Erddruckes die gleiche Schattenwirkung wie eine Entlastungsplatte auf Kote – 2,80 von 3,60 m Breite. (Vgl. dazu das Beispiel S. 197, b): Aufgelöste Mauer!).

Es ergibt sich (Abb. 156 b)

$$g_{a_0} = \gamma_{e_2} \cdot \lambda_{a_2} \cdot h_0 = 1{,}0 \cdot 0{,}406 \cdot 1{,}70 = \mathbf{0{,}69}\ \mathrm{t/m^2}$$

$$E_{a_0} = \tfrac{1}{2}\, g_{a_0} \cdot h_0 = \tfrac{1}{2} \cdot 0{,}69 \cdot 1{,}70 = \mathbf{0{,}59}\ \mathrm{t/m}$$

$$H_2 = h_2 + h_1' = h_2 + h_1 \cdot \frac{1{,}8}{1{,}0} = 5{,}70 + 2{,}8 \cdot \frac{1{,}8}{1{,}0} = 5{,}70 + 5{,}04 = \mathbf{10{,}74}\ \mathrm{m}$$

$$g_{a_2} = \gamma_{e_2} \cdot \lambda_{a_2} \cdot H_2 = 1{,}0 \cdot 0{,}406 \cdot 10{,}74 = 4{,}36\ \mathrm{t/m^2}$$

$$E_{a_u} = \frac{g_{a_0} + g_{a_2}}{2} \cdot 4{,}0 = \frac{0{,}69 + 4{,}36}{2} \cdot 4{,}0 = \frac{5{,}05}{2} \cdot 4{,}0 = \mathbf{10{,}10}\ \mathrm{t/m}\,.$$

Somit Erddruck je lfd. m:

$$E_{a_2} = E_{a_0} + E_{a_u} = 0{,}59 + 10{,}10 = 10{,}69 \sim \mathbf{10{,}7}\ \mathrm{t/m}\,.$$

Auch dieser Erddruck wirkt wie der Wasserdruck W_a auf die zylindrisch gekrümmte Mantelfläche des Brunnens. Wird angenommen, daß die Druckwirkung des Erddruckes analog der hydrostatischen Druckverteilung auf eine gekrümmte Fläche erfolgt, so ergibt sich auf den gesamten Umfang des Brunnens:

$$4 \cdot E_{a_2} \cdot b_a = 4 \cdot 10{,}7 \cdot 6{,}50 = 4 \cdot 69{,}6 = \mathbf{278}\ \mathrm{t}\,.$$

Die Brunnenwandung wird darnach von 4 Seiten mit je 69,5 t durch Erddruck beansprucht.

5. *Reibungskraft.* Diese ermittelt sich nunmehr zu

$$R_2 = \mu_2 \cdot (4\, E_{a_2} \cdot b_a) = 0{,}3 \cdot 278 = \mathbf{83{,}4}\ \mathrm{t}.$$

Die Reibungsziffer $\mu_2 = 0{,}3$ entspricht etwa der Reibung zwischen glattem Mauerwerk und nassem gewachsenem Kiessandboden. Die Auflockerung des den Brunnen umgebenden Bodens, die besonders beim Absenken von verjüngten Formen eintritt, dürfte auch – wenigstens bei Kiessandboden – mit einer Verringerung der Reibung verbunden sein. Dafür spricht ja auch die schon beim Erddruck unter 4. erwähnte Erfahrung der leichteren Versenkbarkeit bei verjüngten Brunnenformen.

6. *Schneidendruck*: Dieser beträgt wiederum $\sigma_s = \frac{P_2}{F_s}$.

Dabei ist

$$P_2 = \Sigma G_2 - (A_2 + R_2) = 203{,}6 - (62{,}3 + 83{,}4) = \mathbf{57{,}9}\ \mathrm{t}.$$

Damit

$$\sigma_{s_2} = \frac{57,9}{0,212} = 273 \text{ t/m}^2 = \mathbf{27,3} \text{ kg/cm}^2 .$$

Das Brunnenrestgewicht nach Abzug von Auftrieb und Reibung ist also noch groß genug, um das Absinken des Brunnens zu bewerkstelligen.

Zustand III: Brunnenschneide auf Kote – 15,0.
(Endzustand des Absinkprozesses, Abb. 158.)

1. *Brunnengewicht*:

$$\Sigma G_3 = 34,7 + 21,12 \cdot 13,60 = 34,7 + 287,2 = \mathbf{321,9} \text{ t}.$$

Der obere Brunnenrand schließt dabei mit dem Gelände ($\pm$ 0) ab.

2. *Auftrieb*:

$$A_3 = 14,48 \cdot 1,0 + 11,11 \cdot 10,80 \cdot 1,0 = 14,48 + 120,0 = 134,48 \sim \mathbf{134,5} \text{ t}.$$

3. *Horizontale Wasserdrücke* W_{a_3} *und* W_{i_3}: Für W_{a_3} ergibt sich für die *gesamte äußere* Brunnenwandung

$$W_{a_3} = 4 \cdot \frac{(h_2 + h_3)^2}{2} \cdot b_a = 4 \cdot \frac{(5,70 + 6,50)^2}{2} \cdot 6,50 = 4 \cdot 483,7 = \mathbf{1935} \text{ t}.$$

In gleicher Weise wird für die *gesamte innere* Brunnenwand:

$$W_{i_3} = 4 \cdot \frac{(h_2 + h_3)^2}{2} \cdot b_i = 4 \cdot \frac{(5,70 + 6,50)^2}{2} \cdot 5,30 = 4 \cdot 394 = \mathbf{1576} \text{ t}.$$

Wasser*über*druck von außen nach innen bei Ausspiegelung des äußeren und inneren Wasserstandes:

$$W_{a_3} - W_{i_3} = 1935 - 1576 = 359 \sim \mathbf{360} \text{ t}.$$

4. *Erddruck*: Zu dem von der Kiesschicht herrührenden Erddruck kommt nunmehr noch der Erddruck der Tonschicht hinzu. Die Größe des letzteren ist, da es sich bei der Tonschicht um einen bindigen Boden handelt, äußerst schwierig zu bestimmen. Die nachfolgende Rechnung zur Ermittlung des Erddruckes geht von der *ungünstigen* Annahme aus, daß derselbe in *voller Größe* bis zur Brunnenschneide wirksam ist. Damit ergibt sich natürlich dann bei der Reibungsermittlung ein großer, d. h. ebenfalls ungünstiger Wert.

Unter Benützung der gegebenen Werte für die Bodenkonstanten und unter Bezugnahme auf das beim Erddruck unter Fall II Gesagte ergibt sich für die Tonschicht:

$$H_3 = h_3 + H_2' = h_3 + H_2 \cdot \frac{1,0}{0,9} = 6,50 + 10,74 \cdot \frac{1,0}{0,9} = 6,50 + 11,9 = \mathbf{18,4} \text{ m}$$

$$g_{a_3} = 0,9 \cdot 0,491 \cdot 18,4 = \mathbf{8,13} \text{ t/m}^2$$

$$g_{a_2}' = g_{a_3} \cdot \frac{H_2'}{H_3} = 8,13 \cdot \frac{11,9}{18,4} = \mathbf{5,26} \text{ t/m}^2 .$$

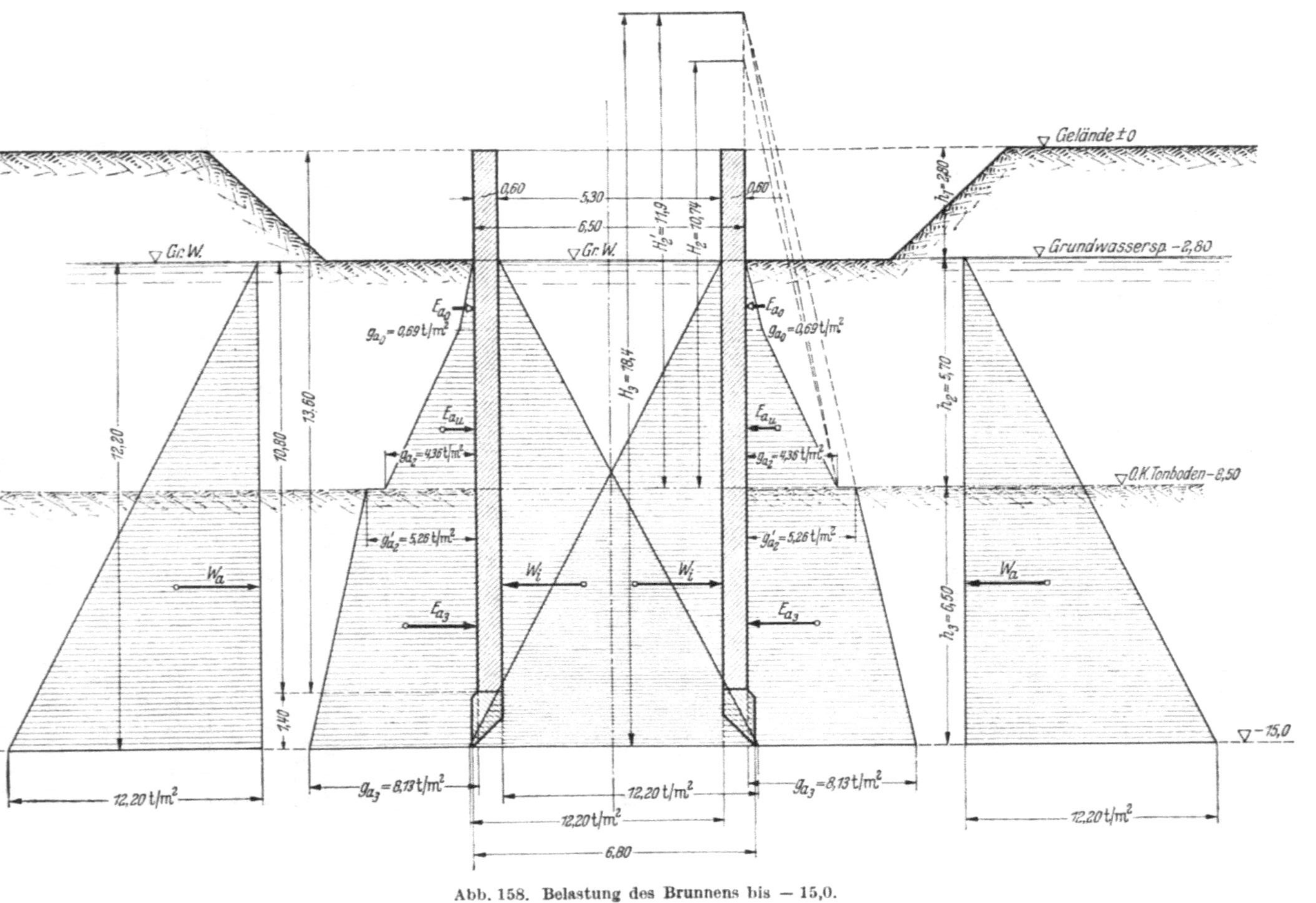

Abb. 158. Belastung des Brunnens bis − 15,0.

Erddruck je lfd. m:

$$E_{a_3} = \frac{g'_{a_2} + g_{a_3}}{2} \cdot h_3 = \frac{5{,}26 + 8{,}13}{2} \cdot 6{,}50 = \mathbf{43{,}5}\ \mathrm{t/m}.$$

Gesamterddruck je lfd. m:

$$E_a = E_{a_2} + E_{a_3} = 10{,}7 + 43{,}5 = \mathbf{54{,}2}\ \mathrm{t/m}.$$

Gesamterddruck auf den ganzen Brunnenumfang =

$$4 \cdot E_a \cdot b_a = 4 \cdot 54{,}2 \cdot 6{,}50 = 4 \cdot 352 = \mathbf{1408}\ \mathrm{t}.$$

5. *Reibungskraft*:

$$R = R_2 + R_3 = 83{,}4 + \mu_3 \cdot (4 \cdot E_{a_3} \cdot b_a) = 83{,}4 + 0{,}20 \cdot (4 \cdot 43{,}5 \cdot 6{,}50)$$
$$= 83{,}4 + 226{,}0 = \mathbf{309{,}4}\ \mathrm{t}.$$

6. *Schneidendruck*: $\sigma_s = \frac{P_3}{F_s}$.

Dabei ist jetzt:

$$P_3 = \Sigma G_3 - (A_3 + R) = 321{,}9 - (134{,}5 + 309{,}4)$$
$$= 321{,}9 - 443{,}9 = -\ \mathbf{122{,}0}\ \mathrm{t}.$$

Rechnungsmäßig sind also die nach oben, d. h. dem Absinken entgegenwirkenden Kräfte (Auftrieb und Reibung) um 122 t größer als das Brunnengewicht. Der Brunnen könnte bei dieser Sachlage nicht mehr in den Boden einsinken, auch wenn der Aushub im Inneren des Brunnens die Schneiden vollkommen freigelegt hätte. Er würde also hängen. Dieser Zustand des Hängens würde natürlich — wiederum rechnungsmäßig — schon in höherer Lage im Verlauf des Absinkens im Tonboden eintreten.

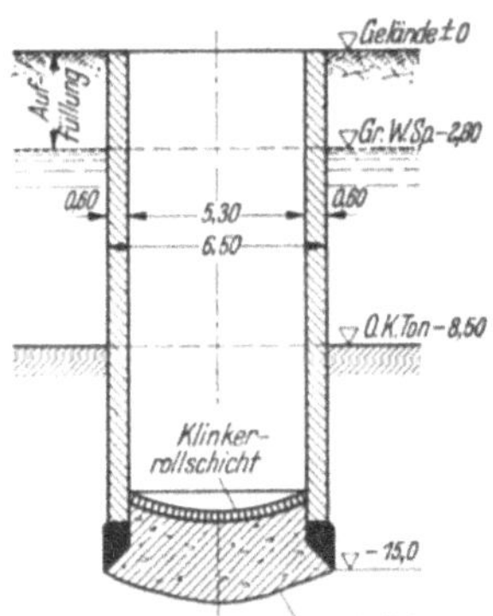

Abb. 159. Fertiger Senkbrunnen.

Ergibt sich dieser Fall in der Praxis, so muß der Brunnen oben künstlich belastet werden. Damit die Auflast nicht unbequem groß wird, könnte man natürlich auch prüfen, ob man das Mauerwerk nicht von vornherein stärker ausführt, um Brunnengewicht zu gewinnen. In unserem Beispiel käme möglicherweise auch die Ausführung der Brunnenwandung in Stahlbeton statt in Klinkermauerwerk in Frage. Im Endzustand der Absenkung bedeutete dies einen Gewichtszuwachs von etwa 76 t. Um die Dichtigkeit des Mauerwerks zu gewährleisten, müßte die Kornzusammensetzung des Stahlbetons mit besonderer Sorgfalt festgesetzt werden.

Daneben gibt es noch andere Mittel, um schwierig zu durchfahrenden Bodenschichten Herr zu werden. Beim Sammelbrunnen für das Grundwasserwerk der Stadt *Magdeburg* hat man z. B. die Brunnenschneide im Bereich von Tonschichten mit Hilfe einer 20 mm starken Spüllanze freigespült, die keine Spitze hatte und die außen am Brunnen hinabgeführt wurde. Der Wasserdruck betrug etwa 8 kg/cm². Außerdem wurde der Brunnen während des Aushubes mit einer Auflast von insgesamt 130 t beschwert.

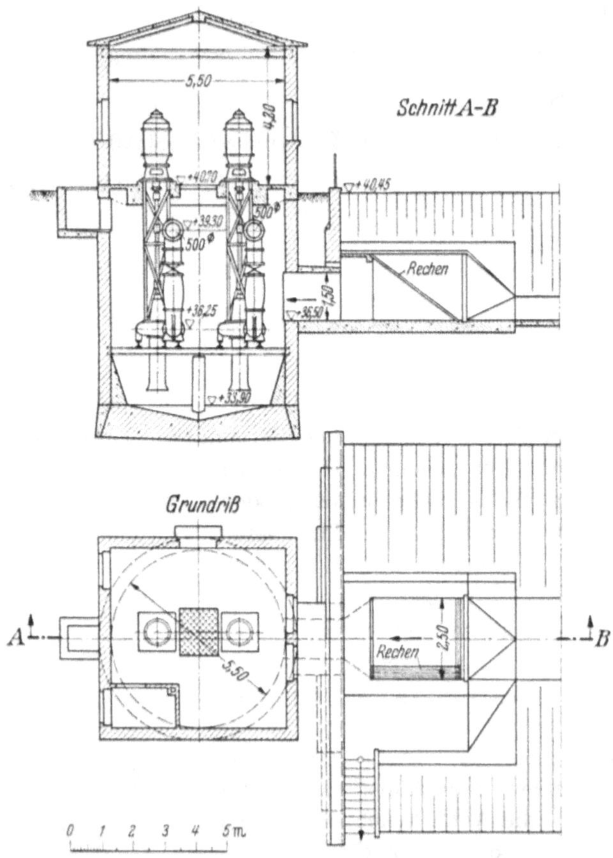

Abb. 160. Senkbrunnengründung eines Abwasserpumpwerks der Emschergenossenschaft. (Aus SCHOKLITSCH nach RAMSHORN.)

Würde man in unserem Beispiel statt Klinkermauerwerk Stahlbeton wählen und außerdem mit einer Auflast von 130 t wie im Falle Magdeburg arbeiten, so ergäbe sich für

$$\Sigma G_3 = 321{,}9 + 76{,}0 + 130{,}0 = 527{,}9\ \text{t}.$$

Damit würde

$$P_3 = 527{,}9 - 443{,}9 = 84{,}0\ \text{t} \quad \text{und} \quad \sigma_s = \frac{84{,}0}{0{,}212} = 396\ \text{t/m}^2 = 39{,}6\ \text{kg/cm}^2$$

für den stählernen Schneidenring. Rechnungsmäßig wäre damit das Absinken also gegeben.

Die Ermittlung der Reibung erfolgte unter der Annahme, daß der Erddruck bis in 15 m Tiefe unter Gelände in voller Größe wirksam ist. Tatsächlich besteht die Wahrscheinlichkeit, daß der Erddruck etwa von 10 bis 12 m Tiefe an nicht mehr wesentlich zunimmt wegen der Bodenverspannung. Nimmt man für unseren Fall beispielsweise an, daß ab Kote — 10,0 der Erddruck nicht mehr weiter anwächst, so bedeutet dies eine Verringerung des Gesamterddruckes um etwa 144 t und eine Verkleinerung der Reibung um nur rund 29 t.

Hat der Brunnen die gewünschte Tiefe erreicht, dann wird er unten geschlossen, indem durch ortsfeste Trichter Beton unter Wasser eingebracht wird. Nach dem Erhärten des Betons — nicht früher — wird der Brunnen leergepumpt und dann werden die noch notwendigen Arbeiten im Trockenen ausgeführt. Abb. 159 zeigt, wie der Sammelbrunnen unseres Beispieles im fertigen Zustand etwa aussehen wird und Abb. 160 gibt ein weiteres Beispiel einer Senkbrunnengründung der Emschergenossenschaft.

Aufgabe 8.

Kräfte an einem Druckluftsenkkasten.

Die Wehrpfeiler für ein Stauwehr einer Wasserkraftanlage erhalten eine Gründung mit Druckluftsenkkasten (Caissons). Zur Vermeidung einer Untersickerung des Wehrbodens (Dichthaltung des Wehres und Vermeidung von Grundbrüchen!) und zur Verhinderung einer unterstromigen Unterkolkung desselben erhält derselbe wegen ungünstiger Bodenverhältnisse oberstromig und unterstromig an Stelle der sonst gebräuchlichen Spundwände Herdmauern, die ebenfalls mit Druckluftsenkkasten gegründet sind (Abb. 161 u. 161a). Es sollen die auf einen oberstromigen Herdmauercaisson wirkenden Kräfte ermittelt werden! Die Bodenkonstanten sind in Abb. 161 eingetragen.

Lösung[1].

Die Druckluftgründung kann man sich hergeleitet denken aus der Brunnengründung (Aufgabe 7), wenn man den Brunnen *oben* luftdicht abschließt, und den so entstandenen, nur noch nach *unten offenen* Hohlkörper (Senkkasten) durch Einpressen von Druckluft wasserfrei hält. Im

[1] U. a. BRENNECKE-LOHMEYER: Grundbau, Bd. 3. — FRANZIUS: Grundbau. — SCHOKLITSCH: Grundbau. Handbuch der Ingenieurwissenschaften, Bd. Grundbau.

übrigen geschieht auch hier — wie beim Brunnen — die Versenkung durch die Gewichtswirkung des Grundwerkes (gegebenenfalls mit Auflast), wobei der Kasten unten an den Schneiden des Schlings ausgegraben und der Boden herausbefördert wird. Der Hohlraum des Senkkastens bildet dabei den Arbeitsraum. Die Verbindung zwischen dem unter Preßluftdruck (Überdruck) stehenden Arbeitsraum und der Außenluft wird hergestellt durch die sog. „Luftschleusen", durch welche die Caissonarbeiter, die Baumaterialien und Arbeitsgeräte und der im Inneren abgegrabene Boden durchgeschleust werden.

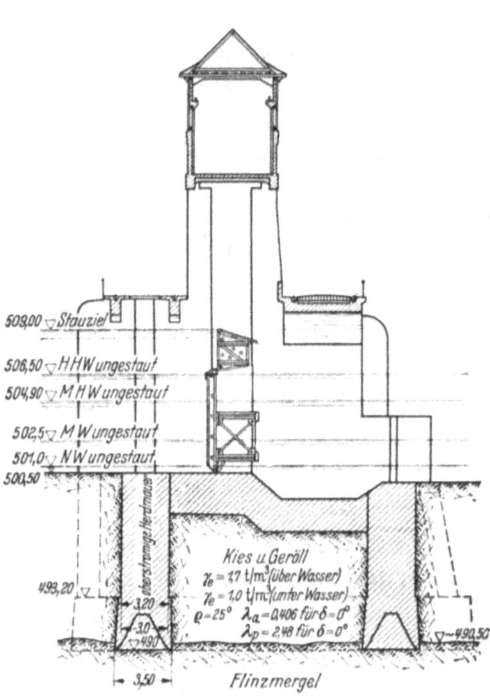

Abb. 161. Wehrpfeilerquerschnitt.

Mit dieser Gründungsarbeit ist man bereits bis zu Tiefen von etwa 35 m gegangen. Wegen der in hohem Maße vorhandenen gesundheitsschädlichen Wirkung bei Arbeiten unter Überdrücken, die über 1 at Überdruck hinausgehen, sollte man jedoch Druckluftgründungen vermeiden, wo immer dies möglich ist. Da, wo ihre Anwendung nicht vermeidbar ist, sollte man möglichst nicht über 15 bis 20 m Gründungstiefe gehen. Daß es sich bei dieser Gründungsart meist um ein kostspieliges Verfahren handelt, ist noch besonders zu beachten.

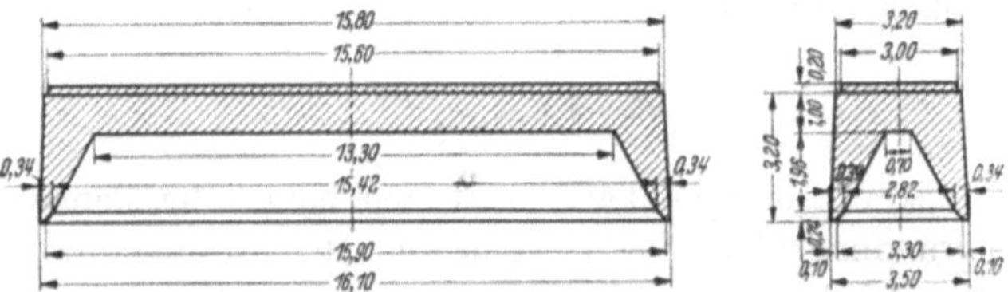

Abb. 161 a. Herdmauern aus Drucksenkungkasten.

Die Druckluftsenkkastengründung kommt dann in Frage, wenn starker Wasserandrang im Untergrund gegeben ist, der durch normale Hilfsmittel (Wasserhaltung durch Pumpen oder Grundwasserabsenkung) nicht bewältigt werden kann, andererseits die Arbeit im Trockenen erwünscht oder sogar notwendig ist. Sie tritt an die Stelle von Brunnen-, Pfahl- oder Betongründungen unter Wasser, wenn diese Gründungsverfahren nicht ratsam sind (z. B. tiefe Lage der tragenden Schicht und Vorhandensein von vielen Hindernissen im Baugrund, wie Findlinge, Felstrümmer, Bauwerksreste, Holz oder bei der Notwendigkeit gebräche Felslagen sorgfältig abzuräumen, um sichere Auflagerungsverhältnisse zu schaffen)[1]. Das hauptsächliche Anwendungsgebiet der Druckluftsenkkastengründung ist die Gründung von Brücken- und Wehrpfeilern, wenn die vorstehend angegebenen Schwierigkeiten vorliegen. Aber auch bei Kaimauern, Schleusenhäuptern, Auslaufbauwerken, Sammelbrunnen, Senkschächten für Berg- und Tunnelbau, sowie bei manchen Hochbauten ist dieses Verfahren bereits angewendet worden.

Als Material für Senkkasten wird Stahl, Stahlbeton, betonumhülltes Eisenfachwerk und in seltenen Fällen Holz verwendet. Besondere Vorsorge muß getroffen werden, daß der keilförmige Unterbau (Rahmen) des Kastens durch im Untergrund eingelagerte Baumstämme, große Steine oder ähnliche Hindernisse nicht abgedrückt werden kann. Man verankert ihn zu diesem Zweck mit dem darüber ruhenden Mauerwerk. Gegebenenfalls sieht man darüber hinaus noch Zugbänder für den keilförmigen Kastenkranz vor. Natürlich muß auch noch darauf geachtet werden, daß betonierte Senkkasten so gelagert sind, daß während des Abbindens keine einseitigen Setzungen eintreten können, welche Haarrisse im Mauerwerk zur Folge hätten, da durch diese Risse die Preßluft entweichen würde. Bei der Dimensionierung muß schließlich noch bedacht werden, daß bei der Absenkung Beanspruchungen durch Unregelmäßigkeiten (z. B. Verklemmungen, ungleiches Aufsetzen usw.) eintreten können, die rechnerisch nicht erfaßbar sind, was zu stärkeren Abmessungen führt, als bei Konstruktionen mit statisch klaren Verhältnissen.

Die Herstellung der Senkkästen kann an Land oder über der Verwendungsstelle erfolgen. Im ersteren Falle werden sie schwimmend[2] oder mittels Schiff zur Verwendungsstelle gebracht. Das Versenken selbst geschieht dann von einem schwimmenden oder festen Gerüst aus mittels Spindeln und Aufhängestangen, oder aber von einer künstlichen Insel aus, auf welcher der Senkkasten aufgesetzt ist.

Die Abnahme der Spindeln erfolgt, wenn der Druckluftbetrieb in Gang gebracht und der Senkkasten je nach den Bodenverhältnissen 0,50 m bis 1,0 m tief in der Boden eingesunken ist und dadurch genügende Führung erhalten hat.

---

[1] Einen Vergleich anderer Gründungsarten mit der Senkkastengründung unter Druckluft in einer übersichtlichen Tabelle gibt BRENNECKE-LOHMEYER in seinem Grundbau, Bd. 3, 4. Aufl. (1934) S. 211.

[2]) Vgl. dazu Aufgabe 6.

Das Spindel- bzw. Führungsgerüst muß natürlich so geschützt werden (durch Pfahlreihen oder Spundwände), daß das genaue Absenken gewährleistet ist und außerdem vermieden wird, daß beim Aufsetzen des Senkkastens auf den Boden Auskolkungen auftreten. In unserem Falle ist die Einspundung der Arbeitsstelle schon deshalb notwendig, weil nach Abteufung der Senkkasten noch die Wehrschwelle betoniert und die Wehrverschlüsse eingebaut werden müssen, wozu eine trockene Baugrube notwendig ist (vgl. Abb. 161).

A. Behandlung des gegebenen Beispieles.

1. Senkkasten auf dem Absenkgerüst.

In Abb. 162 ist die Lage des Senkkastens nach der Fertigstellung, aber vor Anhängung an die Spindeln strichliert eingezeichnet. Der Eisen-

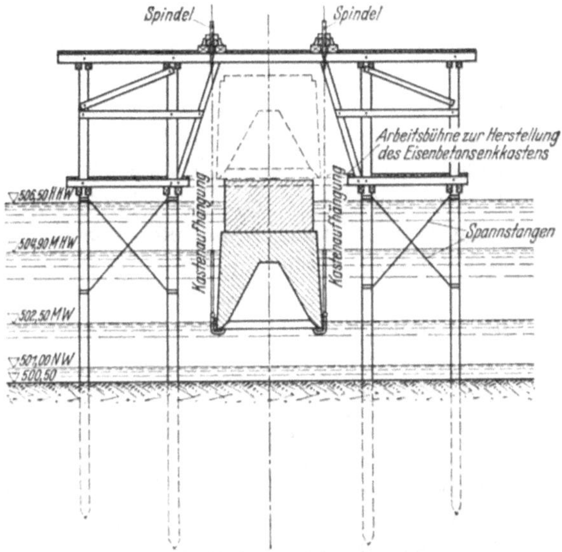

Abb. 162. Senkkasten auf dem Absenkgerüst.

betonsenkkasten lagert noch mit seinem vollen Gewicht auf der Arbeitsbühne des Absenkgerüstes, für dessen Konstruktion Abb. 162 eine von vielen Möglichkeiten zeigt[1].

Nach Entfernen der Schalung ruht der Rahmenfuß auf den Tragbalken der Arbeitsbühne, während sich die Stahlbetonkonstruktion selbst tragen muß. Die größte Beanspruchung tritt in der Mitte der Senkkastendecke auf. Dabei ist die Belastung dort am größten, solange

[1] Vgl. auch Abb. 169, S. 280.

das aufgehende Mauerwerk noch nicht abgebunden hat. Mit der zunehmenden Höhe desselben ergibt sich aber wegen der inneren Reibungskräfte eine etwa dreieckförmige bis halbkreisförmige Druckverteilung, wobei die außerhalb dieser Belastungskörper wirksamen Auflasten nach den Seiten auf die Konsolen abgelenkt werden. Durch Armierung (Stahlbeton oder Einlage von alten Schienen) wird diese Wirkung auf alle Fälle gewährleistet.

Senkkastengewicht: Der Inhalt einer abgestumpften Pyramide ergibt sich aus

$$= \tfrac{1}{3}\left(F_1 + F_2 + \sqrt{F_1 \cdot F_2}\right) \cdot h\,,$$

wenn F_1 und F_2 die Flächeninhalte der Grund- und Deckflächen und h die Höhe des Stumpfes bezeichnen. Damit errechnet sich der Rauminhalt V des Senkkastenmauerwerks wie folgt:

$$V_1 = \tfrac{1}{3}\left(3{,}50 \cdot 16{,}10 + 3{,}20 \cdot 15{,}80 + \sqrt{3{,}50 \cdot 16{,}10 \cdot 3{,}20 \cdot 15{,}80}\right) \cdot 3{,}20 = 171{,}0\ \text{m}^3$$

$$\text{Aufsatz } V_2 = 3{,}0 \cdot 15{,}60 \cdot 0{,}20 \ldots\ldots = 9{,}3\ \text{m}^3$$

$$180{,}3\ \text{m}^3$$

hiervon ab der Arbeitskammerhohlraum:

$$V_3 = \tfrac{1}{3}\left(3{,}30 \cdot 15{,}90 + 2{,}82 \cdot 15{,}42 + \sqrt{3{,}30 \cdot 15{,}90 \cdot 2{,}82 \cdot 15{,}42}\right) \cdot 0{,}24 = 11{,}5\ \text{m}^3$$

$$V_4 = \tfrac{1}{3}\left(2{,}82 \cdot 15{,}42 + 0{,}70 \cdot 13{,}30 + \sqrt{2{,}82 \cdot 15{,}42 \cdot 0{,}70 \cdot 13{,}30}\right) \cdot 1{,}96 = 47{,}6\ \text{m}^3$$

$$V_3 + V_4 = \text{Arbeitskammerhohlraum} = 59{,}1\ \text{m}^3$$

$$\text{Differenzhohlraum } V = \mathbf{121{,}2}\ \text{m}^3$$

Daher Senkkastengewicht G:

$$G = 121{,}3 \cdot 2{,}3 = \mathbf{279{,}0}\ \text{t},$$

wenn das Einheitsgewicht des armierten Senkkastenmauerwerks mit $\gamma_m = 2{,}3\ \text{t/m}^3$ angesetzt wird.

Druck unter der Längsschneide im Mittel:

$$P = \frac{G}{2 \cdot 16{,}10} = \frac{279{,}0}{32{,}20} = \mathbf{8{,}65}\ \text{t je lfd. m Schneide}$$

und

$$\sigma = \frac{8{,}65}{0{,}10 \cdot 1{,}0} = 86{,}5\ \text{t/m}^2 = \mathbf{8{,}65}\ \text{kg/cm}^2$$

bei 0,10 m Breite des Schneidenfußes.

2. Senkkasten hängt frei an den Spindeln in Höhe der Betonierbühne.

Bei Anordnung von 8 Spindeln (4 Paaren) wird jede Spindel in diesem Belastungsfall beansprucht mit $S = \frac{279{,}0}{8} = 34{,}9$ t. Dazu kommt ein Zuschlag für ungleiche Beanspruchung der Spindeln infolge unregelmäßiger Verteilung des Gewichts auf die einzelnen Spindeln mit rund 10 bis 15%[1].

Selbstverständlich muß die Festlegung der notwendigen Spindeltragfähigkeit aus dem *ungünstigsten* Belastungsfall hergeleitet werden, der für den Fall 2 noch nicht vorliegt.

3. Senkkasten erreicht die Flußsohle, hängt aber noch frei; **keine** Druckluft im Arbeitsraum.

Nachdem der Senkkasten an den Spindeln angehängt ist, beginnt das Ablassen desselben. Im gleichen Maße wird auf dem Senkkasten das Mauerwerk hochgeführt, so daß dieses stets aus dem Wasser herausragt. Um die Spindeln nicht unnötig zu belasten, wird dabei manchmal der aufgehende Baukörper zunächst hohl ausgeführt und erst *nach* dem Lösen des Senkkastens von den Spindeln voll betoniert zur Erhöhung des Gewichts. Man beachte aber dabei, daß mit dem fortschreitenden Eintauchen des Kastens in das Wasser auch der Auftrieb in zunehmendem Maße wirksam wird. Dieser muß natürlich in jeder Lage kleiner sein als das Gewicht des Grundwerks, damit letzteres nicht zum Schwimmen kommt, was bei eintauchendem aufgehendem Baukörper, der *hohl* ist, eintreten könnte.

Bei vorliegendem Beispiel ist angenommen, daß der aufgehende Baukörper nicht hohl, sondern gleich massiv aufbetoniert wird. Für den oben näher gekennzeichneten Belastungsfall 3 ergeben sich dann folgende Verhältnisse:

a) Bei einem Wasserstand in der Baugrube entsprechend einem Mittelwasserstand im Flusse (Kote + 502,50). In diesem Falle tauchen 2,0 m des Senkkastens in das Wasser ein und stehen unter Auftriebswirkung. Der Rauminhalt V' dieses eintauchenden Teiles des Senkkastens beträgt:

$$V_1' = \tfrac{1}{3}\,(3{,}50 \cdot 16{,}10 + 3{,}31 \cdot 15{,}91 + \sqrt{3{,}50 \cdot 16{,}10 \cdot 3{,}31 \cdot 15{,}91}) \cdot 2{,}0 \ldots\ldots = 109{,}0\ \mathrm{m}^3$$

davon ab:

$$V_3 = \ldots\ldots\ldots\ldots\ldots\ldots\ldots\ldots\ldots\ldots\ldots\ldots\ 11{,}5\ \mathrm{m}^3$$

$$V_4' = \tfrac{1}{3}(2{,}82 \cdot 15{,}42 + 0{,}92 \cdot 13{,}52 + \sqrt{2{,}82 \cdot 15{,}42 \cdot 0{,}92 \cdot 13{,}52}) \cdot 1{,}76 = 46{,}5\ \mathrm{m}^3$$

$$= 58{,}0\ \mathrm{m}^3$$

$$V' = 51{,}0\ \mathrm{m}^3$$

Bei $\gamma_w = 1{,}0\ \mathrm{t/m}^3$ Einheitsgewicht des Wassers wird der Auftrieb also:

$$A = 1{,}0 \cdot 51{,}0 = \mathbf{51{,}0}\ \mathrm{t}.$$

Somit ergibt sich eine restliche Gewichtswirkung des Senkkastens von $G - A = 279{,}0 - 51{,}0 = \mathbf{228{,}0}$ t.

[1] Die in Abb. 162 angedeutete Spindelaufhängung ist natürlich nur eine von vielen Möglichkeiten.

Dazu kommt das Gewicht G_a der Aufmauerung. Wird deren Höhe beispielsweise mit 1,0 m angenommen, dann wird

$$G_a = 3{,}0 \cdot 15{,}60 \cdot 1{,}0 \cdot 2{,}2 = \mathbf{103{,}0}\ \mathrm{t}\,.$$

Somit resultierende Auflast

$$R = \Sigma G - A = (279{,}0 + 103{,}0) - 51{,}0 = \mathbf{331{,}0}\ \mathrm{t}$$

und Spindelbelastung

$$S = \frac{331{,}0}{8} = \mathbf{41{,}4}\ \mathrm{t}\,.$$

b) Bei einem Wasserstand in der Baugrube entsprechend einem mittleren Hochwasserstand im Flusse (MHW = 504,90): In diesem Falle reicht das Wasser bis zur Oberkante der Aufmauerung (Kote 500,50 + 3,40 + 1,0 = 504,90 m), d. h. der gesamte Bauwerkskörper steht unter Auftriebswirkung. Diese beträgt:

$$A = 121{,}2 \cdot 1{,}0 + 3{,}0 \cdot 15{,}60 \cdot 1{,}0 \cdot 1{,}0 = 121{,}2 + 46{,}8 = \mathbf{168{,}0}\ \mathrm{t}\,.$$

Restliche Gewichtswirkung $R = (279{,}0 + 103{,}0) - 168{,}0 = \mathbf{214{,}0}$.

Somit Spindelbelastung $S = \frac{214{,}0}{8} = \mathbf{26{,}7}\ \mathrm{t}$.

c) Wird die Baugrube vom Anfang der Absenkung an durch Wasserhaltung trocken gehalten, so wird

$$S = \frac{279{,}0 + 103{,}0}{8} = \frac{382{,}0}{8} = 47{,}8\,\mathrm{t}\,,$$

da kein Auftrieb wirksam ist.

d) Der Zustand, daß kein Auftrieb auf den Senkkasten wirkt, obwohl die Baugrube wassergefüllt ist, kann auch eintreten, wenn unmittelbar vor Lösung der Spindelaufhängung die bereits in die Kammer geleitete Preßluft aus irgendwelchen unvorhergesehenen Gründen (Betriebsunfall!) schlagartig aus dem Senkkasten entweicht. Bei diesem Betriebszustand steckt der Senkkasten, wie schon weiter oben erwähnt, meist bereits etwa 0,50 bis 1,0 m im Boden. Legt man die letztere Annahme für unser Beispiel zugrunde, dann ergibt sich eine Auflast R, welche gleich ist dem Senkkastengewicht einschließlich Aufmauerung, also

$$R = \Sigma G = 382{,}0 + 3{,}0 \cdot 15{,}60 \cdot 1{,}0 \cdot 2{,}2 = 382{,}0 + 103{,}0 = \mathbf{485{,}0}\ \mathrm{t}\,,$$

wenn die Aufmauerung bis Kote 504,9 reicht.

Die daraus folgende Spindelbelastung $S = \frac{485{,}0}{8} = 60{,}5$ t stellt dann die *ungünstigste* Spindelbeanspruchung dar. Sie behält diese Größe nur vorübergehend, bis eben das von unten eindringende Wasser den Arbeitsraum und die Einsteigschächte aufgefüllt hat, erreicht diesen Betrag aber *schlagartig*.

4. *Das Abteufen des Senkkastens mit Druckluft ist im Gange*[1]. Im Regelfall ergibt sich jetzt für eine beliebige Eindringungstiefe t in den Boden folgendes Kräftespiel:

Das Senkkastengewicht ΣG versucht die Schneiden in den Boden hineinzupressen. Dieser Gewichtswirkung wirkt entgegen der Sohlenwasserdruck (Auftrieb) A und die vertikale Reibungskomponente E_v des äußeren Erddruckes E_a. Es bleibt also als resultierende Auflast R für das Einpressen der Schneiden in den Boden:

$$R = \Sigma G - A - E_v = \Sigma G - A - \mu \cdot E_a.$$

Das Eindringen der Schneiden in den Boden kommt zum Stillstand durch den Widerstand, den der Boden dem Einsinken entgegensetzt. Dieser Widerstand ergibt sich aus dem Bodengegendruck unter den waagrechten Schneidenflächen und aus dem passiven Erddruck, der an den schrägen Schneidenflächen wirksam ist. Dieser Gleichgewichtszustand wird erst wieder aufgehoben, wenn die resultierende Auflast R vergrößert wird (normalerweise durch Erhöhung der Aufmauerung; R kann gegebenenfalls aber auch vorübergehend ruckartig vergrößert werden, z. B. bei Verklemmungen durch absichtliches plötzliches Ablassen der Preßluft, weil dadurch vorübergehend der Auftrieb A außer Wirksamkeit gesetzt wird; vgl. hierzu Aufg. 9) bzw. wenn der Erdwiderstand verkleinert wird durch Abgraben des Bodens an den Schneiden im Arbeitsraum. Das Abteufen des Senkkastens läuft also darauf hinaus, den vorgenannten Gleichgewichtszustand zwischen einpressender Auflast und widerstehendem Boden ständig wieder aufzuheben.

Neben den vorgenannten lotrechten Kräften wirken auf den Senkkasten noch *waagrechte* Kräfte. Ihre Bedeutung bei der Senkkastengründung besteht neben der möglichen Erzeugung einer lotrecht nach oben wirkenden Reibungskomponente, welche die resultierende Auflast R verringern und das Absinken des Kastens hemmen kann, in der Beanspruchung des Senkkastenrahmens (Senkkastenkonsole) durch ein aufbiegendes Moment, das dieser aufzunehmen in der Lage sein muß.

Es kommen folgende *waagrechte* Kraftwirkungen in Betracht:

von außen nach innen: der äußere Wasserdruck W_a, der äußere Erddruck E_a;

von innen nach außen: der Preßluftdruck L, die Horizontalkomponente H des passiven Erddruckes E_p.

a) Äußerer Wasserdruck W_a. Wegen der Durchlässigkeit des Bodens muß angenommen werden, daß der Wasserdruck W_a in voller Größe wirksam ist. Dies gilt übrigens auch für Fälle mit bindigen Böden wegen

[1] Es wird empfohlen, hier das Studium der Aufgabe 9 einzuschalten.

der starken Auflockerung desselben längs der Kastenaußenwände. Deshalb

$$W_a = \gamma_w \cdot \frac{t_a^2}{2} \text{ t je lfd. m Senkkastenwand,}$$

dabei

γ_w = Einheitsgewicht des Wassers in t/m³,
t_a = Abstand des Schneidenfußes vom Wasserspiegel in m.

b) Äußerer Erddruck E_a. Da der Boden durch das Absenken aufgelockert wird (und zwar um so mehr, je mehr sich das Grundwerk nach oben verjüngt), kann der Erddruck E_a fast auf die ganze Höhe der Eindringungstiefe die Größe des aktiven Erddruckes nicht überschreiten. Bei starker Verjüngung kann er noch wesentlich unter der normalen Größe des letzteren bleiben, bei bindigen Böden sogar den Wert Null erreichen.

Wird E_a gleich dem aktiven Erddruck gesetzt, dann ergibt sich

$$E_a = \tfrac{1}{2} g_a \cdot t_b = \tfrac{1}{2} (\gamma_e \cdot \lambda_a \cdot t_b) \cdot t_b \text{ t je lfd. m Senkkastenwand,}$$

wobei

$g_a = \gamma_e \cdot \lambda_a \cdot t_b$ t/m²,
γ_e = Einheitsgewicht des Bodens in t/m³,
λ_a = Erddruckziffer des aktiven Erddruckes für die gegebenen Bodenkonstanten,
t_b = Abstand des Schneidenfußes von der Bodenoberfläche (zusätzlich der einer evtl. vorhandenen Wasserauflast äquivalenten Höhe).

c) Innerer Preßluftüberdruck L. Derselbe ist an allen Stellen in der Arbeitskammer gleich dem hydrostatischen Druck in Höhe des Schneidenfußes. Denn dieser innere Überdruck muß ja verhindern, daß Wasser in den Arbeitsraum eindringt. Der hydrostatische Druck an der Kastenschneide ist $\gamma_w \cdot t_a$, wobei t_a wiederum gleich ist dem veränderlichen (mit der Teufe wachsenden) Abstand des Senkkastenfußes vom Wasserspiegel. Darnach wird der Preßluftüberdruck L dargestellt durch ein Rechteck mit den Seiten $\gamma_w \cdot t_a$ und h, wobei h = Höhe der Kammerseitenwand (Konsole), im Arbeitsraum gemessen, bedeutet.

$$L = \gamma_w \cdot t_a \cdot h \text{ t je lfd. m Senkkastenkonsole.}$$

d) Horizontalkomponente H des Erdwiderstandes. Es wurde schon weiter oben darauf hingewiesen, daß die resultierende Auflast R die Senkkastenschneiden in den Boden hineinzupressen trachtet. Der unter den waagrechten Schneidenflächen und unter den schrägen Schneidenflächen im Arbeitsraum anstehende Boden sucht diesem Eindringen Widerstand zu leisten. Er setzt dem Einsinken des waagrechten Schneidenteiles den Bodengegendruck B, dem Abgleiten auf der schrägen Schneidenfläche eine Reibungskraft μN entgegen, und er drängt die Konsolen mit der Kraft H nach außen und biegt sie dabei auf. Je stärker diese Konsolen auf Aufbiegung beansprucht werden, desto größer wird ihr Widerstand dagegen, desto stärker pressen sie sich also gegen den

Erdklotz unter dem Arbeitsraum, bis die Gleitbewegung zur Ruhe kommt und wieder Gleichgewicht eintritt. Unterstützt wird diese Rahmenreaktion im normalen Fall durch die von außen wirkenden Horizontalkräfte W_a und E_a. Es ist selbstverständlich, daß die Konsolen so dimensioniert werden müssen, daß sie der größtmöglichen aufbiegenden Belastung gewachsen sind.

Aus den vorstehenden Überlegungen ergibt sich, daß die Aufbiegung der Senkkastenkonsole durch die Horizontalkraft H um so größer sein wird, einmal, je größer die resultierende Auflast R und der dadurch mobilisierte Erdwiderstand ist, aber auch, je kleiner die äußeren Horizontalkräfte, insbesondere der Erddruck E_a sind. Dies gilt so lange, als der passive Erddruck nicht überwunden wird, d. h. solange der Boden an den Schneideninnenflächen nicht ausweicht. Solange dieser Zustand anhält, d. h. H kleiner ist, als dem Grenzwert des Erdwiderstandes entspricht, läßt sich diese Kraft H aus der resultierenden Senkkastenauflast R herleiten. Es muß aber überprüft werden, ob die vorgenannte Bedingung erfüllt ist, indem die Größe des möglichen Erdwiderstandes bei den gegebenen Bodenkonstanten festgestellt wird. Da andererseits seine Bestimmung wegen der hier in Frage kommenden hohen Werte sehr unsicher ist, empfiehlt LOHMEYER zur Ermittlung des passiven Erddruckes das KREYsche Verfahren zur Bestimmung des Erdwiderstandes unter Annahme kreisförmiger Gleitflächen zu verwenden[1].

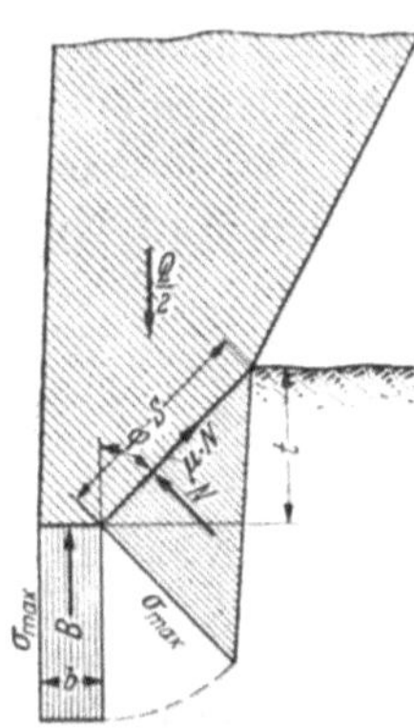

Abb. 163. Senkkastenschneide.

Meist ergibt sich die stärkste aufbiegende Beanspruchung der Senkkastenkonsole, wenn der Kasten im Wasser in den Boden eingesunken ist, innen nicht mit Preßluft, sondern mit Wasser gefüllt ist und die Strömung den äußeren Boden bis zum Schneidenfuß aus irgendwelchen Gründen weggespült hat. Denn hier steht dem aufbiegenden passiven Erddruck weder ein äußerer Erddruck E_a, noch ein Wasserdruck W_a entgegen, da sich letzterer aufhebt.

Die Horizontalkomponente H des Erdwiderstandes läßt sich wie folgt ermitteln:

Bezeichnet $\frac{Q}{2}$ die resultierende Auflast je lfd. m Schneide $\left(\frac{Q}{2} = \frac{R}{2} = \frac{\Sigma G - A - E_v}{2l}\right.$, wenn l = Länge der Senkkastenschneide bedeutet$\left.\right)$, dann ergibt sich unter Bezug auf Abb. 163:

$$\frac{Q}{2} = B + N \cdot \sin\varphi + \mu \cdot N \cdot \cos\varphi\,.$$

[1] Vgl. BRENNECKE-LOHMEYER: Grundbau, 4. Aufl., S. 335. – KREY: Erddruck, Erdwiderstand, 5. Aufl., S. 143ff. – SCHOKLITSCH: Grundbau, S. 397ff.

Wird die Verteilung des Erdwiderstandes über die Schneidenflächen, wie in Abb. **163** dargestellt, zugrunde gelegt, so ergibt sich für N je lfd. m Arbeitskammerseitenwand:

$$N = \frac{1}{2}\,\sigma_{\max}\cdot s = \frac{1}{2}\,\sigma_{\max}\cdot\frac{t}{\cos\varphi}$$

und

$$\frac{Q}{2} = \sigma_{\max}\cdot b + \frac{1}{2}\cdot\sigma_{\max}\cdot\frac{t}{\cos\varphi}\,(\sin\varphi + \mu\cos\varphi)\,;$$

daraus

$$\sigma_{\max} = \frac{Q}{2b + t\,(\operatorname{tg}\varphi + \mu)}\,.$$

Somit die waagrechte Komponente von N:

$$H = N\cdot\cos\varphi = \tfrac{1}{2}\,\sigma_{\max}\cdot t$$

oder

$$H = \frac{\frac{Q}{2}}{\frac{2\cdot b}{t} + (\operatorname{tg}\varphi + \mu)} \text{ je lfd. m Konsole.}$$

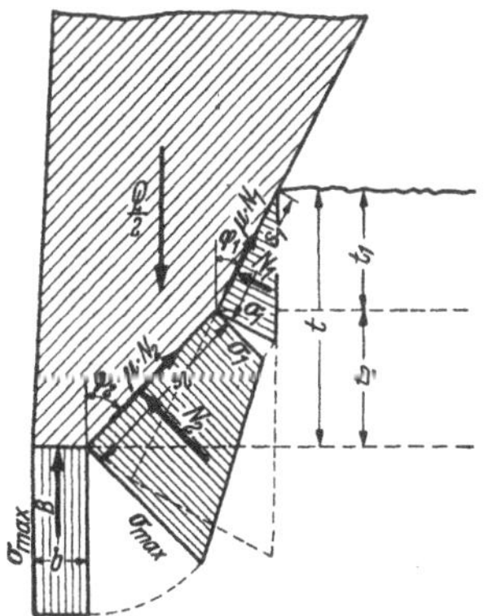

Abb. 164. Senkkastenschneide.

Für die Verteilung des Erdwiderstandes bei einer Konsolausbildung gemäß Abb. 164 ergibt sich:

$$\frac{Q}{2} = B + N_1\,(\sin\varphi_1 + \mu\cdot\cos\varphi_1) + N_2\,(\sin\varphi_2 + \mu\cdot\cos\varphi_2)\,.$$

Setzt man

$$N_1 = \frac{1}{2}\,\sigma_1\cdot s_1 \quad\text{und}\quad N_2 = \frac{\sigma_1 + \sigma_{\max}}{2}\cdot s_2$$

und beachtet, daß

$$\sigma_1 = \sigma_{\max}\cdot\frac{s_1}{s_1 + s_2}\,,$$

ferner

$$s_1 = \frac{t - t_2}{\cos\varphi_1} \quad\text{und}\quad s_2 = \frac{t_2}{\cos\varphi_2}\,,$$

so wird

$$Q = 2\,b\,\sigma_{\max} + \frac{\sigma_{\max}}{s_1 + s_2}\,[s_1\,t_1\,(\operatorname{tg}\varphi_1 + \mu) + (2\,s_1 + s_2)\,t_2\cdot(\operatorname{tg}\varphi_2 + \mu)]\,,$$

daraus

$$\sigma_{\max} = \frac{Q}{2\,b + \frac{1}{s_1 + s_2}\,[s_1\,t_1\,(\operatorname{tg}\varphi_1 + \mu) + (2\,s_1 + s_2)\,t_2\cdot(\operatorname{tg}\varphi_2 + \mu)]}\,.$$

Die Horizontalkomponente H des Erdwiderstandes ergibt sich zu

$$H = H_1 + H_2\,.$$

Dabei ist

$$H_1 = N_1 \cdot \cos\varphi_1 = \frac{1}{2}\,\sigma_{\max} \cdot \frac{s_1^2}{s_1 + s_2} \cos\varphi_1$$

und

$$H_2 = N_2 \cdot \cos\varphi_2 = \frac{1}{2}\,\sigma_{\max} \cdot \frac{2 \cdot s_1 + s_2}{s_1 + s_2} \cdot s_2 \cos\varphi_2 \,.$$

B. Zahlenrechnung.

Es wird der Fall zugrunde gelegt, daß der Herdmauercaisson mit seinem Schneidenfuß beim Absenken gerade die Kote 490,0 erreicht hat (Endzustand der Absenkung!). Die Aufmauerung reicht bis Kote 500,50. Die Arbeitskammer ist noch mit Preßluft gefüllt (vgl. Abb. 166).

Dann ergeben sich für die wirkenden Kräfte folgende Werte:

Gewicht des *Grundwerkes*:

$$\Sigma G = 279{,}0 + 3{,}0 \cdot 15{,}60 \cdot (10{,}50 - 3{,}40) \cdot 2{,}2 = 1010\ \text{t}.$$

Gewicht der *2 Luftschleusen mit Zubehör*: $Z \sim 10$ t.

$(\Sigma G' + Z')$ je lfd. m Schneide:

$$\frac{1020}{2 \cdot 15{,}60} = \mathbf{32{,}7}\ \text{t}\,.$$

Auftrieb, wenn der W.Sp. in der Baugrube bis 500,50 reicht:

$$A = 180{,}3 \cdot 1{,}0 + 3{,}0 \cdot 15{,}60 \cdot (10{,}50 - 3{,}40) \cdot 1{,}0 = 513\ \text{t}.$$

A' je lfd. m Schneide:

$$\frac{A}{2 \cdot 15{,}60} = \frac{513}{31{,}20} = \mathbf{16{,}4}\ \text{t}\,.$$

Äußerer Wasserdruck:

$$W_a = 1{,}0 \cdot \frac{10{,}50^2}{2} = 55{,}1\ \text{t je lfd. m Grundwerk.}$$

$$W_a' \text{ je lfd. m Konsole} = 1{,}0 \cdot \frac{10{,}5 + 8{,}3}{2} \cdot 2{,}2 = \mathbf{20{,}6}\ \text{t}\,,$$

Äußerer Erddruck:

$$E_a = \tfrac{1}{2}\,(1{,}0 \cdot 0{,}406 \cdot 10{,}5) \cdot 10{,}5 = \tfrac{1}{2} \cdot 4{,}27 \cdot 10{,}5 = 22{,}4\ \text{t je lfd. m Grundwerk,}$$

$$E_a' \text{ je lfd. m Konsole} = \frac{1}{2}\left(4{,}27 + 4{,}27 \cdot \frac{10{,}5 - 2{,}2}{10{,}5}\right) \cdot 2{,}2 = \mathbf{8{,}4}\ \text{t}\,.$$

Vertikale Reibungskomponente E_v:

α) $\mu \sim \operatorname{tg} 25° = 0{,}47$ $(\delta = \varrho)$: $E_v = 0{,}47 \cdot 22{,}4 = 10{,}5$ t je lfd. m Grundwerk,

β) $\mu \sim 0$ $(\delta \sim 0)$: $E_v = 0$.

Resultierende Auflast $\frac{Q}{2}$ je lfd. m Schneide:

$$\frac{Q}{2} = (\Sigma G' + Z') - (A' + E_v)\,.$$

α) für $\delta = \varrho : \frac{Q}{2} = 32{,}7 - (16{,}4 + 10{,}5) =$ **5,8** t,

β) für $\delta = 0 : \frac{Q}{2} = 32{,}7 - 16{,}4 \qquad =$ **16,3** t.

Innerer Preßluftüberdruck L je lfd. m Konsole $= 1{,}0 \cdot 10{,}5 \cdot 2{,}2 =$ **23,1** t.

Horizontalkomponente H des Erdwiderstandes:

Zunächst bereitet die Festsetzung der Eindringungstiefe t der Senkkastenschneiden in den Boden einige Schwierigkeiten, da sie ja nicht bekannt ist. Dazu ist noch folgendes zu bedenken: Während des Absenkungsvorganges wird der Boden an den Schneiden fortlaufend abgegraben, wobei das Hauptaugenmerk darauf gerichtet werden muß, daß sich der Senkkasten nicht schief stellt, sondern an der gewünschten Stelle und in der gewünschten Richtung (in unserem Beispiel lotrecht) nach unten geht. Das führt aber dazu, daß die Schneiden nicht an allen Stellen zu jeder Zeit gleich tief im Boden stecken. Bei dieser Sachlage muß man sich mit einer brauchbaren Annahme von t begnügen.

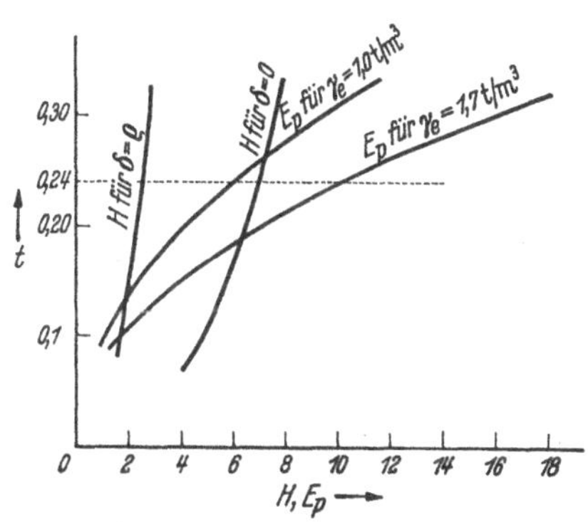

Abb. 165. Eindringtiefen und H-Werte.

In unserem Beispiel soll angenommen werden, daß der Boden im Arbeitsraum bis zur oberen Begrenzung des unter 45° geneigten Schneidenteiles reicht, so daß $t = 0{,}24$ m beträgt.

Dann ergibt sich für H:

α) für $\delta = \varrho$, d. h. $E_v = 10{,}5$ t je lfd. m Grundwerk

$$H = \frac{5{,}8}{\frac{2 \cdot 0{,}10}{0{,}24} + (\operatorname{tg} 45^\circ + 0{,}47)} = \mathbf{2{,}5}\ \text{t je lfd. m Konsole,}$$

β) für $\delta = 0$, d. h. $E_v = 0$

$$H = \frac{16{,}3}{\frac{2 \cdot 0{,}10}{0{,}24} + (\operatorname{tg} 45^\circ + 0{,}47)} = \mathbf{7{,}1}\ \text{t je lfd. m Konsole.}$$

Der Grenzwert für den passiven Erddruck E_p bei Annahme ebener Gleitflächen und für $\varrho = 25^\circ$, $\delta = -25^\circ$, $\alpha = +45^\circ$; $\beta = 0$, also $\lambda_p \sim 210$ wird

α) für $\gamma_e = 1{,}0$ t/m³ für den inneren Boden (Boden wassergesättigt!):

$E_p = \frac{1}{2}(1{,}0 \cdot 210 \cdot 0{,}24) \cdot 0{,}24 =$ **6,1** t je lfd. m Konsole,

β) für $\gamma_e = 1{,}7$ t/m³ für den inneren Boden (Boden durch Preßluft trocken!):

$$E_p = \tfrac{1}{2}\,(1{,}7\cdot 210\cdot 0{,}24)\cdot 0{,}24 = \mathbf{10{,}0} \text{ t je lfd. m Konsole.}$$

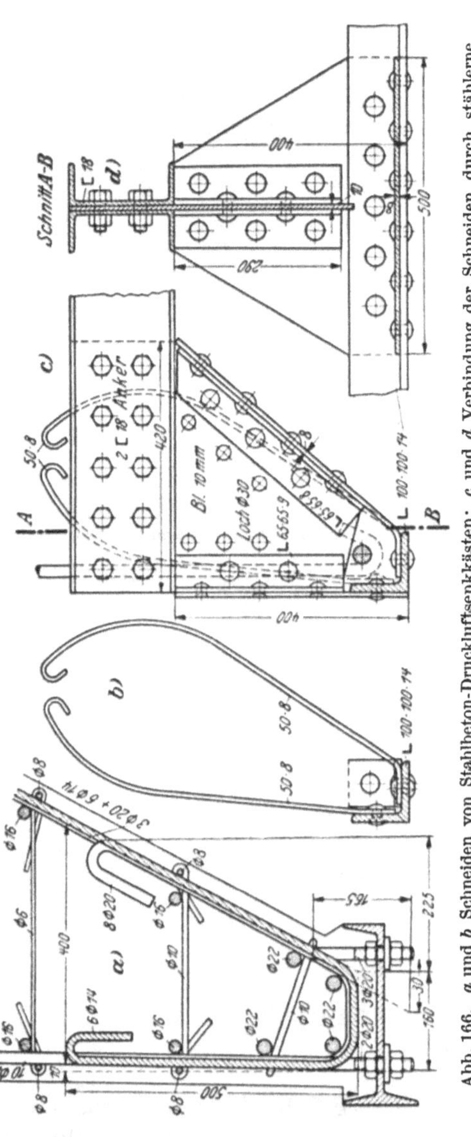

Abb. 166. *a* und *b* Schneiden von Stahlbeton-Druckluftsenkkästen; *c* und *d* Verbindung der Schneiden durch stählerne Zuganker. (*a* Dyckerhoff & Widmann, *b*, *c*, *d* Grün & Bilfinger). (Aus SCHOKLITSCH, Grundbau).

In Abb. 165 sind nun für verschiedene Eindringungstiefen t die Werte H für $\delta = \varrho$ und $\delta = 0$, ferner die Werte E_p für $\gamma_e = 1{,}0$ t/m³ und $\gamma_e = 1{,}7$ t/m³ aufgetragen. Die Zusammenstellung ergibt, daß lediglich bei H für $\delta = 0$ und E_p für $\gamma_e = 1{,}0$ t/m³ der Wert t etwas größer angenommen werden müßte, um mit der Annahme sicher zu gehen. Da in unserem Falle mit einer Reibung an der Grundwerksaußenwand zu rechnen ist, außerdem γ_e des Innenbodens größer als 1,0 t/m³ zugrunde zu legen ist unter der Wirkung des Preßluftüberdruckes, kann die Annahme $t = 0{,}24$ m als hinreichend sicher betrachtet werden.

In Abb. 168 sind die Ergebnisse des Zahlenbeispieles aufgetragen für den ungünstigen Fall, daß $\delta = \varrho$ ist (d. h. $H = 2{,}5$ t je lfd. m Konsole $= \frac{1}{2}\,g\cdot 0{,}24$; daraus $g = \frac{2\cdot 2{,}5}{0{,}24} = 20{,}8$ t/m²). In ähnlicher Weise lassen sich andere Belastungsfälle bzw. Belastungsannahmen darstellen und so der für die Dimensionierung ungünstigste Belastungsfall ermitteln.

Wie schon erwähnt, geht die Versenkung nicht immer ganz glatt vonstatten. Dadurch ergeben sich die verschiedenartigsten Auflage-

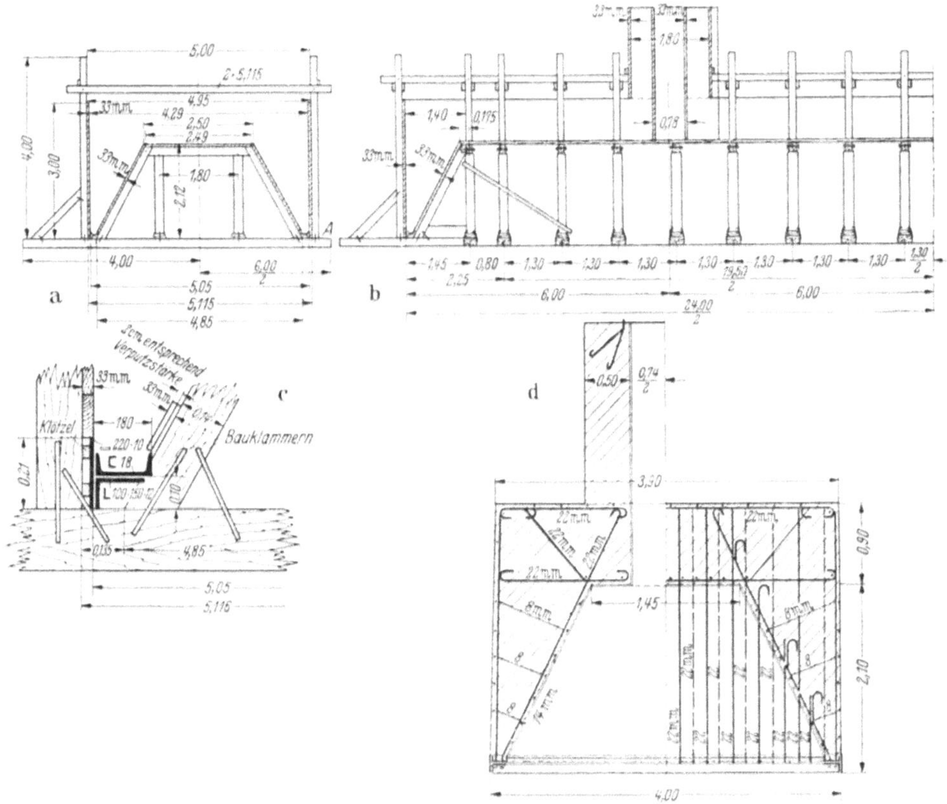

Abb. 167 a—d. Druckluft-Senkkasten zur Abdichtung eines Murwehres gegen Unterströmung. (Aus SCHOKLITSCH: Grundbau). a, b, c Druckkastenschalung. d Querschnittsbewehrung.

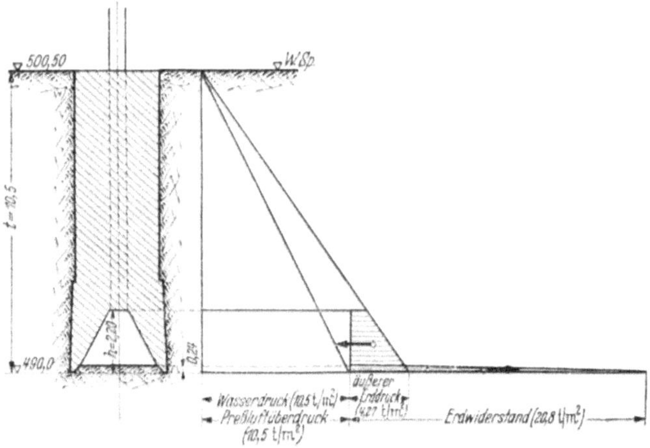

Abb. 168. Die Belastungen sind im halben Maßstab der Höhen aufgetragen.

rungsmöglichkeiten und damit Beanspruchungen auch in der Längsachse. So kann es vorkommen, daß der Senkkasten während eines Absenkungsstadiums nur an den Kopfwänden gelagert ist oder aber mit nur einer Kopfwand und in der Mitte mit den Schneiden beiderseits aufsitzt. Eine weitere Möglichkeit ist die Auflagerung mit der ganzen Breite bei einer Kopfwand, mit nur einer Ecke bei der gegenüberliegenden Kopfwand. Natürlich sind auch noch Kombinationen dieser angedeuteten Möglichkeiten gegeben. Sie zeigen, daß insbesondere bei Stahlbetonsenkkasten sorgfältigste Armierung geboten, insbesondere *doppelte* Armierung unerläßlich ist, um Rißbildungen beim Absenken und damit Undichtigkeiten zu vermeiden.

Aufgabe 9.

Allgemeine Untersuchung der Auftriebsverhältnisse eines Druckluftsenkkastens.

Man untersuche *ganz allgemein* die Auftriebsverhältnisse eines Druckluftsenkkastens für eine Absenktiefe t unter dem Wasserspiegel

1. für den normalen Betriebszustand (Arbeitskammer mit Preßluft gefüllt; kein Wasser mehr im Senkkasten-Hohlraum);
2. für den Fall, daß Arbeitskammer und Einsteigschächte bis zum gegebenen Wasserspiegel mit Wasser gefüllt sind;
3. für den Fall, daß durch einen Unfall (z. B. Bruch eines Einsteigrohres) die Preßluft aus Kammer und Einsteigschächten *plötzlich* entweicht!

Zur Veranschaulichung ist der in Abb. 169 dargestellte Druckluftsenkkasten eines Straßenbrückenpfeilers beigegeben.

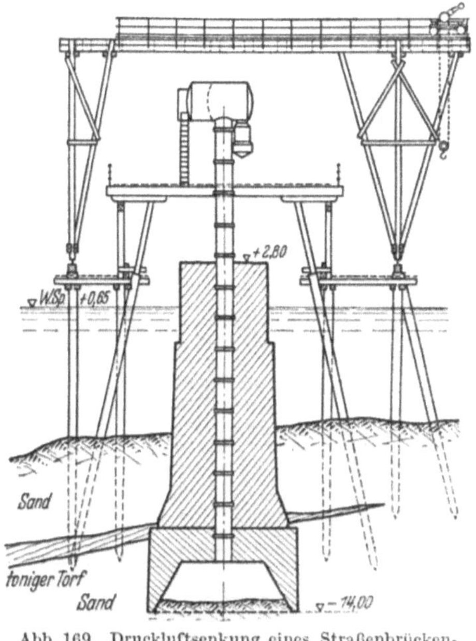

Abb. 169. Druckluftsenkung eines Straßenbrückenpfeilers.

Lösung.

Fall 1.

Der hydrostatische Druck auf ein Flächenelement dF in der Tiefe t unter dem Wasserspiegel ist $W = \gamma_w \cdot dF \cdot t$, wobei γ_w das Raumgewicht des Wassers bedeutet. Da aber auf dem Wasserspiegel noch der atmosphärische Druck p_0 t/m² lastet, ergibt sich für das Flächenelement der Gesamtdruck $P = p_0 \cdot dF + \gamma_w \cdot dF \cdot t$. Dieser Druck in der Tiefe t wirkt nun, wie in Aufgabe 1 bereits gezeigt wurde, nicht nur mit dieser Größe lotrecht nach abwärts, sondern nach allen Seiten hin.

Nun greifen wir einen unendlich schmalen Streifen dF am Senkkastenfuß heraus, der vom Wasserspiegel den Abstand t hat. Nach obigem beansprucht der dort herrschende Gesamtdruck P aus Wassergewicht und Luftgewicht die Senkkastenschneide nicht nur horizontal, sondern wirkt *unter* dem Senkkasten in der Niveauebene des Senkkastenfußes (—14,0) mit der gleichen Größe lotrecht nach oben, d. h. er tritt gleichzeitig als Seitendruck (S) und Unterdruck (U) auf. Es ist also für die Tiefe t:

$$P = S = U = p_0\, dF + \gamma_w \cdot dF \cdot t\,.$$

Wäre im Arbeitsraum des Senkkastens keine Preßluft vorhanden, stünde diese Kammer vielmehr mit der Atmosphäre in freier Verbindung, so würde das unter dem Senkkasten anstehende Wasser, das dort unter dem Druck $P = U$ steht, infolge dieses Druckes in die Arbeitskammer eingepreßt. Um dies zu verhindern, wird der Arbeitsraum mit Preßluft gefüllt. Diese Preßluft vermag dabei das Eintreten des Wassers in den Senkkasten-Hohlraum nur zu verhindern, wenn der Druck L derselben ebenso groß ist wie der Druck U. Die Gleichgewichtsbedingung lautet also:

$$L = U = p_0\, dF + \gamma_w \cdot dF \cdot t \text{ (Tonnen)}$$

oder für die Flächeneinheit und für $\gamma_w = 1{,}0$ t/m³

$$L_1 = \frac{L}{dF} = \frac{U}{dF} = p_0 + t \text{ (Tonnen je m}^2\text{)}.$$

Da der Atmosphärendruck in der Arbeitskammer ebenfalls gleich p_0 gesetzt werden kann, muß der Preßluftdruck L' *als Überdruck über den Atmosphärendruck* gleich t m Wassersäule sein.

Der Gesamtunterdruck W je lfd. m Senkkasten ergibt sich unter Außerachtlassung des Atmosphärendruckes (vgl. Abb. 170[1]) mit

$$\Sigma\, dF = F = 2 \cdot b \cdot 1{,}0$$

zu

$$U = \gamma_w \cdot 2 \cdot b \cdot 1{,}0 \cdot t = \gamma_w \cdot 2 \cdot b \cdot t\,.$$

---

[1] Zur Erläuterung des Grundsätzlichen wird das Grundwerk lediglich schematisch dargestellt.

Diesem Druck wirkt entgegen die infolge der Verjüngung der Seitenbegrenzung des Grundwerkes lotrecht nach abwärts wirksame Wasserauflast. Sie ermittelt sich für beide Seiten zu

$$N = 2 \cdot \left(\gamma_w \cdot \frac{b - b'}{2} \cdot 1{,}0 \cdot t\right) = 2\left(\gamma_w \cdot \frac{b - b'}{2} \cdot t\right).$$

Es bleibt die nach oben gerichtete resultierende Kraftwirkung:

$$A = U - N = \gamma_w \cdot 2 \cdot b \cdot 1{,}0 \cdot t - 2\left(\gamma_w \frac{b - b'}{2} \cdot 1{,}0 \cdot t\right) = \gamma_w (b + b') \cdot 1{,}0\ t\,.$$

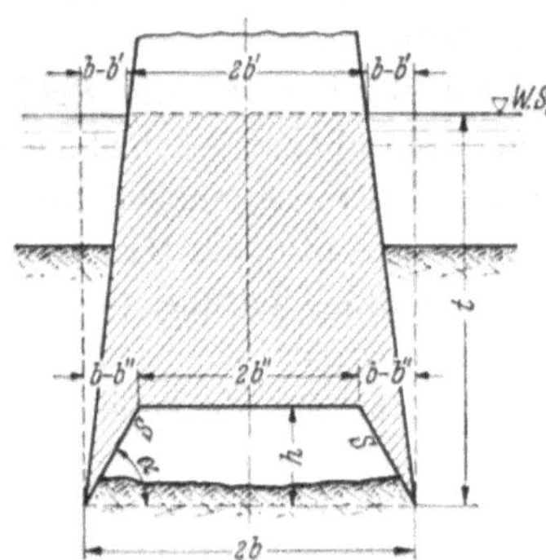

Abb. 170. Senkkastenquerschnitt[1].

Der Ausdruck $(b + b') \cdot 1{,}0 \cdot t$ entspricht, wie man ohne weiteres übersehen kann, dem Rauminhalt eines lfd. m des im Wasser stehenden Teiles des Grundwerks einschl. Arbeitskammerhohlraum und Einsteigschächten, d. h. der Ausdruck A stellt das Gewicht des von diesem Grundwerkteile verdrängten Wasservolumens dar, ist also mit dem *Auftrieb* identisch.

Es soll nun noch geprüft werden, ob der Preßluftüberdruck in der Arbeitskammer einen Einfluß auf die Größe des Auftriebes hat! Der Preßluftüberdruck hat an *allen* Stellen des Arbeitsraumes auf die Flächeneinheit die Größe $L' = \gamma_w \cdot 1{,}0 \cdot 1{,}0 \cdot t = \gamma_w \cdot t$. Seine Gesamtgröße nach unten (auf die Berührungsfläche zwischen Wasser und Preßluft in der Ebene des Schneidenfußes) ergibt sich dann je lfd. m Senkkasten zu:

$$L = \gamma_w\, 2 \cdot b \cdot 1{,}0 \cdot t = \gamma_w \cdot 2 \cdot b \cdot t = U\,,$$

d. h. der nach unten wirkende Preßluftüberdruck nimmt den gesamten nach oben wirkenden Unterdruck des Wassers auf, hält ihm das Gleichgewicht. Er verhindert also die *unmittelbare* Einwirkung des Unterdruckes auf das Bauwerk.

Welche Verhältnisse ergeben sich nun für die Decke des Arbeitsraumes und die schrägen Schneidenflächen? An der Decke ruft der Preßluftüberdruck eine lotrecht nach oben gerichtete Gesamtkraft hervor von

$$L_d = \gamma_w \cdot 2 \cdot b'' \cdot 1{,}0 \cdot t = \gamma_w \cdot 2 \cdot b'' \cdot t\,.$$

Nun zu den schrägen Flächen! Man kann sich dieselben zerlegt denken in lauter unendlich schmale waagrechte und lotrechte Elementarflächenstreifen. Die Summierung der lotrechten Streifen ergibt dann auf jeder Seite die Horizontalprojektion der schrägen Fläche, die Summierung der waagrecht liegenden Flächenstreifen die Vertikalprojektion

[1] Siehe Fußnote S. 281.

derselben. Die Größe der letzteren, die für uns hier nur von Interesse ist, ergibt sich zu $s \cdot \cos\alpha = b - b''$.

Nun läßt sich auch der lotrecht auf die schrägen Schneiden s wirkende Preßluftüberdruck, dessen Größe auf jeder Seite

$$L_s = \gamma_w \cdot s \cdot 1{,}0 \cdot t = \gamma_w \cdot s \cdot t$$

beträgt, in seine waagrechten und senkrechten Komponenten auf die lotrechten bzw. waagrechten elementaren Flächenstreifen zerlegen. Da der Einheitsüberdruck an allen Stellen des Arbeitsraumes, also auch an allen Stellen der Schneiden gleich groß ist, müssen auch die Einheitsdrücke seiner Komponenten überall gleich groß sein.

Für die Vertikalprojektion der Schneiden ergibt sich damit eine Gesamtgröße der lotrechten Überdruckkomponente von

$$2\,L_s = 2 \cdot (\gamma_w \cdot s \cdot \cos\alpha \cdot 1{,}0 \cdot t) = 2 \cdot [\gamma_w \cdot (b - b'') \cdot t]$$
$$2\,L_s = 2 \cdot \gamma_w \cdot b \cdot t - 2 \cdot \gamma_w \cdot b'' \cdot t\,.$$

Der gesamte, auf Decke und Schneiden nach oben wirkende Preßluftüberdruck beträgt also:

$$L_d + 2\,L_s = \gamma_w \cdot 2b'' \cdot t + 2 \cdot \gamma_w \cdot b \cdot t - 2\gamma_w \cdot b'' \cdot t = \gamma_w \cdot 2b \cdot t = U\,,$$

d. h. der lotrecht nach oben wirkende Preßluftüberdruck hat auf das Bauwerk die gleiche Kraftwirkung wie der Unterdruck in der Ebene des Schneidenfußes. Unter Berücksichtigung der unverändert von oben nach unten wirkenden Wasserauflasten an den schrägen Außenflächen heißt das:

der Preßluftüberdruck im Arbeitsraum des Senkkastens ruft keine Kraft hervor, welche die Größe des weiter oben abgeleiteten Auftriebs A irgendwie verändert (vergrößert).

Fall 2.

Es wird wiederum 1 lfd. m Senkkasten betrachtet. Der Arbeitsraum ist jetzt wassererfüllt. Bleibt der Atmosphärendruck abermals außer Betrachtung, dann steht die waagrechte Decke der Arbeitskammer unter einem hydrostatischen Druck, der für jedes Flächenelement desselben gleich ist dem Gewicht einer Wassersäule von der Höhe, welche dem lotrechten Abstand dieser Stelle vom Wasserspiegel entspricht. Daraus ergibt sich, daß der Unterdruck je Flächeneinheit für den waagrechten Deckenstreifen $\gamma_w\,(t - h)$ beträgt.

Der normal auf die schrägen Seitenwände der Kammer wirksame Unterdruck läßt sich — wie der Preßluftüberdruck im Falle 1 — in eine lotrechte und eine waagrechte Komponente zerlegen. Die lotrechten Elementarkräfte, welche in ihrer Summe die lotrechte Komponente bilden, sind hier aber nicht alle gleich groß, wie im Falle 1, sondern wachsen von $\gamma_w\,(t - h)$ allmählich an auf $\gamma_w \cdot t$.

Der Gesamtunterdruck ergibt sich deshalb zu

$$U = \gamma_w \cdot 2\,b'' \cdot 1{,}0\,(t-h) + 2 \cdot \gamma_w\,(b - b'') \cdot 1{,}0\,\frac{(t-h)+t}{2}$$

$$U = 2\,\gamma_w \cdot b \cdot t - \gamma_w\,(b + b'') \cdot h\,.$$

Der Ausdruck $\gamma_w\,(b + b'') \cdot h$ stellt den Inhalt des lichten Arbeitsraumes je lfd. m dar, multipliziert mit dem Einheitsgewicht γ_w des Wassers. Der Unterdruck im Falle 2 wird also vermindert um das Gewicht des Wasservolumens, das die Arbeitskammer ausfüllt. Da sich an den von oben nach unten wirksamen Wasserauflasten gegenüber Fall 1 nichts geändert hat, ist auch die *Verkleinerung des Auftriebs* im Vergleich zum Falle 1 *genau so groß wie die Unterdruckminderung,* also

$$A = \gamma_w\,(b + b') \cdot t - \gamma_w\,(b + b'') \cdot h$$

bezogen auf 1 lfd. m Senkkasten.

Wird beachtet, daß der Ausdruck

$$(b + b')\,t - (b + b'')\,h$$

den Inhalt des lfd. m Senkkastens ohne Arbeitskammer bis zum Wasserspiegel darstellt, so erkennt man, daß unser Resultat mit der *üblichen Definition des Auftriebes* in Einklang steht. Denn diese besagt, daß die *Größe des Auftriebs,* der auf einen Körper in einer Flüssigkeit einwirkt, *gleich ist dem Gewicht des vom Körper verdrängten Flüssigkeitsvolumens.*

Fall 3.

Das plötzliche Entweichen der Preßluft aus dem Senkkasten ruft eine Störung des Gleichgewichtszustandes in Niveauebene — 14,0 m ü. NN. hervor, weil dem von unten nach oben wirkenden hydrostatischen Druck + Atmosphärendruck in diesem Augenblick im Innern der Kammer nur etwa noch der Atmosphärendruck entgegenwirkt, so daß rechnungsmäßig ein von unten nach oben wirkender Überdruck gleich dem hydrostatischen Druck in der Niveauebene — 14,0 m ü. NN. vorhanden ist.

Dieser Überdruck kann aber nicht als *Druck* zur Auswirkung gelangen, da er nirgends auf Widerstand stößt. Die Folge ist, daß sich dieser *Druck* (potentielle Energie!) in *Bewegungsenergie* umsetzt, indem das Wasser mit großer Geschwindigkeit in die Kammer eindringt. Eine weitere Folge ist, daß beim Entweichen der Preßluft plötzlich der nach oben gerichtete Überdruck auf die innere Arbeitskammerbegrenzung aufhört. In dem Maße, in dem das von unten in den Arbeitsraum eindringende und ihn allmählich füllende Wasser wieder hydrostatische Druckwirkung nach oben ausübt, nähern wir uns den Druck- und Auftriebsverhältnissen des Falles 2. Im *Augenblick der Gleichgewichtsstörung* ist demnach auch *der Auftrieb gleich Null.* Praktisch wirkt sich dies dahin aus, daß der Senkkasten unter der momentanen Wirkung seines unverminderten vollen Gewichtes ruckartig in den Boden einsinkt.

Man erkennt, daß es für die Bestimmung des Auftriebes nach der allgemein üblichen Art (Auftrieb = Gewicht des verdrängten Flüssigkeitsvolumens) unerläßlich ist, sich davon zu überzeugen, das *Gleichgewichtszustand* herrscht. In Fällen, wie sie das Beispiel unserer Frage 3 zeigt, wo also für das Untersuchungsstadium *kein* Gleichgewicht herrscht, würde die mechanische Anwendung obiger Definition für die Bestimmung des Auftriebes zu groben Falschschlüssen führen. Deshalb wurde in der vorliegenden Aufgabe bei Ermittlung des Auftriebes von den vertikalen Druckkomponenten ausgegangen, um jeweils die Gleichgewichtsverhältnisse klar zu übersehen.

Aufgabe 10.

Entwicklung eines Talsperrenquerschnittes mittels des Grunddreieckes.

Es soll der Querschnitt einer durch Unterdruck (Sohlenwasserdruck) beanspruchten massiven Talsperre (Gewichtsstaumauer) entwickelt werden, wobei von einem regelmäßigen Grunddreieck nach E. Link ausgegangen werden soll[1].

Der gewählte Baustoff der Sperrmauer (Gußbeton mit verstürzten Blöcken in verschiedenen Größen) hat das Einheitsgewicht $\gamma_m = 2{,}3$ t/m.³ Als höchstzulässige Randspannung im Sperrenmauerwerk werden 120 t/m² für die gegebenen Verhältnisse festgelegt. Die sorgfältig durchgeführten Untersuchungen des tragfähigen Felsuntergrundes ergaben für die höchst zulässige Bodenbelastung $\sigma_{zul.}$ nur einen Wert von 80 t/m². Die für die Gründung geeignete klüftefreie Felsschicht liegt auf Kote + 1197,0 m ü. NN., die Bodenoberfläche (Flußsohle) auf Kote + 1204,0 m ü. NN., die Mauerkrone auf Kote + 1240,0 m ü. NN.

Welchen Einfluß hätte ein Eisschub von 60 t je Längenmeter der Mauer, der auf Kote + 1238,0 angreift, auf die Stabilität des für die obigen Bedingungen bemessenen Mauerquerschnittes?

Lösung.

A. Die wirkenden Kräfte.

An die Bemessung und Ausführung einer Talsperre — und zwar ganz gleich, um welche Bauart es sich dabei handelt (Gewichtsstaumauer, „aufgelöste" Mauern, wie Gewölbereihensperren, Pfeilersperren mit

[1] Link, E.: Die Bestimmung der Querschnitte von Staumauern und Wehren aus dreieckigen Grundformen. Berlin: Springer 1910.

Platten, Bogenstaumauern, Staudämme) und welcher Baustoff Verwendung findet (Bruchstein-, Quader- oder Zyklopenmauerwerk, Stampfbeton, plastischer Beton, Gußbeton, Stahlbeton; Damm-Material aller Art) — müssen besonders hohe Anforderungen gestellt werden, einmal weil der Bruch eines solchen Bauwerks in den allermeisten Fällen durch die damit verbundene Flutwelle eine unabsehbare Katastrophe für die unterhalb liegenden Gebiete nach sich zieht (dichte Besiedelung in Deutschland!), zum anderen weil bei Talsperren besonders große Kräfte auftreten und dabei einzelne der Kraftwirkungen obendrein noch nicht völlig geklärt bzw. nicht einwandfrei erfaßbar sind (z. B. Biegungs- und Torsionsbeanspruchungen infolge der Baugrundnachgiebigkeit, Einfluß der Formänderungen im Baugrund auf den Spannungsverlauf in der Staumauer).

Die angreifenden Kräfte, mit denen man es bei Talsperren zu tun hat, sind folgende:

1. Der *Wasserdruck des Staues*, der auf die dem Stausee zugekehrte benetzte Wand der Mauer wirkt. Seine Resultierende greift — vom tiefsten benetzten Punkt dieser Wand gemessen — für lotrechte Wand in ein Drittel der Wassertiefe t und bei gleichförmig geneigter Wand in ein Drittel der Mauerbegrenzungslinie an, die sich für diesen tiefsten benetzten Punkt bei höchstem Stauseespiegel ergibt.

2. Der *Unterdruck* (*Sohlenwasserdruck*) und der *Porenwasserdruck* (Fugenwasserdruck im Mauerwerk). Es ist eine selbstverständliche Forderung, daß die Mauer mit äußerster Sorgfalt auf die Gründungsfuge aufgesetzt wird mit dem Ziele eines satten, dichten Anschlusses. Auch der Untergrund wird dicht gemacht (z. B. durch Zementinjektionen), sofern er es nicht von Natur aus ist. Gleichwohl besteht keine Gewähr dafür, daß unter der Wirkung des hohen Wasserdruckes des Stausees kein Wasser in den Raum unter der Mauergründungsfuge und in diese selbst gepreßt wird. Dieses in die Gründungsfuge gepreßte Wasser setzt nun die Mauer von unten, von der Sohle her, lotrecht nach oben unter Druck. Die Ursache für die Zerstörung von Talsperren dürfte in vielen Fällen auf zu großen Unterdruck im Zusammenwirken mit der Überwindung der Sohlenreibung oder der Reibung in einer unterhalb liegenden Gleitschicht zurückzuführen sein. Auch die üblich gewordene weitgehende Entwässerung der Mauersohle (steil nach oben geführte Drainrohre!), sowie die Anordnung einer Mauerschürze (Herdmauer) an der Wasserseite der Sperre zur Verlängerung des Sickerweges im Boden für das Druckwasser vermag das Auftreten dieses Sohlenwasserdruckes nicht immer ganz zu verhindern. Wie groß dieser Unterdruck aber ist und welche Verteilung er über die Sohle aufweist, kann nicht vorhergesagt werden. Man ist hier vielmehr auf Annahmen angewiesen. Je nach dem geologischen Aufbau und der Felsstruktur des Baugrundes wird er etwa

schwanken zwischen 100% und 50% der größten Wassertiefe t an der Wasserseite (Abminderungsbeiwert $m = 0$ bis $m = 0{,}5$) bzw. 50% und 0% an der Luftseite.

Für unser Beispiel wird dichter Baugrund, Anordnung einer Herdmauer und Lehmdichtung vorausgesetzt, überdies der Unterdruck zur Sicherheit an der Wasserseite voll, also mit h Tonnen je m^2 (100% von h) angenommen ($m = 0$) und vorausgesetzt, daß er bis zur Luftseite geradlinig auf 0 Tonnen je m^2 (0% von h) abnimmt.

Nun kann das Wasser auch in Poren oder Arbeitsfugen des Mauerwerks gepreßt werden und in solchen Fugen einen nach oben gerichteten Unterdruck verursachen. Man versucht dies zu vermeiden durch Ausführung eines möglichst dichten Mauerwerks (z. B. peinlich gewählte Kornzusammensetzung bei Beton), durch Dichtungsmaßnahmen an der wasserseitigen Sperrenwand (Isolierschicht), durch Anordnung von Drainsystemen in der Mauer und durch eine solche Bemessung der Mauer, daß nirgends Zugspannungen auftreten können (vgl. „die Standfestigkeitsbedingungen" unter II weiter unten).

3. Der *Eisschub* bei Talsperrenbauwerken in Gegenden mit sehr rauhem Klima (sehr starken anhaltenden Frösten; Hochgebirge!). Über seine Größe liegen verlässige Angaben nicht vor. Diese kann aber keinesfalls größer sein als die Druckfestigkeit des Eises (etwa 200 bis 220 t/m^2). In Deutschland wird bisher der Eisschub nicht berücksichtigt; in der Schweiz wird er bis zu 70 t je lfd. m Mauer, in Amerika bis zu 60 t je lfd. m Mauer angenommen. Infolge der wechselnden Wasserstände im Staubecken kann er in verschiedenen Höhen auftreten. Am wirksamsten ist er natürlich, wenn die starke Eisbildung bei vollen Stausee, also höchstem Stauseespiegel eintritt wegen des dadurch bedingten großen Hebelarmes. Da die starke Frostbildung mit der Niederwasserführung zusammenfällt, während welcher die Wasserreserven der Staubecken stark in Anspruch genommen werden (Absinken des Wasserspiegels, tägliche Spiegelschwankungen), wird auch der Eisschub nur ganz selten mit seiner ungünstigen Wirkung auf die Stabilität der Mauer auftreten. Außerdem kann seine Wirkung noch vermindert werden durch schräge wasserseitige Mauerbegrenzung, besonders im oberen Teil, auf der das Eis nach oben ausweichen kann, oder durch Heizung des Mauerkopfes (Vorschlag O. FRANZIUS).

4. Der *Wellenschlag*. Seine Wirkung wird nur fühlbar, wenn der Stausee groß ist und sich überdies in der Richtung erstreckt, in der die stärksten anhaltenden Winde auftreten. Die Wellen*höhe* könnte ermittelt werden mit der empirischen Formel von STEVENSON:

$$h = 2{,}5 + 1{,}5 \cdot \sqrt{d} - \sqrt[4]{d}\,;$$

dabei ist h die Wellenhöhe, gemessen von Wellenfuß zu Wellenberg (vgl. Abb. 149, S. 246) in engl. Fuß = 0,305 m/F, und d die dem Wind ausgesetzte Stauseelänge in engl. Seemeilen = 1852 m/S.-M. Nach den deutschen Richtlinien (DIN 19700: Talsperren) soll die Dammkrone zumindest 2 m über dem Hochwasserspiegel liegen. Der Wellenstoß könnte berücksichtigt werden nach dem auf S. 246 der Aufgabe 6 gezeigten Verfahren. In den meisten Fällen erübrigt sich dies jedoch, da aus Sicherheitsgründen zur Bemessung des Mauerquerschnittes der Stauseespiegel in Höhe der *Krone* angenommen wird, wodurch ein wesentlicher Teil der hydrostatischen Wirkung des Wellenschlages bereits mitberücksichtigt ist. In unserem Beispiel bleibt er deshalb außer Ansatz.

5. Der *Erddruck*. Dieser tritt als „angreifende" Kraft auf, wenn die Mauer wasserseits eine Hinterfüllung erhält bzw. in einen Boden hineingebaut wird, der aktiven Erddruck ausübt. Der wasserseitige Erddruck kann aber auch erst im Laufe der Jahre Bedeutung gewinnen, z. B. bei starker Geschiebe- und Schlammablagerung an der Sperrenwand. Luftseitig gewinnt der Erddruck besondere Bedeutung bei Staumauern, die zur Einfassung eines künstlichen Speicherbeckens angelegt und luftseitig hinterfüllt sind. Man nimmt für die Bestimmung der Größe des Erddruckes ϱ möglichst klein (bei Schlamm $\varrho \sim 0$), das Raumgewicht γ_e ungünstig an und setzt außerdem zur Sicherheit $\delta \sim 0$ (also geringe Reibung zwischen Mauerwand und Erde).

Abgesehen von solchen Auflandungsbecken, wie sie bei Speichern im Zuge geschiebeführender Alpenflüsse vorkommen (z. B. Saalachsee), ist die für einen aktiven Erddruck in Frage kommende Bodenhöhe (einschl. evtl. Anschüttung) bei Sperrenanlagen gegenüber der Wassertiefe, damit die Größe des Erddruckes gegenüber dem Stauwasserdruck so klein, daß die Vernachlässigung dieser Kraft unbedenklich ist. Im vorliegenden Beispiel bleibt sie unberücksichtigt.

6. Das *Mauergewicht*. An sich ist ja die Sperrmauer das „Objekt", auf das die vorskizzierten Kräfte angreifend einwirken. Insoferne stellt das Gewicht der Mauer neben dem Bodengegendruck und den lotrecht nach abwärts wirkenden Wasserdruckkomponenten eine „widerstehende" Kraft dar. Bei *leerem* Staubecken wird aber auch das Mauergewicht zur „angreifenden" Kraft, und zwar auf den wasserseitigen Teil des Untergrundes. Im Hinblick auf die unmittelbare Gründung einer Schwergewichtsmauer auf tragfähigem Fels kann der Bodenwiderstand (Bodengegendruck) als statisch bestimmt angenommen werden.

Das Mauergewicht setzt sich zusammen aus dem Eigengewicht der Mauer und den allfälligen Auflasten auf Mauerkrone bzw. Zusatzlasten aus Maschinen usw., die im Mauerinnern untergebracht sind.

Große Bedeutung kommt der vorherigen verlässigen Bestimmung des Raumgewichtes des Mauerwerkes zu wegen seines großen Einflusses auf die Mauerabmessung. Es schwankt im allgemeinen zwischen

$\gamma_m = 2{,}2\ \mathrm{t/m^3}$ und $\gamma_m = 2{,}5\ \mathrm{t/m^3}$ je nach dem verwendeten Baustoff (Rüttelung) und den Einzelgewichten der Konstruktionsteile.

7. Schließlich kommen noch folgende Angriffskräfte in Betracht: Kräfte infolge *Temperaturänderung*, *Schwindens* oder Quellens (bei Bogen- oder Gewölbereihenmauern), solche infolge von *Formänderungen der Fundamentsohle* (bei Gewichtsstaumauern), von *Verdrehungen und Nachgiebigkeit der Talwände* (bei Bogenstaumauern), von *elastischen Formänderungen der Pfeiler* (bei aufgelösten Sperren). Ihre Berücksichtigung ist in den meisten Fällen nicht nötig, wenn dafür Sorge getragen wird, daß die auftretenden höchsten und niedrigsten Druckspannungen nicht völlig an die Höchst- bzw. Nullgrenze herankommen. Im übrigen wird auf die Spezialliteratur verwiesen[1].

B. Die Standfestigkeitsbedingungen.

Die Schwergewichtsmauer muß so bemessen werden, daß sie unter der Einwirkung von Kräften, wie sie unter I. erläutert wurden, nicht irgendwie zerstört wird. Früher begnügte man sich mit den Forderungen:

1. Die Mauer darf infolge des Stauwasserdruckes nicht *kippen* (kanten),
2. sie darf unter der Einwirkung dieser Kraft nicht *gleiten*.

Zu diesen Forderungen sind dann noch folgende Standfestigkeitsbedingungen getreten:

3. Es dürfen sowohl bei vollem als auch bei leerem Becken *keine Zugspannungen* an irgendeinem Mauerpunkt auftreten, d. h. die Drucklinie muß für beide Belastungsfälle stets *im mittleren Drittel* (*Kern*) des Mauerprofiles verlaufen.

4. Die tatsächlich auftretenden Druckspannungen dürfen an keiner Stelle weder *bei vollem noch bei leerem Becken die zulässigen Druckspannungen des Baumaterials übersteigen.* Genauer heißt die Forderung, daß die auftretenden *Haupt*druckspannungen und Schubspannungen an keiner Stelle das durch das Material vorgeschriebene Maß der Beanspruchung übersteigen.

---

[1] Zum Beispiel LINK: Die Bestimmung der Querschnitte von Staumauern und Wehren aus dreieckigen Grundformen. Berlin: Springer 1910. – ZIEGLER: Der Talsperrenbau. Berlin: Ernst & Sohn 1925/27. Die Widerstandsform der Voll- und Pfeiler-Staumauern. Z. dtsch. Wasserw. 1942. – COLORIO: Beitrag zur Bemessung von Staumauern. Dissertation T. H. Hannover 1926. – MARQUARDT: Die Talsperren. Handb. für Eisenbetonbau. Berlin: Ernst & Sohn 1926. – TÖLKE: Talsperren. Berlin: Springer 1938. Entwicklungslinien im Talsperrenbau unter besonderer Berücksichtigung der Steindämme und Betonstaumauern. Die Wasserwirtsch. 1952, H. 4. – SCHOKLITSCH: Der Wasserbau. Wien: Springer 1952. – PRESS: Talsperren. Berlin: W. Ernst & Sohn 1953 und zahlreiche Fachzeitschriften wie: Dtsch. Wasserw.; Wasserwirtschaft, Wien; Schweiz. Wasser- u. Energiewirtschaft; Bautechnik; Bauingenieur; Schweiz. Bauztg.; Z. österr. Ing.- u. Archit.-Ver.

Kippgefahr tritt ein, wenn die Resultierende sämtlicher, oberhalb der Bodenfuge wirkenden waagrechten wie lotrechten Kräfte außerhalb des luftseitigen Mauerfußes verläuft oder wenn die Bodenpressung an dieser Mauerstelle die Tragfähigkeit des Untergrundes überschreitet. Es ist leicht zu übersehen, daß die Forderungen 3. und 4. über die Forderung 1. wesentlich hinausgehen und sie in sich einschließen. Denn die Sicherheit gegen Kippen ist im Grenzfall schon gegeben, wenn die Schlußkraft durch den luftseitigen Mauerfuß (Mauervorderkante) geht. Dann ist dort aber eine unendlich große Druckbeanspruchung vorhanden. Nach der Forderung 4. dagegen muß die Schlußkraft (Resultierende) in einem solchen Abstand von der Mauervorderkante verlaufen, daß die zulässigen Randpressungen nicht überschritten werden.

Nun noch eine kurze Bemerkung zu den Forderungen 3. und 4. (genauere Fassung!). Es hat sich herausgestellt, daß bei *geneigter* Mauerwand an der Wasserseite nur dann keine Zugspannungen auftreten, wenn bei gefülltem Becken für die wasserseitige Randspannung σ_w die Bedingung erfüllt ist

$$\sigma_w > \gamma_w \cdot h \cdot \cos^2 \psi_w .$$

Dabei ist

γ_w = Raumgewicht des Wassers,
h = Tiefenlage der betrachteten waagrechten Mauerfuge unter der Krone,
ψ_w = Neigungswinkel der wasserseitigen Mauerbegrenzung mit der betrachteten horizontalen Fuge.

Für $\psi_w < 90°$ (*geneigte* wasserseitige Mauerbegrenzung!) bedeutet dies, daß es zur Vermeidung des Auftretens von Haupt-Zugspannungen an der Wasserseite bei gefülltem Becken nicht genügt, daß die Drucklinie lediglich innerhalb des Kerns zu liegen kommt. Sie muß vielmehr so weit vom luftseitigen Rand des Kerns entfernt bleiben (nach dem Kerninneren rücken), daß die obige Bedingung für σ_w erfüllt ist. Damit geht im allgemeinen Fall die genauere Forderung 4. auch noch über die Forderung 3. bei gefülltem Becken hinaus, schließt sie in sich ein. Außerdem zeigt sich, daß die früher vielfach aufgestellte Forderung, die Randspannungen an der Wasserseite dürfen zur Vermeidung von Zugspannungen an der wasserseitigen Mauerfront an keiner Stelle unter 5 bis 10 t/m² heruntergehen, bei *hohen* Sperren gegebenenfalls bei weitem nicht genügt. Sie reicht nur sicher hin, wenn $\cos \psi_w = 0$, also $\psi_w = 90°$, d. h. die wasserseitige Mauerbegrenzung lotrecht steht, was bei hohen Mauern praktisch kaum vorkommt.

Bei Erfüllung der vorstehenden Bedingungen hinsichtlich der Hauptdruck- bzw. -zugspannungen besteht gleichzeitig genügende Sicherheit, daß die zulässige Schubfestigkeit nicht überschritten wird.

Die *Gleitsicherheit* (Forderung 2) wird von der Erfüllung der Forderungen 3. bzw. 4. nicht berührt; sie ist gesondert nachzuweisen. Dabei gehört die Gefahr des Gleitens zu den größten Gefahren, welche einer Staumauer drohen kann. Die meisten der bisher beobachteten Staumauerzerstörungen, wie ja auch vieler kleinerer Mauern (z. B. Kaimauern), sind auf Abschiebungen des Mauerkörpers auf der Fundamentfuge oder einer darunter liegenden Gleitfläche (Grundbruch, Geländebruch) zurückzuführen. Damit ergibt sich die Notwendigkeit, durch geeignete konstruktive Maßnahmen (Verzahnen der Sohle in den Untergrund, Heranziehen des an der Luftseite anstehenden Fels als Stirnauflager) die Gleitgefahr herabzumindern, andererseits für den Nachweis der Gleitsicherheit von ungünstigen Annahmen für den Reibungswert auszugehen. $\Sigma H = f \cdot \Sigma (G - U)$. Gleitsicherheitsfaktor f zwischen 0,5 bis 0,8; für guten Fels bei Betonstaumauern $f = 0{,}75$*.

Diese Gleitsicherheit muß natürlich auch für alle Teile der Mauer bestehen, d. h. es muß dafür Sorge getragen sein, daß nicht irgend ein Teil der Mauer in einer Fuge gleiten kann (Anlage von gegen die Luftseite ansteigende Fugen!).

Scherfestigkeit. Diese hat unter Umständen eine noch größere Bedeutung als die Gleitsicherheitsuntersuchung. Der Schersicherheitsfaktor S ergibt sich für die Mauergründungsfläche F und den Einheitsscherwiderstand s zu:

$$S = \frac{f \Sigma (G - U) + F \cdot s}{\Sigma H}$$

$\Sigma G =$ *alle* nach *ab*wärts wirkenden Kräfte

$\Sigma U =$ *alle* nach *auf*wärts wirkenden Kräfte

$\Sigma H =$ *alle* horizontalen Kräfte.

Die vorliegenden Werte der Scherfestigkeit s müssen auf Grund der neuen Erkenntnisse in der Bodenmechanik ermittelt werden, wobei natürlich die Schichtungs- und Klüftungsverhältnisse usw. besonders zu berücksichtigen sind.

C. Die Entwicklung des Mauerquerschnittes[1].

Vorweg eine Feststellung: Der endgültige Querschnitt einer massiven Talsperre kann nicht ohne weiteres etwa mit einer Rechenformel festgelegt werden. Er entsteht vielmehr — wie übrigens fast alle größeren Ingenieurbauwerke — durch Probieren, also empirisch. Dieser Weg des Probierens wird aber bei einer massiven Talsperre wesentlich verkürzt und vereinfacht, wenn man dabei ausgeht vom „*Grunddreieck der Stau-*

* Vgl. S. 306.

[1] Für die statische Untersuchung der Mauer denkt man sich an der Stelle größter Mauerhöhe einen Streifen von 1,0 m Breite lotrecht herausgeschnitten.

mauer"[1], auf das man in fast allen praktischen Fällen eine solche Staumauer zurückführen kann.

Was versteht man unter „Grunddreieck"? Die Querschnitts*grund*form einer Staumauer ist ein *Dreieck*, dessen Spitze in der Höhe des Wasserspiegels liegt. Der einfachste Fall ist dabei jener, bei dem die Sperre eine lotrechte wasserseitige Begrenzung hat.

1. Entwicklung aus Eigengewicht und Stauwasserdruck.

Stellt man die Bedingung, daß sowohl unter der Einwirkung des Eigengewichts der Mauer (leeres Becken), wie auch unter der Wirkung des horizontalen Wasserdruckes beim Grunddreieck mit senkrechter Wasserseite nirgends Zugspannungen auftreten, dann muß für eine solche Mauer von der Höhe h die *Mindestbreite* b in der Fundamentsfuge $b = \frac{h}{\sqrt{\gamma_m}}$ werden (γ_m = Einheitsgewicht des Mauerwerks).

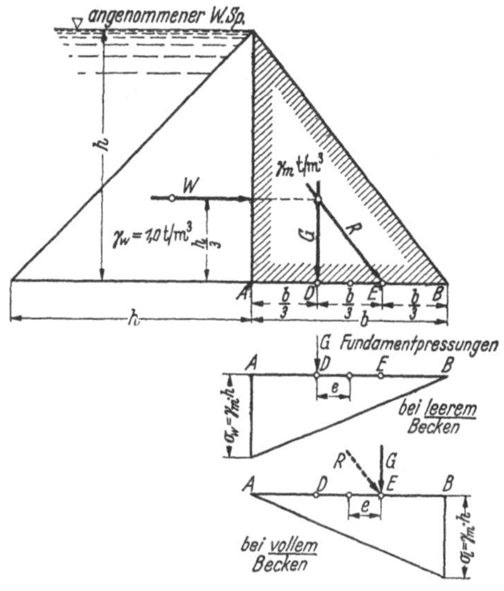

Abb. 171. Eigengewicht und Stauwasserdruck.

Beweis (Abb. 171): Bei *leerem* Becken geht die Schlußkraft der Mauergewichte für jede Fuge durch den *wasser*seitigen Kernrand, also auch in der Fundamentfuge AB durch D.

Damit bei *vollem* Becken keine Zugspannungen in AB auftreten, muß die Resultierende aus W und G im Kern liegen. Für den Grenzfall ($\sigma_w = 0$), der den gesuchten kleinstzulässigen Wert b ergibt, muß die Resultierende R aus dem Stauwasserdruck W und dem Mauergewicht G durch den *luft*seitigen Kernrand E gehen. Für E als Momentenpunkt wird dann das Moment aus R zu Null, d. h.

$$W \cdot \frac{h}{3} = G \cdot \frac{b}{3}$$

$$W = \gamma_w \cdot \frac{h^2}{2} \quad \text{und} \quad G = \gamma_m \cdot \frac{b \cdot h}{2}.$$

[1] Vgl. z. B.: E. Link: Die Bestimmung der Querschnitte von Staumauern und Wehren aus dreieckigen Grundformen. Berlin: Springer 1910, und Ihssen: Beiträge zur Bemessung von Gewichts-Staumauern. Die Wasserwirtschaft, 45. J., Nr. 2, Nov. 1954.

Somit
$$\gamma_w \cdot \frac{h^2}{2} \cdot \frac{h}{3} = \gamma_m \cdot \frac{b \cdot h}{2} \cdot \frac{b}{3}.$$

In dieser Gleichung ist h die Höhe der zu gestaltenden Sperrmauer und als gegeben zu betrachten. b ist jene gesuchte Fundamentbreite, bei der für das Mauerwerkmaterial mit dem Einheitsgewicht γ_m bei vollem *und* leerem Becken gerade keine Zugspannungen auftreten. Man erhält

$$b = \sqrt{\frac{\gamma_w}{\gamma_m} \cdot h^2} = \frac{h}{\sqrt{\gamma_m}} \quad \text{für } \gamma_w = 1{,}0 \text{ t/m}^3.$$

Wirkt außer W und G auch noch der Unterdruck U auf die Mauer, dann ergibt sich für die obengenannte Bedingung (keine Zugspannungen!) für A als Momentenpunkt (Abb. 172):

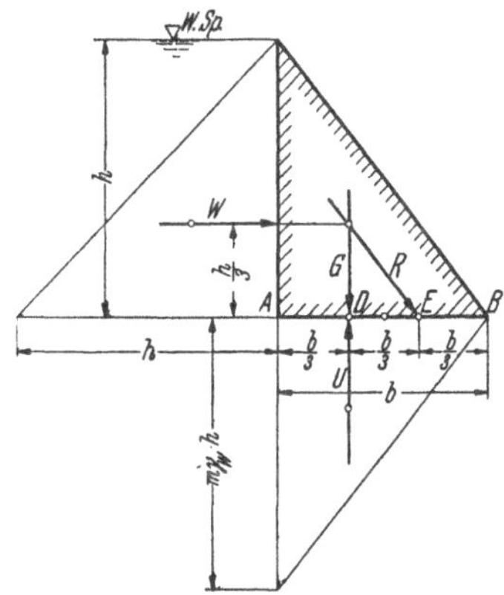

Abb. 172. Mitwirkung des Unterdruckes.

$$W \cdot \frac{h}{3} = G \cdot \frac{b}{3} - U \cdot \frac{b}{3}$$

$$\frac{h^3}{2} = b\left(\gamma_m \cdot \frac{b \cdot h}{2} - m \cdot \frac{b \cdot h}{2}\right) = \frac{b^2 \cdot h}{2}(\gamma_m - m);$$

also

$$h^2 = b^2(\gamma_m - m) \quad \text{und} \quad b = \frac{h}{\sqrt{\gamma_m - m}}.$$

Ohne Unterdruck ergeben sich für die Mindestbreite b folgende Fundamentpressungen:

$$\sigma = \frac{P}{F} \pm \frac{M}{W} - \frac{G}{b}\left(1 \pm \frac{6 \cdot e}{b}\right) = \frac{\gamma_m \cdot \frac{b \cdot h}{2}}{b}\left(1 \pm \frac{6 \cdot e}{b}\right) - \gamma_m \cdot \frac{h}{2}\left(1 \pm \frac{6 \cdot e}{b}\right).$$

In beiden Belastungsfällen ist $e = \frac{b}{6}$.

Damit

$$\sigma = \frac{\gamma_m h}{2}(1 \pm 1).$$

Für *leeres* Becken: $\sigma_w = \gamma_m \cdot h$; $\sigma_l = 0$, und für *volles* Becken: $\sigma_w = 0$; $\sigma_l = \gamma_m \cdot h$; es sind also beide maximalen Randspannungen gleich groß. Da die größte zulässige Randspannung $\sigma_{zul.}$ im Fundament begrenzt, d. h. abhängig ist von der an der Sperrenstelle vorhandenen Widerstandsfähigkeit des Untergrundes, ist dieses $\sigma_{zul.}$ in seiner zahlenmäßigen Größe als gegeben zu betrachten. Da auch γ_m zahlenmäßig durch die Wahl des Baustoffes festliegt, ergibt sich aus $\sigma_{zul.} = \gamma_m \cdot h$ für h die Grenzbedingung $h = \frac{\sigma_{zul.}}{\gamma_m}$, d. h. das obige Grunddreieck von der Breite $b = \frac{h}{\sqrt{\gamma_m}}$ ist nur bis zur Höhe $h = \frac{\sigma_{zul.}}{\gamma_m}$ mit senkrechter wasserseitiger Begrenzung möglich.

In unserem Fall erlaubt der Felsuntergrund keine größere Beanspruchung als $\sigma_{zul.} = 80{,}0\ \text{t/m}^2$. Da $\gamma_m = 2{,}3\ \text{t/m}^3$ beträgt, ergibt sich als Grenzwert für h:

$$h = \frac{\sigma_{zul.}}{\gamma_m} = \frac{80{,}0}{2{,}3} = \mathbf{34{,}8}\ \text{m}^*.$$

Bei einer Staumauerhöhe $h > \frac{\sigma_{zul.}}{\gamma_m}$ mit senkrechter wasserseitiger Begrenzung würden die auftretenden Randpressungen $> 80\ \text{t/m}^2$. Eine Verbreiterung der Mauer nach der Luftseite hin $\left(b > \frac{h}{\sqrt{\gamma_m}}\right)$ unter Beibehaltung der senkrechten *wasserseitigen Begrenzung* und des Dreieckquerschnittes bringt *keine* Verbesserung der Beanspruchungsverhältnisse in der Fundamentfuge, da bei *leerem* Becken die Höchstspannung unverändert $\gamma_m \cdot h$ bleibt. Die Beibehaltung der Dreiecksgrundform erfordert deshalb eine Verbreiterung nach der *Wasser*seite hin, d. h. also eine *geneigte* (schräge) Anordnung der wasserseitigen Mauerbegrenzung von vorne herein. Da in unserer Aufgabe die größte Mauerhöhe (1240,0 – 1197,0) = 43,0 m beträgt, also wesentlich über dem Grenzwert $h = 34{,}8$ m liegt, trifft auf sie diese Forderung zu.

Zu einer solchen Schrägstellung der wasserseitigen Mauerflucht kommt man auch in den Fällen, in denen die Forderung $h = \frac{\sigma_{zul.}}{\gamma_m}$ für ein rechtwinkliges Grunddreieck erfüllt ist, wenn man letzteres durch Aufsetzen des Mauerkronenkörpers von der Breite b_1 und der Höhe h_1 zur eigentlichen Staumauer weiter entwickelt. Denn die Gewichtskomponente G_1 dieses zusätzlichen Mauerdreiecks hat von der zunächst noch lotrechten wasserseitigen Mauerbegrenzung den Abstand $\frac{2b_1}{3} < \frac{b}{3}$, wobei $\frac{b}{3}$ = Abstand der Gewichtskomponente G des Grunddreiecks von der wasserseitigen Mauerwand. Z. B. würde für $b_1 = 6{,}0$ m der Abstand $\frac{2}{3} \cdot b_1 = 4{,}0$ m, für $b = 19{,}8$ m (siehe weiter unten!) der Wert $\frac{b}{3} = 6{,}6$ m. Es drückt also die Komponente G_1 die Resultierende aus $G + G_1$ der Wasserseite zu, wodurch sie aus dem Kern herausgedrückt wird, was bei *leerem* Becken zu Zugspannungen an der Luftseite führt, und zwar unterhalb der Fuge, in der G_1 den wasserseitigen Kernrand schneidet. In vorstehendem Zahlenbeispiel ist das die Mauerfuge mit der Mauerbreite $b' = 3 \cdot \frac{2b_1}{3} = 2b_1 = 12{,}0$ m. Für $h = 30{,}0$ m und $\gamma_m = 2{,}3\ \text{t/m}^3$ ergäbe sich eine notwendige Fundamentbreite des Grunddreiecks $b = \frac{h}{\sqrt{\gamma_m}} = \frac{30{,}0}{\sqrt{2{,}3}} = 19{,}8$ m und ein Abstand h' der vorermittelten 12,0 m breiten Fuge

* Für den Fall $\sigma_{zul.} = 120\ \text{t/m}^2$ (sehr gut tragfähiger Fels!) und $\gamma_m = 2{,}3$ ergäbe sich beispielsweise eine Mauergrenzhöhe $h = \frac{120{,}0}{2{,}3} = 52{,}2$ m.

von der Krone zu $h' = 12{,}0 \cdot \frac{30{,}0}{19{,}8} = 18{,}20$ m. Von dieser Tiefe ab müßte also, und zwar lediglich wegen des Einflusses von G_1 auf die Lage der Schlußkraft $(G + G_1)$, die Verbreiterung der Mauer nach der Wasserseite zu beginnen. Es empfiehlt sich, diese Verbreiterung — wenigstens für die Entwicklung des 1. Mauerentwurfes — mittels einer *geradlinigen* Begrenzung der Mauer durchzuführen und sie außerdem aus praktischen Gründen bereits an der Krone beginnen zu lassen. Man erreicht dadurch, daß sich die an der Wasserseite meist angeordnete Verblendungs- und Schutzschicht mit ihrem Gewicht an den Mauerhauptkörper anlehnen kann, so daß ein immerhin denkbares Aufklaffen zwischen beiden Mauerkörpern von vorne herein unmöglich gemacht wird. Die Verbreiterung wächst dann gradlinig von 0 an der Mauerkrone auf x am Mauerfundament an. Für diese geneigte Mauerflucht genügt bei nicht zu hohen Mauern *rechnerisch* meist schon die geringe Neigung $\frac{x}{h} \sim \frac{1}{40}$ bis $\frac{1}{50}$. *Praktisch* empfiehlt es sich jedoch — je nach den Verhältnissen — Neigungen $\frac{x}{h} \sim \frac{1}{10}$ bis $\frac{1}{25}$ zu wählen.

Nach LINK läßt sich die Größe x der wasserseitigen Neigung rechnungsmäßig aus dem rechtwinkligen Grunddreieck herleiten durch die Beziehung (vgl. Abb. 173):

$$x = \frac{b_1 \cdot h_1 \cdot (b - 2\,b_1)}{b \cdot h + 2\,b_1 \cdot h_1}.$$

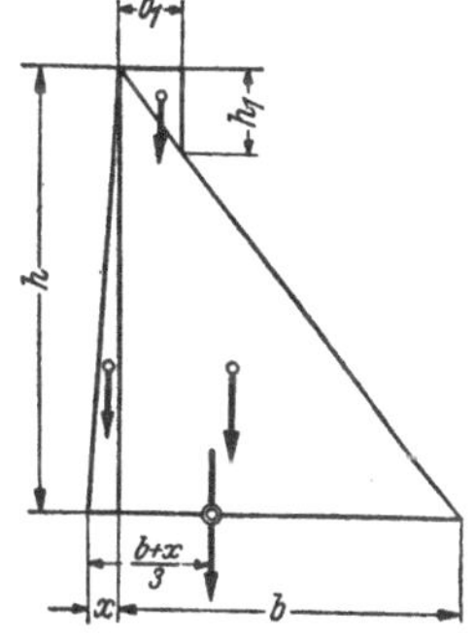

Abb. 173. Herleitung der wasserseitigen Neigung.

Beispielsweise erhält man mit den Werten des obigen Beispiels:

$$h_1 = 6{,}0 \cdot \frac{30}{19{,}8} = 9{,}1 \text{ m}$$

und

$$x = \frac{6{,}0 \cdot 9{,}1 \cdot (19{,}8 - 2 \cdot 6{,}0)}{19{,}8 \cdot 30{,}0 + 2 \cdot 6{,}0 \cdot 9{,}1} = \mathbf{0{,}61} \text{ m},$$

entsprechend einer Neigung $\frac{x}{h} = \frac{1}{49}$.

Nun wieder zur gestellten Aufgabe! Es hat sich für den gesuchten Sperrenquerschnitt, wie weiter oben gezeigt, die Notwendigkeit ergeben, wegen der verhältnismäßig kleinen zulässigen Beanspruchung des Felsuntergrundes ($\sigma_{zul.} \leqq 80$ t/m²) von einem *Grunddreieck mit schräger wasserseitiger Begrenzung* auszugehen. Dabei muß dieses Grunddreieck so bemessen werden, daß sowohl bei *leerem* als auch bei *vollem* Becken die *Randspannungen* (d. h. die Normalspannungen für waagrechte Fugen) *den Wert* $\sigma_{zul.} = 80$ t/m² *auf keinen Fall überschreiten.*

Auch für diesen Fall hat LINK[1] einfache Beziehungen entwickelt. Bezeichnet σ_w wiederum die Randspannung in der Fundamentfuge auf der

[1] Vgl. LINK: Die Bestimmung der Querschnitte von Staumauern. Zit. S. 292.

Wasserseite, σ_l jene auf der Luftseite, wobei in unserem Falle $\sigma_{w_1} \leqq 80\ \mathrm{t/m^2}$ bei leerem Becken bzw. $\sigma_{l_2} \leqq 80\ \mathrm{t/m^2}$ bei *vollem* Becken sein müssen, und wird die Neigung der wasserseitigen Mauerbegrenzung $\frac{x}{h} = \frac{n \cdot b}{h}$, also $x = n \cdot b$ gesetzt, dann ergibt sich im Grenzfall (vgl. Abb. 174)

1. für *leeres* Becken: $\sigma_{w_1} = \gamma_m \cdot h(1 - n) = 80\ \mathrm{t/m^2}$,
2. für *volles* Becken: $\sigma_{l_2} = \frac{h^3}{b^2} + h \cdot n \cdot (\gamma_m + n - 1) = 80\ \mathrm{t/m^2}$.

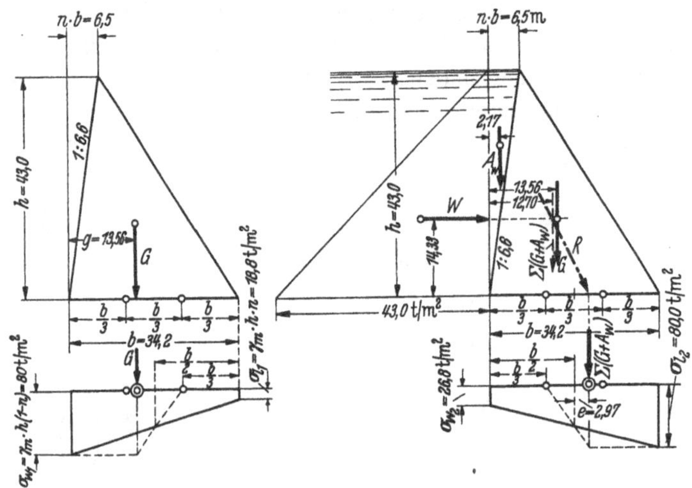

1. Pressungen bei *leerem* Becken.

$\sigma_{w_1} = \gamma_m \cdot h\,(1 - n)$

$\sigma_{l_1} = \gamma_m \cdot h \cdot n$

2. Pressungen bei *vollem* Becken.

$\sigma_{w_2} = h\,(\gamma_m + 2 \cdot n - n \cdot \gamma_m - n^2) - \frac{h^3}{b^2}$

$\sigma_{l_2} = \frac{h^3}{b^2} + h \cdot n \cdot (\gamma_m + n - 1)$

Abb. 174. Grunddreieck mit schräger wasserseitiger Begrenzung für die Grenzfälle 1) für leeres Becken 2) für volles Becken.

σ_{w_1} bzw. σ_{l_2} lassen sich durch die Stauhöhe h ausdrücken, indem gesetzt wird:

$$\sigma_{w_1} = \frac{\sigma_{w_1}}{h} \cdot h = \frac{80{,}0}{43{,}0} \cdot h = 1{,}86 \cdot h = \sigma_{l_2}\,.$$

Demnach für *leeres* Becken:

$$\gamma_m \cdot h(1 - n) = 1{,}86 \cdot h \quad \text{oder} \quad \gamma_m(1 - n) = 1{,}86.$$

Daraus ergibt sich für die Neigung der Wasserseite

$$n = 1 - \frac{1{,}86}{\gamma_m} = 1 - \frac{1{,}86}{2{,}3} = 0{,}19\,.$$

Setzt man diesen Wert für n in die Gleichung 2 ein und berücksichtigt, daß $\sigma_{l_2} = 1{,}86 \cdot h$ ist, so ergibt sich für die Sohlenbreite b:

$$b = \frac{h}{\sqrt{1{,}86 - n\,(\gamma_m + n - 1)}} = \frac{43{,}0}{\sqrt{1{,}86 - 0{,}19\,(2{,}3 + 0{,}19 - 1)}} = \mathbf{34{,}2}\ \mathrm{m}$$

und für $x = n \cdot b = 0{,}19 \cdot 34{,}2 = 6{,}5$ m. Das so gefundene Grunddreieck mit der Neigung der Wasserseite $\frac{6{,}5}{43{,}0} = \frac{1}{6{,}6}$ entspricht gerade den gestellten Forderungen (Abb. 174). Es muß nun durch Hinzufügung der Mauerbekrönung zum Staumauerquerschnitt ergänzt werden. Dadurch ändern sich die Druckspannungen wieder sowohl für volles als auch für leeres Becken, und zwar um so mehr, je niederer die Mauer ist. Da die Gewichtsresultierende G_1 der Bekrönung näher an der Wasserseite liegt als das G des Grunddreiecks, ist eine weitere Verbreiterung des Fundaments nach der Wasserseite hin notwendig.

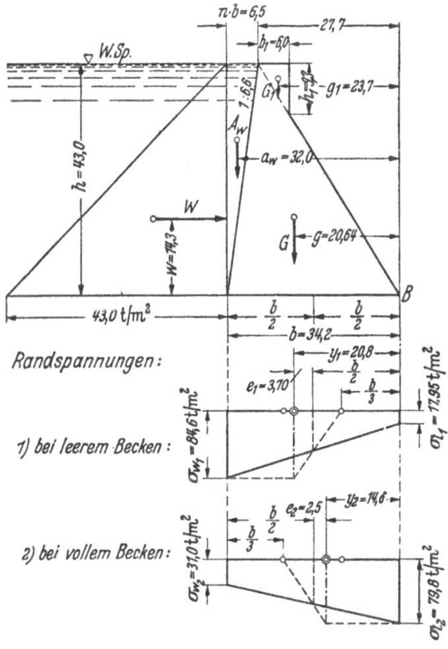

Abb. 175. Mit Mauerbekrönung.

Diese notwendige Verbreiterung (d. h. stärkere Neigung der Wasserseite) kann durch Probieren, also empirisch, gefunden werden. Sie läßt sich aber auch rechnerisch ermitteln. Obwohl letzteres Verfahren etwas umständlich ist, empfiehlt sich seine Anwendung doch, wenn mangels Erfahrung und Übung die Größenordnung der Verbreiterung nicht übersehen werden kann.

Man geht dabei so vor, daß man dem gefundenen Grunddreieck die gewünschte Mauerbekrönung von 6,0 Kronenbreite zufügt und zunächst für diesen Staumauerquerschnitt die nunmehrigen Kantenpressungen ermittelt, was im Hinblick auf die einfache Form des Mauerquerschnittes keine besondere Mühe verursacht.

Unter Bezug auf Abb. 175 ergibt sich:

$$h_1 = 6{,}0 \cdot \frac{43{,}0}{27{,}7} = 9{,}3 \text{ m}; \quad G = 2{,}3 \cdot \frac{34{,}2 \cdot 43{,}0}{2} = 1690 \text{ t}$$

$$g = \frac{2}{3}\, b - \frac{n \cdot b}{3} = \frac{b\,(2-n)}{3} = \frac{34{,}2\,(2-0{,}19)}{3} = 20{,}64 \text{ m (oder aus Abb. 174:}$$

$$g = 34{,}20 - 13{,}56 = 20{,}64 \text{ m});$$

$$G_1 = 2{,}3 \cdot \frac{6{,}0 \cdot 9{,}3}{2} = 64 \text{ t}; \quad g_1 = b\,(1-n) - \frac{2}{3}\, b_1 = 27{,}7 - 4{,}0 = 23{,}7 \text{ m}$$

$$A_w = 1{,}0 \cdot \frac{6{,}5 \cdot 43{,}0}{2} = 140 \text{ t}; \quad a_w = \frac{b\,(3-n)}{3} = \frac{34{,}2\,(3-0{,}19)}{3} = 32{,}0 \text{ m}$$

$$W = 1{,}0 \cdot \frac{43{,}0^2}{2} = 925 \text{ t}; \quad w = \frac{h}{3} = \frac{43{,}0}{3} = 14{,}3 \text{ m}.$$

Für den luftseitigen Fußpunkt B der Mauer als Momentenpunkt gilt nun für den Durchstoßpunkt der Schlußkraft R durch die Fundamentfuge: $y = \frac{\Sigma M}{\Sigma V}$.

1. *Leeres* Becken:

$$y_1 = \frac{G \cdot g + G_1 \cdot g_1}{G + G_1} = \frac{1690 \cdot 20{,}64 + 64 \cdot 23{,}7}{1690 + 64} = \frac{34\,900 + 1518}{1754} = \frac{36\,418}{1754} = \mathbf{20{,}8}\ \text{m}$$

$$e_1 = y_1 - \frac{b}{2} = 20{,}8 - \frac{34{,}2}{2} = \mathbf{3{,}70}\ \text{m}$$

$$\sigma_1 = \frac{\Sigma V}{b}\left(1 \pm \frac{6 \cdot e}{b}\right) = \frac{1754}{34{,}2}\left(1 \pm \frac{6 \cdot 3{,}70}{34{,}2}\right) = 51{,}3\,(1 \pm 0{,}65)$$

$$\sigma_{w_1} = 51{,}3 \cdot 1{,}65 = \mathbf{84{,}6}\ \text{t/m}^2\ (!); \quad \sigma_{l_1} = 51{,}3 \cdot 0{,}35 = \mathbf{17{,}95}\ \text{t/m}^2.$$

2. *Volles* Becken:

$$y_2 = \frac{G \cdot g + G_1\, g_1 + A_w \cdot a_w - W \cdot w}{G + G_1 + A_w} = \frac{36\,418 + 140 \cdot 32{,}0 - 925 \cdot 14{,}3}{1754 + 140}$$

$$= \frac{36\,418 + 4480 - 13\,230}{1894}$$

$$y_2 = \mathbf{14{,}6}\ \text{m}; \quad e_2 = \frac{b}{2} - y_2 = \frac{34{,}2}{2} - 14{,}6 = \mathbf{2{,}5}\ \text{m}$$

$$\sigma_2 = \frac{1894}{34{,}2} \cdot \left(1 \pm \frac{6 \cdot 2{,}5}{34{,}2}\right) = 55{,}4\,(1 \pm 0{,}44)$$

$$\sigma_{w_2} = 55{,}4 \cdot 0{,}56 = \mathbf{31{,}0}\ \text{t/m}^2; \quad \sigma_{l_2} = 55{,}4 \cdot 1{,}44 = \mathbf{79{,}8}\ \text{t/m}^2.$$

Bei leerem Becken überschreitet die Randspannung σ_{w_1} mit 84,6 t/m² die höchstzulässige Bodenpressung von 80 t/m² erheblich. Es müssen also die Abmessungen des Grunddreieckes zwecks Einhaltung der gegebenen Beanspruchungsgrenzen neu ermittelt werden. Zu diesem Zwecke bringt man die für die Mauerdimensionen maßgeblichen Spannungen σ_{w_1} und σ_{l_2} wiederum in Beziehung zu h, indem man setzt:

$$\sigma_{w_1} = 84{,}6\ \text{t/m}^2 = 1{,}97\, h \ \text{bzw.}\ \sigma_{l_2} = 79{,}9\ \text{t/m}^2 = 1{,}86 \cdot h.$$

Zur neuerlichen Bestimmung von n und b benützt man nochmals die Linkschen Beziehungen der Seite 296, berücksichtigt aber den festgestellten Einfluß der Mauerbekrönung in der Gleichung 1, indem man σ_{w_1} von vornherein um die Überschreitung kleiner ansetzt, also in unserem Beispiel statt $1{,}86 \cdot h$ den Wert $[1{,}86 - (1{,}97 - 1{,}86)]h = 1{,}75 \cdot h$ nimmt. Analog hätte man für den Wert σ_{l_2} in Gleichung 2, S. 296 zu verfahren. Da σ_{l_2} unverändert $1{,}86 \cdot h$ geblieben ist, erübrigt sich in unserem Beispiel eine solche Verbesserung des Faktors von h. Auf diese Weise erhält man

1. $\gamma_m (1 - n) = 1{,}75$; daraus $n = \mathbf{0{,}24}$

2. $$b = \frac{43{,}0}{\sqrt{1{,}86 - 0{,}24\,(2{,}3 + 0{,}24 - 1)}} = \frac{43{,}0}{1{,}22} = \mathbf{35{,}2}\ \text{m} \quad \text{und}$$

$$n \cdot b = 0{,}24 \cdot 35{,}2 = \mathbf{8{,}45}\ \text{m}.$$

Die folgende Nachprüfung zeigt, daß diese neuen Bemessungsgrößen für die Mauer *mit* Bekrönung zu Randspannungen führen, die innerhalb der gesetzten Grenzen liegen.

Zunächst ergibt sich der horizontale Abstand der Grunddreieckspitze vom luftseitigen Mauerfußpunkt zu $35{,}2 - 8{,}45 = 26{,}75$ m; außerdem wird $h_1 = 6{,}0 \frac{43{,}0}{26{,}75} = 9{,}6$ m. Ferner (vgl. S. 297 f.):

$$G = 2{,}3 \cdot \frac{35{,}2 \cdot 43{,}0}{2} = 1740 \text{ t}; \quad g = \frac{35{,}2\,(2 - 0{,}24)}{3} = 20{,}65 \text{ m};$$

$$G_1 = 2{,}3 \cdot \frac{6{,}0 \cdot 9{,}6}{2} = 64{,}2 \text{ t}; \quad g_1 = 26{,}75 - 4{,}0 = 22{,}75 \text{ m}$$

$$A_w = 1{,}0 \cdot \frac{8{,}45 \cdot 43{,}0}{2} = 181{,}6 \text{ t}; \quad a_w = \frac{35{,}2\,(3 - 0{,}24)}{3} = 32{,}4 \text{ m}$$

$$A_w \cdot a_w = 5880 \text{ mt}$$

$$W = 925 \text{ t}; \quad w = 1433 \text{ m}; \quad W \cdot w = 13\,230 \text{ mt}.$$

Für B als Momentenpunkt:

1. leeres Becken:

$$y_1 = \frac{1740 \cdot 20{,}65 + 64{,}2 \cdot 22{,}75}{1740 + 64{,}2} = \frac{37360}{1804{,}2} = \mathbf{20{,}7} \text{ m}$$

$$e_1 = 20{,}7 - 17{,}6 = \mathbf{3{,}1} \text{ m}$$

$$\sigma_1 = \frac{1804}{35{,}2}\left(1 \pm \frac{6 \cdot 3{,}1}{35{,}2}\right) = 51{,}3\,(1 \pm 0{,}53)$$

$$\sigma_{w_1} = 51{,}3 \cdot 1{,}53 = \mathbf{78{,}5} \text{ t/m}^2; \quad \sigma_{l_1} = 51{,}3 \cdot 0{,}47 = \mathbf{24{,}1} \text{ t/m}^2.$$

2. volles Becken:

$$y_2 = \frac{37\,360 + 5880 - 13\,230}{1804{,}2 + 181{,}6} = \frac{30010}{1985{,}8} = \mathbf{15{,}15} \text{ m}$$

$$e_2 = 17{,}6 - 15{,}15 = \mathbf{2{,}45} \text{ m}$$

$$\sigma_2 = \frac{1985{,}8}{35{,}2}\left(1 \pm \frac{6 \cdot 2{,}45}{35{,}2}\right) = 56{,}4\,(1 \pm 0{,}42)$$

$$\sigma_{w_2} = 56{,}4 \cdot 0{,}58 = \mathbf{32{,}7} \text{ t/m}^2;$$

$$\sigma_{l_2} = 56{,}4 \cdot 1{,}42 = \mathbf{80{,}0} \text{ t/m}^2.$$

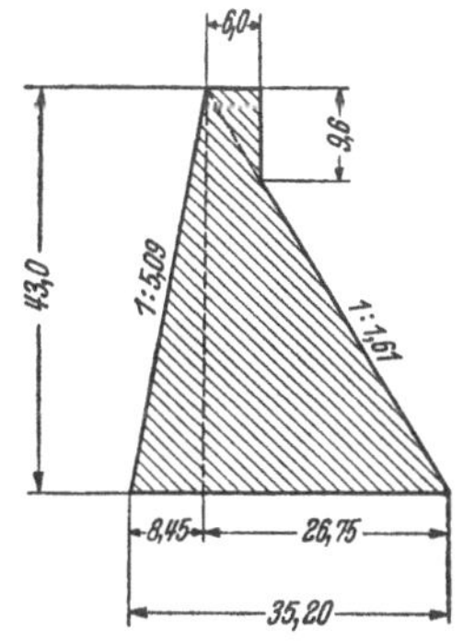

Abb. 176. Untersuchtes Sperrenprofil.

In Abb. 176 ist das voruntersuchte Sperrenprofil mit seinen Maßen dargestellt. Es genügt den Standfestigkeitsbedingungen bei Beanspruchung durch das Eigengewicht allein, sowie bei gleichzeitiger Einwirkung des Stauwasserdruckes.

Nun kann die Mauer auch noch durch *Unterdruck* (Sohlenwasserdruck) beansprucht werden. Auch bei dieser Einwirkung darf kein Klaffen in der Fundamentfuge eintreten, d. h. die Gesamtresultierende aller wirkenden Kräfte einschließlich des Unterdruckes darf über den Kernrand nicht hinausrücken. Erfüllt das in Abb. 176 dargestellte Profil diese Forderung nicht, dann muß es nochmals so umgestaltet werden, daß es auch noch dieser Bedingung genügt.

Neuerdings hat IHSSEN[1], ebenfalls vom Grunddreieck ausgehend, *Näherungsformeln* für den Wert n aufgestellt, die die Lage der Gewichtsresultierenden innerhalb des Kerns für jeden der beiden Belastungsfälle gewährleisten, so daß in keinem Falle Zugspannungen auftreten können. Für den Fall, daß die Mauerkrone auf gleicher Höhe wie der höchste Wasserspiegel liegt, wird die wasserseitige Stauwandneigung

$$n \sim \frac{\gamma_m \cdot r^2 (1 - 2r)}{\gamma_m \cdot (1 + 3r^2) - 1} \quad \text{(Abb. 177)}$$

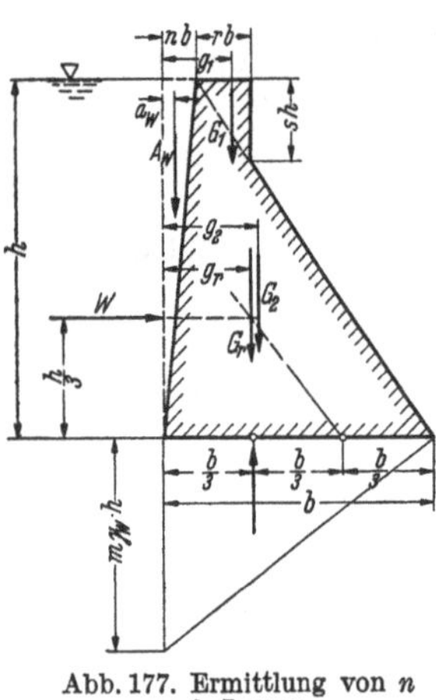

Abb. 177. Ermittlung von n nach IHSSEN.

b ergibt sich dabei aus Gleichung (1a) ($m = 0$) oder (1b) ($m > 0$), wobei m die Wirkungsstärke des Sohlenwasserdruckes bedeutet, und r errechnet sich aus der Kronenbreite b_1 mit $r = \frac{b_1}{b}$. Die Höhe des Kronendreiecks $s \cdot h$ läßt sich durch den Ansatz $s \cdot h = \frac{r \cdot h}{1 - n}$ bestimmen.

Liegt die Mauerkrone *über* dem höchsten, der Berechnung zugrunde gelegten Speicherwasserspiegel, also *über* der Grunddreieckspitze, und zwar um den Betrag $t_k = t \cdot h$, hat die Krone im Querschnitt also die Form eines Trapezes, dann ergibt sich für n näherungsweise

$$n \sim \frac{\gamma_m \cdot r^2 \left(1 - 2r - 3t + 2 \cdot \frac{t}{r}\right)}{\gamma_m \cdot (1 + 3r^2 + 8rt - 3r^2 t) - 1}.$$

Für $t = 0$ erhält man für n wieder den obigen Wert entsprechend Abb. 177.

2. Berücksichtigung des Unterdruckes[2].

Es wurde schon darauf hingewiesen, daß über die Größe des möglicherweise auftretenden Unterdruckes sowie über seine Verteilung über die Fundamentfuge im voraus keine sichere Aussage gemacht werden kann, daß man vielmehr auf mehr oder weniger willkürliche Annahmen dafür

[1] IHSSEN: Bemessung von Gewichts-Staumauern. Die Wasserwirtschaft. Zit. S. 292.

[2] Die Beachtung der Untersuchungsergebnisse von IHSSEN wird empfohlen; s. Fußnote 1.

angewiesen ist. Nehmen wir einmal an, daß sich der Sohlenwasserdruck über die ganze Fundamentfuge zwischen wasserseitigem und luftseitigem Mauerfuß erstrecke und daß die Druckverteilung geradlinig verlaufe. Da auch unter der Wirkung des Unterdruckes U kein Klaffen in der Fundamentfuge eintreten darf (DIN 19700, Talsperren!), ergibt sich für ein Grunddreieck (ohne Bekrönung) für den Grenzfall die Bedingung, daß die Resultierende R aus G, A_w, W und U durch den luftseitigen Kernrand gehen muß. Die Bedingungsgleichung dafür lautet, wenn dieser Kernrand als Momentenpunkt gewählt wird:

$$y_2 = 0 = \frac{\Sigma M}{\Sigma V} = \frac{G \cdot g + A_w \cdot a_w - W \cdot w - U \cdot u}{G + A_w - U}.$$

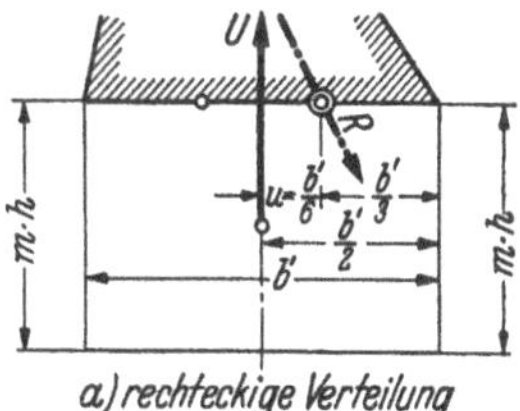

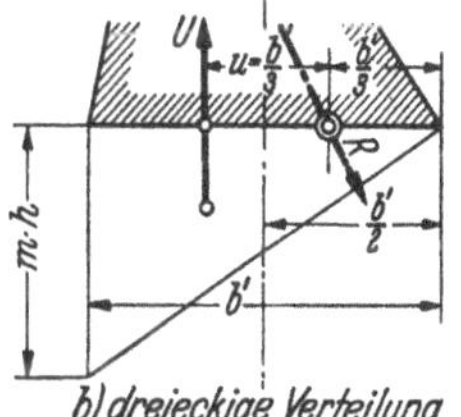

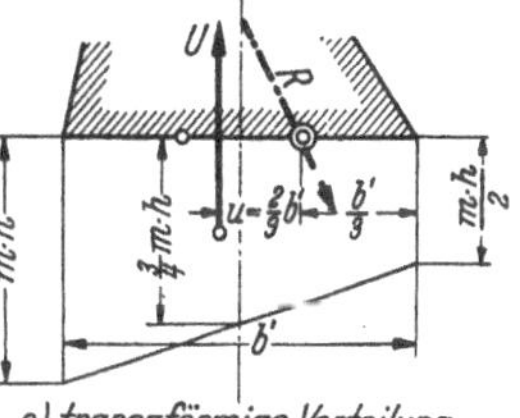

Abb. 178. Verschiedene Unterdruckverteilung.

Da aus Stabilitätsgründen der Nenner nicht zu Null werden darf (die Mauer darf nicht „schwimmen"!), muß der Zähler zu Null werden, also:

$$G \cdot g + A_w \cdot a_w - W \cdot w - U \cdot u = \Sigma M = 0$$

oder

$$G \cdot g + A_w \cdot a_w - W \cdot w = U \cdot u = M_U.$$

Dieser Bedingung entspreche das Grunddreieck mit der Basisbreite b'. Für diesen Querschnitt lassen sich alle Werte der linken Gleichungsseite ermitteln. Es läßt sich deshalb setzen

$$G \cdot g + A_w \cdot a_w - W \cdot w = K = M_U.$$

Nun machen wir einige Annahmen für die Unterdruckverteilung (über die *ganze* Sohlenfuge) (vgl. Abb. 178)

a) rechteckige Verteilung:

$$U = m \cdot h \cdot b'; \quad u = \frac{b'}{6}; \quad M_U = m \cdot \frac{b'^2 \cdot h}{6}; \quad (m \leqq 1);$$

b) dreieckige Verteilung:

$$U = m \cdot h \cdot \frac{b'}{2}; \quad u = \frac{b'}{3}; \quad M_U = m \cdot \frac{b'^2 \cdot h}{6};$$

c) trapezförmige Verteilung z. B. mit mh und $\frac{m \cdot h}{2}$:

$$U = \frac{3}{4} m \cdot h \cdot b'; \quad u = \frac{b'}{3} \cdot \frac{\frac{m \cdot h}{2} + 2 \cdot m \cdot h}{m \cdot h + \frac{m \cdot h}{2}} - \frac{b'}{3} = \frac{2}{9} b'; \quad M_U = m \cdot \frac{b'^2 \cdot h}{6}.$$

Für den gewählten Momentenpunkt sind also die Momente des Unterdruckes für die verschiedenen Verteilungsannahmen a) bis c) gleich, wenn sich der Unterdruck über die ganze Bodenfuge erstreckt und wenn am wasserseitigen Rand jeweils der gleiche Wert $m \cdot h$ angenommen wird. *Unter dieser Voraussetzung ist es also vom Standpunkt des Rechenergebnisses gleichgültig, wie die Unterdruckverteilung angenommen wird.* Für jede Annahme genügt die *gleiche* Breite b' zur Erfüllung der Bedingung, daß R durch den luftseitigen Kernrand geht. Da der Unterdruck überdies im vorderen (luftseitigen) Mauerdrittel für den vorderen Kernrand als Momentenpunkt *entlastend* wirkt, ergibt sich als *ungünstigste* (sichergehende) Annahme für den Unterdruck bei dieser Drehpunktlage, wenn er wirkt *von der Wasserseite bis zum luftseitigen Kernrand, und zwar* mit der *gleichbleibenden Größe* $m \cdot h$. Für die Unterdruckverteilung erhält man somit ein Rechteck von der Höhe $m \cdot h$ und einer Breite von $\frac{2}{3} b'$. Die entlastende Wirkung, von der eben gesprochen wurde, fällt hier weg.

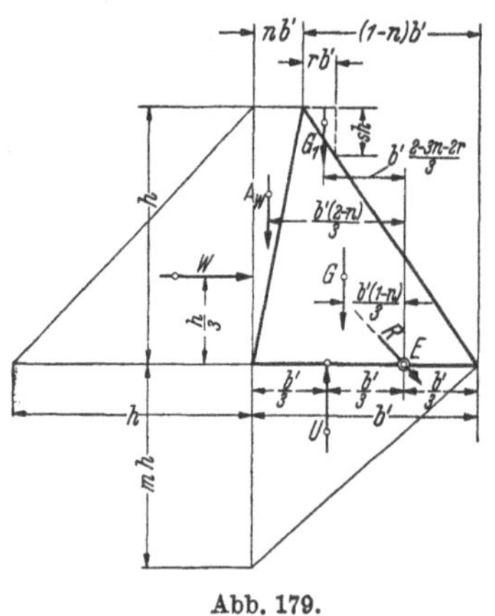

Abb. 179.

Die wahrscheinlichste Unterdruckverteilung dürfte im allgemeinen die dreieckförmige sein (Fall b) in Abb. 178; deshalb soll diese in unserem Beispiel zugrunde gelegt werden, selbst wenn dies für die Rechnung belanglos ist. Der Faktor wird dabei $m = 1$ gesetzt (*voller* Unterdruck an der Wasserseite!).

So wie das Grunddreieck für Wasserdruck durch eine einfache Rechenbeziehung festgelegt werden kann, läßt sich auch für die Mitwirkung des Sohlenwasserdruckes die notwendige Fundamentbreite b' einfach ermitteln für die Bedingung, daß die Gesamtresultierende R durch den vorderen Kernrand geht. Die Bedingung dafür wurde bereits weiter oben angegeben; sie lautet:

$$G \cdot g + A_w \cdot a_w - W \cdot w - U \cdot u = 0.$$

Durch Einsetzen der Kräfte und Hebelsarme ergibt sich für Drehpunkt E (vgl. Abb. 179):

$$\gamma_m \cdot \frac{b' h}{2} \cdot \frac{b'(1-n)}{3} + \frac{n b' \cdot h}{2} \cdot \frac{b'(2-n)}{3} - \frac{h^2}{2} \cdot \frac{h}{3} - \frac{m b'^2 \cdot h}{6} = 0,$$

$$\gamma_m \cdot \frac{b'^2 \cdot h(1-n)}{6} + \frac{n \cdot b'^2 \cdot h(2-n)}{6} - \frac{h^3}{6} - \frac{m b'^2 \cdot h}{6} = 0.$$

Daraus

$$b' = \frac{h}{\sqrt{\gamma_m (1-n) + n(2-n) - m}}.$$

Für das der Abb. 179 zugrunde liegende Grunddreieck ist

$$h = 43{,}0\text{ m}; \quad \gamma_m = 2{,}3\text{ t/m}^3; \quad n = 0{,}24; \quad m = 1$$

und es wird

$$b' = \frac{43{,}0}{\sqrt{2{,}3\,(1-0{,}24) + 0{,}24\,(2-0{,}24) - 1}} = 39{,}75\text{ m}.$$

Zur *Probe* wird folgend $y_2' = \frac{\Sigma M}{\Sigma V}$ gerechnet; es muß sich $\frac{39{,}75}{3} = 13{,}25$ m ergeben.

$$G = 2{,}3 \cdot 39{,}75 \cdot \frac{43{,}0}{2} = 1965\text{ t}; \quad g = \frac{39{,}75\,(2-0{,}24)}{3} = 23{,}30\text{ m};$$

$$G \cdot g = 45\,800\text{ mt}$$

$$A_w = 0{,}24 \cdot 39{,}75 \cdot \frac{43{,}0}{2} = 205{,}2\text{ t}; \quad a_w = 39{,}75 \cdot \frac{(3-0{,}24)}{3} = 36{,}55\text{ m};$$

$$A_w \cdot a_w = 7510\text{ mt}$$

$$W = \frac{43{,}0^2}{2} = 925\text{ t}; \quad w = \frac{43{,}0}{3} = 14{,}33\text{ m}; \quad W \cdot w = 13\,250\text{ mt}$$

$$U = \frac{39{,}75 \cdot 43{,}0}{2} = 854\text{ t}; \quad u = \tfrac{2}{3} \cdot 39{,}75 = 26{,}50\text{ m}; \quad U \cdot u = 22\,620\text{ mt}$$

$$y_2' = \frac{45\,800 + 7510 - 13\,250 - 22\,620}{1965 + 205{,}2 - 854} = \frac{17440}{1316{,}2} = \mathbf{13{,}25}\text{ m}.$$

Nun müßte noch die Bekrönung der Mauer mitberücksichtigt werden. Die dadurch gegebene Verringerung der Breite b' ist gering. Setzt man $b_1 = r \cdot b'$ und $h_1 = s \cdot h$, dann wird b_k':

$$b_k' = \frac{h}{\sqrt{\gamma_m\,(1-n) + n \cdot (2-n) - m + \gamma_m \cdot r \cdot s \cdot (2 - 3\,n - 2\,r)}}.$$

Für $b_1 = 6{,}0$ m; $b' \sim 39$ m (geschätzt) wird $r = 0{,}154$ und für $h_1 \sim 9{,}6$ m und $h = 43{,}0$ m wird $s = 0{,}223$; daraus $b_k' = 39{,}2$ m; $y_{2k}' = 13{,}07$ m.

Wir machen für unser Beispiel vom Wert $b_k' = 39{,}2$ m keinen Gebrauch, nehmen vielmehr die Breite der Grundfuge endgültig zu $\overline{b} =$ **39,8** m an. Den Zuwachs an Mauerwerksmasse durch Aufsetzen der Bekrönung gleichen wir aus durch Masseneinsparungen, indem wir das Profil zwischen Fuß und Krone schlanker gestalten. Der so gewonnene Mauernormalquerschnitt ist in Abb. 180 dargestellt.

Die statische Überprüfung dieses Profiles für leeres und volles Becken erfolgt für 1 lfd. m Mauer auf rechnerischem, als auch zeichnerischem Wege. Bei dieser Überprüfung muß festgestellt werden, daß in keiner Fuge der Mauer die Schlußkraft aus dem Kern heraustritt und die Randspannungen nirgends überschritten werden. Deshalb muß die Untersuchung für den *ganzen* Mauerquerschnitt durchgeführt werden. Das geschieht praktisch durch die Aufteilung des Profiles in Lamellen und Überprüfung jeder so entstandenen Fuge.

Nun einige Erläuterungen für die praktische Durchführung der Untersuchung! Für das rechnerische Verfahren ist es bequemer, den Stauwasserdruck in seine horizontalen und vertikalen Komponenten W und A_w zu zerlegen. Die Fugeneinteilung ergibt sich aus Abb. 180. Für

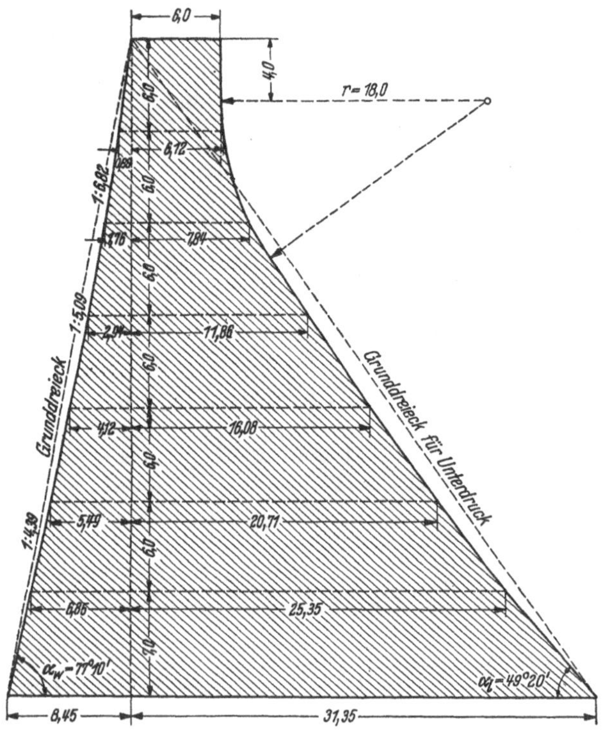

Abb. 180. Mauernormalquerschnitt.

jede Lamelle der Mauer ist der Schwerpunkt und die Gewichtskomponente zu ermitteln. Der erstere ist der Abb. 181 zu entnehmen. Da für *beide* Belastungsfälle als Momentenachse die Lotrechte durch den luftseitigen Mauerfuß gewählt wird, ergibt sich als Hebelsarm g der Gewichtskomponenten G der horizontale Abstand des Mauerlamellenschwerpunktes (Angriffspunkt von G) von dieser Achse. Für den Ungeübten wird noch auf Folgendes hingewiesen: Die Komponenten A_w ergeben sich jeweils als die lotrecht über der wasserseitigen Mauerbegrenzung der einzelnen Lamellen stehenden Wasserauflaststreifen, sind also — abgesehen von der obersten Lamelle (A_w = Dreieck) — Trapeze, deren parallele Seiten lotrecht stehen und durch die Lamellengrenzen gehen.

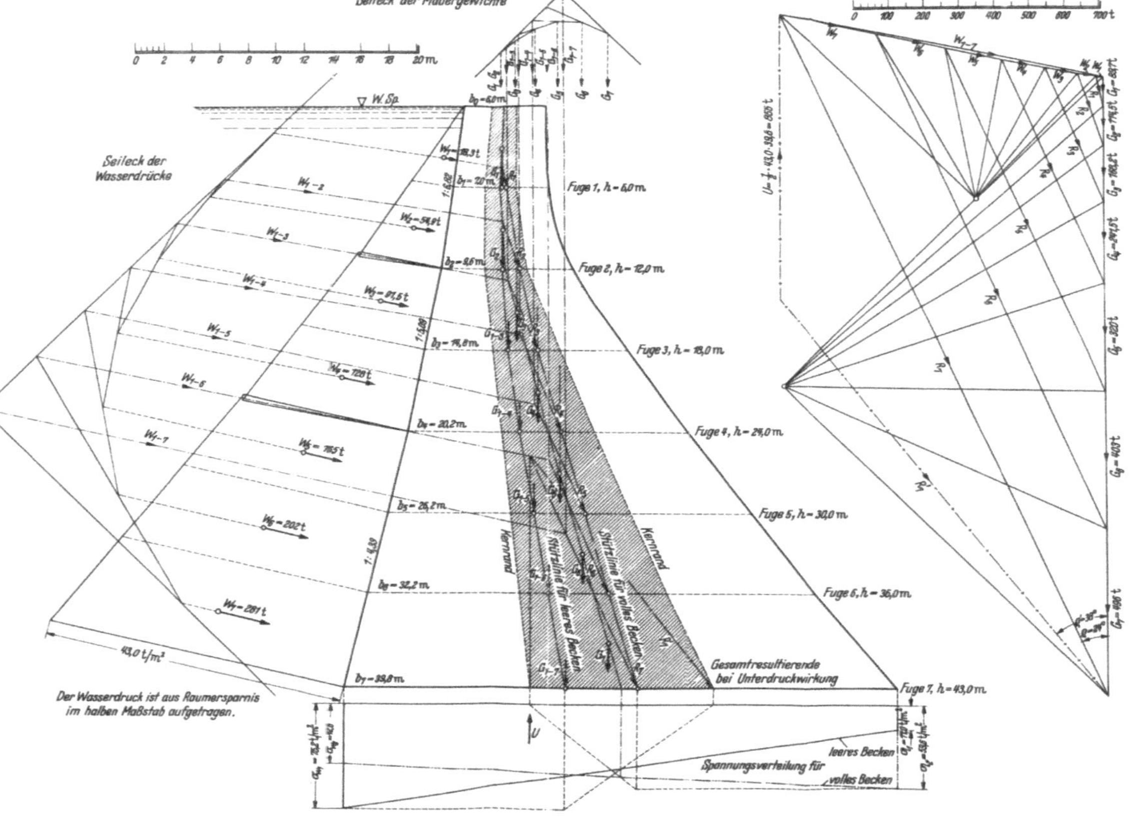

Abb. 181. Zeichnerische Untersuchung des in Abb. 180 dargestellten Mauerquerschnittes.

Ihr Inhalt gibt die jeweilige Größe von A_w, der Abstand des Angriffspunktes A_w (Schwerpunkt der Belastungsfläche) von der lotrechten Momentenachse den zugehörigen Hebelsarm a_w. Für die horizontalen Wasserdruckkomponenten W wird die Rechnung am einfachsten, wenn man für die Untersuchung jeder Lamelle jeweils den ganzen horizontalen Wasserdruck W (Dreieck) ansetzt, der auf den ganzen Mauerkörper über der Lamelle wirkt und demgemäß auch den lotrechten Abstand des Schwerpunktes dieses Belastungsdreieckes von der untersuchten Lamelle als Hebelsarm einsetzt.

Für jede Fuge werden für leeres und für volles Becken die Durchstoßpunkte der Resultierenden $R\left(y = \frac{\Sigma M}{\Sigma V}\right)$ ermittelt. Die Verbindungslinien der zusammengehörigen Durchstoßpunkte ergeben die Stützlinien (vgl. Abb. 181). In Tabelle 18 ist die Rechnung durchgeführt.

Zur Kontrolle wurde die Untersuchung in Abb. 181 auch noch *zeichnerisch* durchgeführt. Bei diesem Verfahren ist es einfacher, die Wasserdrücke gleich so zugrunde zu legen, wie sie wirken, nämlich *normal* zu den gedrückten wasserseitigen Mauerflächen. Der Kräfteplan gibt Größe und Richtung der jeweiligen Resultierenden R an, die mit Hilfe der Richtungen der Kraftkomponenten G und W und der Polecke konstruierten Seilecke geben Lage und Richtung der resultierenden Gewichtskomponenten G_{1-n} und Wasserdruckkomponenten W_{1-n} für die aufeinanderfolgenden Fugen an. Die zueinander gehörigen Schnittpunkte von G_{1-n} und W_{1-n} legen die *Lage* der im Kräfteplan gefundenen Resultierenden R_{1-n} in der Lamelle fest. Damit läßt sich letztere eintragen und ihr Schnittpunkt mit der zugehörigen Lamellenfuge bestimmen. Ihre Verbindungslinien ergeben wiederum die Stützlinien.

Wie liegt nun die Schlußlinie in der Fundamentsfuge, wenn *Unterdruck* wirksam wird? Nehmen wir wiederum die dreieckförmige Verteilung über die *ganze Sohle* an, und zwar an der Wasserseite $\gamma_w \cdot h$, d. h. *vollen* Unterdruck, setzen also $m = 1$, so wird

$$U = \frac{39{,}8}{2} \cdot 43{,}0 = 855\ \text{t}; \quad u = \tfrac{2}{3} \cdot 39{,}8 = 26{,}5\ \text{m};$$

$$M_U = 855 \cdot 26{,}5 = 22680\ \text{mt}.$$

Mit Hilfe der Tabelle 18 können wir nun setzen:

$$y_2' = \frac{\Sigma M_{G, A_w, W} - M_U}{\Sigma V_{G, A_w} - U} = \frac{38246 - 22680}{2031{,}8 - 855{,}0} = 13{,}22\ \text{m} \sim \frac{39{,}8}{3} = \frac{b}{3}.$$

Bei Annahme dieses Unterdruckes geht also R angenähert durch den luftseitigen Kernrand, für $m < 1$ verläuft R im Kern. Die Mauer ist also unterdrucksicher.

3. Untersuchung auf Sicherheit gegen Gleiten in der Fundamentfuge[1].

Zunächst soll das Problem allgemein behandelt werden. Dazu gehen wir wieder vom Grunddreieck aus. Für ein von Sohlendruck betroffenes rechtwinkliges Staumauerdreieck, das mit *offener* Fuge auf dem Felsboden steht, also nicht in ihm eingefugt ist, gilt für die Grenze des Gleichgewichts

$$(G - U) \cdot f = W ,$$

wenn f die Reibungsziffer für Mauerwerk auf Fels bezeichnet.

Für ein Grunddreieck mit lotrechter Wasserseite wird bei vollem Unterdruck, also $m = 1$, $b = \frac{h}{\sqrt{\gamma_m - 1}}$ * d. h. für $\gamma_m = 2{,}3$ t/m³ wird $b = 0{,}88 \cdot h$**

$$G = \gamma_m \cdot \frac{b \cdot h}{2} = 2{,}3 \cdot 0{,}88 \cdot \frac{h^2}{2} = 1{,}01\, h^2.$$

$$U = \frac{b \cdot h}{2} = 0{,}44\, h^2.$$

Setzt man für $f \sim 0{,}75$ und für $W = \frac{h^2}{2}$, so ergibt sich für die dem Gleiten widerstehende Kraft.

$$(G - U) \cdot f = (1{,}01\, h^2 - 0{,}44\, h^2) \cdot 0{,}75 = 0{,}43\, h^2,$$

während der Stauwasserdruck $W = \mathbf{0{,}5}\, \boldsymbol{h^2}$ beträgt, d. h. die Mauer ist gegen Gleiten *nicht* standsicher. *Diese Gefahr des Gleitens gehört ja auch — wie schon weiter oben erwähnt* (vgl. S. 291) *— zu jenen Gefahren, welche eine Staumauer besonders bedrohen.*

Wie liegen nun die Verhältnisse bei unserem Zahlenbeispiel, bei dem ja wegen der gestellten Zusatzbedingung für den Fundamentdruck ($\sigma_{zul.} \leqq 80$ t/m²) eine größere Fundamentbreite notwendig geworden ist? Die dem Gleiten widerstehende Kraft ist hier (vgl. Tabelle 18):

$$(\Sigma G + \Sigma A_w - U) \cdot f = (1832{,}9 + 198{,}9 - 855) \cdot f = 1176{,}8 \cdot f.$$

Setzt man wieder $f = 0{,}75$, so erhält man: $1176{,}8 \cdot 0{,}75 =$ **883** t. Demgegenüber beträgt die schiebende Kraft, nämlich die horizontale Komponente des Stauwasserdruckes $W =$ **923** t.

Rechnungsmäßig ist also die Mauer *nicht* gleitsicher. Um dies zu erreichen, kann man — neben der Verzahnung der Mauersohle in den

---

[1] Vgl. S. 291. * (Gleichung 1b, S. 293).

** Dabei ist natürlich noch keine Rücksicht auf Zusatzbedingungen wegen begrenzter Randspannungen in der Bodenfuge, die in unserem Zahlenbeispiel vorliegen, genommen.

Felsboden — noch eine weitere widerstehende Kraft der Standsicherheit dienstbar machen, nämlich den Gegendruck der lotrechten Felswand an der Luftseite.

Bezeichnen wir die Tiefe der Einbettung in den gesunden Fels mit h_2, so ist es zur Erzielung einer gleichmäßigen Beanspruchung des Mauerwerks und des Felsens bei den verschiedenen Belastungsfällen zweckmäßig, daß man mit der Grenze der Pressung σ_y auf die Felswand nicht höher geht als mit den Randspannungen in der Fundamentfuge, in den meisten Fällen also nicht über $\gamma_m \cdot h$.

Für diese Forderung bekommt man allgemein für das obige Grunddreieck:

$$(G - U) \cdot f + \sigma_y \cdot h_2 = W.$$

$$\left(\frac{\gamma_m \cdot b \cdot h}{2} - \frac{b \cdot h}{2}\right) f + \gamma_m \cdot h \cdot h_2 = \frac{h^2}{2}.$$

$$h_2 = \frac{h - b \cdot f(\gamma_m - 1)}{2\,\gamma_m}.$$

Mit $f = 0{,}75$; $\gamma_m = 2{,}3\ \mathrm{t/m^3}$; $b = 0{,}88 \cdot h_2$ erhält man

$$h_2 = \frac{h - 0{,}88 \cdot h \cdot f \cdot 1{,}3}{2 \cdot 2{,}3} = \mathbf{0{,}03} \cdot h.$$

Tabelle 18.

Fuge	leeres Becken						volles Becken											
	G	g	M_G	ΣM_G	ΣG	$y_1 = \frac{\Sigma M_G}{\Sigma G}$	A_w	a_w	M_{A_w}	ΣM_{A_w}	W	w	M_w	$\Sigma M_{G,A_w}$	$\Sigma M_{G,A_w W}$	$G+A_w$	$\Sigma V_{G,A_w}$	$y_2 = \frac{\Sigma M_{G,A_w,W}}{\Sigma V_{G,A_w}}$
1	89,7	28,5	2555	2555	89,7	28,5	2,6	32,0	84	84	18,0	2,00	36	2639	2603	92,3	92,3	28,2
2	114,5	28,5	3266	5821	204,2	28,5	7,9	32,7	257	341	72,0	4,00	288	6162	5874	122,4	214,7	27,3
3	168,2	27,5	4625	10446	372,4	28,2	18,0	33,7	606	947	162,5	6,00	975	11393	10418	186,2	400,9	26,1
4	241,5	26,1	6300	16746	613,9	27,3	25,2	34,9	880	1827	288,0	8,00	2304	18573	16269	266,7	667,6	24,3
5	320,0	24,5	7830	24576	933,9	26,3	35,1	36,2	1270	3097	450,0	10,00	4500	27673	23173	355,1	1022,7	22,6
6	403,0	22,8	9200	33776	1336,9	25,3	42,9	37,5	1608	4705	647,5	12,00	7760	38481	30721	445,9	1468,6	20,9
7	496,0	20,9	10370	44146	1832,9	24,1	67,2	39,2	2630	7335	923,0	14,33	13225	51481	38256	563,2	2031,8	18,8

Randspannungen:

1. für *leeres* Becken: $e = y_1 - \frac{b}{2} = 24{,}1 - \frac{39{,}8}{2} = \mathbf{4{,}2}\ \mathrm{m}$

$$\sigma_1 = \frac{1832{,}9}{39{,}8}\left(1 \pm \frac{6 \cdot 4{,}20}{39{,}80}\right) = 46{,}1\,(1 \pm 0{,}63)$$

$$\sigma_{w_1} = 46{,}1 \cdot 1{,}63 = \mathbf{75{,}2}\ \mathrm{t/m^2}$$

$$\sigma_{l_1} = 46{,}1 \cdot 0{,}37 = \mathbf{17{,}0}\ \mathrm{t/m^2}.$$

2. für *volles* Becken: $e = \frac{b}{2} - y_2 = \frac{39{,}8}{2} - 18{,}8 = \mathbf{1{,}1}\ \mathrm{m}$

$$\sigma_2 = \frac{2031{,}8}{39{,}8}\left(1 \pm \frac{6 \cdot 1{,}1}{39{,}8}\right) = 51{,}1\,(1 \pm 0{,}166)$$

$$\sigma_{w_2} = 51{,}1 \cdot 0{,}834 = \mathbf{42{,}6}\ \mathrm{t/m^2}$$

$$\sigma_{l_2} = 51{,}1 \cdot 1{,}166 = \mathbf{59{,}6}\ \mathrm{t/m^2}.$$

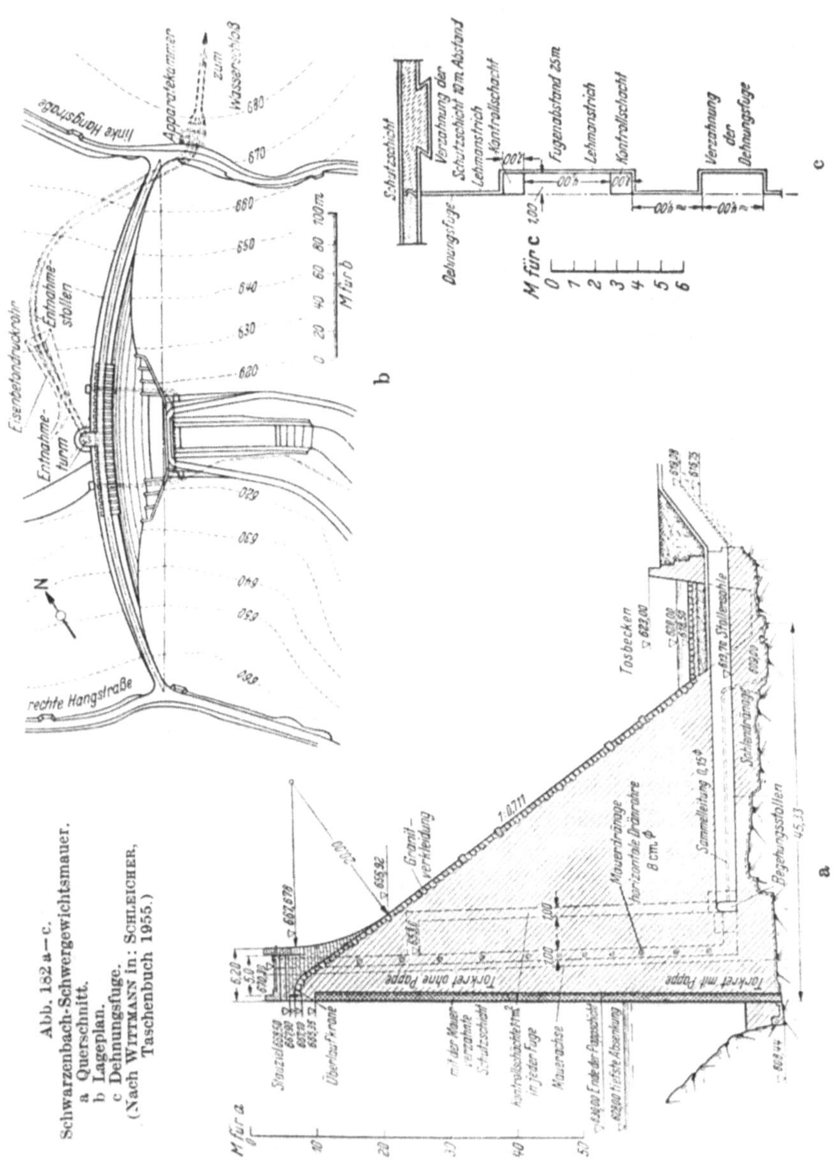

Abb. 182 a–c. Schwarzenbach-Schwergewichtsmauer. a Querschnitt. b Lageplan. c Dehnungsfuge. (Nach WITTMANN in: SCHLEICHER, Taschenbuch 1955.)

Für unsere Mauer ergibt sich, wenn für σ_y nicht $\gamma_m \cdot h$, sondern auch $80\ \text{t/m}^2$ als Grenzbeanspruchung zugrunde gelegt wird: $883 + 80 \cdot \boldsymbol{h_2} = 923$; daraus: $\boldsymbol{h_2 = 0{,}5}$ m für den Grenzfall des Gleichgewichts. Es bietet konstruktiv keine Schwierigkeiten, dieses Stirnwiderlager des Mauerfußes in Verbindung mit der Sohlenverzahnung auszubilden.

4. Einfluß eines Eisschubs von 60 t je lfd. m Mauer.

Diese Kraft verstärkt noch die Wirkung des Stauwasserdrucks. Ihr Moment in bezug auf die Fundamentfuge beträgt $M_E = 60 \cdot 41 = 2460$ mt. Dadurch ergibt sich für den Durchstoßpunkt der Schlußkraft in der Mauersohle ein Abstand vom luftseitigen Mauerfußpunkt

$$y_{2_e} = \frac{\Sigma M_{G,\,A_w,\,W} - M_U - M_E}{\Sigma V_{G,\,A_w} - U}$$

$$= \frac{38246 - 22680 - 2460}{2031{,}8 - 855{,}0} = \mathbf{11{,}50}\,\text{m}.$$

Die Gesamtresultierende R würde also die Fundamentfuge in einem Punkte durchstoßen, der vom luftseitigen Kernrand den Abstand

$$\left(\frac{b}{3} - y_{2_e}\right) = \frac{39{,}8}{3} - 11{,}05$$

$$= \mathbf{2{,}22}\ \text{m}$$

hat. Die luftseitige Randspannung ermittelte sich damit zu (vgl. S. 164):

$$\sigma_{l_e} = \frac{2 \cdot \Sigma V}{3\xi} = \frac{2 \cdot (2031{,}8 - 855{,}0)}{3 \cdot 11{,}05}$$

$$= \mathbf{71}\ \text{t/m}^2 < 80\ \text{t/m}^2,$$

aber es würde ein Klaffen der *wasserseitigen* Fundamentfuge eintreten.

Im Hinblick auf das früher Gesagte (vgl. S. 308f.) kann darauf verzichtet werden, den Mauerquerschnitt wegen des Eisschubes nochmals zu

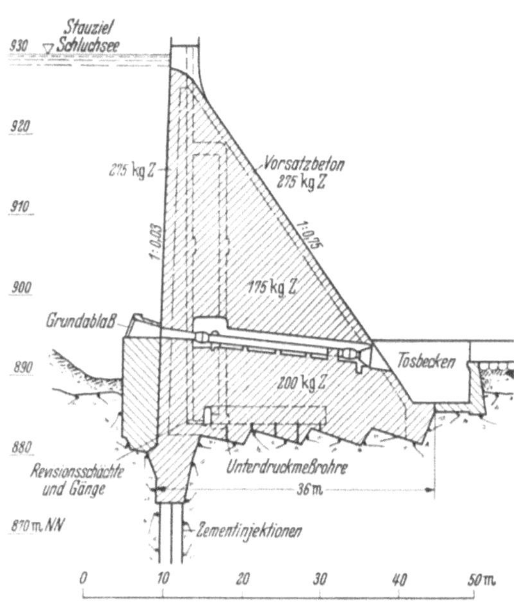

Abb. 183. Schluchsee-Schwergewichtsmauer. Querschnitt. (Nach HENNINGER-DORER: Die Wasserwirtschaft 1951.)

Abb. 184. Auronzo-Mauer (Dolomiten) mit Hochwasser-Überfällen (in der Mitte zwei Heber). Im Vordergrund Gerüste zum Aufbringen des Schutzmauerwerks (Verfasser).

verbreiten. Die vorstehende Rechnung sollte lediglich den Einfluß eines *ungestört* wirksamen Eisschubes auf die Stabilität aufzeigen.

Aufgabe 11.

Halbrahmenförmige Schleusenkörper und ihre Untersuchung[1].

Im Zuge eines Binnenschiffahrtskanals ist eine Kammerschleuse einzufügen mit einem Spiegelunterschied zwischen Ober- und Unterwasser von 6 m bei 4,0 m (+ 4,0) Unterwassertiefe. Die lichte Breite der Kammer ist durchweg mit 12,0 m zu bemessen. Der Kammerquerschnitt soll als massiver halbrahmenförmiger Schleusenkörper ausgebildet werden. Der Baugrund besteht bis in größere Tiefen aus Kiessandboden mit Feinsandeinlagerungen mit einem mittleren Einheitsgewicht $\gamma_e = 1{,}7$ t/m³ (trocken), einem Porenvolumen $n = 35\%$. In erdfeuchtem Zustand kann γ_e mit 1,8 t/m³ angesetzt werden. Der innere Reibungswinkel des Bodens wurde mit $\varrho = 30°$ ermittelt, die Steifeziffer zu $E = 15000$ t/m².

Als höchster Grundwasserstand hinter der Mauer soll + 7,0 (Nähe Oberhaupt), als niederster + 4,0 (Nähe Unterhaupt) angenommen werden.

Für den in der Abb. 192 aufgetragenen Kammerquerschnitt ohne Sohlenfugen soll für die beiden Hauptbelastungsfälle eine Voruntersuchung durchgeführt werden für die zwei Verfahren

A. Lastverteilung nach Franzius, Engels, Siemonsen;

B. Ermittlung der Sohlendurchbiegung unter Berücksichtigung der bei den gegebenen Bodenverhältnissen möglichen Durchbiegung (Verfahren Ellerbeck-Odenkirchen).

Lösung.

Die massiven Querschnitte einer Kammerschleuse, die heute den üblichen Bautyp für die Binnenschiffahrtsschleusen darstellen, sind kostspielige Ingenieurbauwerke. Sie erfordern neben einem erheblichen Aufwand für Aushub und Wasserhaltung große Aufwendungen für Baustoffe, besonders an Beton und Stahl. Im Betrieb kommt bei den künstlichen Wasserstraßen (Schiffahrtskanälen) der erhebliche, mit der steten

[1] Engels: Handbuch des Wasserbaues. Leipzig 1923. – Franzius: Verkehrswasserbau. Berlin 1927. – Pietrkowsky: Bauingenieur, 1929, Heft 11. – Schäfer: Bautechnik, 1939, Heft 23. – Mügge: Bautechnik, 1940, Heft 40 u. 41. – Ohde: Bauingenieur, 1942, Heft 4 u. 5. – Dehnert: Bauplanung und Bautechnik, 1948, Heft 10. – Ohde: Bautechnik, 1949, Heft 5. – Joppen: Bautechnik, 1952, Heft 2. – Ohde: Bautechnik, 1953, S. 140. – Dehnert: Schleusen und Hebewerke. Berlin 1954.

Vergrößerung der nutzbaren Kammerlänge entsprechend wachsende Bedarf an Betriebswasser infolge des ständigen Füllens und Leerens der Schleusenkammern (Wassermengenbedarf: Kammerlänge · Kammerbreite · Schleusengefälle) vor. Neben der selbstverständlichen Forderung nach konstruktiv einwandfreier Gestaltung der Kammer gilt hier im besonderen Maße die Forderung nach höchst möglich wirtschaftlicher Formung und Bemessung.

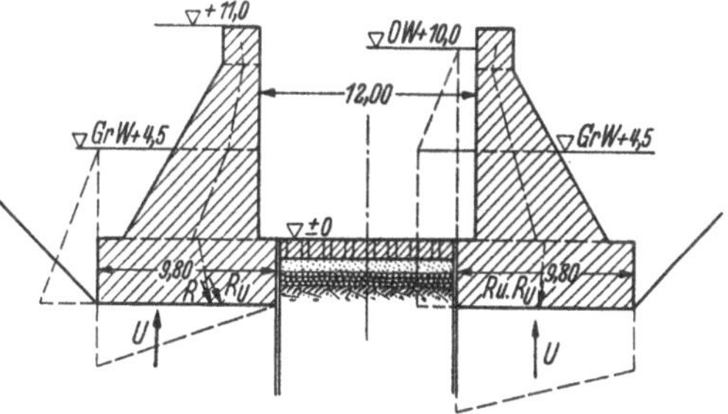

Abb. 185. Für sich allein standfeste Schwergewichts-Stützmauern und lose (durchlässige) Sohlensicherung.

Der Entwurf eines solchen Schleusenbauwerks ist zunächst gebunden an die Beschaffenheit des anstehenden Untergrundes (Bodeneigenschaften und Grundwasserstand), an die Eigenart und den Umfang des zu bewältigenden Verkehrs, für den Schleusenkammerquerschnitt also an die richtige Breite der Kammer und an den Spiegelunterschied zwischen oberer und unterer Haltung, also an das zu überwindende Schleusungsgefälle.

Für die mögliche Querschnittsausbildung massiver Schleusenkammern lassen sich 2 Grundformen unterscheiden:

1. Kammerwände als Schwergewichts-Stützmauern ausgebildet, die für sich allein standfest sind, und eine lose Sohlensicherung haben (Abb. 185);

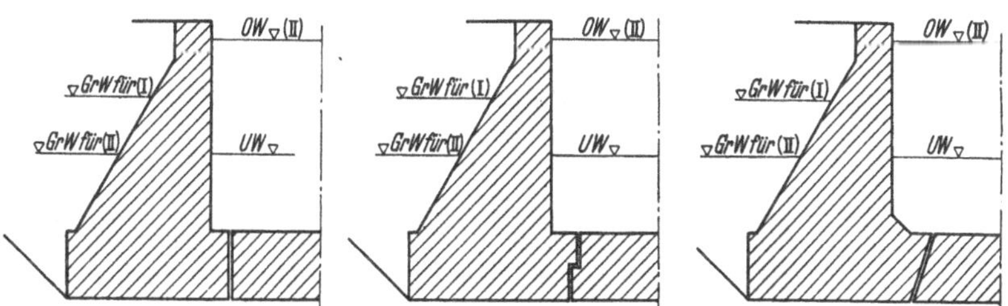

Abb. 186. Massive Kammermauern (Beton ohne Bewehrung). Verschiedene Fugenausgestaltungen (rechts umgekehrtes Gewölbe).

2. vollmassive Kammertröge, die eine massive Mauer und eine auftriebssichere Sohlenplatte besitzen. Dabei kann diese Sohlenplatte mit Sohlenfugen an die beiderseitigen Mauern anschließen (Abb. 186[1]) oder aber in letztere voll eingespannt sein. In letzterem Falle erfolgt die

[1]) Genaueres darüber siehe in DEHNERT: Schleusen und Hebewerke, S. 184ff. Berlin: Springer 1954.

Herstellung der Sohle auf die Gesamtbauwerksbreite (Sohle + Wände) in einem Stück und die aufgehenden Mauern werden dann auf sie so aufgesetzt, daß ein biegungssteifer halbrahmenförmiger Trogquerschnitt entsteht. Dabei kann die Mauer wiederum, wie im Falle 1 eine für sich allein standfeste Schwergewichts-Stützmauer sein oder aber eine schlanke Mauer, deren Standfestigkeit erst durch die Heranziehung der massiven Sohle gewährleistet werde. Ferner kann die Sohle so kräftig ausgebildet werden, daß sie allein durch ihr Gewicht auftriebssicher ist, aber auch halbsteif-bildsam oder — der andere Grenzfall — mit so geringer Dicke, daß sie schlaff-bildsam wird.

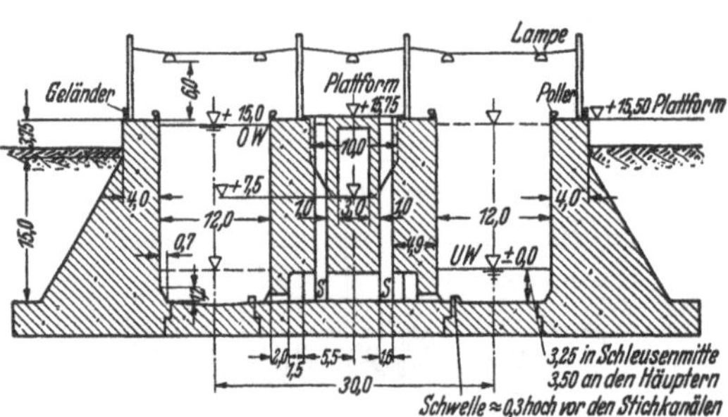

Abb. 187. Grundlagenentwurf für den Kammerquerschnitt einer Zwillingsschleuse mit abgetreppten Sohlenfugen (Rhein-Main-Donau A.G.).

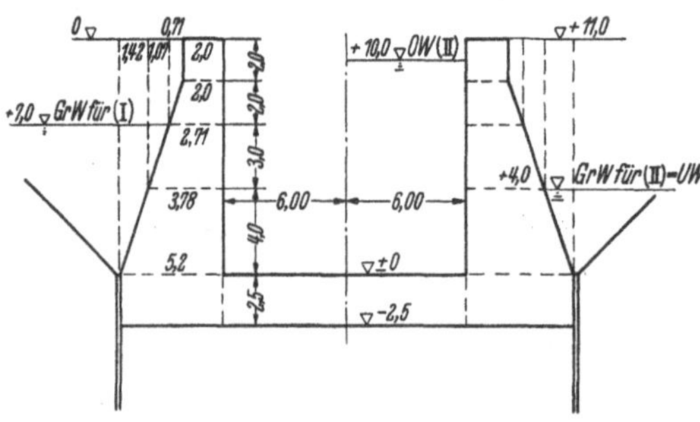

Abb. 188. Schlanke Kammermauern in biegungssteifer Verbindung mit massiver Sohle (halbrahmenartiger Schleusenkammer-Querschnitt).

Die Berechnung von Kammertrögen.

Als äußere Kräfte wirken auf einen solchen halbrahmenartigen Kammertrog die vertikalen Bauwerksgewichte (mit evtl. Auflasten), waagrechte und lotrechte Erddruckkomponenten, sowie waagrechte und lotrechte Wasserdrücke einschl. Auftrieb ein. Um den Zustand der Ruhe zu gewährleisten, muß dabei die Summe sämtlicher vertikalen, sowie die Summe sämtlicher horizontalen Kraftkomponenten jede für sich gleich Null sein, also $\Sigma H = 0$ und $\Sigma V = 0$. Zur Erfüllung der letzteren Bedingung müssen sämtliche von oben nach unten wirkenden Kräfte durch nach oben wirkende Gegenkräfte aufgenommen werden. Diese Gegenkräfte sind im allgemeinen der Auftrieb und der Bodengegendruck. Da man die Summe der vertikal abwärts wirkenden Kräfte und auch den Auftrieb kennt (siehe unten unter „Wasserstände"), läßt sich die Gesamtgröße des Bodengegendruckes ermitteln, ist also ebenfalls als bekannt zu betrachten. Dagegen ist die *Verteilung* dieser Bodenpressungen über die Sohlenunterfläche (Einfluß der Nachgiebigkeit des Untergrundes auf die Durchbiegung der Schleusensohle) *nicht* bekannt und bildet das *Problem* bei der Konstruktion und Berechnung eines solchen halbrahmenförmigen Kammerquerschnittes.

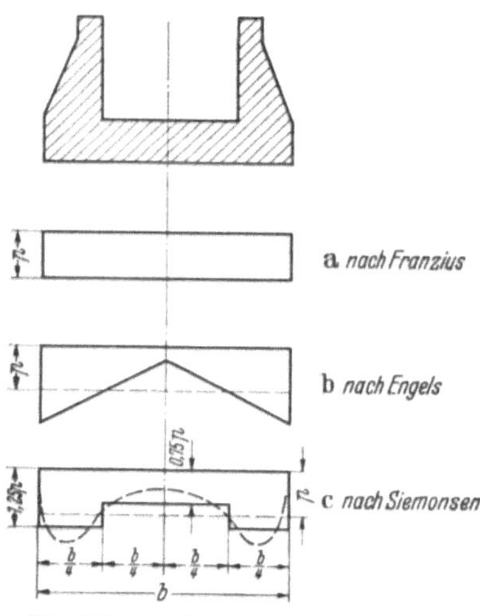

Abb. 189 a—c. Annahme der Lastverteilung.

Die Lösung dieses Problems wurde im wesentlichen auf drei Wegen versucht. In einem Falle wird das Problem gewissermaßen zum Postulat gemacht, indem — unabhängig von der tatsächlichen Formänderung (Biegelinie) der Sohle — die Lastaufnahme (Verteilung) von vorneherein (bis zu einem gewissen Grade willkürlich) festgelegt und als äußere Kraft zur Berechnung der Biegelinie eingesetzt wird. Die hier in Betracht kommenden Lösungswege unterscheiden sich nur nach der Annahme der Lastverteilung (Abb. 189a—c):

a) gleichmäßig verteilt (Franzius, Joppen); b) trapezförmig (Engels), c) abgestuft rechteckförmige Verteilung als Ersatz für eine hohlparabelförmige Verteilung (Siemonsen).

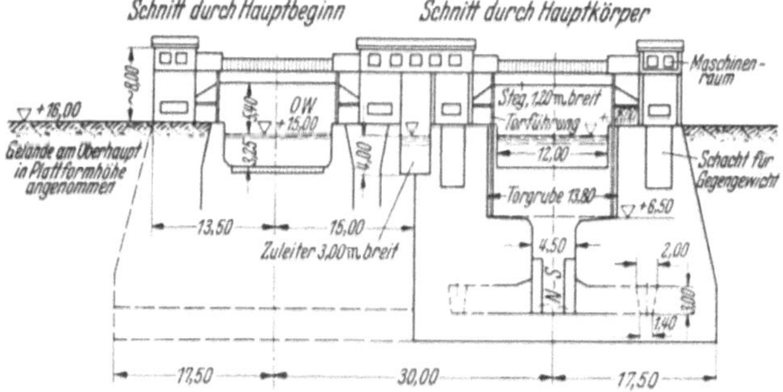

Abb. 190. Sehr starrer Schleusenkörper (Unterlagenentwurf für eine Zwillingsschleuse der Rhein-Main-Donau A.G.).

Ein solches Näherungsverfahren ist nur angebracht, wenn man es mit sehr starren Schleusenkörpern zu tun hat, wie sie meist bei Schleusenhäuptern mit Umläufen vorliegen (Abb. 190).

Ein anderer Lösungsweg ermittelt die Durchbiegungen der Sohle auf Grund der Eigenlasten und äußeren Kräfte, wobei die Untergrundverhältnisse dadurch berücksichtigt werden, daß die Sohlenverbiegungen entsprechend der Art und den Eigenschaften des Bodens nur teilweise (reduziert) eingesetzt und damit die zugehörigen Momente berechnet werden. Die konstruktiv mögliche Durchbiegung der Sohle wird hier also in Beziehung gebracht zu der Durchbiegung, die auf Grund der Bodenbeschaffenheit möglich ist. Eine gewisse Willkür liegt bei diesem Verfahren bei der Annahme des Reduktionsfaktors k (siehe unten!). Nach diesem Verfahren sind vorgegangen: Ellerbeck-Odenkirchen, Freund, Kögler-Scheidig, Mügge, Ohde, Pietrkowsky.

Ein drittes Verfahren weicht der statischen Unbestimmtheit, die in den ersteren beiden Lösungswegen vorliegen, aus durch Anordnung von Sohlenfugen. (Abb. 186) Bei den Neckarschleusen z. B. ist die Sohle als umgekehrtes Gewölbe ausgebildet.

Die Berechnung eines Schleusenkammertroges selbst umfaßt bei kleineren Bauwerken oder als allgemeine Voruntersuchung für größere Kammern außer der Standsicherheit der Seitenwände die Ermittlung der Spannungen, welche in der Mitte der Sohle (Mittelfuge) und an den beiden Übergangsstellen in die Kammermauern (Anschlußfugen) auftreten (siehe unten Rechenbeispiele für Lösungsweg 1).

Für einen genauen Spannungsnachweis sind jedoch die Mauerquerschnitte und die Sohle lamellenweise zur Ermittlung der notwendigen Rundstahlbewehrung zu untersuchen.

Die beiden Hauptbelastungsfälle sind:

a) *Schleuse leer; volle Hinterfüllung* (Schnitt nahe Oberhaupt) *(Belastungsfall I).*

Dieser Fall tritt ein, wenn die Schleuse einige Zeit im Betrieb war, der Grundwasserstand durch die Sickerungen aus der oberen Haltung hinter den Kammermauern hochsteht und die Kammern aus Betriebsgründen leergepumpt werden müssen. Der Grundwasserstand muß dabei für die dem Oberhaupt am nächsten gelegenen Blöcke grundsätzlich höher angenommen werden, als für die dem Unterhaupt näher gelegenen Mauerblöcke. Dadurch werden die Sohlendrücke an der Innenkante der hohen Schleusenkammermauer so groß, daß zur Lastverteilung eine eingespannte bzw. gelenkige Sohle vorgesehen werden muß. Dieser Belastungsfall bestimmt also im allgemeinen die Stärke und Bewehrung der Wände und der Sohle.

b) *Schleuse gefüllt; niedrigster Außengrundwasserstand* (Schnitt nahe Unterhaupt) *(Belastungsfall II).*

Das Gelände ist von Fall zu Fall verschieden; in den meisten Fällen liegt es jedoch etwa 4,0 m über dem Unterwasserspiegel in der Kammer. Dann wird die Kammersohle etwa ebenso tief eingeschnitten, wie die Plattform der Schleuse über Gelände emporragt. Soll eine Entwässerung der äußeren Hinterfüllung durch Sickerkanäle noch möglich sein, ist der Grundwasserstand etwa 1,0 m über Kammerunterwasser anzunehmen. (In unserem Zahlenbeispiel ist für B.-F. II der äußere Wasserstand in gleicher Höhe mit dem Kammer-Unterwasserspiegel angenommen.)

Wasserstände.

Die *Innen*wasserstände sind durch die Spiegelverhältnisse in der Wasserstraße gegeben. Die *Außen*wasserstände sind genau festzustellen. Dabei sind die Verhältnisse bei einer Flußschleuse anders wie bei einer Kanalschleuse. Da in der Nähe des Oberhauptes, wie schon oben erwähnt, ein höherer Wasserstand vorliegen wird, als in der Nähe des Unterhauptes, ist dort auch mit höheren Auftriebswerten zu rechnen. Mit den abnehmenden Ständen von Block zu Block in Richtung Unterhaupt nimmt auch der Auftrieb ab. Dies trifft besonders dann zu, wenn sicher wirkende Sickerkanäle und filterartiger Aufbau der Hinterfüllung ein zunehmendes Absinken des äußeren Grundwasserspiegels gewährleisten. Diese Wasserstandsverhältnisse bedeuten konstruktiv, daß im allgemeinen die Sohle im oberen Kammerbereich mit Bewehrung unter die Mauer greift, wogegen im unteren Kammerbereich die Sohle häufig nicht mehr unter die Mauer geführt werden muß, sondern den Auftrieb für leergepumpte Kammer durch ihr Eigengewicht abzüglich Auftrieb aufnimmt.

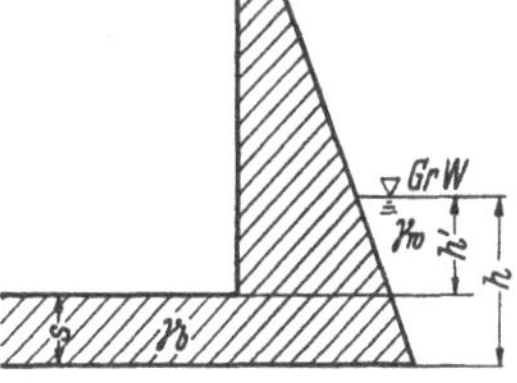

Abb. 191. Auftriebsichere Sohle.

Damit die Sohle durch den Auftrieb nicht gehoben werden kann (Sohle dicht, Auftrieb auf die Sohlenunterfläche wirkend), muß sie eine Stärke s haben: $s \cdot \gamma_b \geqq h \cdot \gamma_w$; $s \geqq h \cdot \frac{\gamma_w}{\gamma_b}$; für $\gamma_w = 1{,}0\,\mathrm{t/m^3}$ und $\gamma_b = 2{,}2\,\mathrm{t/m^3}$: $s \geqq \frac{h}{2{,}2} = 0{,}455 \cdot h\,(\mathrm{m})$ bzw. $s \cdot \gamma_b \geqq s \cdot \gamma_w + h' \cdot \gamma_w$; $s \geqq \frac{h' \cdot \gamma_w}{\gamma_b - \gamma_w} = \frac{h'}{1{,}2} = 0{,}833 \cdot h'$ (Abb. 191).

Erddruck.

Die Bodenkennwerte zur Bestimmung des Erddruckes, wie überhaupt zur Beurteilung des Verhaltens des Baugrundes, müssen durch genaue Untersuchungen ermittelt werden. Dabei muß diese Bestimmung für verschiedene Sondierstellen des Schleusenbauterrains gemacht werden, da im allgemeinen nicht damit zu rechnen ist, daß auf die großen Längen der modernen Schleppzugschleusen überall der gleiche Boden mit dem gleichen Schichtenverlauf und mit den gleichen Bodenkennwerten ansteht. Die Größe des seitlichen Erddruckes kann hier *nicht* nach COULOMB ermittelt werden („aktiver Erddruck"), wenn und solange die Mauern so kräftig gestaltet sind (sehr hohe Steifigkeit!), daß sich die ebenen Gleitflächen nicht ausbilden können, die sonst unter voller Mobilisierung der inneren Reibung zum möglichen kleinsten Erddruck führen (vgl. dazu S. 107). Man hat hier vielmehr für das eingestampfte Hinterfüllmaterial mit einem seitlichen Erddruck zu rechnen, der etwa das 1,5fache des sich nach COULOMB ergebenden „aktiven Erddruck" beträgt („Ruhedruck“). Nach TERZAGHI ist bei dicht gelagertem Sand $\lambda_0 = 0{,}40 - 0{,}45$, für locker gelagertem Sand $\lambda_0 = 0{,}45 - 0{,}50$, bei Ton $\lambda_0 \sim 0{,}65 - 0{,}75$. In unserem Zahlenbeispiel wird mit $\lambda_0 = 0{,}45$ gerechnet. Für den zugrunde gelegten Bodenkennwert von $\varrho = 30°$ erhält man nach COULOMB für $\delta = \frac{\varrho}{2} = 15°$: $\lambda_h = 0{,}291$; für $\varrho = 30°$, $\delta = 0°$: $\lambda_h = 0{,}333$. Da bei dem aus Kies und Sand bestehenden Boden das Wasser frei, d. h. nicht kapillar gebunden ist, wie es bei bindigem Material oder sehr feinem Sand der Fall wäre, sind horizontaler Wasserdruck und Erddruck getrennt anzusetzen, letzerer unter Abzug des Auftriebs beim Ansatz des Volumengewichts.

Durchrechnung des gegebenen Beispieles.

Um die Ergebnisse der verschiedenen Rechenverfahren vergleichen zu können, wird für diese stets der gleiche, in Abb. 192 gegebene Kammerquerschnitt zugrunde gelegt. Der eingerüttelte Beton der Kammermauern und der Sohle wird sicherheitshalber nur mit einem Raumgewicht von $\gamma_b = 2{,}2\ \text{t/m}^3$ in Ansatz gebracht. Da die Sohlenstärke mit 2,5 m größer ist als $\frac{1}{6}$ der lichten Kammerbreite, ist die Sohle als starr (nicht elastisch) anzusehen (Grenze: Sohlenstärke $\sim \frac{1}{6}$ des lichten Kammerquerschnittes).

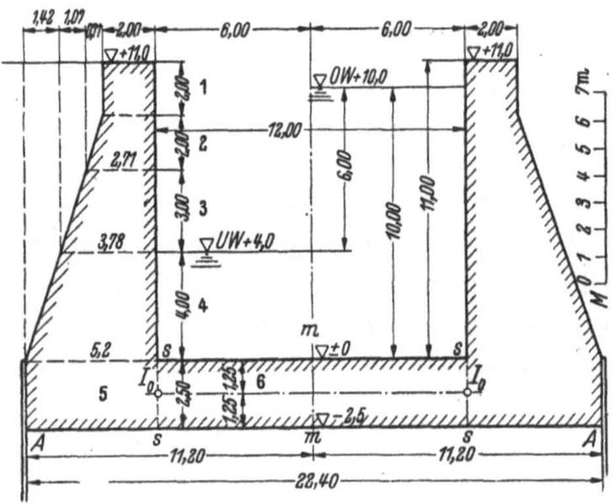

Abb. 192. Der Untersuchung zugrunde gelegter Kammerquerschnitt.

Ermittlung der Kräfte.

Belastungsfall I: Schleuse leergepumpt.

Mauergewichte G und Hebelsarme g, bezogen auf Schnitt s — s bzw. m — m (vgl. Abb. 192 u. 193).

$$G_1 = 2{,}0 \cdot 2{,}0 \cdot 1{,}0 \cdot 2{,}2 = 8{,}8\ \text{t/m}; \quad g_1 = 1{,}0\ \text{m}$$

$$G_2 = \frac{2{,}0 + 2{,}71}{2} \cdot 2{,}0 \cdot 1{,}0 \cdot 2{,}2 = 10{,}4\ \text{t/m}; \quad g_2 = 1{,}18\ \text{m}$$

$$G_3 = \frac{2{,}71 + 3{,}78}{2} \cdot 3{,}0 \cdot 1{,}0 \cdot 2{,}2 = 21{,}4\ \text{t/m}; \quad g_3 = 1{,}63\ \text{m}$$

$$G_4 = \frac{3{,}78 + 5{,}2}{2} \cdot 4{,}0 \cdot 1{,}0 \cdot 2{,}2 = 39{,}5\ \text{t/m}; \quad g_4 = 2{,}26\ \text{m}$$

$$G_5 = 5{,}2 \cdot 2{,}5 \cdot 1{,}0 \cdot 2{,}2 = 28{,}6\ \text{t/m}; \quad g_5 = 2{,}60\ \text{m}$$

$$\sum_1^5 G = 108{,}7\ \text{t/m}; \quad g_{G_s} = 2{,}02\ \text{m}; \quad g_{G_m} = 8{,}02\ \text{m}$$

$$G_6 = 6{,}0 \cdot 2{,}5 \cdot 1{,}0 \cdot 2{,}2 = 33{,}0\ \text{t/m}; \quad g_6 = 3{,}0\ \text{m}.$$

Vertikale Erddrücke E_v und Hebelsarme g_{E_s} bzw. g_{E_m}:

*ober*halb Gr.W. (+ 7,0) $\gamma_e = 1{,}8$ t/m³ (erdfeucht)

*unter*halb Gr.W. (+ 7,0) $\gamma_{e_v} = 2{,}1$ t/m³ (wassergesättigt)

Da der Auftrieb unter + 7,0 in seiner vollen Wirksamkeit (bis + 7,0) als *äußere* Kraft in die Rechnung eingeführt wird, ist für den *vertikalen*

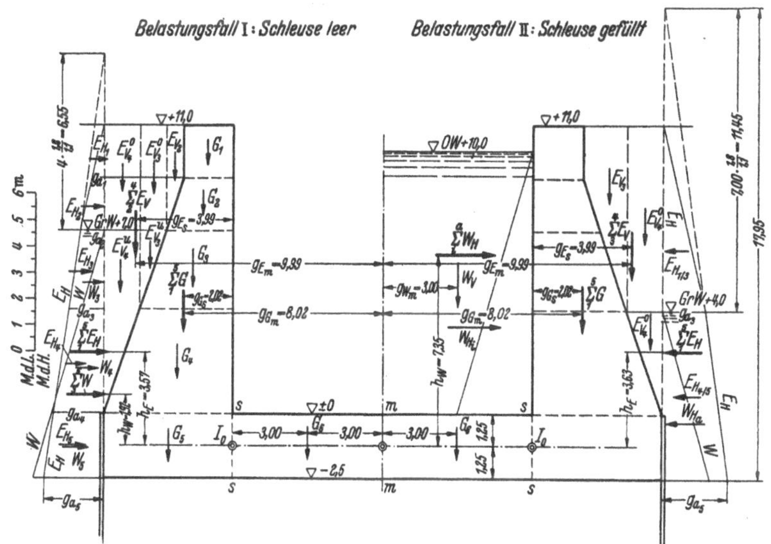

Abb. 193. Schleusenbelastungsfälle.

Erddruck das Gewicht der Hinterfüllung mit voller Wassersättigung einzuführen.

$$E_{v_2} = \frac{2{,}0 + 4{,}0}{2} \cdot 0{,}71 \cdot 1{,}0 \cdot 1{,}8 = 3{,}84 \text{ t/m}; \quad g_2 = 2{,}39 \text{ m}$$

$$_oE_{v_3} = 4{,}0 \cdot 1{,}07 \cdot 1{,}0 \cdot 1{,}8 = 7{,}70 \text{ t/m}; \quad _og_3 = 3{,}25 \text{ m}$$

$$_uE_{v_3} = \frac{3{,}0 \cdot 1{,}07}{2} \cdot 1{,}0 \cdot 2{,}1 = 3{,}38 \text{ t/m}; \quad _ug_3 = 3{,}43 \text{ m}$$

$$_oE_{v_4} = 4{,}0 \cdot 1{,}42 \cdot 1{,}0 \cdot 1{,}8 = 10{,}20 \text{ t/m}; \quad _og_4 = 4{,}49 \text{ m}$$

$$_uE_{v_4} = \frac{3{,}0 + 7{,}0}{2} \cdot 1{,}42 \cdot 1{,}0 \cdot 2{,}1 = 14{,}90 \text{ t/m}; \quad _ug_4 = 4{,}58 \text{ m}$$

$$\sum_2^4 E_v = 40{,}02 \text{ t/m}; \quad g_{E_s} = 3{,}99 \text{ m}; \quad g_{E_m} = 9{,}99 \text{ m}$$

Horizontale Erddrücke E_H und Hebelsarme h_E (bezogen auf die waagrechte Mittellinie der Sohle):

„Ruhedruck“ als Seitenkraft: $\lambda_0 = 0{,}45$.

*ober*halb Gr.W. (+ 7,0) $\gamma_e = 1{,}8$ t/m³ (erdfeucht)

*unter*halb Gr.W. (+ 7,0) $\gamma_u = 1{,}1$ t/m³ (unter Wasser mit Auftrieb) (vgl. dazu S. 315):

$g_{a_1} = \gamma_e \cdot \lambda_0 \cdot t = 1{,}8 \cdot 0{,}45 \cdot 2{,}0 = 1{,}62\ \mathrm{t/m^2};$

$E_{H_1} = \frac{1}{2} \cdot 1{,}62 \cdot 2{,}0 = 1{,}62\ \mathrm{t/m};\ h_{E_1} = 10{,}92\ \mathrm{m}$

$g_{a_2} = 1{,}8 \cdot 0{,}45 \cdot 4{,}0 = 3{,}24\ \mathrm{t/m^2};$

$E_{H_2} = \frac{1{,}62 + 3{,}24}{2} \cdot 2{,}0 = 4{,}86\ \mathrm{t/m};\ h_{E_2} = 9{,}14\ \mathrm{m}$

$h' = 9{,}5 + 4 \cdot \frac{1{,}8}{1{,}1} = 9{,}5 + 6{,}55 = 16{,}05\ \mathrm{m}.$

$g_{a_3} = 1{,}1 \cdot 0{,}45 \cdot 9{,}55 = 4{,}73\ \mathrm{t/m^2};$

$E_{H_3} = \frac{3{,}24 + 4{,}73}{2} \cdot 3{,}0 = 11{,}95\ \mathrm{t/m};\ h_{E_3} = 6{,}66\ \mathrm{m}$

$g_{a_4} = 1{,}1 \cdot 0{,}45 \cdot 13{,}55 = 6{,}70\ \mathrm{t/m^2};$

$E_{H_4} = \frac{4{,}73 + 6{,}70}{2} \cdot 4{,}0 = 22{,}9\ \mathrm{t/m};\ h_{E_4} = 3{,}13\ \mathrm{m}$

$g_{a_5} = 1{,}1 \cdot 0{,}45 \cdot 16{,}05 = 7{,}95\ \mathrm{t/m^2};$

$E_{H_5} = \frac{6{,}70 + 7{,}95}{2} \cdot 2{,}5 = 18{,}3\ \mathrm{t/m};\ h_{E_5} = -0{,}04\ \mathrm{m}$

$\sum_1^5 E_H = 59{,}63\ \mathrm{t/m};\ h_E = 3{,}57\ \mathrm{m}$

Horizontale Wasserdrücke W und Hebelsarme h_w (bezogen auf die waagrechte Mittellinie der Sohle).

$W_3 = 1{,}0 \cdot \frac{3{,}0^2}{2} = 4{,}5\ \mathrm{t/m};\ h_{w_3} = 6{,}25\ \mathrm{m}$

$W_4 = 1{,}0 \cdot \frac{3{,}0 + 7{,}0}{2} \cdot 4{,}0 = 20{,}0\ \mathrm{t/m};\ h_{w_4} = 2{,}99\ \mathrm{m}$

$W_5 = 1{,}0 \cdot \frac{7{,}0 + 9{,}5}{2} \cdot 2{,}5 = 20{,}6\ \mathrm{t/m};\ h_{w_5} = -0{,}06\ \mathrm{m}$

$\sum_3^5 W = 45{,}1\ \mathrm{t/m} \quad h_w = 1{,}92\ \mathrm{m}$

Belastungsfall II: Schleuse gefüllt.

Mauergewichte:

$\sum_1^5 G = 108{,}7\ \mathrm{t/m};\ g_{G_s} = 2{,}02\ \mathrm{m};\ g_{G_m} = 8{,}02\ \mathrm{m}$

$G_6 = 6{,}0 \cdot 2{,}5 \cdot 1{,}0 \cdot 2{,}2 = 33{,}0\ \mathrm{t/m};\ g_6 = 3{,}0\ \mathrm{m}$

Vertikale Erddrücke:

Raumgewicht: *ober*halb Gr.W. (+ 4,0) $\gamma_e = 1{,}8\ \mathrm{t/m^3}$
*unter*halb Gr.W. (+ 4,0) $\gamma_{e_v} = 2{,}1\ \mathrm{t/m^3}$

$E_{v_3} = \frac{7{,}0+2{,}0}{2} \cdot 1{,}78 \cdot 1{,}0 \cdot 1{,}8 = 14{,}4\ \mathrm{t/m};\ g_3 = 3{,}05\ \mathrm{m}$

${}_oE_{v_5} = 7{,}0 \cdot 1{,}42 \cdot 1{,}0 \cdot 1{,}8 = 17{,}9\ \mathrm{t/m};\ {}_og_5 = 4{,}49\ \mathrm{m}$

${}_uE_{v_5} = \frac{4{,}0}{2} \cdot 1{,}42 \cdot 1{,}0 \cdot 2{,}1 = 5{,}96\ \mathrm{t/m};\ {}_ug_5 = 4{,}73\ \mathrm{m}$

$\sum_3^5 E_v = 38{,}26\ \mathrm{t/m};\ g_{E_s} = 3{,}99\ \mathrm{m};\ g_{E_m} = 9{,}99\ \mathrm{m}$

Vertikaler Wasserdruck:

$W_v = 10{,}0 \cdot 6{,}0 \cdot 1{,}0 \cdot 1{,}0 = 60{,}0$ t/m (10,0 t/m²); $g_{w_m} = 3{,}0$ m.

Horizontale Erddrücke:

Ruhedruck $\lambda_0 = 0{,}45$;

Raumgewicht:

*ober*halb Gr.W. (+ 4,0) $\gamma_e = 1{,}8$ t/m³

*unter*halb Gr.W. (+ 4,0) $\gamma_u = 1{,}1$ t/m³ (unter Wasser mit Auftrieb);

$$g_{a_3} = 1{,}8 \cdot 0{,}45 \cdot 7{,}0 = 5{,}66 \text{ t/m}^2;$$

$$E_{H_3} = \tfrac{1}{2} \cdot 5{,}66 \cdot 7 = 19{,}8 \text{ t/m};\ h_{E_3} = 7{,}58 \text{ m}$$

$$h' = 6{,}5 + 7{,}0 \cdot \frac{1{,}8}{1{,}1} = 6{,}5 + 11{,}45 = 17{,}95 \text{ m}$$

$$g_{a_5} = 1{,}1 \cdot 0{,}45 \cdot 17{,}95 = 8{,}88 \text{ t/m}^2;$$

$$E_{H_5} = \frac{5{,}66 + 8{,}88}{2} \cdot 6{,}5 = 47{,}2 \text{ t/m};\ h_{E_5} = 1{,}98 \text{ m}$$

$$\sum_3^5 E_H = 67{,}0 \text{ t/m};\ h_E = 3{,}63 \text{ m}.$$

Horizontale Wasserdrücke (Abb. 193):

$$\overrightarrow{W}_{H_i} = \frac{10{,}0^2}{2} \cdot 1{,}0 \cdot 1{,}0 = 50{,}0 \text{ t/m};\ h_{w_i} = 3{,}33 + 1{,}25 = 4{,}58 \text{ m}$$

$$\overleftarrow{W}_{H_a} = \frac{6{,}5^2}{2} \cdot 1{,}0 \cdot 1{,}0 = 21{,}5 \text{ t/m};\ h_{w_a} = 2{,}17 - 1{,}25 = 0{,}92 \text{ m}$$

$$\sum_i^a W_H = 28{,}5 \text{ t/m};\ h_w = 7{,}35 \text{ m}$$

A. Spannungsermittlung für vorweg festgelegte Lastverteilung.

1. Gleichmäßige Lastverteilung. (Nach FRANZIUS). (Abb. 194).

Belastungsfall I.

Mittelfuge m — m:

$$\Sigma V_{I_s} = \sum_1^5 G + \sum_2^4 E_v = 108{,}7 + 40{,}02 = 148{,}72 \text{ t/m}.$$

$$g_s = \frac{108{,}7 \cdot 2{,}02 + 40{,}02 \cdot 3{,}99}{148{,}72} = 2{,}54 \text{ m}.$$

$$\Sigma H_I = \sum_1^5 E_H + \sum_3^5 W = 59{,}63 + 45{,}1 = 104{,}73 \text{ t/m}.$$

$$h_I = \frac{59{,}63 \cdot 3{,}57 + 45{,}1 \cdot 1{,}92}{104{,}73} = 2{,}88 \text{ m}.$$

$$\Sigma V_{I_m} = \Sigma V_{I_s} + G_6 = 148{,}72 + 33{,}0 = 181{,}72 \text{ t/m}.$$

$$g_{I_m} = \frac{148{,}72 \cdot 8{,}54 + 33{,}0 \cdot 3{,}0}{181{,}72} = 7{,}53 \text{ m}.$$

Aus Stabilitätsgründen ($\Sigma\Sigma V = 0$, $\Sigma\Sigma H = 0$; vgl. auch S. 312) müssen die Reaktionskräfte in der Lotrechten (N), wie in der Waagrechten ($_RH$) den Komponenten der äußeren Kräfte aus den Lasten (ΣG, ΣE, ΣW) jeweils einander gleich sein, in unserem Falle also $\Sigma V_{I_m} = N_{I_m}$ (Bodengegendruck) und $\Sigma H_I = {}_RH_{I_m}$. Der Angriffspunkt von N_{I_m} liegt wegen seiner gleichmäßigen Verteilung in der Mitte der halben Sohle, der Abstand der Reaktionskraft von der Mittelfuge beträgt daher $\frac{6,0 + 5,2}{2} = 5,6$ m. Mit Hilfe der zweiten Stabilitätsbedingung, wonach $\Sigma\Sigma M = 0$

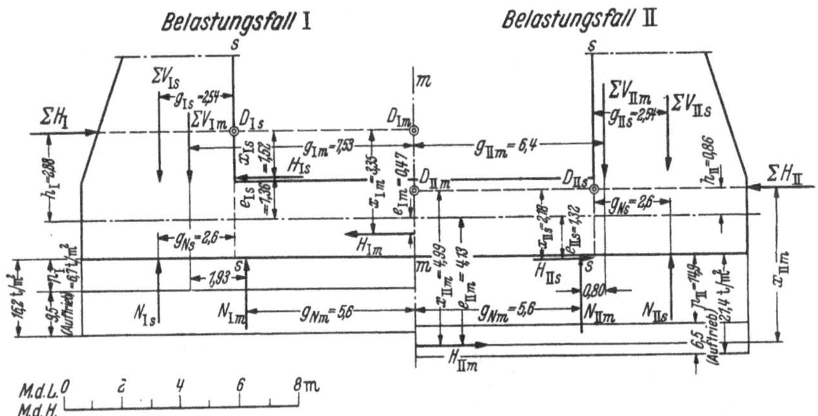

Abb. 194. Gleichförmig verteilter Bodengegendruck. (Nach FRANZIUS.)

läßt sich die Lage der Reaktionskraft $_RH_{I_m}$ ermitteln. Für den Schnittpunkt D_{I_m} der Kraftrichtung von ΣH_I mit der Mittelfugenrichtung $m - m$ als Momentenpunkt läßt sich setzen:

$$\Sigma v_{I_m} \cdot g_{I_m} - N_{I_m} \cdot g_{N_m} - {}_RH_{I_m} \cdot x_{I_m} = 0\,.$$

$$181{,}72 \cdot 7{,}53 - 181{,}72 \cdot 5{,}6 - 104{,}73 \cdot x_{I_m} = 0\,.$$

$$x_{I_m} = \frac{181{,}72\,(7{,}53 - 5{,}6)}{104{,}73} = 3{,}35 \text{ m}\,.$$

Abstand von der Fugenmitte:

$$e_{I_m} = x_{I_m} - h_I = 3{,}35 - 2{,}88 = 0{,}47 \text{ m}\,.$$

Da die Reaktionskraft N_{I_m} gleichförmig verteilt über die Sohlenunterfläche angenommen wurde, ergibt sich je Flächeneinheit ein Bodengegendruck von $\frac{181{,}72}{11{,}2 \cdot 1{,}0} = 16{,}2$ t/m². In dieser Reaktionswirkung ist auch der Auftrieb mit 9,5 t/m² (Belastungsfall I) enthalten. Der *tatsächliche* Bodengegendruck beträgt also nur $p_I = 16{,}2 - 9{,}5 = 6{,}7$ t/m² (= 0,67 kg/cm²).

Spannungen in der Mittelfuge $m - m$:

$$\sigma_{I_m} = \frac{_R H_{I_m}}{2,5}\left(1 \pm \frac{6 \cdot e_{I_m}}{2,5}\right) = \frac{104,73}{2,5}(1 \pm 2,4 \cdot 0,47) = 41,9\,(1 \pm 1,13)$$

$$_u\sigma_{I_m} = +\,41,9 \cdot 2,13 = +\,89,1 \text{ t/m}^2 = +\,8,91 \text{ kg/cm}^2 \text{ (Druck)}$$

$$_o\sigma_{I_m} = -\,41,9 \cdot 0,13 = -\,\;5,4 \text{ t/m}^2 = -\,0,54 \text{ kg/cm}^2 \text{ (Zug).}$$

Anschlußfuge $s - s$:

$$\Sigma V_{I_s} = 148,72 \text{ t/m};\; g_s = 2,54 \text{ m}$$

$$\Sigma H_I = 104,73 \text{ t/m};\; h_s = 2,88 \text{ m}$$

$$N_{I_s} = 16,2 \cdot 5,2 = 84,3 \text{ t/m};\; g_{N_s} = \frac{5,2}{2} = 2,6 \text{ m}.$$

Für D_{I_s} als Drehpunkt (Abb. 194):

$$\Sigma V_{I_s} \cdot g_{I_s} - N_{I_s} \cdot g_{N_s} - {_R H_{I_s}} \cdot x_{I_s} = 0;$$

$$148,72 \cdot 2,54 - 84,3 \cdot 2,6 - 104,73 \cdot x_{I_s} = 0;$$

$$x_{I_s} - \frac{159}{104,73} = 1,52 \text{ m}.$$

Abstand von der Fugenmitte: $e_{I_s} = 2,88 - 1,52 = 1,36$ m.

Spannungen in der Anschlußfuge:

$$\sigma_{I_s} = \frac{104,73}{2,5}(1 \pm 2,4 \cdot 1,36) = 41,9\,(1 \pm 3,26);$$

$$_u\sigma_{I_s} = -\,94,5 \text{ t/m}^2 = -\,9,45 \text{ kg/cm}^2 \text{ (Zug)};$$

$$_o\sigma_{I_s} = +\,178,6 \text{ t/m}^2 = +\,17,86 \text{ kg/cm}^2 \text{ (Druck).}$$

Belastungsfall II.

Mittelfuge $m - m$:

$$\Sigma V_{II_s} = \sum_1^5 G + \sum_3^5 E_V = 108,7 + 38,26 = 146,96 \text{ t/m};$$

$$g_{II_s} = \frac{108,7 \cdot 2,02 + 38,26 \cdot 3,99}{146,96} = 2,54 \text{ m}.$$

$$\Sigma H_{II} = \sum_3^5 E_H + \sum_i^a W_H = 67,0 - 28,5 = 38,5 \text{ t/m};$$

dies ist der von außen nach innen wirkende resultierende Horizontaldruck.

$$h_{II} = \frac{67,0 \cdot 3,63 - 28,5 \cdot 7,35}{38,5} = 0,86 \text{ m};$$

$$\Sigma V_{II_m} = \Sigma V_{II_s} + G_6 + W_V = 146,96 + 33,0 + 60,0 = 239,96 \text{ t/m};$$

$$g_{II_m} = \frac{146,96 \cdot 8,54 + 33,0 \cdot 3,0 + 60,0 \cdot 3,0}{239,96} = 6,4 \text{ m};$$

$$\Sigma V_{II_m} = N_{II_m} = 239,96 \text{ t/m}.$$

Bodengegendruck: $\frac{\Sigma V_{II_m}}{F} = \frac{239,96}{11,2 \cdot 1,0} = 21,4 \text{ t/m}^2;$

ab Auftrieb $6,5 \cdot 1,0 = 6,5 \text{ t/m}^2$

$p_{II} = 14,9 \text{ t/m}^2 = 1,49 \text{ kg/cm}^2;$

$$g_{N_m} = \frac{11,2}{2} = 5,6 \text{ m}.$$

Lage der Reaktionskraft ${}_R H_{II}$ (Abb. 194): sie kann verschieden sein, je nachdem die von außen nach innen wirkende Horizontalresultierende $\overleftarrow{\Sigma H'_a}$ kleiner oder größer als der von innen nach außen wirkende Wasserdruck $\overrightarrow{W_{H_i}}$. Für unser Beispiel:

$\sum_1^5 E_H + W_{H_a} = \overleftarrow{\Sigma H'_{II_a}} > \overrightarrow{W_{H_i}}$: ${}_R H_{II}$ liegt *unter*halb der neutralen Achse der Sohle;

$\overleftarrow{\Sigma H'_{II}} = \overrightarrow{W_{H_i}}$: ${}_R H_{II}$ liegt im Unendlichen;

$\overleftarrow{\Sigma H'_{II}} < \overrightarrow{W_{H_i}}$: ${}_R H_{II}$ bewegt sich mit umgekehrtem Vorzeichen von *oben* auf die neutrale Achse der Sohle zu.

Da $\sum_1^5 E_H + W_{H_a} = 67,0 + 21,5 = 88,5 > W_{H_i} = 50$ t/m, liegt ${}_R H_{II}$ *unter*halb der neutralen Achse.

Abstand der waagrechten Reaktionskraft ${}_R H_{IIm}$ von der Richtung von ΣH_{II} wegen $\Sigma\Sigma M = 0$ für D_{IIm} als Momentenpunkt:

$$\Sigma V_{II_m} \cdot g_{II_m} - N_{II_m} \cdot g_{N_m} - {}_R H_{II_m} \cdot x_{II_m} = 0;$$

$$x_{II_m} = \frac{239,96 \cdot (6,4 - 5,6)}{38,5} = 4,99 \text{ m}.$$

Abstand von der Fugenmitte: $e_{II_m} = 4,99 - 0,86 = 4,13$ m.

Spannungen:

$$\sigma_{II_m} = \frac{38,5}{2,5}(1 \pm 2,4 \cdot 4,13) = 15,4\,(1 \pm 9,92);$$

$${}_u\sigma_{II_m} = 15,4 \cdot 10,92 = +\,168,1 \text{ t/m}^2 = +\,16,81 \text{ kg/cm}^2 \text{ (Druck)};$$

$${}_o\sigma_{II_m} = -\,15,4 \cdot 8,92 = -\,137,3 \text{ t/m}^2 = -\,13,73 \text{ kg/cm}^2 \text{ (Zug)}.$$

Anschlußfuge $s - s$:

$$\Sigma V_{II_s} = 146,96 \text{ t/m};\; g_{II_s} = 2,54 \text{ m};$$

$$\Sigma H_{II} = 38,5 \text{ t/m};\; h_{II} = 0,86 \text{ m};$$

$$N_{II_s} = 21,4 \cdot 5,2 = 111,1 \text{ t/m};\; g_{N_s} = \frac{5,2}{2} = 2,6 \text{ m}.$$

Lage der Reaktionskraft ${}_R H_{II}$ *unter*halb der neutralen Achse der Sohle. Für D_{II_s} als Momentenpunkt (Abb. 194):

$$\Sigma V_{II_s} \cdot g_{II_s} - N_{II_s} \cdot g_{N_s} - {}_R H_{II_s} \cdot x_{II_s} = 0;$$

$$146{,}96 \cdot 2{,}54 - 111{,}1 \cdot 2{,}6 - 38{,}5 \cdot x_{II_s} = 0;$$

$$x_{II_s} = \frac{373 - 289}{38{,}5} = 2{,}18 \text{ m};$$

$$e_{II_s} = 2{,}18 - 0{,}86 = 1{,}32 \text{ m}.$$

Spannungen:

$$\sigma_{II_s} = \frac{38{,}5}{2{,}5} \cdot (1 \pm 2{,}4 \cdot 1{,}32) = 15{,}4\,(1 \pm 3{,}16);$$

$${}_u\sigma_{II_s} = 15{,}4 \cdot 4{,}16 = +\,64{,}1 \text{ t/m}^2 = +\,6{,}41 \text{ kg/cm}^2 \text{ (Druck)};$$

$${}_o\sigma_{II_s} = -\,15{,}4 \cdot 2{,}16 = -\,33{,}26 \text{ t/m}^2 = -\,3{,}33 \text{ kg/cm}^2 \text{ (Zug)}.$$

2. Trapezförmige Lastverteilung. (Nach ENGELS). (Abb. 195).

Belastungsfall I.

Vertikaler Bodengegendruck: $\frac{181{,}72}{11{,}2 \cdot 1{,}0} = 16{,}2 \text{ t/m}^2$

als Auftrieb $= 9{,}5 \text{ t/m}^2$

$p_{I_m} = 6{,}7 \text{ t/m}^2$

unter dem äußeren Mauerrand $\max p_{II} = 2 \cdot 6{,}7 = 13{,}4 \text{ t/m}^2$.

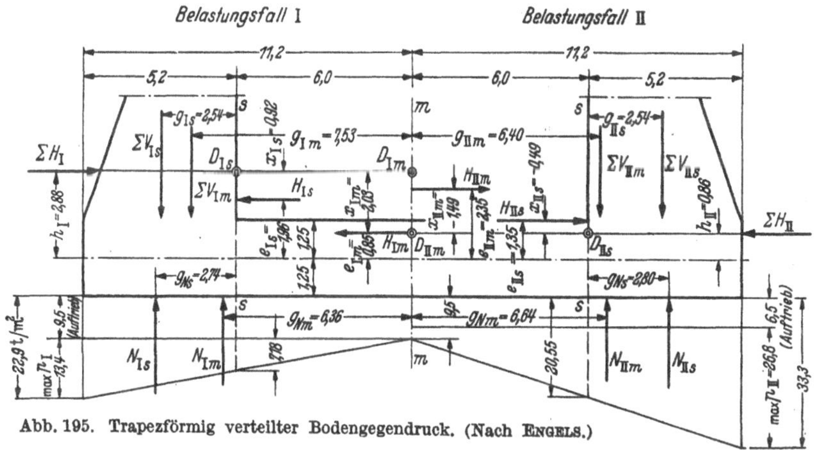

Abb. 195. Trapezförmig verteilter Bodengegendruck. (Nach ENGELS.)

Fuge m — m:

$$\Sigma V_{I_m} = 181{,}72 \text{ t/m};\; g_{I_m} = 7{,}53 \text{ m};\; \Sigma V_{I_m} = N_{I_m} = 181{,}72 \text{ t/m}^2;$$

$$g_{N_m} = 6{,}36 \text{ m}.\quad \Sigma H_I = 104{,}73 \text{ t/m};\; h_I = 2{,}88 \text{ m};$$

$$x_{I_m} = \frac{181{,}72\,(7{,}53 - 6{,}36)}{104{,}73} = 2{,}03 \text{ m};$$

$$e_{I_m} = 2{,}88 - 2{,}03 = 0{,}85 \text{ m}.$$

Spannungen:

$$\sigma_{I_m} = \frac{104,73}{2,5}(1 \pm 2,4 \cdot 0,85) = 41,9\,(1 \pm 2,04);$$

$$_u\sigma_{I_m} = -41,9 \cdot 1,04 = -43,6 \text{ t/m}^2 = -4,36 \text{ kg/cm}^2 \text{ (Zug)};$$

$$_o\sigma_{II_m} = +41,9 \cdot 3,04 = +127,4 \text{ t/m}^2 = +12,74 \text{ kg/cm}^2 \text{ (Druck)}.$$

Anschlußfuge s — s:

$$\Sigma V_{I_s} = 148,72 \text{ t/m};\ g_s = 2,54 \text{ m};$$

$$\Sigma H_I = 104,73 \text{ t/m};\ h_I = 2,88 \text{ m};$$

$$N_{I_s} = 9,5 \cdot 5,2 + \frac{13,4 + 7,18}{2} \cdot 5,2 = 49,5 + 53,5 = 103,0 \text{ t/m};$$

$$g_{N_s} = 2,74 \text{ m};$$

$$x_{I_s} = \frac{148,72 \cdot 2,54 - 103,0 \cdot 2.74}{104,73} = 0,92 \text{ m};$$

$$e_{I_s} = 2,88 - 0,92 = 1,96 \text{ m}.$$

Spannungen:

$$\sigma_{I_s} = 41,9\,(1 \pm 2,4 \cdot 1,96) = 41,9\,(1 \pm 4,7);$$

$$_u\sigma_{I_s} = -41,9 \cdot 3,7 = -155,0 \text{ t/m}^2 = -15,5 \text{ kg/cm}^2 \text{ (Zug)};$$

$$_o\sigma_{I_s} = +41,9 \cdot 5,7 = +239,0 \text{ t/m}^2 = +23,9 \text{ kg/cm}^2 \text{ (Druck)}.$$

Belastungsfall II.

Fuge m — m:

Bodengegendruck	ΣV_{II_m}	= 239,96 t/m
hiervon ab Auftrieb	$6,5 \cdot 11,2$	= 72,8 t/m
eigentlicher Bodengegendruck		= 167,16 t/m

Dann gilt für die angenommene Gegendruckverteilung

$$\left(\frac{3,0 + \max p_{II}}{2}\right) 11,2 = 167,16 \text{ t/m};\ \max p_{II} = 26,8 \text{ t/m}^2;$$

$$g_{II_m} = \frac{11,2}{3} \cdot \frac{9,5 + 2 \cdot 33,3}{9,5 + 33,3} = 6,64 \text{ m};$$

$$x_{II_m} = \frac{239,96 \cdot (6,4 - 6,64)}{38,5} = -1,49 \text{ m}.$$

Die Reaktionskraft H_{II_m} liegt *ober*halb der Kraftrichtung von ΣH_{II}.

$$e_{II_m} = 0,86 - (-1,49) = 2,35 \text{ m}.$$

Spannungen:

$$\sigma_{II_m} = \frac{38,5}{2,5}(1 \pm 2,4 \cdot 2,35) = 15,4\,(1 \pm 5,65);$$

$$_u\sigma_{II_m} = -15,4 \cdot 4,65 = -71,6 \text{ t/m}^2 = -7,16 \text{ kg/cm}^2 \text{ (Zug)};$$

$$_o\sigma_{II_m} = +15,4 \cdot 6,65 = +102,4 \text{ t/m}^2 = +10,24 \text{ kg/cm}^2 \text{ (Druck)}.$$

Anschlußfuge s — s:

$$N_{II_s} = \frac{20{,}55 + 33{,}3}{2} \cdot 5{,}2 = 140{,}0 \text{ t/m}; \quad g_{II_s} = \frac{5{,}2}{3} \cdot \frac{20{,}55 + 66{,}6}{53{,}85} = 2{,}8 \text{ m}.$$

$$x_{II_s} = \frac{146{,}96 \cdot 2{,}54 - 140{,}0 \cdot 2{,}8}{38{,}5} = -0{,}49 \text{ m (siehe oben bei } x_{II_m}!);$$

$$e_{II_s} = 0{,}86 - (-0{,}49) = +1{,}35 \text{ m}.$$

Spannungen:

$$\sigma_{II_m} = 15{,}4\,(1 \pm 2{,}4 \cdot 1{,}35) = 15{,}4 \cdot (1 \pm 3{,}24);$$

$${}_u\sigma_{II_m} = -15{,}4 \cdot 2{,}24 = -35{,}9 \text{ t/m}^2 = -3{,}59 \text{ kg/cm}^2 \text{ (Zug)};$$

$${}_o\sigma_{II_m} = +15{,}4 \cdot 4{,}24 = +65{,}3 \text{ t/m}^2 = +6{,}53 \text{ kg/cm}^2 \text{ (Druck)}.$$

3. Abgestuft rechteckförmige Lastverteilung. (Nach SIEMONSEN). (Abb. 196).

Belastungsfall I.

Mittlerer vertikaler Bodengegendruck $\frac{181{,}72}{11{,}2 \cdot 1{,}0} = 16{,}2 \text{ t/m}^2$.

Daher Größe der Gegendrücke nach SIEMONSEN:

$$16{,}2 \cdot 1{,}25 = 20{,}25 \text{ t/m}^2 \text{ bzw. } 16{,}2 \cdot 0{,}75 \text{ t/m}^2 = 12{,}15 \text{ t/m}^2.$$

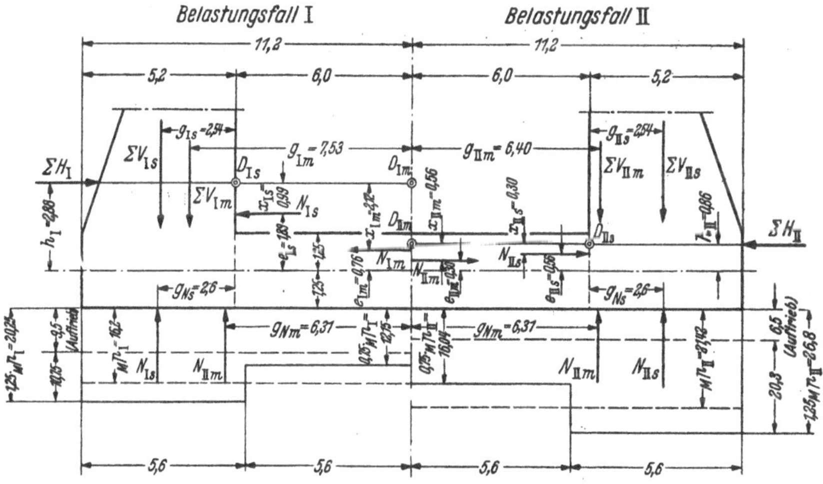

Abb. 196. Abgestuft rechteckförmig verteilter Bodengegendruck. (Nach SIEMONSEN.)

Mittelfuge m — m:

$$N_{I_m} = 181{,}72 = \Sigma V_{I_m}; \quad g_{I_m} = \frac{(12{,}15 \cdot 5{,}6) \cdot 2{,}8 + (20{,}25 \cdot 5{,}6) \cdot (2{,}8 + 5{,}6)}{181{,}7} = 6{,}31 \text{ m};$$

$$x_{I_m} = \frac{181{,}72\,(7{,}23 - 6{,}31)}{104{,}73} = 2{,}12 \text{ m};$$

$$e_{I_m} = 2{,}88 - 2{,}12 = 0{,}76 \text{ m}.$$

Spannungen:

$$\sigma_{I_m} = \frac{104,73}{2,5}(1 \pm 2,4 \cdot 0,76) = 41,9\,(1 \pm 1,82);$$

$$_u\sigma_{I_m} = -41,9 \cdot 0,82 = -\ 34,4\ \text{t/m}^2 = -\ 3,44\ \text{kg/cm}^2\ \text{(Zug)};$$

$$_o\sigma_{I_m} = +41,9 \cdot 2,82 = +118,0\ \text{t/m}^2 = +11,8\ \text{kg/cm}^2\ \text{(Druck)}.$$

Anschlußfuge s — s:

$$N_{I_s} = 20,25 \cdot 5,2 = 105,2\ \text{t/m};\quad g_{I_s} = 2,6\ \text{m};$$

$$x_{I_s} = \frac{148,72 \cdot 2,54 - 105,2 \cdot 2,6}{104,73} = 0,99\ \text{m};$$

$$e_{I_s} = 2,88 - 0,99 = 1,89\ \text{m}.$$

Spannungen:

$$\sigma_{I_s} = 41,9\,(1 \pm 2,4 \cdot 1,89) = 41,9\,(1 \pm 4,53);$$

$$_u\sigma_{I_s} = -41,9 \cdot 3,53 = -148,0\ \text{t/m}^2 = -14,8\ \text{kg/cm}^2\ \text{(Zug)};$$

$$_o\sigma_{I_s} = +41,9 \cdot 5,53 = +232,0\ \text{t/m}^2 = +23,2\ \text{kg/cm}^2\ \text{(Druck)}.$$

Belastungsfall II.

Mittlerer vertikaler Bodengegendruck: $\frac{239,96}{11,2 \cdot 1,0} = 21,42\ \text{t/m}^2$.

Daher nach SIEMONSEN:

$$21,42 \cdot 1,25 = 26,8\ \text{t/m}^2\ \text{bzw.}\ 21,42 \cdot 0,75 = 16,04\ \text{t/m}^2.$$

Mittelfuge m — m:

$$\Sigma V_{II_m} = 239,96\ \text{t/m} = N_{II_m};\quad g_{II_m} = \frac{(26,8 \cdot 5,6) \cdot 8,4 + (16,04 \cdot 5,6) \cdot 2,8}{239,96} = 6,31\ \text{m};$$

$$x_{II_m} = \frac{239,96 \cdot (6,4 - 6,31)}{38,5} = 0,56\ \text{m};$$

$$e_{II_m} = 0,86 - 0,56 = 0,30\ \text{m}.$$

Spannungen:

$$\sigma_{II_m} = 15,4\,(1 \pm 2,4 \cdot 0,30) = 15,4\,(1 \pm 0,72);$$

$$_u\sigma_{II_m} = +15,4 \cdot 0,28 = +\ 4,31\ \text{t/m}^2 = +0,43\ \text{kg/cm}^2;$$

$$_o\sigma_{II_m} = +15,4 \cdot 1,72 = +26,5\ \text{t/m}^2 = +2,65\ \text{kg/cm}^2.$$

Anschlußfuge s — s:

$$N_{II_s} = 26,8 \cdot 5,2 = 139,3\ \text{t/m};\quad g_{N_s} = 2,6\ \text{m};$$

$$x_{II_s} = \frac{146,96 \cdot 2,54 - 139,3 \cdot 2,6}{38,5} = 0,30\ \text{m};$$

$$e_{II_s} = 0,86 - 0,30 = 0,56\ \text{m}.$$

Spannungen:

$$\sigma_{II_s} = 15{,}4\,(1 \pm 2{,}4\cdot 0{,}56) = 15{,}4\,(1 \pm 1{,}34);$$

$$_u\sigma_{II_s} = -\,15{,}4\cdot 0{,}34 = -\;\;5{,}24\ \mathrm{t/m^2} = -\,0{,}52\ \mathrm{kg/cm^2};$$

$$_o\sigma_{II_s} = +\,15{,}4\cdot 2{,}34 = +\,36{,}0\ \ \mathrm{t/m^2} = +\,3{,}60\ \mathrm{kg/cm^2}.$$

Tabelle 19.

Zusammenstellung der berechneten Zug (–)- und Druckspannungen (+) in der Schleusenkammersohle für verschiedene Annahmen der Bodengegendruckverteilung.

Lastverteilung nach	Belastungsfall I				Belastungsfall II			
	Mittelfuge $m-m$		Anschlußfuge $s-s$		Mittelfuge $m-m$		Anschlußfuge $s-s$	
	unten	oben	unten	oben	unten	oben	unten	oben
FRANZIUS	+8,91	–0,54	– 9,45	+17,86	+16,81	–13,73	+6,41	–3,33
ENGELS	–4,36	+12,74	–15,5	+23,9	– 7,16	+10,24	–3,59	+6,53
SIEMONSEN ..	–3,44	+11,8	–14,8	+23,2	+ 0,43	+ 2,65	–0,52	+3,60

Wenn den absoluten Zahlenwerten der Zusammenstellung in der Tabelle 19 auch nur eine spezielle Bedeutung für das bis zu einem gewissen Grad willkürlich gewählte Zahlenbeispiel zukommt, so bringen die *großen Unterschiede* in den Rechenergebnissen uns doch drastisch zum Bewußtsein, welchen großen Einfluß die *Art* der Bodengegendruckverteilung auf die Sohlenspannungen ausübt. Deshalb ist es sehr wichtig, bei jeder genaueren Sohlenberechnung einer Schleusenkammer die verschiedenen möglichen Lastzustände zu untersuchen, um überschauen zu können, nach welcher Richtung sich die Berechnungen zu erstrecken haben.

B. Ermittlung der Sohlendurchbiegung unter Berücksichtigung der Baugrundverhältnisse bei eingespannter Sohle.

(Verfahren ELLERBECK-ODENKIRCHEN[1]).

Zum Unterschied von den unter A. untersuchten Verfahren, bei denen die Art der Lastaufnahme durch den Boden *vorweg angenommen* wurde, wird bei dem Verfahren unter B. die *Art der Lastaufnahme errechnet.* Es geht von der Voraussetzung aus, daß die Fundamentplatte überall auf dem Baugrund satt aufsitzt, so daß seine Verformung unterhalb der Schleusensohle in jedem Punkt der Sohlenbiegelinie entsprechen muß. Da die letztere andererseits vom Grad der Nachgiebigkeit des Bodens, d. h. von dessen Elastizitätsziffer E abhängt, zielt das Verfahren daraufhin ab, die Biegelinie der Sohle mit der Senkungslinie des Untergrundes zur Deckung zu bringen.

[1] Siehe MÜGGE in Bautechnik, 1940, Heft 40 u. 41.

Da die Elastizitätsziffer des Baugrundes auch unter einfachen (unkomplizierten) Bodenverhältnissen nur näherungsweise bestimmt werden kann, hilft man sich mit einem Näherungsverfahren weiter, das darin besteht, die tatsächlichen Durchbiegungen der Sohle zwischen den beiden möglichen Grenzfällen einzufangen:

1. der Boden ist völlig nachgiebig, vollplastisch; er gibt der Durchbiegung der Sohle δ_1 und der Verkantung der Seitenmauern voll nach. Die Durchbiegungen der Sohle können sich also ungehindert entsprechend der Betonelastizität entwickeln;

2. der Boden ist absolut unnachgiebig, starr angenommen (Fels). Es tritt keine Durchbiegung der Sohle unter lotrechten Lasten ein.

Die δ sind in diesem Falle gleich Null.

Zwischen diesen beiden Grenzfällen liegt der gesuchte Wert, welcher der anstehenden Bodenart entspricht. Dieser ergibt sich als ein Teilwert der Durchbiegung δ_1 und kann durch die Beziehung ausgedrückt werden

$$\delta_2 = k \cdot \delta_1 ,$$

wobei k einen Verkleinerungsfaktor darstellt, der dem Steifegrad des Untergrundes Rechnung trägt.

Verfahren: In einem ersten Rechnungsgang wird die Biegelinie δ_1 der Sohle bei voll nachgiebigem Baugrund lediglich aus den Gleichgewichtsbedingungen berechnet. Dabei kann das Trägheitsmoment der Schleusenmauern, bezogen auf die Achse der Kammersohle als unendlich groß angenommen werden, so daß die Bodendrucklinie (σ-Linie) und die Biegelinie unter den Mauerquerschnitten geradlinig verlaufen. Aus der Neigung der Endtangente an die Biegelinie der Sohlenplatte ergibt sich das Maß δ_{1R}, um das die Kanten der Schleusenmauern sich heben oder senken, wenn letztere biegefest mit der Sohlenplatte verbunden sind.

Je nach der Festigkeit des Untergrundes, eventuell auch nach der Größe δ_{1R}, ist nun zu schätzen, welcher Bruchteil der berechneten Höhenunterschiede als wahrscheinlich gelten kann. Die Werte der im ersten Rechnungsgang erhaltenen Biegelinie sind dann auf $\delta = k \cdot \delta_1$ zu verkleinern. Für die Wahl der Beiwerte k wurde die Tabelle 20 aufgestellt[1].

Der auf $\delta = k \cdot \delta_1$ verminderten Biegelinie entsprechen verkleinerte Bodendrücke σ. Sie setzen sich zusammen aus dem konstanten Anteil σ_1, der aus dem Einfluß der Eigenlasten und äußeren Kräften entsteht, und dem Anteil $\alpha \cdot \sigma_2$. Der Anteil σ_2 ergibt sich aus

a) Verteilung über den Querschnitt affin zur Durchbiegung δ_1,

b) Resultierende $= 0$,

c) Größe am Querschnittsrand $\sigma_{2R} = 1\ \mathrm{t/m^2}$.

---

[1] Bautechnik, 1940, S. 467.

Da der Sohldruck σ_2 die Durchbiegung δ_2 bedingt und damit $\delta_1 - \alpha \cdot \delta_2 = \delta$ ist, läßt sich α an der Stelle der größten Durchbiegung ohne weiteres errechnen.

Die Momente verringern sich auf $M = M_1 - \alpha \cdot M_2$, womit die Schnittgrößen zur Bemessung der Sohle bekannt sind.

Tabelle 20.

Bodenarten	Beiwert k	$\sigma_{zul.}$ in kg/cm² als roher Anhalt
a) Schlammiger Boden, Triebsand; nur mit Schöpfgefäßen zu beseitigen	1,0	
b) Leichter Boden, Sand, Mutterboden; mit Schaufel oder Spaten zu lösen	0,8	3,5
c) Mittlerer Boden aus Lehm	0,75	4,0
d) Mittlerer Boden aus Kies	0,65	4,0
e) Fester Boden: grober Kies mit Ton, schwerer Lehm mit Trümmern, fester Ton, fester Mergel, lange lagernder Bauschutt oder Asche, schieferartiger Fels oder Steingeschiebe; durch Keile oder Sprengen lösbar	0,5 bis 0,3	4,5 bis 6,0
f) Fels, nur durch Sprengstoff zu lösen	0	7,0 und höher

Durchrechnung eines Zahlenbeispieles.

Nachfolgend wird ein Zahlenbeispiel durchgerechnet. Wie man sich durch einige Versuchsrechnungen mit verschiedenen Annahmen (z. B. für Schleusengefälle, Grundwasserstand, Erddruck, Mauerquerschnitt) leicht überzeugen kann, ist das vorliegende System sehr sensibel hinsichtlich des Wechsels der Vorzeichen für die M, σ, δ. Insoferne sind die Ergebnisse des Beispiels bis zu einem gewissen Grade nur als zufällige Werte zu betrachten, die nur reale Bedeutung für den gegebenen Fall haben. Es kann deshalb das Zahlenbeispiel nicht mehr wollen, als das Berechnungsverfahren zu erläutern. Da dieses für beide Belastungsfälle (Schleuse leergepumpt, Schleuse gefüllt) übereinstimmt, wird aus Gründen der Raumersparnis lediglich ein Fall, und zwar für *volle* Schleuse (II) behandelt. Zugrunde liegen wiederum die Annahmen der Abb. 192 und 193.

In unserem Zahlenbeispiel erfährt also die Sohle bei gefüllter Schleuse und einem zur Durchbiegung affinen Bodengegendruck ein aufbiegendes Moment. Im Mittelschnitt $m - m$ der Sohle ergeben sich damit *oben* negative (Zug-) Spannungen, *unten* Druckspannungen (vgl. dazu Tabelle 19, S. 337).

Auf gleiche Weise wäre nun die Schleusenkammer für den Belastungsfall I zu untersuchen. Da sich bei veränderten Belastungsverhältnissen[1] andere σ-und damit andere Endmomentenlinien ergeben würden, wie

[1] Man beachte die vielen Möglichkeiten dafür!

etwa im Beispiel der Abb. 210a u. b (S. 337), (mit großem Schleusengefälle und kräftigen Stützmauern), läßt es sich bei einer genaueren Untersuchung einer Trogschleusenkammer nicht umgehen, die Rechnungen für die verschiedensten möglichen Lastzustände durchzuführen, um so zu einem in gleicher Weise wirtschaftlichen wie statisch sicheren Trogquerschnitt zu gelangen.

Belastungsfall: Schleuse gefüllt.

1. Vollnachgiebiger Boden mit gleichmäßig verteiltem Sohldruck.

Sohldruck.

$$\Sigma V_{II_m} = \Sigma V_{II_8} + G_6 + W_V = 146{,}96 + 33{,}0 + 60{,}0 = 239{,}96 \text{ t/m}.$$

$$\Sigma V_{II_8} = 146{,}96 \text{ t/m}; \quad g_{II_8} = 2{,}54 \text{ m}.$$

$$\Sigma H_{II} = 38{,}5 \text{ t/m}; \quad h = 0{,}86 \text{ m (vgl. Abb. 194, S. 320)}.$$

Gesamter Bodengegendruck: $\sigma_1 = \frac{\Sigma V_{II_m}}{F} = \frac{239{,}96}{11{,}2 \cdot 1{,}0} = 21{,}4 \,(\sigma_1 \text{ [S. 336]}) \text{ t/m}^2.$

$$N_{II_8} = 21{,}4 \cdot 5{,}2 = 111{,}1 \text{ t/m}; \quad g_{N_8} = \frac{5{,}2}{2} = 2{,}6 \text{ m}.$$

Momente M_{I_0} infolge σ_1.

Ermittlung der Momente infolge σ_1, bezogen auf die gedachte Anschlußfuge $s-s$ (I_0) für alle Kräfte links von dieser Fuge:

$$M_{I_0} = -\Sigma V_{II_8} \cdot 2{,}54 + \Sigma H_{II} \cdot 0{,}86 + N_{II_8} \cdot 2{,}6$$

$$M_{I_0} = -146{,}96 \cdot 2{,}54 + 38{,}5 \cdot 0{,}86 + 111{,}1 \cdot 2{,}6$$

$$M_{I_0} = -372{,}0 + 33{,}1 + 289{,}0$$

$$M_{I_0} = -372{,}0 + 322{,}1 = -49{,}9 \text{ tm}.$$

Moment M_0 der Sohlenplatte zwischen $I_0 - I_0$:

aus $\sigma_1 \uparrow$: $M_0\,\sigma_1 = -21{,}4 \cdot \frac{12{,}0^2}{8} = -385{,}0$ tm

aus Eigengew. u. Wasseraufl. $\downarrow$:

$$M_{0_{e+w}} = +(2{,}5 \cdot 2{,}2 + 10{,}0)\,\frac{12^2}{8} = +279{,}0 \text{ tm}$$

$$\max M_0 = \qquad -106{,}0 \text{ tm}.$$

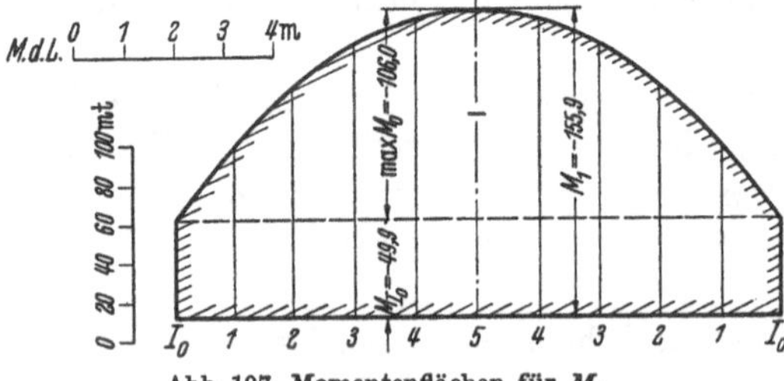

Abb. 197. Momentenflächen für M_1.

Zwecks Auftragung der Ordinaten der Momentenlinie M_0 wird die Sohle zwischen den Schnitten $I_0 - I_0$ in 10 gleiche Teile von je $\frac{12{,}0}{10} = 1{,}2$ m geteilt, und aus der Einheitsparabel werden die Ordinaten y_m für die Teilschnitte entnommen. Gleichzeitig wird die Momentenlinie M_{I_0} (Rechteck) mit aufgetragen, wodurch sich die Differenzen $M_{I_0} - (y_m \cdot \max M_0) = M_1$ ergeben (vgl. Tab. 21 und Abb. 197).

Tabelle 21.

Schnitt	I_0	1	2	3	4	5
y_m	0,0	0,36	0,64	0,84	0,96	1,0
$y_m \cdot \max M_0$	0	− 38,2	− 67,9	− 89,2	−101,9	−106,0
$M_{I_0} - (y_m \cdot \max M_0) = M_1$	− 49,9	− 88,1	−117,8	−139,1	−151,8	−155,9

Ermittlung der Biegelinie δ_1.

Nun läßt sich die Durchbiegung der Sohlplatte nach MOHR für den Fall eines unveränderlichen Querschnittes, wie er in unserem Beispiel vorliegt, berechnen. Nach MOHR sind nämlich die $E \cdot J$-fachen Durchbiegungen gleich den Biegemomenten des mit der M-Fläche belasteten Trägers[1], also

$\delta_1 \cdot E \cdot J = M^*$ (M^* = Moment aus der Belastung mit der Momentenfläche).

Die resultierende Biegelinie ergibt sich als Differenz der Biegelinien aus den Belastungen mit M_{I_0} bzw. mit M_0 (Überlagerung der beiden Belastungen).

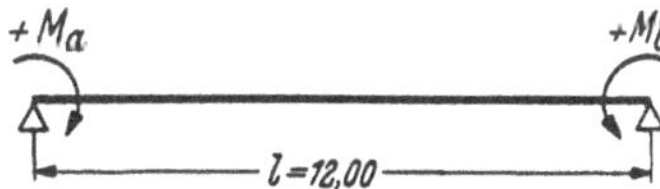

Abb. 198. Belastungsfall für M_{I_0}.

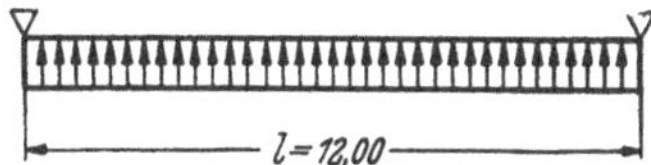

Abb. 199. Belastungsfall für max M_0.

Belastungsfall für M_{I_0} (Abb. 198):

Gleichung der Biegelinie:

$$\delta_{M_{I_0}} = \frac{l^2}{6E \cdot J} (M_a \cdot \omega'_D + M_b \cdot \omega_D)^*.$$

Dabei ist

$$M_a = M_b = M_{I_0}; \quad \omega_D = \xi - \xi^3 \text{ für } \xi = \frac{x}{l},$$

$$\omega'_D = \xi' - \xi'^3 \text{ für } \xi' = \frac{l-x}{l};$$

also

$$\delta_{M_{I_0}} = \frac{l^2}{6E \cdot J} \cdot M_{I_0} \cdot 3 (\xi - \xi^2)$$

$$\delta_{M_{I_0}} = \frac{l^2}{2E \cdot J} \cdot M_{I_0} \cdot \omega_R^*.$$

Belastungsfall für max M_0 (Abb. 199):

Gleichung der Biegelinie:

$$\delta_{M_0} = -\frac{l^2}{3 \cdot E \cdot J} \max M_0 (\xi - 2\xi^3 + \xi^4)$$

$$\delta_{M_0} = -\frac{l^2}{3 \cdot E \cdot J} \max M_0 \cdot \omega''_P.$$

---

[1] Zum Beispiel in DUBBELS Taschenbuch f. Maschinenbau, 11. Aufl. 1953, I. Bd., S. 352.

* SCHLEICHER: Taschenbuch f. Bauing. 1943, S. 256 u. 279.

Tabelle 22.

Schnitt	I_0	1	2	3	4	5
ω_R	0	0,09	0,16	0,21	0,24	0,25
ω''_P	0	0,0981	0,1856	0,2541	0,2976	0,3125
$-3590 \cdot \omega_R$	0	− 323	− 575	− 755	− 861	− 897
$-5090 \cdot \omega''_P$	0	− 499	− 945	− 1293	− 1512	− 1590
η_m	0	− 822	− 1520	− 2048	− 2373	− 2487

Werden die beiden Belastungsfälle zusammengefaßt und $\delta_1 \cdot E \cdot J = \eta_m$ gesetzt ($E_{Beton} = 2100000$ t/m²; $J = \frac{b \cdot h^3}{12} = 1{,}0 \cdot \frac{2{,}5^3}{12} = 1{,}3$ m⁴), dann erhält man

$$\delta_1 \cdot E \cdot J = \eta_m = \frac{l^2}{2} \cdot M_{I_0} \cdot \omega_R - \frac{l^2}{3} \max M_0 \cdot \omega''_P$$
$$= -72 \cdot 49{,}9 \cdot \omega_R - 48 \cdot 106 \cdot \omega''_P$$
$$= -3590 \cdot \omega_R - 5090 \cdot \omega''_P .$$

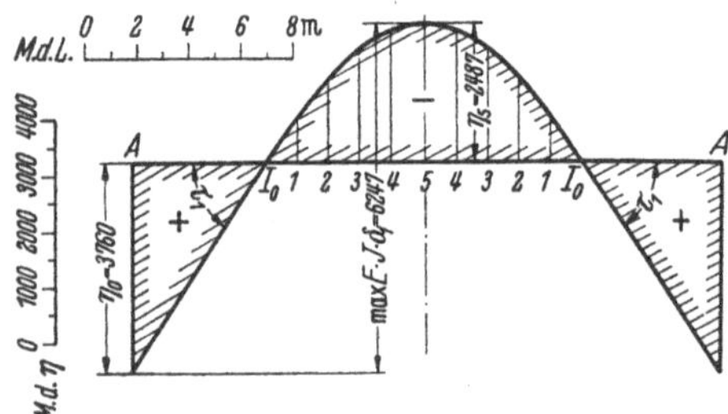

Abb. 200. Biegelinie $\eta = EJ \cdot \delta_1$.

Nun ist auch noch die Durchbiegung der beiden Mauersohlen zu bestimmen. Wie schon weiter oben erwähnt, kann das Trägheitsmoment der Kammermauer mit Bezug auf eine horizontale Achse als unendlich groß betrachtet werden. Für diese Annahme verläuft die Biegelinie zwischen der Mauerfundamentkante A und der Fuge $s - s$ (I_0) gerade (Abb. 200). Dabei beträgt die Durchbiegung des Punktes A: $\eta_0 = 5{,}2 \cdot \tau_I$. τ_I stellt dabei die resultierende Verdrehung des jeweiligen Stabendquerschnittes in I_0 dar. Sie ergibt sich aus der Verdrehung des Stabes in I_0 durch M_{I_0} und durch $\max M_0$.

1. Verdrehung durch $M_a = M_b = M_{I_0}$:

$$\varphi_a = \varphi_b = \frac{l}{6EJ} \cdot (2\,M_a + M_b)^* = \frac{l}{6EJ} \cdot 3\,M_{I_0} = \frac{1}{EJ} \cdot \frac{l}{2} \cdot M_{I_0} .$$

2. Verdrehung durch $\max M_0$:

$$\varphi_a = \varphi_b = \frac{p\,l^3}{24 \cdot EJ} = \frac{l}{3} \cdot \frac{1}{EJ} \cdot \left(\frac{p\,l^2}{8}\right) = \frac{1}{EJ} \cdot \frac{l}{3} \cdot \max M_0 .$$

$$\Sigma\,\varphi_a = \frac{1}{EJ} \cdot \frac{l}{2} \cdot M_{I_0} - \frac{1}{EJ} \cdot \frac{l}{3} \cdot \max M_0 .$$

Daraus

$$\Sigma\,\varphi_a \cdot E \cdot J = \tau_1 = \frac{l}{2}\,M_{I_0} - \frac{l}{3} \cdot \max M_0 .$$

$$\tau_I = -\frac{12{,}0}{2} \cdot 49{,}9 - \frac{12{,}0}{3} \cdot 106{,}0 = -299{,}4 - 424{,}0 = -723{,}4 \text{ tm}^2$$

* Siehe Fußnote * S. 354.

$$\eta_0 = 5{,}2 \cdot 723{,}4 = 3760 \text{ tm}^3$$

$$\max E \cdot J \cdot \delta_1 = \eta_0 + \eta_5 = 3760 + 2487 = 6247 \text{ tm}^3.$$

$$\max \delta_1 = \frac{(\eta_0 + \eta_5)}{E \cdot J} = \frac{6247}{(2{,}1 \cdot 10^6) \cdot 1{,}3} = \frac{2286}{10^6} = 0{,}0023 \text{ m} = 2{,}3 \text{ mm}.$$

2. Biegelinie der Sohle bei Sohldruck affin zur Durchbiegung δ_1.

Ermittlung der Fläche zwischen Biegelinie und Null-Linie für die Sohlenplatte $l = 12{,}0$ m:

1. Fläche bei konstantem M (rechteckige Belastungsfläche M_{I_0}) (Abb. 201a) ergibt folgende Parabelfläche zwischen Biegelinie und Sohle:

$$F_1 = + \frac{2}{3}\left(\frac{l^2}{2} M_{I_0} \cdot \frac{1}{4}\right) = M_{I_0} \cdot \frac{l^3}{12}; \qquad F_1 = -49{,}9 \cdot \frac{12{,}0^3}{12} = -7185 \text{ tm}^4.$$

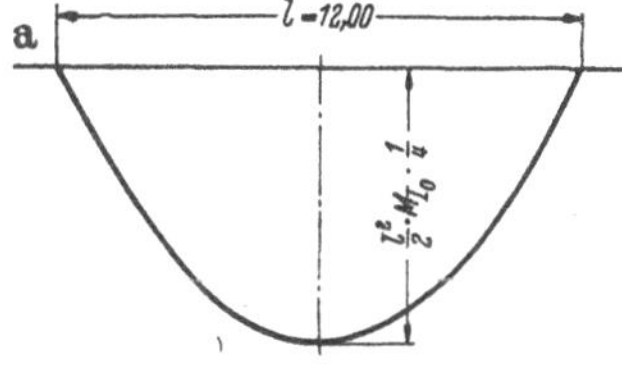

Abb. 201 a. Rechteckige Belastungsfläche.

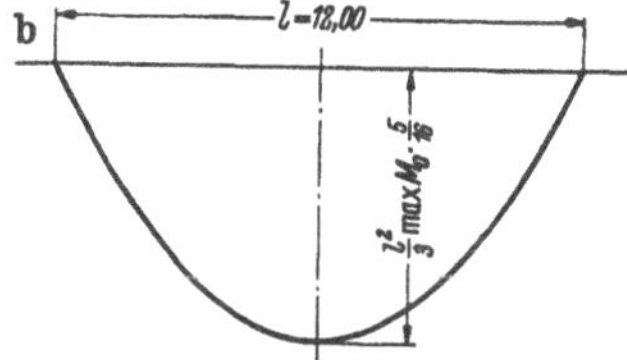

Abb. 201 b. Parabelförmige Belastungsfläche.

2. Bei parabelförmiger Belastungsfläche M ($= \max M_0$) (Abb. 201b) berechnet sich die zwischen Biegelinie und Null-Linie liegende Parabelfläche zu

$$F_2 = -\frac{2}{3}\left(\frac{l^3}{3} \max M_0 \cdot \frac{5}{16}\right) \cdot l = -\max M_0 \cdot l^3 \cdot \frac{10}{144} = \sim -\max M_0 \cdot \frac{l^3}{15}.$$

$$F_2 = -106{,}0 \cdot \frac{12{,}0^3}{15} = -12\,200 \text{ tm}^4.$$

3. $F_3 = -\eta_0 \cdot \dfrac{12 + 22{,}4}{2}$

$$= -3760 \cdot 17{,}2 = -64\,400 \text{ tm}^4.$$

Die gesamte Biegelinienfläche ist (Abb. 202)

$$F_B = \sum_1^3 F = -7185 - 12200 - 64400$$

$$= -83985 \text{ tm}^4.$$

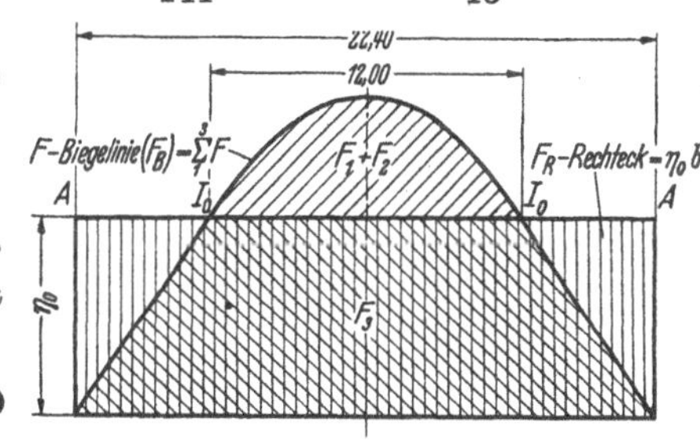

Abb. 202. Gesamte Biegelinienfläche.

Legt man nun die Schlußlinie so, daß $F_B = -F_R$, dann ergibt sich die Lage dieser Schlußlinie aus

$$s = \frac{F_B}{b} = \frac{83985}{22{,}4} = 3740 \text{ tm}^3 \text{ (Abb. 203).}$$

Abstand $B - I_0$: $5{,}20 - 5{,}20 \cdot \dfrac{3740}{3760} = 5{,}20 - 5{,}17 = 0{,}03$ m.

(siehe Tabelle 23, S. 334).

Momente. Biegelinie δ_2.

Um das Moment aus der Belastung σ_2 herzuleiten, wird letztere mittels der Simpsonregel in Einzellasten verwandelt. Es wird die Querkraft berechnet und daraus das Moment. Wegen des stetigen Verlaufes von σ_2 kann man sich seine Begrenzung als quadratische Parabel denken. Dann kann die Ersetzung der verteilten Belastung σ_2 durch die Einzellasten (Knotenlasten) für Doppelfelder nach der Parabelformel[1] erfolgen.

$$K_i(\sigma_2) = \frac{\Delta l}{12}[(\sigma_2)_{i-1} + 10\,(\sigma_2)_i + (\sigma_2)_{i+1}] \text{ für } i \neq I_0.$$

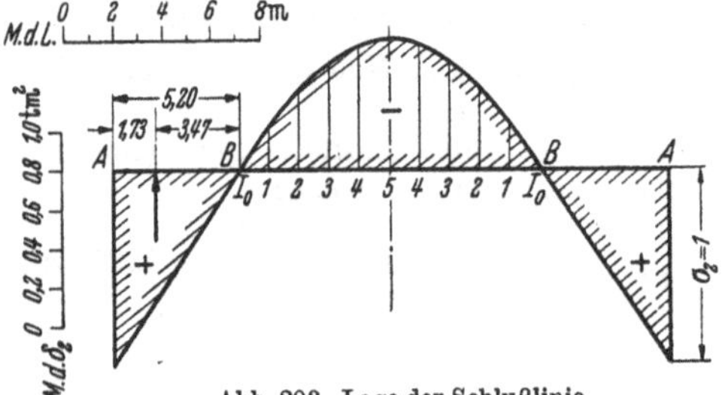

Abb. 203. Lage der Schlußlinie.

Für ein Einzelfeld (Randfeld) ergibt sich die Knotenlast nach der Parabelformel zu

$$K_i(\sigma_2) = \frac{\Delta l}{24}[7\,(\sigma_2)_i + 6\,(\sigma_2)_{i+1} - (\sigma_2)_{i+2}]$$

$$= \frac{\Delta l}{12}\cdot[3{,}5\,(\sigma_2)_i + 3\,(\sigma_2)_{i+1} - 0{,}5\,(\sigma_2)_{i+2}]$$

für $i = I_0$.

Die Durchbiegung δ_2 ergibt sich wieder nach MOHR als Moment M infolge $Q = \frac{M}{EJ}$, wobei M abermals auf dem Weg über Q ermittelt wird.

$$Q = \frac{\Delta M}{\Delta x} = \frac{\Delta M}{\Delta l}.$$

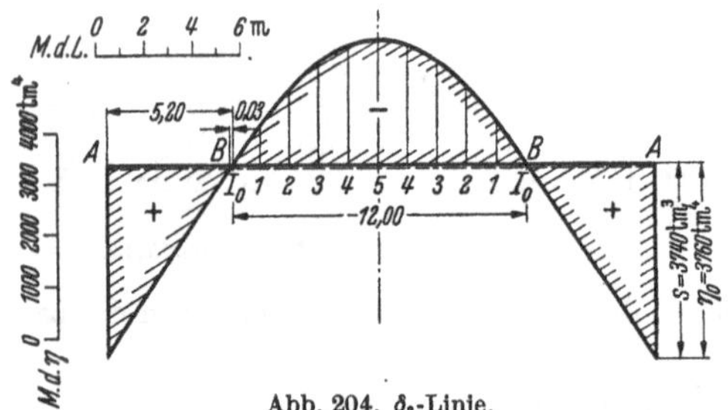

Abb. 204. δ_2-Linie.

Tabelle 23.

	Schnitt	A	B	I_0	1	2	3	4	5
α	$EJ\delta_1 = M^x_{I_0} - M^x_0 = \eta_m$	+ 3760	+ 15	0	− 822	− 1520	− 2048	− 2373	− 2487
β	$s \cdot \sigma_2$	+ 3740	0	− 15	− 837	− 1535	− 2063	− 2388	− 2502
γ	σ_2 (Abb. 204)	1	0	− 0,004	− 0,224	− 0,410	− 0,553	− 0,638	− 0,670

α) Durchbiegung, bezogen auf eine Schlußlinie durch die Punkte $I_0 - I_0$.
β) Durchbiegung, bezogen auf eine Schlußlinie, die die positiven und negativen Flächen, absolutgenommen, gleich groß macht.
γ) Bodendruck proportional Zeile β.

Bei der Berechnung von M_I infolge σ_2 wird nur der Druckkeil aus $\sigma_2 = +1$ t/m² auf die Breite 5,2 m der Stützmauer gerechnet. Die geringe Verminderung dieses Momentes auf der Strecke $I_0 - B = 0{,}03$ m wird vernachlässigt.

$$M_I = M_{ST} = 1{,}0\cdot\frac{5{,}2}{2}\cdot 3{,}47 = 9{,}02 \text{ tm (Abb. 204).}$$

[1] SCHLEICHER: Taschenbuch f. Bauing. 2. Aufl., Bd. I, S. 951. Berlin, Göttingen, Heidelberg: Springer 1955.

Tabelle 24.

Schnitt	I_0	1	2	3	4	5
Belastung (σ_2) (Tabelle 23)	0,004	0,224	0,410	0,553	0,638	0,670
SIMPSON-Regel (Abb. 205) $(\sigma_2)_{i-1}$		0,004	0,224	0,410	0,553	0,638
$10(\sigma_2)_i$		2,240	4,100	5,530	6,380	6,700
$(\sigma_2)_{i+1}$		0,410	0,553	0,638	0,670	0,638
$\frac{12}{\Delta l}\cdot K_i(\sigma_2)=[\quad]_i=$		2,654	4,877	6,578	7,603	$\frac{8,076}{2}$
$\sum_i^5\left(\frac{12}{\Delta l}\cdot Q\right)=\frac{12}{(\Delta l^*)^2}\cdot\Delta M=$	25,750	23,096	18,219	11,641	4,038	0
$\sum_i^5\frac{12}{(\Delta l)^2}M_0=\sum_i^5(8,333\cdot M_0)=f(M_0)$	0	25,750	48,846	67,065	78,706	82,744
$M_0=\frac{1}{8,333}\cdot f(M_0)$	0	3,09	5,86	8,05	9,45	9,92
$M_I=M_{ST}$ (siehe oben)	9,02	9,02	9,02	9,02	9,02	9,02
$M_2=M_0+M_{ST}$ (Abb. 206)	+ 9,02	+ 12,11	+ 14,88	+ 17,07	+ 18,47	+ 18,94
$K^*_{I_0}(\sigma_2)$, $i=I_0$: $+3,5(M_2)_{I_0}$; $K^*_i(\sigma_2)$, $i\neq I_0$: $+(M_2)_{i-1}$	31,6	9,02	12,11	14,88	17,07	18,47
$+3,0(M_2)_1$; $+10(M_2)_i$	36,4	121,10	148,80	170,70	184,70	189,40
$-0,5(M_2)_2$; $+(M_2)_{i+1}$	− 7,44	14,88	17,07	18,47	18,94	18,47
$\frac{12}{\Delta l}\cdot EJK^*_{I_0}$ bzw. $\frac{12}{\Delta l}\cdot EJ\cdot K^*_{i(i\neq I_0)}$	60,56	145,00	177,98	204,05	220,71	$\frac{226,34}{2}$
$\sum_i^5\left(\frac{12}{\Delta l}\cdot EJ\cdot Q\right)=\frac{12}{(\Delta l)^2}\cdot EJ\cdot M^*$ 921,53	860,97	715,91	537,93	333,88	113,17	0
$\sum_i^5\left(\frac{12}{(\Delta l)^2}\cdot EJM^*\right)=f'(M^*)$	0	860,97	1576,88	2114,81	2448,69	2561,86
$\eta_i=EJM^*=EJ\delta_2=\frac{f'(M^*)}{\frac{12}{(\Delta l)^2}}=\frac{f'(M^*)}{8,333}$	0	+103,1	+189,0	+253,8	+294,0	+308,0

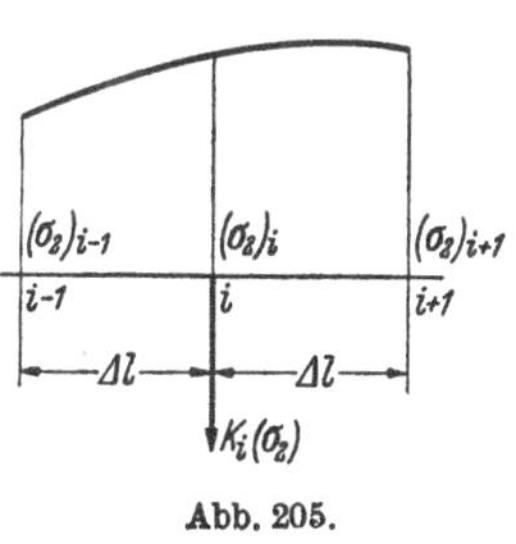

Abb. 205.

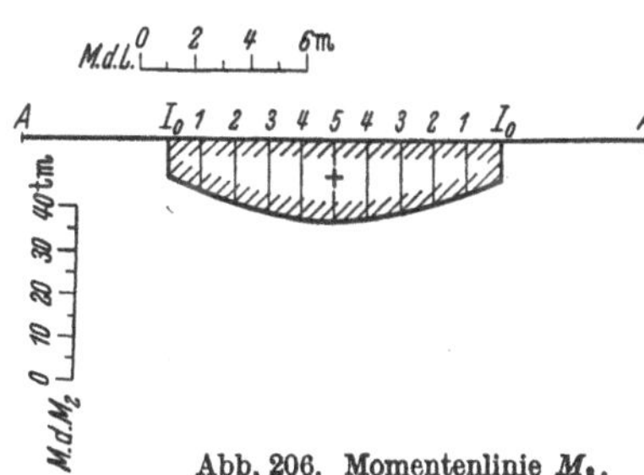

Abb. 206. Momentenlinie M_2.

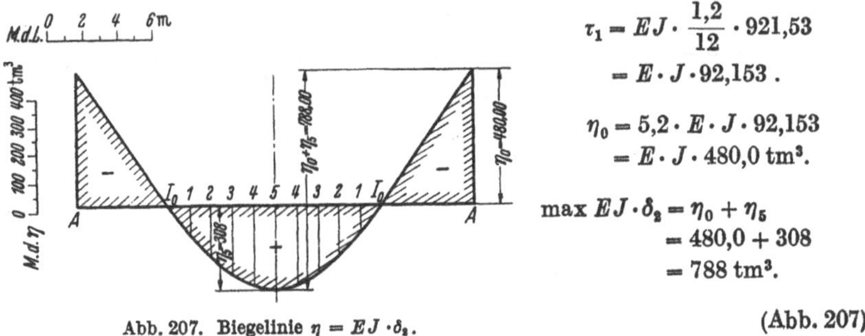

Abb. 207. Biegelinie $\eta = EJ \cdot \delta_2$.

$$\tau_1 = EJ \cdot \frac{1{,}2}{12} \cdot 921{,}53$$
$$= E \cdot J \cdot 92{,}153\,.$$

$$\eta_0 = 5{,}2 \cdot E \cdot J \cdot 92{,}153$$
$$= E \cdot J \cdot 480{,}0 \text{ tm}^3.$$

$$\max EJ \cdot \delta_2 = \eta_0 + \eta_5$$
$$= 480{,}0 + 308$$
$$= 788 \text{ tm}^3.$$

(Abb. 207)

3. Bestimmung des Bemessungszustandes.

Wählt man gemäß Tab. 20 den Verkleinerungsbeiwert $k = 0{,}65$ (Kies), dann ergibt sich nach S. 329:

$$k = 0{,}65 = \frac{\max EJ \cdot \delta}{\max EJ \cdot \delta_1} = \frac{\max EJ \cdot \delta}{6247}\,;$$

daraus

$$\max EJ \cdot \delta = 0{,}65 \cdot 6247 = 4050.$$

Durch Überlagerung der Zustände a) (δ_1) und b) ($\alpha\,\delta_2$) erhält man

$$\max EJ\delta = \max EJ \cdot \delta_1 + \alpha \max EJ \cdot \delta_2\,,$$

also

$$\alpha = \frac{\max \delta - \max \delta_1}{\max \delta_2}$$

$$\alpha = \frac{4050 - 6247}{-788} = 2{,}78$$

$$\max \delta = 0{,}65 \cdot 2{,}3 = 1{,}5 \text{ mm}.$$

Tabelle 25. *Überlagerung von σ_1 (= 21,4 t/m²) und $\alpha \cdot \sigma_2$ (= 2,78 · σ_2).*

Schnitt	A	I_0	1	2	3	4	5
σ_1 (S. 330)	21,4	21,4	21,4	21,4	21,4	21,4	21,4
$\alpha \cdot \sigma_2 = 2{,}78 \cdot \sigma_2$ (Tab. 23)	2,78	− 0,01	− 0,62	− 1,14	− 1,54	− 1,77	− 1,86
σ (Abb. 208)	+24,18	+21,39	+20,78	+20,26	+19,86	+19,63	+19,54

Tabelle 26. *Überlagerung von M_1 (Tab. 21, S. 331) und $\alpha \cdot M_2$ (Tab. 24, S. 355).*

Schnitt	I_0	1	2	3	4	5
M_1	− 49,9	− 88,1	− 117,8	− 139,1	− 151,8	− 155,9
$\alpha M_2 = 2{,}78\ M_2$	+ 25,1	+ 33,7	+ 41,4	+ 47,5	+ 51,4	+ 52,7
M (Abb. 209)	− 24,8	− 54,4	− 76,4	− 91,6	− 100,4	− 103,2

In unserem Zahlenbeispiel erfährt also die Sohle bei gefüllter Schleuse und einem zur Durchbiegung affinen Bodengegendruck ein aufbiegendes Moment. Im Mittelschnitt $m - m$ der Sohle ergeben sich damit *oben* negative (Zug-) Spannungen, *unten* Druckspannungen (vgl. dazu Tab. 19, S. 327).

Auf gleiche Weise wäre nun die Schleusenkammer für den Belastungsfall I zu untersuchen. Da sich bei veränderten Belastungsverhältnissen[1] andere σ- und damit andere Endmomentenlinien ergeben würden, wie etwa im Beispiel der Abb. 210a u. b (mit großem Schleusengefälle und kräftigen Stützmauern), läßt es sich bei einer genaueren Untersuchung einer Trogschleusenkammer nicht umgehen, die Rechnungen für die verschiedensten möglichen Lastzustände durchzuführen, um so zu einem in gleicher Weise wirtschaftlichen wie statisch sicheren Trogquerschnitt zu gelangen.

[1] Man beachte die vielen Möglichkeiten dafür!

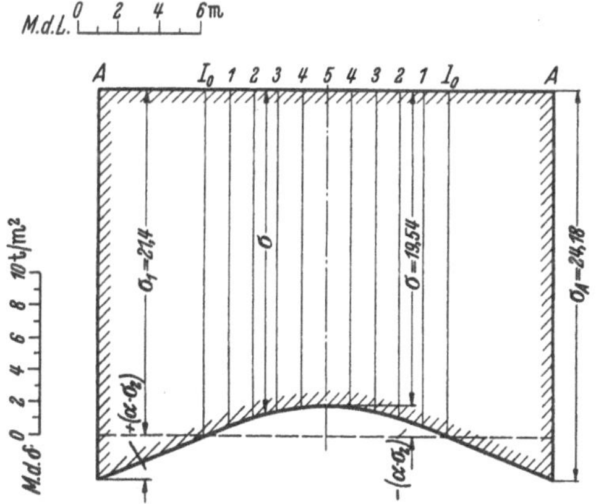

Abb. 208. σ-Linie (errechnete Bodengegendruckverteilung).

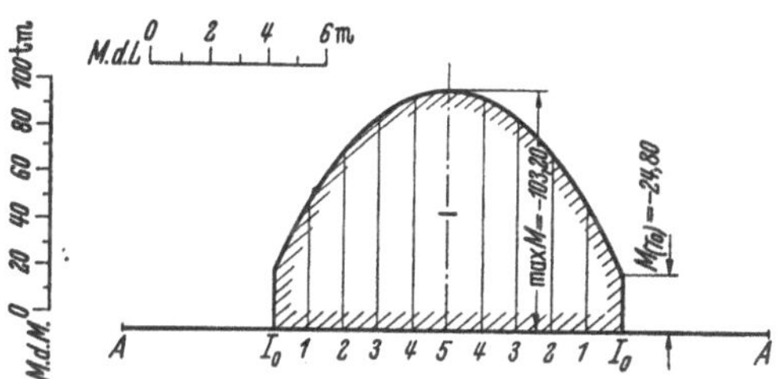

Abb. 209. Endgültige Momentenlinie.

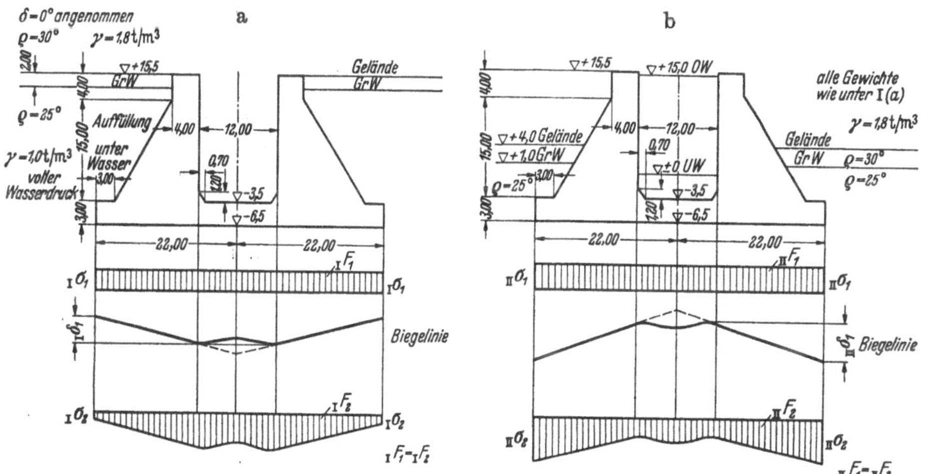

Abb. 210 a u. b. Biegelinien σ_1 und Bodengegendrücke σ_2 für einen Trogquerschnitt mit eingespannter Sohle, großem Schleusengefälle und kräftiger Stützmauer für die Belastungsfälle I und II.

Aufgabe 12.

Riegeleinteilung für eine Schützentafel.

Gelegentlich der Ausführung einer wasserbaulichen Anlage ergibt sich die Notwendigkeit, tunlichst rasch eine Schützenöffnung, für welche die Schützentafeln noch nicht zur Stelle sind, behelfsmäßig zu verschließen.

Die lichte Weite der Öffnung, gemessen von Nische zu Nische, beträgt rd. 2,0 m, der äußere Wasserstand 4,0 m, der innere 1,5 m.

Zur Erstellung der behelfsmäßigen Schützentafel stehen 12 m² Bohlen von 4 cm Stärke und 5 Stück Riegel von je 2 m Länge und 14/18 cm Stärke zur Verfügung.

1. Genügen diese 5 Riegel, um den resultierenden Wasserdruck aufzunehmen, wenn unter Berücksichtigung des behelfsmäßigen Charakters der Verschlußtafel eine Beanspruchung des Holzes von 100 kg/cm² als zulässig betrachtet wird?

2. An welchen Stellen sind in diesem Falle die Riegel anzuordnen?

Lösung.

1. Es ist die Größe des resultierenden Wasserdruckes (Abb. 211):

$$W_R = \gamma \cdot \frac{1,5 + 4,0}{2} \cdot 2,5 \cdot b\,,$$

$$W_R = 1,0 \cdot \frac{1,5 + 4,0}{2} \cdot 2,5 \cdot 2,0\,,$$

$$W_R = \mathbf{13,75}\ \text{t}.$$

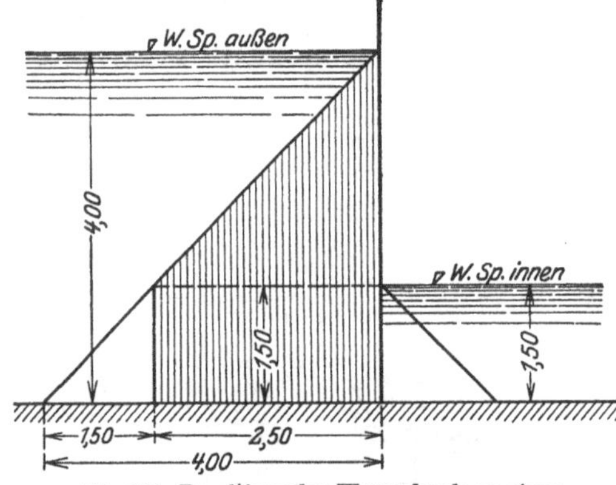

Abb. 211. Resultierender Wasserdruck an einer Schützentafel.

Wenn jeder Riegel den gleichen Anteil dieses Wasserdruckes aufnimmt, so trifft pro Riegel

$$w_r = \frac{13,75}{5} = \mathbf{2},75\ \text{t}.$$

Darnach kommt auf jeden Riegel ein Moment von

$$M_r = (p\,l) \cdot \frac{l}{8} = 2,75 \cdot \frac{2,0}{8} = 0,688\ \text{tm} = 68\,800\ \text{kg/cm}.$$

Da das Widerstandsmoment eines Riegels gleich ist

$$\frac{b \cdot h^2}{6} = \frac{14 \cdot 18^2}{6} = 755\ \text{cm}^3,$$

so ergibt sich eine Beanspruchung des Riegelholzes von

$$\sigma_r = \frac{68\,800}{755} = 91,1\ \text{kg/cm}^2 < 100\ \text{kg/cm}^2,$$

d. h. die 5 Riegel genügen, um den resultierenden Wasserdruck aufzunehmen.

2. Es müssen die Riegel nunmehr so angeordnet werden, daß auf jeden derselben 2,75 t Wasserdruck treffen. Dazu möge folgende Überlegung angestellt werden:

Im Bereiche AC der Schützentafel, also im Bereiche zwischen der äußeren und inneren Wasserspiegellage ergibt sich der Wasserdruck auf die Schützentafel bis zur Tiefe y zu

$$W = \gamma \cdot \frac{y^2}{2} \cdot b;$$

für $\gamma = 1,0$ t/m³ und für $b = 2,0$ m wird

$$W = 1,0 \cdot \frac{y^2}{2} \cdot 2,0 = y^2 \text{ t}.$$

Der Wasserdruck für die verschiedenen Werte y zwischen A und C wird demnach dargestellt durch eine *Parabel* mit horizontaler Achse und mit dem Scheitel in A. Zur Auftragung dieser *Summen*kurve (AE in Abb. 212) wurden für die nachstehend aufgeführten y-Werte die entsprechenden Werte W ermittelt.

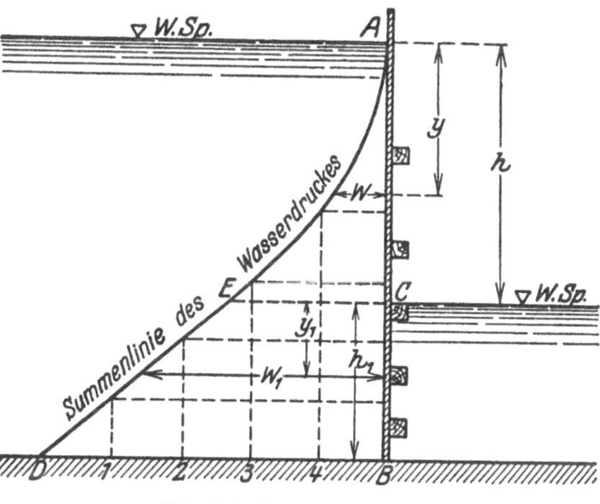

Abb. 212. Summenlinie $A-D$.

Für	$y = 0,0$ m	wird	$W = 0,0$ t
,,	$y = 0,5$ m	,,	$W = 0,25$ t
,,	$y = 1,0$ m	,,	$W = 1,00$ t
,,	$y = 1,5$ m	,,	$W = 2,25$ t
,,	$y = 2,0$ m	,,	$W = 4,00$ t
,,	$y = h = 2,5$ m	,,	$W = 6,25$ t.

Im Bereiche BC der Schützentafel, also von der inneren Wasserspiegellage nach abwärts, ergibt sich der Wasserdruck auf die Schützentafel bis zur Tiefe y_1 zu

$$W_1 = \gamma \cdot \frac{(h + y_1)^2}{2} \cdot b - \gamma \cdot \frac{y_1^2}{2} \cdot b,$$

$$W_1 = \gamma \cdot \frac{h^2}{2} b + \gamma \cdot h \cdot y_1 \cdot b + \gamma \cdot \frac{y_1^2}{2} b - \gamma \cdot \frac{y_1^2}{2} \cdot b,$$

$$W_1 = \gamma \cdot \frac{h^2}{2} b + \gamma \cdot h \cdot y_1 \cdot b.$$

Der 1. Summand $\gamma \cdot \frac{h^2}{2} \cdot b$ stellt den Wasserdruck W_h für $y = h = 2,5$ m dar; er wurde oben mit $W_h = 6,25$ t ermittelt.

Werden die Zahlenwerte in den Ausdruck für W_1 eingesetzt, so erhält man

$$W_1 = 6{,}25 + 1{,}0 \cdot 2{,}5 \cdot y_1 \cdot 2{,}0$$
$$W_1 = 6{,}25 + 5{,}0 \cdot y_1 .$$

Die Summenlinie des Wasserdrucks zwischen C und B, also im Bereiche, wo dem äußeren Wasserdruck der innere entgegenwirkt, ist demnach eine *Gerade*, welche sich im Punkte E berührend an die Parabel anschließt. Man hat also lediglich den Wert W_1 für $y_1 = h_1 = 1{,}50$ m mit 13,75 t von B aus aufzutragen und dann den so erhaltenen Punkt D mit E zu verbinden. BD gibt dabei den *Gesamt*wasserdruck zwischen A und B an.

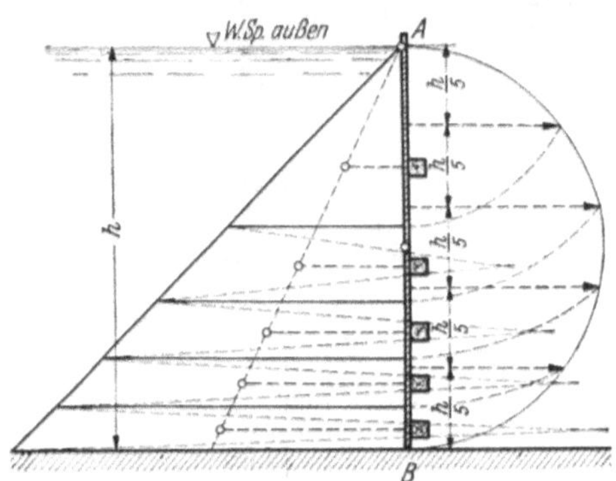

Abb. 213. Konstruktion der Riegelmittel an einer hölzernen Schützentafel für gleiche Wasserdruckbeanspruchung.

Teilt man nun DB in 5 gleiche Teile, macht also jeden Teil $\frac{13{,}75}{5} = 2{,}75$ t, zieht durch diese Teilpunkte die Vertikalen bis zur Summenlinie AED und durch die so erhaltenen Punkte auf der Summenlinie die Horizontalen nach AB, so erhält man auf AB diejenigen Abschnitte, für welche der Wasserdruck jeweils 2,75 t beträgt.

Die Lage der Riegelmittelpunkte wird gefunden, indem man analog des vorstehend beschriebenen Verfahrens die Mittelpunkte der gleichen Teilstrecken $\overline{D\,1}$, $\overline{1\,2}$ usw. vertikal auf AED und von da horizontal auf AB projiziert.

Nachdem nunmehr die Riegelabstände festliegen, müßte noch geprüft werden, ob die Bohlen den auftretenden maximalen Beanspruchungen gewachsen sind, ohne daß dabei die zulässige Beanspruchung des Holzes von 100 kg/cm² überschritten wird. Von der Durchführung dieser rein statischen Aufgabe wird hier Abstand genommen.

Dafür wird in Abb. 213 noch ein Verfahren für die Riegelausteilung gezeigt für den Fall, daß *kein* Innenwasserspiegel vorhanden ist. Damit jeder Riegel von dem Wasserdruck von 5,0 m Höhe den gleichen Anteil erhält, wird über der Stauwand von der Höhe $h = 5{,}0$ m ein Halbkreis geschlagen $\left(r = \frac{5{,}0}{2}\text{ m}\right)$, außerdem der Durchmesser $2r = h$ in 5 gleiche Teile $\frac{h}{2}$ geteilt, die Lotrechten zum Kreishalbmesser (zur Stauwand) durch diese Teilungspunkte gelegt und zum Schnitt mit dem Kreisbogen gebracht. Die Abstände der letzteren Schnittpunkte vom Punkt A

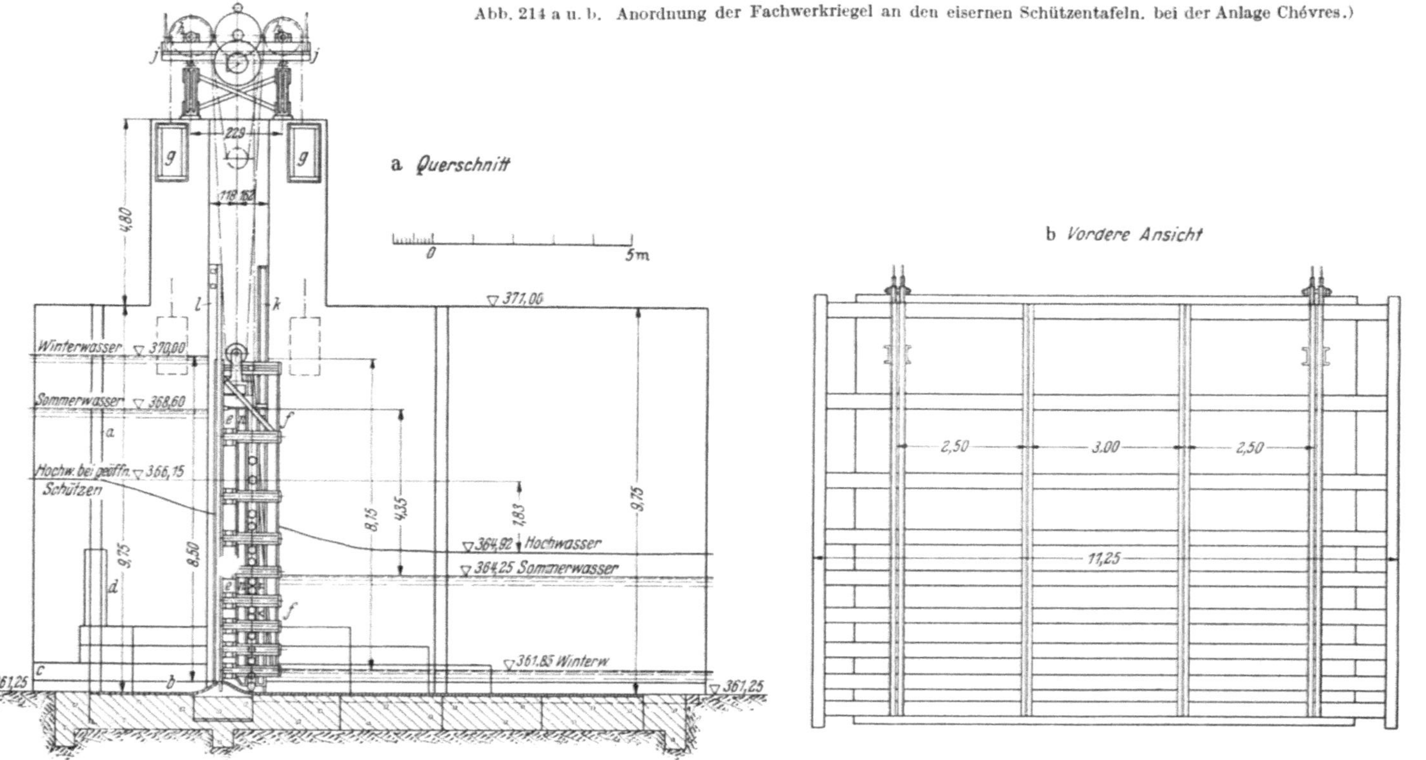

Abb. 214 a u. b. Anordnung der Fachwerkriegel an den eisernen Schützentafeln. bei der Anlage Chèvres.)

werden auf der Stauwand AB von A aus abgetragen und die Waagrechten gezogen. Sie teilen das Wasserdruckdreieck in die 5 flächengleichen Teile. Die horizontale Projektion der Schwerpunkte dieser Flächenstücke auf die Stauwand gibt die Lage der Riegel. Dabei wurden die Trapezschwerpunkte konstruiert, indem die lotrechte Trapezseite in 3 gleiche Teile geteilt wurde und durch diese Punkte die aus der Abb. 213 ersichtlichen Hilfslinien gezogen wurden.

Manchmal werden bei eisernen Schützentafeln die waagrecht liegenden tragenden Riegel noch gleich groß gemacht (z. B. Abb. 214a u. b), so daß jeder von ihnen den gleichen Wasserdruckanteil übernimmt. Die Bestimmung ihrer Lage kann dann ähnlich, wie vorstehend gezeigt, erfolgen.

Aufgabe 13.

Wasserdruck auf Drehklappe (ebene Fläche) und Segmentverschluß (gekrümmte Fläche).

Beim Einlaufbauwerk einer Hochdruckwasserkraftanlage ist zum Abschluß des Druckstollens eine Drehklappe und dahinter ein Segmentverschluß vorgesehen (vgl. Abb. 215).

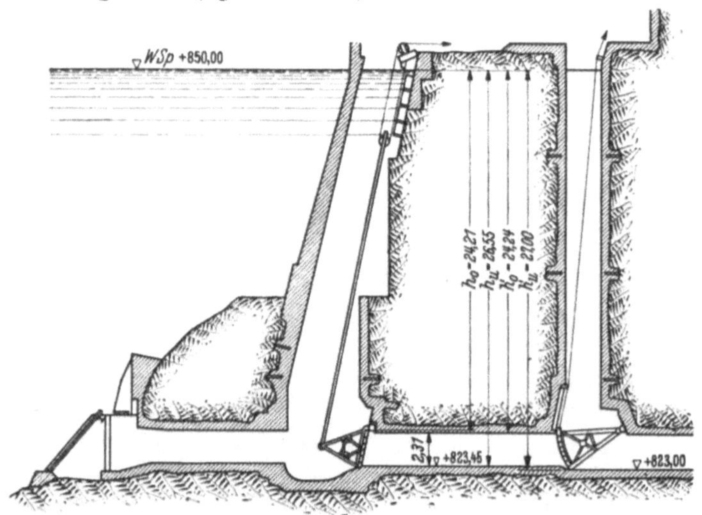

Abb. 215. Klappenverschluß. Segmentverschluß.

Die Drehklappe hat eine Länge von 2,40 m bei einer Breite von 2,40 m. Zur Verminderung der Aufzugskräfte ist die Klappe in zwei Teile von je 1,20 m Breite geteilt. Jeder Klappenteil hat ein Gewicht von 1,20 t.

Der Abstand der Gewichtsresultierenden vom Klappendrehpunkt beträgt $g = 0{,}69$ m, der senkrechte Abstand des Zugseiles vom Klappendrehpunkt beträgt $z = 3{,}00$ m (vgl. Abb. 216a).

Die als zweiter Verschluß dienende Segmentschütze hat dieselbe Öffnung zu verschließen. Der Zentriwinkel des Segments beträgt $\varphi_b - \varphi_a = 41°20' - 2°50' = 38°30'$, der Radius 4,50 m (vgl. Abb. 216b).

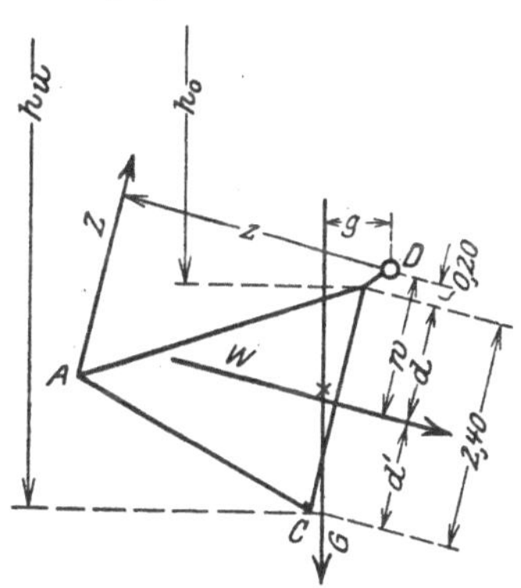

$G = 1{,}20$ t für *eine* Klappenhälfte
$g = 0{,}69$ m
$z = 3{,}00$ m

Abb. 216a. Schema für Klappenverschluß.

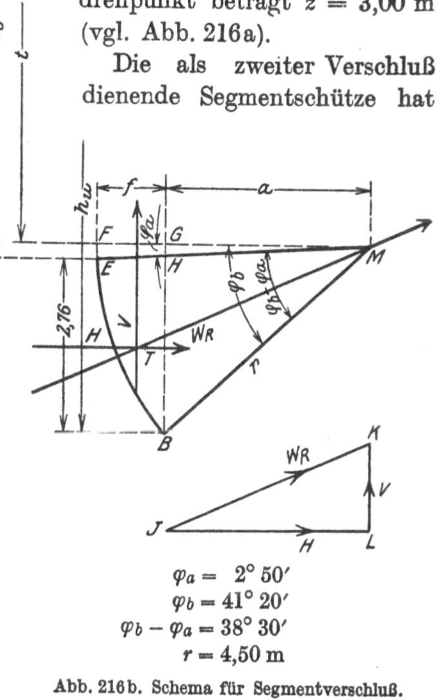

$\varphi_a = 2°50'$
$\varphi_b = 41°20'$
$\varphi_b - \varphi_a = 38°30'$
$r = 4{,}50$ m

Abb. 216b. Schema für Segmentverschluß.

Der Wasserspiegel liegt 24,21 m über der Oberkante der Drehklappe, 24,24 m über der Oberkante des Segmentverschlusses, 26,55 m über der Unterkante der Drehklappe und 27 m über der Unterkante der Segmentschütze.

Zu bestimmen sind die Wasserdrücke und die Größe der Aufzugskräfte!

Lösung.

1. Drehklappenverschluß.

Nach Aufgabe 1, S. 101 ergibt sich die *Größe* des *Wasserdruckes W* zu:

$$W = \gamma \cdot F \cdot h\,,$$

wobei

W = Wasserdruck auf eine Klappenhälfte von 1,20 m Breite,
γ = spez. Gew. des Wassers,
F = Fläche einer Klappenhälfte,
h = Abstand des Schwerpunktes der Klappenfläche vom Wasserspiegel

bedeuten.

$$h = \frac{h_0 + h_u}{2} = \frac{24{,}21 + 26{,}55}{2} = 25{,}38 \text{ m},$$

daher

$$W = 1{,}0 \cdot (1{,}20 \cdot 2{,}40) \cdot 25{,}38 = 73{,}0 \text{ t}.$$

Es lastet demnach auf jeder Klappenhälfte ein Wasserdruck von der *Größe* $W = 73{,}0$ t.

Die *Richtung* dieses Wasserdruckes ist *senkrecht* zur Klappe.

Der *Angriffspunkt* von W liegt im Schwerpunkt des Wasserdrucktrapezes. Letzterer kann entweder graphisch oder rechnerisch ermittelt werden. Bei den vorliegenden Größenverhältnissen ist letzteres Verfahren vorzuziehen. Es ergibt sich d zu:

$$d = \frac{2{,}40}{3} \cdot \frac{2 \cdot 26{,}55 + 24{,}21}{26{,}55 + 24{,}21} = 1{,}22 \text{ m}.$$

(Zur Kontrolle:

$$d' = \frac{2{,}40}{3} \cdot \frac{2 \cdot 24{,}21 + 26{,}55}{24{,}21 + 26{,}55} = 1{,}18 \text{ m};$$

$$d + d' = 1{,}22 + 1{,}18 = 2{,}40 \text{ m}).$$

Der Abstand des resultierenden Wasserdruckes vom Drehpunkt D beträgt demnach

$$w = d + 0{,}20 = 1{,}22 + 0{,}20 = 1{,}42 \text{ m}.$$

Die Aufzugsvorrichtung besteht für jede Klappenhälfte aus zwei unteren und zwei oberen Tragarmen, die im Punkte A zusammenlaufen. Von A führt eine Zugstange nach oben.

Der Gang der Untersuchung wäre nun folgender: Nachdem W eindeutig bestimmt ist, läßt sich die Klappe CD dimensionieren und damit das Klappengewicht G ermitteln. Von der Dimensionierung wurde hier Abstand genommen, statt dessen das Gewicht G und dessen Hebelsarm g in bezug auf den Drehpunkt D gegeben. Der nächste Schritt wäre die Festlegung des Punktes A bzw. des Abstandes z unter Berücksichtigung konstruktiver Belange. Auch diese Wahl wurde vorweg mit $z = 3{,}00$ m getroffen.

Beim Hochziehen der Klappe wirken nun drei Kräfte: der Zug Z in der Zugstange, der Wasserdruck W und das Gewicht G. Da Gleichgewichtszustand herrscht, besteht folgende Bestimmungsgleichung für D als Momentenpunkt:

$$\overset{\curvearrowright}{Z \cdot z} = \overset{\curvearrowleft}{W \cdot w} + \overset{\curvearrowleft}{G \cdot g}.$$

Daraus folgt

$$Z = \frac{W \cdot w + G \cdot g}{z}.$$

Bei Einsetzung der Zahlenwerte ergibt sich

$$Z = \frac{73{,}0 \cdot 1{,}42 + 1{,}20 \cdot 0{,}69}{3{,}00} = \frac{103{,}7 + 0{,}83}{3{,}00} = \mathbf{34{,}8} \text{ t}.$$

Man erkennt, daß in diesem Falle das Eigengewicht auf die Größe des Stangenzuges keinen nennenswerten Einfluß ausübt.

Da, wie aus Abb. 215 ersichtlich, bei der Klappe ein einfacher Flaschenzug angeordnet ist, beträgt der Seilzug an der Aufzugswinde pro Klappenhälfte:

$$Z' = \frac{Z}{2} = \frac{34{,}8}{2} = \mathbf{17{,}4}\ \mathrm{t}.$$

2. Segmentverschluß.

Hier handelt es sich darum, den Druck auf die *gekrümmte* Fläche BE (Abb. 216b) zu ermitteln. Diese Aufgabe soll zunächst grundsätzlich behandelt werden.

Bei den im Wasserbau in wachsendem Maße verwendeten Segmentverschlüssen wird der Verschlußkörper durch Drehen um eine feste horizontale Achse aus der Verschlußlage entfernt. Ihr besonderer Vorzug besteht darin, daß sie die gleitende oder rollende Reibung bei der Bewegung des Verschlußkörpers vermeidet. Der letztere besteht aus der in unserem Falle kreiszylindrischen Blechhaut; die darauf wirkenden Kräfte werden durch die beiden Tragarme auf das Drehgelenk und von da auf das stützende Widerlager übertragen. (Einige Beispiele für Segmentverschlüsse geben auch noch die Abb. 220 bis 222).

a) Wasserdruck auf eine **gekrümmte** Fläche.

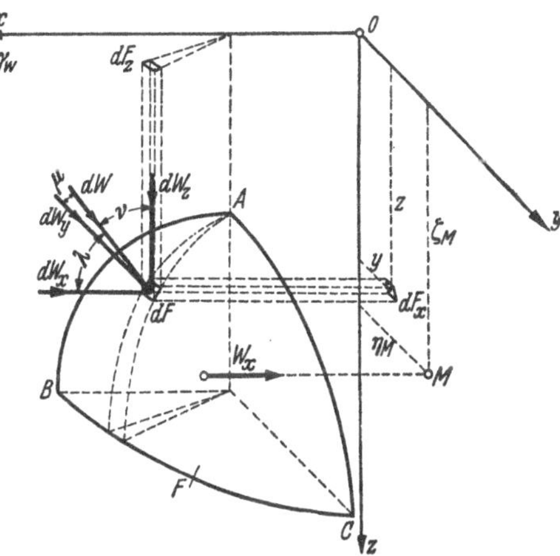

Abb. 217. Wasserdruck auf eine gekrümmte Fläche.

In Abb. 217 ist ein beliebig gekrümmtes Flächenstück ABC von der Größe F als Teil einer Gefäßwand dargestellt. In diesem Gefäß befindet sich Luft von Atmosphärendruck. Das Gefäß selbst ist von Wasser umgeben, dessen Spiegel mit der waagrechten Ebene durch O festgelegt ist. Dann erfährt ein beliebiges Teilchen dF dieses gekrümmten Flächenstückes ABC unter Bezug auf die Koordinaten X, Y, Z den Druck:

$$dW = \gamma_w \cdot dF \cdot z,$$

wobei z = Abstand des Schwerpunktes des Flächenteilchens vom Wasserspiegel. Die Richtung von dW ist bestimmt durch die Normale zu dF.

Bildet nun dW mit den 3 Koordinatenachsen X, Y, Z die Winkel λ, μ, ν, so läßt es sich in seine 3 Komponenten zerlegen:

$$dW_x = \gamma_w \cdot dF \cdot z \cdot \cos\lambda; \quad dW_y = \gamma_w \cdot dF \cdot z \cdot \cos\mu;$$
$$dW_z = \gamma_w \cdot dF \cdot z \cdot \cos\nu.$$

Nun ist nach den Lehren der Raumgeometrie – das Flächenelement schließt nämlich mit den Koordinatenebenen YZ, XZ und XY ebenfalls die Winkel λ, μ, ν ein! – $dF \cdot \cos\lambda$ gleich der Projektion von dF auf die zur X-Achse senkrechte Ebene YZ, also $dF_x = dF \cdot \cos\lambda$. Analog ist $dF_y = dF \cdot \cos\mu$ und $dF_z = dF \cdot \cos\nu$. Die Komponenten von dW können also auch wie folgt angesetzt werden:

$$dW_x = \gamma_w \cdot z \cdot dF_x; \quad dW_y = \gamma_w \cdot z \cdot dF_y; \quad dW_z = \gamma_w \cdot z \cdot dF_z.$$

Für jedes Element der Fläche ABC lassen sich 3 solche Ansätze machen. Durch Summierung über die ganze Fläche F erhält man als Gesamtdruckkomponenten in Richtung der 3 Achsen:

$$W_x = \gamma_w \int z\,dF_x; \quad W_y = \gamma_w \int z\,dF_y; \quad W_z = \gamma_w \int z\,dF_z.$$

Das heißt:

1. *Die horizontale Druckkomponente W_x in der X-Richtung auf das gegebene krumme Flächenstück F ist gleich dem Druck auf die Projektion der gekrümmten Fläche auf eine zu X senkrechte Ebene. Dieser Druck ist bekanntlich gleich dem Gewicht eines Flüssigkeitsprismas, dessen Grundfläche diese Projektion der gedrückten Fläche und dessen Höhe gleich dem Abstand des Schwerpunktes dieser Projektion vom Wasserspiegel ist. Der Kraftangriffspunkt ist natürlich zu bestimmen wie beim Druck auf ebene Flächen.*

2. *Das Analoge gilt für die andere horizontale Druckkomponente in der Y-Richtung.*

3. *Die vertikale Druckkomponente W_z ist bestimmt durch das Gewicht des über der gedrückten Fläche befindlichen Flüssigkeitskörpers. Sein Angriffspunkt liegt im Schwerpunkt dieses Körpers.*

Wirkt diese vertikale Druckkomponente W_z nach *aufwärts*, dann ist der Flüssigkeitskörper *über* der gedrückten Fläche *nicht vorhanden*, aber *die Wirkung ist so, als wäre er vorhanden* und würde gewissermaßen *nach oben saugen.*

b) Anwendung auf den Segmentverschluß.

Es ist hier also zunächst der Druck auf BE der Abb. 216b zu ermitteln. Dabei haben wir es hier mit einem Teil des Mantels eines Zylinders mit waagrechter Achse, also nur mit einem zweidimensionalen Problem (X- und Z-Achse) zu tun. Es ist also lediglich W_x und W_z (siehe oben!) zu bestimmen, da die Projektion der gekrümmten Fläche auf die Bildebene (XZ) und damit W_y zu Null wird.

Die *Größe* der *horizontalen* Druckkomponente auf eine gekrümmte Fläche ist nun

$$W_x = H = \gamma \cdot F \cdot z,$$

wenn F die Projektion der gekrümmten Fläche auf eine Ebene normal zur Richtung von H darstellt und z den Abstand des Schwerpunktes S dieser projizierten Fläche F vom Wasserspiegel bedeutet. In unserem Falle ist bei $\gamma = 1{,}0$ t/m³ die Größe von H pro 1 lfd. m Zylinderfläche dargestellt durch den Inhalt des Drucktrapezes. Der Angriffspunkt der Kraft H liegt natürlich wieder im *Schwerpunkt* S' des *Drucktrapezes*.

Die *Größe* der *vertikalen* Komponente des Wasserdruckes auf eine gekrümmte Fläche ist

$$W_z = V = \gamma \cdot \text{Rauminhalt von } ABCD \text{ (Abb. 218).}$$

In unserem Falle erfüllt das Wasser diesen Raum $ABCD$ *nicht* (siehe oben!), deshalb ist V vertikal nach oben gerichtet. Der Angriffspunkt liegt im Schwerpunkt von $ABCD$. In den Fällen, wo die Bestimmung der Lage dieses Schwerpunktes auf rechnerischem oder zeichnerischem Wege Schwierigkeiten bereitet, hilft man sich mit dem mechanischen Probierverfahren durch Ausschneiden der Figur $ABCD$ aus Karton.

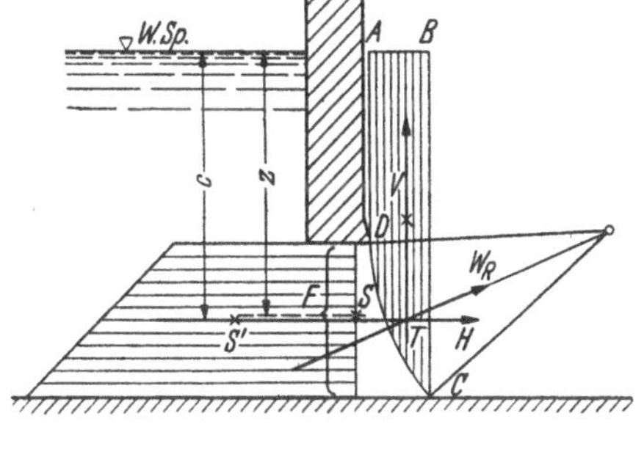

Abb. 218. Wasserdruckschema für den Segmentverschluß.

Die endgültige Zusammenfassung von H und V in einem Kräftedreieck liefert dann die gesuchte Wasserdruckresultierende W_R auf die gekrümmte Fläche CD nach Richtung und Größe. Seine Lage ist durch den Schnittpunkt T der Komponenten H und V festgelegt (vgl. Abb. 218).

Nachdem auf vorstehendem Wege die Aufgabe, den Wasserdruck auf die Segmentschütze zu bestimmen, bereits grundsätzlich gelöst ist, bietet die Zahlenrechnung für unser Beispiel keine Schwierigkeiten mehr.

Die Horizontalkomponente H wird:

$$H = \gamma \cdot F \cdot z.$$

Dabei ist

$$\gamma = 1{,}0 \text{ t/m}^3$$

$$F = 2{,}76 \cdot 2{,}40 = 6{,}62 \text{ m}^2$$

$$z = \frac{27{,}00 + 24{,}24}{2} = 25{,}62 \text{ m (vgl. Abb. 215).}$$

Daher

$$H = 1{,}0 \cdot 6{,}62 \cdot 25{,}62 = 170\ \text{t},$$

Abstand des Schwerpunktes S' des Drucktrapezes vom W.Sp. (Abb. 218)

$$c = h'_0 + \frac{h'_u - h'_0}{3} \cdot \frac{2h'_u + h'_0}{h'_u + h'_0}$$

$$c = 24{,}24 + \frac{2{,}76}{3} \cdot \frac{2 \cdot 27{,}00 + 24{,}24}{27{,}00 + 24{,}24} = 24{,}24 + 1{,}40 = 25{,}64\ \text{m}.$$

Nunmehr ist die Horizontalkomponente H nach Größe, Angriffspunkt und Richtung eindeutig festgelegt.

Die Größe der vertikalen Druckkomponente V wird dargestellt durch ein Trapez und ein Kreisflächenstück. Unter Bezugnahme auf die Bezeichnungen in Abb. 216b und 218 ergibt sich:

$$\overline{FE} = h'_0 - t = r \cdot \sin\varphi_a = 4{,}50 \cdot \sin 2^\circ 50' = 0{,}22\ \text{m};$$

daher

$$t = 24{,}24 - 0{,}22 = 24{,}02\ \text{m};$$

$$\overline{FM} = f + a = r \cdot \cos\varphi_a = 4{,}50 \cdot \cos 2^\circ 50' = 4{,}49\ \text{m};$$

$$\overline{GB} = r \cdot \sin\varphi_b = 4{,}50 \cdot \sin 41^\circ 20' = 2{,}98\ \text{m};$$

$$\overline{GM} = a = \sqrt{r^2 - \overline{GB}^2} = \sqrt{4{,}50^2 - 2{,}98^2} = 3{,}37\ \text{m};$$

also

$$\overline{FG} = f = \overline{FM} - a = 4{,}49 - 3{,}37 = 1{,}12\ \text{m};$$

$$\overline{GH} = \overline{FE} \cdot \frac{a}{a+f} = 0{,}22 \cdot \frac{3{,}37}{3{,}37 + 1{,}12} = 0{,}17\ \text{m}.$$

Demnach Trapez:

$$F_1 = \left(t + \frac{\overline{FE} + \overline{GH}}{2}\right) \cdot f = \left(24{,}02 + \frac{0{,}22 + 0{,}17}{2}\right) \cdot 1{,}12 = 27{,}2\ \text{m}^2.$$

Flächenstück $EHB = F_2 =$ Sektor $EBM - \triangle\, HBM$

$$F_2 = \frac{r^2 \pi (\varphi_b - \varphi_a)}{360^\circ} - \frac{1}{2} a [\overline{BG} - \overline{HG}]$$

$$= \frac{4{,}50^2 \cdot 3{,}14 \cdot 38^\circ 30'}{360^\circ} - \frac{3{,}37}{2}[2{,}98 - 0{,}17]$$

$$F_2 = 6{,}8 - 4{,}73 = 2{,}07\ \text{m}^2,$$

$$V = \gamma (F_1 + F_2) \cdot b;$$

wenn b die Breite der Schütze, senkrecht zur Bildebene gemessen, ist; daher

$$V = 1{,}0 \cdot (27{,}2 + 2{,}07) \cdot 2{,}40 = 70{,}3\ \text{t}.$$

Nunmehr wäre der Schwerpunkt der Druckfigur für V zu ermitteln. In unserem Beispiel erübrigt sich dies, weil von vornherein bekannt ist, daß W_R durch M gehen muß. Denn die resultierenden Wasserdrücke auf jedes Flächenelement der Zylinderfläche der Schütze stehen jeweils normal zum zugehörigen Flächenelement, decken sich also mit der

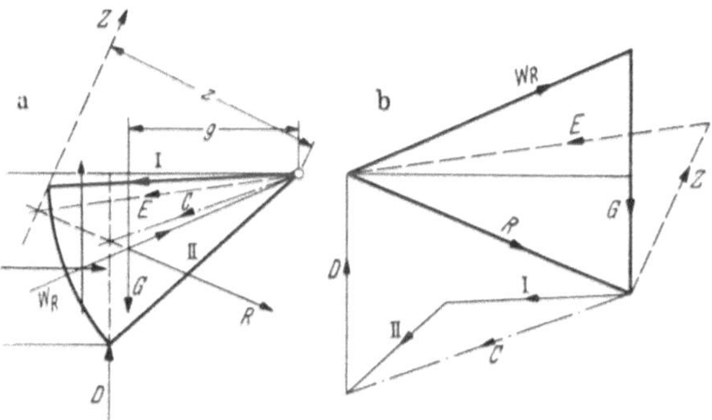

Abb. 219 a u. b. Am Segmentwehr wirkende Kräfte.

Richtung des zugehörigen Halbmessers und gehen somit durch M. Daher muß auch der Gesamtwasserdruck W_R durch M gehen.

Die Größe von W_R wird nun:

$$W_R = \sqrt{H^2 + V^2} = \sqrt{170^2 + 70{,}3^2} = 184{,}0 \text{ t}.$$

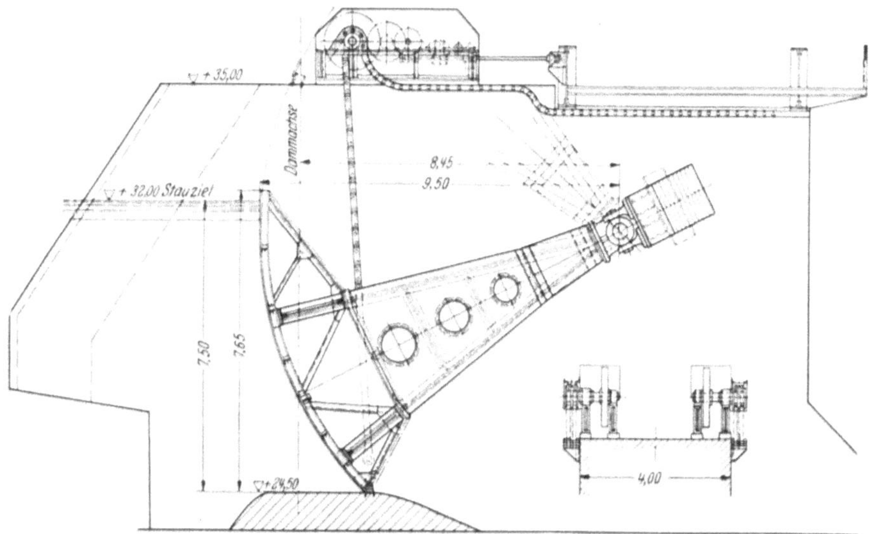

Abb. 220. Segmentverschluß mit zweiseitigem Kettenantrieb. (Nach HARTUNG: Bauingenieur 1939.)

Aus dem Kräftedreieck JKL (Abb. 216b) ergibt sich die *Richtung* von W_R und durch die Lage des Drehpunktes M der Segmentschütze die *Lage* von W_R. V geht dann durch den Schnittpunkt von W_R und H.

Da W_R durch den Drehpunkt M geht, ist das Moment dieser Kraft in bezug auf M gleich Null. Deshalb muß auch das Moment der Seilzug-

Abb. 221. Unterwasserseitige Ansicht eines Segmentverschlusses mit Mauerkegel-Drehlager (Dortmunder Union A.G. Stahlwasserbauprospekte.)

kraft in bezug auf diesen Punkt M als Momentenpunkt gleich Null sein, d. h. es muß – da der Hebelsarm *nicht* Null wird – die Seilkraft zu Null werden. Es ist mit anderen Worten beim Hochziehen der Schütze

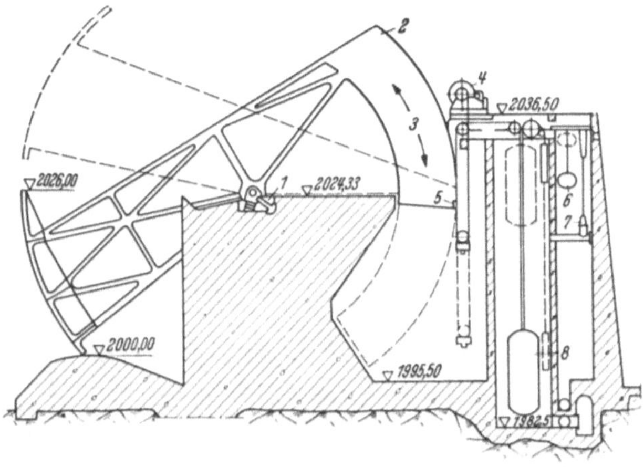

Abb. 222. Eigenartige Anordnung eines automatischen Segmentwehres mit Ausgleichgewicht am Horseshoe-Damm, Arizona. (Nach HARTUNG: Bauingenieur 1955.)

lediglich das Schützengewicht und die Reibung in den Drehgelenken M zu überwinden. Für die Aufzugskraft spielt die Größe des Wasserdruckes W_R nur eine mittelbare Rolle, indem letztere in der Größe der Reibung zahlenmäßig zum Ausdruck kommt.

Im einzelnen ergibt sich für die Aufzugskraft Z:

$$\text{infolge Eigengewicht } Z_G = \frac{G \cdot g}{z}$$

$$\text{Eigengewicht mit Gegengewicht } Z_G = \frac{G \cdot g - B \cdot b}{z}$$

$$\text{infolge Reibungswiderstand in den Zapfenlagern } Z_\varrho = \mu_2 \cdot \frac{L \max \cdot \varrho}{z}$$

μ_2 = Reibungsziffer, ϱ = Zapfenradius, L = Zapfenlänge.

Die sonst noch auf das Segmentwehr einwirkenden Kräfte ergeben sich aus den Abb. 219a und 219b.

(Abb. 220 bis 222 Beispiele für Segmentverschlüsse).

Aufgabe 14[1].

Wasserdruck auf gekrümmte Mauer.

Für eine wasserbauliche Anlage ist eine gekrümmte Mauer auszuführen, welche gegen die Wasserseite zu die Gestalt eines Viertelkegelstumpfes hat. Der Wasserspiegel reiche bis zur oberen Begrenzung der Mauer. Der Mauerfuß wird bestimmt durch den Radius $r' = 5{,}30$ m, der Kronenrand der Mauer durch den Radius $r'' = 2{,}55$ m. Die Höhe der Mauer beträgt $h = 4{,}60$ m. Man bestimme den Wasserdruck auf die Mauer (vgl. Abb. 223).

Lösung[1].

Wie bereits in Aufgabe 13 unter 2a (Wasserdruck auf eine gekrümmte Fläche) gezeigt wurde, ist der Druck auf den Viertelkegelstumpfmantel zu bestimmen durch die Ermittlung der horizontalen Druckkomponenten $W_x = H_x$ und $W_y = H_y$ und der vertikalen Komponenten $W_z = V$. Dabei sind wegen der Symmetrieebene durch O (im Grundriß die Winkelhalbierende von XOY) die Druckkomponenten H_x und H_y gleich.

1. Bestimmung von H_y $(= H_x)$.

Die Projektion der gekrümmten Fläche auf eine zu H_y senkrechte Ebene (oder, was dasselbe besagt: zu einer zur Ebene XZ parallelen

---

[1] Pöschl, Th.: Lehrbuch der Hydraulik, Berlin: Springer 1924. S. 27, Beispiel 20.

Ebene) ist das im Aufriß der Abb. 223 stärker gezeichnete Trapez $ABEF$. Die *Größe* von H_y ist gleich dem Gewicht des Flüssigkeitsprismas, dessen Grundfläche dieses Trapez und dessen Höhe gleich dem Abstand z des Schwerpunktes S''' dieser Fläche von dem Wasserspiegel ist, also

$$H_y = \gamma_w \frac{r' + r''}{2} \cdot h \cdot z.$$

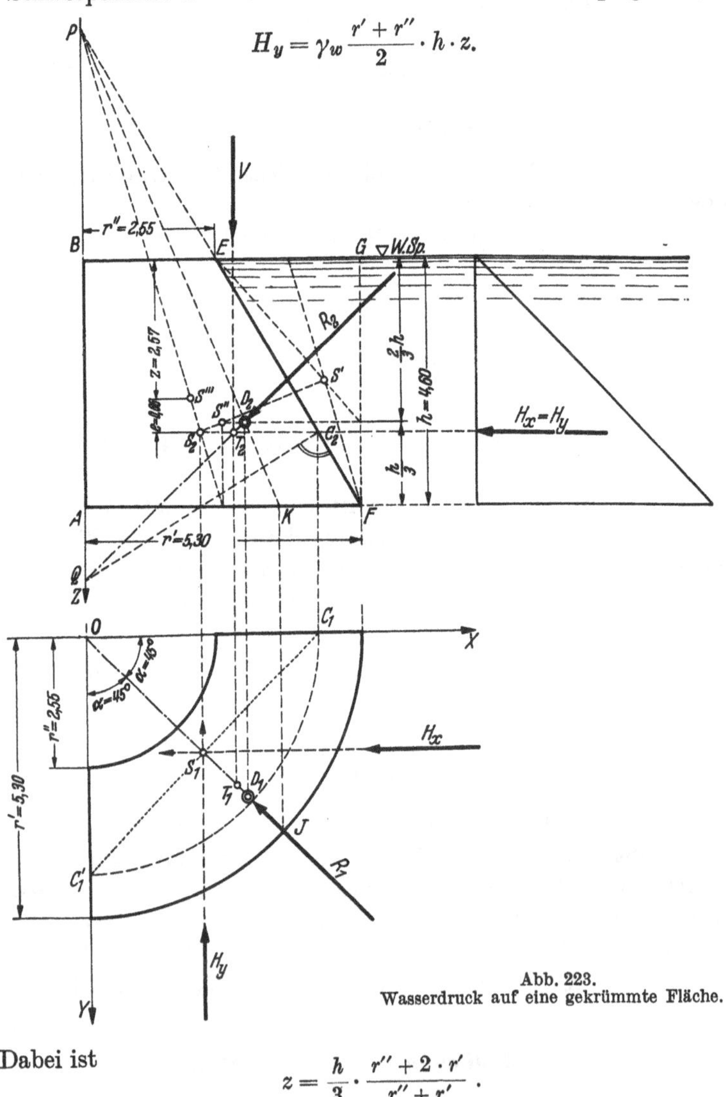

Abb. 223.
Wasserdruck auf eine gekrümmte Fläche.

Dabei ist

$$z = \frac{h}{3} \cdot \frac{r'' + 2 \cdot r'}{r'' + r'}.$$

Für die gegebenen Werte $\gamma_w = 1{,}0\ \mathrm{t/m^3}$, $h = 4{,}60$ m, $r' = 5{,}30$ m, $r'' = 2{,}55$ m wird

$$z = \frac{4{,}60}{3} \cdot \frac{2{,}55 + 2 \cdot 5{,}30}{2{,}55 + 5{,}30} = 2{,}57 \text{ m}$$

und

$$H_y = 1{,}0 \cdot \frac{5{,}30 + 2{,}55}{2} \cdot 4{,}60 \cdot 2{,}57 = \mathbf{46{,}4}\ \text{t}.$$

Man kann sich das Trapez natürlich auch in ein Rechteck und ein Dreieck zerlegt denken. Diese Flächenteile sind die Teilprojektionen der gekrümmten Fläche in der Y-Richtung, so daß sich aus ihnen ebenfalls H_y ermitteln läßt. Dann wird

$$H_y = \gamma_w \cdot r'' \cdot h \cdot \frac{h}{2} + \gamma_w \cdot (r' - r'') \cdot \frac{h}{2} \cdot \frac{2\,h}{3} = \gamma_w \cdot \frac{2 \cdot r' + r''}{6} \cdot h^2.$$

Mit den Zahlenwerten wird

$$H_y = 1{,}0 \cdot \frac{2 \cdot 5{,}30 + 2{,}55}{6} \cdot 4{,}60^2 = \mathbf{46{,}4}\ \text{t}.$$

Nachdem die Größe von H_y und dessen Richtung (nämlich senkrecht zur Projektionsebene) festliegt, ist noch der Angriffspunkt zu bestimmen. Dies soll zunächst aus Übungsgründen *rechnerisch* geschehen.

Bezeichnet S''' den Schwerpunkt der projizierten gedrückten Fläche $ABEF$, J_s das Trägheitsmoment dieser Fläche bezogen auf eine waagrechte Achse durch S''', F die Fläche des Trapezes und z den Abstand des Schwerpunktes S''' vom Wasserspiegel, dann liegt der Angriffspunkt S_2 von H_y ganz allgemein auf einer Horizontalen, welche von S''' den Abstand

$$e = \frac{J_s}{F \cdot z}$$

hat (Tafel 1 (3) im Anhang). Außerdem beträgt der Abstand x_m von der Y-Achse

$$x_m = \frac{Z_{xz}}{F \cdot z},$$

wobei Z_{xz} = Zentrifugalmoment der Druckfläche in bezug auf die Koordinaten X und Z.

In unserem Falle erhält man aus dem Tabellenanhang Tafel 1 (5) für $a = r''$ und $b = r'$ die Größe

$$\begin{aligned} e &= \frac{1}{2}\,h \cdot \frac{(r'' + 3 \cdot r')}{r'' + 2 \cdot r'} - \frac{h}{3} \cdot \frac{r'' + 2 \cdot r'}{r'' + r'} \\ &= \frac{4{,}60}{2} \cdot \frac{2{,}55 + 3 \cdot 5{,}30}{2{,}55 + 2 \cdot 5{,}30} - \frac{4{,}60}{3} \cdot \frac{2{,}55 + 2 \cdot 5{,}30}{2{,}55 + 5{,}30} \\ &= 3{,}23 - 2{,}57 = \mathbf{0{,}66}\ \text{m}. \end{aligned}$$

Außerdem muß der Angriffspunkt auf der Verbindungslinie der Mittelpunkte der beiden Parallelseiten des Trapezes liegen. So ergibt sich dafür der Schnittpunkt S_2 in der Abb. 223 im Aufriß und S_1 im Grundriß (zur Kontrolle: die Verbindungslinie $C_1 C'_1$ muß durch S_1 gehen).

Der Punkt S_2 kann auch sehr einfach konstruktiv gefunden werden, indem man sich das Trapez entstanden denkt aus dem Rechteck $ABGF$, von dem man das Dreieck EGF abgeschnitten denkt. Die Angriffspunkte S'' und S' für Rechteck und Dreieck sind einfach zu bestimmen (siehe Abb. 223). Ihre Verbindungslinie stellt einen geometrischen Ort für S_2 dar. Den 2. geometrischen Ort bildet wieder, wie oben, die Verbindungslinie der Mitten der Trapezparallelseiten.

Wegen der Symmetrie ist, wie schon eingangs erwähnt, $H_y = H_x$.

2. Bestimmung von V.

Der Vertikaldruck V ist durch das Gewicht des über dem Viertelkegelmantel bis zum Wasserspiegel reichenden Flüssigkeitskörpers V bestimmt. Wir ermitteln ihn hier als Differenz zwischen dem Zylinderviertel und dem Kegelstumpfviertel.

$$\text{Zylinderviertel} = \gamma_w \cdot r'^2 \cdot \pi \cdot h \cdot \frac{1}{4} = \frac{1{,}0}{4} \cdot 5{,}30^2 \cdot 3{,}14 \cdot 4{,}60 = \mathbf{101{,}4}\ \text{t}.$$

$$\text{Kegelstumpfviertel} = \gamma_w \cdot \frac{1}{3} \cdot \pi \cdot h\,(r'^2 + r' \cdot r'' + r''^2) \cdot \frac{1}{4}$$

$$= \frac{1{,}0}{12} \cdot 3{,}14 \cdot 4{,}60\,(5{,}30^2 + 5{,}30 \cdot 2{,}55 + 2{,}55^2) = \mathbf{58{,}0}\ \text{t}.$$

$$V = 101{,}4 - 58{,}0 = \mathbf{43{,}4}\ \text{t}.$$

Zur Bestimmung des Angriffspunktes von V wird folgende Betrachtung angestellt: denkt man sich den Kegelstumpf durch Erzeugende durch die Kegelspitze P in lauter schmale Teiltrapeze zerlegt, so liegt der Druckmittelpunkt jedes solchen Teiltrapezes in derselben *Höhe*, wie der Druckmittelpunkt S_2. Im Aufriß ist also die Horizontale durch S_2 ein geometrischer Ort für die Wasserdrücke dR. Außerdem stehen die Teildrücke auf der betreffenden Teilfläche senkrecht. Sie bilden also einen Orthogonalkegel zu dem gegebenen Kegel, der die Spitze Q hat ($C_2Q \perp EF$).

Die Vertikaldrücke dV auf diese Teiltrapeze sind alle gleich groß und bilden einen Viertelzylinder, dessen Grundriß ein Viertelkreis mit dem Halbmesser OC_1 ist (siehe Abb. 223, Grundriß). Der Schwerpunkt T_1 dieser Viertelkreislinie ist nun der Angriffspunkt von $V = \Sigma dV$. Der Abstand x_0 dieses Schwerpunktes T_1 vom Kreismittelpunkt O ergibt sich allgemein zu $x_0 = r \cdot \dfrac{\sin\alpha^0}{\frac{\alpha^0 \cdot \pi}{180}}$. Für unseren Fall ($\alpha = 45°$) wird $x_0 = 0{,}9003 \cdot r$* und für $r = OC_1 = r' - \frac{1}{3}(r' - r'') = 5{,}30 - \frac{1}{3} \cdot 2{,}75 = 4{,}38$ m ergibt sich $x_0 = 0{,}9003 \cdot 4{,}38 = 3{,}95$ m.

Damit läßt sich T_1 im Grundriß eintragen und T_2 im Aufriß festlegen.

Zur Darstellung von R im Aufriß (R_2) ist nun die Linie QT_2 zu ziehen. Wo sie den Aufriß PK der Kegelmantellinie OJ trifft, liegt der Angriffspunkt D_2 von R_2 und senkrecht darunter auf OJ der Druckmittelpunkt D_1 von R_1.

---

* Vgl. z. B. Förster: Taschenbuch für Bauingenieure, 4. Aufl., Teil I, S. 114 und 34 oder etwa Dubbel: Taschenbuch für Maschinenbau, 11. Aufl., Berlin: Springer 1953, I. Teil, S. 199 unten.

Aufgabe 15.

Wasserfassung mittels Rohrbrunnen aus einem Grundwasserstrom.

Eine Stadt mit 40000 Einwohnern, die bisher eine Flußwasserversorgung besaß, soll eine neue Wasserversorgung erhalten, wobei das Wasser nunmehr einem breiten, sehr gleichmäßigen Grundwasserstrom mit freiem Spiegel entnommen wird. Der Geländebereich, der für die Wasserentnahme zur Verfügung steht, ist im Lageplan (vgl. Abb. 224) mit

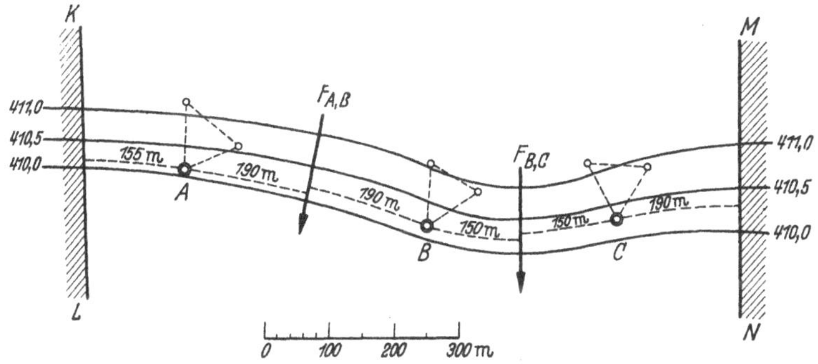

Abb. 224. Lageplan für die Wasserentnahme.

KLNM bezeichnet. Die Wasserentnahme erfolgt durch *vertikale Rohrbrunnen*, die ganztägig im Betriebe sind.

Für den durchschnittlichen täglichen Wasserbedarf sind 150 l je Kopf der Bevölkerung anzusetzen. Für die zu erwartende Bevölkerungs- und Verbrauchszunahme sollen noch 25% Rückhalt im Grundwasserstrom vorhanden sein.

Zur Ermittlung der genauen Strömungsrichtung des Grundwassers, sowie des Durchlässigkeitsbeiwertes k (= „ε" nach THIEM) sind im Entnahmebereich *KLNM* 3 Bohrgruppen *A*, *B* und *C* (siehe Lageplan Abb. 224) angelegt worden. Bei Durchführung der Beobachtungen und Pumpversuche herrschte niedriger Grundwasserstand.

Es ist zu ermitteln, ob die Ergiebigkeit des Grundwasserstromes ausreicht für die Deckung des oben gekennzeichneten Bedarfs und wieviele Brunnen anzulegen sind!

Zusatzfrage: Unter der Annahme, daß für die Anlage eines *waagrechten* Brunnens (Sammelgalerie) die Voraussetzungen gegeben seien, soll — unter Zugrundelegung der Aufgabenbedingungen und der Ergebnisse der hydrologischen Untersuchungen und Beobachtungen — zum Zwecke der Übung ermittelt werden, wie lang eine solche Sammelgalerie werden müßte, um den Wasserbedarf aus dem gegebenen Grundwasserstrom zu befriedigen, ferner wie groß die Reichweite der Absenkung für diesen waagrechten Brunnen würde und schließlich wie die Bestimmungsgleichung für die durch die Galerie verursachte Absenkungskurve lautet.

Lösung[1].

1. Das Wesen der Grundwasserbewegung.

Unter „Grundwasser" versteht man jenes *unterirdische* Wasser, das die zusammenhängenden kleinen Hohlräume des Bodens ausfüllt, sich dabei über einer undurchlässigen Bodenschicht sammelt und nach den Gesetzen der *Filtration* fortbewegt. Durch die letztere Tatsache unterscheidet sich das Grundwasser von den unterirdischen Wasserläufen, wie selbstverständlich auch von jeder „freien", d. h. durch keinen Filterkörper gehemmte Wasserbewegung.

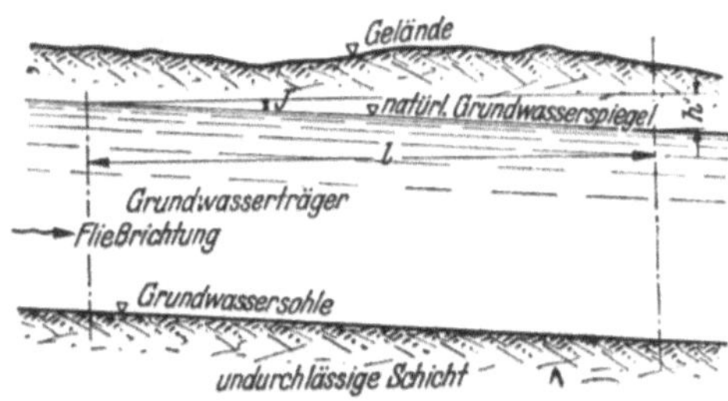

Abb. 225. Schnitt durch das Grundwasser.

Die bei der Fortbewegung zu überwindenden *großen Reibungswiderstände* längs der Benetzungsflächenteilchen der kleinen Duchflußkanäle sind dem *Grundwasser* besonders *wesensgemäß*. Denn sie führen bei der Wasserentnahme auf kräftig ausgebildete Absenkungsflächen um die Entnahmestelle herum. Der Grundwasserbewegung sind weiterhin eigentümlich die verhältnismäßig kleinen Strömungsgeschwindigkeiten. Damit hängen zusammen die geringen täglichen Spiegelschwankungen, die nur geringen Änderungen unterworfene Ergiebigkeit und Temperatur beim Grundwasser. Die Fortbewegung nach den Gesetzen der Filtration führt zur Zurückhaltung von Schwebstoffen und sonstigen Beimengungen an-

[1] *Literatur,* u. a.: PRINZ: Hydrologie[2]. 2. Aufl. Berlin: Springer 1923. —KEILHACK: Lehrbuch der Grundwasser und Quellenkunde. Berlin 1917. — SCHULZE: Grundwasserabsenkung in Theorie und Praxis. Berlin: Springer 1924. — KYRIELEIS-SICHARDT: Grundwasserabsenkung bei Fundierungsarbeiten. Berlin: Springer 1930. — DACHLER: Grundwasserströmung. Wien: Springer 1936. — STRECK: Grundlagen der Wasserwirtschaft und Gewässerkunde, S. 369ff. Berlin, Göttingen, Heidelberg: Springer 1953 mit weiteren Literaturangaben.

[2] Unter „Hydrologie" versteht man die Lehre vom *unterirdischen* Wasser.

organischer und organischer Art (wichtige Eigenschaften des Grundwassers bei seiner Verwendung zur Wasserversorgung!).

Wie schon oben erwähnt, sammelt sich das Grundwasser auf einer Bodenschichte, welche das Versickern des Wassers verhindert. Diese undurchlässige Schicht bezeichnet man als *Grundwassersohle* oder „wassertragende Sohle", die wasserführende Bodenschicht als *Grundwasserträger* oder auch Grundwasserkörper (vgl. Abb. 225).

Zur rechnerischen Erfassung der Grundwasserbewegung hat DARCY durch *Versuche* den Zusammenhang zwischen Durchflußmenge Q und Grundwasserspiegelgefälle $\frac{h}{l} = J$ festgestellt (vgl. Abb. 225). Sein *Filtergesetz* lautet:

$$\underline{v = k \cdot J\,.}$$

v = mittlere Geschwindigkeit der Wassermenge Q, mit welcher letztere durch die Flächeneinheit des Querschnittes F hindurchsickert, also $v = \frac{Q}{F}$ m/sek *(Filtergeschwindigkeit!)*. Da der Querschnitt F zum großen Teil mit Bodenmaterial erfüllt ist, das Filterwasser also durch die kleinen Hohlräume hindurch muß, ist die tatsächliche Fließgeschwindigkeit der einzelnen Wasserfäden größer. v stellt also lediglich eine gedachte Geschwindigkeit dar.

k = ein von der Beschaffenheit des Untergrundmaterials abhängiger Beiwert (Durchflußbeiwert, Durchlässigkeitsbeiwert). Da J dimensionslos ist, hat auch k (wie v) die Dimension m/sek. (Man kann k als diejenige Filtergeschwindigkeit auffassen, die sich bei waagrechter Strömung in einem Boden für das Gefälle $J = 1$ einstellt, also für die Neigung von 45° des Grundwasserspiegels.)

$J = \frac{h}{l}$ = relatives Grundwasserspiegelgefälle, wobei h (m) = Spiegelunterschied (Gefällsverbrauch) auf die Filterschichtlänge l (m), *gemessen in der Fließrichtung.*

Es wird hier besonders darauf aufmerksam gemacht, daß bei der *Grundwasserbewegung die Filtergeschwindigkeit* v angenähert der **ersten** *Potenz des Grundwassergefälles* J *proportional* ist, wogegen bei *„freier" Wasserbewegung*, d. h. *ohne* Filterung (Strömung in offenen Wasserläufen und geschlossenen Gerinnen [z. B. Rohrleitungen]) die *Geschwindigkeit* der **Quadratwurzel** aus J *proportional* ist ($v = f\,(J^{1/2})$).

Im allgemeinen sind zunächst *alle* Größen des DARCYschen Filtergesetzes unbekannt, d. h. man kennt weder Q noch $F\left(v = \frac{Q}{F}\right)$, noch k, noch das Gefälle J oder die Strömungsrichtung. Denn auch die Kenntnis dieser Strömungsrichtung ist notwendig, da ja der Durchflußquerschnitt F senkrecht zur Stromrichtung gemessen werden muß.

2. Ermittlung der Größen des Darcyschen Filtergesetzes.

a) Bestimmung der Stromrichtung und des natürlichen Spiegelgefälles.

Um die Strömungsrichtung der Grundwasserbewegung festzustellen und gleichzeitig auch das Grundwasserspiegelgefälle J zu ermitteln, werden in geeigneten Abständen Bohrlochgruppen hergestellt. Der Abstand zweier benachbarter Bohrlochgruppen voneinander schwankt im allgemeinen etwa zwischen 500 und 800 m für regelmäßig aufgebaute Grundwasserträger. Bei solchen, die Störungen aufweisen, soll der Abstand 150 bis 200 m nicht überschreiten.

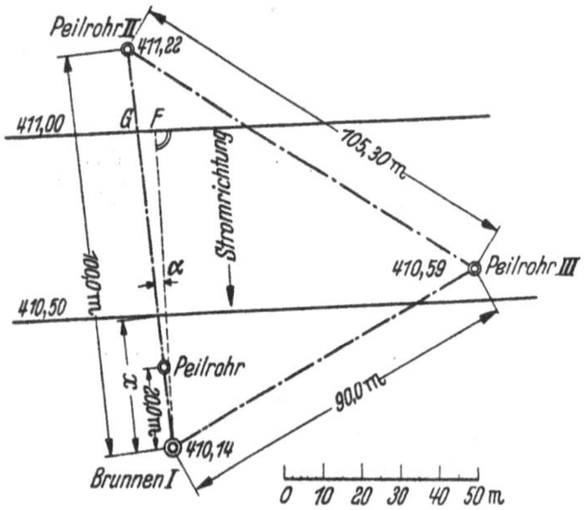

Eine solche Bohrlochgruppe besteht jeweils aus einem Rohrbrunnen und zwei zu Spiegelbeobachtungen geeigneten Standrohren (Peilrohren). Diese 3 Bohrungen bilden die Ecken eines Dreiecks mit ungefähr gleichen Seitenlängen, die etwa zwischen 50 und 100 m schwanken.

Abb. 226. Bohrlochgruppe A.

In unserem Beispiel wurden laut Aufgabenstellung 3 Bohrlochgruppen zugrunde gelegt mit den Abständen 380 und 300 m (siehe Abb. 224). Diese Annahme wird durch den hierdurch ermittelten Verlauf der Schichtlinien des Grundwasserspiegels nachträglich gerechtfertigt.

Nachfolgend soll nun das Untersuchungsverfahren, das für alle 3 Bohrlochgruppen gleich ist, für die Gruppe A erläutert werden[1]. Deren 3 Bohrungen I, II, III sind der Abb. 226 zu entnehmen. Der Rohrbrunnen I (Versuchsbrunnen) ist dabei im Sinne der Grundwasserstromrichtung talab gelegt. In der Abb. 226 sind auch die Koten des *natürlichen* Grundwasserspiegels (*ungesenkten* Grundwasserspiegels), die sich an den Bohrstellen I, II, III ergeben, eingetragen. Damit lassen sich für den um die Bohrgruppe A liegenden Grundwasserbereich zunächst einmal die Spiegelschichtlinien des Grundwassers bestimmen.

Zum Beispiel ergibt sich der Abstand x des Schnittpunktes der Schichtlinie 410,50 mit der Verbindungslinie I—II wie folgt:

$$\frac{x}{I-II} = \frac{410{,}50 - 410{,}14}{411{,}22 - 410{,}14};$$

[1] Vgl. G. Thiem: Hydrologische Methoden. Leipzig 1906.

da $I - II = 100$ m, wird $x = 100 \cdot \frac{0{,}36}{1{,}08} = 33{,}3$ m.

Analog wurden die anderen Schnittpunkte festgelegt. Der so ermittelte Schichtlinienverlauf ist in Abb. 226 eingetragen.

Zur Bestimmung des natürlichen örtlichen Spiegelgefälles J im Bereich der Bohrlochgruppe A wird nun von I auf die Schichtlinien das Lot gefällt und der Winkel α, den das Lot mit der Seite I bis II einschließt, durch Messung mit dem Winkelmesser oder durch Rechnung ermittelt $\left(\frac{\overline{F-I}}{\overline{G-I}} = \cos\alpha\right)$. In unserem Fall ist $\alpha = 3°$, $\cos\alpha = 0{,}9986$. Nun ist das Gefälle in Richtung I bis II:

$$J' = \frac{411{,}22 - 410{,}14}{100} = \frac{1{,}08}{100} = 0{,}0108 \; (= 10{,}8\text{‰}).$$

Somit wird das natürliche Gefälle in der Stromrichtung

$$J = \frac{J'}{\cos\alpha} = \frac{0{,}0108}{0{,}9986} = 0{,}01081\,.$$

b) Ermittlung des Durchlässigkeitsbeiwerts k (= ε nach THIEM).

Die Bestimmung des k-Wertes durch den Laboratoriumsversuch hat den Nachteil, daß sich dabei eine andere Lagerung des Bodenmaterials ergibt wie in der Natur, wodurch die ermittelte Größe von k unzuverlässig wird. Zweckmäßiger wendet man das Verfahren an, zwischen Brunnen und einem Peilrohr noch ein zweites Standrohr anzubringen. Für die Ermittlung der Absenkung des Spiegels stehen dann zwei Beobachtungsstellen zur Verfügung, welche uns die Absenkungswerte s und s_1 liefern und über die gemessene Pumpwasserentnahme Q aus dem Brunnen schließlich die Berechnung von k gestatten.

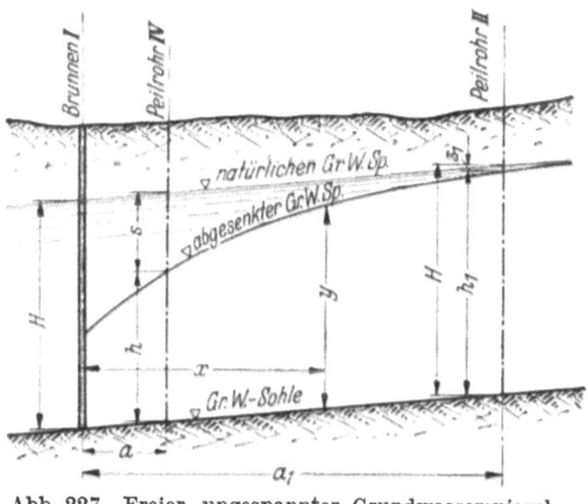

Abb. 227. Freier, ungespannter Grundwasserspiegel.

Setzt man nämlich in der DARCYschen Gleichung $v = k \cdot J$, wobei J bei Pumpbetrieb das bisher noch unbekannte Gefälle des *Absenkungs*spiegels bedeutet, die Filtergeschwindigkeit $v = \frac{Q}{F}$ und $J = \frac{h}{l} = \frac{dy}{dx}$, und führt für F den Filterringquerschnitt im Abstand x von der Mitte des lotrechten Brunnens ein, wo die Höhe des Grundwasserspiegels über der undurchlässigen Schicht y beträgt, also $F = 2\,x \cdot \pi \cdot y$, so erhält man (vgl. Abb. 227) bei *freiem*, d. h. *ungespanntem* Grundwasserspiegel

$$Q = F \cdot v = F \cdot k \cdot J = 2\,\pi\,x\,y \cdot k \cdot \frac{d\,y}{d\,x}.$$

Daraus

$$y \cdot d\,y = \frac{Q}{2\,\pi \cdot k} \cdot \frac{d\,x}{x}.$$

Die Integration liefert nach Kürzung des Faktors 2 im Nenner auf beiden Gleichungsseiten

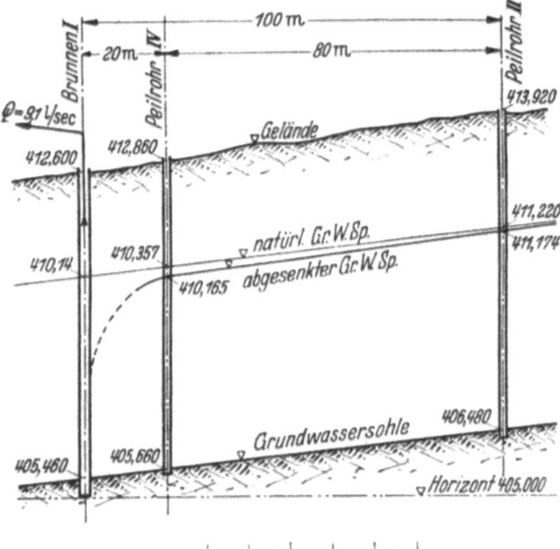

Abb. 228. Grundwasserbeobachtungswerte.

$$y^2 = \frac{Q}{\pi \cdot k} \cdot \ln x + C.$$

(Für *gespannten* Grundwasserspiegel bei einer Grundwassermächtigkeit m lautet die entsprechende Gleichung:

$$y = \frac{Q}{2\,\pi\,k \cdot m} \cdot \ln x + C.)$$

Führen wir in diese Gleichung für x, y die durch Beobachtung an den beiden Peilrohren gefundenen Wertepaare a, h bzw. a_1, h_1 ein, so erhalten wir die beiden Gleichungen:

$$h_1^2 = \frac{Q}{\pi \cdot k} \cdot \ln a_1 + C \qquad \text{und} \qquad h^2 = \frac{Q}{\pi \cdot k} \cdot \ln a + C.$$

Daraus durch Subtraktion:

$$h_1^2 - h^2 = \frac{Q}{\pi \cdot k} (\ln a_1 - \ln a).$$

Da

$h_1^2 - h^2 = (h_1 + h) \cdot (h_1 - h)$ und $h_1 - h \sim s - s_1$ (Spiegel angenähert parallel der Sohle), wird

$$\underline{k = \frac{Q\,(\ln a_1 - \ln a)}{\pi\,(h_1 + h) \cdot (s - s_1)}}.$$

Daraus läßt sich der Durchlässigkeitsbeiwert k berechnen.

In unserem Beispiel ergaben sich folgende Beobachtungswerte (vgl. Abb. 228).

Brunnen I: $H = 410{,}140 - 405{,}460 = 4{,}680$ m
Peilrohr II: $h_1 = 411{,}174 - 406{,}480 = 4{,}694$ m; $a_1 = 100$ m; $\ln a_1 = 4{,}6052$*
Peilrohr IV: $h = 410{,}165 - 405{,}660 = 4{,}505$ m; $a = 20$ m; $\ln a = 2{,}9957$*
$h_1 + h = 9{,}199$ m $\ln a_1 - \ln a = 1{,}6095$

Spiegelabsenkung in IV: $s = 410{,}357 - 410{,}165 = 0{,}192$ m
Spiegelabsenkung in I: $s_1 = 411{,}220 - 411{,}174 = 0{,}046$ m
$s - s_1 = 0{,}146$ m

Bei dieser Absenkung wurde eine Wassermenge $Q = 9{,}1$ l/sek $= 0{,}0091$ m³/sek aus dem Brunnen I herausgepumpt. Somit

$$k = \frac{0{,}0091 \cdot 1{,}6095}{3{,}14159 \cdot 9{,}199 \cdot 0{,}146} = \mathbf{0{,}0035}\,.$$

Der Pumpversuch muß so lange dauern, bis der Beharrungszustand möglichst erreicht ist. In der letzten Stunde des Versuches muß dabei darauf geachtet werden, daß die Pumpwassermenge Q unverändert bleibt. Während des Betriebes des Versuchsbrunnens, z. B. des Brunnens I, wird die Beobachtung an den Bohrungen der anderen Bohrlochgruppen dauernd fortgesetzt, um den zeitlich dem Pumpbetrieb zugehörigen ungesenkten Grundwasserspiegel bestimmen zu können.

In analoger Weise wurden die Bohrgruppen B und C betrieben und die Werte k ermittelt.

Die Ergebnisse der Untersuchungen der 3 Bohrgruppen sind in Tabelle 27 zusammengestellt.

Tabelle 27

Bohrgruppe	ungesenkter Gr. W.-Spiegel beim Brunnen	Gr. W.-Sohle	H m	k	J
A	410,140	405,460	4,680	0,0035	0,01081
B	410,420	405,910	4,510	0,0040	0,00850
C	410,560	406,240	4,320	0,0045	0,00822

c) Bestimmung der Ergiebigkeit des Grundwasserstromes.

Im Lageplan (vgl. Abb. 224) ist nun der Schichtlinienverlauf des Spiegels des ungesenkten Grundwasserstromes unter Verwertung einer Anzahl von Ergänzungsbohrungen (*neben* den Bohrgruppen A, B, C) dargestellt. Aus diesem Schichtlinienverlauf ergeben sich die Fließrichtungen (Strömungsrichtungen) $F_{A,B}$ und $F_{B,C}$ des ungesenkten Grundwassers in den Mitten zwischen den Bohrgruppen A, B, C.

* Vgl. z. B. FÖRSTER: Taschenbuch für Bauingenieure, 1. Aufl., Teil I, Tabellen, S. 28 und 29, bzw. SCHLEICHER: Taschenbuch, 2. Aufl. 1955, Bd. I, S. 18 und 19 oder DUBBEL: Taschenbuch, 11. Aufl., 1953, Bd. I, S. 2ff.

Nun gelten die Werte vom Brunnen der

Bohrgruppe A auf	$155 + 190 = 345$ m	Breite $= b_A$		in der Höhenschichtlinie gemessen.
„ B „	$190 + 150 = 340$ m	„ $= b_B$		
„ C „	$150 + 190 = 340$ m	„ $= b_C$		
Gesamtbreite:	1025 m			

Die Durchflußflächen des ungestauten Grundwasserstromes, in der Höhenschichtlinie gemessen, sind $H \cdot b$, und zwar für

Bohrgruppe A: $4{,}68 \cdot 345 = 1610\ \text{m}^2$
„ B: $4{,}51 \cdot 340 = 1530\ \text{m}^2$
„ C: $4{,}32 \cdot 340 = 1470\ \text{m}^2$.

Da die Messungen und Beobachtungen bei *niedrigem* Grundwasserstand vorgenommen wurden, ist die nachfolgend errechnete *Ergiebigkeit des Grundwasserstromes* als Minimalwert zu betrachten, also sichergehend.

Nach Darcy wird diese Ergiebigkeit allgemein

$$Q = k \cdot J \cdot F\,,$$

in unserem Beispiel also für den verfügbaren Teil $KLMN$ des Grundwasserstromes

$$Q_A = 0{,}0035 \cdot 0{,}01081 \cdot 1610 = \text{rd. } 0{,}061\ \text{m}^3/\text{sec}$$
$$Q_B = 0{,}0040 \cdot 0{,}00850 \cdot 1530 = \text{rd. } 0{,}052\ \text{m}^3/\text{sec}$$
$$Q_C = 0{,}0045 \cdot 0{,}00822 \cdot 1470 = \text{rd. } 0{,}054\ \text{m}^3/\text{sec}$$
$$\Sigma Q = 0{,}167\ \text{m}^3/\text{sec} \sim \mathbf{165}\ \text{l/sec.}$$

Diese Wassermenge steht also für die Trinkwasserversorgung zur Verfügung.

Der *Bedarf* ermittelt sich nach den gegebenen Daten zu

$$\frac{40\,000 \cdot 150}{86\,400} = \text{rd. } 70\ \text{l/sek}$$

durchschnittlich.

Der durchschnittliche sekundliche Verbrauch an Tagen höchsten Bedarfes ist $1{,}5 \cdot 70 =$ **105** l/sek.

Diese Menge muß der Grundwasserstrom *jetzt* mit Sicherheit liefern, dazu muß noch eine Reserve verbleiben von $0{,}25 \cdot 105 =$ **26** l/sek.

Infolgedessen sind später insgesamt nötig:

$$105 + 26 = \mathbf{131}\ \text{l/sek.}$$

Bei dem sicher vorhandenen Dargebot von 165 l/sek reicht also der Grundwasserstrom für die Versorgung der Stadt vollständig aus.

d) Ermittlung der Brunnenleistung und der Brunnenanzahl.

Zur Bestimmung des Durchflußbeiwertes k wurde unter Ziffer 2b der Aufgabe (S. 360) die Beziehung abgeleitet:

$$y^2 = \frac{Q}{\pi \cdot k} \ln x + C\,.$$

Da, wo die Absenkungskurve die Brunnenmantelfläche erreicht, ist $x = r$ (r = Halbmesser des Brunnenmantels) und $y = h$ (h = Wasserstand im Brunnen über der undurchlässigen Sohle) (vgl. Abb. 229). Dieses bestimmte Wertepaar r und h legt die Konstante C fest. Man erhält:

$$C = h^2 - \frac{Q}{\pi \cdot k} \cdot \ln r$$

und damit

$$y^2 = \frac{Q}{\pi \cdot k} (\ln x - \ln r) + h^2 = \frac{Q}{\pi \cdot k} \ln\left(\frac{x}{r}\right) + h^2.$$

Da, wo der natürliche Wasserspiegel in den Senkungsspiegel übergeht, ist $y = H$ und $x = R$ (R = Reichweite der Absenkung von Brunnenmitte aus). Setzt man diese Werte in vorstehende Gleichung ein, so wird

$$H^2 = \frac{Q}{\pi \cdot k} \ln\left(\frac{R}{r}\right) + h^2.$$

Daraus ergibt sich nun die Brunnenergiebigkeit zu

$$Q = \pi \cdot k \cdot \frac{H^2 - h^2}{\left(\ln \frac{R}{r}\right)}.$$

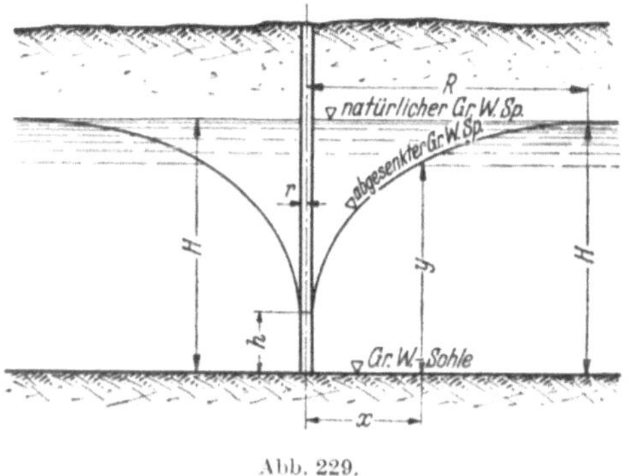

Abb. 229.

Wir wählen einen Brunnen von 0,40 m Durchmesser ($r = 0{,}20$ m). Um eine genügende Wassertiefe im Brunnen zu gewährleisten und um außerdem eine Versandung des Brunnens zu verhüten, stellen wir die Bedingung, daß der Grundwasserspiegel höchstens um 2,5 m abgesenkt werden soll.

Für den von uns ausgenützten Teil des Grundwasserträgers ergibt sich für H der Mittelwert $\frac{4{,}680 + 4{,}510 + 4{,}320}{3} = 4{,}50$ m, also für $h = 4{,}5 - 2{,}5 = 2{,}0$ m. Der mittlere Durchlässigkeitsbeiwert k ist in unserem Falle 0,004.

Nun bleibt noch die *Reichweite* zu bestimmen. Diese wird meist auf Grund von Erfahrungen und Beobachtungen von Fall zu Fall geschätzt[1]. Um den Einfluß verschiedener Annahmen für R auf die Brunnenergiebigkeit Q zu zeigen, rechnen wir mit $R = 100$ m, $R = 150$ m, $R = 200$ m. Diese Ermittlung ist in Tabelle 28 durchgeführt.

[1] Bei großen Anlagen empfiehlt sich eine genauere Untersuchung. Vgl. hierzu z. B. SCHULZE: Die Grundwasserabsenkung in Theorie und Praxis, S. 9 u. ff. Berlin: Springer 1924.

Tabelle 28

Reichweite R	$\pi \cdot k$	$H^2 - h^2$	$\frac{R}{r}$	$\ln\left(\frac{R}{r}\right)$	Q
$R = 100$ m	0,0125	16,25	500	6,215	0,033 m³/sek = 33 l/sek
$R = 150$ m	0,0125	16,25	750	6,620	0,031 „ = 31 „
$R = 200$ m	0,0125	16,25	1000	6,908	0,030 „ = 30 „

(SICHARDT[1]) hat für die Berechnung der Reichweite R die *Näherungsformel* aufgestellt

$$R = 3000 \cdot s \cdot \sqrt{k},$$

wobei s = Spiegelabsenkung im Brunnen = $H - h = 2{,}5$ m.

Für unser Beispiel würde dann die Reichweite

$$R = 3000 \cdot 2{,}5 \cdot \sqrt{0{,}004} = 441 \text{ m}$$

und die Brunnenergiebigkeit 26,4 l/sec. Der Wert $R = 441$ m erscheint für unseren Fall reichlich groß.)

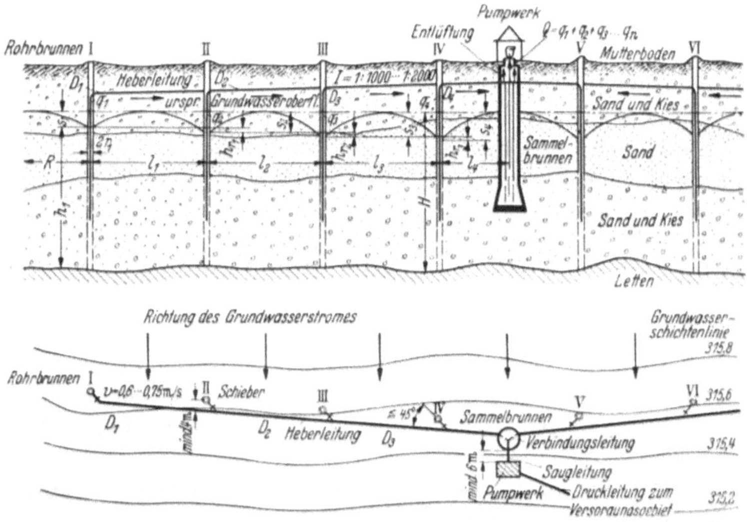

Abb. 230. Schematische Darstellung einer Rohrbrunnen-Wasserfassung. (MARQUARDT in SCHLEICHER, Taschenbuch).

Rechnen wir je Brunnen mit $Q = 30$ l/sek bei $R = 200$ m, dann sind für den weiter oben ermittelten vorläufigen Gesamtbedarf von 105 l/sek

$$\frac{105}{30} = 3{,}5 \sim \textbf{4 Brunnen}$$

anzuordnen. Für den Bedarfszuwachs von 26 l/sek ist seinerzeit noch ein weiterer (fünfter) Brunnen abzuteufen. (Mit dem SICHARDTschen Werte

[1] Vgl. KYRIELEIS-SICHARDT: Grundwasserabsenkung (siehe Literaturangabe S. 356).

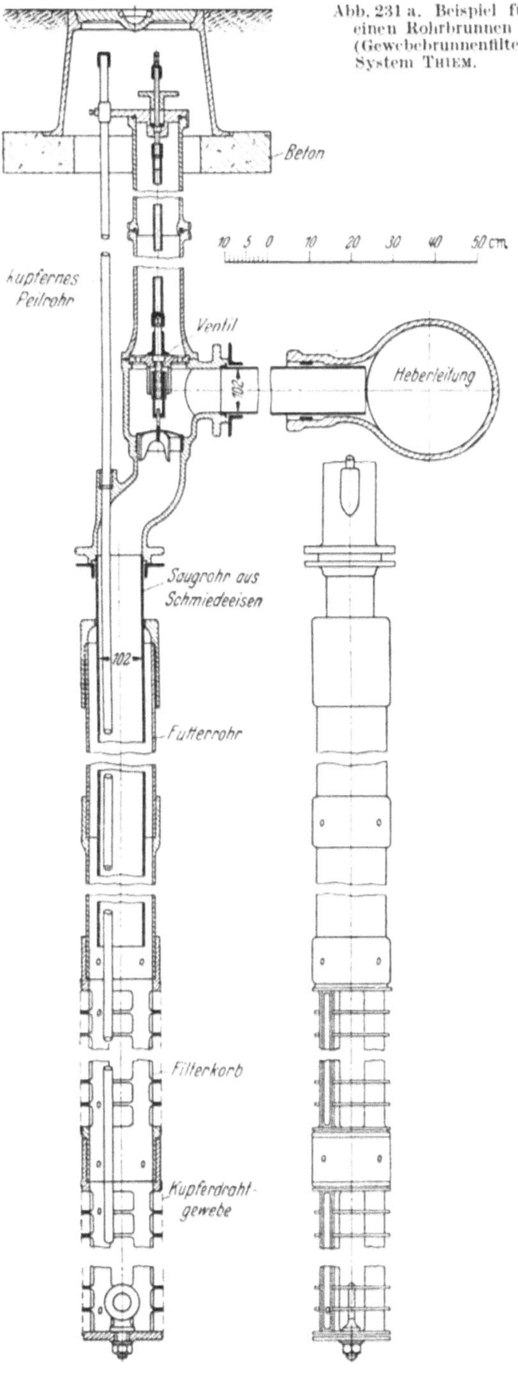

Abb. 231 a. Beispiel für einen Rohrbrunnen (Gewebebrunnenfilter) System THIEM.

Beton
10 5 0 10 20 30 40 50 cm
Kupfernes Peilrohr
Ventil
Heberleitung
102
Saugrohr aus Schmiedeeisen
102
Futterrohr
Filterkorb
Kupferdraht-gewebe

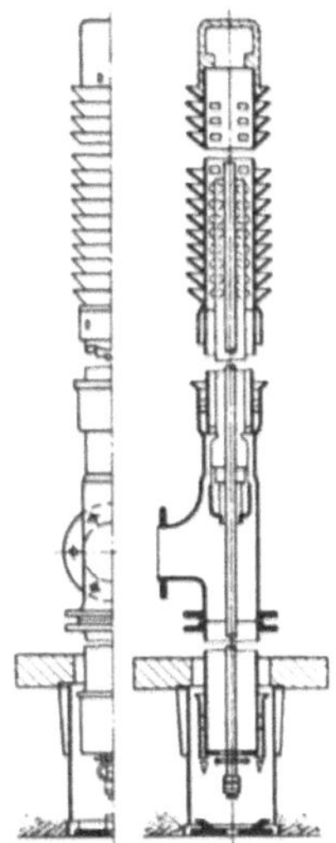

Abb. 231 b. Gewebeloser Grauguß-Ringfilterbrunnen von THIEM.

von 26,4 l/sek für Q käme man in unserem Beispiel auch nur auf 4 bzw. später auf 5 Brunnen.) Die Anordnung der Brunnen erfolgt quer zur Fließrichtung des Grundwasserstromes in gleichmäßiger Verteilung. Vorher wird man aber an einem Brunnen einen längeren Probebetrieb durchführen, um die Leistung und die Reichweite der Absenkung praktisch festzustellen (Abb. 230 u. 231 a u. b).

Zusatzfrage.

Nunmehr wird angenommen, daß die Voraussetzungen für die Anlage eines *waagrechten*

Brunnens, einer sog. Sammelgalerie, gegeben seien [z. B. weil die Geländeverhältnisse (Vorflutverhältnisse) es erlauben, das gefaßte Wasser unmittelbar in den Sammelbehälter zu leiten ohne Aufwendung von Pumpleistung].

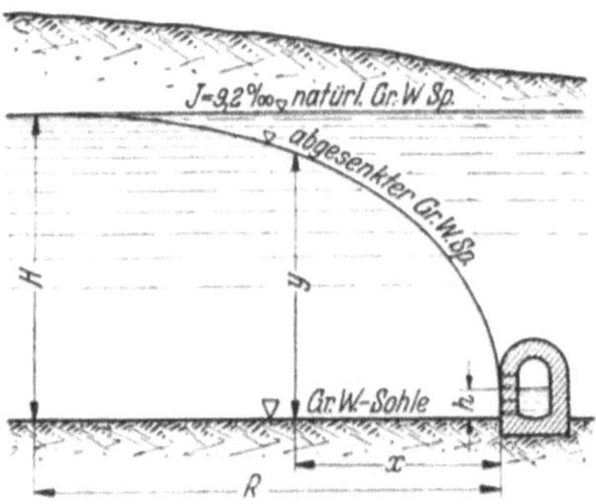

Abb. 232. Schematische Darstellung einer Rohrbrunnenwasserfassung (MARQUARDT in SCHLEICHER, Taschenbuch.)

Auf Grund der hydrologischen Untersuchungen wurden folgende Werte (als Mittelwerte der Einzelergebnisse) festgestellt:

$$H_m = 4{,}5\text{ m}; \quad k_m = 0{,}004;$$
$$J_m = 0{,}0092 = 9{,}2^0/_{00}.$$

Legen wir die Bedarfswassermenge mit $105 + 26 = 131$ l/sek fest (siehe Bedarfsermittlung weiter oben!), wobei auch bereits der zukünftige Bedarf mit erfaßt ist, so ergibt sich aus der DARCYschen Filtergleichung

$$v = \frac{Q}{F} = k \cdot J,$$

wenn $F = H \cdot L$ gesetzt wird (L = Länge der Galerie):

$$L = \frac{Q}{H \cdot k \cdot J} = \frac{0{,}131}{4{,}5 \cdot 0{,}004 \cdot 0{,}0092} = 795 \sim \mathbf{800}\text{ m}.$$

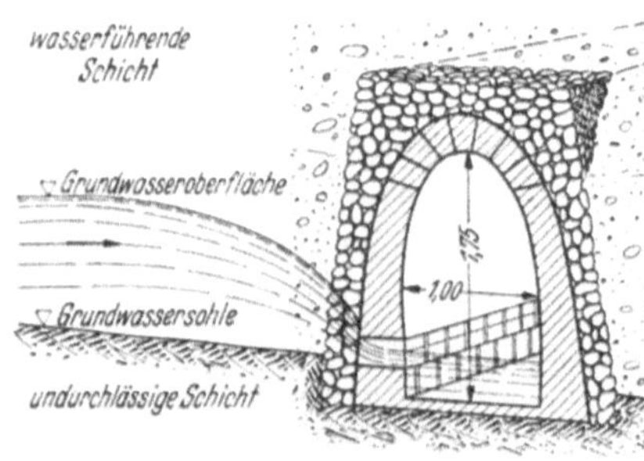

Abb. 233. Sammelgalerie.

Die *Brunnenergiebigkeit* für eine solche *waagrechte Sammelgalerie* ist allgemein[1] (vgl. Abb. 233)

$$Q = k \cdot L \cdot \frac{(H^2 - h^2)}{2R}.$$

Dabei findet der ungestörte Zufluß durch die Wände des Stollens *nur von einer Seite* statt. Bei *beid*seitigem Zufluß ist Q *doppelt* so groß.

Für die Reichweite erhält man nun:

$$R = k \cdot L \frac{(H^2 - h^2)}{2 \cdot Q}.$$

Mit obigen Zahlenwerten ergibt sich, wenn $h = 0{,}5$ m angenommen wird,

$$R = 0{,}004 \cdot 800 \cdot \frac{4{,}5^2 - 0{,}5^2}{2 \cdot 0{,}131} = \mathbf{244}\text{ m}.$$

[1] Vgl. z. B. PRINZ: Hydrologie. Zit. S. 356.

Die allgemeine Bestimmungsgleichung für die Absenkungskurve lautet (vgl. Abb. 232):

$$H^2 - y^2 = \frac{2 \cdot Q}{L \cdot k} (R - x).$$

Werden die bekannten Zahlenwerte eingesetzt, erhält man

$$4{,}5^2 - y^2 = \frac{2 \cdot 0{,}131}{800 \cdot 0{,}004} \cdot (244 - x).$$

Daraus folgt:

$$x = 12{,}2 \cdot y^2 - \mathbf{3{,}05}\,.$$

Tabelle 29

y	y^2	$12{,}2 \cdot y^2$	$12{,}2 \cdot y^2 - 3{,}05 = x$
0,5	0,25	3,05	3,00 – 3,05 = 0
1,0	1,0	12,2	12,2 – 3,05 = 9,15
2,0	4,0	48,8	48,8 – 3,05 = 45,75
3,0	9,0	109,8	109,8 – 3,05 = 106,75
4,0	16,0	195,2	195,2 – 3,05 = 192,15
4,5	20,25	247,05	247,05 – 3,05 = 244,0

Es können nunmehr für alle Ordinaten y die zugehörigen Werte x errechnet und damit die Kurvenpunkte aufgetragen werden. In Tabelle 29 ist die Rechnung für einige Wertepaare durchgeführt.

Aufgabe 16.

Ermittlung des Wasserandranges Q und der Brunnenanzahl n für eine Grundwasserabsenkungsanlage[1].

Eine mit Böschungen ausgebildete Baugrube, welche die oberen Abmessungen 50 · 100 m besitzt, greift tief in das Grundwasser ein. Die Planie der Baugrubensohle kommt 9,5 m unter den natürlichen (unabgesenkten) Grundwasserspiegel zu liegen. Zur Trockenhaltung dieser Baugrube soll eine Grundwasserabsenkung mit Hilfe von Tiefbrunnenpumpen durchgeführt werden.

Bohrungen ergaben, daß die Grundwassersohle 19 m unter dem natürlichen Grundwasserspiegel liegt und daß der Grundwasserträger aus feinem Sand besteht. Durch Versuchsbrunnen wurde der Bodendurchlässigkeitsbeiwert für dieses Material mit $k = 0{,}001$ m/sek ermittelt. Der Filterdurchmesser der Brunnen ist mit 350 mm vorgesehen, die Eintauchtiefe der Brunnen in das *abgesenkte* Grundwasser ist mit 7,5 m gegeben (d. h. der W.Sp. im Brunnen liegt 7,50 m über der undurchlässigen Schicht. Der Filterfuß reicht bis zur undurchlässigen Schicht).

Es ist für die Grundwasserabsenkung der Wasserandrang Q und die Brunnenanzahl n zu ermitteln!

[1] Nach SICHARDT.

Lösung[1].

1. Vorbemerkung.

Bereits in Aufgabe 3, S. 152, wurde auf die Vorteile einer Bauausführung in trockener Baugrube für das dortige Beispiel einer Kaimauer hingewiesen. Die dort aufgeführten Vorteile gelten ganz allgemein für Bauwerke, welche in das Wasser, insbesondere Grundwasser, hineingebaut werden müssen. Man gibt deshalb fast überall da, wo die Bodenbeschaffenheit, der Wasserandrang und die Rücksicht auf die Kosten es erlauben, der Bauausführung unter Wasserhaltung den Vorzug gegenüber einer in Frage kommenden Unterwassergründung. Diese Verhältnisse sind vor allem bei Bauten mit Grundwasserandrang häufig gegeben.

Wenn dabei die *offene Wasserhaltung* (Abpumpen des zusickernden Wassers aus einem Pumpensumpf meist in Verbindung mit Einspundung der Baugrube) nicht mehr ausreicht, z. B. bei sehr feinkörnigem Sand und bei großen Gründungstiefen unter dem Grundwasserspiegel, greift man sehr häufig zur *Grundwasserabsenkung*, besonders bei größeren Bauwerken, wo sich die hohen Kosten für diese Art der Trockenhaltung einer Baugrube wirtschaftlich rechtfertigen lassen. In jedem Falle ist dabei aber vorher zu prüfen, ob das Verfahren nicht Schaden an anderer Stelle zur Folge haben wird (z. B. Trockenlegung von in der Nähe liegenden Trinkwasserbrunnen, schädliche Setzungen usw.).

Die *Grundwasserabsenkung* besteht darin, daß der Grundwasserspiegel in der Baugrube bis etwa 0,5 m unter der Baugrubensohle abgesenkt wird durch Anordnung einer Reihe von Brunnen. Diese werden meist am Umfang der Baugrube angeordnet; sie können aber bei Raummangel auch in der Baugrube selbst gebohrt werden. Das den Brunnen zufließende Wasser wird bei geringer Höhe der Wasserförderung durch außerhalb der Brunnen stehende Kreiselpumpen aus den Brunnenrohren abgesaugt, bei großer Tiefe durch sog. *Tiefbrunnenpumpen*, die samt ihren Antriebsmotoren in den Brunnen hängen, weggefördert. Die Tiefbrunnenwasserförderung ist raumsparend und macht häufig die Anordnung von mehreren Brunnenstaffeln entbehrlich, so daß sie immer häufiger Verwendung findet.

2. Behandlung des Beispiels.

In unserer Aufgabe ist eine Baugrube von rechteckigem Grundriß auszugraben, deren obere Abmessungen $50 \cdot 100$ m betragen. Die

---

[1] Literatur siehe Aufgabe 15, S. 356, außerdem z. B. O. Franzius: Grundbau. Berlin: Springer 1927. – Schoklitsch, A.: Grundbau. 2. Aufl. Wien: Springer 1952.

Böschungen der Grube sind mit 1 : 1 angenommen. Die waagrechte Baugrubensohle kommt 11,5 m unter Gelände zu liegen. Durch Bohrungen wurden die Bodenverhältnisse (feiner Sand von 21 m Mächtigkeit auf undurchlässiger Schicht) und die Grundwasserspiegellage (2,0 m unter Gelände) im Bereich der Baugrube und in ihrer Umgebung aufgedeckt. Darnach kommt also die Planie der Sohle 9,5 m unter den natürlichen Grundwasserspiegel zu liegen.

Zur Trockenlegung und Trockenhaltung des Baugrubenraumes wird nun eine Grundwasserabsenkung vorgenommen. Zur Gestaltung und Dimensionierung der dazu notwendigen Anlage mußte vorher unter

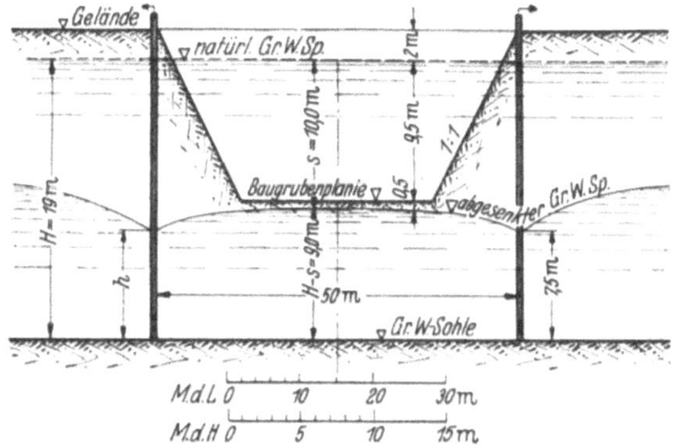

Abb. 234. Querschnitt durch die Baugrube.

anderem der Durchlässigkeitsbeiwert k ermittelt werden. Dies geschah mit Hilfe einer Reihe von Bohrlochgruppen, wie bereits in Aufgabe 15 gezeigt. Diese Versuchsbrunnen ergaben ein $k = 0{,}001$.

Die Brunnen der Senkungsanlage werden längs des oberen Randes der Baugrube angesetzt. Eine Probesenkung und deren rechnerische Auswertung ergab die Notwendigkeit, den Filterfuß hinabzuführen bis auf die undurchlässige Schicht, sie ergab weiterhin eine jeweilige *Brunneneintauchtiefe* von 7,5 m bei *abgesenktem* Grundwasserspiegel, weil bei dieser Absenkung am Brunnen damit gerechnet werden kann, daß der höchste Punkt des Spiegels in der Mitte der Grube noch mit genügendem Spielraum unter der Grube liegt. Wir legen diesen Spielraum mit 0,5 m fest (vgl. Abb. 234).

Wir bestimmen nun zunächst die *Brunnenergiebigkeit* q_f (das Fassungsvermögen eines Brunnens). Dabei wollen wir uns vorweg ein Bild verschaffen, welche größte Absenkung für den Grundwasserspiegel im Brunnen überhaupt möglich ist. Denn W. Sichardt hat festgestellt, daß das Grundwassergefälle im Bereich um den Brunnen nicht über ein gewisses Maß gesteigert werden kann. Er gibt für dieses größtmögliche Grundwassergefälle am Brunnenmantel die empirische Formel

$$J_{\max} = \frac{1}{15\sqrt{k}},$$

wobei k = Durchlässigkeitsbeiwert in m/sek. Nun ist nach DARCY:

$$q_f = v \cdot F = k \cdot J_s \cdot F.$$

Für das Gefälle des abgesenkten Wasserspiegels im Bereich des Brunnens $J_s = J_{\max}$ und für $F = 2r\pi \cdot h'$ (Filterfläche), wobei r = Halbmesser des Filterrohres und h' = Minimalwassertiefe im Brunnen, erhalten wir

$$q_f = q_{\max} = k \cdot J_{\max} \cdot 2r\pi \cdot h' = k \cdot \frac{1}{15\sqrt{k}} \cdot 2r\pi \cdot h'$$

$$q_{\max} = 2r\pi \cdot h' \cdot \frac{\sqrt{k}}{15}.$$

In dieser Beziehung sind zunächst noch $q_{\max}$ und h' unbekannt. Für die Brunnenergiebigkeit gilt aber andererseits:

$$q = \pi k \cdot \frac{H^2 - h^2}{\ln\left(\frac{R}{r}\right)}$$

(vgl. Aufgabe 15, S. 360 und Abb. 229).

Setzen wir wiederum $q = q_{\max}$ und $h = h'$ (= Minimalwassertiefe im Brunnen), dann erhalten wir

$$\pi \cdot k \cdot \frac{H^2 - h'^2}{\ln\left(\frac{R}{r}\right)} = 2r\pi \cdot h' \cdot \frac{\sqrt{k}}{15}$$

oder

$$\frac{H^2 - h'^2}{\frac{2}{15} \cdot \frac{r}{\sqrt{k}} \cdot h'} = \ln\left(\frac{R}{r}\right).$$

Daraus läßt sich gegebenenfalls die tiefste Lage des Wasserspiegels (h') im Brunnen über der undurchlässigen Schicht ermitteln.

In unserem Beispiel ist der abgesenkte Brunnenwasserstand h mit 7,50 m über der undurchlässigen Schicht gegeben[1]. Die Absenkung s im Brunnen beträgt also $s = H - h = 19{,}0 - 7{,}5 =$ **11,5** m.

Mit $h = 7{,}50$ m ergibt sich das *Fassungsvermögen eines Brunnens* aus der Beziehung nach SICHARDT

$$q = 2r\pi \cdot h \cdot \frac{\sqrt{k}}{15}$$

[1] Nach J. SCHULTZE kann für erste Schätzungen nach Festlegung der Baugrubensohle der Filterfuß bei durchschnittlichen Verhältnissen 5 bis 7 m unter dieser Sohle angenommen werden (vgl. SCHULTZE: Die Grundwasserabsenkung. Zit. S. 363).

für $2r = 0{,}35\ \text{m}, \quad h = 7{,}5\ \text{m}, \quad k = 0{,}001$

wird

$$q = 0{,}35 \cdot 3{,}14 \cdot 7{,}5 \cdot \frac{\sqrt{0{,}001}}{15} = 0{,}0174\ \text{m}^3/\text{sek} = \mathbf{17{,}4}\ \text{l/sek}.$$

Nun wäre nachzuprüfen, ob die für die Anlage vorgesehene Tiefbrunnenpumpe dieses Fördervermögen aufweist, was an Hand der Leistungskurve dieser Tiefbrunnenpumpe zu erfolgen hätte.

Um die notwendige Anzahl der Brunnen festlegen zu können, muß der *Wasserandrang zur Baugrube* ermittelt werden. Dies kann mit großer

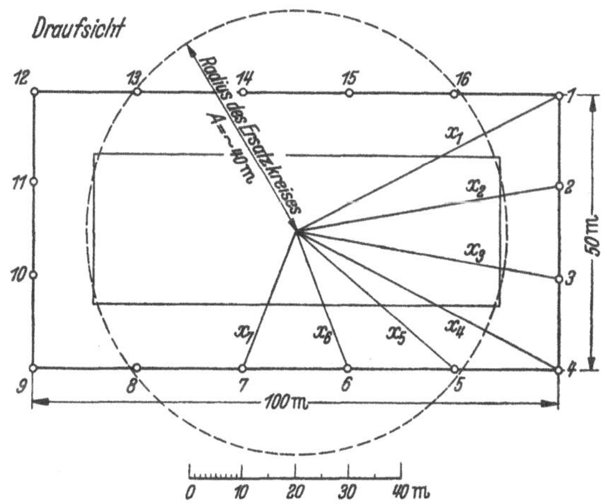

Abb. 235. Lage der Brunnen auf dem Ersatzkreis.

Annäherung erfolgen, indem angenommen wird, daß die Brunnen im Grundriß auf dem Umfang des Kreises liegen, dessen Flächeninhalt gleich der Baugrubenfläche ist (Ersatzkreis, vgl. Abb. 235). Damit ergibt sich der Radius des Ersatzkreises A aus

$$50 \cdot 100 = A^* \cdot \pi$$

zu

$$A = \sqrt{\frac{50 \cdot 100}{\pi}} = \sim \mathbf{40}\ \text{m}.$$

Der Wasserandrang Q errechnet sich sodann aus der Absenkungsformel*

$$Q = k \cdot \pi \cdot \frac{(H^2 - y^2)}{\ln\left(\frac{R}{A}\right)}.$$

Dabei ist $k = 0{,}001$ m/sek, $H = 19{,}0$ m, $y = H - s = 19{,}0 - 10{,}0 = 9{,}0$ m (vgl. Abb. 234), $A = 40$ m.

* Vgl. hierzu Aufgabe 15, S. 360 und Abb. 229.

Zur Bestimmung der Reichweite R* gibt — wie schon in Aufgabe 15 gezeigt (S. 364) — SICHARDT die Näherungsformel an:

$$R = 3000 \cdot s \cdot \sqrt{k}\,.$$

Mit den obigen Werten wird $R = 950$ m. Damit errechnet sich der Wasserandrang Q zu:

$$Q = 0{,}001 \cdot 3{,}14 \cdot \frac{(19{,}0^2 - 9{,}0^2)}{\ln\left(\frac{950}{40}\right)} = 0{,}277 \text{ m}^3/\text{sek} = \mathbf{277} \text{ l/sek.}$$

Wenn nun n Brunnen erforderlich sind, dann muß sein

$$n \cdot q = Q\,.$$

Daraus

$$n = \frac{Q}{q} = \frac{277}{17{,}4} = 15{,}9 \sim \textbf{16 Brunnen.}$$

Dieses Ergebnis soll nun *mit Hilfe der genauen Absenkungsformel für Mehrbrunnen* nachgeprüft werden. Diese lautet für Brunnen, die bis zur undurchlässigen Schicht reichen,

$$Q = n \cdot q = k \cdot \pi \cdot \frac{(H^2 - y^2)}{\ln R - \frac{1}{n}\ln(x_1 \cdot x_2 \cdot x_3 \cdots x_n)}\,.$$

Dabei ist $n = 16$ (Brunnenzahl), die Werte $x_1, x_2, x_3, \ldots, x_n$ ergeben sich aus dem Grundriß auf Grund der gewählten Brunneneinteilung (vgl. Abb. 233).

Für unser Beispiel erhält man:

$$\begin{aligned} x_1 &= x_4 = x_9 = x_{12} = 56 \text{ m} \\ x_2 &= x_3 = x_{10} = x_{11} = 50{,}5 \text{ m} \\ x_5 &= x_8 = x_{13} = x_{16} = 39{,}\text{m} \\ x_6 &= x_7 = x_{14} = x_{15} = 26{,}5 \text{ m}\,. \end{aligned}$$

$$\frac{1}{n}\ln(x_1 \cdot x_2 \cdot x_3 \ldots x_n) = \frac{4}{16}[\ln 56 + \ln 50{,}5 + \ln 39 + \ln 26{,}5] = 3{,}722.$$

Damit errechnet sich aus obiger genauerer Formel der Wasserandrang bei 16 Brunnen zu $Q = 0{,}235$ m³/sek = **235** l/sek < 277 l/sek, d. h. die Brunnenanzahl $n = 16$ reicht aus. Wäre Q bei Verwendung der vorstehenden genaueren Formel größer als 277 l/sek geworden, hätte die Brunnenzahl vergrößert werden müssen.

Jeder Brunnen besteht aus dem *eigentlichen Brunnenrohr* (im allg. 200 bis 250 mm) mit dem *Filterkorb* unten und dem nach oben anschließenden *Mantelrohr*, das durch die nicht wasserführenden Schichten bis zur

* Nach der Absenkungsformel ist der Einfluß von R gering. Eine 100%ige Vergrößerung von R bedingt nur eine 10%ige Vergrößerung der errechneten Wassermenge. Anders verhält es sich mit k; daher ist dessen genaue Bestimmung sehr wichtig.

Bodenoberfläche reicht. Der Filterkorb setzt sich zusammen aus dem Filterkorbgerüst aus Metall, Holz oder Steinzeug, um das zunächst ein großes Drahtgitter, darüber ein feines Filtergewebe aus nichtrostendem Metall (z. B. Messing oder Siliziumbronze) gewickelt ist. Dieses Brunnenrohr wird in ein vorher abgeteuftes Bohrloch versenkt, dessen Durchmesser 50 bis 100 mm größer ist als jener der eigentlichen Brunnenrohre. Wenn der Untergrund eine sehr feine Körnung aufweist, genügt das Gewebefilter nicht mehr; es muß dann in den Zwischenraum zwischen Brunnenrohr und Bohrrohr eine umgekehrte Filterschicht eingebracht werden, wenn man es nicht vorzieht, Taschenfilter zu verwenden, die bereits über Tag gepackt und dann wie ein Gewebebrunnen ins Bohrloch versenkt wird.

Die Wasserförderung erfolgt in unserem Falle (große Gründungstiefe; 1-Staffelanordnung) aus jedem einzelnen Brunnen durch *Tiefbrunnenpumpen*, das sind Schraubenpumpen mit unmittelbar wasserdicht gekuppelten Motoren, die in jede beliebige Bohrlochtiefe versenkt werden können und ohne eines Saugrohres zu bedürfen, das Wasser empordrücken in eine Sammelleitung oder in eine offene Ablaufrinne.

Aufgabe 17.

Grundwasserabsenkung mit waagrechter Dränierung bei natürlicher Vorflut[1].

Eine Straße von 22 m Breite ist unter einem ausgedehnten Verschiebebahnhof als Unterführung hindurchzuführen. Der Lageplan, der West-Ost-Längsschnitt und der Querschnitt der Unterfahrt mit Straßen- und Geländehöhen sind mit den Abb. 236, 237 und 238 gegeben.

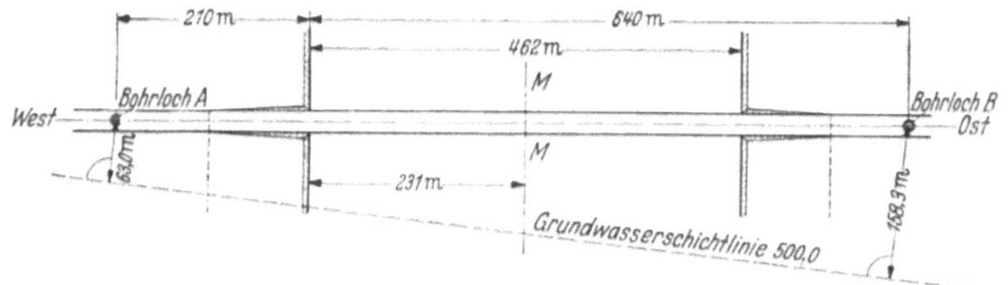

Abb. 236. Lageplan der Unterfahrt.

Durch Bohrungen wurden die hydrologischen Verhältnisse aufgedeckt. Dabei ergab sich vor allem, daß das Grundwasser nur sehr wenig unter Gelände ansteht, so daß die Unterführung in das Grundwasser zu liegen kommt. Zu ihrer dauernden Trockenhaltung muß deshalb eine Grund-

[1] Nach Unterlagen von STECHER.

wasser-Absenkungsanlage für Dauerbetrieb geschaffen werden. Diese soll gewährleisten, daß in Straßenmitte das Grundwasser nicht höher steigt

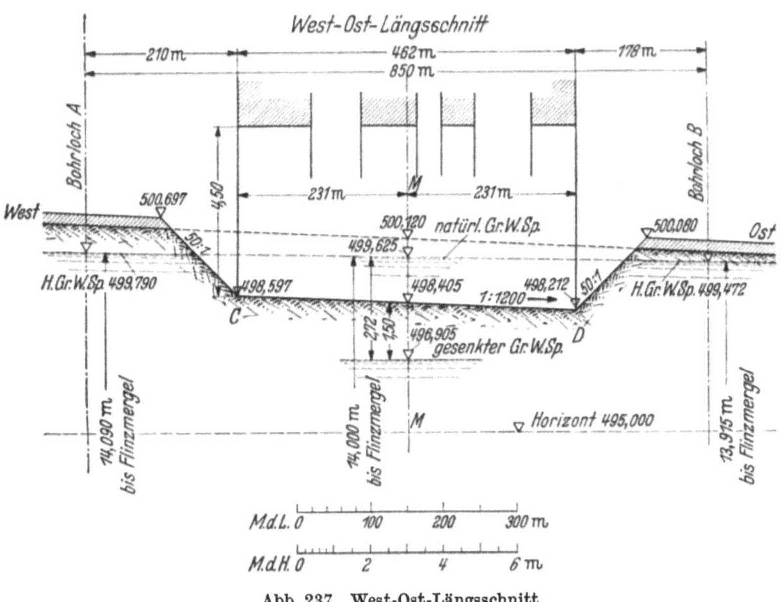

Abb. 237. West-Ost-Längsschnitt.

als 1,5 m unter Straßenoberfläche. Die Vorflutverhältnisse für die Grundwasserabsenkung sind insofern günstig, als das in der Anlage gefaßte Wasser östlich der Unterfahrt in einem Kanal mit *natürlichem Gefälle*, also ohne Pumpleistung, zu einem tiefliegenden Vorfluter abgeleitet werden kann. Damit ergeben sich für die Fassung horizontale Brunnen (Sammelgalerien).

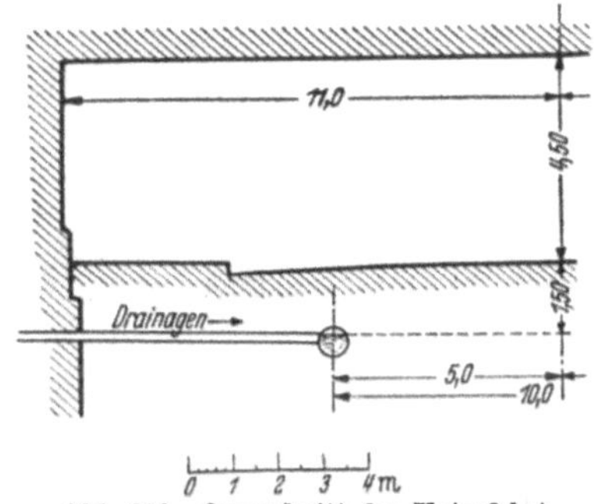

Abb. 238. Querschnitt der Unterfahrt.

Die Bohrungen haben auch Aufschluß über Richtung und Spiegelgefälle des Grundwasserstromes ergeben. Derselbe bewegt sich in eiszeitlichem Kiessand von rd. 14 m Mächtigkeit auf undurchlässigem, tertiärem Flinzmergel (nördl. Stadtgebiet Münchens). Nach den angestellten Pumpversuchen ergibt sich für den außerordentlich stark durchlässigen Untergrund der sehr hohe Durchlässigkeitsbeiwert $k = 0{,}035$. Frühere Untersuchungen in der Umgebung für andere Zwecke führten auf ähnlich große k-Werte. Gelände, Oberfläche der Flinzschicht und Grundwasserspiegel sind nach Norden geneigt. Zur Bestimmung der Reichweite R wurden ebenfalls Pumpversuche angestellt. Sie haben ergeben, daß man bei 2 m Spiegelabsenkung mit einer merklichen Spiegelabsenkung bis auf $R = 150$ m rechnen darf.

In einem weiter östlich gelegenen Teil des Grundwasserstromes wurden — ebenfalls bei früheren Untersuchungen — bei etwas dichter gelagertem Kiessand je m² Querschnittsfläche des abgesenkten Grundwassers 0,125 m³/sek Wasser erschlossen.

Man ermittle die aus der Grundwasserabsenkung abzuführende Wassermenge Q und die dafür nötige Dränage!

Lösung.

1. Festlegung der hydrologischen Daten.

Die Unterfahrt hat das sehr geringe West-Ost-Gefälle 1 : 1200, so daß wir die Grundwasserabsenkung mit hinreichender Genauigkeit für die Höhenlage des Querschnittes $M - M$ in der Mitte der Unterführung (Abb. 236 u. 237) berechnen können.

a) Straßenhöhe in der Mitte $M - M$ der Unterfahrt.

Die Straßenhöhe beträgt am Eingang der Unterfahrt (bei C) 498,597, am Ausgang (bei D) 498,212, die Differenz also 0,385 m. Damit berechnet sich die Straßenhöhe in $M - M$ zu:

$$498{,}212 + \frac{0{,}385}{2} = \mathbf{498{,}405}\ \text{m}.$$

b) Kote des ungesenkten höchsten Grundwasserspiegels bei $M - M$.

Zu dessen Ermittlung wird von den festgestellten Grundwasserspiegeln in den Bohrlöchern A und B ausgegangen. Der Abstand von Bohrloch A bis Bohrloch B beträgt 850 m, jener von A bis $M - M$: $210 + \frac{462}{2} = 441$ m. Damit Abstand von $M - M$ bis B: $850 - 441 = 409$ m.

Der höchste Grundwasserspiegel bei A wurde eingemessen mit 499,790 m, jener bei B mit 499,472 m. Damit ergibt sich ein Spiegelunterschied von $499{,}790 - 499{,}472 = 0{,}318$ m auf die Länge von 850 m zwischen A und B.

Aus der Proportion $\frac{x}{0{,}318} = \frac{409}{850}$ berechnet sich der Grundwasserspiegelunterschied zwischen B und $M - M$ zu $x = 0{,}153$ m, wodurch sich in $M - M$ ein höchster ungesenkter Grundwasserspiegel ergibt von $499{,}472 + 0{,}153 = \mathbf{499}{,}625$ m.

c) Kote des höchsten gesenkten Grundwasserspiegels bei $M - M$.

Da der Grundwasserspiegel bei $M - M$ dauernd 1,5 m unter Straßenoberfläche abgesenkt sein soll, beträgt die Kote des Senkungsspiegels dort 498,405 – 1,500 = **496,905** m.

d) Mächtigkeit des Grundwasserstromes bei $M - M$.

Die Bohrungen haben bei A eine Mächtigkeit des Grundwasserstromes von 14,090 m, bei B eine solche von 13,915 m ergeben. Sie beträgt also bei $M - M$:

$$H = \frac{14{,}090 + 13{,}915}{2} = \text{rd. } \mathbf{14{,}0} \text{ m.}$$

e) Größte Spiegelabsenkung bei $M - M$.

Ungesenkter Spiegel	bei $M - M$ nach 1, b):	499,625 m
gesenkter Spiegel	bei $M - M$ nach 1, c):	496,905 m
	daher Absenkung:	**2,720** m.

f) Grundwasserspiegelgefälle.

Im Lageplan (Abb. 236) ist die Höhenschichtlinie + 500,00 des höchsten Grundwasserstandes eingetragen, die in analoger Weise aus Probebohrungen gefunden wurde wie dies in Aufgabe 15 gezeigt wurde. Außerdem sind die Abstände dieser Schichtlinie von den Bohrlöchern A mit 63,0 m und B mit 158,3 m angegeben. Daraus läßt sich das Spiegelgefälle des Grundwassers, das in Richtung dieser Abstandmaße nach Norden verläuft, errechnen.

Bei A: Spiegelunterschied zwischen Schichtlinie (+ 500,00) und Wasserstand im Bohrloch (+ 499,790) = 0,210 m auf 63 m Abstand; daher

$$J = \frac{0{,}210}{63} = \mathbf{0{,}0033.}$$

Bei B: Spiegelunterschied zwischen Schichtlinie (+ 500,00) und Wasserstand im Bohrloch (+ 499,472) = 0,528 m auf 158,3 m Abstand; daher

$$J = \frac{0{,}528}{158{,}3} = \mathbf{0{,}0033.}$$

g) Winkel zwischen Unterführungsachse und Grundwasserschichtlinie.

Dieser bestimmt sich zu

$$\sin\alpha = \frac{158{,}3 - 63{,}0}{850} = \frac{95{,}3}{850} = 0{,}1122; \quad \alpha = 6^\circ 30'.$$

Bei der sehr unsicheren, von der Wahl von R abhängigen Einzugsbreite der Absenkungsmaßnahme kann man von der Berücksichtigung dieses Winkels absehen.

2. Ermittlung der Ergiebigkeit des Grundwasserstromes für den Bereich der Entwässerungsanlage.

Zunächst bestimmen wir, um einen Einblick zu bekommen, die gesamte Ergiebigkeit des Grundwasserstromes auf eine Breite, die *vermutlich* Wasser in die Entwässerung der Unterfahrt liefert. Dabei muß natürlich auch Vorsorge getroffen werden, daß das Grundwasser nicht im Bereich der Rampen der Unterführung austreten und von dort her in die Unterfahrt einfließen kann. Deshalb muß das Grundwasser auch noch im Bereich der beiderseitigen Rampen der Unterführung genügend abgesenkt werden. Zu diesem Zweck verlängern wir die Entwässerung 50 m über die Endpunkte C und D der Unterfahrt hinaus. Die gesamte Entwässerung soll durch 2 parallele Längsdrainagen aus bewehrten, längsgeschlitzten Kreisrohren mit einem gegenseitigen Abstand von 10 m bewirkt werden, denen das Grundwasser von den Widerlagern her durch Querdrainagen zugeführt wird. Die geringe Erhöhung des Grundwasserspiegels zwischen den 2 Hauptentwässerungsrohren kann, sofern man dies für nötig hält, ebenfalls durch Querdrainagen als Querverbindung dieser beiden Rohre abgesenkt werden (vgl. Abb. 239).

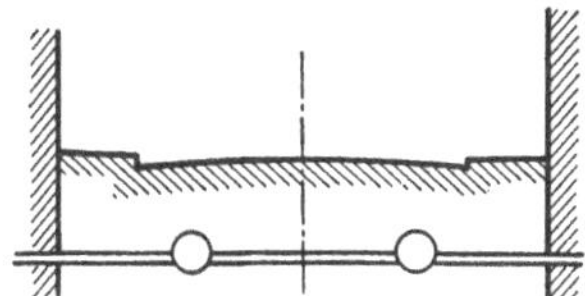

Abb. 239. Querschnitt durch die Unterfahrt.

Die Länge jeder Hauptdränage ergibt sich aus der Unterführungslänge von 462 m zuzüglich $2 \cdot 50$ m Verlängerung an den Rampen, also zu $L = 462 + 100 = \mathbf{562}$ m.

Auf die Länge der Dränage ergibt sich die Ergiebigkeit des Grundwasserstromes (Durchflußmenge) nach Darcy zu

$$Q = F \cdot v = F \cdot k \cdot J = H \cdot L \cdot k \cdot J\,.$$

Mit den Zahlenwerten wird

$$Q = 14 \cdot 562 \cdot 0{,}035 \cdot 0{,}0033 = 0{,}910\ \text{m}^3/\text{sek} = \mathbf{910}\ \text{l/sek}.$$

Diese Durchflußmengenberechnung ist nun noch zu berichtigen. Denn die Dränage reicht ja nicht von einem Rand des Grundwasserstromes zum anderen, sondern erfaßt nur einen Teil des Stromes. Dadurch entstehen an den beiden Dränageenden, ähnlich wie bei einem Brunnen Absenkungstrichter und das Einzugsgebiet unserer Entwässerungsanlage reicht deshalb bis zu den Rändern dieser beiderseits entstehenden Absenkungstrichter. Wie in der Aufgabenangabe bereits vermerkt, wurde bei einem Pumpversuch für 2,0 m Absenkung $R = 150$ m ermittelt. Bei der gewünschten Absenkung von 2,72 m kann mit einer Reichweite der fühlbaren Absenkung von etwa 200 m gerechnet werden. Damit ergibt sich die Gesamtbreite B des vermutlichen Einzugsgebietes mit $B = 562 + 2 \cdot 200 =$ rd. 1000 m (vgl. Abb. 240). Auf diese Breite des Grundwasserträgers fließen bei höchstem Wasserstand nach DARCY ab:

$$Q = F \cdot k \cdot J = H \cdot B \cdot k \cdot J = 14{,}00 \cdot 1000 \cdot 0{,}035 \cdot 0{,}0033 = \mathbf{1{,}6}\ \mathrm{m^3/sek}\,.$$

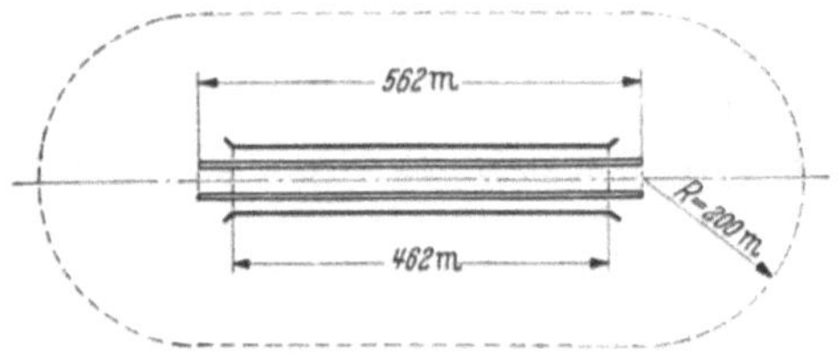

Abb. 240. Gesamtbreite B des vermutlichen Einzugsgebietes bei der gewünschten Absenkung von 2,72 m.

Es ist nun nachfolgend zu untersuchen, welcher Anteil dieser Gesamtdurchflußmenge auf die Breite B in die Fassung der Senkungsanlage gelangt. Wegen der Unsicherheit der Rechnungsgrundlagen wird dieser Anteil auf verschiedene Weise ermittelt und das jeweilige Ergebnis kritisch gewertet.

3. Ermittlung des in die Fassung gelangenden Wassers.

a) Nach DARCY.

Unter 1, e) wurde die größte Spiegelabsenkung bei $M - M$ zu 2,72 m ermittelt entsprechend einer Spiegelkote am Brunnenmantel von + 496,905 m. Da die Sammelgalerie aus längsgeschlitzten Rohren besteht, wodurch der Grundwasserstrom mindestens bis zur Sohlenhöhe der Kanäle gefaßt wird, ergibt sich für die Fassung die Einströmtiefe: $2{,}72 + h$ (vgl. Abb. 241). Durch Versuchsrechnung (wiederholte Durchführung der nachfolgenden Rechnung) wurde $h =$ rd. 0,48 m ermittelt,

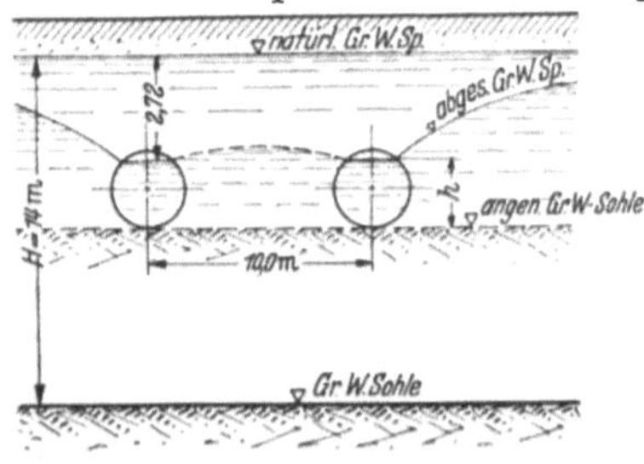

Abb. 241. Fassung der Sammelgalerie.

so daß sich die Einströmtiefe ergibt zu $2{,}72 + 0{,}48 = \mathbf{3{,}20}$ m. Das entspricht rund $^1/_4$ der Mächtigkeit der wasserführenden Schicht, die $H = 14$ m beträgt $\left(\frac{3{,}20}{14{,}0} = 0{,}23 = \text{rd. } 0{,}25\right)$. Wenn das *unter* der Fassung durchgehende Wasser größtenteils unterhalb weiterfließt, also nicht in die Fassung eindringt, ergibt sich nach DARCY die Fassungswassermenge:

$$Q = (0{,}25\,H) \cdot 1000 \cdot k \cdot J = \mathbf{0{,}400}\ \mathrm{m^3/sek}\,.$$

Nach DARCY gehen also *mindestens* rd. 400 l/sek in die Fassung. Diese Menge verteilt sich auf 2 Rohre und erreicht für jedes Rohr am Ende bei D den Betrag von 200 l/sek. In der Mitte $M - M$ jeder Leitung ist also die Fassungsmenge $Q = \frac{200}{2} = 100$ l/sek.

Legen wir die Dränageleitung in das gleiche Gefälle, wie die Straßenoberfläche, wählen dafür also 1 : 1200, so erhält man aus der Kutterformel (vgl. Aufgabe 29 im Bd. 2) dieses J und mit $m = 0,25$ (Reinwasser!) aus der Tabelle 31 des Anhanges dieser Aufgabe ein Rohr mit lichtem Durchmesser $d = 0,475$ m. Damit ist also oben der Wert $h = 0,48$ m genau genug angesetzt.

b) Anwendung der Absenkungsformel.

Da in unserem Beispiel eine liegende Fassung (Sammelgalerie) mit *beiderseitigem* Zufluß vorliegt, ist – nach Aufgabe 15, Zusatzfrage S. 365 – die Fassungswassermenge Q für die Länge der Galerie $= L$:

$$Q = 2 \cdot \frac{k \cdot L \cdot (H^2 - h^2)}{2R} = k \cdot L \cdot \frac{H^2 - h^2}{R}.$$

Diese Beziehung ist an sich für „vollkommene" Brunnen abgeleitet, d. h. für Sammelgalerien, welche bis zur undurchlässigen Schicht reichen. Nach PRINZ[1] ist es aber zulässig, näherungsweise auch für den „unvollkommenen" Brunnen, wie er in unserem Falle vorliegt, mit obiger Beziehung zu rechnen, wobei dann H die Grundwasserhöhe zwischen natürlichem Grundwasserspiegel und Brunnensohle angibt.

Bei bestimmten Werten k, L, H, h der vorstehenden Beziehung kann nur ein bestimmtes, diesen Werten entsprechendes R auftreten. Die Formel gibt ein diesem R umgekehrt proportionales Q. Wenn man für R keine durch ausreichende Messungen festgelegten genauen Anhaltspunkte hat, wird das Rechenergebnis für Q sehr unsicher, besonders deshalb, weil in der obigen Formel – im Gegensatz zur Formel für den lotrechten Brunnen – R mit dem vollen Wert auf die Größe von Q wirkt.

Wir haben weiter oben auf Grund von Messungen das $R = 200$ m geschätzt. Nehmen wir den Wasserstand in der Sammelgalerie vorerst schätzungsweise zu $h =$ rd. 0,45 m an, so wird $H = 2,72 + 0,45 = 3,17$ m. (Mit einem größer angenommenen h würde auch das nachfolgend ermittelte Q größer werden.)

Da die Absenkungsformel für horizontale Brunnen nur für einen Zufluß senkrecht zur Fassung abgeleitet ist, ist auch $L = 562$ m (Galerielänge) zu setzen, so daß der aus den beiden seitlichen Absenkungstrichtern stammende Zufluß unberücksichtigt bleibt. Mit $k = 0,035$ wird dann die Fassungswassermenge:

$$Q = 0,035 \cdot 562 \cdot \frac{(3,17^2 - 0,45^2)}{200} = 0,78 \text{ m}^3/\text{sek} = 780 \text{ l/sek}.$$

[1] Vgl. PRINZ: Hydrologie, 2. Aufl., S. 175 u. 176.

Dieser Wert ist sehr hoch. Er zeigt

1. daß R mit 200 m sicher sehr klein angenommen ist,

2. daß aus den Schichten unterhalb der Fassung noch ziemlich viel Wasser aufsteigt und gefaßt wird — wie bei einem unvollkommenen Brunnen[1].

Vergleicht man aber diese 780 l/sek mit dem Gesamtdurchflußwert von 910 l/sek, der noch am einfachsten zu bestimmen war, so erscheint ersterer doch unwahrscheinlich hoch, d. h. die Absenkungsformel für waagrechte Brunnen ist bei dem großen Wert $H = 14$ m gegenüber der Absenkung von 2,72 m nicht mehr genau genug.

Da die Gesamtdurchflußmenge $Q = 910$ l/sek bereits rechnerisch ermittelt ist, könnte man auf den Gedanken kommen, aus obiger Formel das R zu bestimmen, also zu setzen:

$$R = k \cdot L \cdot \frac{(H^2 - h^2)}{Q} .$$

Die dabei einzusetzende Größe für die Fassungswassermenge Q soll so festgelegt werden, daß nur der der Absenkung entsprechende Teil des Grundwasserstromes als „gefaßt" betrachtet werden soll, also $Q = \text{rd.}\ \frac{0{,}91}{4} = 0{,}23\ \text{m}^3/\text{sek}$. Damit wird

$$R = 0{,}035 \cdot 562 \cdot \frac{(3{,}17^2 - 0{,}45^2)}{0{,}23} = \text{rd. } 850 \text{ m} .$$

Dieser Wert für die Reichweite R wird sehr groß; er ist bestimmt nicht mehr aus einer Spiegelsenkung für eine solche Entfernung praktisch meßbar. Außerdem ist hier noch folgendes zu beachten: Während wir bei einer *Quellfassung* (Wasserversorgung) sichergehend den kleinstmöglichen Wert von Q errechnen, damit die Fassung gegenüber den an sie gestellten Ansprüchen nicht versagt, müssen wir bei einer „*Entwässerungsfassung*" so dimensionieren, daß wir die größte etwa zu erwartende Wassermenge abführen können. Da einem großen Q ein kleines R entspricht, dürfen wir also hier nicht einen möglichst großen, sondern müssen einen möglichst kleinen Wert von R annehmen. Das ist zwar weiter oben bei Ermittlung der Fassungswassermenge mit der Senkungsformel für $R = 200$ m geschehen, das Ergebnis ist aber aus den dort angegebenen Gründen zu unsicher, so daß wir es für die Dimensionierung unserer Dränageleitung nicht heranziehen wollen.

Dagegen soll nachfolgend noch das aus der Umgebung der Unterführung vorliegende Messungsergebnis für die Bestimmung der wahrscheinlichen Fassungswassermenge für unsere Dränage herangezogen werden (vgl. Angabe der Aufgabe, vorletzter Absatz).

---

[1] Vgl. PRINZ: Hydrologie, 2. Aufl., S. 155ff.

c) Benützung eines Messungsergebnisses aus der Umgebung.

Bei dieser Messung wurden bei ähnlichen Gefällsverhältnissen wie in unserem Beispiel je m² Absenkungsquerschnitt 0,125 l/sek Wasser erschlossen. Diese Menge ergab sich bei etwas dichter gelagertem Untergrund, als er bei der Unterführung vorliegt. Welche Fassungsmenge ergibt sich bei einer solchen Ergiebigkeit?

Zunächst sind die Eintrittsflächen zu bestimmen. Das Einfließen des Grundwassers erfolgt an den beiden äußeren Seiten der Sammelkanäle, von denen jeder die Länge $462 + 2 \cdot 50 = 562$ m hat. Außerdem dringt noch Wasser ein an den beiden Stirnseiten der Rohrenden auf eine Breite gleich dem Abstand der Rohrachsen, also auf insgesamt $2 \cdot 10 = 20$ m. Damit ergibt sich eine Gesamteintrittslänge von

$$2 \cdot 562 + 20 = 1144 \text{ m}.$$

Da die Absenkung, wie bereits unter 1, e) festgestellt, $s = 2{,}72$ m beträgt, ergibt sich für den Absenkungsquerschnitt

$$2{,}72 \cdot 1144 = 3100 \text{ m}^2.$$

Damit wird die Fassungswassermenge

$$Q = 3100 \cdot 0{,}125 = 0{,}39 \text{ m}^3/\text{sek} = \mathbf{390} \text{ l/sek}.$$

Wegen der weniger dichten Lagerung des Kieses bei der Unterführung ist dieser Wert als *knapp* zu betrachten. Immerhin stimmt er der Größenordnung nach mit der nach DARCY unter 3a) ermittelten Fassungswassermenge (400 l/sek) gut überein, wogegen der aus der Fassungsformel unter 3b) berechnete Wert von 780 l/sek sehr hoch, aber auch sehr unsicher erscheint.

4. Dimensionierung der Dränageleitung.

Da wir es in unserem Beispiel mit einer *Entwässerungsanlage* zu tun haben, die imstande sein muß, auch noch bei *höchstem* Grundwasserstand eine genügende Spiegelabsenkung zu gewährleisten, d. h. also genügend Wasser abzuführen, *müssen wir für die Fassungswassermenge einen sehr sicheren Wert annehmen.* Dies ist um so mehr notwendig, als ja auch der sog. „höchste“ Grundwasserstand nicht mit voller Sicherheit festliegt. Solche Annahmen wirken sich auf die Rohrdurchmesser wie folgt aus:

bei $J = 1 : 1200$ und $m = 0{,}25$ gibt die Kutter-Tabelle 31 im Anhang dieser Aufgabe für eine Fassungsmenge von

$Q = 425$ l/sek, also je Rohr $= \frac{425}{2} = 212$ l/sek einen $\varnothing = 0{,}65$ m

$Q = 600$ l/sek, also je Rohr $= \frac{600}{2} = 300$ l/sek einen $\varnothing = 0{,}70$ m

$Q = 700$ l/sek, also je Rohr $= \frac{700}{2} = 350$ l/sek einen $\varnothing = 0{,}75$ m .

Wir legen nun der endgültigen Dimensionierung eine Höchstfassungswassermenge von **600** l/sek zugrunde.

Jedes der 2 parallelen Rohre teilen wir der Länge nach in 3 Strecken mit von West nach Ost (in der Fließrichtung) zunehmenden Lichtweite (vgl. Schemaskizze Abb. 242). Dann hat jedes der 2 Dränagerohre in jeder Teilstrecke im Mittel zu fördern:

in der Anfangsstrecke bei C: $\frac{600}{2} \cdot \frac{1}{3} = 100$ l/sek
in der Strecke $E-F$: $\frac{600}{2} \cdot \frac{2}{3} = 200$ l/sek
in der Endstrecke bei D: $\frac{600}{2} \cdot \frac{3}{3} = 300$ l/sek.

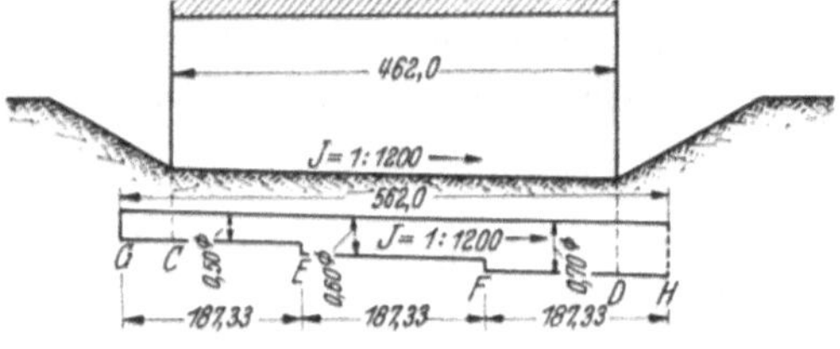

Abb. 242. Rohrschema.

Die Rohrgefälle nehmen wir parallel zum Straßengefälle, also $J = 1:1200$. Es werden hier bewehrte, geschlitzte Kreisrohre, keine Eiprofile gewählt, um in das Grundwasser nicht mehr einzuschneiden, als unbedingt nötig ist. Für $m = 0{,}25$ nach Kutter ergibt sich unter Verwendung eines Teilfülltiefendiagramms[1] je Dränrohrstrang:

Tabelle 30

Wassermenge Q l/sek	Rohrdurchmesser m	Fülltiefe m	Unterschied zwischen höchstem W.Sp. in den Rohren und innerem Rohrscheitel
100	0,500	0,345	bei E: 0,500 − 0,345 = 0,155 m
200	0,600	0,513	bei F: 0,600 − 0,513 = 0,087 m
300	0,700	0,595	bei H: 0,700 − 0,595 = 0,105 m

Man wird, da ja die Wassermengen von E nach H allmählich zunehmen, die Rohre genau genug mit durchgehendem Scheitel parallel zum Straßengefälle so legen, daß die Absenkung von 1,50 m sicher erreicht wird. Bei F steht das Wasser in den Rohren mit geringstem Abstand vom Scheitel (0,087 m). Für die Tiefenlage der Rohre unter Straßenoberkante ist also von den Verhältnissen bei F auszugehen. Mit Rücksicht auf die bei F entstehende Senkungskurve des Rohrwasserspiegels in der Rohrlängsrichtung infolge des Profilwechsels dürfte es genügen, an dieser Stelle mit 0,10 m Abstand des Wasserspiegels vom

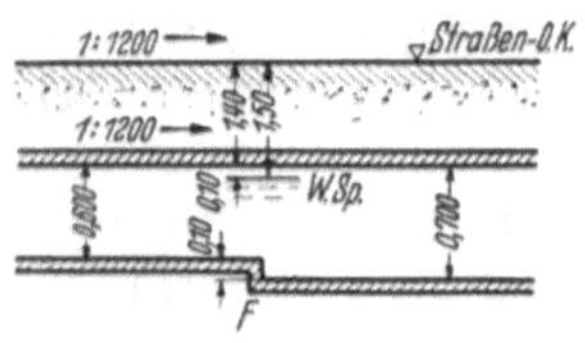

Abb. 243. Rohranordnung.

[1] Dazu siehe Anhang am Schlusse dieser Aufgabe S. 383.

Scheitel zu rechnen, diesen Scheitel also 1,40 m unter Straßenoberfläche anzuordnen (Abb. 243).

Von dieser Höhenlage der Rohre bei F ausgehend, werden die Rohr*sohlen*koten für das Gefälle 1 : 1200 gerechnet, wobei von einem bekannten Punkt, z. B. von der Straßenkote bei C (+ 498,597) auszugehen ist. Man erhält (vgl. Abb. 242):

	*Straßen*kote	Rohr*scheitel*kote (– 1,40 m)	Rohr*sohlen*kote
bei G: $498{,}597 + \frac{50}{1200}$	= (498,639 m)[1]	497,239 m;	(– 0,50 m) 496,739 m
bei C:	498,597 m;	497,197 m;	(– 0,50 m) 496,697 m
bei E: $498{,}597 - \frac{137{,}33}{1200}$	= 498,483 m;	497,083 m;	(– 0,50 m) 496,583 m (– 0,60 m) 496,483 m
bei F: $498{,}483 - \frac{187{,}33}{1200}$	= 498,326 m;	496,926 m;	(– 0,60 m) 496,326 m (– 0,70 m) 496,226 m
bei D: $498{,}326 - \frac{137{,}33}{1200}$	= 498,212 m;	496,812 m;	(– 0,70 m) 496,112 m
bei H: $498{,}212 - \frac{50}{1200}$	= (498,170 m)[2];	496,770 m;	(– 0,70 m) 496,070 m.

Anhang.

Zusammenhang zwischen Wassermenge Q und Fülltiefe h für das Rohr von 70 cm Durchmesser bei $J = 0{,}00288$ (1 : 1200) und m (nach Kutter) = 0,25.

Dabei ist allgemein: $t = h = r \cdot \left(1 - \cos\frac{\varphi^0}{2}\right)$; $F = \frac{r^2}{2} \cdot (\varphi - \sin\varphi^0)$; $\varphi = \frac{\pi \cdot \varphi^0}{180^\circ}$*; $p = r \cdot \varphi$; $R = \frac{F}{p}$ (vgl. Anhang des Bandes 2, Tafel 11 a, S. 673; $c = \frac{100 \cdot \sqrt{R}}{0{,}25 + \sqrt{R}}$; $v = c \cdot \sqrt{R \cdot J}$; $Q = v \cdot F$.

Tabelle 31

φ^0	φ	$\sin\varphi^0$	$\frac{r^2}{2}$	$\varphi - \sin\varphi^0$	F	p	R	$\sqrt{R}$	c	$v = c \times \sqrt{R \cdot J}$	Q	h
250°	4,360	–0,940	0,0612	5,300	0,324	1,527	0,212	0,46	64,8	0,858	0,278	0,551
261°	4,555	–0,988	0,0612	5,543	0,339	1,595	0,212	0,46	64,8	0,86	0,292	0,576
270°	4,710	–1,000	0,0612	5,71	0,350	1,65	0,212	0,46	64,8	0,86	0,301	0,597
275°	4,800	–0,996	0,0612	5,796	0,354	1,68	0,211	0,459	64,8	0,855	$0{,}302_5$	0,607
280°	4,885	–0,985	0,0612	5,870	0,359	1,71	0,210	0,458	64,8	0,855	$0{,}306_6$	0,618
300°	5,23	–0,866	0,0612	6,096	0,373	1,83	0,204	0,452	64,4	0,839	$0{,}312_7$	0,654
330°	5,75	–0,500	0,0612	6,250	0,382	2,01	0,190	0,436	63,6	0,800	$0{,}305_5$	0,688
360°	6,275	0	0,0612	6,275	0,384	2,20	0,175	0,418	62,6	0,754	0,290	0,700

[1] *Wirkliche* Straßenkote wegen der Rampe 1 : 50: $498{,}597 + \frac{50}{50} = 499{,}597$ m.
[2] *Wirkliche* Straßenkote wegen der Rampe 1 : 50: $498{,}212 + \frac{50}{50} = 499{,}212$ m.
* φ im Bogenmaß.

Tafelanhang.

Tafel 1. *Sonderfälle für Wasserdruck auf ebene Flächen.*

Besitzt die gedrückte Fläche in der ζ-Achse eine Symmetrieachse, so muß der Angriffspunkt M des Wasserdruckes W auf der ζ-Achse liegen. Sein Abstand e von S beträgt dann: $e = \frac{J_s}{F \cdot \zeta_s}$; dabei ist e immer nach *unten* aufzutragen.

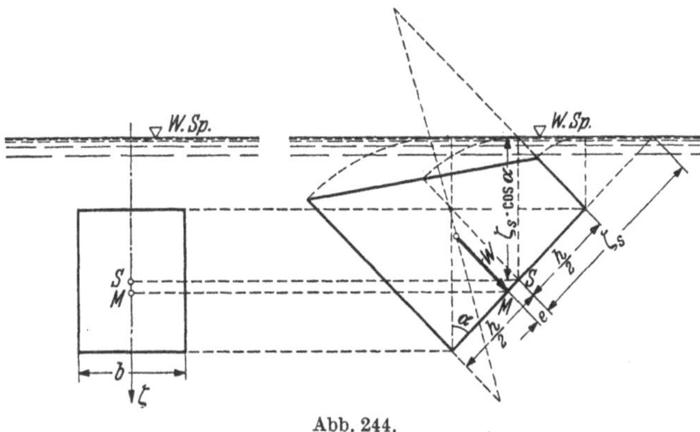

Abb. 244.

(J_s = Trägheitsmoment der gedrückten Fläche in bezug auf die horizontale Schwerpunktsachse; F = gedrückte Fläche; ζ_s = Abstand des Schwerpunktes S von der Schnittlinie der gedrückten Fläche mit dem Wasserspiegel.)

a) Für das *Rechteck*: $e = \frac{\frac{b \cdot h^3}{12}}{b \cdot h \cdot \zeta_s} = \frac{h^2}{12 \cdot \zeta_s}$; $W = \gamma_w \cdot \zeta_s \cdot \cos\alpha \cdot h \cdot b$.

b) für *lotrecht* stehende *ebene* Flächen ($\alpha = 0$): Abb. 244.

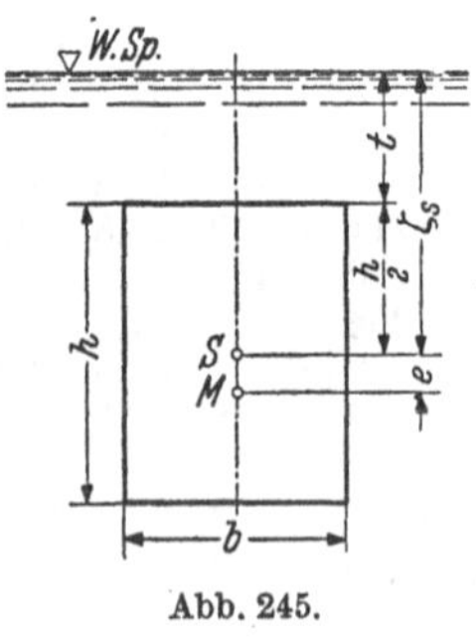

Abb. 245.

1. Rechteck: Abb. 245.

$$\zeta_s = t + \frac{h}{2}; \; e = \frac{h^2}{12\left(t + \frac{h}{2}\right)};$$

$$W = \gamma_w \cdot \left(t \cdot h + \frac{h^2}{2}\right) b;$$

für $t = 0 \left(\text{bzw. } \zeta_s = \frac{h}{2}\right)$:

$$e = \frac{h}{6}; \; W = \gamma_w \cdot \frac{h^2}{2} \cdot b.$$

2. *Dreieck*: Abb. 246.

$x_M = \frac{3}{4} b;$

$y_M = \frac{h}{2}.$

$W = \gamma_w \cdot \frac{1}{6} b \cdot h^2.$

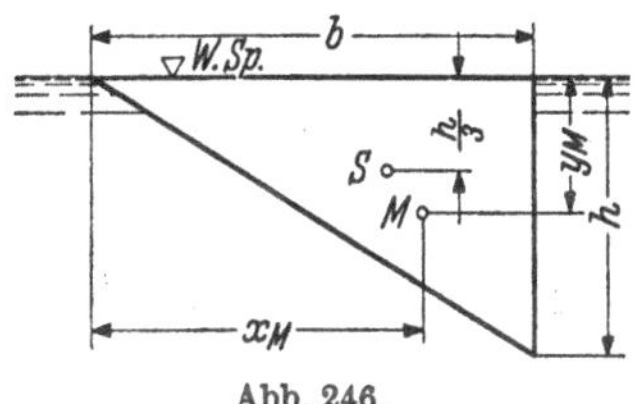

Abb. 246.

3. *Ebene Kreisfläche*: Abb. 247.

$$e = \frac{J_s}{F \cdot \zeta_s} = \frac{\frac{r^4 \cdot \pi}{4}}{r^2 \pi \cdot d} = \frac{r^2}{4 \cdot d};$$

$W = \gamma_w \cdot r^2 \pi \cdot d;$

für $d = r$:

$$e = \frac{r}{4}; \quad W = \gamma_w \cdot r^3 \pi.$$

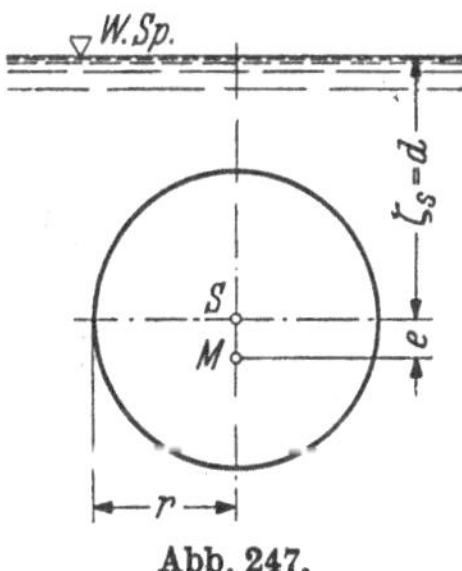

Abb. 247.

4. *Ebene Viertelkreisfläche*: Abb. 248.

$$x_M = \frac{3}{8} r;$$

$$y_M = \frac{3\pi}{16} \cdot r;$$

$$W = \gamma_w \cdot \frac{r^3}{3}.$$

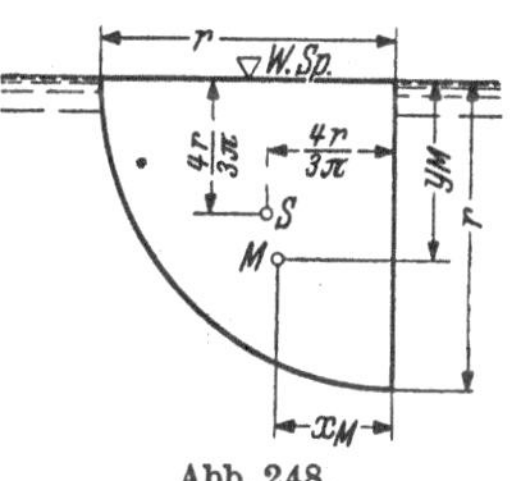

Abb. 248.

5. *Trapez*: Abb. 249.

$$d + e = z' + \frac{1}{2} h \cdot \frac{2z'(a+2b) + h(a+3b)}{3z'(a+b) + h(a+2b)}; \; d = z' + \frac{h}{3} \frac{(a+2b)}{(a+b)};$$

$$W = \gamma_w \cdot \frac{a+b}{2} \cdot h \cdot d;$$

für $z' = 0$:

$$d + e = \frac{1}{2} h \frac{(a+3b)}{(a+2b)};$$

$$e = \frac{1}{2} h \cdot \frac{(a+3b)}{(a+2b)} - \frac{h}{3} \frac{(a+2b)}{(a+b)};$$

$$W = \gamma_w \cdot \frac{(a+b)}{2} \cdot h \cdot \frac{h}{3} \frac{(a+2b)}{(a+b)}.$$

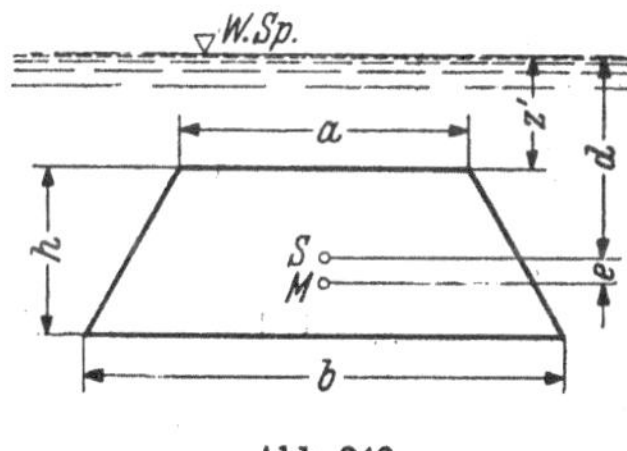

Abb. 249.

Tafel 2. λ_a-Werte

Wand senkrecht; $\sphericalangle\ \alpha = \pm 0$ Erdboden waagrecht, $\sphericalangle\ \beta = \pm 0$ δ positiv und negativ

Für $\alpha = 0$; $\beta = 0$: $\lambda_a = \dfrac{\cos^2 \varrho}{\cos \delta \left[1 + \sqrt{\dfrac{\sin(\varrho + \delta) \cdot \sin \varrho}{\cos \delta}}\right]^2}$. Für $\alpha = 0$; $\beta = 0$ und $\delta = 0$: $\lambda_a = \dfrac{\cos^2 \varrho}{(1 + \sin \varrho)^2}$

$\varrho =$	10°	12,5°	15°	17,5°	20°	22,5°	25°	27,5°	30°	32,5°	35°	37,5°	40°	45°	$= \varrho$
+ 40°	–	–	–	–	–	–	–	–	–	–	–	–	0,211	0,171	+ 40°
+ 30°	–	–	–	–	–	–	–	–	0,297	0,273	0,248	0,223	0,199	0,160	+ 30°
+ 20°	–	–	–	–	0,428	0,398	0,358	0,328	0,300	0,271	0,246	0,220	0,197	0,157	+ 20°
+ 10°	0,636	0,583	0,534	0,489	0,448	0,409	0,372	0,340	0,309	0,281	0,253	0,227	0,202	0,160	+ 10°
$\delta = \pm 0°$	0,705	0,645	0,590	0,539	0,491	0,449	0,406	0,369	0,334	0,301	0,272	0,242	0,216	0,170	$\delta = \pm 0°$
– 10°	0,985	0,805	0,712	0,640	0,579	0,523	0,470	0,423	0,380	0,341	0,304	0,272	0,239	0,187	– 10°
– 20°	–	–	–	–	0,940	0,708	0,607	0,535	0,471	0,415	0,365	0,322	0,282	0,218	– 20°
– 30°	–	–	–	–	–	–	–	–	0,866	0,603	0,504	0,426	0,365	0,272	– 30°
– 40°	–	–	–	–	–	–	–	–	–	–	–	–	0,767	0,396	– 40°

Tafel 3. λ_p-Werte

Wand senkrecht; $\sphericalangle\ \alpha = \pm 0°$ Erdboden waagrecht, $\sphericalangle\ \beta = \pm 0°$ δ positiv und negativ

Für $\alpha = 0°$; $\beta = 0°$: $\lambda_p = \dfrac{\cos^2 \varrho}{\cos \delta \left[1 - \sqrt{\dfrac{\sin(\varrho - \delta) \cdot \sin \varrho}{\cos \delta}}\right]^2}$. Für $\alpha = 0°$; $\beta = 0°$ und $\delta = 0°$: $\lambda_p = \dfrac{\cos^2 \varrho}{(1 - \sin \varrho)^2}$

$\varrho =$	10°	12,5°	15°	17,5°	20₀	22,5°	25°	27,5°	30°	32,5°	35°	37,5°	40°	45₀	$= \varrho$
+ 40°	–	–	–	–	–	–	–	–	–	–	–	–	0,766	1,28	+ 40°
+ 40°	–	–	–	–	–	–	–	–	0,866	1,16	1,35	1,51	1,67	1,98	+ 30°
+ 20°	–	–	–	–	0,94	1,19	1,37	1,50	1,66	1,80	1,97	2,17	2,36	2,80	+ 20°
+ 10°	0,985	1,16	1,31	1,42	1,56	1,70	1,88	2,06	2,26	2,46	2,70	2,97	3,26	3,96	+ 10°
$\delta = \pm 0°$	1,42	1,55	1,70	1,85	2,03	2,23	2,48	2,73	3,03	3,33	3,70	4,13	4,62	5,86	$\delta = \pm 0°$
– 10°	1,73	1,92	2,13	2,37	2,63	2,93	3,29	3,70	4,18	4,72	5,34	6,08	6,97	9,33	– 10°
– 20°	–	–	–	–	3,53	4,07	4,61	5,30	6,12	7,20	8,32	9,89	11,89	17,70	– 20°
– 30°	–	–	–	–	–	–	–	–	10,0	12,1	15,3	19,3	25,1	45,80	– 30°
– 40°	–	–	–	–	–	–	–	–	–	–	–	–	92,3	363,8	– 40°

Tafel 4. *Abgekürzte Erddruck-Tabelle nach* Franzius[1].

Grenzwerte der waagrechten Erddrücke für die lotrechte gerade glatte Wand nach der Formel

$$E = \frac{1}{2}\gamma_e h^2 \operatorname{tg}^2\left(45 \mp \frac{\varrho}{2}\right) = \gamma_e \operatorname{tg}^2\left(45 \mp \frac{\varrho}{2}\right) \cdot W .$$

Erdart	γ_e in t/m³	Natürlicher Böschungswinkel ϱ^0	$\operatorname{tg}^2\left(45 - \frac{\varrho}{2}\right)$	$\operatorname{tg}^2\left(45 + \frac{\varrho}{2}\right)$	$E_a = \gamma_e \operatorname{tg}^2\left(45 - \frac{\varrho}{2}\right) W = \mu_a \cdot W$	$E_p = \gamma_e \operatorname{tg}^2\left(45 + \frac{\varrho}{2}\right) W = \mu_p \cdot W$	Abgerundete Werte μ für E_a	E_p	Bemerkungen
Trockene Dammerde	1,4	40	0,22	4,60	0,31	6,4	$\frac{1}{3}$	6	Von den bekannten Erfahrungswerten für ϱ sind die Kleinstwerte, die E_a max und E_p min ergeben gewählt worden. Die hier angegebenen Werte haben besonders für Überschlagsrechnungen Wert.
Nasse Dammerde	1,65	30	0,33	3,00	0,53	5,0	$\frac{1}{2}$	5	
Trockene Tonerde	1,6	40	0,22	4,60	0,35	7,3	$\frac{1}{3}$	7	
Nasse Tonerde . .	2,0	20	0,49	2,04	0,98	4,08	1	4	
Trockener Sand .	1,6	31	0,32	3,12	0,51	5,0	$\frac{1}{2}$	5	
Feuchter Sand .	1,8	40	0,22	4,60	0,40	8,3	$\frac{2}{5}$	8	
Nasser Sand ...	2,1	29	0,35	2,88	0,74	6,0	$\frac{3}{4}$	6	
Nasser Kies	1,86	25	0,41	2,46	0,76	4,6	$\frac{3}{4}$	4,5	
Sand unter Wasser, unter Abzug des Auftriebes und des waagrechten Wasserdruckes	2,1–1 = 1,1	25	0,41	2,46	0,45	2,7	$\frac{1}{2}$	2,5	

[1] Franzius, O.: Der Verkehrswasserbau, S. 405. Berlin: Springer 1927.

Tafel 5. *Reibung zwischen Boden und festen Baustoffen (Wandreibung)*[1].

Bodenart	Reibungsziffer $\mu = \operatorname{tg} \delta$				Wandreibungswinkel δ (rd. [°])
	Baustoff				
	Beton	Mauerwerk	Stahl	Holz	
Kies und Sand	0,6–0,35				31–20
		(rauh) 0,6			31
		(glatt) 0,3			17
			0,25		14
				0,3	17
Sand, grob	(aufbetoniert) 0,6				31
	(schalungsrauh) 0,52				27
trocken .			0,48		27
feucht ..			0,5		26
Sand, fein, trocken .			0,56		$29^{1}/_{2}$
feucht ..			0,61		$31^{1}/_{2}$
Lehm und Ton			0,15		$8^{1}/_{2}$
Ton, naß	0,35–0,25				20–14
		(rauh) 0,3			17
		(glatt) 0,2			$11^{1}/_{2}$
Klei	(aufbetoniert) 0,39				$21^{1}/_{2}$
	(schalungsrauh) 0,31				$17^{1}/_{2}$
Schlamm u. Schlick.	0,1				6
		(rauh) 0,2			$11^{1}/_{2}$
		(glatt) 0,1			6
			0,3		17
				0,05	3
Kolloidschlamm, naß			0,12		7

[1] Aus Versuchsergebnissen des FRANZIUS-Instituts der Techn. Hochschule Hannover und Angaben in Handbüchern, zusammengestellt von PETERMANN in SCHLEICHER: Taschenbuch f. Bauingenieure, 2. Aufl., II. Bd. Berlin: Springer 1955, S. 78.

Tafel 6.

Bodenart	Reibung R in t/m^2 für Reibung des Bodens auf				
	rauhem Beton und Mauerwerk	Holz	Eisenblech mit Nieten	unbearbeitetem Gußeisen	Zementputz
Sand und Kies	3,5	3,0	2,5	1,5	1,5
Ton und Lehm	2,5	2,0	1,5	1,0	1,0
Schlick und Schlamm ...	1,0	0,5	0,3	0,2	0,2

Tafel 7[1].

Böschungswinkel ϱ	Beiwert			
	des Kleinstwertes des angreifenden Erddruckes: $e_a : \gamma \cdot t = \mathrm{tg}^2\left(\frac{\pi}{4} - \frac{\varrho}{2}\right) = \lambda_a$	des Erddruckes auf umschüttete Pfeiler und Pfähle und eingespülte Pfähle: $e_s : \gamma \cdot t = \cos^2 \varrho$	des Erddruckes auf Rammpfähle und gegen den Boden gestampfte Ortpfähle: $e_r : \gamma \cdot t = 1 + \mathrm{tg}^2 \varrho$	des vollen widerstehenden Erddruckes: $e_p : \gamma \cdot t = \mathrm{tg}^2\left(\frac{\pi}{4} + \frac{\varrho}{2}\right) = \lambda_p$
15	0,590	0,933	1,072	1,70
20	0,490	0,883	1,132	2,12
25	0,406	0,822	1,217	2,47
27	0,375	0,794	1,260	2,66
29	0,347	0,765	1,308	2,88
30	0,334	0,750	1,334	3,00
35	0,271	0,671	1,490	3,68
40	0,217	0,586	1,705	4,60
45	0,172	0,500	2,000	5,82

[1] BRENNECKE-LOHMEYER: Der Grundbau, Bd. I, S. 193.

Tafel 8.

Nach DIN 1054 (1953) zulässige Bodenpressungen.

	Zulässige Bodenpressungen	kg/cm²
a	Angeschütteter, nicht künstlich verdichteter Boden, je nach Alter der Schüttung und unter der Voraussetzung, daß die gewachsene Gründungsschicht größere Festigkeit hat	0 bis 1
b	Gewachsener, offensichtlich unberührter Boden:	
b 1	Schlamm, Torf, Moorerde: im allgemeinen	0
b 2	Nichtbindige, ausreichend festgelagerte[1] Böden:	

Gründungstiefe unter Gelände	Fein- bis Mittelsand[2] bei der kleinsten Gründungsbreite von				Grobsand bis Kies[2] bei der kleinsten Gründungsbreite von			
	0,4 m	1 m	5 m	10 m	0,4 m	1 m	5 m	10 m
bis 0,5 m	1,5	2,0	2,5	3,0	2,0	3,0	4	5
1 m	2,0	3,0	4	5	2,5	3,5	5	6
2 m	2,5	3,5	5	6	3,0	4,5	6	8

[1] Ob der Boden ausreichend fest gelagert ist, kann nach örtlichen Erfahrungen oder durch Feststellung der Lagerungsdichte ermittelt werden. Die Lagerungsdichte

$$D = \frac{n_0 - n}{n_0 - n_d} \geqq 0{,}5$$

reicht aus, wobei n_0 der Hohlraumgehalt der lockersten, n der natürlichen und n_d der dichtesten Lagerung ist; n_0 und n_d werden dazu im Laboratorium bestimmt (vgl. S. 89).

[2] Die Körnungen sind in DIN 1179 – Körnungen für Sand, Kies und zerkleinerte Stoffe – angegeben (vgl. auch DIN 4022, Entwurf 1953). Enthalten Sand oder Kies so viele tonige Bestandteile, daß sie die Zustandsformen bindigen Bodens (Fußnote 3) annehmen, so gelten für sie die Werte unter b 3. Enthalten sie humose Beimengungen, so ist die zulässige Bodenpressung je nach dem Grade der Beimengungen zu ermäßigen.

Zwischenwerte dürfen geradlinig eingeschaltet werden.

Bei Streifengrundkörpern der üblichen Hochbauten dürfen auch dann, wenn ihre Unterkante weniger als 1 m unter Kellerfußboden liegt, die für 1 m Gründungstiefe angegebenen Werte angenommen werden, sofern das Ausweichen der Grundkörper nach innen durch die üblichen Kellerquerwände oder einen massiven Kellerfußboden verhindert ist.

b 3	Bindige Böden[1]:	
b 31	breiig	0
b 32	weich	0,4
b 33	steif	1,0*
b 34	halbfest	2,0*
b 35	hart	4,0*
b 4	Fels mit geringer Klüftung in gesundem, unverwittertem Zustand und in günstiger Lagerung (bei stärkerer Zerklüftung oder ungünstiger Lagerung sind die nachstehenden Werte um die Hälfte zu ermäßigen)	
b 41	in geschlossener Schichtenfolge	15
b 42	in massiger oder säuliger Ausbildung	30

Die zulässigen Bodenpressungen gelten unter den folgenden Voraussetzungen (die beigefügten [ ] geben die entsprechenden Absätze aus DIN 1054 und DIN 1054, B = Beiblatt, beide Ausgaben 1953):

1. Die Baugrundschichten müssen angenähert waagrecht gelagert sein und gleichmäßige Tragfähigkeit erwarten lassen [4.21].

2. Die einzelnen Hauptbodenarten (S. 62 ff.) müssen unter Gründungsunterkante in einer Mächtigkeit anstehen, die mindestens gleich ist der 1,5fachen Gründungsbreite [B 4,21].

3. Es dürfen keine ungünstigen Erfahrungen an benachbarten Bauwerken vorliegen [4.21].

4. Die Gründungssohle muß frostfrei, mindestens aber 0,8 m unter Gelände liegen [4.111].

5. Der Baugrund muß gegen Auswaschen oder Verringerung seiner Lagerungsdichte durch strömendes Wasser, bindiger Boden auch gegen Aufweichen gesichert sein [4.112].

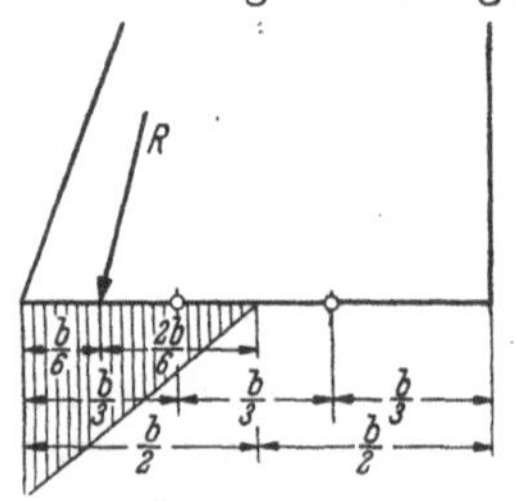

Abb. 250. Äußerste Lage von R bei ausmittiger Belastung des Grundkörpers. Die Gründungsfuge darf also äußerstenfalls bis zur Hälfte der Bauwerksbreite klaffen.

6. Es ist vorausgesetzt, daß der Abstand des Grundwasserspiegels von der Unterkante des Bauwerks nicht kleiner als die Breite des Grundkörpers wird [4.233].

7. Die Mittelkraft muß bei ausmittiger Belastung der Grundkörper innerhalb der Sohlfläche mindestens um $^1/_6$ der Grundkörperabmessung in Richtung der Ausmittigkeit von der gedrückten Kante entfernt bleiben; die Gründungsfuge darf also *äußerstenfalls* bis zur *Hälfte* der Bauwerksbreite klaffen (Abb. 250) [4.113 und B 4.113].

---

[1] Die Zustandsform eines bindigen Bodens ist durch die Lage seines natürlichen Wassergehalts zu dem Wassergehalt der Schrumpf-, Ausroll- und Fließgrenze gekennzeichnet (Abb. 51, S. 73), wobei der natürliche Wassergehalt an ungestörten und vor dem Verdunsten geschützten Bodenproben bestimmt wird. (Die in DIN 1054 an dieser Stelle folgende Behelfsregel findet sich auf S. 73.)

* Gegenüber DIN 1054 vom August 1940 erhöht.

8. Die Spannungsfläche in der Bodenfuge muß geradlinig begrenzt angenommen werden [4.21].

9. Die Tafelwerte gelten ausdrücklich nur für *Flächen*gründungen, also *nicht* für Pfahlgründungen [B 4.21].

10. Soferne die Voraussetzungen 1 bis 9 erfüllt sind, ist außer dem Nachweis der *eingehaltenen* Bodenpressungen noch jener der ausreichenden Gleitsicherheit des Bauwerks bei 1,5facher Sicherheit zu bringen. Hinreichende Grundbruchsicherheit, damit auch Kippsicherheit und im allgemeinen auch das Einhalten tragbarer Setzungen für normale Bauwerke ist durch die Tafelwerte gewährleistet [B 4.11].

Wegen *Erhöhung* der Tafelwerte S. 3 vgl. 4.22 und 4.31, sowie B 4.221 und B 4.222, wegen *Herabsetzung* derselben 4.23 und B 4.231.

Tafel 8a. *Diagramm zur Setzungsermittlung unter rechteckigen Lastflächen nach* STEINBRENNER[1]

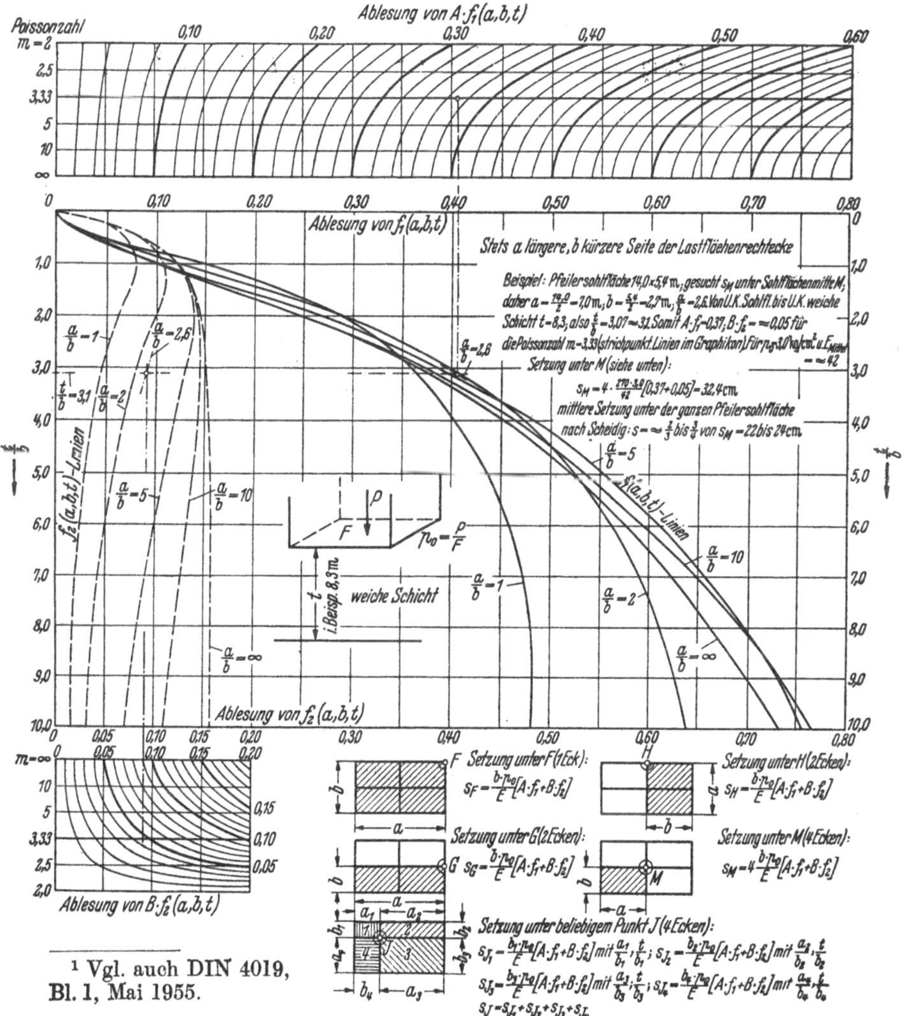

[1] Vgl. auch DIN 4019, Bl. 1, Mai 1955.

Tafel 9.

Nach DIN 1054 (1953) zulässige Belastung von Pfählen und Pfahlgründungen in nichtbindigen Böden.

Rundholzpfähle (Zopfdurchmesser mindestens 25 cm)		Quadratische Stahlbetonpfähle	
mittlerer Durchmesser in cm	zulässige Belastung eines Pfahles in t	volle Seitenlänge in cm	zulässige Belastung eines Pfahles in t
30	33	30	40
35	38	35	48
40	45	40	55

Die zulässigen Pfahlbelastungen gelten unter den folgenden Voraussetzungen. (Die beigefügten [ ] geben die entsprechenden Absätze aus DIN 1054 und DIN 1054, B = Beiblatt, beide Ausgaben 1953.):

1. Die Mindestlänge jedes eingerammten Pfahles soll ≧ 5 m sein.
2. Die Bodenverhältnisse müssen einwandfrei festgestellt sein.
3. Die gerammten Pfähle müssen genügend tief in eine *tragfähige* Bodenschicht reichen (stehende Pfahlgründung), bei festgelagerten Kies- und Sandböden im allgemeinen etwa 3 m, sofern nicht aus anderen Gründen (Unterspülungsgefahr, zu starkes Ziehen beim Rammen) ein höheres Maß erforderlich, oder in sehr festen Böden ein geringeres Maß ausreichend oder empfehlenswert (Beschädigung der Pfähle!) ist [5.25 und B 5.25].
4. Es dürfen keine nennenswerten Erschütterungen auftreten [B 4.231].

[5.341]

5a. Bei *Holz*pfählen: bei einem Gewicht des Rammbären, das ungefähr gleich dem *zweifachen Gewicht* des Rammpfahles ist, *darf der Pfahl* unter der Schlagarbeit von 1,5 tm für jeden Schlag einer langsam schlagenden Ramme (weniger als 60 Schläge in der Minute) im Mittel der letzten drei Hitzen von je 10 Schlägen *nicht mehr als 40 mm je Hitze ziehen* [5.342a].

5b. Bei *Stahlbeton*pfählen: bei einem Gewicht des Rammbären, das ungefähr *gleich dem Gewicht* des Rammpfahles ist, darf der Pfahl unter der Schlagarbeit von 2 tm für jeden Schlag einer langsam schlagenden Ramme (weniger als 60 Schläge in der Minute) im Mittel der letzten 3 Hitzen von je 10 Schlägen *nicht mehr als 30 mm je Hitze ziehen.*

6. Bei 5a und 5b ist zu beachten, daß das Erreichen der dort angegebenen Maße nur *dann* eine zuverlässige Grundlage für die Ermittlung der zulässigen Pfahlbelastungen gibt, *wenn die den Pfahl tragende Bodenschicht einwandfrei bekannt ist* [B5.341/2]. Denn das Erreichen der Ziehmaße je Hitze *beweist allein nicht*, daß die Pfahlspitzen den tragfähigen Baugrund erreicht haben und daß sich unter ihnen *nachgiebige Schichten nicht mehr befinden* [5.342].

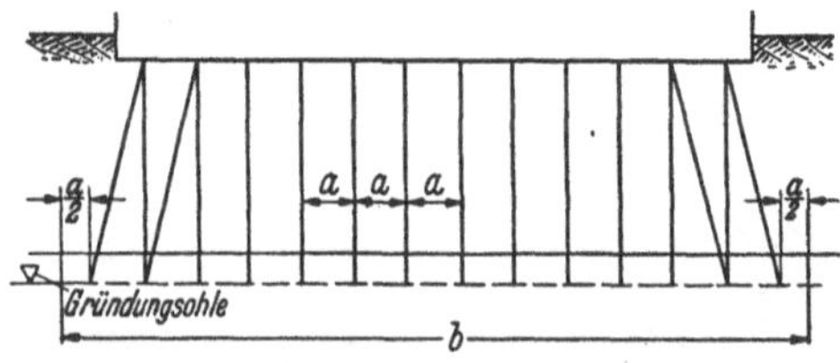

Abb. 251. Anordnung der Randpfähle bei Flächengründung.

7. Die Summe der Pfahlkräfte darf den Baugrund im Mittel nicht höher beanspruchen, als für Flächengründung zulässig wäre. Dabei ist die Gründungsfläche in Höhe der Pfahlspitzen anzunehmen und durch eine Linie zu umgrenzen, die im halben Pfahlabstand außerhalb der Randpfähle verläuft [5.24] (Abb. 251).

8. Gerammte *Zugpfähle* dürfen, *soweit sie mindestens 5 m tief in Sand- oder Kiessandschichten stehen*, in diesen Schichten *mit einer Reibungskraft am Pfahlumfang von 2,5 t/m² belastet werden*, soferne keine nennenswerten Erschütterungen auf den Pfahl einwirken.

Tafel 10. *Mercalli-Cancani-Sieberg-Skala der örtlichen Erdbebenstärken.*

I. Grad. *Unmerklich.* Größte Beschleunigung B kleiner als 0,25 cm/sek² ($^1/_{4000}$ g). Nur von Erdbebeninstrumenten aufgezeichnet.

II. Grad. *Sehr leicht.* B zwischen 0,25 und 0,50 cm/sek² ($^1/_{4000}$ bis $^1/_{2000}$ g). Nur ganz vereinzelt von ruhenden, sehr empfindlichen Personen gefühlt, fast ausschließlich in den oberen Stockwerken der Häuser.

III. Grad. *Leicht.* B zwischen 0,50 und 1,00 cm/sek² ($^1/_{2000}$ bis $^1/_{1000}$ g). Selbst in dichter besiedelten Gegenden nur von einem kleinen Teil der im Hausinnern befindlichen Personen etwa wie die Erschütterung eines schnell vorbeifahrenden Wagens gespürt. Oft erst bei nachträglichem Gedankenaustausch als Erdbeben erkannt.

IV. Grad. *Mäßig.* B zwischen 1,0 und 2,5 cm/sek² ($^1/_{1000}$ bis $^1/_{400}$ g). Im Freien nur von wenigen Personen gespürt. Im Innern der Häuser von zahlreichen, aber nicht allen Personen an zitternden oder leicht wankenden Bewegungen von Möbelstücken erkannt. Gläser und Geschirre schlagen leise aneinander wie beim Vorüberfahren eines schweren Lastwagens auf holprigem Pflaster. Fenster klirren; Türen, Balken und Dielen krachen, Zimmerdecken knistern. Flüssigkeiten in offenen Gefäßen werden leicht bewegt. Man hat das Gefühl, als falle im Haus ein schwerer Gegenstand um oder als schwanke man samt Stuhl, Bett usw. wie im Schiff auf bewegter See. Schrecken ruft diese Bewegung nicht hervor, es sei denn, daß die Bewohner durch andere Erdbeben bereits empfindlich geworden sind.

V. Grad. *Ziemlich stark.* B zwischen 2,5 und 5,0 cm/sek² ($^1/_{400}$ bis $^1/_{200}$ g). Selbst während des vollen Tagesbetriebes auf der Straße und im Freien von zahlreichen Personen gespürt. In den Wohnungen allgemein beobachtet. Gewächse, Zweige und schwächere Äste bewegen sich sichtbar wie bei einem mäßigen Winde. Frei hängende Geräte geraten in Pendelbewegungen. Klingeln ertönen, Uhrpendel werden angehalten oder schwingen stärker, Uhrfedern ertönen. Elektrisches Licht zuckt oder versagt infolge gegenseitiger Berührung der Leitungsdrähte. Bilder schlagen klappernd gegen die Wand oder verschieben sich. Geringe Flüssigkeitsmengen werden aus offenen Gefäßen verschüttet. Nippsachen und gegen die Wand gelehnte Gegenstände können umfallen, leichte Geräte etwas verschoben werden. Möbel rasseln, Türen und Fensterläden schlagen auf und zu. Fensterscheiben zerspringen. Die Schlafenden erwachen allgemein. Vereinzelt flüchten Einwohner ins Freie.

VI. Grad. *Stark.* B zwischen 5,0 und 10,0 cm/sek² ($^1/_{200}$ bis $^1/_{100}$ g). Das Erdbeben wird von jedermann mit Schrecken verspürt; sehr viele flüchten ins Freie; manche glauben umfallen zu müssen. Flüssigkeiten bewegen sich stark; Bilder, Bücher usw. fallen von den Regalen herab. Geschirr wird zerbrochen. Standfeste Hausgeräte, sogar einzelne Möbelstücke, werden von der Stelle gerückt oder fallen um. Kleinere Glöckchen in Kirchen und Kapellen, Turmuhren schlagen an.

An vereinzelten Häusern solider Bauart leichte Schäden: Risse im Verputz, Abfall von Bewurf. Kräftigere, aber noch harmlose Schäden an schlecht gebauten Häusern. Vereinzelt können Dachpfannen und Kaminschornsteine herunterfallen.

VII. Grad. *Sehr stark.* B zwischen 10 und 25 cm/sek² ($^1/_{100}$ bis $^1/_{40}$ g). An den Einrichtungsgegenständen der Wohnungen durch Umwerfen und Zertrümmern erheblicher Schaden, selbst bei schweren Gegenständen. Größere Kirchenglocken schlagen an. Wasserläufe, Teiche, Seen werfen Wellen und trüben sich mit dem aufgerührten Schlamm. Vereinzeltes Abgleiten von sandigen und kiesigen Uferpartien. Brunnen verändern ihren Wasserstand.

Mäßige Schäden an zahlreichen soliden Häusern: leichte Risse in den Mauern, Abbröckeln größerer Teile des Bewurfes und der Stuckverzierungen, Herabfallen von Ziegeln, allgemeines Heruntergleiten der Dachpfannen. Viele Schornsteine werden durch Risse, Abstürzen der Deckplatte, Herausfallen von Steinen beschädigt; schadhafte Schornsteine brechen bis zum Dach ab und beschädigen es. Vereinzelte Zerstörungen an schlecht gebauten oder schlecht erhaltenen Häusern.

VIII. Grad. *Zerstörend.* B zwischen 25 und 50 cm/sek² ($^1/_{40}$ bis $^1/_{20}$ g). Ganze Baumstämme schwanken lebhaft oder brechen ab. Die schwersten Möbelstücke werden weit verschoben oder umgeworfen. Statuen und Steindenkmäler drehen sich auf ihren Sockeln oder fallen um. Solide steinerne Einfriedungen werden auseinandergerissen und umgelegt.

An etwa $^1/_4$ der Häuser schwere Zerstörungen. Vereinzelt stürzen Häuser ein. Viele werden unbrauchbar. Bei Fachwerkbauten fällt die Rahmenfüllung größtenteils heraus. Holzhäuser werden verdrückt oder umgeworfen. Einstürzende Kirchtürme oder Fabrikschornsteine können benachbarte Häuser stärker beschädigen, als es die Bebenwirkung allein getan hätte.

Bodenrisse entstehen an Steilhängen und in nassem Erdreich. Aus nassem Boden tritt Sand und Schlamm führendes Wasser aus.

IX. Grad. *Verwüstend.* B zwischen 50 und 100 cm/sek² ($^1/_{20}$ bis $^1/_{10}$ g). Etwa die Hälfte der Steinhäuser schwer zerstört. Verhältnismäßig viele stürzen ein, die meisten werden unbrauchbar. Fachwerkbauten werden auf dem Steinsockel verschoben, in sich verdrückt und damit die Zapfen mancher Rahmen abgeschert; hierdurch unter Umständen erhebliche Beschädigungen.

X. Grad. *Vernichtend.* B zwischen 100 und 250 cm/sek² ($^1/_{10}$ bis $^1/_4$ g). Schwere Zerstörungen an etwa $^3/_4$ der Gebäude, die meisten davon stürzen ein. Selbst gut konstruierte hölzerne Gebäude und Brücken werden schwer beschädigt, einzelne werden zerstört. Deiche und Dämme können erheblich beschädigt werden; Eisenbahnschienen werden leicht verbogen; Leitungsrohre im Boden abgeschert, zerrissen oder gestaucht (vergl. Zerstörungen bei San Franzisko S. 21). In Pflaster und Asphalt entstehen Risse und durch Stauchung hervorgerufene breite, wellenförmige Falten.

In lockerem, namentlich feuchtem Erdreich entstehen Bodenrisse bis zu mehreren Dezimetern Breite. Nahe an Wasserläufen können die diesen parallel laufenden Risse bis zu 1 m breit sein. Lockerer Boden rutscht von Felsgehängen ab, Felsstürze gehen zu Tal. Größere Steilküstenabbrüche, an Flachküsten gleitende Verschiebungen von Sand und Schlick, hierdurch oft wesentliche Veränderungen des Bodenreliefs. Brunnen ändern häufig ihren Wasserstand. Aus Flüssen, Kanälen, Seen wird Wasser an das Ufer geschleudert.

XI. Grad. *Katastrophe.* B zwischen 250 und 500 cm/sek² ($^1/_4$ bis $^1/_2$ g). Einsturz sämtlicher Steingebäude. Solide Holzbauten und nachgiebige Flechtwerkhütten halten nur noch vereinzelt stand. Selbst große und sicher konstruierte Brücken werden zerstört, hierbei brechen die massiven Steinpfeiler ab und eiserne Pfeiler knicken durch. Deiche und Dämme werden oft auf weite Strecken hin ganz auseinandergerissen, Eisenbahnschienen stark verbogen und gestaucht. Leitungsrohre im Boden werden völlig auseinandergerissen und unbrauchbar gemacht. Im Erdboden mannigfache und recht umfangreiche Veränderungen. Breite Risse, Spalten, erhebliche Setzungen. Schlamm und Sand führendes Wasser tritt in verschiedenen Erscheinungsformen aus. Erdrutsche und Felsstürze sind zahlreich.

XII. Grad. *Große Katastrophe.* B größer als 500 cm/sek² ($^1/_2$ g). Kein Werk von Menschenhand hält stand.

Die Umgestaltungen des Bodens nehmen die großartigsten Maße an. Oberirdische und unterirdische Wasserläufe werden in mannigfacher Weise verändert. Wasserfälle entstehen, Seen werden aufgestaut oder laufen aus, Flüsse werden abgelenkt usw.

Tafel 11. *Die zusätzliche Erdbebenstärke verschiedener Bodenarten*[1].

Lockerböden.

Alluvionen, Geschiebe, Sande, Grus, Torf. Zusätzliche Bebenstärke 1–2 MERCALLI-Grade. Gefährlichkeit zunehmend mit der Durchwässerung.

Tonböden, Mergel, Löß, Lehm, Geschiebelehm. Zusätzliche Bebenstärke 1–3 MERCALLI-Grade. In trockenem, kompaktem Zustand wenig gefährlich, bei Durchnässung sehr gefährlich, steigend mit der Zunahme der Plastizität oder Breiigkeit. Tone und Mergel können auch als oberflächennahe Einlagerung zwischen dünnen Gesteinsplatten gefährlich werden.

Schuttböden, natürliche und Bauschutt. Zusätzliche Bebenstärke 2–3 MERCALLI-Grade. Sehr gefährlich, und zwar um so mehr, je größer die eckigen Brocken und damit die Zwischenräume sind, die entsprechendes Zusammensacken ermöglichen.

Marsch- und Moorböden, verlandete Seen. Zusätzliche Bebenstärke 3–4 MERCALLI-Grade. Stets äußerst gefährlich wegen Nachgiebigkeit.

Gesteine.

Quarzite, Kieselschiefer, massige Kalkgesteine, Marmore, Dolomite. Ungefährlich. Keine zusätzliche Erdbebenstärke. Äußerst wenig Verwitterungsboden. Die Kieselgesteine verwittern sehr schwer; reiner Kalk hinterläßt keinen Rückstand, unreiner bloß Beimengungen und Dolomite den Grus aus Bitterspatkristallen.

Sandstein, Brekzien, Konglomerate. Zusätzliche Bebenstärke 1–2 MERCALLI-Grade. Verwitterungsboden: loser Sand mit mehr oder minder zahlreichen Gesteinsbrocken.

Granite, Quarzporphyre, Trachyt, Diabase, Gneise. Zusätzliche Erdbebenstärke 1–2 MERCALLI-Grade. Verwitterungsboden: Grus von Mineralkörnern, beim Quarzporphyr mehr grobkörnig, beim Diabas mehr lehmig. Letzterer verwittert überaus leicht. Bei dem weit verbreiteten Granit reicht die Verwitterung oft sehr tief von den Klüften mit Zermürbung ausgehend. Wird der Grus ausgeschwemmt, so bleibt ein Blockmeer übrig.

Basalte, Phonolite, Grauwacken, Tonschiefer, Tuffe. Zusätzliche Bebenstärke 1–3 MERCALLI-Grade. Verwitterungsboden: Lehme und Tonböden, bei Tonschiefern und Tuffen besonders tiefgründig.

Tafel 12. *Baugrundbeanspruchungen in Erdbebenländern.*

Läßt man die gefährlichsten Untergrundarten unbebaut und führt die Gebäude so aus, daß sie Erdbebenstärken vom IX. und Beginn des X. Grades aushalten, dann können die schwersten Erdbebenschäden vermieden werden. Dementsprechend hat man in verschiedenen Erdbebenländern (aktiven Zonen) Bauvorschriften erlassen, in denen die unterschiedliche Festigkeit der verschiedenen

[1] SIEBERG: Beiträge zur erdbebenkundlichen Bautechnik und Bodenmechanik. Veröff. d. Reichsanstalt f. Erdbebenforschung, Heft 29. Berlin: Reichsverlagsamt 1937. – Erdbebenforschung und ihre Verwertung für Technik, Bergbau und Geologie. Jena: Gustav Fischer 1933.

Bodenarten berücksichtigt werden. Dabei wird vielfach die *zulässige Baugrundbeanspruchung* als Maß der Bodenfestigkeit benutzt. Eine *gebräuchliche Vorschrift* (Griechenland, Italien und Chile) verlangt, daß die Gebäude bei einer zulässigen Baugrundbeanspruchung von

$$\left\{\begin{array}{r} \text{weniger als } 2{,}2\ \text{kg/cm}^2 \\ 2{,}2 \text{ bis } 4{,}4\ \text{kg/cm}^2 \\ \text{mehr als } 4{,}4\ \text{kg/cm}^2 \end{array}\right\} \begin{array}{l}\text{waagrechte} \\ \text{Erdbeschleunigung von}\end{array} \left\{\begin{array}{c} 20\% \\ 15\% \\ 10\% \end{array}\right\} \begin{array}{l}\text{der Erdbeschleunigung } g \\ \text{aushalten.}\end{array}$$

Diese Zahlen entsprechen der Erdbebenstärke X.

In *Tokio* wurde nach dem „großen Beben" (1923) für die besonders wichtigen Brücken, deren Einsturz damals außerordentliche Opfer gefordert hatte, folgende Bauvorschrift erlassen: sie müssen waagrechte Beschleunigung $B = 327$ cm/sek² ($^1/_3\,g$) und senkrechte Beschleunigungen $B = 164$ cm/sek² ($^1/_6\,g$) aushalten. Im übrigen sollen Häuser aus Holz und Mauerwerk nicht höher, als 13,7, Häuser aus Stahl und Stahlbeton nicht höher als 30 m gebaut werden, wobei im ersten Fall stets $B = {}^1/_{10}\,g$, im zweiten Fall $B = {}^1/_{6,7}\,g$) waagrecht zu berücksichtigen ist.

In *Deutschland* gab das Erdbeben von Euskirchen (14. 3. 1951) Anlaß zur Aufstellung von Richtlinien für Bauten (DIN 4149: Entwurf vom Juni 1955).

Das Maß für die im Falle eines Erdbebens zu berücksichtigende waagrechte Zusatzkraft ist die Erschütterungszahl $\varepsilon = \frac{p}{g} \cdot 100$ in $^0/_0$, wobei $p =$ die größte waagrechte Erdbebenbeschleunigung, $g =$ die Fallbeschleunigung bedeuten. Die Erschütterungszahl ist in Abhängigkeit von der Beschaffenheit des Baugrundes anzusetzen. In der *Gefahren*zone I (bis zu VIII der MERCALLI-SIEBERG-Skala [Tafel 10]) sind bei den in DIN 1054 bezeichneten Bodenarten für alle Bauten, mit Ausnahme von Gebäuden mit mehr als 5 Vollgeschosse und von turmartigen Bauwerken nach DIN 1055 Bl. 4, Abschn. 18, folgende Erschütterungszahlen einzusetzen:

a) bei Fels, Kies, Grobsand, harter bindiger Boden $\varepsilon = 5^0/_0$,
b) bei Mittelsand, Feinsand, halbfesten bindigen Boden $\varepsilon = 7{,}5^0/_0$.
c) bei steifen bindigen Böden und bei auf Pfählen gegründeten Bauten $\varepsilon = 10^0/_0$.

Auf allen übrigen Böden und angeschütteten, nicht künstlich verdichteten Böden soll in Erdbebengebieten nicht gebaut werden.

Für die Gefahrenzone II gelten $50^0/_0$ der Werte der Gefahrenzone I. Bei den unter a) genannten Bodenarten kann in der Gefahrenzone II auf einen Nachweis verzichtet werden.

Zu allen senkrechten Lasten Q sind waagrechte Zusatzkräfte $Z = \varepsilon \cdot Q$ anzusetzen, die in waagrechter Ebene nach jeder Richtung wirken können. Die senkrechten Lasten Q sind, soweit sie aus Eigengewicht herrühren, in voller Höhe anzusetzen. Die Verkehrslasten und die Windlasten sind nur mit der Hälfte ihrer nach DIN 1055 Bl. 3 u. 4 vorgeschriebenen Werte einzusetzen. Bei Wassertürmen ist beim Einsatz der waagrechten Zusatzkräfte die volle Behälterfüllung in Rechnung zu stellen. Für den Erddruck sind die gemäß DIN 1055 Bl. 1 anzusetzenden Werte um $25^0/_0$ zu erhöhen.

Tafel 13. *Kennzeichnung der Bodenarten für Erdarbeiten (Lösungsfestigkeit)*[1].

VOB DIN 1962* Berlin 1925 (S. 1)	KÖGLER, F. 1936 „Baugrund und Bauvertrag" Die Bauindustrie 1936 (S. 310)**	TIEDEMANN, B. 1941 „Über Bodenuntersuchungen bei Entwurf und Ausführung von Ingenieurbauten" Berlin 1941 (S. 8)	DUHM, J. 1946 „Der Erdbau" Wien 1946 (S. 12 bis 13)
Art: a) Schlammiger Boden, Triebsand. Schöpfgefäße.			
	1. Klasse: Loser Boden. Schaufel. Ohne Zusammenhang oder sehr geringer Zusammenhang. Dünensand, Acker-, Gartenerde, ganz loser Fluß- und Grubensand und -kies; weicher, nicht zäher Schlamm. Leistung in m^3/h 1 bis 1,5; Mittel für Lösen u. Laden 1,2; Würfelfestigkeit 0.	*Gebirgsgattung Ia:* Milder Stichboden. Verbrauchte Tagewerke für 1 m^3 Gebirge, das Tagewerk (10 Std. reine Arbeitszeit) zu 130000 mkg: 0,08***. Verbrauchtes Dynamit Nr. 1 in kg für 1 m^3 Gebirge bei einer Leistung von 75000 mkg/kg: — —	*Bodengruppe I:* Leichter Stichboden. Schaufel, Spaten
Art: b) Leichter Boden. Schaufel, Spaten.	*2. Klasse:* Normaler Stichboden. Erschwerte Schaufelarbeit oder leichte Spatenarbeit. Geringer Zusammenhang, weiche Beschaffenheit. Schwach lehmiger Sand oder Kies; feuchter Sand u. Kies; echter Löß; sehr weicher Lehm oder Ton oder Klei oder Schlick, Torf, zäher Schlamm, Wiesenkalk. Leistung in m^3/h 0,8 bis 1,2; Mittel für Lösen u. Laden 1,0; Würfelfestigkeit 0 bis 0,5.	Menschenarbeit für 1 m^3 Gebirge in mkg: 10400. Dynamitarbeit für 1 m^3 Gebirge in mkg: — — Gewinnungsfestigkeit für 1 m^3 Gebirge in mkg: 10400. Verhältnis der Gewinnungsfestigkeit: 1,0.	Boden ohne Zusammenhang, wie Muttererde, Sand und Kies, ohne Bindemittel. Durchschnittliche Leistung eines Arbeiters in m^3/h für Lösen und Werfen in Schubkarren ungeübter Arbeiter = 0,50 geübter Arbeiter = 1,40

[1] Vgl. auch KIESLINGER: Bodenklassen im Tiefbau. Österr. Bauzeitschrift, 8. Bd. (1953) H. 1.

* Technische Vorschriften für Bauleistungen (Erdarbeiten). 1925.

** Vgl. auch SCHEIDIG-LEUSSINK: Die Bodeneinteilung in den techn. Vorschriften für Erdarbeiten. Bautechnik, Bd. 17 (1939) S. 445.

*** Aufwand an mechanischer Energie als Unterscheidungsmerkmal für verschiedene Bodenklassen nach v. RZIHA: Die Gewinnungsfestigkeit der Erd- und Felsmassen in Einschnitten. Zentralbl. d. Bauverwaltg. 1889, S. 177.

Tafel 13 (Fortsetzung).

DIN 1962	KÖGLER, F.	TIEDEMANN, B.	DUHM, J.
Loser Boden, Muttererde, Sand.	*3. Klasse:* Schwerer Stichboden.	*Gebirgsgattung Ib:* Schwerer Stichboden.	*Bodengruppe II:* Mittlerer Stichboden.
	Schwere Spatenarbeit oder leichte Hackarbeit.	Verbrauchte Tagewerke: 0,12	Schaufel, Spaten, Keile und Schlägel.
	Mittlerer Zusammenhalt.	Verbrauchtes Dynamit: — —	
	Weicher oder sandiger Lehm, grober loser Kies, grobes loses Gerölle, Boden 2, der zäh an der Schaufel klebt, Torf mit größeren Holzeinschlüssen.	Menschenarbeit: 15600 mkg	Boden mit geringem Zusammenhang wie sandiger Lehm, Humuston, feiner Kies und Sand mit Bindemittel, Torfmoor
Böschungswinkel 45°.	Leistung in m^3/h 0,6 bis 0,8; Mittel für Lösen u. Laden 0,7; für *Lösen allein* (1 bis 1,5) 1,2; Würfelfestigkeit 0,5 bis 1,5.	Dynamitarbeit: — — Gewinnungsfestigkeit: 15600 mkg Verhältnis der Gewinnungsfestigkeit: 1,5	ungeübter Arbeiter: 0,35 m^3/h geübter Arbeiter: 0,9 m^3/h
Art: c) Mittlerer Boden.	*4. Klasse:* Normaler Hackboden.	*Gebirgsgattung IIa:* Milder Hackboden.	*Bodengruppe III:* Bindiger Hackboden.
Spitzhacke, Breithacke, Spaten	Breit- oder Spitzhacke, normale Hackarbeit.	Tagewerk: 0,16	Breithacke, Keile und Schlägel.
	Fester Zusammenhalt.	Dynamit: — —	
Festgelagerter Lehm; kiesiger Lehm; leichter Ton; Torf.	Fester Lehm oder Ton oder Mergel; bindiger, sehr grober Kies oder Gerölle.	Menschenarbeit: 20800 mkg Dynamitarbeit: — — Gewinnungsfestigkeit: 20800 mkg	Boden mit starkem Zusammenhang wie schwerer Lehm und Ton, Letten, Mergel, loseres Gerölle
Böschungswinkel etwa 60°.	Leistung in m^3/h 0,7 bis 0,9*; Mittel für Lösen allein 0,8; Würfelfestigkeit 1 bis 3	Verhältnis der Gewinnungsfestigkeit: 2,0	ungeübter Arbeiter: 0,25 m^3/h geübter Arbeiter: 0,75 m^3/h

* Von Klasse 4 bis mit Klasse 8 ist nur die Leistung *für Lösen allein* angegeben.

Tafel 13 (Fortsetzung)

DIN 1962	KÖGLER, F.	TIEDEMANN, B.	DUHM, J.
Art: d) Fester Boden. Keile oder Sprengen.	*5. Klasse:* Schwerer Hackboden. Spitzhacke, Kreuzhacke (Keile), schwere Hackarbeit. Sehr fester Zusammenhang oder Gewinnung von Boden 4 besonders erschwert. Sehr fester Lehm (Ton, Mergel); Boden nach 4, aber mit großen Steinen über Kopfgröße durchsetzt; festes grobes Gerölle; loser verwitterter Fels in groben Stücken. Leistung in m^3/h 0,4 bis 0,6; Mittel für Lösen 0,5; Würfelfestigkeit 2 bis 6.	*Gebirgsgattung IIb:* Schwerer Hackboden. Tagewerke: 0,20 Dynamit: — — Menschenarbeit: 26000 mkg Dynamitarbeit: — — Gewinnungsfestigkeit: 26000 mkg Verhältnis der Gewinnungsfestigkeit: 2,6	*Bodengruppe IV:* Gebrächer Hackboden. Spitz- und Kreuzhacke, Brechstangen, Keile.
Schwerer Lehm mit Trümmern; fester Ton; grober Kies mit Ton; fester Mergel; langlagernder Bauschutt oder Asche; schieferartiger Fels oder Steingeschiebe. Böschungswinkel etwa 80°.	*6. Klasse:* Hackfelsen. Spitzhacke, Brechstange, Keile, Preßluftmeißel. Verwitterte Gesteine oder in leicht lösbaren, schwach klüftigen Bänken. Brüchiger Schiefer; weicher Sand- oder Kalkstein; Kreide; Rotliegendes. Leistung in m^3/h 0,3 bis 0,4; Mittel für Lösen 0,35; Würfelfestigkeit sehr verschieden.	*Gebirgsgattung IIIa:* Mildes brüchiges Gestein. Tagewerk: (0,20 bis 0,40) 0,30 Dynamit: — — Menschenarbeit: 39000 mkg Dynamitarbeit: — — Gewinnungsfestigkeit: 39000 mkg Verhältnis der Gewinnungsfestigkeit: 3,8	Trümmergestein; weiche Sandsteine; kleinbrüchiger Schiefer; festes Gerölle ungeübter Arbeiter: 0,20 m^3/h geübter Arbeiter: 0,50 m^3/h

Tafel 13 (Fortsetzung).

DIN 1962	KÖGLER, F.	TIEDEMANN, B.	DUHM, J.
	7. Klasse: Normaler Schießfelsen.	*Gebirgsgattung IIIb:* Festes brüchiges Gestein.	*Bodengruppe V:* Gebrächer, fester Boden.
Art: e) Felsen.	Teilweise Brechstangen, teilweise Bohren und Schießen.	Tagewerk: (0,40 bis 0,60) 0,50 Dynamit: 0,10 kg	Brecheisen, Treibkeile, Spitzhacke, Bohrung und Sprengmittel.
	Gesunde Gesteine in geschlossenen Bänken von rd. 1 m geschichtet.	Menschenarbeit: 65000 mkg	Gestein in Bänken geringerer Festigkeit und Mächtigkeit wie Schiefer, harter Sandstein, gebräche Kalke, Kreide, Konglomerate
	Sand und Kalksteine; feste Schiefer; stark zerklüftete, ganz feste Gesteine.	Dynamitarbeit: 7500 mkg Gewinnungsfestigkeit: 72500 mkg	
Nur Sprengstoffe.	Leistung 0,15 bis 0,20 m³/h; Mittel für Lösen 0,17; Würfelfestigkeit 200 bis 600.	Verhältnis der Gewinnungsfestigkeit: 7,1	ungeübter Arbeiter: 0,10 m³/h geübter Arbeiter: 0,30 m³/h
	8. Klasse: Schwerer Schießfelsen.	*Gattung IVa:* Festes Sprenggestein.	*Bodengruppe VI:* Fester Fels.
Böschungswinkel bis zu 90°.		Tagewerk: (0,60 bis 0,80) 0,70 Dynamit: 0,20 kg Menschenarbeit: 91000 mkg Dynamitarbeit: 15000 mkg Gewinnungsfestigkeit: 106000 mkg Verhältnis der Gewinnungsfestigkeit: 10,2	Bohrung (Hand u. maschinell), Sprengmittel, Keile.
	Nur Bohren und Sprengen.	*Gattung IVb:* Sehr festes Sprenggestein.	Gestein in starken, kompakten Bänken wie feste Schiefer, harte Sand- und Kalksteine, Findlinge
	Ganz feste, gesunde, schwer bohr- und schießbare Gesteine, wenig zerklüftet.	Tagewerk: (0,80 bis 1,20) 1,00 Dynamit: 0,30 kg Menschenarbeit: 130000 mkg Dynamitarbeit: 22500 mkg	ungeübter Arbeiter: 0,07 m³/h geübter Arbeiter: 0,20 m³/h
Für „zusammenhängende“ Steinmassen ist gemäß Abschnitt B, Punkt 8 „besondere Vereinbarung zu treffen“.	Granit, Syenit, Gneis, Porphyr usw.	Gewinnungsfestigkeit: 152500 mkg Verhältnis der Gewinnungsfestigkeit: 15,0	

Tafel 13 (Fortsetzung).

DIN 1962	KÖGLER, F.	TIEDEMANN, B.	DUHM, J.
		Gattung IV c: Höchst festes Sprenggestein.	*Bodengruppe VII:* Sehr fester Fels.
	Leistung 0,10 bis 0,15 m³/h; Mittel für Lösen 0,12; Würfelfestigkeit größer als 600.	Tagewerk: (1,20 bis 2,00) 1,60 Dynamit: 0,50 kg	Handbohrer, Bohrmaschine und Sprengmittel.
		Menschenarbeit: 208000 mkg Dynamitarbeit: 37500 mkg Gewinnungsfestigkeit: 245500 mkg	Harte Felsen aus Erstarrungsgestein wie Gneis, Granit, Quarz, Syenit, Porphyr, Basalt u. dgl.
		Verhältnis der Gewinnungsfestigkeit: 24,0	ungeübter Arbeiter: 0,04 m³/h geübter Arbeiter: 0,10 m³/h

1. DIN 1962 (1925) und die entsprechende österreichische ÖNORM B 2204 (1946), die sich beide auf heute überholte Begriffe stützen, werden seit langem beanstandet und sind als Grundlage von Bauverträgen für Tiefbauten nicht zweckmäßig. Die Vorschläge von KÖGLER, TIEDEMANN und DUHM zählen zu jenen neuen Bodeneinteilungen, die auf die Förderleistung aufbauen und die überholte DIN- bzw. ÖNORM ersetzen wollen.

2. Bei den Bodeneinteilungen ist ganz allgemein stillschweigend vorausgesetzt, daß es sich um normale Bau- bzw. Erdarbeiten in normalen Ausmaßen handelt, bei denen die angegebenen Klassenkennzeichen tatsächlich zur Geltung kommen. Besondere Verhältnisse liegen z. B. bei schmalen, aber tiefen Schlitzen (Rohr- und Kabelgraben) vor[1], soweit es sich *nicht* um leichte Böden handelt, bei denen etwa mit Bodenfräsern gearbeitet werden kann. Diese Voraussetzungen sind vor allem im Gebirgsgelände *nicht* gegeben.

3. Besondere Verhältnisse können beispielsweise auch vorliegen, wenn bei geschlossenem Felsuntergrund aus irgendwelchen Gründen *nicht gesprengt werden darf*. Auch in solchen Fällen bedarf es für einen Bauvertrag besonderer Abmachungen außerhalb der üblichen Bodeneinteilungen.

[1] KIESLINGER: Bodenklassen im Tiefbau. Österr. Bauzeitschrift, 8. Bd. (1953) H. 1, S. 11ff.

Tafel 14. *Geologische Formationen.*

	Formation					Orogenetische Phase	Wichtige Gesteine (Absätze)
	Hauptformation	Dauer in Millionen Jahren[1]	Stufen				
Känozoikum	Quartär	1 (1)*	Alluvium			alpidisch	Jüngeres aufgeschwemmtes Gebirge; tonige, kiesige und sandige Sedimente, Auelehme, Schlick, Faulschlamm und Torf in Mooren; Kalktuffbildungen.
			Diluvium	Pleistozän(Eiszeitalter)		pasadenisch wallachisch	Älteres aufgeschwemmtes Gebirge: Schotter, Sande, Mergel; Geschiebemergel, Bändertone, Löß, Lößlehm, verkieselte Konglomerate; Moränen-Tuff, Lias.
	Tertiär	11	Jungtertiär oder Neogen	Pliozän	Asti Piacentin Pont	rhodanisch	Meist feine Sande, Tone aller Art, plastisch bis fest; Meeres-, Brackwasser-, Fluß- und Sumpfbildungen.
		16		Miozän	Sarmat Torton Helvet Burdigal Aquitan	attisch 2} steirisch 1}	Wechsel von Kalk, Sand, Mergel; glimmeriger Feinsand (obere Süßwassermolasse). Plattiger Kalk und Mergel, sandige Kalke, kalkige Sandsteine, jüngeres Braunkohlengebirge (obere Meeresmolasse).
		(60)* 12	Alttertiär oder Paläogen	Oligozän	Chatt Rupel Lattdorf	savisch	Gipse, tonige Mergel, bunte Tone und Sandsteine (untere Süßwassermolasse); feinsandige Mergel (brack. Cyrenenmergel), mergelige Tone, Sande (untere Meeresmolasse, Septarienton), Kalk und Mergel (obere Flyschbildung; älteres Braunkohlengebirge).
		20		Eozän	Lud Barton Auvers Lutét Ypern	pyrenäisch (Intra-Eozän)	Kalke (untere Flyschbildung; Nummulitenformation), Basalt, Trachyt, Phonolith u. a. Ergußgesteine und deren Tuffe.
				Paläozän	Sparnac Thanét Mont	2} laramisch 1}	

[1] Nach HECHT in CORNELIUS: Grundzüge der allgemeinen Geologie. S. 43. Wien 1953: Springer-Verlag.
* Nach GHEISELINCK: Die ruhelose Erde. Deutscher Verlag. 1954.

Tafel 14 (Fortsetzung).

	Hauptformation	Dauer in Millionen Jahren	Formation	Stufen		Orogenetische Phase		Wichtige Gesteine (Absätze)
Mesozoikum	Kreide	70 (20)*	Oberkreide	Dan		ilseder	alpidisch	Flyschsandstein, Mergel (Liesenschichten); Kieselkalkgruppe.
				Senon	Maestricht Campan Santon Coniac			Poröse weiße Kreidekalke (Mukronatenkreide); harter oberster Quadersandstein; Gosauschichten: Nierentaler Mergelschichten; Untersberger Marmor; Glauecker-Mergelkalkschichten; wenig Eruptivgesteine (Diabas, Gabbro).
				Turon Cenoman		subherzynisch		Mergel, grobkörnige feste Sandsteine; Ton und Plänermergel; mittel- bis feinkörnige Quadersandsteine; Essener Grünsand; unterer Quadersandstein; Knollenschichten; Flyschmergel; Seewerkalke; Kalksandstein.
			Unterkreide	Gault = Alb		austrisch		Ton, Mergel, Sandkalkbänke; Glaukonitkalk mit Grünsandschichten.
				Neokom	Apt Barréme Hautérive Vatangien Berrias	spätkimmerisch		Brisibrekzie, Schiefer und Grünsandstein; Steinkohlenflöze, Wälderton, Orbitolinabänke, Schrattenkalk; Drusbergschichten, Kieselkalke, Plattenkalkbänke; hornsteinführender Kalkflysch; Radiolarite: Aptychenkalke (dünnschichtig, mergelig oder sandig).
	Jura	25 (70)*	Malm oder Weißer Jura	Purbeck } Tithon Portland } Kimmeridge Oxford				Plattenkalk, Massenkalk (Korallenkalke); Quaderkalke; mittl. Malmmergel; Impressamergel; Plassenkalk; Oberalmschiefer. Aptychenschichten. Dolomit.
			Dogger oder Brauner Jura	Kelloway Bath Bayeux Aalén		(intra-Dogger)		Ornatenton, Makrozephalenschichten; Ostreenkalk; Blaukalk; Personatensandstein; Opalinuston, Radiolariten; Hornsteinkalk, Kieselschiefer; Adneter Schichten; Eisenerze (Minette).
			Lias oder Schwarzer Jura	Toarc Charmouth Sinémur Hettange		(intra-Lias)		Grauer Kalkmergel; Posidonienschiefer; Amaltheen-Ton; Numismalismergel, harte dunkle Kalkbänke; Sandstein (Augulatenschichten), Tonmergel (Phylonotenschichten). Roter Ammonitenkalk; Hierlatzkalk, Adneter Schichten; ob. Dachsteinkalk; Kieselkalk; Liasfleckenmergel; Glanzschiefer.

* Nach GHEISELINCK: Die ruhelose Erde. Deutscher Verlag. 1954.

Tafel 14 (Fortsetzung).

	Formation				Orogenetische Phase		Wichtige Gesteine (Absätze)
	Hauptformation	Dauer in Millionen Jahren	Stufen				
Mesozoikum	Trias	30 (80)*	außeralpin: epikontinental	Alpen: pelagisch			
			Keuper	Rhät	frühkimmerisch	alpidisch	Oberer Dachsteinkalk; Oberrhätkalk; Kössener Schichten; Rhätsandstein.
				Nor, Karinth, Karnische Stufe			Feinkörniger Sandstein und dunkle Tone; Knollenmergel; Stubensandstein, bunte Mergel; Schilfsandstein, weiches Mergelgestein mit Gipslinsen (Gipskeuper); Lettenkohle. Dachsteinkalk; Plattenkalk; Hauptdolomit. Raiblerschichten; Lunzer-, Reingrabener-, Cardita-Schichten; Gips und Rauhwacke. Vulkanische Absätze.
			Muschelkalk	Ladin, Anis	ladinisch		Harte Dolomite (Semipartitusschichten); Nodosuskalk; Wellenkalk und Wellendolomit; mergeliges Gestein (Myophorienschichten). Wettersteinkalk, Partnachschichten; Ramsau- und Schlerndolomit. Cassianer-, Wengener-, Buchensteiner Schichten. Alpiner Muschelkalk, Gips und Rauhwacke. Grüne Tuffe — Piedra verde.
			Buntsandstein	Skyth			Gips, Salzlager (Haselgebirge); roter Schieferletten (Röt); Plattensandstein; Hauptbuntsandstein (grobkörnig); unt. Buntsandstein (feinporig und tonig); Seiser Schichten; Rauhwacke; Werfener Schichten (alpiner Muschelkalk); Reichenhaller und Guttensteiner Kalke.
	Perm	25 (75)*	Zechstein	Oberer Zechstein, Mittlerer Zechstein, Unterer Zechstein	pfälzisch	variscisch	Letten mit Gips und Steinsalz; Plattendolomit; Hauptdolomit; Anhydrit; Zechsteinkalk; Mergelschiefer; Grödener Sandstein; südl. Alpen: Bellerophonkalk.
			Rotliegendes	Oberes Rotliegendes, Unteres Rotliegendes	saalisch		Rote Konglomerate, Sandsteine, Schieferletten, Steinkohlenflöze. Bozener Quarzporphyr; Tuff; Kalk, Salz, Gips.
	Karbon	55 (75)*	Ober-Karbon	Stephan, Westfal, Namur	erzgebirgisch, asturisch		Steinkohlenflöze zw. Sandsteinen u. Schiefertonen; Saarbrücker und Waldenburger Schichten; Sandstein; Tonschiefer; Porphyr, Diabas, Melaphyr.
			Unter-Karbon	Dinant	sudetisch, nassauisch		Grauwacken, z. T. mit Konglomeraten und Schiefer; Kalkstein; Sandstein; Granit, Piorit.

* Nach Gheyselinck: Die ruhelose Erde. Deutscher Verlag. 1954.

Tafel 14 (Fortsetzung).

	Hauptformation	Dauer in Millionen Jahren	Stufen		Orogenetische Phase	Wichtige Gesteine (Absätze)
Paläozäikum	Devon	55 (80)*	Ober-Devon Mittel-Devon Unter-Devon	3 Ausbildungen: Ardennische, Mediterrane und Old red sandstone Fazies	bretonisch mitteldevon	Diabase, Tuffe (Grünstein, Schalstein); Mergelschiefer (Cypridrinenschichten), Stringocephalenkalk; mächtige Massenkalke (Riffkalke); Schiefer, Mergel und Kalk mit tonigen Lagen; Grauwacken (unt. Koblenzschichten); Cephalopodenkalk; Phyllite; Quarzite; Sandsteine; devonische Tone in Rußland z. T. noch unverfestigt; Eisenerz.
	Silur	120 (70)*	Ober-Silur = Gotlandium Unter-Silur = Ordovicium		erisch ardennisch takonisch (vor - Caradoc!)	Tonschiefer, Kalke, Grauwacken, Quarzite; Quarzporphyre, dunkle (Fuscher) Phyllite; Graptolithen- und Radiolarienschiefer, Kieselschiefergestein. — Erste Versteinerung führende Formation in den Alpen.
	Kambrium	110 (100)*	Ober-Kambrium Mittel-Kambrium Unter-Kambrium		sardisch	Grauwacken, Tonschiefer, Sandstein, quarzitische Schiefer, Quarzite, Quarzphyllite, wenig Kalkstein; Diabas.
Eozoikum	Präkambrium-Eokambrium	1550 (300)*	Jungalgonkium Mittelalgonkium Unteralgonkium		assyntisch	Quarzite, Quarzkonglomerate, Kieselschiefer, Quarzsandstein, Grauwacken, Tonschiefer, Granatglimmerschiefer; Marmor; Amphibolite; Chloritglimmerschiefer; Talgglimmerschiefer; Konglomerate; verschiedene Erzlager.
Azoikum	Archaikum	(500 bis (1000)*				Urschiefertone: Phyllit. Glimmer-, Amphibol-, Chlorit-, Talk-, Quarzit-, Kalkglimmerschiefer; Marmore. Granitplutone. Urgneisformation (~ 30 km mächtig): Mächtige Ablagerungen von Sedimentgneisen; Schiefergneise mit Grünsteinschmelzen (Amphibolit); Granulit; Marmor. Granitplutone.

(kaledonisch: bracket spanning the phases from mitteldevon to sardisch)

* Nach GHEISELINCK: Die ruhelose Erde. Deutscher Verlag. 1954.

Sachverzeichnis.

721/32/55